国家地下水监测工程(水利部分)项目建设与管理

英爱文　章树安　于　钋　任　齐　王光生　等编著

黄河水利出版社

·郑州·

图书在版编目(CIP)数据

国家地下水监测工程(水利部分)项目建设与管理/英爱文等编著.—郑州:黄河水利出版社,2021.6

ISBN 978-7-5509-3011-7

Ⅰ.①国… Ⅱ.①英… Ⅲ.①地下水-环境监测-工程项目管理 Ⅳ.①X832

中国版本图书馆 CIP 数据核字(2021)第 115351 号

组稿编辑:李洪良 电话:0371-66026352 E-mail:hongliang0013@163.com

出 版 社:黄河水利出版社 网址:www.yrcp.com

地址:河南省郑州市顺河路黄委会综合楼 14 层 邮政编码:450003

发行单位:黄河水利出版社

发行部电话:0371-66026940、66020550、66028024、66022620(传真)

E-mail:hhslcbs@126.com

承印单位:河南瑞之光印刷股份有限公司

开本:787 mm×1 092 mm 1/16

印张:40

字数:924 千字 印数:1—1 000

版次:2021 年 6 月第 1 版 印次:2021 年 6 月第 1 次印刷

定价:300.00 元

编写委员会人员名单

主　　　编：英爱文　章树安

副　主　编：于　钋　任　齐　王光生　刘汉宇

楼奎良

主要编写人员：于　钋　张淑娜　周培丰　宋　凡

王卓然　金喜来　李　京　李贵阳

姚　梅　沈　强　周政辉　罗俐雅

方　瑞　肖　航　刘庆涛　卢洪健

沈红霞　郭　睿　王远芳　孙　峰

梅　林　杨桂莲　孙　龙

前　言

水是生命之源、生产之要、生态之基,是保障国家经济社会可持续发展的战略性、基础性资源。地下水是水资源的重要组成部分,是北方地区和许多城市重要的供水水源,是生态环境系统的重要影响因素,其作用无可替代。随着人口增加、城市化进程加快、经济社会不断发展,对水资源需求量的不断增加,由于我国水资源呈南多北少的明显特点,北方地区和部分南方地区长期超采地下水,引发了我国部分地区地下水超采区面积增大、地面沉降、海水入侵、地下水水源地污染等比较突出的生态环境问题,地下水水资源已成为我国经济社会可持续发展和人民对美好生活需求的制约因素。地下水监测是掌握地下水水位(埋深)、水温、水质、水量等动态要素,研究其变化规律的一项长期性、基础性工作。为解决我国地下水监测站网布设不足、信息采集与传输技术手段落后、信息服务能力低等突出问题,2015 年 6 月,国家发展和改革委员会批复了国家地下水监测工程初步设计概算,水利部、自然资源部(原国土资源部)联合批复了工程初步设计报告。工程总投资约 22 亿元,其中水利部门约 11 亿元。

工程按照"联合规划、统一布局、分工协作、避免重复、信息共享"的原则,由水利部、自然资源部联合实施。2019 年,工程全面完成建设任务,2020 年 1 月工程水利部分通过水利部组织的竣工验收。水利部、自然资源部共建成地下水监测站 20 469 个,其中水利部 10 298 个,自然资源部 10 171 个。实现了对我国大型平原、盆地及岩溶山区约 350 万 km^2 地下水动态的有效监测,填补了南方地下水监测站网的空白,北方主要平原区站网密度显著提高,自动监测站网密度达到 5.8 站/1 000 km^2。实现了全部测站地下水监测信息自动采集与传输,大幅度提高了地下水监测频次和时效性。实现了国家、流域、省级、地市级四级平台信息接收处理、共享交换、分析评价、资料整编等自动化处理,显著提高了信息服务的时效性和技术水平。国家地下水监测工程(水利部分)项目建设涉及水利部本级、7 个流域机构、全国 31 个省(自治区、直辖市)及新疆生产建设兵团的水文部门。

本书全面系统地总结了国家地下水监测工程(水利部分)的项目建设管理具体实践与经验,既有基础理论知识,也有具体实践经验,可供我国从事水文水资源监测、建设与管理、运行维护人员参考和借鉴使用,也可供相关行业和高等院校、科研部门参阅。

本书由英爱文、章树安担任主编,于钋、任齐、王光生、刘汉宇、楼奎良担任副主编。编写委员会提出了书稿编写大纲,并进行了编写任务分工。其中,第 1 章、第 2 章、第 3 章由于钋编写;第 4 章由周政辉、罗俐雅、方瑞、刘庆涛编写;第 5 章由李贵阳、金喜来、周培丰、王卓然编写;第 6 章由宋凡、张淑娜、姚梅、李贵阳编写;第 7 章由张淑娜、宋凡、卢洪健、王远芳编写;第 8 章由姚梅、周培丰、杨桂莲、孙峰、郭睿编写;第 9 章由周培丰、沈强、姚梅编写;第 10 章由李贵阳、沈强、肖航、宋凡编写;第 11 章由于钋、李京、张淑娜、王卓然编写;第 12 章由王卓然、宋凡、孙龙、张淑娜编写;第 13 章由肖航、金喜来、梅林、沈红霞编写。

附录部分由于钋、宋凡、张淑娜、王卓然、卢洪健编写。本书由章树安、于钋、李贵阳、方瑞统稿,由英爱文、章树安进行审核。在本书编写过程中得到了各流域机构和各地水文部门参加国家地下水监测工程建设的许多领导、专家、技术人员的大力支持和帮助,他们为工程建设与管理付出了辛勤劳动,在此一并表示衷心的感谢。

由于编写时间仓促,书中难免有不妥之处,敬请广大读者批评指正。

编　者

2021年6月

目　录

第 1 章　工程概况

水是生命的源泉,是人类赖以生存和生产发展不可替代的宝贵资源,是实现经济社会可持续发展的重要基础,是落实科学发展观、构建和谐社会的基本保障。其中,地下水作为水资源的重要组成部分,在社会经济发展和生态环境保护等方面具有不容忽视的作用。

我国的地下水监测主要由水利部门和自然资源部门(原国土资源部门)开展,国家地下水监测工程建成前主要以人工监测为主,监测井多为生产井、民用井,由于地下水监测站网布局不符合当前管理需求、专用监测站点严重缺乏、站网密度低、监测手段落后、信息传输时效性差和分析服务能力弱等问题,致使正常运行的监测站点数量不断减少、监测数据的数量和质量不断降低。为提高地下水监测在经济社会和生态环境和谐发展的服务能力,21 世纪初,水利部和自然资源部(简称两部)先后提出全国地下水监测工程建设方案,在国家发展和改革委员会的支持下,通过多次协调和论证,水利部和自然资源部(原国土资源部)同意共同上报和建设国家地下水监测工程。

工程建设以可持续发展观为指导,坚持统一部署、继承发展、科学先进、分别实施和信息共享等原则,在充分利用现有的地下水监测站网、信息传输系统和水环境监测体系的基础上,建成一个初步满足国家需求的地下水监测网络,形成一个集地下水信息采集、传输、处理、分析及信息服务为一体的监测系统,提升国家地下水监测的技术水平,实现对全国地下水动态的有效监控以及对特殊类型区域的实时监控,为各级领导、主管部门及其他有关部门和社会提供及时、准确、全面的地下水动态信息,为合理利用、有效保护、科学管理水资源以及科学防治地质灾害、有效保护生态环境提供优质服务,为国家的粮食安全、人民的健康、水资源可持续利用和经济社会的可持续发展提供基础支撑。

1.1　工程背景

1.1.1　我国地下水监测发展历程

我国地域辽阔、河流众多、地形复杂、季风性气候特征显著,年降水量十分集中,时空分布不均,特有的自然条件和地理因素,使得水旱灾害频繁发生,每年给人民生命和财产安全造成重大损失,严重威胁着我国社会和国民经济的可持续发展,威胁着人民生活和社会稳定。水资源是保障我国社会稳定、经济发展的根本要素之一,其中,地下水资源作为水资源的重要组成部分,弥补了我国地表水资源时空分布不均匀引起的区域供水不足,同时支撑保护了自然生态环境的可持续发展。随着人类活动和自然环境影响的加剧,地下水资源在缓解日趋紧张的供需矛盾和维护生态环境和谐发展中具有重要意义。

我国的地下水监测是在不断增长的水资源需求和地下水需求的基础上发展起来的,经历了从无到有、从点到面的过程,大致经过了初期阶段、起步阶段、探索发展阶段、快速发展阶段。

(1)初期阶段。20世纪50年代以前,由于地下水开发利用量较少,地下水监测很少被关注,即使有少量的地下水监测工作,也往往将其作为水文站的监测项目之一,用于了解地下水与河水间的补给转换关系,而不是用于监测地下水动态的变化,且监测区域较小、资料不系统。

(2)起步阶段。20世纪50~60年代,是我国地下水监测工作的起步阶段,水利部门、原地质矿产部门在部分区域逐渐开始系统的地下水监测工作。一方面,国家有计划地在部分城市进行了地下水水源勘察,在北京、西安、太原、包头、呼和浩特、济南等城市建设了数十个大型集中供水水源地。同时,开展了地下水动态的长期监测工作。另一方面,从1952年开始,在宁夏黄河灌区、河南人民胜利渠灌区以及安徽、江苏、湖北、江西等地开展了系统的地下水监测。1958~1960年,河南、山东引黄灌区由于大水漫灌,导致土地次生盐碱化,引起水利部门对灌区地下水的重视,在引黄灌区广泛开展了地下水监测工作。这一时期,地下水监测工作主要为工农业生产及城市生活供水服务。

(3)探索发展阶段。20世纪60年代末期至80年代初期,我国在地下水勘察和开发利用方面都取得了长足的进步。原地质矿产部门在全国地下水主要开发利用区(主要是北方各省)建立了地下水监测总站,重要地市建立了分站,专用监测井数量达到万眼以上。至此,北方地区初步形成了一定规模的地下水监测井网,普遍开展了地下水监测工作,监测内容也从单一的水位,扩展到水位、水温、水量、水质等多个要素的监测。20世纪70年代,原水利电力部专门召开地下水工作会议,对地下水监测的目标、工作组织、经费来源、资料汇总等一系列问题提出解决办法,地下水监测研究出现了新的局面。在水利部门和原地质矿产部门的不懈努力下,基本形成了以国家级地下水监测网(主要由原地矿、水利两部门组成,建设、煤炭、地震等部门参与)为龙头的省、地、县三级监测网,同时,也建成了数个地下水均衡试验场(站),积累了大量第一手监测资料,为地下水资源评价和开发利用奠定了基础。

20世纪80年代中期至20世纪末期,由于地下水监测经费不足和体制等原因,部分地区有些部门早期建设的监测网络不断萎缩。至20世纪末,原地矿部门近万眼专用监测井减少了50%左右;水利部门2万多眼监测井也仅存万余眼。而这段时间,随着我国改革开放,社会经济建设高速发展,我国地下水开发利用量却呈明显增长态势,70年代末期地下水开采量为612亿m^3,至20世纪末地下水开采量超过1 000亿m^3。地下水的不合理开发,造成地下水水位持续下降、地面沉降、海水入侵、地下水污染等一系列问题,给我国地下水资源可持续利用和生态环境保护带来了一系列严峻挑战。

(4)快速发展阶段。21世纪初期至今,我国地下水监测进入快速发展阶段。地下水的不合理开发利用造成一系列环境和地质方面的问题,引起国家和人民群众的关注,地下水监测开始受到重视,水利部门将地下水监测作为水资源统一管理的一项基础性工作,为水资源的配置、节约、保护和抗旱决策提供科学依据;原国土资源部门侧重于地下水过量开采监测、监督和地质环境保护。水利部门在部分恢复原有监测站的基础上规划并新建了一些监测站,尤其是在北方地区,监测站网控制面积不断加大,站网密度不断提高。截至2012年,水利部门已基本建立起覆盖全国的降水、水文、水质、地下水等监测站网体系。

其中,地下水监测以生产井为主,监测频次为五日(十日)一次的站有 12 859 处,初步形成能控制北方主要平原区地下水动态的基本监测站网;另外,还有为补充基本监测站不足设置的统测站 11 558 处,每年监测频次为 2~4 次,监测内容包括地下水位、水质、水温和水量等。同时,水利部门开始发布北方地区地下水动态月报和地下水通报,各省(区、市)和社会大众也开始关注我国地下水面临的问题和挑战。

21 世纪初期,全国地下水监测工作虽然有所恢复,但早期建设的地下水监测站网已不能满足经济发展的需要。根据 2011 年《中国水资源公报》统计,我国利用地下水灌溉面积占全国耕地面积的 40%以上;全国 600 多个建制市中,60%以上利用地下水供水,全国地下水供水量达 1 109 亿 m^3,占总供水量的 18.2%,尤其在地表水资源短缺的北方地区,地下水资源开发利用程度更高,已超过地表水,作为第一水源,海河平原区地下水年供水量甚至占总供水量的 65%以上。这些地区由于地表水水资源缺乏和地下水开采管理没有得到很好的控制,局部地区地下水超采严重,部分地区长期过量开采地下水,造成了地下水开采补给失衡,改变了天然地下水赋存状态,进而引发了一系列水资源与生态环境问题,成为影响我国国民生产生活安全、生态环境和谐发展的主要问题,制约了我国社会经济的快速稳定可持续发展。

与此同时,水利部门和原国土资源部门对我国地下水监测工作进行深入研究,分别提出全国地下水监测工程建设方案,在国家发展和改革委员会的协调下,两部达成了“联合规划、统一布局、分工协作、避免重复、信息共享”的共识,2014 年,国家发展和改革委员会下达国家地下水监测工程可行性研究报告批复文件,国家地下水监测工程正式立项。2015 年国家发展和改革委员会下达国家地下水监测工程初步设计概算批复文件,国家地下水监测工程开工建设。2020 年 1 月,国家地下水监测工程通过竣工验收,国家地下水监测工程全面建设完成。

1.1.2　工程建设前地下水监测存在的主要问题

截至 2014 年,工程立项前,我国原有地下水监测站网已不能满足社会经济快速发展、地下水资源管理和人民群众日益增长的美好生活需要,我国地下水监测工作主要面临五个方面的问题:

(1)地下水监测站网布设不能满足水资源管理需求。早期的地下水监测站网主要是满足供水需求,之后,为满足农业灌溉的需要,在原有地下水勘察勘探孔基础上,建立了为农业灌溉服务的地下水监测网络,而且地下水监测站大多分布在北方平原区,南方有些地区甚至还未开展地下水监测工作。同时,地下水监测多以人工为主,专用自动监测井极少,占比不到全部监测井数量的 5%,其他监测井大多借用生产井和民用井开展地下水监测工作,受生产井开采的影响,监测数据不能完全反映真实的地下水资源状况,数据代表性差。有些生产井由于产权变更,地下水监测井更换频繁,造成监测资料不连续,数据质量不高。随着我国城市化和社会经济发展对水资源需求量的增长,地下水需求量也逐年增加,由于长期不合理开采,产生地下水超采区面积增大、地面沉降、海水入侵、地下水水源地污染等问题,原有地下水监测站网已不能掌握区域地下水动态变化规律,无法满足我国最严格水资源管理和地质环境保护的需要。

(2)地下水监测项目较为单一。地下水监测包括水位(埋深)、水质、水量、水温四要素。在经济社会发展中,工农业生产、水资源管理、地质灾害防治、生态环境保护等各方面对地下水监测项目的要求并不完全一样,而是各有侧重。工农业生产对水量、水质要求较多,水资源管理对水量要求较多,地质灾害防治则对水位要求较多,而生态环境保护则对水位、水量、水质要求较多,还有些地区地热温泉的开发,对地下水监测项目的要求更高,水位、水温、水质、水量都必须达到有开发价值。当时大多数地下水监测井仅有水位监测,只有少部分监测井进行了水质、水量的监测。对于地下水污染区、次生盐渍化区、城市水源地以及泉域等普遍缺乏水质、水量以及专门针对与地下水有关的生态环境问题和地质灾害的地下水监测。由于水资源短缺和水污染加剧已经成为当前我国经济发展面临的突出问题,要实现对地下水的合理开发、可持续利用和生态环境保护,就必须对地下水水位、水温、水质、水量诸多要素进行全面监控。

(3)信息采集及传输手段落后。工程建成前,地下水监测大多采用传统的人工方式。监测手段就是采用皮尺、测绳、测钟或音响器等传统监测设备。监测频次按规范规定有逐日、五日、十日、十五日监测,其中,逐日监测站占比不足10%。人工监测方式就是由工作人员或委托观测人员现场测量,而人工监测由于测量器具较落后,测量精度低,监测数据的传输方式一般通过信函、电话、电报等方式逐级上报,信息传递速度缓慢,时效性很低,不能满足我国地下水水资源实时监测、评价以及旱情、突发污染事件高效管理的需要。

(4)信息管理服务能力薄弱。早期,地下水监测数据报送到相关部门后,主要靠人工分析、纸质存档;随着计算机的普及,逐步采用了计算机辅助分析、管理、电子化存档,部分地区开始尝试建立地下水数据库、地下水管理系统,初步具有了信息分析、管理、查询功能,但功能仍单一,数据种类少,数据库表结构不统一,系列不完整,难以实现区域和全国信息共享。在信息服务方面,主要以提供基本监测信息为主,缺乏地下水分析统计、模型预测、综合评价等业务系统,不能满足为各级政府决策、专业技术人员分析研究的需要,也缺乏对社会公众服务的能力。

1.1.3 工程建设的有利条件

国家地下水监测工程建设事关国计民生,加强地下水监测是贯彻落实党和国家重要治水思路,保障国家水安全的战略性工作,得到党和国家的高度重视。建立地下水监测系统,是掌握地下水动态信息、开展地下水管理和保护、实施水资源优化配置和合理开发利用的重要科学基础。工程建设最有效、可行的途径是在现有地下水监测站网的基础上,采用信息技术,改造和提升地下水监测工作方式,加强非工程措施建设,建设一个高效可靠的全国性地下水监测系统,这是实现我国地下水监测现代化的必由之路。国家地下水监测工程建设的有利条件主要包括:

(1)党中央和国务院高度重视水利工作。2011年中央一号文件《中共中央、国务院关于加快水利改革发展的决定》提出实行最严格水资源管理制度,把严格水资源管理作为加快转变经济发展方式的战略举措。其中要求严格地下水管理和保护,逐步削减地下水超采量,实现采补平衡;加强水文气象基础设施建设,扩大覆盖范围,优化站网布局,着力增强重点地区、重要城市、地下水超采区水文测报能力,加快应急机动监测能力建设,实现资料共享,全面提高服务水平;要求力争通过5~10年努力,从根本上扭转水利建设明显滞后的局面。2012年11月,党的十八大从新的历史起点出发,做出"大力推进生态文明建设"的战略决策,并把水利放在生态文明建设的突出位置。

(2)有初步的地下水监测网。地下水监测是水文工作的重要内容,是一项长期的基础性、公益性事业,是认识和掌握地下水动态变化特征、科学评价地下水资源、制定合理开发利用与有效保护措施、减轻和防治地下水污染及其相关的地质灾害和生态环境等问题的重要基础,可以直接为水资源的管理和保护、地下水的合理开发利用以及地质灾害防治和生态环境保护等提供科学支持及技术保障。自新中国成立以来,经过50多年的建设和发展,2013年水利部门已基本建立起覆盖全国的降水、水文、水质、地下水等监测站网体系。其中,地下水监测以生产井为主,监测频次为五日(十日)一次的站有12 859处,初步形成能控制北方主要平原区地下水动态的基本监测站网;另外,还有为补充基本监测站不足而设置的统测站11 558处,每年监测频次仅为2~4次。国土部门地下水监测站点在全国31个省(自治区、直辖市)均有分布,其重点是黄淮海平原、松辽平原、三江平原、关中盆地、银川平原、柴达木盆地、长江三角洲、山东半岛、江汉平原、成都平原、河西走廊、山西六大盆地、神木能源开发区和全国217个开发利用地下水的城市及主要大中型地下水水源地等区域。监测内容包括地下水位、水质、水温和泉水与地下暗河流量等。为国家地下水监测工程的规划、设计、建设奠定了坚实的基础。

(3)有较完善的管理体系和人员作保障。水利部门长期以来主要依托水文部门进行地下水的监测与管理,因此地下水监测、管理体系是在地表水的国家、流域、省(区、市)、地(市)、水文站五级管理体系的基础上建立起来的。管理体系中流域机构为水利部派出机构,省(区、市)、地(市)、水文站三级由省级水文机构垂直管理。水利部的地下水监测工作由水利部水文局组织实施,各流域机构水文局负责本流域内水利部的地下水监测工作,省(区、市)水文(总站、中心)局负责管理省级行政区内水利部门的地下水监测工作。地市水文(分)局负责地(市)级水利部门的地下水监测工作,水文站负责具体水利部门地下水监测站点的监测和管理。

另外,国土资源部门形成了中国地质环境监测院、31个省级地质环境监测总站(院、中心)、223个地市级监测分站机构体系。水利部门及国土资源部门地下水监测、管理机构的设立为国家地下水监测工程的实施提供了组织和人员保障。

(4)有相关的技术标准做指导。1994年,颁布了行业标准《地下水动态监测规程》(DZ/T 0133—94),1996年颁布了行业标准《地下水监测规范》(SL/T 183—96),并于2005年重新修订颁布(SL 183—2005),2006年颁布了行业标准《地下水监测站建设技术规范》(SL 360—2006)。2004年编制完成并通过审查的《全国水文事业发展规划》,对全国范围内地表水和地下水监测工作做了统一部署。2012年颁布水利部行业标准《地下水数据库表结构及标识符》(SL 586—2012);2014年颁布国家标准《地下水监测工程技术规范》(GB/T 51040—2014)。这些标准的颁布实施和规划的编制对开展地下水监测工作起到很好的规范和指导作用。

(5)有较成熟的技术作支持。目前地下水自动监测仪器设备也日臻完善,北京、天津、辽宁、山西、河南等部分省(自治区、直辖市)已经开始了地下水自动监测的试点建设工作,河南省开展了地下水、土壤墒情和雨量相结合的一站多功能的站网试点建设,取得了很好成果。国土部门利用中国政府和荷兰政府共同资助的《中国地下水信息中心能力建设》项目,2003~2008 年在北京平原区、乌鲁木齐河流域和济南岩溶泉域三个地区开展了一系列地下水监测的相关研究,在地下水位及水质监测网优化,自动化监测网络建设、地下水监测数据库和区域地下水模型系统开发以及地下水信息服务系统等方面取得了一批较好的成果,其中部分成果已在国土部门内推广应用,为大规模地下水自动监测与信息服务建设积累了宝贵的技术经验。不同地层岩性条件下的钻探施工技术也逐渐发展成熟,在河南省已施工完成了一个一孔多级的监测井,为监测孔(井)的建设提供了可靠经验;地下水自动监测仪器与实时传输设备的日趋完善、数据存储与信息管理系统的快速升级、分析测试技术的不断提高、全球定位和互联网技术的迅猛发展等,为建设高水平的地下水监测网络提供了有力的技术支持。

(6)有较扎实的工作基础。近年来,水利部门与原国土资源部门在北京、天津、辽宁、湖北、陕西、山东、内蒙古、吉林等省(自治区、直辖市)尝试建设了部分地下水自动监测系统,并通过多年大量基础性水文地质调查工作经验的积累,形成了一套较为成熟的钻探施工技术,为监测站点建设提供了技术保障。

水利部门分别于 20 世纪 80 年代初和 21 世纪初开展了两次全国范围的水资源评价,自 20 世纪 70 年代以来开始大批量刊布地下水监测资料年鉴、地下水通报,积累了丰富的第一手资料;2010 年,按照国务院的统一安排,水利部开展了第一次全国水利普查工作,其中包括地下水取水井专项普查,全面调查我国地下水取水井数量、分布及取水量,地下水水源地情况,为国家地下水监测工程的规划、设计和建设奠定了坚实的基础。水利部门在水质监测工作方面也有一定的基础,初步形成了由流域、省、地(市)各级 250 多个水环境监测分析(分)中心的水质监测分析体系,可以直接为地下水水质监测分析提供服务。

国土部门完成了 1∶20 万为主的全国陆地水文地质普查,开展了大量城市、工矿与农牧业供水勘查和环境地质调查,1984 年和 2002 年分别完成了两轮全国地下水资源评价工作,基本掌握了我国地下水的埋藏分布特征及其相关的生态环境问题,积累了丰富的第一手资料,为实施国家地下水监测工程实施奠定了较丰富的资料基础。

(7)有成功的管理经验可借鉴。国家地下水监测工程将建设大量无人值守的地下水监测站点,配备部分巡测设备,建立相应的各级节点。与国家防汛抗旱指挥系统的站网设置方式相同,管理方式也基本相同。这些系统运行多年,在运行管理方面已有完整的方法,并有相应的规范和一系列管理办法,如《工程建设管理办法》《工程验收管理办法》《工程招标投标管理办法》《工程设备采购管理办法》《工程建设监理办法》《工程检查验收办法》《工程建设项目财务管理办法》等,为本项目建设与运行管理提供了宝贵的借鉴经验。另外,国土部门在北京、济南、乌鲁木齐 3 个地下水监测示范区,通过运用现代化地下水监测仪器、信息系统和模型技术,提高了地下水监测信息采集、信息分析和处理以及信息发布的效率;同时应用地下水模型研究区域地下水可持续开发利用方案,为当地政府管理地下水资源提供科学依据。该项目建设与管理的成功经验,为本工程建设与管理提供了宝贵的经验。

1.2　国家地下水监测工程

1.2.1　工程主要特点

国家地下水监测工程是一项得到党和国家的高度重视、列入国家“十三五”规划的国家战略性工程。国家地下水监测工程的主要特点如下：

(1)两部共建,合作协调。不同于其他水利工程,国家地下水监测工程是在国家发展和改革委员会的统一协调下,按照“联合规划、统一布局、分工协作、避免重复、信息共享”的原则,由水利部和原国土资源部联合实施。从编制项目建议书、项目立项、可行性研究、初步设计到工程建设,两部始终需要密切沟通、协调与配合,从站网布设、技术要求到管理要求和信息共享等需反复沟通,经过 15 年的努力,工程得以建设完成。

(2)中央投资,一个法人。根据国家发展和改革委员会批复,工程投资全部为中央投资,根据分别建设原则,水利部和自然资源部(原国土资源部)分别设立 1 个法人。项目招投标、合同签订、组织管理、监督检查、合同与工程验收、资金支付等各个环节由项目法人总负责。需要项目法人采取有效措施,针对工程建设特点,进行高效项目管理。

(3)点多面广、技术复杂。两部共建成地下水监测站 20 469 个,全部为国家级自动监测站,其中水利部 10 298 个,自然资源部 10 171 个。项目建设范围为全国(除台湾、香港、澳门)31 个省(区、市)及新疆生产建设兵团,涉及 7 个流域片(长江、黄河、淮河、海河、松辽、珠江、太湖)、16 个水文地质分区,覆盖国土面积近 350 万 km^2。建设任务主要包括：土建工程(监测站打井、附属设施建设)、自动采集传输(仪器设备选型、安装调试)、信息系统建设(各级监测中心软硬件和应用软件开发部署等)、中心大楼购置与改造装修(水质实验室、机房、档案室等),涉及专业众多,技术复杂,且各级监测中心技术人员、管理人员情况差异大,招标种类多,管理程序严格、复杂,全国统一推进与协调工作难度大。

(4)委托管理,共同推进。由于国家地下水监测工程点多面广,参建单位众多,建设管理复杂、难度大,需要协调的工作繁多,因此在项目法人总负责基础上,项目法人采取委托地方水文部门共同建设管理。项目法人与各流域机构、省级水文部门签订授权书、委托书和廉政责任书,明确相关责任和工作任务,将土建工程、自动采集传输等建设内容委托地方水文部门建设管理,以保证工程质量以及工程进度和支付按时完成。

1.2.2　工程简介

1.2.2.1　工程建设内容

国家地下水监测工程(水利部分)主要由各级地下水监测中心(国家地下水监测中心、流域监测中心、省级监测中心、地市级分中心)、监测站、信息传输系统、信息服务系统等部分组成。水利部与自然资源部联合建设国家地下水监测中心 1 个;同时,为满足地下水资源流域分区和行政区域监测管理的实际需要,建设流域地下水监测中心 7 个、省级地下水监测中心 32 个、地市级分中心 280 个、监测站 10 298 个;以 GPRS/SMS 和国家防汛抗旱指挥系统计算机网络为骨干信道,建设地下水信息传输系统;信息服务系统是基于国家(流域)、省、地(市)三级监测体系支撑的分布式系统,由运行在地下水数据传输骨干网环境下的一系列监测工作子系统和工具系统构成,主要完成地下水监测数据的采集、传输、管理、统计分析、成果发布和信息服务等工作;建设关中平原典型区地下水资源模型和海河流域典型平原区地下水模拟与应用平台,为地下水资源补给预测、开采模拟探索经验。

监测站将自动采集的地下水信息通过 GPRS/SMS 信道发送到省级监测中心;省级监测中心将数据存入本级数据库,同时通过国家防汛抗旱指挥系统计算机网络分别传输到国家地下水监测中心、流域中心和地市级分中心。国家地下水监测工程总体结构如图 1-1 所示。

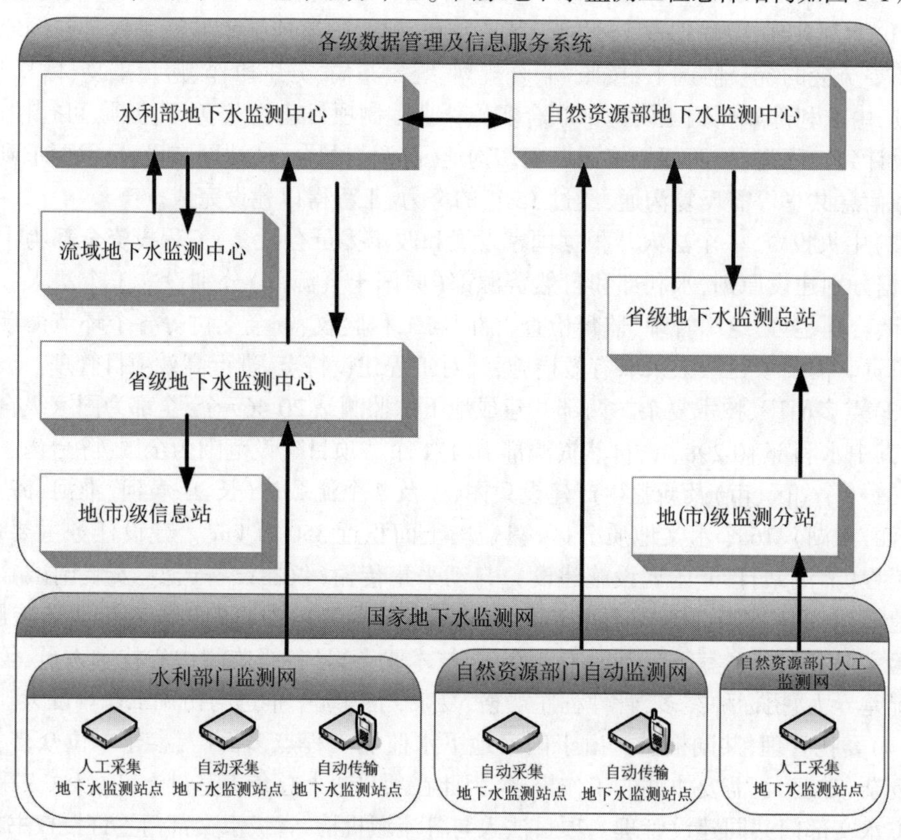

图 1-1 国家地下水监测工程总体结构

1.2.2.2 信息流程

水利部门的地下水监测站将水位、水温、水质等自动监测信息通过 GPRS/SMS 信道发送到省级监测中心,省级监测中心通过国家防汛抗旱指挥系统网络将监测信息分别传输到国家地下水监测中心、流域监测中心、相应地市级分中心。水利部门和原国土部门在国家地下水监测中心进行数据交换。国家地下水监测工程(水利部分)信息传输流程如图 1-2 所示。

1.2.2.3 数据库结构

《国家地下水监测工程(水利部分)数据库表结构与标识符》是在《数据库表结构与标识符标准》(SL 586—2012)的基础上,结合国家地下水监测工程(水利部分)各承建单位的数据存储需求进行扩展与补充。

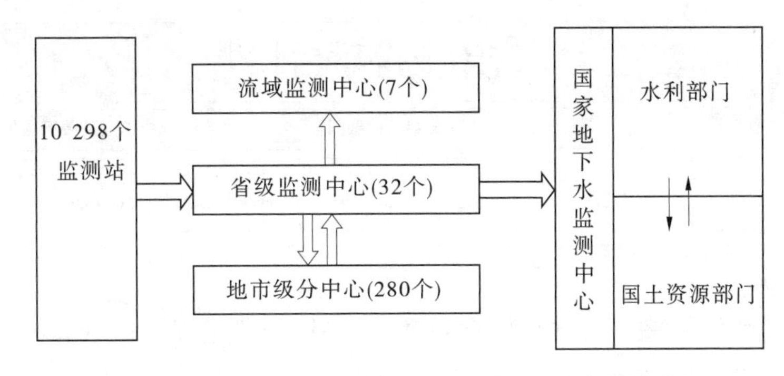

图 1-2　国家地下水监测工程(水利部分)信息传输流程

国家地下水监测工程(水利部分)水利部、流域及省级监测中心的数据库采用同构方式进行建设。划分多个逻辑数据库,由信息共享与交换软件进行不同逻辑库之间的数据同步,通过数据库管理用户对数据表进行集中管理,针对不同的数据库用户分配表的读写/只读等权限,对国家地下水监测工程项目的数据资源进行总体管控。国家地下水监测工程(水利部分)数据库总体结构如图 1-3 所示。

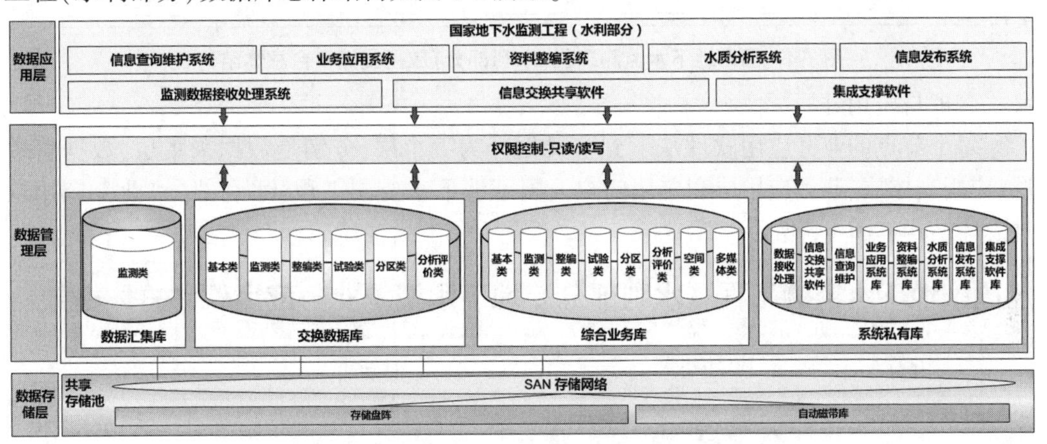

图 1-3　国家地下水监测工程(水利部分)数据库总体结构

1.2.2.4　应用支撑平台

应用支撑平台总体架构设计体现“一体化”指导思想。以标准体系为核心,以安全保障体系和运行管理体系为支柱,确保应用支撑平台切实为国家地下水监测平台提供基础支撑。平台的主要功能围绕应用软件运行环境建设,为了有利于系统实现的任务分工和逻辑关系确认,采用系统分层设计的方法,将应用支撑平台划分为基础层、数据层、业务工具层、通用工具层、集成支撑层、界面展现层等。国家地下水监测工程(水利部分)应用支撑平台总体结构如图 1-4 所示。

1.2.2.5　业务应用软件

地下水资源业务应用软件面向最严格的水资源管理对地下水监测信息的需求,按照“五个统一”的技术要求,建设国家地下水业务应用软件体系,包括:基础环境统一、技术标准统一、数据资源统一、支撑平台统一、应用软件统一,在全国 7 个流域机构、31 个省(区、市)和新疆生产建设兵团 300 个节点进行部署实施,实现对地下水资源监测信息的

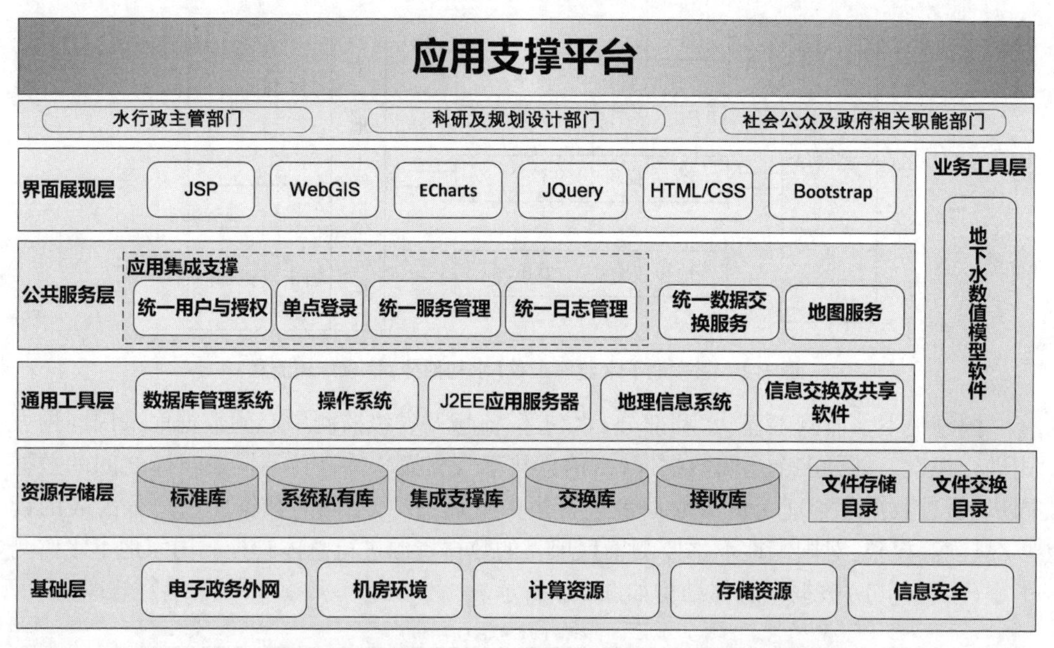

图 1-4 国家地下水监测工程(水利部分)应用支撑平台总体结构

统一管理与应用。

每个节点的业务应用软件从下到上又划分为五个层,分别是数据采集层、数据管理层、应用支撑层、业务应用层和应用门户。国家地下水监测工程(水利部分)业务应用软件总体结构如图 1-5 所示。

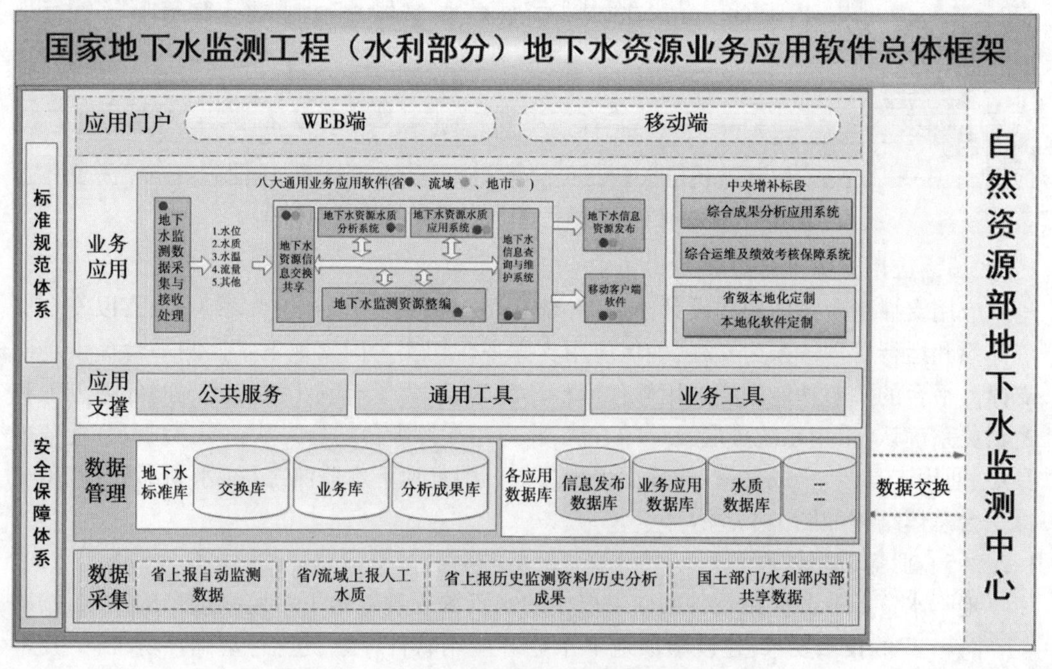

图 1-5 地下水资源业务应用软件总体结构

1.3　工程建设主要成果和成效

1.3.1　主要成果和创新

1.3.1.1　主要建设成果

2020 年 1 月，国家地下水监测工程（水利部分）通过水利部组织的竣工验收，工程建设全面达到或超过了设计要求的性能指标，完成了全部建设任务。建成 1 个国家地下水监测中心（含水质实验室等），建成 7 个流域监测中心、32 个省级监测中心、280 个地（市）级分中心、10 298 个国家级地下水监测站，其中水位监测站 10 256 个（新建 7 715 个、改建 2 541 个）、流量站 42 个，以及水质自动监测站 100 个（其中 17 个重点站加配 UV 探头）。工程建设成果具体如下：

（1）建成 1 个国家地下水监测中心。国家地下水监测中心作为指导全国地下水监测工作，收集储存国家级地下水监测站监测资料，发布地下水信息的专业公益性部门。国家地下水监测中心完成生产业务用房购置和室内环境建设，设立水质实验室、机房、档案室、信息共享服务室（会商室）、展览室，配置了相应软硬件设备，开发和部署了统一的地下水业务应用软件，并依托防汛抗旱指挥系统骨干网，实现全国地下水信息接收、传输、存储、共享交换、分析、应用服务等功能，以及水利部和自然资源部地下水信息共享。

（2）建成 7 个流域级监测中心。以各流域水文部门现有的生产业务用房、计算网络及人力资源为依托，通过配置少量信息系统软硬件、信息共享和服务软件建设，以及业务定制软件开发和全国统一地下水业务应用软件部署，实现对流域内相应省（区、市）地下水监测中心的地下水信息汇集、存储、分析、处理，建立流域地下水监测资料数据库和信息服务平台，为了解、掌握流域地下水动态变化规律、地下水资源开发利用和优化配置提供决策依据。

（3）建成 32 个省级监测中心。以各省（区、市）水文部门现有的生产业务用房、计算网络（部分省网络改造）及人力资源为依托，通过配置信息系统软硬件、信息服务软件等建设，以及信息源业务定制软件开发和统一地下水业务应用软件部署，实现辖区内地下水监测站信息的接收与上传，建立相应的数据库、信息共享服务平台、业务应用系统，与地市、流域、国家监测中心实现资料共享，为辖区内地下水资源评价和论证、规划、管理、保护和实施最严格的水资源管理制度提供信息和技术支持。

（4）建成 280 个地市级分中心。以各地市水文部门现有的生产业务用房、计算网络及人力资源为依托，通过配置基础计算机软硬件、地下水监测数据库和信息服务软件等建设，部署统一地下水信息接收处理业务软件，配备地下水巡测及测井维护设备，实现了各地市地下水信息采集存储、资料整编等功能，为辖区地下水资源评价和论证、规划、管理、保护和实施最严格的水资源管理制度提供信息和技术支持。

（5）建成 10 298 个国家级地下水监测站。国家级监测站是由国务院水行政主管部门批准，为及时掌握区域性地下水水位（埋深）、水质、水量、水温等动态特征和推算水文地质参数而设置的，满足区域代表性、重要性要求的基本监测站。本工程建设的地下水监测站全部为国家级监测站,共建成地下水水位站 10 256 个,其中新建站 7 715 个,改建站 2 541 个;新建流量站 42 个,建设测流堰槽设施 43 处,配置了压力式或浮子式水位仪器设备、自动水质仪器设备等。为国家水行政及其他监督部门掌握和了解区域地下水动态变化规律、监测由于开采引起的环境地质问题、区域水文地质参数计算、地下水资源评价以及合理开发利用提供基础数据。

(6)开发与部署完成十套业务应用软件。实现了地下水信息接收处理、地下水监测信息查询与维护、地下水监测信息整编、地下水资源业务应用、地下水信息交换共享、地下水资源信息发布、移动客户端、地下水水质分析、地下水监测综合成果分析应用、地下水监测综合运维及绩效考核管理保障等业务功能,并按需求部署到国家中心、流域中心、省级中心、地(市)分中心,解决了之前各部门分别建设,业务系统零散的局面。

(7)典型区模型开发。开发了海河流域和关中平原两个典型区地下水资源模型,为探究地下水模型开发进行了有益的探索。

1.3.1.2 建设成果创新点

国家地下水监测工程是我国地下水监测基本建设的重大成果,实现了地下水监测工作的跨越式发展。建设成果主要创新点如下:

(1)建成国家地下水自动监测系统。国家地下水监测工程(水利部分)基于"1+1+10"模式,首次建成了较完整的国家地下水自动监测系统,实现了自动采集信息 30 min 内汇集到国家等各级中心,监测设备和设施具有集成化程度高、功耗低、防雷击、防破坏、占地少、易维护等优点,技术先进,实用可靠。"1+1+10"模式包括:①1 套国家级地下水自动监测站网。按照"区域控制和重点布设相结合"的原则建成 10 298 个国家级自动监测站,地下水水位(埋深)、水温等信息采集频率为每天"六采一发"。监测站建站资料通过信息源建设进行电子化入库,包括测站基本信息、综合成井信息、物探钻孔信息、设备安装调试信息、抽水试验信息、土样筛分试验信息、水质分析信息。②1 套国家级地下水数据交换体系。"按照横向共享,纵向交换"的原则,基于水利通用交换平台,建设了国家—流域—省—地市四级共享交换体系。③10 套业务应用软件。按照"统一开发、分级部署"的原则,开发了 10 套地下水业务应用软件,涵盖数据接收处理、传输交换、管理查询、分析应用、数据整编、信息发布等日常监测分析内容。

(2)建立一体化地下水位监测仪器检测体系。传统分体式压力式或浮子式水位监测仪器存在维护成本高、使用寿命短等缺点。随着监测仪器集成度不断提高,监测设备开始向一体化和自动化方向发展,即传感器、数据采集传输设备、供电系统集成一体,一体化仪器设备高度集成、体积小,可置于监测井内,采用陶瓷电容压力传感器替代了传统压阻式压力传感器,由干电池或锂电池供电,替代了传统太阳能板和蓄电池的供电模式,降低了工作与值守功耗,仪器结构更加易于安装与使用。新产品比传统的产品有明显优势,但市场上的产品质量参差不齐,普遍没有通过型式检验或产品鉴定,现行相关仪器国家标准,部分技术指标及检测方法并不能完全反映出新产品的真实水平。

针对实际现状,本工程项目提出并建立了一套完整的一体化地下水位监测仪器检测体系,对仪器关键性能指标提出一套完整的检测方法和综合评价方法,检测的关键性能指标包括准确度、稳定性、环境适应性、固态存储、功耗、密封性能、数据通信规约符合性等方面,检测平台为 10 m 水位台、时间漂移装置、温度漂移装置等实验室检测平台;地下水试验井、压力水位计水下部分升降装置、标准水位测量装置等野外检测平台;数据传输规约符合性测试平台。检测方法和操作手册包含待检的仪器如何安装到检测平台,如何调试连接数据接收平台,如何进行检测、数据记录、计算与合格判定。此外,提出了一套地下水位仪器质量评价方法,这是国内首次提出的地下水位检测仪器的质量综合评价方法,填补了国内空白。

(3)实现地下水监测数据统一传输和接收。基于《水文监测数据通信规约》(SL 651—2014)制定地下水监测数据通信规约项目标准,实现与多家厂商遥测终端设备的兼容。在《水文监测数据通信规约》(SL 651—2014)的基础上,按照地下水项目的实际业务场景对标准进行补充完善,形成项目标准《地下水监测数据通信报文规定》(DXS 01—2016)。统一开发并部署了地下水信息采集与处理软件,采用动态配置方式,自适应遥测终端的通信协议,通过 GPRS/SMS 信道方式对地下水监测站发来的信息实现自动接收,按照《国家地下水监测工程(水利部分)监测信息传输编码标准》,实现与多家厂商遥测终端设备的兼容。

(4)水利部门首次完成大尺度地下水埋深等值线面绘制。工程建成首个覆盖全国主要平原区地下水资源分析评价参数的空间数据库;首次建成水利部门地下水历史监测资料数据库;首次完成 2000 年后我国地下水主要开发利用平原和盆地的地下水埋深分布的月等值线图绘制。

以北方 17 省 2000 年以来地下水埋深变化分析成果为基础,采用空间栅格计算原理,实现历史等值面与新建站点进行融合,反演黄淮海平原、松辽平原区长系列地下水动态变化过程。绘制北方 17 省 2000 年以来历史地下水埋深分析成果,项目收集了北方 17 省 2000 年以来地下水人工监测历史整编资料 2 000 余万条,采用克里金插值方法,绘制了 6 000 余幅省级历史地下水月平均埋深等值线分析图。基于网格实现主要平原区历史地下水埋深制作与反演,以各省历史等值线(面)分析成果为基础,绘制了 204 幅黄淮海平原区、松辽平原区历史地下水月平均埋深等值线(面)图。按照"网格距离最近"方法,实现黄淮海平原区、松辽平原区历史资料与 10 298 个自动监测站的融合,反演形成国家地下水长系列的动态分析成果。

(5)实现自流井监测试点。对于低水头地下水自流井,地面以上加长井管,压力传感器从井口处下放,日常运行及维护同普通井口保护设施的监测站。对于水头高的地下水自流井,利用连通器原理,将监测井中的压力水引至一个提前做好的密封水箱内,在水箱内放置压力传感器,监测自流井水头。

1.3.2　工程建设的主要成效

国家地下水监测工程的顺利建设完工,建成了较完整的国家地下水自动监测系统,全面提升了我国地下水监测工作能力,改变了地下水信息人工测报的落后状况,提高了地下水监测信息化程度和科学决策水平,对于我国地下水监测事业具有里程碑式的意义。工程建设的作用主要表现在以下几个方面:

(1)专用监测井比例增加,地下水主要监控区监测全覆盖。本工程建成前,地下水监测井多以地下水勘查过程中施工的勘探孔和农灌机井为主,大部分分布在我国北方平原区,南方有些地区甚至还未开展地下水监测工作。全国地下水监测主要分布于北方地下水开发利用较高的地区,区域站网密度仅接近于规范要求的下限,而在重点区域密度仍然较低,很难满足区域地下水管理的要求;南方大部分地区站网密度远远低于区域控制的要求,尚由少部分区域还处于监测的空白区。

本工程新建站全部为专用监测井,改建站大部分为专用监测井,剩余监测井也将陆续转变为专用监测井。全国地下水专用监测井比例增加,北方地区专用监测井数量增加,南方地区专用监测井大幅增加,部分地区实现从无到有。全国实现了主要开发利用区的全覆盖监测,建立的一套布控超采区、南水北调受水区、供水水源区、海水入侵区等特殊类型区的地下水监测站网,全国监测密度达到 5.8 站/1 000 km^2,全国主要平原区密度 15~40 站/1 000 km^2。

(2)监测实现自动化,监测数据可靠性提升。工程建成前,全国大多数地下水监测井仅监测埋深,只有极少部分监测井进行了水温、水质的监测。基本站监测频次主要有逐日、五日、十日监测,统测站监测频次为 2~3 次/年,逐日监测站占基本监测站的比例不足10%,监测时效性差。监测信息的传输方式一般是人工采用普通信函、电话报送到地(市),地(市)再通过信函、电话、传真、网络报送至省级,经过技术员人工整理和逐级上报,传输周期至少 10 d 以上,信息传输速度缓慢,时效性很低。

本工程地下水监测数据包括 10 256 个地下水监测站的水位、水温数据,42 个泉流量监测站的流量数据和 100 个水质自动监测站的水质数据,通过自动监测设备,实现监测数据每日 6 次自动采集,每日 8 点定时发送,30 min 内监测数据从监测站传至国家中心。监测站每年执行 2 次人工校正,保证监测数据的准确性。

(3)建立比较完整的地下水监测标准体系。本工程建成前,地下水监测井建设一直未使用统一标准,专用监测井极少(建设前尚不足监测站的 5%),大多一直借用各单位生产井和民用井开展地下水监测工作,受生产井开采影响,不能完全反映真实的地下水资源状况,造成监测数据代表性差,达不到监测规范技术要求;生产井产权的变更导致监测井更换较频繁,难以保证监测工作的持续性,造成监测资料不连续,降低了数据质量。虽有部分省份尝试建立地下水数据库、地下水管理系统,初步具有了信息分析、管理、查询功能,但标准不统一、功能单一、资料系列不完整,难以实现区域和全国信息的共享。地下水监测数据可靠性及连续性不能保证,区域数据不能互联共享,就不能了解和掌握区域地下水动态变化规律,无法满足我国地下水资源科学管理和生态文明监测的需要。

本工程建设前,颁布了国家标准《地下水监测工程技术规范》(GB/T 51040—2014),自 2015 年 8 月 1 日起实施,对地下水监测站专用井建设提出统一要求,确保本次建设的地下水监测站全部选用专用观测井,尽量避免了地下水开采对监测的影响。此外,工程还加强了数据标准建设,建立了一套全国地下水信息数据、传输规约、计算机网络、数据汇集和管理、应用支撑平台、业务应用系统、地下水监测中心信息安全等多个项目标准,规范了地下水信息的传输、交换、共享与服务。

(4)实现信息处理与服务流程的自动化。本工程根据监测数据的采集、传输、整编、分析应用、成果展示以及监测站维护、资产管理业务需要,按照统一的技术标准,建立覆盖全国 7 个流域机构、31 个省(区、市)和新疆生产建设兵团的分布式系统,自动接收、处理、交换、存储和管理监测站采集的地下水信息以及设备状态信息,开发业务应用软件和共享服务平台,实现对地下水资源监测信息管理与应用自动化以及管理流程的标准化。

(5)全面推进了水利信息化和现代化。国家地下水监测工程是继国家防汛抗旱指挥系统、中小河流项目之后,又一个重大的水文工程项目,该工程形成的信息资源,建立的数据库系统,形成的水利信息网络、应用软件体系,制定的一系列规范和标准等是水利信息化最重要的基础设施,为其他系统信息化提供了有力的技术支持,全面促进了水利信息化和水利现代化的进展。

(6)造就了一大批适应未来技术发展的人才队伍。有 3 000 多人参与工程设计、建设和运行,他们不但熟悉和掌握了现代信息技术、现代管理知识,而且丰富了工程建设管理知识和地下水专业知识,增强了解决复杂问题的能力。工程的建设培养了一大批适应未来技术发展的人才队伍,为我国水利信息化、现代化发展奠定了人才基础。

(7)工程发挥了很好的示范作用。国家地下水监测工程项目建议书、可行性研究报告、初步设计文件、技术标准、规章制度作为行业内外的参考。技术路线、技术手段、建设管理方法已经为国内许多行业所借鉴、采用,不仅为地下水工程建设树立了标杆,对其他行业建设也起到了很好的示范作用。

工程自投入运行以来,在水利部、流域机构、省(自治区、直辖市)及地市各级地下水资源开发利用、生态环境与地质环境保护、华北地下水超采综合治理等工作中发挥了重要作用,产生了巨大的社会效益和经济效益。

总之,国家地下水监测工程建成与应用是我国地下水监测现代化、水文信息化建设的重大成果,是我国地下水监测工作的一次有益探索和成功实践,是我国地下水监测各领域创新的集中体现,促进了地下水监测信息化技术进步,提高了地下水监测科学决策水平,全面提升了我国地下水监测服务能力,不仅实现了我国地下水监测和水文信息化的跨越式发展,也为我国地下水事业发展指明了方向。

第2章 立项管理

工程项目建设程序是指工程项目从立项、设计、施工到竣工验收和后评价全部建设过程中,各项工作必须遵循的先后工作次序。项目建设程序是工程建设过程客观规律的反映,是建设工程项目科学决策和顺利进行的重要保证。对于政府投资工程项目,编制项目建议书是项目建设最初阶段的工作,项目建议书被批准并不表明项目立项,只有可行性研究报告批准后,工程项目才算正式立项。同时,也有很多工程项目省略项目建议书阶段,直接编制可行性研究报告进行项目申报立项。

21世纪初,水利部和自然资源部(原国土资源部)相继提出建设国家地下水监测工程的计划,在国家发展和改革委员会的协调下,两部联合开展《国家地下水监测工程项目建议书》《国家地下水监测工程可行性研究报告》的编制和申报工作。2014年7月,国家发展和改革委员会批复了《国家地下水监测工程可行性研究报告》,同意开展下一步初步设计报告编制工作。至此,国家地下水监测工程正式完成立项工作。

2.1 基本建设程序

按照《水利工程建设程序管理暂行规定》,水利工程建设程序一般分为:项目建议书阶段、可行性研究阶段、施工准备阶段、初步设计阶段、建设实施阶段、生产准备阶段、竣工验收阶段、后评价阶段。

2.1.1 项目建议书阶段

(1)项目建议书应根据国民经济和社会发展长远规划、流域综合规划、区域综合规划、专业规划,按照国家产业政策和国家有关投资建设方针进行编制,是对拟进行建设项目的初步说明。

(2)项目建议书应按照《水利水电工程项目建议书编制暂行规定》(水利部水规计〔1996〕608号)编制。

(3)项目建议书编制一般由政府委托有相应资格的设计单位承担,并按国家现行规定权限向主管部门申报审批。项目建议书被批准后,由政府向社会公布,若有投资建设意向,应及时组建项目法人筹备机构,开展下一建设程序工作。

2.1.2 可行性研究阶段

(1)可行性研究应对项目进行方案比较,在技术上是否可行和经济上是否合理进行科学的分析和论证。经过批准的可行性研究报告,是项目决策和进行初步设计的依据。可行性研究报告,由项目法人(或筹备机构)组织编制。

(2)可行性研究报告应按照《水利水电工程可行性研究报告编制规程》(电力部、水利部电办〔1993〕112 号）编制。

（3）可行性研究报告，按国家现行规定的审批权限报批。申报项目可行性研究报告，必须同时提出项目法人组建方案及运行机制、资金筹措方案、资金结构及回收资金的办法。

（4）可行性研究报告经批准后，不得随意修改和变更，在主要内容上有重要变动，应经原批准机关复审同意。项目可行性报告批准后，应正式成立项目法人，并按项目法人责任制实行项目管理。

2.1.3　施工准备阶段

项目可行性研究报告已经批准，年度水利投资计划下达后，项目法人即可开展施工准备工作，其主要内容包括：

（1）施工现场的征地、拆迁；

（2）完成施工用水、电、通信、路和场地平整等工程；

（3）必需的生产、生活临时建筑工程；

（4）实施经批准的应急工程、试验工程等专项工程；

（5）组织招标设计、咨询、设备和物资采购等服务；

（6）组织相关监理招标，组织主体工程招标准备工作，工程建设项目施工，除水行政主管部门批准不适合招标的特殊工程项目外，均须实行招标投标。水利工程建设项目的招标投标，按有关法律、行政法规和《水利工程建设项目招标投标管理规定》等规章规定执行。

2.1.4　初步设计阶段

（1）初步设计是根据批准的可行性研究报告和必要的设计资料，对设计对象进行通盘研究，阐明拟建工程在技术上的可行性和经济上的合理性，规定项目的各项基本技术参数，编制项目的总概算。初步设计任务应择优选择有项目相应资格的设计单位承担，依照有关初步设计编制规定进行编制。

（2）初步设计报告应按照《水利水电工程初步设计报告编制规程》（电力部、水利部电办〔1993〕113 号）编制。

（3）初步设计文件报批前，一般须由项目法人委托有相应资格的工程咨询机构或组织行业各方面（包括管理、设计、施工、咨询等方面）的专家，对初步设计中的重大问题进行咨询论证。设计单位根据咨询论证意见，对初步设计文件进行补充、修改、优化。初步设计由项目法人组织审查后，按国家现行规定权限向主管部门申报审批。

（4）设计单位必须严格保证设计质量，承担初步设计的合同责任。初步设计文件经批准后，主要内容不得随意修改、变更，并作为项目建设实施的技术文件基础。如有重要修改、变更，须经原审批机关复审同意。

2.1.5　建设实施阶段

（1）建设实施阶段是指主体工程的建设实施，项目法人按照批准的建设文件，组织工程建设,保证项目建设目标的实现。

(2)水利工程具备《水利工程建设项目管理规定(试行)》规定的开工条件后,主体工程方可开工建设。项目法人或者建设单位应当自工程开工之日起15个工作日内,将开工情况的书面报告报项目主管单位和上一级主管单位备案。

(3)项目法人要发挥建设管理的主导作用,为施工创造良好的建设条件。项目法人要充分授权工程监理,使之能独立负责项目的建设二期、质量、投资的控制和观场施工的组织协调。监理单位的选择必须符合《水利工程建设监理规定》(水利部水建〔1996〕396号)的要求。

(4)要按照"政府监督、项目法人负责、社会监理、企业保证"的要求,建立健全质量管理体系,重要建设项目,须设立质量监督项目站,行使政府对项目建设的监督职能。

2.1.6 生产准备阶段

(1)生产准备是项目投产前所要进行的一项重要工作,是建设阶段转入生产经营的必要条件。项目法人应按照建管结合和项目法人责任制的要求,适时做好有关生产准备工作。

(2)生产准备应根据不同类型的工程要求确定,一般应包括如下主要内容:

①生产组织准备。建立生产经营的管理机构及相应管理制度。

②招收和培训人员。按照生产运营的要求,配备生产管理人员,并通过多种形式的培训,提高人员素质,使之能满足运营要求。生产管理人员要尽早介入工程的施工建设,参加设备的安装调试,熟悉情况,掌握好生产技术和工艺流程,为顺利衔接基本建设和生产经营阶段做好准备。

③生产技术准备。主要包括技术资料的汇总、运行技术方案的制订、岗位操作规程制定和新技术准备。

④生产的物资准备。主要是落实投产运营所需要的原材料、协作产品、工器具、备品备件和其他协作配合条件的准备。

⑤正常的生活福利设施准备。

(3)及时具体落实产品销售合同协议的签订,提高生产经劳效益,为偿还债务和资产的保值增值创造条件。

2.1.7 竣工验收阶段

(1)竣工验收是工程完成建设目标的标志,是全面考核基本建设成果、检验设计和工程质量的重要步骤。竣工验收合格的项目即从基本建设转入生产或使用。

(2)当建设项目的建设内容全部完成,并经过单位工程验收(包括工程档案资料的验收),符合设计要求并按《水利基本建设项目(工程)档案资料管理暂行规定》(水利部水办〔1997〕275号)的要求完成了档案资料的整理工作;完成竣工报告、竣工决算等必需文件的编制后,项目法人按《水利工程建设项目管理规定(试行)》(水利部水建〔1995〕128号)规定,向验收主管部门提出申请,根据国家和部颁验收规程,组织验收。

(3)竣工决算编制完成后,须由审计机关组织竣工审计,其审计报告作为竣工验收的基本资料。

(4)工程规模较大、技术较复杂的建设项目可先进行初步验收。不合格的工程不予验收;有遗留问题的项目,对遗留问题必须有具体处理意见,且有限期处理的明确要求并落实责任人。

2.1.8　后评价阶段

(1)建设项目竣工投产后,一般经过1~2年生产运营后,要进行一次系统的项目后评价,主要内容包括:影响评价——项目投产后对各方面的影响进行评价;经济效益评价——对项目投资、国民经济效益、财务效益、技术进步和规模效益、可行性研究深度等进行评价;过程评价——对项目的立项、设计施工、建设管理、竣工投产、生产运营等全过程进行评价。

(2)项目后评价一般按三个层次组织实施,即项目法人的自我评价、项目行业的评价、计划部门(或主要投资方)的评价。

(3)建设项目后评价工作必须遵循客观、公正、科学的原则,做到分析合理、评价公正。通过建设项目的后评价以达到肯定成绩、总结经验、研究问题、吸取教训、提出建议、改进工作,不断提高项目决策水平和投资效果的目的。

2.2　立项阶段的工作内容

工程项目立项阶段,又称为建设前期工作阶段或项目决策阶段,主要包括编制项目建议书和编制可行性研究报告两项工作内容。可行性研究报告批准后,建设项目才算正式立项。

(1)编制项目建议书。对于政府投资工程项目,编制项目建议书是项目建设最初阶段的工作。其主要作用是推荐建设项目,以便在一个确定的地区或部门内,以自然资源和市场预测为基础,选择建设项目。项目建议书经批准后,可以进行可行性研究工作,但并不表明项目非上不可,项目建议书不是项目的最终决策。

(2)编制可行性研究报告。可行性研究是在项目建议书被批准后,对项目在技术上和经济上是否可行所进行的科学分析和论证,申报项目可行性研究报告,必须同时提出项目法人组建方案及运行机制、资金筹措方案、资金结构及回收资金的办法。根据《国务院关于投资体制改革的决定》(国发〔2004〕20号),对于政府投资项目须审批项目建议书和可行性研究报告;对于不使用政府资金投资建设的项目,不再实行审批制,而是根据《政府核准的投资项目目录》,目录以内的企业投资项目实行核准制,目录以外的项目实行备案制。

经批准的可行性研究报告是确定建设项目的依据。项目单位可以依据可行性研究报告批复文件,按照规定向城乡规划、国土资源等部门申请办理规划许可、用地手续等,并委托具有相应资质的设计单位进行初步设计。只有项目可行性研究报告经批准后,项目才正式立项,可以成立项目法人,年度投资计划下达后,项目法人将开展施工准备工作。

2.3 立项申报和审批程序

按照2014年3月1日实施的《中央预算内直接投资项目管理办法》(国家发展和改革委员会第7号令)“第二条 中央预算内直接投资项目是指国家发展改革委安排中央预算内投资建设的中央本级(包括中央部门及其派出机构、垂直管理单位、所属事业单位)非经营性固定资产投资项目”的规定,使用中央财政性资金的水利工程项目应遵照《中央预算内直接投资项目管理办法》进行项目立项和审批,主要审批要求和程序如下:

(1)直接投资项目实行审批制,包括审批项目建议书、可行性研究报告、初步设计。情况特殊、影响重大的项目,需要审批开工报告。国务院、国家发展和改革委员会批准的专项规划中已经明确、前期工作深度达到项目建议书要求、建设内容简单、投资规模较小的项目,可以直接编报可行性研究报告,或者合并编报项目建议书。

(2)中央预算内投资3 000万元及以上的项目,以及需要跨地区、跨部门、跨领域统筹的项目,由国家发展和改革委员会审批或者由国家发展和改革委员会委托中央有关部门审批,其中特别重大项目由国家发展和改革委员会核报国务院批准;其余项目按照隶属关系,由中央有关部门审批后抄送国家发展和改革委员会。

(3)审批直接投资项目时,一般应当委托具备相应资质的工程咨询机构对项目建议书、可行性研究报告进行评估。特别重大的项目实行专家评议制度。

(4)项目建议书要对项目建设的必要性、主要建设内容、拟建地点、拟建规模、投资匡算、资金筹措以及社会效益和经济效益等进行初步分析,并附相关文件资料。项目建议书的编制格式、内容和深度应当达到规定要求。

由国家发展和改革委员会负责审批的项目,其项目建议书应当由具备相应资质的甲级工程咨询机构编制。

(5)项目建议书编制完成后,由项目单位按照规定程序报送项目审批部门审批。项目审批部门对符合有关规定、确有必要建设的项目,批准项目建议书,并将批复文件抄送城乡规划、国土资源、环境保护等部门。

项目审批部门可以在项目建议书批复文件中规定批复文件的有效期。

(6)项目单位依据项目建议书批复文件,组织开展可行性研究,并按照规定向城乡规划、国土资源、环境保护等部门申请办理规划选址、用地预审、环境影响评价等审批手续。

(7)项目建议书批准后,项目单位应当委托工程咨询机构编制可行性研究报告,对项目在技术和经济上的可行性,以及社会效益、节能、资源综合利用、生态环境影响、社会稳定风险等进行全面分析论证,落实各项建设和运行保障条件,并按照有关规定取得相关许可、审查意见。可行性研究报告的编制格式、内容和深度应当达到规定要求。

由国家发展和改革委员会负责审批的项目,其可行性研究报告应当由具备相应资质的甲级工程咨询机构编制。

(8)项目可行性研究报告应当包含以下招标内容:

①项目的勘察、设计、施工、监理以及重要设备、材料等采购活动的具体招标范围(全部或者部分招标)。

②项目的勘察、设计、施工、监理以及重要设备、材料等采购活动拟采用的招标组织形式(委托招标或者自行招标)。按照有关规定拟自行招标的,应当按照国家有关规定提交书面材料。

③项目的勘察、设计、施工、监理以及重要设备、材料等采购活动拟采用的招标方式(公开招标或者邀请招标)。按照有关规定拟邀请招标的,应当按照国家有关规定提交书面材料。

(9)可行性研究报告编制完成后,由项目单位按照规定程序报送项目审批部门审批,并应当附以下文件:

①城乡规划行政主管部门出具的选址意见书;

②国土资源行政主管部门出具的用地预审意见;

③环境保护行政主管部门出具的环境影响评价审批文件;

④项目的节能评估报告书、节能评估报告表或者节能登记表(由中央有关部门审批的项目,需附国家发展改革委出具的节能审查意见);

⑤根据有关规定应当提交的其他文件。

(10)项目审批部门对符合有关规定、具备建设条件的项目,批准可行性研究报告,并将批复文件抄送城乡规划、国土资源、环境保护等部门。项目审批部门可以在可行性研究报告批复文件中规定批复文件的有效期。对于情况特殊、影响重大的项目,需要审批开工报告的,应当在可行性研究报告批复文件中予以明确。

(11)投资概算超过可行性研究报告批准的投资估算10%的,或者项目单位、建设性质、建设地点、建设规模、技术方案等发生重大变更的,项目单位应当报告项目审批部门。项目审批部门可以要求项目单位重新组织编制和报批可行性研究报告。

(12)对于由国家发展和改革委员会审批项目建议书、可行性研究报告的项目,其初步设计经中央有关部门审核后,由国家发展和改革委员会审批或者经国家发展和改革委员会核定投资概算后由中央有关部门审批。经批准的初步设计及投资概算应当作为项目建设实施和控制投资的依据。

(13)投资项目应当符合规划、产业政策、环境保护、土地使用、节约能源、资源利用等方面的有关规定。

(14)中央和地方共建的需要申请中央财政性资金补助的地方项目,应按照《中央预算内投资补助和贴息项目管理暂行办法》(国家发展和改革委员会令第31号)的规定,由地方政务部门组织编制资金申请报告,经地方发展改革部门审查并报项目审批部门审批。补助资金可根据项目建设进度一次或分次下达。

2.4　项目建议书编制要求

按照《水文基础设施项目建设管理办法》的规定,水文基础设施项目前期工作技术文件应按照《水文设施工程项目建议书编制规程》有关规定要求进行编制,确保设计深度。

编制项目建议书,旨在结合国家和本部门现状及实际需求,分析项目建设的必要性,确定项目建设的原则和目标,并提出项目建设内容、方案框架、组织实施方式、投融资方案和效益评价等方面的初步设想。

项目建设单位主要依据中央和国务院的有关文件精神、行业规划,并参考项目需求分析报告、项目审批部门组织专家对需求分析报告提出的评议意见,本着客观、公正、科学的原则,开展项目建议书编制工作。

项目建议书需报送项目审批部门,项目审批部门委托有资格的咨询机构评估后审核批准,或报国务院审批后下达批复。

2.4.1 主要内容和编制要求

项目建议书应当由相应资质的勘测设计单位编制,主要内容和编制要求如下:

(1)说明项目所在区域内自然条件、社会经济条件、水文水资源开发利用与保护情况,分析水文设施工程现状与存在的问题。

(2)基本确定工程建设目标,初步确定建设任务。

(3)初步查明项目所在地气象、水文、地质等基本情况,以及项目区已建、在建及规划的涉水工程情况,供水、供电、供暖、通信等情况。

(4)初步确定工程总体方案,基本确定建设规模及内容,估算工程量。

(5)初步分析施工条件,初拟施工组织形式及进度安排。

(6)初拟建设管理机构、项目管理模式和运行维护管理方案。

(7)初步分析环境状况,提出环境影响分析。

(8)估算工程投资,初拟资金筹措方案。

(9)初步分析社会效益和经济效益。

2.4.2 格式和提纲

项目建议书可参考表2-1格式和提纲进行编制。

表2-1 项目建议书参考格式和提纲

(一)封面格式
××××(项目全称)项目建议书 项目建设单位:××××× 编制单位:××××× 编制日期:××××年××月 项目建设单位联系人:××× 联系方式:×××××
(二)扉页格式
编制单位:××××(盖章) 编制单位负责人:××× 编制单位项目负责人:××× 主要编制人员:×××、…… 参加编制单位:×××××

续表 2-1

(三)项目建议书编制提纲

第1章 综合说明

1. 综述项目建设所依据的水文设施工程有关规划成果及项目建议书的编制过程。

2. 综述项目建设所依据的水文设施工程有关规划成果及水资源开发利用与保护状况。

3. 综述水文设施工程现状与存在的问题及项目建设的必要性。

4. 综述项目建设任务、目标和规模。

5. 说明建设内容。

6. 综述施工及进度安排。

7. 综述项目管理的主要内容。

8. 综述项目环境影响。

9. 综述项目投资、资金筹措及资金安排计划。

10. 综述效益分析及主要结论。

第2章 概况

1. 气象与水文

简述项目所在地自然地理概况、河流水系等情况;简述项目所在地的水文水资源概况、主要水文特征值;简述项目所在地的气候特性和主要气象要素特征值;简述以下水文、气象要素:工程所在地河流的水质状况及其特征;有冰凌危害的河段,应简述本河段冰凌特性;有冻土季节的地区,应简述冻土时间及深度。

2. 地质

简述项目区域地形地貌及地质情况;初步说明影响工程的主要地质条件和工程地质问题。

3. 其他

初步查明项目区已建、在建及规划的涉水工程情况,供水、供电、供暖、通信等情况;说明有关部门和地区对项目建设的意见、协作关系及有关协议,并应收集有关报告、文件。

第3章 项目建设的必要性

1. 现状与存在的问题

说明项目所在地位置、河段情况、水沙特性;说明项目管理单位人员情况、基础设施及技术装备现状;针对流域(区域)社会经济发展、水资源管理与保护及有关规划对项目建设的要求,分析存在的问题。

2. 项目建设的必要性

阐明项目在流域(区域)防汛抗旱,水资源管理与保护,涉水工程建设、运行与管理以及各类规划中的地位和作用,论述项目建设的必要性;根据建设项目类别,提供相关图表。

第4章 建设的目的、原则和依据

1. 依据建设任务,结合项目在流域和地区规划中的作用,初步提出项目的建设目标。

2. 依据社会经济发展、技术水平和国家产业政策,并结合工程实际情况,初步确定建设原则。

3. 说明项目所依据的流域(区域)综合规划、有关专项规划和审批意见以及与建设项目有关的国家和行业标准。

4. 说明与已建、在建和已立项等其他项目的关系。

第5章 建设任务与规模

1. 根据有关规划审批意见,提出本项目建设的任务。

2. 针对现状与存在的问题及建设任务,依据有关技术标准,分析工程需求,对规划阶段拟定的工程规模进行复核,以及项目现状与需求表。

续表 2-1

3. 依据相关建设标准和需求分析成果,初步确定工程量,以及项目工程量表。 第6章　建设内容与方案 1. 建设内容 依据建设任务与目标,结合现状与存在问题,初步确定项目建设内容。 2. 建设方案 依据建设内容拟定初步建设方案。 第7章　工程施工 1. 施工条件与施工组织形式 简述项目所在地的水文、气象、供水供电、交通、通信及建筑材料供应情况等施工条件;简要分析项目所在地劳动力状况,提出施工组织形式。 2. 施工要求和施工进度 简述各类水文设施工程施工的基本要求;初步确定施工总工期,初拟进度安排。对分期建设的项目,应简述分期实施意见;提出施工进度安排表。 第8章　工程管理 1. 初步提出项目建设的隶属关系、管理机构、管理职责、组织管理模式。按项目法人责任制的要求,提出建设项目的主管单位、建设单位。 2. 初步提出项目运行管理的要求。测算维持项目正常运行所需运行维护费用及其负担原则、来源和保障措施。 第9章　环境影响评价 1. 简述项目所在地的环境质量、环境保护目标及评价标准。 2. 简述项目所在地的环境质量、环境保护目标及评价和不利影响,并应提出初步评价结论。 第10章　投资估算、资金筹措及效益评价 1. 投资估算应遵循的原则。 2. 初步明确项目投资组成、资金来源及筹措方案。 3. 初步明确资金安排计划。 4. 投资估算附表。 5. 综述项目的社会效益、经济效益、环境效益等,初步提出项目综合评价结论。 第11章　结论与建议 1. 综述项目建设的必要性、任务、规模、建设工期、投资估算和效益评价等主要成果。 2. 简述项目建设中的主要问题与建议。 附表 1. ××××项目现状与需求表 2. ××××项目工程量表

2.5　可行性研究报告编制要求

按照《水文基础设施项目建设管理办法》的规定,水文基础设施项目前期工作技术文件应按照《水文设施工程可行性研究报告编制规程》有关规定要求进行编制,确保设计深度。

项目可行性研究的任务旨在通过对实施条件和项目实际需求的进一步分析，提出项目建设的原则、目标、内容、方案、组织实施方式、投融资方案和效益评价。

项目建设单位应招标选定或委托具有相关专业甲级资质的工程咨询单位编制可研报告。

项目建设单位和可行性研究报告编制单位主要依据项目审批部门对项目建议书的批复等，按照本文件的要求，本着客观、公正、科学的原则，开展项目可行性研究工作并编制可行性研究报告。

可行性研究报告需报送项目审批部门，项目审批部门委托有资质的咨询机构评估后审核批准，或报国务院审批后下达批复。

2.5.1　主要内容和编制要求

可行性研究报告应当由相应资质的勘测设计单位编制，主要内容和编制深度要求如下：

(1)论述项目建设的必要性和可行性，确定建设目标、任务和规模。

(2)说明项目所在地水文、气象、地质等基本情况以及项目区已建、在建及规划的涉水工程情况，供水、供电、供暖、通信情况，初步提出相应的评价和结论。

(3)基本确定建设内容和工程总体布置，完成水文设施工程中雨量、水位、流量、泥沙测验设施及水质监测设施相关设计，提出生产业务用房设计方案，基本确定供电、供水、供暖、通信等设施的建设方式及工程量；基本确定水文信息采集、传输、处理、存储等相关设备的指标要求；基本确定业务应用与服务系统的软硬件配置方案，明确购置软件的数量及开发工作量，基本确定硬件的指标要求。通过典型设计，估算工程量。

(4)分析施工条件，基本确定施工组织形式、施工方法和要求、总工期及进度安排。

(5)基本确定建设管理机构和项目管理模式，测算运行维护费用成果，明确资金来源，简述招投标设计方案。

(6)分析环境影响，提出环境影响结论。

(7)明确价格水平年，估算工程投资，确定资金筹措方案。

(8)分析工程的社会效益和经济效益。

(9)明确项目存在主要问题及建议。

此外，根据需要可以将下列资料作为可行性研究报告的附件：

(1)相关批复文件；

(2)征地意向书；

(3)危房鉴定材料；

(4)购房意向书；

(5)环境影响登记(报告)表。

工程有关的其他文件。

2.5.2 格式和提纲

可行性研究报告可参考表2-2格式和提纲进行编制。

表2-2 可行性研究报告格式和提纲

(一)封面格式 ××××(项目全称)可行性研究报告 项目建设单位:××××× 编制单位:××××× 编制日期:××××年××月 项目建设单位联系人:×××× 联系方式:×××××
(二)扉页格式 编制单位:××××(盖章) 编制单位负责人:××× 编制单位项目负责人:××× 主要编制人员:×××、…… 参加编制单位:×××××
(三)可行性研究报告编制提纲 第一章 综合说明 1. 简述项目建议书或相关规划的审批情况以及可行性研究报告的编制过程。 2. 简述项目所在区域的水文、气象要素,影响工程建设的地质勘查结论。 3. 简述水文设施工程现状与存在问题以及项目建设的必要性和可行性。 4. 简述项目建设任务、目标、规模及条件。 5. 简述水文设施工程总体布置方案和主要工程设计方案。 6. 简述施工条件、施工组织形式、施工方法和要求、总工期和进度安排。 7. 简述工程建设管理机构、管理内容、运行管理等。 8. 简述项目环境影响。 9. 简述项目投资及资金筹措。 10. 简述效益分析结论,提出对下阶段工作的建议。 第二章 概况 1. 水文 (1)说明项目所在地自然地理概况、河流水系等特性。 (2)说明项目所在地的水文水资源概况、主要水文特征值。 (3)说明项目所在地的气候特性和主要气象要素的特征值。 (4)其他水文、气象要素:说明工程所在地河流的水质状况及其特征;冰凌危害的河段,说明本河段冰凌特性等。 2. 地质 (1)说明项目区域地形地貌及地质情况。 (2)查明影响工程的主要地质条件和工程地质问题,提出地质勘查结论。

续表 2-2

3. 有关协议

有关部门和地区对项目建设的意见、协作关系及有关协议，收集有关报告、文件。

第三章　项目建设的必要性和可行性

1. 现状与存在问题

(1)说明项目所在地水文设施工程现状。主要包括建设项目人员编制、单位级别、管理模式、测站测洪方案、基础设施及技术装备、业务应用与服务系统等基本情况。

(2)针对流域(区域)社会经济发展、水资源管理与保护及有关规划对项目建设的要求，分析存在的问题。

2. 项目建设的必要性和可行性

阐明项目在流域(区域)防汛抗旱、水资源管理与保护、涉水工程建设与管理以及各类规划中的地位和作用，结合项目建议书或相关规划审批意见，论证项目建设的必要性，并结合国家现行政策、行业发展方向、技术水平、管理能力等论述项目建设的可行性。

3. 附图、附表

(1)建设项目地理位置示意图。

(2)站网分布图。

(3)测验河段平面图。

(4)有关降水、水位、流量、泥沙、大断面、特征值等图表。

(5)业务应用与服务系统逻辑结构图。

第四章　建设目标、原则和依据

1. 建设目标

依据建设任务，结合项目在流域和地区规划中的作用，确定项目的建设目标。

2. 建设原则

依据社会经济发展水平和国家产业政策，并结合工程实际情况，确定建设原则。

3. 建设依据

说明所依据的项目建议书或相关规划审批意见及与建设项目有关国家和行业标准。

4. 与其他项目的关系

明确与本项目有关的已建、在建和已立项等其他项目的关系。

第五章　建设任务与规模

1. 建设任务

根据项目建议书或相关规划审批意见，明确本项目建设的任务。

2. 建设规模

针对水文设施工程现状与存在的问题以及建设任务，依据有关技术标准，分析工程需求，对项目建议书阶段拟定的工程规模进行复核。

3. 工程量

依据相关建设标准和需求分析成果，确定工程量

第六章　建设内容与方案

1. 建设内容

复核已审批项目建议书或相关规划提出的建设内容。

续表 2-2

2. 方案比选 (1)基础设施比选。包括:测验河段基础设施,水位观测设施,流量及泥沙测验设施,降水、蒸发观测设施,水质设施,实时水文图像监控设施,生产业务用房,供电、给排水、取暖、通信设施建设,其他设施建设。 (2)技术装备比选。根据测验任务及水沙特性,结合仪器设备使用范围、用途、配置标准和测验规范要求等,确定仪器设备选型、数量和主要性能指标。主要仪器设备包括各种水文信息采集传输和处理仪器设备、实时水文图像监控设备、测绘仪器以及其他设备的购置和安装调试等。包括:水位信息采集仪器设备,流量、泥沙信息采集仪器设备,降水、蒸发等气象信息采集仪器设备,水质监测分析仪器设备,实时水文图像监控设备,测绘仪器设备,通信与水文信息传输设备,测验交通工具,供电、供水设备,其他设备。 (3)业务应用与服务系统方案比选。包括:系统结构,技术要点及技术方案,设备与软件配置,运行环境,系统集成。 第七章　施工组织设计 1. 施工条件与施工组织形式 (1)概述项目所在地的水文、气象、供水供电、交通、通信及建筑材料等施工条件。 (2)调查分析天然和人工主要建筑材料情况。 (3)分析项目所在地劳动力状况,提出施工组织形式。 2. 施工要求和施工进度 (1)说明各类水文设施工程施工的基本要求。初选主体工程的施工方法、施工程序及施工进度等。 (2)提出施工总进度并说明安排原则,提出各阶段控制进度,论述各阶段施工控制性进度。对分期建设的项目,应提出分期实施意见。 3. 附表 施工进度安排表。 第八章　工程管理 1. 管理机构 (1)明确项目建设的隶属关系、管理机构、管理职责、组织管理模式。 (2)按项目法人责任制的要求,明确建设项目的主管单位、建设单位、设计单位、监理单位。 2. 管理办法 说明工程运行管理办法、措施等。 3. 运行管理 测算维持项目正常运行所需运行维护费用及其负担原则、来源和保障措施。 第九章　环节影响评价 1. 环境状况 简述工程影响地区的自然环境和社会状况,说明项目所在地区的环境质量、环境功能等环境特征。 2. 环境影响预测评价 (1)简述工程所在地区环境保护目标、环境功能区划及相应评价标准。 (2)说明工程对自然环境和社会环境有关因子影响的预测和评价。

续表 2-2

3. 综合评价与结论 分析说明工程对环境产生的主要有利影响和不利影响,提出综合评价结论及减免不利影响的对策和措施,从环境角度论证工程建设的可行性。 第十章　投资估算、资金筹措及效益评价 1. 投资估算 (1)说明投资估算的编制原则、依据及采用的价格水平年。 (2)估算单项工程投资、工程静态总投资及动态总投资,测算分年度投资。主要包括建筑安装工程费、仪器设备费、独立费用、基本预备费。项目前期费按照相关规定计取。 (3)主要基础单价及建筑、安装工程单价应按概算编制,考虑本阶段投资估算工作深度和精度,应乘以 10%扩大系数。 (4)利用外资工程的内外资投资估算,应在全内资估算的基础上结合利用外资形式进行编制。 2. 资金筹措方案 (1)明确项目投资组成、资金来源。 (2)利用外资项目应说明融资方案、外资投资用途、额度、汇率、利率、偿还期及偿还措施等。 3. 附表 (1)投资总估算表。 (2)建安工程估算表。 (3)仪器设备及安装估算表。 (4)施工临时工程估算表。 (5)独立费用估算表。 (6)分年度投资估算表。 (7)建筑工程单价汇总表。 (8)安装工程单价汇总表。 (9)主要材料价格汇总表。 第十一章　效益评价 1. 说明效益评价的基本依据。 2. 概述项目的主要效益,对不能量化的效益进行初步分析。 3. 综述项目的社会效益、经济效益等,提出项目综合评价结论。 第十二章　结论与建议 1. 综述工程建设的必要性、可行性、任务、规模、建设工期、投资估算和效益评估等主要成果。 2. 简述项目建设中的主要问题。 3. 提出综合评价结论。 4. 提出对下阶段工作的建议。 附表 附表 1-1　×××项目现状与需求表 附表 1-2　×××项目工程量表

2.6 国家地下水监测工程立项

2.6.1 工程立项背景

水资源是保障我国社会稳定、经济发展的根本要素之一,其中,地下水资源作为水资源的重要组成部分,不仅弥补了我国地表水资源时空分布不均匀引起的区域供水不足,同时支撑保护了自然生态环境的可持续发展。随着人类活动和自然环境影响的加剧,地下水资源在缓解日趋紧张的供需矛盾和维护生态环境和谐发展中所具有的重要意义日益凸显,地下水的不合理开发利用引发了一系列地质环境问题,成为影响我国国民生产生活安全、生态环境和谐发展的主要问题,制约了我国社会经济的快速稳定发展。

水利部根据《中华人民共和国水法》和国务院赋予的统一管理和监督水资源的职责,在地下水资源的监测和管理方面提出了建立地下水动态监测体系和管理监督体系。《中华人民共和国水法》(2002)明确规定"国务院水行政主管部门负责全国水资源(包括地表水和地下水)的统一管理和监督工作""县级以上人民政府水行政主管部门和流域管理机构应当加强对水资源的动态监测"。《中华人民共和国水文条例》明确规定地下水监测是水文监测的组成部分,国家对水文站网建设实行统一规划。《中华人民共和国国民经济和社会发展第十二个五年规划纲要》"加快建设资源节约型、环境友好型社会,提高生态文明水平"中提出:"高度重视水安全,建设节水型社会,健全水资源配置体系,强化资源管理和有偿使用,鼓励海水淡化,严格控制地下水开采"。

原国土资源部为提升地下水监测监督能力,在部十五计划纲要中提出建立、完善地下水动态监测网,统一规划,联合调控,合理利用地表水与地下水,优化地下水资源利用布局,防止地下水过量开采和污染,促进地下水资源开发利用与生态环境协调发展的工作目标。2003年(原国土资源部)通过广泛深入的调研论证,向国务院提交了《全国地下水资源战略问题研究报告》(简称《报告》),受到国务院领导重视,国务院以《参阅文件》(2003年第4期,9月7日)的形式印发各部门。《报告》针对我国地下水的资源与环境问题及其相关地质灾害越来越严重,已经危及人民群众的身体健康与生命财产安全,制约着经济社会的全面、协调、可持续发展的状况,建议把"加快完善地下水环境动态监测站网系统"作为近期地下水工作的重点。

2.6.2 工程立项过程

水利部和原国土资源部关注地下水监测站网建设工作,在国家发展和改革委员会的协调下,组织召开协商讨论会议,达成分工协作、避免重复、信息共享的协商意见,两部同意将分别提交的地下水监测工程项目建议书合并成一个项目建议书上报国家发展和改革委员会。在此基础上,双方按照一个项目、分别实施、信息共享原则,制订了共同编制国家地下水监测工程项目建议书的工作方案,为尽快开展国家地下水监测工程建设提供了条件。

2008 年底,水利部和原国土资源部在北京联合召开专家评审会,对《国家地下水监测工程项目建议书》进行评审,评审后两部联合向国家发展和改革委员会上报工程项目建议书,之后中国国际工程咨询公司受委托评估并认为有必要进行本工程项目建设。2010 年,国家发展和改革委员会上报国务院建议批准国家地下水监测工程项目建议书,同年国家发展和改革委员会批复国家地下水监测工程项目建议书,要求水利部和原国土资源部根据批复文件,联合编制项目可行性研究报告,报国家发展和改革委员会审批。

2011 年底,水利部和(原国土资源部)在北京联合召开专家评审会,对《国家地下水监测工程可行性研究报告》进行评审,在做好用地审批、节能评价、环境影响评价、社会稳定风险评价四项前置条件工作后,两部联合向国家发展和改革委员会报送《国家地下水监测工程可行性研究报告》。经中国国际工程咨询公司审查后,国家发展和改革委员会于 2014 年 7 月,批准了《国家地下水监测工程可行性研究报告》,原则同意国家地下水监测工程可行性研究报告,并要求据此开展工程初步设计报告编制工作,初步设计投资概算由发改委核定后,由水利部和原国土资源部联合审批。至此,国家地下水监测工程正式完成立项工作。

国家地下水监测工程在可行性研究报告编制的同时,两部项目单位按照项目立项审批程序,依据项目建议书批复文件,组织开展可行性研究的同时,要办理规划选址、用地预审、环境影响评价以及社会稳定性评估等审批手续,作为项目立项,可行性研究报告申报的四项前置条件,按照规定向城乡规划、国土资源、环境保护、维稳办等部门申请。

2.6.3　项目建议书提纲和要求

由于国家地下水监测工程项目建议书由水利部和原国土资源部联合申报,而且到 2010 年,国家还没有成熟的地下水建设前期工作规范性标准和文件,本工程项目建议书是结合当时水利工程项目和国土资源部门工程建设的有关要求和特点编制的,国家地下水监测工程项目建议书的编制格式和提纲,虽然与《水文基础设施项目建设管理办法》指定的《水文设施工程项目建议书编制规程》的要求有一定的区别,但主要内容基本一致。

国家地下水监测工程项目建议书格式和提纲见表 2-3。

2.6.4　可行性研究报告提纲和要求

国家地下水监测工程可行性研究报告编写和国家地下水监测工程项目建议书情况相同,直到 2014 年批准,水利部才颁布《水文基础设施项目建设管理办法》。因此,可行性研究报告也是按照当时两部项目建设的有关要求和依据项目的特点编制的。国家地下水监测工程可行性研究报告的编制格式和提纲,虽然与《水文基础设施项目建设管理办法》指定的《水文设施工程项目可行性研究报告编制规程》的要求有一定的区别,但主要内容基本一致。

表 2-3 国家地下水监测工程项目建议书格式和提纲

(一)封面

国家地下水监测工程项目建议书

编制单位:×××××

编制日期:××××年××月

(后页附编制单位资格证书)

(二)扉页

批　　准:×××××

审　　定:×××××

审　　查:×××××

项目负责人:×××××

报告编写人:×××××

(三)项目建议书编制提纲

前言

第 1 章　项目概况

1.1　项目名称、法人单位及法定代表人

1.2　项目建议书的编制依据和原则

1.2.1　编制依据

1.2.2　编制原则

1.3　立项背景

1.4　建设条件

1.5　主要技术经济指标

1.6　项目工期及管理

1.6.1　施工工期

1.6.2　建设管理

1.6.3　运行管理

1.7　总投资及效益分析

第 2 章　项目建设的必要性和可行性

2.1　地下水资源在和谐社会建设中的作用

2.1.1　对经济社会可持续发展的支撑作用

2.1.2　对生态与环境的支撑作用

2.1.3　水资源短缺成为经济社会发展的重要制约因素

2.1.4　地下水不合理开发产生一系列生态环境地质问题

2.2　地下水监测现状和存在的问题

2.2.1　我国地下水监测现状

2.2.2　国外地下水监测现状及发展趋势

2.2.3　我国地下水监测存在的主要问题

2.3　地下水监测工程建设的必要性

2.3.1　依法执政、履行政府职能的需要

2.3.2　落实国家十一五规划的具体措施

2.3.3　社会可持续发展的迫切要求

2.3.4　节水型社会建设的科学依据

续表 2-3

2.3.5　水资源科学管理的实际需要
2.3.6　科学防治地质灾害的实际需要
2.3.7　生态、环境监测的重要内容
2.4　地下水监测工程建设的可行性
2.4.1　已初步形成水文、地质监测站网体系
2.4.2　已具备较完善的地下水监测、管理机构
2.4.3　具有了相关的技术标准和规划
2.4.4　具备一定的自动监测基础
2.4.5　可充分利用现有的网络传输体系
2.4.6　经济上的可行性
第3章　建设目标与任务
3.1　指导思想与建设依据
3.1.1　指导思想
3.1.2　编制原则
3.1.3　编制依据
3.2　建设范围
3.3　建设目标与任务
第4章　建设规模和建设内容
4.1　监测站点布设原则与建设标准
4.1.1　监测站点布设原则
4.1.2　监测站点建设的技术标准
4.1.3　站网布设技术规定
4.2　监测工程建设总体框架
4.2.1　监测工程建设总体框架
4.2.2　监测站点调整方案
4.2.3　按流域片站网布设方案
4.2.4　按水文地质单元站网布设方案
4.3　水利部门监测站点设建设规模和内容
4.3.1　总体框架
4.3.2　长江流域片分区布局和建设规模
4.3.3　黄河流域片分区布局和建设规模
4.3.4　淮河流域片分区布局和建设规模
4.3.5　海河流域片分区布局和建设规模
4.3.6　珠江流域片分区布局和建设规模
4.3.7　松辽流域片分区布局和建设规模
4.3.8　太湖流域片分区布局和建设规模
4.4　国土资源部门监测站点建设规模和内容
4.4.1　总体框架与监测分区
4.4.2　华北区监测站点建设规模和内容
4.4.3　东北区监测站点建设规模和内容
4.4.4　西北区监测站点建设规模和内容
4.4.5　中南东南区监测站点建设规模和内容

续表 2-3

4.4.6　西南区监测站点建设规模和内容
4.5　地下水监测(均衡)试验场建设规模和内容
4.5.1　地下水监测(均衡)试验场建设规模
4.5.2　水利部门水文实验站规划建设情况
4.5.3　国土资源部门地下水监测(均衡)试验场主要建设内容
4.6　部级监测中心建设规模和内容
4.6.1　建设概况
4.6.2　水利部地下水监测中心建设规模与内容
4.6.3　国土资源部地下水监测中心建设规模和内容
4.7　总体工程量
4.7.1　监测井建设施工工作量
4.7.2　监测井配套设施工作量
4.7.3　基础建设工作量
第5章　建设方案及工程设计
5.1　监测站点建设方案及工程设计
5.1.1　监测站点建设方案与工程设计
5.1.2　监测仪器安装方案与工程设计
5.1.3　监测辅助设施建设方案与工程设计
5.2　监测(均衡)试验场建设方案及设计
5.2.1　北京监测试验场建设方案及设计
5.2.2　新疆昌吉监测试验场维修改建方案及设计
5.2.3　河南郑州监测试验场维修改建方案及设计
5.2.4　主要工作量及仪器设备
5.3　部级中心建设方案及工程设施
5.3.1　水利部地下水监测中心建设方案及工程设施
5.3.2　国土资源部地下水监测中心建设方案及工程设施
第6章　信息系统建设
6.1　总体结构
6.1.1　信息系统建设管理体系结构
6.1.2　国家级信息系统结构
6.2　地下水动态信息采集系统
6.2.1　传感器
6.2.2　远程控制单元
6.2.3　电源管理
6.2.4　防雷保护
6.2.5　采集通信
6.2.6　信息接收与处理
6.2.7　采集信息标准化
6.2.8　仪器设备安装方案与设计
6.3　地下水信息传输与数据交换
6.3.1　信息交换流程
6.3.2　信息交换网络

续表 2-3

6.4　地下水信息存储与数据管理
6.4.1　数据存储架构
6.4.2　地下水信息数据库
6.4.3　备份与恢复
6.4.4　数据管理
6.5　信息共享及服务
6.5.1　体系结构及服务平台
6.5.2　信息共享与资料汇交
6.5.3　信息使用与展示
6.6　信息系统能力建设
6.6.1　部级信息系统
6.6.2　水利部门流域信息系统
6.6.3　水利部门省级信息系统
6.6.4　水利部门信息站
第7章　工程占地及补偿
7.1　工程占地范围
7.2　主要实物指标
7.2.1　占地面积
7.2.2　其他
7.3　建设征地及补偿
第8章　环境影响评价
8.1　建设工程与周边环境关系
8.2　项目建设施工期水土保持
8.3　项目建设施工期环境影响评价
8.4　项目运行期环境影响评价
8.5　环境保护及监控措施
第9章　节能设计
9.1　设计依据
9.1.1　合理用能标准及节能设计规范
9.1.2　建设条件及内容
9.2　节能方案
9.3　节能措施
9.4　节能效果评价
第10章　投资估算
10.1　估算编制依据
10.2　投资估算标准
10.2.1　建筑工程费用标准
10.2.2　设备安装工程费用标准
10.2.3　独立费取费标准
10.2.4　基本预备费
10.2.5　环境保护费

续表 2-3

10.3 投资估算
10.3.1 水利部门投资规模
10.3.2 国土资源部门投资规模
10.4 投资分期实施计划
10.4.1 水利部门投资分期实施计划
10.4.2 国土资源部门投资分期实施计划
10.5 资金筹措
第11章 工程建设与运行管理
11.1 工程建设管理机构设置
11.1.1 项目领导小组
11.1.2 项目办公室
11.1.3 支撑机构
11.2 工程建设管理方案
11.3 工程质量控制与进度控制
11.3.1 工程质量控制
11.3.2 工程进度控制
11.4 资金监督与管理
11.5 项目验收与资产移交
11.6 工程建成后的运行管理职责
11.6.1 水利部地下水监测工程运行管理职责
11.6.2 国土资源部地下水监测工程运行管理职责
11.7 运行维护费用及资金来源
11.7.1 运行维护费估算
11.7.2 资金来源
第12章 经济社会影响及效益评价
12.1 对经济社会的影响分析
12.2 与所在地互适性分析
12.2.1 利益群体对项目的态度及参与程度
12.2.2 各级组织对项目的态度及支持程度
12.2.3 地区文化状况对项目的适应程度
12.3 国民经济评价和社会效益分析
12.3.1 项目性质
12.3.2 监测工程涉及的行业及其作用
12.3.3 社会经济效益分析
12.4 社会风险因素分析及对策
12.4.1 人为因素
12.4.2 自然因素
第13章 结论与建议
13.1 结论
13.2 建议

国家地下水监测工程可行性研究报告格式和提纲见表2-4。

表2-4　国家地下水监测工程可行性研究报告格式和提纲

(一)封面
国家地下水监测工程可行性研究报告 编制单位:××××× 编制日期:××××年××月 (后页附编制单位资格证书)
(二)扉页
批　　准:××××× 审　　定:××××× 审　　查:××××× 项目负责人:××××× 报告编写人:×××××
(三)可行性研究报告编制提纲 前言 1　项目概述 1.1　项目名称、法人单位及法定代表人 1.2　项目背景 1.3　编制依据 1.4　建设目标与范围 1.4.1　建设范围 1.4.2　建设目标 1.5　建设规模与工程量 1.5.1　总体建设规模 1.5.2　总体工程量 1.6　工程建设周期与运行管理 1.6.1　建设周期 1.6.2　建设与运行管理 1.7　投资估算和资金来源 1.8　建设条件 1.8.1　有利的建设时机 1.8.2　较完善的管理体系 1.8.3　较扎实的工作基础 1.9　主要结论与建议 2　地下水监测背景 2.1　地下水资源的作用与主要特点 2.1.1　我国水资源的主要特点 2.1.2　地下水具有独特优势和特点 2.1.3　地下水资源的重要性与作用 2.2　地下水资源开发利用现状与问题 2.2.1　地下水开发利用现状 2.2.2　地下水不合理开采产生的生态环境地质问题

续表 2-4

2.3 地下水监测现状及存在问题
2.3.1 我国地下水监测发展过程
2.3.2 我国地下水监测现状
2.3.3 地下水监测存在的主要问题
3 项目建设的必要性与可行性
3.1 项目建设必要性分析
3.1.1 依法执政、履行政府职能的需要
3.1.2 落实中央精神及国家发展规划纲要的具体措施
3.1.3 经济社会可持续发展的迫切要求
3.1.4 节水型社会建设的科学依据
3.1.5 水资源科学管理的实际需要
3.1.6 科学防治地质灾害的实际需要
3.1.7 生态、环境监测的重要内容
3.1.8 保障城乡饮水和国家粮食生产安全的需要
3.1.9 提升突发性灾害事件应对能力的需要
3.2 项目建设可行性分析
3.2.1 有初步的水文、地质环境监测网
3.2.2 有较完善的管理体系和人员做保障
3.2.3 有相关的技术标准做指导
3.2.4 有较成熟的技术做支持
3.2.5 有较扎实的工作基础
3.2.6 有成功的管理经验可借鉴
3.2.7 有较强的综合国力做后盾
4 建设目标和任务
4.1 指导思想
4.2 建设原则
4.3 建设范围
4.4 建设目标
4.4.1 总体目标
4.4.2 具体建设目标
4.5 建设任务
4.5.1 水利部门建设任务
4.5.2 国土部门建设任务
4.6 总体框架
4.7 与项目建议书相比总体变动情况
5 站网布设
5.1 站网布设原则
5.2 站网布设依据
5.2.1 监测站点分类
5.2.2 站网布设要求
5.3 站网布设规模

续表 2-4

5.3.1　总体规模 5.3.2　水利部门站网布设规模 5.3.3　国土部门站网布设规模 5.4　水利部门按流域片布设方案 5.4.1　长江流域片站点布设 5.4.2　黄河流域片站点布设 5.4.3　淮河流域片站点布设 5.4.4　海河流域片站点布设 5.4.5　珠江流域片站点布设 5.4.6　松辽流域片站点布设 5.4.7　太湖流域片站点布设 5.5　国土部门按水文地质单元布设方案 5.5.1　华北区监测站点建设规模和内容 5.5.2　东北区监测站点建设规模和内容 5.5.3　西北区监测站点建设规模和内容 5.5.4　中南东南区监测站点建设规模和内容 5.5.5　西南区监测站点建设规模和内容 6　土建工程建设方案 6.1　建设内容与规模 6.1.1　建设内容 6.1.2　建设规模 6.1.3　建设特点 6.1.4　监测站点建设工程量 6.2　监测站点建设方案 6.2.1　新建监测井设计方案 6.2.2　改建监测井设计方案 6.2.3　流量监测站点设计方案 6.2.4　监测站点辅助设施设计方案 6.3　地下水均衡试验场建设 6.3.1　新疆昌吉监测试验场维修改建方案及设计 6.3.2　河南郑州监测试验场维修改建方案及设计 6.3.3　主要工作量及仪器设备 6.4　地下水与海平面综合监测站建设 6.4.1　基本情况 6.4.2　建设设计 6.5　国家地下水监测中心建设 7　信息采集与传输 7.1　建设内容与规模 7.1.1　监测站点分类及信息流程 7.1.2　采集系统功能要求 7.1.3　对设备的通用性能需求

续表 2-4

7.2　信息采集方案
7.2.1　各监测参数的监测方案
7.2.2　传感器的技术方案
7.2.3　巡测设备
7.3　信息传输方案
7.3.1　远程控制单元
7.3.2　通信信道
7.3.3　供电
7.3.4　防雷设施
7.4　仪器设备配置
7.4.1　水位、水温自动监测仪器设备配置
7.4.2　水质自动监测自动传输监测站设备
7.4.3　流量(坎儿井)自动监测自动传输仪器设备
7.4.4　水利部地市级信息站巡测设备配置
7.4.5　水利部省级监测中心巡测设备配置
7.4.6　国家地下水监测中心水质化验仪器设备配置
8　信息服务系统
8.1　建设任务与规模
8.1.1　信息资源及服务现状
8.1.2　建设目标与任务
8.1.3　主要技术要求
8.1.4　系统建设模式与方案选择
8.2　系统总体结构方案
8.2.1　系统总体框架
8.2.2　信息网络体系
8.2.3　数据接收处理
8.2.4　数据存储和共享
8.2.5　服务引擎(应用支撑平台)结构
8.2.6　业务应用系统
8.3　系统建设方案
8.3.1　数据接收处理及信息网络建设
8.3.1.1　数据接收处理
8.3.2　数据库系统建设
8.3.2.1　水资源系统地下水数据库
8.3.2.2　地质环境系统地下水数据
8.3.2.3　地下水动态监测数据库存储
8.3.2.4　地下水动态监测数据管理发布系统建设
8.3.3　服务引擎(应用支撑平台)建设
8.3.4　业务应用系统建设
8.3.5　典型区地下水分析预测模型
8.3.5.1　海河流域典型平原区地下水模拟与应用平台建设

续表 2-4

8.3.5.1.1　建设目标 8.3.5.1.2　建设内容 8.3.5.2　关中平原典型区地下水分析预测模型建设 8.3.5.2.1　目的与意义 8.3.5.2.2　典型区概况 8.3.5.2.3　技术途径 8.3.6　运行环境 8.4　各级节点建设方案 8.4.1　中央节点 8.4.1.1　基本功能要求 8.4.1.2　建设内容 8.4.2　水利部流域节点 8.4.2.1　基本功能要求 8.4.2.2　建设内容 8.4.3　省级节点 8.4.3.1　水利部省级节点 8.4.3.1.1　基本功能要求 8.4.3.1.2　建设内容 8.4.4　地市级节点 8.4.4.1　基本功能要求 8.4.4.2　建设内容 9　工程占地 9.1　基本原则 9.2　占地类型 9.3　占地面积 9.4　占地预审 10　环境影响评价与节能设计 10.1　环境影响评价 10.1.1　评价依据及目标 10.1.2　建设工程与周边环境关系 10.1.3　项目建设施工期水土保持 10.1.4　项目建设施工期环境影响评价 10.1.5　项目运行期环境影响评价 10.1.6　环境保护及监控措施 10.1.7　本项目环境评价办法 10.1.8　环境评价结论 10.2　节能设计 10.2.1　设计依据 10.2.2　节能方案 10.2.3　节能措施 10.2.4　节能效果评价

续表 2-4

11 工程建设与运行管理
11.1 工程建设管理
11.1.1 管理机构和职责
11.1.2 管理程序
11.1.3 工程建设
11.1.4 工程质量控制
11.1.5 资金管理
11.1.6 监督检查
11.1.7 项目验收和资产托管
11.1.8 工程监理
11.2 工程招标方案
11.2.1 单项工程划分
11.2.2 招标范围与招标方式
11.3 工程建成后运行管理
11.3.1 水利部门工程运行管理机构与职责
11.3.2 国土部门工程运行管理机构与职责
11.3.3 运行管理制度
11.4 运行维护费用
11.4.1 运行维护费估算
11.4.2 资金来源
11.5 人员培训
11.6 工程实施进度安排
11.6.1 工程建设周期
11.6.2 实施进度计划安排
11.6.2.1 水利部工程建设安排
11.6.2.2 国土部工程建设安排
12 投资估算与资金筹措
12.1 项目总投资概况
12.2 编制说明
12.2.1 编制原则
12.2.2 编制依据
12.2.3 基础单价计算、有关费率及取费标准
12.3 水利部门投资估算
12.4 国土部门投资估算
12.5 资金筹措
13 可行性与社会经济效益分析
13.1 技术可行性分析
13.1.1 具有了相关的技术标准和规划
13.1.2 科技进步对项目实施的支撑保障
13.1.3 地下水数据采集仪器设备技术可行性
13.1.4 数据传输的技术可行性

续表 2-4

13.2　经济可行性分析 13.2.1　综合国力和经济实力已达到一定水平 13.2.2　利用现有资源,节约了项目投资 13.2.3　实现自动采集传输,节约了监测和运行成本 13.3　运行管理可行性分析 13.3.1　已具备较为完善的组织管理机构 13.3.2　两部达成共识“分工协作、避免重复、信息共享” 13.3.3　其他项目成功经验 13.4　安全可行性分析 13.4.1　野外信息采集点安全性分析 13.4.2　计算机网络安全 13.4.3　涉密信息安全 13.5　风险分析及管理 13.5.1　技术风险 13.5.2　政策与资金风险 13.5.3　人员与管理风险 13.6　社会经济效益分析 13.6.1　经济效益分析 13.6.2　社会效益分析 13.6.3　环境效益分析 14　结论与建议 14.1　结论 14.2　建议

2.6.5　可行性研究报告批复主要内容

2014 年 7 月,国家发展和改革委员会批复《国家地下水监测工程可行性研究报告》(发改投资〔2014〕1660 号),其主要内容如下:

(1)原则同意国家地下水监测工程可行性研究报告。工程建成后,可扩大国家地下水监测站点的控制范围和站网密度,监测控制范围扩大到 350 万 km^2、站网密度提高到 5.8 站/1 000 km^2,进一步提高地下水监测的自动化、信息化水平,基本实现对全国地下水动态的有效监控,对大型平原、盆地和岩溶山区地下水动态的区域性监控及地下水监测点的实时监控,基本满足当前水资源管理和地质环境保护的需要。

(2)该工程按照“联合规划、统一布局、分工协作、避免重复、信息共享”的原则,由水利部和国土资源部联合实施。建设内容主要由地下水监测中心、监测站点、信息传输系统和应用服务系统等组成。具体建设内容为建设 1 个国家地下水监测中心、7 个流域监测中心、63 个省级监测中心(含新疆生产建设兵团)和信息节点、280 个地市级节点,新建及改建地下水监测站点 20 401 个(其中水利部门 10 298 个、国土资源部门 10 103 个)、相应配套地下水水位信息自动采集传输设备 20 401 套,改建 2 个地下水监测试验场、1 个地下水与海平面综合监测站,以及相应的能力建设与软件环境建设等。

(3)按照2013年第四季度价格水平,该工程估算总投资为204 043万元,所需资金全部由中央预算内投资负责安排,具体投资数额在初步设计阶段进一步核定。

(4)该工程为中央直属项目。同意由水利部水文局、中国地质环境监测院作为项目法人,各自负责本部门工程的前期工作、建设管理和建成后的运行维护;对合并建设的国家地下水监测中心,下一步要落实由水利部水文局和中国地质环境监测院联合成立国家地下水监测中心管理委员会的具体方案。工程建设要严格执行项目法人责任制、招标投标制、合同管理制、建设监理制和竣工验收等制度。项目法人要按照招标投标法和相关规定,对工程勘察设计、施工、监理、设施设备和材料采购等各环节全部委托招标代理机构公开招标。落实工程管护责任和运行维护经费,确保工程良性运行和长期发挥效益。

(5)据此编制工程初步设计,初步设计投资概算经国家发展和改革委员会核定后,由水利部和国土资源部联合审批。

2.6.6　经验小结

工程立项属于项目决策过程,是对拟建项目的必要性和可行性进行技术经济论证,对不同建设方案进行技术经济比较并做出判断和决定的过程。立项决策正确与否,直接关系到项目建设成败。在国家地下水监测工程立项过程中具有深刻体会,尤其是面对多方合作的工程项目,总体上要注意以下几个方面:

(1)建设目标和建设任务要结合实际。项目可行性研究报告编制前,工程项目提出单位需要进行充分调研和项目前期工作,全面分析国家产业政策和国家发展战略,以法律法规和政策规定为依据,结合实际建设条件和经济环境变化趋势,客观分析投资效益,提出合理的工程建设目标和建设任务。国家地下水监测工程是在21世纪初,我国经济、社会和环境对地下水监测、分析、决策、服务不断有新的需求下提出的,符合国家发展的宏观政策和人民群众的切身利益,确保了本工程能够得到国家的支持和群众的关注,顺利通过国家发展和改革委员会的批准正式立项。

(2)站网布局要合理,投资规模要适当。工程项目在立项过程中要把握好合理的投资规模,提高投资质量和效益。不能盲目求大,过大国家投资承担不起,造成立项决策困难,过小无法满足当前管理需要。对于中央已明确规划任务和改革目标、符合民生迫切需求的要优先保证、重点保证;对建设条件不成熟的,或建设目标不明确的要排除在外。特大型的项目也可以分期实施。国家地下水监测工程项目建议书的正式上报是在2008年世界金融危机期间,我国的经济发展也受到一定的影响,为了确保工程项目顺利通过审批,国家地下水监测工程项目建议书聚焦于最核心、最紧急的建设内容,其他建设内容待时机成熟,作为工程二期建设内容申报。

(3)四项前置条件是可研批复必备条件。按照项目立项审批要求,项目申报单位除了组织开展可行性研究,还要向城乡规划、国土资源、环境保护、维稳等部门申请办理规划选址、用地预审、环境影响评价等审批手续。四项前置条件作为可行性研究报告立项审批的必备条件,需要项目申报单位积极对待和重视。国家地下水监测工程由于站点众多、分布广,除了工程环境影响评价由两部项目申报单位统一办理,规划选址、用地预审、社会稳定风险三项是由各省级水文部门和地质部门分别办理汇总上报,工作量大、时间周期长、手续繁杂,前后用了近两年时间才办理完成。因此,项目可行性研究报告编制的同时,就需要开展四项前置条件的审批办理工作,以免耽误立项申报时间。

(4)新技术应用。信息技术发展日新月异,新技术层出不穷,在项目立项决策阶段一定要对新技术的采用进行认真的研究和评估,准确把握新技术的发展方向,合理选取生命周期长、有可持续能力的主流技术。国家地下水监测工程项目在数据监测仪器选择方面,采用了先进的一体化传感器。区别于以往的分体式地下水水位监测设备,一体化传感器体积小、灵敏度高、高度集成化、安装简便,可以保持10~20年的技术领先;同时,作为日渐成熟的主流产品,产品设备国产化开始普及,性价比也逐渐体现。

(5)合作双方要友好协商、取长补短。一般情况下,工程项目多由单一主体提出和申报。由两方或多方且跨行业共同申报的工程建设项目很少,如果遇到这类项目,合作方一定要友好协商、取长补短,不能一方强势蛮干,这样不利于项目的立项,也不利于后期的工程建设。国家地下水监测工程是水利部门和原国土资源部门联合申报的工程项目,在立项过程中需要共同编制项目建议书和可行性研究报告并上报,由于是两个行业部门编制,就面临申报流程、建设目的、站点重复、数据流程、数据安全、工程技术标准、测算取费标准等方面的不一致问题,这时就需要部门之间相互理解和沟通,在国家地下水监测工程立项过程中也经历了初期的磕磕绊绊、各持己见,到友好协商、取长补短的过程。例如,水利部门有长期的水文资料,原国土资源部门有丰富的成井地质资料,两部门取长补短发挥各自特长。再例如,两部门共同制定监测站设定原则,通过协商解决重复站点等。正因为双方的理解和包容,确保了国家地下水监测工程成功立项,顺利完成工程建设,并通过工程竣工验收。

第3章 设计管理

工程设计是在工程总体规划的前提下,根据设计任务书的要求,综合考虑工程项目环境、使用功能、安全性能、工程造价及艺术因素,对工程项目的建设提供有技术依据的设计文件和图纸的整个活动过程,是建设项目进行整体规划、体现具体实施意图的重要过程,是处理技术与经济关系的关键性环节,是确定与控制工程造价的重点阶段。

设计管理是工程项目管理的一个重要组成部分,其突出作用是尽可能在设计阶段及时发现问题、解决问题,避免在施工阶段出现更多设计变更,防止在施工阶段影响工程的质量、进度和工程造价。国家地下水监测工程项目法人依据国家规范和有关技术标准,对工程项目设计活动的全过程实施监督和管理,实现对工程设计质量、设计进度、工程造价的有效控制。

3.1 项目设计管理

3.1.1 项目设计阶段

工程设计管理不仅是做好施工前的设计阶段工作,而且是贯穿工程建设的全过程管理。项目业主需要向设计单位提供准确的资料,以及必要的设备资料和外部协作条件,核心任务是对设计的工程质量、进度、投资进行控制管理。

根据我国现阶段的情况,一般根据工程规模的大小、技术的复杂程度,习惯上将设计分为三个阶段、两个阶段、一次完成设计等三种情况。

凡是重大的工程项目,技术要求严格、工艺流程复杂、设计往往缺乏经验的情况下,为了保证设计质量,设计过程一般分为三个阶段来完成,即初步设计、技术设计和施工图设计三个阶段;技术成熟的中小型工程,为了简化设计步骤,缩短设计时间,可以分为两个阶段进行,两个阶段设计又分为两种情况,一种情况是分为技术设计和施工图设计两个阶段,另一种情况是将初步设计和技术设计合并为扩大初步设计和施工图设计两个阶段;技术既简单又成熟的小型工程可以一次完成设计;此外,对于一些大型化工联合企业,为了解决总体部署和开发问题,还要进行总体规划设计或总体设计。一般采用两个阶段设计,即扩大初步设计和施工图设计。

随着信息技术的发展,工程项目建设不仅包含传统意义上的工程建设,大多还有信息化软件开发建设内容。软件开发一般分为五个阶段:问题的定义及规划、需求分析、软件设计、程序编码、软件测试。在软件正式开发前,要进行需求分析、编制需求规格说明书,以及概要设计和详细设计。概要设计建立整个软件系统结构,包括子系统、模块以及相关层次的说明、每一模块的接口定义。详细设计产生程序员可用的模块说明,包括每一模块中数据结构说明及加工描述。实现活动把设计结果转换为可执行的程序代码。

总之,一个具体工程项目的设计阶段如何划分,要看工程项目的性质、具体要求、具体情况、设计力量的强弱和有无设计经验来抉择。国家地下水监测工程包括土建工程（新建井和改建井）、自动测报（信息采集、传输）、信息服务（各级中心软件、硬件）、水质实验室、档案室等，工程设计部分采用两个阶段设计，即初步设计和施工图设计；软件开发部分按照软件设计工程初步设计要求进行需求分析、编制需求规格说明书，以及概要设计和详细设计进行。

3.1.2 建设项目组成

建设项目是指在一个总体范围内，由一个或几个单项工程组成，经济上实行独立核算，行政上实行统一管理，并具有法人资格的建设单位。我国一般将建设项目划分为单项工程、单位工程、分部工程和分项工程四个层次。

（1）单项工程。一般是指在一个建设项目中，具有独立设计文件，能够独立组织施工，建成后可以独立发挥生产能力或效益的一组配套齐全的工程项目。例如：一所学校的教学楼、实验楼、图书馆；一个工厂的不同生产车间等。

单项工程的施工条件往往具有相对的独立性，一般单独组织施工和竣工验收。建设项目有时包括多个互有内在联系的单项工程，也可能仅有一个单项工程。

（2）单位工程。是指具有独立的设计文件，可单独组织施工，但是建成后不能独立发挥生产能力或工程效益的工程。单位工程可以是一个建筑工程或者是一个设备与安装工程。例如：学校教学楼（单项工程）由土建工程、电气照明工程、给水排水工程等单位工程组成；工厂的生产车间（单项工程）由厂房建筑工程和机械设备安装工程等单位工程。

单项工程和单位工程虽然都有单独设计和独立的施工条件，但两者的区别主要是看竣工后能否独立地发挥整体效益或生产能力。例如：学校的教学楼建成后可以发挥教学功能和效益，而教学楼的土建工程、电气照明工程、给水排水工程，每一个单位工程都无法发挥学校教学功能和效益。

（3）分部工程。一般是按照工程部位、专业性质设备种类和型号、使用材料的划分，是单位工程的组成部分。例如：基础工程、砖石工程、混凝土及钢筋混凝土工程、装修工程、屋面工程等。

（4）分项工程。一般是按照不同的施工方法、不同的材料、不同的规格和设备类别进行划分，是分部工程的组成部分。分项工程是施工安装活动的基础单元，是计算工料及资金消耗的最基本的构造要素，是工程质量形成的直接过程。例如：砖石工程可分为砖砌体、毛石砌体两类，其中砖砌体又可按部位分为内墙、外墙等。

分部工程和分项工程看起来很像，但两者的最大区别在于是否可以继续划分，分项工程是最基本、最小的工程，无法再分下去。

若干个分项工程合在一起形成一个分部工程，多个分部工程合在一起形成一个单位工程，单位工程再合成一个单项工程，一个或多个单项工程合在一起构成一个建设项目。

3.1.3 建设项目设计管理程序

工程项目设计管理包括从建设项目核准后的设计委托到设计后评价的全过程管理，按建设的基本程序分阶段进行管理。常用工程设计管理程序如下：

（1）设计委托阶段。直接选择或招标选定工程设计单位，评审初拟勘察设计工作大纲和设计工作方案,签订工程勘察设计合同。

(2)初步设计的工程方案设计与勘察阶段。组织审查初步设计大纲和勘察大纲,对设计单位初步论证提出的比选设计方案、技术科研试验专题等,组织审查后,确定勘察工作布置和技术科研试验工作部署;协调设计外部协作关系与工作计划;办理城市规划部门的规划审批文件或政府部门的审批事项等。

(3)初步设计阶段。控制设计单位初步设计的工程建设规模、选址、标准、建筑物形式、建设工期和总投资;组织新技术、新材料、新工艺、新设备科研试验研究;协调落实外部接入系统(动力、水、电、通信等)、资源条件、环境影响与水土保持评价、地方政府承诺的征地和移民安置规划等。审批初步设计文件,最后取得批复的设计报告和工程开工的批复文件。

对于大型工程的初步设计,按我国现行规定,初步设计报告需要国家发展和改革委员会核定概算,由上级主管部门审批。

(4)招标设计和施工图设计阶段。控制实施的设计方案,主要结构布置;控制设计质量、设计进度、组织优化设计,落实设备材料采购;并组织厂家向设计单位提供设备技术资料;审定招标设计文件和审批施工图设计文件与图纸。

(5)施工阶段和验收阶段。组织设计交底;控制和审查设计单位提交的设计变更;组织设计单位参加完工验收、投运前的大型建筑物安全鉴定和参加试运行。

(6)设计的评价。建设项目投运后一定时期内组织设计单位进行回访;听取或向设计单位提出对工艺设施的改进建议、完善生产工艺和生产条件的意见。

3.2 项目设计管理的内容和要求

3.2.1 建设工程管理内容

项目设计阶段业主的管理工作一般包括设计合同管理、设计质量控制与设计造价控制、与设计单位协调沟通、设计文件的上报和审批等项目管理工作。

(1)设计合同管理。对设计合同条款的约定、实施、检查、监督等工作中的重点是通过设计费的拨付方式对设计进度(阶段性产品)实行有效的控制;对设计进度计划的执行、计划的动态调整以及与相关单位的沟通等工作进行必要的监督、检查。

(2)设计质量控制。对报批的设计文件进行事前审查;对各设计阶段的设计文件进行形式审查(除符合设计程序、审签手续、文件齐全外,还应包括政府规定的施工图审查程序)和实质性审查(包括指出设计文件中的各种实质性质量问题、审查各专业综合管线布置、提出优化设计建议、组织专项技术问题论证等)。

(3)设计造价控制。审核设计方案的经济性(包括项目运行维护费);在设计阶段审核项目的施工工艺合理性、缩短工期降低造价的可能性;审核限额设计(包括各专业限额设计成本控制)的落实情况;以性价比指标优化设计方案或调整项目投资指标。

(4)与相关单位协调沟通。由于在设计阶段工作过程不存在独立的第三方,只有业主方(内含设计项目管理单位)和设计方直接对话,从而实际上简化了各相关单位间的协调、沟通工作。

(5)设计文件的上报和审批。通过一系列设计文件上报、审查、审批手续,最后取得批复的设计报告和工程开工批复文件。

3.2.2　建设工程设计控制

业主对工程项目设计一般要求达到安全可靠、适用、经济的目标,建设项目设计管理中,业主根据这三大目标的要求,给设计单位提供用于设计的文件和资料,并全面检验设计成果的质量。业主对设计过程主要进行三大控制:质量控制、进度控制、投资控制。

(1)质量控制。业主重点审查设计质量是否符合批复的可行性研究报告要求,项目是否齐全,有无漏项,设计标准是否符合预订要求。审查所采用的技术方案是否合理可行,是否达到可研报告的要求。

(2)进度控制。进度控制包括对初步设计进度的控制和对项目实施的进度的控制。初步设计进度控制主要是检查设计单位是否按设计合同规定的时间完成初步设计工作。项目实施进度控制就是审查初步设计制定的实施过程中,所需的人员投入和时间进程,能否在计划工期内完成。核心问题是设计文件中编制的施工总工期和实施进度能否保证实现,包括人员安排、人员技能、人员培训等是否落实;主要设备订货周期、生产周期及运输周期,外部协作条件能否按时投入等。同时与已建成的相似项目建设周期对比,论证设计编制的总进度是否合理可行。

(3)投资控制。设计阶段投资控制的目标是:初步设计概算不超过可行性研究报告中的总投资估算;实施方案设计预算不超过批复的初步设计概算,实施过程中设计变更引起的预算改变不超过批准的总投资额,力求保证投资的准确完整,防止扩大投资规模或出现漏项,减少投资缺口。核心问题是审查概算编制的原则、依据、取费标准是否符合国家颁布的现行的有关法律、法规、规章、规程等,以及有关部门颁布的现行概算定额、概算指标、费用定额等,特别要审查定额、标准、价格、取费标准的时效性。

3.2.3　业主对初步设计的管理

3.2.3.1　开展初步设计的必备条件

开展初步设计之前,业主至少已完成以下几个方面的工作:

(1)建设项目可行性研究报告通过审查,并已获得批复文件。

(2)建设项目业主已办理征地手续,并已取得规划和国土部门提供的建设用地规划许可证和建设用地红线图,或取得当地政府的承诺材料等。

(3)建设项目业主已取得规划部门提供的规划设计条件通知书、环保部门批准的环境影响评价报告书或环境评价书。

(4)建设项目业主要办理各种外部协作条件的取证工作和完成科研、勘察任务,并转交设计单位,作为设计(工程设计和编制概算)依据。

3.2.3.2　初步设计任务书的主要内容

(1)初步设计的主要设计依据:批准的相关报告,经过科研、勘察等取得的相关技术资料,有关主管部门或地方政府签订的外部水、电、交通协议书等。

(2)建设工程的名称、功能、规模和有关的技术数据及条件,各单位工程的详细使用要求,批准的相应的勘查报告(如有)、科研报告、自然环境资料、测量资料。

(3)属于引进项目的还要提供引进技术及设备的国别、厂商和技术经济指标、数据、条件、资金来源落实情况等。

3.2.3.3 业主对初步设计的基本要求

建设项目业主对初步设计的基本要求,主要包括以下几个方面:

(1)项目远景与近期建设相结合的要求;

(2)充分利用和综合利用资源的要求;

(3)采用新技术、工艺、设备的要求;

(4)建筑形式、景观、结构的要求;

(5)总体布局和工程布置的要求;

(6)建设标准的要求;

(7)环保、安全、卫生、劳动保护的要求;

(8)合理选用各种技术经济指标的要求;

(9)节约投资、降低运营成本的要求;

(10)建设项目扩建、预留发展场地的要求;

(11)贯彻上级或领导部门有关指示的要求;

(12)设计质量方面的要求及其他有关的原则要求。

3.2.3.4 业主对初步设计的深度要求

初步设计深度应满足以下几个方面的基本要求:

(1)多方案比较。在充分细致论证设计项目的经济效益、社会效益、环境效益的基础上,择优推荐设计方案。

(2)建设项目的单项工程要齐全,要有详尽的工程量清单和计算书,主要工程量误差应在允许范围以内。

(3)主要设备和材料明细表要符合订货要求,可作为订货依据。

(4)总概算不超过批复的可行性研究报告估算投资总额的10%。

(5)满足施工图设计准备工作的要求。

3.2.3.5 初步设计的编制要求

按照《水文基础设施项目建设管理办法》的规定,水文基础设施项目前期工作技术文件应按照2011年颁布的水利行业标准《水文设施工程初步设计报告编制规定》有关规定要求进行编制,确保设计深度。

水文设施工程初步设计是在批准的可行性研究报告基础上,根据国家基本建设有关规定,结合水文设施工程建设与管理的特点进行的。

编制初步设计报告,应认真进行实地勘察;本着安全可靠、技术先进、注重实效、经济合理的原则进行方案设计。

初步设计报告应当由相应资质的勘测设计单位编制,主要内容和编制要求如下:

(1)确定工程任务和规模。

(2)进一步落实工程建设的水文、气象、地质等基本情况,调查项目区已建、在建及规划的涉水工程情况和供水、供电、供暖、通信等情况,提出相应的评价和结论。

(3)复核建设内容,优化工程总体布置。完成水文设施工程中雨量、水位、流量、泥沙测验设施及水质监测设施相关设计,提出生产业务用房设计方案,确定供电、供水、供暖、通信等设施的建设方式及工程量;确定水文信息采集、传输、处理、存储等相关设备的指标要求;确定业务应用与服务系统的软硬件配置方案,明确购置软件的数量及开发工作量,确定硬件的指标要求。

(4)确定施工布置方案、条件、组织形式和方法,做出进度安排。

(5)落实建设管理机构,明确项目管理模式,复核运行维护费用成果,落实资金来源,完成招投标方案设计。

(6)复核环境影响结论。

(7)编制设计概算,进一步落实资金筹措方案。

(8)评价工程的社会和经济效益。

(9)明确项目存在主要问题及建议。

(10)水文设施工程初步设计报告应将前期工作的审批意见、重要会议纪要等资料列为附件。

3.2.3.6 初步设计报告的格式和提纲

初步设计报告可参考表3-1格式和提纲进行编制。

表3-1 初步设计报告可参考格式和提纲

(一)封面格式
××××(项目全称)初步设计报告 项目建设单位:××××× 编制单位:××××× 编制日期:××××年××月
(二)扉页格式
编制单位:××××(盖章) 编制单位负责人:×××编制单位项目负责人:×××
(三)初步设计报告编制提纲
1 综合说明 1.0.1 综述可行性研究报告或项目建议书的审批情况以及初步设计报告的编制过程。 1.0.2 综述调查、勘察项目所在区域水文、气象、地质等基础资料的主要结论。 1.0.3 结合已审批内容,复核工程建设目标、规模,明确变更情况及原因。 1.0.4 具体说明建设内容。 1.0.5 综述施工及进度安排。 1.0.6 综述建设管理机构、项目管理模式、运行维护管理方案。 1.0.7 综述主要环评结论。 1.0.8 综述投资概算费用构成、总投资、资金筹措及年度安排。 1.0.9 综述效益评价主要结论。 2 概况 2.1 气象与水文 2.1.1 说明项目所在地自然地理概况、河流水系等情况。 2.1.2 说明项目所在地的水文水资源概况、主要水文特征值。

续表 3-1

2.1.3　说明项目所在地的气候特性和主要气象要素的特征值。

2.1.4　其他水文、气象要素:

(1)说明工程所在地河流的水质状况及其特征。

(2)有冰凌危害的河段,说明本河段冰凌特性。

(3)有冻土季节的地区,说明冻土时间及深度。

2.2　地质

2.2.1　说明项目区域地形地貌及地质情况。

2.2.2　说明影响工程的主要地质条件和工程地质问题,明确地质勘查结论。

2.3　其他

2.3.1　说明项目区已建、在建及规划的涉水工程情况。

2.3.2　说明项目所在地供水、供电、供暖、通信等情况。

3　建设任务与规模

3.1　现状与存在问题

3.1.1　说明项目所在地位置、河段情况、水沙特性。

3.1.2　说明项目管理单位人员情况、基础设施及技术装备现状。

3.1.3　说明流域(区域)社会经济发展和水资源管理与保护对项目建设的要求,分析存在的问题。

3.2　建设目标、任务与规模

3.2.1　说明建设目标,提出建设任务。

3.2.2　根据水文设施工程项目类别,依据相关规定,确定建设标准及规模。

3.2.3　依据相关规定和建设任务,确定建设内容。

3.2.4　根据建设项目类别,提供相关图表。

4　方案设计

4.1　基础设施设计

4.1.1　测验河段基础设施应包括以下项目:

1. 断面标志

2. 水准点

3. 端面桩

4. 保护标志牌

5. 测验码头

6. 观测道路

7. 护坡、护岸

4.1.2　水位观测设施应包括以下项目:

1. 水尺

2. 水位观测平台

4.1.3　流量及泥沙测验设施应包括以下项目:

1. 水文缆道

2. 水文测船

3. 水文测桥

4. 堰槽

5. 泥沙分析设施

4.1.4　降水、蒸发观测设施

续表 3-1

4.1.5　水质监测设施应包括以下项目： 1. 自动监测站 2. 水质采样通道 3. 水质站标示 4.1.6　地下水观测设施 4.1.7　墒情监测设施 4.1.8　实时水文图像监控设施 4.1.9　生产业务用房应包括以下项目： 1. 水文测站 2. 水文巡测基地 3. 实验室 4.1.10　电、给排水、取暖、通信设施 4.1.11　防雷设施 4.1.12　其他设施 4.2　技术装备 4.2.1　水位信息采集仪器设备 4.2.2　降水、蒸发等水文气象信息采集处理仪器设备 4.2.3　降水、蒸发等气象信息采集仪器设备 4.2.4　水质监测分析仪器设备 4.2.5　实时水文图像监控设备 4.2.6　测绘仪器设备 4.2.7　通信与水文信息传输处理设备 4.2.8　生产交通工具 4.2.9　供电、供水、供暖设备 4.2.10　防雷设备 4.2.11　其他设备 4.3　业务应用与服务系统设计 4.3.1　优化系统总体结构。在充分考虑与已有相关系统关系的前提下，进行子系统划分，确定各子系统的基本功能及构成。 4.3.2　根据系统结构，确定各组成部分的功能、性能、安全要求、技术要点及技术方案。技术方案应对水文信息采集、传输、处理、存储等方面进行说明。 4.3.3　根据业务应用与信息服务目标，确定系统的软硬件配置方案，明确购置软件的数量及开发工作量，确定硬件的指标要求。 4.3.4　根据系统结构及技术方案，明确需要的软硬件运行环境和其他资源，包括操作系统、数据库、服务器、网络等方面的技术要求。 4.3.5　确定项目各子系统之间集成的技术方案，项目与现有（在建、已建）系统之间整合的技术方案。 4.4　附表与附图 4.4.1　根据建设项目设计要求，提供相关表格。 4.4.2　根据建设项目设计要求，提供相关图纸。 5　施工组织设计 5.1　施工条件和设计依据 5.1.1　概述工程所在地供水、供电、对外交通运输条件，可以利用的场地面积及其他条件。

续表 3-1

5.1.2 概述主要建筑物的组成、形式、主要尺寸和工程量。

5.1.3 说明工程的施工特点以及与其他有关单位的施工协调要求。

5.1.4 说明主要建筑材料及施工过程中所用大宗材料的来源和供应条件。

5.1.5 说明国家、行业、主管部门对本工程施工准备、工期等要求。

5.1.6 说明施工总进度安排的原则、依据以及国家或主管单位对本工程投入运行期限的要求。

5.2 施工布置与进度

5.2.1 说明施工总布置情况。

5.2.2 提出场地平整土石方工程量。

5.2.3 说明施工程序、方法、布置、进度。

5.2.4 提出工程筹建期、准备期、主体工程施工期、工程完成期四个阶段的控制性关键项目及进度安排、工程量等。

5.2.5 提出施工进度图。

5.3 施工交通运输

5.3.1 对外交通运输应符合下列要求:

1.调查核实对外水陆交通情况。

2.提出本工程对外运输总量及重要部件的运输要求。

5.3.2 场内交通运输应说明运输方式、运输设备及运输工程量。

5.4 施工占地

5.4.1 根据工程建筑物组成,计算施工永久占地和临时占地面积。

5.4.2 根据施工条件选定占地位置。

5.5 主要材料供应

5.5.1 对主体工程和临时建安工程,按分项列出所需钢材、木材、水泥等主要建筑材料需要总量。

5.5.2 施工所需主要机械和设备,按名称、规格、数量列出汇总表。

5.6 施工组织设计附图

5.6.1 提出施工场地范围图。

5.6.2 提出施工总进度图、表。

6 工程管理

6.0.1 明确项目建设的隶属关系、管理机构、管理职责、组织管理模式。按项目法人责任制的要求,明确建设项目的主管单位、建设单位。

6.0.2 确定建设管理的内容及任务,按建筑工程和仪器设备购置分别确定管理方式。

6.0.3 建设管理应坚持依法按规管理,制定并完善各种规章制度和管理办法,遵循加强重点、兼顾一般、注重效益的指导思想,实行全过程监督管理,并应提出建设管理的原则和依据。

6.0.4 建设管理应按照建设项目法人制、招投标制、合同制、监理制要求,针对项目特点制定相关规章制度和管理办法,做到依法按规和规范化的管理模式。

6.0.5 测算出运行维护费,确定项目运行经费来源,并进行必要的技术培训。

7 招标设计

7.0.1 根据水文设施工程设计成果、施工组织设计成果和项目法人要求及提供条件,对项目进行分标。

7.0.2 根据主体建筑物特性、施工工期、施工特性、社会资源条件、项目法人对分标的意见提出工程分标原则。

续表 3-1

7.0.3　招投标方案应包括以下项目： 1. 土建与安装工程。列出土建主体工程、附属工程以及施工临时工程主要内容、工程特点、主要工程量，并说明招标组织形式和招标方式。 2. 设备、仪器与主要建筑材料采购。列出主要仪器设备、主要建筑材料采购的主要内容、主要技术参数、数量，采购方式和采购条件，并说明招标组织形式和招标方式。 8　环境影响评价 8.0.1　简述项目所在地的环境状况及环境保护目标。 8.0.2　分析工程建设对项目所在地环境产生的主要有利影响和不利影响，说明综合评价结论。 9　设计概算、资金筹措及效益评价 9.1　设计概算 9.1.1　说明投资概算的编制原则、依据及采用的价格水平年。 9.1.2　概算单项工程投资、工程静态总投资及动态总投资，测算分年度投资。 水文设施工程项目划分、费用构成、编制方法及计算标准均应依据《水利工程设计概（估）算编制规定》（水总〔2002〕116号）及《水利工程概算补充定额（水文设施工程专项）》（水总〔2006〕140号）进行编制；涉及建筑工程、电力、通信等专业的，应按相应行业概算编制规定进行编制。 9.2　资金筹措方案及安排计划 9.2.1　根据可行性研究阶段确定的投资分摊方式，确定资金筹措方案。 9.2.2　确定项目实施安排计划及资金安排计划。 9.2.3　附表应包括以下项目： 1. 概算表 （1）总概算表。 （2）建筑工程概算表。 （3）仪器设备及安装工程概算表。 （4）施工临时工程概算表。 （5）独立费用概算表。 （6）分年度投资表。 2. 概算附表 （1）建筑工程单价汇总表。 （2）安装工程单价汇总表。 （3）主要材料预算价格汇总表。 （4）次要材料预算价格汇总表。 （5）施工机械台时费汇总表。 （6）主要工程量汇总表。 （7）主要材料量汇总表。 （8）工时数量汇总表。 （9）建设及施工场地征用数量汇总表。 9.2.4　综述项目的社会效益、经济效益、环境效益等，明确项目综合评价结论。 10　结论与建议 10.0.1　综述工程建设任务、规模、建设工期、投资概算和效益评估等主要成果。 10.0.2　简述项目建设中的主要问题与建议。

3.2.4 初步设计审批程序

按照《中央预算内直接投资项目管理办法》(国家发展和改革委员会第7号令)的相关规定,使用中央财政性资金的水利工程项目实行审批制,初步设计主要审批要求和程序如下:

(1)初步设计应当符合国家有关规定和可行性研究报告批复文件的有关要求,明确各单项工程或者单位工程的建设内容、建设规模、建设标准、用地规模、主要材料、设备规格和技术参数等设计方案,并据此编制投资概算。投资概算应当包括国家规定的项目建设所需的全部费用。由国家发展和改革委员会负责审批的项目,其初步设计应当由具备相应资质的甲级设计单位编制。

(2)初步设计编制完成后,由项目单位按照规定程序报送项目审批部门审批。法律法规对直接投资项目的初步设计审批权限另有规定的,从其规定。对于由国家发展和改革委员会审批项目建议书、可行性研究报告的项目,其初步设计经中央有关部门审核后,由国家发展和改革委员会审批或者经国家发展和改革委员会核定投资概算后由中央有关部门审批。经批准的初步设计及投资概算应当作为项目建设实施和控制投资的依据。

3.3 国家地下水监测工程的设计管理

2015年6月,国家发展和改革委员会下发“国家发展改革委关于国家地下水监测工程初步设计概算的批复”,核定工程初步设计概算总投资。同月,水利部和原国土资源部联合印发《国家地下水监测工程初步设计报告的批复》,同意初步设计建设任务、规模、设计方案等,要求两部法人单位按照国家基本建设程序和审查意见要求,严格按照“四制”及批复的设计文件,组织项目实施。

3.3.1 设计组织管理

2014年,国家地下水监测工程可行性研究报告批复后,水利部和原国土资源部开始推进初步设计工作。按照国家发展和改革委员会要求,两部在“联合规划、统一布局、分工协作、避免重复、信息共享”原则的指导下,共同编制初步设计报告和水利部分、国土资源部分两本初步设计分报告。

项目法人在国家发展和改革委员会批复意见和可行性研究报告的基础上,开展了国家地下水监测工程调研、咨询、讨论、征求意见等一系列工作,通过公开招标确定了具有相应资质的勘测设计单位。由于国家地下水监测工程(水利部分)设计时间紧、任务急,且涉及面广、专业多、技术复杂,水利部分初步设计工作采取了分工协作的方式进行,即:在项目法人的统一指导下,设计单位负责报告编制,各流域和各省水文部门紧密配合的模式。根据设计大纲,设计单位设立专业工作组,分别负责相关部分的设计工作,并编制初步设计总报告。各流域机构、省(自治区、直辖市)、新疆生产建设兵团水文部门配合编制初步设计分报告。

3.3.2 初步设计控制

3.3.2.1 工程建设项目的划分

(1)单项工程。国家地下水工程(水利部分)涉及全国7个流域、31个省(自治区、直辖市)及新疆生产建设兵团,项目高度分散,施工条件差异较大,施工组织管理难度大,成本高。为便于工程的建设管理,根据项目建设管理办法,按照建设属地划分原则,分为1个国家级地下水监测中心建设项目、7个流域级建设项目、31个省(区、市)及新疆生产建设兵团建设项目,共计40个单项工程。

(2)合同工程。各单项工程根据不同的建设内容、业务性质、管理方式划分为若干合同标段,作为单位工程,分别由国家中心、7个流域机构、32个省级水文部门组织招标建设。分部工程和分项工程在合同工程中可进一步划分。例如:监测井土建合同标段(单位工程)中的每一口监测井建设可以作为一个分部工程,又根据不同的施工方法、材料、施工工艺、设备类别等,进一步划分为现场勘查、施工进场、泥浆排放、井架安装、取芯钻进、下井管、填砾止水、洗井、抽水试验、水质取样等10个分项工程。

3.3.2.2 初步设计的过程控制

本工程初步设计工作经历了设计大纲编制、分部门初设报告编制、初步设计送审稿过程,在项目法人和技术专家组的指导和咨询下,设计单位进行工程初步设计控制工作,确保设计质量目标、时间进度目标的实现。重要节点和阶段成果都需要通过部门审查,最终初步设计成果需通过国家发展和改革委员会的审查。

(1)设计大纲编制阶段。初步设计大纲是工程设计的灵魂和骨架。国家地下水监测工程初步设计大纲是设计单位在国家发展和改革委员会批复的可行性研究报告基础上,按照项目法人的要求提出的,明确了设计任务、内容、深度、范围和边界条件,由水利部门和原国土资源部门项目法人单位和专家审查认可。

(2)分部门初设报告编制阶段。在已经确认的初步设计大纲的基础上,由设计单位按照相关资料、规范提出设计初稿,内容包括总体方案、主要设计内容、初步预算、项目预期效果等。项目法人组织建设管理、设计、施工、咨询等方面的专家,对初步设计中的重大问题进行咨询论证。设计单位根据专家、领导和用户的咨询论证意见,对初步设计文件进行补充、修改、优化,形成国家地下水监测工程(水利部分)初步设计报告和国家地下水监测工程(国土资源部分)初步设计报告。

(3)送审稿阶段。两部项目法人在国家地下水监测工程(水利部分)初步设计报告和国家地下水监测工程(国土部分)初步设计报告的基础上合稿,形成国家地下水监测工程初步设计报告送审稿。2015年初,《国家地下水监测工程初步设计报告》通过了由水利部和原国土资源部委托的中国国际工程咨询公司的审查。之后两部联合上报国家发展和改革委员会。

通过三个阶段、三个检查点的控制,国家地下水监测工程设计人员对初步设计关键点都有明确的认识,通过专家咨询和征求意见优化了工程设计,专家审查保证了设计正确可行。

3.3.2.3 工程初步设计报告格式和提纲

国家地下水监测工程(水利部分)初步设计报告总体是以《水文设施工程初步设计报

告编制规程》为基础,并结合工程特点和原国土资源部门的相关要求,综合形成初步设计报告格式和提纲。

国家地下水监测工程(水利部分)初步设计报告格式和提纲见表 3-2。

表 3-2 国家地下水监测工程(水利部分)初步设计报告格式和提纲

(一)封面 国家地下水监测工程(水利部分)初步设计报告 编制单位:××××× 编制日期:××××年××月
(二)扉页 审　　查:××××× 项目负责人:××××× 报告编写人:××××× (后附编制单位资质证书)
(三)初步设计报告编制提纲 1 综合说明 1.1 项目由来 1.2 建设目标与范围 1.3 建设任务与规模 1.4 方案设计 1.5 施工组织设计 1.6 工程管理 1.7 招标设计 1.8 环境影响评价 1.9 投资概算与资金筹措 1.10 效益评价 2 区域概念 2.1 自然地理 2.2 社会经济 2.3 水资源 2.4 地下水监测现状与存在问题 3 建设目标、任务与规模 3.1 建设目标 3.2 建设范围 3.3 建设任务 3.4 建设规模 3.5 初步设计对可行性研究变更情况 4 方案设计 4.1 设计依据 4.2 设计原则 4.3 总体设计

续表 3-2

4.4 网站布设 4.5 省级监测中心 4.6 地市级分中心 4.7 监测站 4.8 地下水资源信息业务软件 5 施工组织设计 5.1 施工条件 5.2 施工占地 5.3 施工布置与进度 5.4 主要材料供应 5.5 水位站施工工艺要求 5.6 流量站施工工艺要求 5.7 辅助设施施工工艺要求 5.8 信息采集、传输与接收系统施工工艺要求 5.9 施工安全设计 6 建设管理与运行管理 6.1 建设原理 6.2 运行管理 6.3 运行维护费用 7 招标设计 7.1 标段划分 7.2 招标方式与组织形式 8 环境影响评价 8.1 建设工程环境影响评价 8.2 环境保护措施 9 设计概算、资金筹措 9.1 编制原则及依据 9.2 基础价格 9.3 有关费率及取费标准 9.4 投资概算 9.5 资金筹措 10 效益评价 10.1 社会效益 10.2 经济效益 10.3 生态环境效益

3.3.3 分省初步设计

由于国家地下水监测工程(水利部分)涉及1个国家中心、7个流域机构、32个省级水文部门、280个地市、10 298个监测站,覆盖范围广,涉及专业多,信息技术发展快等众多因素,初步设计批准后,各地的地下水情势、通信条件、建设条件发生了一些变化,加上信息技术的快速发展,因此如何根据投资情况和这些变化了的情况,对原有的初步设计进一步优化、细化和完善,充分发挥投资效益,是建设好工程的关键一步。

为便于项目的建设管理,水利部进一步明确了各流域、省(自治区、直辖市)及新疆生产建设兵团的职责,项目法人(部项目办)在初步设计批准后,按照已经批复的总体初步设计报告,在遵循投资分解与核定的初步设计概算一致的基础上,对各单位建设任务和投资概算进行分解,即将初步设计建设内容,按行政区划和按单位划分。不但将建设任务和概算做了清楚的划分,还分清了责任和义务。在项目法人(部项目办)组织下,由设计单位和各流域、各省级水文部门完成初步设计的拆分工作,其最终成果作为各流域、各省水文部门进行单项工程建设和投资的重要依据,各流域、省单项工程投资计划、实施计划、建设管理均按分省初步设计报告执行。

3.3.3.1　分省初步设计报告格式和提纲

为了规范工程初步设计分省报告的编写,满足施工建设的要求,部项目办编制了"国家地下水监测工程(水利部分)初步设计分省报告技术指导书",要求以初步设计和有关附件作为分省报告编写、修改完善分省报告的主要依据,分省报告有关章节编排、设计原则、站网总体布设方案、土建工程量和仪器设备主要技术指标等与总报告保持一致,各省(自治区、直辖市)、新疆生产建设兵团结合各地的实际情况与需求,通过补充与细化有关内容,使分省报告达到工程招标设计的要求,修改完善通过审查后的分省初步设计报告作为开展本工程项目建设、管理、验收和审计等相关工作的依据。

国家地下水监测工程(水利部分)分省初步设计报告格式和提纲见表3-3。

表3-3　国家地下水监测工程(水利部分)分省初步设计报告格式和提纲

(一)封面
国家地下水监测工程(水利部分)××省(自治区、直辖市)初步设计报告 国家地下水监测工程(水利部分)××流域初步设计报告 编制单位:××××× 编制日期:××××年××月
(二)扉页
审　　查:××××× 项目负责人:××××× 报告编写人:×××××
(三)分省初步设计报告编制提纲
与国家地下水监测工程(水利部分)初步设计报告提纲大致相同

3.3.3.2　分省报告审查

设计单位和各流域、省水文部门完成分报告编制后,部项目办分两批对各流域、各省初步设计报告进行了审查,包括:第一批2015年开工的北方片15省的分省初步设计报告和第二批南方片16省及7个流域初步设计分报告。

部项目办组织专家，对分省报告逐一审查，逐个进行了批复，批复文件作为各流域、各省单项工程建设招标、监理、质量检查、验收和审计的主要依据。

（1）北方片审查。2015年6月，部项目办组织有关专家在郑州召开会议，对北京、河北、天津等北方片15省（自治区、直辖市）的分省初步设计报告进行了审查，会议认为：《水利部分初设报告》提出的建设目标、任务与规模、设计原则、方案设计、施工组织设计、建设管理与运行管理、招标投标设计、设计概算等主要内容与水利部和原国土资源部批复的《水利部分初设报告》基本一致；依据《国家地下水监测工程（水利部分）初步设计分省报告编制技术指导书》规定，补充位于水源地、基本类型区的监测站施工位置变化要求，补充说明施工中实际钻探进尺与设计进尺差异的有关要求，复核岩土取样内容和要求；增加信息源和业务软件定制标段，复核招标内容；完善概况部分内容，补充深层地下水和超采区地下水动态分析；进一步复核省级、地市级中心软硬件配置数量，补充完善省地市工程量统计表；增加井口保护设施基础处理，进一步复核细化井口保护设施安装布置图、安装要求，细化井口测量标志设计，复核细化水位、水质监测仪器技术要求，明确水质五参数内容，修改水质自动监测设备（UV）性能指标技术要求，复核部分监测站柱状图及设计；复核人工测量水位、取水样、洗井等内容及其要求，复核信息流程图、通信通道；进一步完善施工组织设计要求、室内验收要求，完善细化有关概算内容；增加监测站一览表（含测站编码）、逐站建设内容统计表、监测站设计图集，增加初设批复、概算批复、技术指导书等相关文件。

审查会后，设计单位按照专家意见对分省初步设计进行修改完善，之后，部项目办批复了北京、河北、天津15省（自治区、直辖市）分省初步设计报告。

（2）南方片审查。2015年10月底，部项目办组织有关专家在郑州召开会议，对上海、福建等16个省（自治区、直辖市）和长江、珠江等7个流域的初步设计进行了审查，会议认为：初步设计提出的建设目标、任务与规模、设计原则、方案设计、施工组织设计、建设管理与运行管理、招标投标设计、设计概算等主要内容与水利部和原国土资源部批复的《水利部分初设报告》基本一致；《水利部分初设报告》细化了各流域软件本地化定制等内容，基本达到了设计深度要求；补充水利部下发的建设管理、廉政管理、资金使用管理3个办法及相关内容；完善各流域水文局在招标代理机构选择、标书编制、送审与发布、合同草拟与送签等内容与职责；补充流域内各省本工程地下水监测站网布设情况统计表；修改信息流程图，进一步完善软件本地化定制、标段划分内容；进一步修改和规范有关文字和图表，复核有关统计数据。

审查会后，设计单位按照专家意见对分省及流域初步设计进行修改完善，并报送部项目办，南方片16省（自治区、直辖市）分省初步设计报告得以批复。

3.3.4　设计变更管理

国家地下水监测工程监测站数量多、涉及范围广、建设条件差异大，建设任务涉及监测站打井、仪器设备安装调试、信息系统建设、中心大楼购置与改造装修、水质实验室等工作内容，既包括水文地质勘察、土建钻探施工、大楼装修改造等传统专业内容，也包括信息系统软件开发、信息采集仪器设备、信息存储、信息传输与交换、计算机网络等信息技术专业，是一个集传统行业和高科技于一体的复杂的工程建设项目。由于专业多、技术复杂，尤其是监测井为地下工程,钻探和电测井后所揭示水文地质实际情况与设计不可避免地存在差异;同时,随着经济社会发展,城镇、乡村的规划建设,造成一些监测站建设位置、建设性质发生变化,在施工中协调任务繁重,建设中不可预计情况多。工程建设环境变化和技术发展,都需要对工程建设内容进行适当变更,以利于发挥整体效益和节省建设投资。在工程建设中,项目法人对工程建设中的设计变更进行规范化管理,在水利部下发的《国家地下水监测工程(水利部分)项目管理办法》基础上,项目法人先后于2015年和2016年印发《国家地下水监测工程(水利部分)设计变更调整补充规定》《国家地下水监测工程(水利部分)设计变更调整有关问题申报批准程序的规定》,规范设计变更和规定其申报程序。

3.3.4.1 设计变更原则

(1)服从设计变更管理规定和程序原则;

(2)满足原设计目标、功能原则;

(3)技术先进性和可靠性原则;

(4)经济合理性原则。

3.3.4.2 设计变更基本规定

水利部印发的《国家地下水监测工程(水利部分)项目建设管理办法》中对本工程的设计变更给出了以下规定:

(1)一般程序。根据建设过程中出现的问题,施工单位、监理单位、省级水文部门、流域水文局及部项目办等单位可以提出变更设计建议。项目法人应当对变更设计建议和理由进行评估,必要时组织设计单位、施工单位、监理单位及有关专家对变更建设进行论证。

(2)重大设计变更。建设规模、建设标准、技术方案等发生变化,对工程质量、安全、工期、投资、效益产生重大影响的设计变更,由部项目办报项目法人,项目法人按规定报原初步设计审批单位审批。

(3)一般设计变更。站网局部调整、重要仪器设备和材料技术指标等一般设计变更,由相应的流域水文局、省级水文部门提出设计变更建议,经部项目办审查通过后,由项目法人批准实施并报水利部核备。

3.3.4.3 设计变更补充规定

项目法人在《国家地下水监测工程(水利部分)项目建设管理办法》的基础上,进一步细化了设计变更内容和申报审批程序,制定了《国家地下水监测工程(水利部分)设计变更调整补充规定》,包括:一般设计变更内容、一般设计变更申报程序、其他调整内容与办理程序。在工程实际建设过程中,国家地下水监测工程(水利部分)所有设计变更均为一般设计变更。

1. 一般设计变更内容

凡属于下列情况视为一般设计变更:

1)站网局部调整

(1)本省(自治区、直辖市)监测站建设数量不变,但监测站建设性质变更(新建站变改建站或改建站变新建站);

(2)站点位置不变,但监测层位发生变化;

(3)出现打干井,需重新选址打井;

(4)站点位置出现跨县级行政区调整的;

(5)岩溶水、裂隙水的监测站需根据外业物探成果进行调整的。

2)成井及主要材料

(1)开孔口径与设计要求不一致;

(2)管材发生变更;

(3)滤料和封闭止水材料发生变化。

3)辅助设施

(1)站房或井口保护设施数量发生变化;

(2)水准点埋设的数量发生变化;

(3)新建站房面积发生较大变化;

(4)井口保护设施尺寸大小发生变化。

4)重要监测仪器

(1)水位监测仪器总数不变,但一体化压力式/浮子式水位监测仪器数量发生变化;

(2)监测仪器技术指标与初步设计要求不一致。

5)信息源建设和定制软件开发

信息源建设和定制软件开发与初步设计要求不一致。

2. 一般设计变更申报程序

(1)设计变更提出。一般由省级水文部门、流域水文局提出设计变更建议,报部项目办。

(2)设计单位审查。由部项目办委托设计单位提出明确意见及相应的设计、概算修改,报部项目办。

(3)设计变更审核。部项目办对设计单位提出的意见进行审核,必要时可组织专家、监理单位进行论证。

(4)设计变更批准。部项目办将由监理单位签字后的审核意见报项目法人批准,项目法人报水利部核备。

(5)根据外业物探成果进行监测站调整的,由物探中标单位提出,并由设计单位提出设计、概算修改,报部项目办审核,项目法人审批,项目法人报水利部核备。

3. 其他调整内容与办理程序

1)站点位置微调

(1)施工中,一般平原区站点位置的变化范围在2 km范围以内,不跨三级水文地质单元和乡镇,可由省级水文部门决定,报部项目办备案;

(2)超出2 km范围或跨三级水文地质单元和乡镇,但在县级行政区以内且监测层位不变的,需由省级水文部门协商设计单位后,提出正式申请,报部项目办批准;

(3)布设在国家认定的水源地、超采区等特殊类型区的监测站,其位置变化范围超过500 m,但在县级行政区以内且监测层位不变的,需由省级水文部门协商设计单位后,提出正式申请,报部项目办批准。

2)地市级分中心调整

地市级分中心总数不变,仅分中心名称改变,投资未发生变化的,由省级水文部门提出正式申请,报部项目办批准。

3)标段划分

标段划分发生变化,由省级水文部门提出正式申请,报部项目办批准。

4)单井进尺

施工中,新建井单井进尺发生较小变化(一般在设计井深10%以内)时,由省级水文部门处理,做好记录,并报部项目办备案。

5)一个标段钻探总进尺

施工中,发现一个标段钻探总进尺发生变化(一般在标段总进尺5%以内)的,由省级水文部门和监理单位提出并报部项目办。

3.3.4.4 设计变更申报批准程序

《国家地下水监测工程(水利部分)设计变更调整有关问题申报批准程序的规定》将设计变更内容和申报审批程序细分为三种情况,即:由省级水文部门报部项目办备案;由省级水文部门报部项目办,部项目办直接批复;由省级水文部门报部项目办,部项目办去函征求设计单位意见后批复。具体规定如下:

(1)由省级水文部门报部项目办备案。包括3种情况:①新建井单井进尺调整幅度超过10%,但地层结构和监测层位不变,投资不要求增加;②新建井单井进尺调整幅度未超过10%;③站点位置调整不超过2 km范围,且不跨三级水文地质单元和乡镇。

(2)由省级水文部门报部项目办,部项目办直接批复。包括7种情况:①地市级分中心名称变更,建设内容和投资不变;②站点位置微调,投资不变,但站点位置调整超过2 km范围或跨三级水文地质单元和乡镇;③标段划分调整;④按原设计方案出现打干井,在原打井位置继续打井,但地层结构发生变化或重新选址打井,出现这种情况须一井一报,项目办先批,待成井完工后,再由设计单位重新核算工程量及投资;⑤由于客观条件,抽水实验未达到3次降深要求,但实际已完成了3个工作台班,透支不调整;⑥投资不变,在新建井结构、进尺、监测层位与改建井基本一致的情况,改建井可变更为新建井;⑦投资不变,少量井开口孔径、管材发生变化。

(3)由省级水文部门报部项目办,部项目办去函征求设计单位意见后批复。包括7种情况:①水准点建设数量减少或增加;②站房变为井口保护设施,或井口保护设施变为站房;③监测仪器设备类型、数量或技术指标调整;④较多开口孔径、管材、材料价格需要调整,投资发生变化;⑤抽水试验不做或降深次数不到3次,且抽水试验的台班数未达到3个工作台班;⑥信息服务系统建设中软、硬件设备数量和技术指标发生变化;⑦一个标段中,由于改建井变为新建井、打干井等原因,导致标段总进尺变化幅度超过5%,要求增加投资的。

3.3.5 物探勘察

物探是地球物理勘探的简称,通过所要探测的地质对象与周围介质间存在某种物性差异,而这种物性差异可影响被寻找地质体周围某种天然或人工物理场的分布特征,解决或查明有关地质和工程问题。物探技术是利用先进的物探仪器来摄取这些物理场的分布并与均质条件下的物理场相比较,找出差异的部分来研究与勘探对象之间的关系,达到解决地质问题或工程问题的目的。

物探勘察是本工程规划、设计、建设的前提和基础性工作,在工程建设过程中具有十分重要的地位。国家地下水监测工程涉及31个省(区)市,监测井点多、覆盖面广,我国南北方地形地貌、水文地质单元区域、钻井勘探条件差异巨大,尤其是岩石监测井钻探需要更加翔实的资料,在国家地下水监测工程可行性研究报告中,仅对岩石监测井进行了初步梳理,通过已有的水文地质资料,对岩石监测井进行了简要分析和研究。

工程可行性研究报告批复后,为了更好地确定岩石监测井井位和区域地下水富水程度,判定岩石井附近地层岩性、含水层厚度、地下水水位或埋深,为初步设计和分省设计提供依据,优化施工方案,做好钻探设备选型、施工方法选择和工期控制,减少盲目施工的损失,提高岩石监测井的成井率,项目法人开展了国家地下水监测工程物探相关工作。2014年8月底组织专业技术人员编写了岩石井物探勘察招标文件,10月中旬进行国内公开招标,11月完成招标和合同签订工作。

3.3.5.1 物探勘察的工作任务

通过水文地质调查、物探勘察等科学合理的工作方法,初步查明全国21个省(市、区)(水利部分)基岩监测井所布设区域的地层岩性、地下水的补径排、水位埋深等水文地质条件,进一步分析判断原设计监测井的位置、井深、地下水类型、监测目的层等参数的合理性,提出建议和意见,为优化初步设计、保障工程施工等工作提供依据。

3.3.5.2 物探勘察的工作内容

(1)在充分收集前人已做的相关成果资料和本次水文地质补充调查的基础上,分析国家地下水监测井项目中所布设区域的水文地质条件,重点调查拟布设监测井区域的地下水分布特征、补给、径排规律和地层岩性等水文地质特征。

(2)通过水文地质调查,初步确定项目区的地下水水位埋深。

(3)利用物探勘测方法对该监测井拟布设区进行勘测和成果分析,提交井位布设区勘测深度区域内的地层岩性、含水层位置、含水层厚度等水文地质特征。

(4)通过物探勘察和水文地质补充调查成果对本次拟勘察的基岩监测井进行合理性分析,并对不合理的基岩监测井提出调整意见和建议。

(5)通过合理性分析成果对本次勘察的基岩监测井进行建站风险性评估。

(6)编制“国家地下水监测工程(水利部分)岩石监测井分省物探勘查报告”及相应的图表。

(7)编制“国家地下水监测工程(水利部分)岩石监测井物探勘查报告”及相应的图表。

(8)编制“国家地下水监测工程(水利部分)岩石监测井补充物探勘查报告”及相应的图表。

3.3.5.3 物探勘察的技术手段

由于国家地下水监测工程工作项目区分布范围较广,物探勘察涉及全国21个省,岩石监测井数量多,工作量大且工作分散,为了更好地完成物探勘察任务,使物探成果能够更好、更准确地反映各勘察区的实际水文地质特征,实际物探勘察中,根据区域水文地质调查结果,本工程根据实际地质状况,分别采用了激发极化法、瞬变电磁法、高密度法、EH4大地电磁法、天然电场选频法等物探方法。

国家地下水监测工程(水利部分)根据各省市岩石监测井区的自然地理、水文地质条件及野外实际工作环境,采用了不同的物探勘察方法进行工作,其中黑龙江省、吉林省、辽宁省、海南省、广东省、湖南省、湖北省、河北省、山东省、四川省、西藏自治区等 11 个省采用激发极化电测深法;陕西省、重庆市、云南省、贵州省等 4 个省采用激发极化电测深法及瞬变电磁法;江西省采用高密度电法及 EH-4 音频大地电磁法;福建省采用高密度电法和音频大地电位法;广西壮族自治区、安徽省、江苏省采用天然音频大地电位法及激发极化法。

3.3.5.4 物探勘察成果和结论

本工程监测井物探勘察承担单位,在项目法人单位统一组织协调,设计单位以及相关省(区、市)水文部门积极配合下,共收集不同地区地下水资料 270 余份,共完成全国 21 个省 735 个站点监测井的物探勘察工作任务,基本查明了监测井勘察区范围内的水文地质特征,并通过物探工作取得了监测井所在区域的相关电性参数,总结了各地电性异常特征与含水岩组的对应关系,结合水文地质资料,推断了含水层位置、岩性及富水特征;根据物探勘察成果,细化了相关监测井水文地质参数,对各个岩石监测井井位的合理性及建站风险性进行了分析评估,并对部分井位不合理的基岩监测井,重新选择了井位,进行了水文地质补充调查。物探勘察成果在工程中得到应用,为岩石监测井设计和施工提供了有力支撑。

工程物探勘察工作是项目法人组织管理下,通过中标单位和相关省级水文部门、地市水文局的密切合作,确保了物探勘察的质量,为国家地下水监测工程(水利部分)岩石监测井钻探提供了充分的设计和施工依据。通过本次监测井物探勘察为工程设计和施工工作奠定了基础,主要表现在以下几个方面:

(1)本次物探勘察之前,通过现场踏勘和相关成果进行分析,现场认为原设计的部分基岩监测井井位,由于水文地质条件复杂,属于弱富水区,无法达到成井条件,分省设计报告根据实际情况进行调整。

(2)对勘察区进行了水文地质补充调查,基本查明监测站点勘察区域的水文地质条件,确定了地下水水位、地层岩性、地下水类型的分布;初步查明含水层的岩性、厚度、埋深及分布规律;对勘察区地下水的补径排有了系统的了解,为后续物探勘察方法的合理选取和物探成果的解译奠定了基础。

(3)在水文地质补充调查的基础上,对勘察区进行了物探勘察工作。由于本工程勘察区分布范围广,区域跨度大,为了更好地反映物探勘察的效果,针对区域不同,分别采用了不同的物探勘察方法,共完成物探测点 10 668 个,基本查明拟布设监测井勘察区域内的地层岩性、含水层的特性、埋深、厚度,为确定经济合理的岩石监测站井设计参数,判断原设计的基岩监测井是否达到监测目的、建站合理性提供了充分依据。

(4)根据原有勘察区资料和本次水文地质补充调查及物探勘察成果,对全国 735 个监测井进行了建站合理性分析,针对不合理的监测井提出了调整意见和建议。

(5)根据建站合理性分析结果,进行风险评估,为降低监测井风险性提供了依据。

3.3.6 经验小结

国家地下水监测工程在设计管理工作方面,积累了一些经验,但由于工程建设点多面广、专业众多、技术复杂,前期工作周期较长、信息技术更新又快,又是我国首次建设全国范围的地下水自动监测系统,而且是两个行业部门合作建设,缺少同类项目设计管理经验

参考,从而更加需要对工程设计管理进行总结和思考。工程设计管理经验总结如下:

(1)跨部门实施要紧密配合。国家地下水监测工程建设不同于一般的单一业主单位或项目法人的工程项目,按国家发展和改革委员会的要求,初步设计由水利部门和原国土资源部门共同申报,分别实施建设。因此,不仅仅在之前的立项阶段需要大量的沟通和协作,而且在初步设计阶段也需要理顺相互之间的关系、工作程序和设计工作内容,在分别设计之前对设计工作的框架、大纲、内容、深度、执行标准、概算依据等进行沟通和协调,达到基本一致;同时两部门还进一步互相借鉴、互相学习,吸收各自成熟的技术与经验,在初步设计中运用了原国土资源部门成熟的成井方式和大量的地质资料,采纳了水利部门多年自动监测设备应用经验,在保持各自信息流程特点的基础上,实现了地下水监测信息共享。

(2)要根据项目特点,落实组织方式。国家地下水监测工程是由水利部和原国土资源部共同申报、分别建设,工程涉及的领域多、技术复杂、时间紧、任务急,为了保质保量完成国家地下水监测工程的初步设计工作,水利部门项目法人单位根据项目特点,在工程初步设计工作采取了“统一组织、分工协作”的方式,即:项目法人在可行性研究报告的基础上,迅速组织专家编制招标文件,进行全国招标,确定设计单位;在项目法人的统一组织和指导下,设计单位负责报告编制,各流域和省级水文部门配合的模式。根据设计大纲,设计单位成立各专业工作组,分别负责相关部分的设计工作,并编制初步设计总报告。各流域机构、省(自治区、直辖市)、新疆生产建设兵团水文部门配合编制初步设计报告。

高效的组织体系和协调机制的建立是系统地开展设计工作的保障,对于跨部门、跨地区的工程建设,由于没有行政隶属关系,系统建设就必须依靠科学合理的协调机制。对于国家地下水监测工程的设计,项目法人建立有效的组织保障体系和协调机制是首要任务,这是实践给予我们最宝贵的经验。

(3)各流域、省分别编制初步设计分报告。2015 年,工程初步设计批准后,考虑到工程点多面广、专业复杂,批复等待时间内,各地的地下水情势、通信条件、建设条件又发生了一些变化,加上信息技术的快速发展,如何根据投资情况和这些变化了的情况,对批复的初步设计进一步优化、细化和完善,充分发挥投资效益,是建设好工程的关键一步。项目法人在遵循投资分解与核定的初步设计概算一致的基础上,对各流域、省级单项工程建设任务和投资概算进行分解,按行政区划和单位将建设任务及概算做了进一步划分,由设计单位和各流域、省级水文部门完成初步设计的拆分工作,其最终成果作为各级水文部门建设和投资的重要依据,各流域、省级单项工程投资计划、实施计划、建设管理均按初步设计分报告执行。

(4)人才培养,踏实工作。国家地下水监测工程从 2004 年初提出,到 2014 年国家发展和改革委员会正式批复立项,经历了 10 年的时间。在这段时间里,经过项目建议书编制、可行性研究报告编制、办理四项前置条件、参加项目审查等工作,培养了一大批地下水工程技术专业人才和工程建设管理人才,这些专业人员来自一线,工作经验丰富,工作态度积极,工作作风踏实,带着实际情况和实际问题参加设计和论证。因此,初步设计方案接地气,能够在全国范围全面落实,具有广泛的可用性、可靠性和可管理性,保证了所选择的初步设计方案在技术、管理、经费、实施以及日后运行维护等方面具有普遍的适应性。

(5)注重基础资料收集和岩石井物探勘察。全面和详细的地下水资料是工程初步设计和施工建设的基础,地下水工程建设不同于一般的工程建设,地下水、地质状况看不见摸不着,监测井的层位井深设计大多依靠前期的水文地质资料和当地走访调查结果,因此,充分收集、调查和分析已有地质资料尤其重要,可以尽量避免走弯路,减少打干井等带来的投资损失。同时,对于地质环境非常复杂的井,尤其对于岩石井,仅仅依靠粗线条的资料很难精确设计,初步设计和施工建设前尽量进行物探勘察工作。本工程初步设计报告和分省设计报告编制时,依据探勘察成果,在735眼岩石井中,近50%的监测井井深进行了调整,工程施工中干井数量大幅减少,钻井一次成功率达96%以上,极大地提高了岩石层监测井的成功率,看似多花费了人力、物力和经费,但结果是大大减少了工程经费支出。事实证明,前期注重基础资料收集工作是非常有必要的。

第 4 章　工程建设管理体制

工程建设管理遵循的“四制”是指项目法人责任制、工程招投标制、建设工程监理制、合同管理制。它们共同构成了建设工程管理制度体系，规范了项目建设管理工作，对工程建设具有重要作用。

国家地下水监测工程严格遵循工程建设管理四项制度，在工程立项阶段就申报了项目法人，并得到国家发展和改革委员会的批复。在工程建设过程中，项目法人对工程建设总负责，严格遵守和执行工程招投标制、建设工程监理制度、合同管理制，确保了按期、保质、保量、安全地完成全部工程建设任务，并通过水利部组织的工程验收。

4.1　项目法人责任制

4.1.1　法人责任制的确立

项目法人是工程建设项目法定责任人的简称，是指具有民事权利能力和民事行为能力，依法独立享有民事权利和承担民事义务的，并以建设项目为目的，从事项目管理的最高权力集团或组织。一般情况下，项目法人由项目投资方代表组成，并指定项目负责人或领导班子，代表项目法人对建设工程项目进行具体管理。因此，项目法人在建设工程项目实施阶段处于中心地位，对项目实施的全过程负责。

项目法人责任制是指经营性建设项目由项目法人对项目的策划、资金筹措、建设实施、生产经营、偿还债务和资产的保值增值实行全过程负责的一种项目管理制度。

改革开放以来，我国先后试行了各种方式的投资项目责任制度。但是，责任主体、责任范围、目标和权益、风险承担方式等都不明确。为了改变这种状况，建立投资责任约束机制，规范项目法人行为，明确其责、权、利，提高投资效益，依据《中华人民共和国公司法》，国家计委于 1996 年制定并颁布了《关于实行建设项目法人责任制的暂行规定》(简称《暂行规定》)。《暂行规定》规定：国有单位经营性基本建设大中型项目在建设阶段必须组建项目法人。实行项目法人责任制，由项目法人对项目的策划、资金筹措、建设实施、生产经营、债务偿还和资产的保值增值，实行全过程负责。有关单位在申报项目可行性研究报告时，须同时提出法人的组建方案。否则，其项目可行性研究报告不予审批。凡应实行项目法人责任制而没有实行的建设项目，投资计划主管部门不予批准开工，也不予安排年度投资计划。

1996 年 6 月，经国务院批准，国家计委发布的《国家重点建设项目管理办法》规定：国家重点建设项目，实行建设项目法人责任制；国家另有规定的，从其规定。建设项目法人负责国家重点建设项目的筹划、筹资、建设、生产经营、偿还债务和资产的保值增值，依照国家有关规定对国家重点建设项目的建设资金、建设工期、工程质量、生产安全等进行严格管理。建设项目法人的组织形式、组织机构,依照《中华人民共和国公司法》和国家有关规定执行。

1995 年 4 月,水利部下发的《水利工程建设项目实行项目法人责任制的若干意见》(水建〔1995〕29 号)提出:根据水利行业特点和建设项目不同的社会效益、经济效益和市场需求等情况,将建设项目划分为生产经营性、有偿服务性和社会公益性三类项目。今后新开工的生产经营性项目原则上都要实行项目法人责任制;其他类型的项目应积极创造条件,实行项目法人责任制。

2000 年 7 月 15 日,国务院以(国发〔2000〕20 号)批转了国家计委、财政部、水利部和建设部《关于加强公益性水利工程建设管理若干意见》,要求在公益性水利工程建设管理中建立、健全水利工程建设项目法人责任制。项目法人对项目建设的全过程负责,对项目的工程质量、工程进度和资金管理负总责。

我国基本建设工程的实践证明:在建设工程领域实行项目法人责任制,对建立投资责任约束机制,转换项目建设与经营机制,改善建设工程项目管理,规范项目法人行为,明确其责、权、利,提高投资效益,加快工程建设进度,确保工程建设质量起到了重要的作用。

4.1.2　项目法人的组建

根据国家《关于实行建设项目法人责任制的暂行规定》:国有单位经营性基本建设大中型项目在建设阶段必须组建项目法人。新上项目在项目建议书被批准后,应及时组建项目法人筹备组,具体负责项目法人的筹建工作。项目法人筹备组应主要由项目的投资方派代表组成。在申报项目可行性研究报告时,须同时提出法人的组建方案。否则,其项目可行性研究报告不予审批。在项目可行性研究报告经批准后,正式成立项目法人,并按有关规定确保资本金按时到位,同时及时办理公司设立登记。国家重点建设项目的公司章程须报国家计委备案。其他项目的公司章程按项目隶属关系分别报有关部门、地方计委备案。

由原有企业负责建设的基建大中型项目,需新设立子公司的,要重新设立项目法人,并按上述规定的程序办理;只设分公司或分厂的,原企业法人即是项目法人。对这类项目,原企业法人应向分公司或分厂派遣专职管理人员,并实行专项考核。

《水利工程建设项目实行项目法人责任制的若干意见》也明确提出:投资各方在酝酿建设项目的同时,即可组建并确立项目法人,做到先有法人,后有项目。国有单一投资主体投资建设的项目,应设立国有独资公司;两个及两个以上投资主体合资建设的项目,要组建规范的有限责任公司或股份有限公司。具体办法按《中华人民共和国公司法》、国家体改委颁发的《有限责任公司规范意见》《股份有限公司规范意见》和国家计委颁发的《关于建设项目实行业主责任制的暂行规定》等有关规定执行,以明晰产权,分清责任,行使权力。独资公司、有限责任公司、股份有限公司或其他项目建设组织即为项目法人。

4.1.3　法人的组织形式

项目法人是具有法人资格和地位,依照有关法律法规要求设立或认定,对建设工程项目负有法定责任的企业或事业单位。根据国家《关于实行建设项目法人责任制的暂行规定》的要求:国有单位经营性基本建设大中型项目在建设阶段必须组建项目法人。项目法人可按《中华人民共和国公司法》的规定设立有限责任公司(包括国有独资公司)、股份有限公司等形式。此外,还有具有项目法人地位的其他组织形式。

4.1.3.1 有限责任公司

有限责任公司,又称有限公司(CO,LTD)。有限责任公司是指根据《中华人民共和国公司登记管理条例》规定登记注册,由2个以上、50个以下的股东共同出资,每个股东以其所认缴的出资额对公司承担有限责任,公司以其全部资产对其债务承担责任的项目法人。国有控股或参股的有限责任公司要设立股东会、董事会和监事会。董事会、监事会由各投资方按照《中华人民共和国公司法》的有关规定进行组建。有限责任公司的权力机构是股东会,它是由全体股东所组成的表达公司意思的非常设的机构,是每一个公司都必需的机构。有限责任公司的执行机构是董事会或执行董事。它是由股东选举产生的,对内执行公司业务,对外代表公司的常设性机构。董事会由股东会选举的董事组成。董事会由股东会选举的董事组成。根据我国《中华人民共和国公司法》规定,董事会由3~13名董事构成。经理是公司董事会聘任的主持日常管理工作的高级职员,他对董事会负责。经理机构可称为辅助执行机构,即辅助董事会执行的工作机构。不设董事会的公司,执行董事可以兼任公司经理。有限责任公司的监督机构是监事会或监事。它是对公司执行机构的业务活动进行专门监督的机构。

有限责任公司也具有许多不同于股份有限公司的特点。这些特点包括:

1. 人资两合性

有限责任公司的性质介于股份有限公司与合伙企业之间,兼具资合性和人合性。资金的联合和股东间的信任是有限责任公司两个不可或缺的信用基础。

2. 封闭性

有限责任公司的封闭主要表现在:

(1)公司设立时,出资总额全部由发起人认购;发起人数一般不得超过50人。

(2)公司不向社会公开募集股份、发行股票;出资人在公司成立后领取出资证明书。

(3)出资不能像股份那样自由转让;股东相对稳定。

(4)出资证明不能像股票那样上市交易。

(5)正因为公司不公开发行股票,股东的出资证明也不能上市交易,公司的财务会计等信息资料就无须向社会公开。

3. 规模可大可小,适应性强

有限责任公司的股东人数,有各种不同的限制。有限责任公司的最低资本限额通常低于股份有限公司。有限责任公司规模的可塑性,适应了现实经济生活开办各种规模不等的企业,尤其是小型企业的需要。

4. 设立程序简单

有限责任公司基本上实行准则登记制,除从事特殊行业的经营外,只要符合法律规定的条件,政府均给予注册,而没有烦琐的审查批准程序。

5. 组织设置灵活

因有限责任公司多数属于中小型企业,股东会、董事会等组织机构的设置往往根据需要选择。

(1)股东会不是必设机构。

(2)设置了股东会,可不设董事会。

(3)监事会是任意机构。

《中华人民共和国公司法》规定:有限责任公司成立后,应当向股东签发出资证明书;有限责任公司应当置备股东名册。股份有限公司股东大会由全体股东组成。股东大会是公司的权力机构。股东出席股东大会会议,所持每一股份有一表决权。股东大会做出决议,必须经出席会议的股东所持表决权过半数通过。股东大会选举董事、监事,可以依照公司章程的规定或者股东大会的决议,实行累积投票制。

4.1.3.2 国有独资公司

国有独资公司,是指国家单独出资、由国务院或者地方人民政府授权本级人民政府国有资产监督管理机构履行出资人职责的有限责任公司。国有独资公司是我国公司法借鉴现代各国通行的公司制度,针对我国的特殊国情,为促进我国国有企业制度改革而专门创立的一种特殊公司形态。它具有以下特征:

(1)全部资本由国家投入。公司的财产权源于国家对投资财产的所有权。国有独资公司是一种国有企业。

(2)股东只有一个。作为国有独资公司的股东,国家授权投资的机构(如国家设立的国有资产投资公司)或者国家授权的部门(如国家的国有资产管理部门)是唯一的投资主体和利益主体。它不同于由两个以上国有企业或其他国有单位共同投资组成的公司。尽管后者各方投资的所有权仍属于国家,公司资本的所有制性质未发生变化,但公司的投资主体及股东却为多个,具有多个不同的利益主体。

(3)公司投资者承担有限责任。虽然国有独资企业的投资者是国家,但国家仅以其投入公司的特定财产金额为限对公司的债务负责,而不承担无限责任。这不同于个人独资企业,也不同于具有无限责任。

(4)性质上属于有限责任公司。国有独资公司按公司形式组成,除投资者和股东人数与一般公司不同外,其他如公司设立、组织机构、生产经营制度、财务会计制度等均与有限责任公司的一般规定与特征相同或相近,只是《中华人民共和国公司法》规定,国有独资公司不设股东会,由国有资产监督管理机构行使股东会职权。国家授权投资的机构或国家的授权部门可以授权公司董事会行使股东大会的部分职权,决定公司的重大事项,但公司的合并、分立、解散、增减资本和发行债券,必须由国家授权投资的机构或者国家授权的部门决定。

国有独资公司不设立股东会,决策的职能只能由国有独资公司的唯一股东,即国家授权投资的机构或者国家授权的部门履行。国有独资公司的执行机构是董事会。国有独资公司设经理,由董事会聘任或者解聘。

4.1.3.3 股份有限公司

股份有限责任公司是指由一定人数以上的股东组成,公司全部资本分为等额股份,股东以其所持股份为限对公司承担责任,公司以全部资产对公司的债务承担责任的项目法人。设立股份有限公司,应当有 2 人以上 200 人以下为发起人,其中必须有过半数的发起人在中国境内有住所。必须依法建立健全组织机构,包括设立股东大会,董事会及监事会等。股份有限公司的股东大会由全体股东组成。股东大会是公司的权力机构,董事会对股东大会负责,股份有限公司设经理,由董事会聘任或者解聘,对董事会负责。股份有限公司设立监事会。监事会由股东代表和适当比例的公司职工代表组成。

1. 股份有限公司的特征

(1)股份有限公司是独立的经济法人;

(2)股份有限公司的股东人数不得少于法律规定的数目;

(3)股份有限公司的股东对公司债务负有限责任,其限度是股东应交付的股金额;

(4)股份有限公司的全部资本划分为等额的股份,通过向社会公开发行的办法筹集资金,任何人在缴纳了股款之后,都可以成为公司股东,没有资格限制;

(5)公司股份可以自由转让,但不能退股;

(6)公司账目须向社会公开,以便于投资人了解公司情况,进行选择;

(7)公司设立和解散有严格的法律程序,手续复杂。

2. 股份有限公司和有限责任公司的区别

(1)有限责任公司属于"人资两合公司",其运作不仅是资本的结合,而且是股东之间的信任关系,在这一点上,可以认为他是基于合伙企业和股份有限公司之间的;股份有限公司完全是合资公司,是股东的资本结合,不基于股东间的信任关系。

(2)有限责任公司的股东人数有限制,为2人以上50人以下,而股份有限公司股东人数没有上限,只要不少于5人就可以。

(3)有限责任公司的股东向股东以外的人转让出资有限制,需要经过全体股东过半数同意,而股份有限公司的股东向股东以外的人转让出资没有限制,可以自由转让。

(4)有限责任公司不能公开募集股份,不能公开发行股票,而股份有限公司可以公开发行股票。

(5)有限责任公司不用向社会公开披露财务、生产、经营管理的信息,而股份有限公司的股东人数多,流动频繁,需要向社会公开其财务状况。

4.1.3.4　其他组织形式

现实中,在一些工程建设中已经将"项目法人"的外延做了引申,普遍将一般项目的业主或投资主体称为"建设单位",其法律地位是"项目法人"。这样的建设单位,其依据法律法规对项目负有相应的法定责任,也就是说处在项目法人的地位。这种广义的项目法人一般经过一定合法程序,包括通过行政指定、委托或招标竞争,并履行法定手续后,便可以确立"项目法人"的法定地位。包括以下四种情况:

第一种情况,单一由政府主管部门投资进行建设的项目,由主管部门组建项目建设公司,并直接任命项目经理作为项目法人,直接负责项目的建设管理。例如国务院直接领导的三峡总公司,以及由水利部直接领导的黄河水利水电开发总公司,也称水利部小浪底水利枢纽建设管理局。

第二种情况,由各级政府主管部门以合资方式建设的项目,成立董事会。董事会为项目法人,组建项目开发公司,并任命项目经理作为项目法人的代表,负责项目的建设管理。例如四川省二滩水电站,是由原电力工业部、四川省人民政府和国家开发银行共同投资,并利用世界银行贷款进行建设。所以由投资各方派出代表,成立二滩水电站董事会,董事长由主要投资方——国家开发银行直属的能源投资公司派员出任。由董事会组建电力工业部二滩水电站开发总公司,任命总经理,代表董事会管理工程项目的建设和生产经营,并对全流域水电资源进行滚动开发。

第三种情况,由政府主管部门和企业(法人集团)共同投资的建设项目,首先由政府主管部门通过招标的方式选择法人集团作为项目法人进行投资或集资,以及组织项目建设、生产经营和还贷付息。例如,北京奥林匹克运动会场馆建设的项目,首先由北京市人民政府通过招标的方式选择项目法人(社会上的法人集团),再由项目法人投资或集资,组织项目建设。通过招标的方式选择项目设计单位、监理单位和承包单位。再例如,我国目前一些高速公路的建设项目,就是由政府向社会公开招商,选定投资人,投资人根据《中华人民共和国公司法》和交通行业主管部门"公路建设项目法人资格标准"成立"项目法人",从事高速公路的建设、运营管理。

第四种情况,也是最特殊情况,即原有企业投资进行的建设项目,项目法人是原有企业的领导班子。例如,原电力工业部福建省电力局利用世界银行贷款和国家开发银行贷款建设的水口水电站,项目法人是原电力工业部福建省电力局领导班子,由该局组建水口水电站建设公司,并任命总经理作为项目法人代表,负责项目的建设管理。

4.1.4 主要管理职责

项目法人设立后就要对项目的立项、筹资、建设和生产经营、还本付息及资产的保值增值的全过程负责,对项目的工程质量、工程进度和资金管理负总责,并承担投资风险。同样,代表项目法人或具有项目法人地位对建设项目进行管理的建设单位,这种广义上的项目法人也是项目建设的直接组织者和实施者,负责按项目的建设规模、投资总额、建设工期、工程质量,实行项目建设的全过程管理,对国家或投资各方负责。

4.1.4.1 项目法人主要职责

(1)负责筹集建设资金,落实所需外部配套条件,做好各项前期工作。

(2)按照国家有关规定,审查或审定工程设计、概算、集资计划和用款计划。

(3)负责组织工程设计、监理、设备采购和施工的招标工作,审定招标方案。要对投标单位的资质进行全面审查,综合评选,择优选择中标单位。

(4)审定项目年度投资和建设计划;审定项目财务预算、决算;按合同规定审定归还贷款和其他债务的数额,审定利润分配方案。

(5)按国家有关规定,审定项目(法人)机构编制、劳动用工及职工工资福利方案等,自主决定人事聘任。

(6)建立建设情况报告制度,定期向建设主管部门报送项目建设情况。

(7)项目投产前,要组织运行管理班子,培训管理人员,做好各项生产准备工作。

(8)项目按批准的设计文件内容建成后,要及时组织验收和办理竣工决算。

4.1.4.2 项目法人在不同阶段的工作任务

项目法人需要对项目生命周期中各个过程进行管理和全面负责。项目基本建设程序一般分为:项目建议书、可行性研究报告、初步设计、施工准备(包括招标设计)、建设实施、生产准备、竣工验收和后评价等阶段。在不同阶段,项目法人主要管理职责有所差别,工作任务重点也各有不同。

1. 建设前期工作阶段

建设前期工作阶段,包括提出项目建议书、可行性研究报告和初步设计(或扩大初步设计)。基本建设项目的项目建议书、可行性研究报告和初步设计报告由国家有关主管部门或项目法人组织编制。

在项目建议书阶段,国家有关主管部门或项目法人根据国民经济和社会发展长远规划、流域综合规划、区域综合规划、专业规划,按照国家产业政策和国家有关投资建设方针,委托有相应资格的设计单位按照国家有关工程项目建议书编制暂行规定编制项目建议书,对拟进行建设项目的初步说明。项目建议书编制完成后,要向上级有关主管部门申请立项报批。按国家现行规定,审批权限按报建项目的级别来划分。大中型及限额以上固定资产投资项目建议书,需经过行业归口主管部门和国家发展和改革委员会两级审批后才能立项,小型及限额以下的工程项目建议书,按隶属关系,由各主管部门或省、自治区、直辖市的发展和改革委员会审批。

项目建议书被批准后,由政府向社会公布,若有投资建设意向,应及时组建项目法人筹备机构,开展下一建设程序,即可行性研究报告编制阶段的工作。

可行性研究报告阶段:项目法人(或筹备机构)应组织对项目进行方案比较,在技术上是否可行和经济上是否合理进行科学的分析和论证。可行性研究报告必须同时提出项目法人组建方案及运行机制、资金筹措方案、资金结构及回收资金的办法,建设项目的勘察、设计、施工、监理以及重要设备、材料等采购活动的具体招标范围、拟采用的招标组织形式和拟采用的招标方式。审批部门要委托有项目相应资格的工程咨询机构对可行性报告进行评估,并综合行业归口主管部门、投资机构(公司)、项目法人(或项目法人筹备机构)等方面的意见进行审批。

按照国家有关规定,所有大中型项目的可行性研究报告,按照项目隶属关系由行业主管部门或省、自治区、直辖市和计划单列市审查同意后,报国家发展和改革委员会审批。国家发展和改革委员会委托中国国际工程咨询公司等有资格的咨询公司对可行性研究报告进行评估,提出评估报告后,再由国家发展和改革委员会审批。凡投资在2亿元以上的项目,由国家发展和改革委员会审核后报国务院审批。

经过批准的可行性研究报告,是项目决策和进行初步设计的依据。可行性研究报告经批准后,不得随意修改和变更,在主要内容上有重要变动,应经原批准机关复审同意。项目可行性报告批准后,应正式成立项目法人,并按项目法人责任制实行项目管理。

初步设计阶段:项目法人应择优选择有项目相应资格的设计单位依照有关初步设计编制规定编制初步设计报告。初步设计报告要根据批准的可行性研究报告和必要而准确的设计资料,对设计对象进行通盘研究,阐明拟建工程在技术上的可行性和经济上的合理性,规定项目的各项基本技术参数,编制项目的总概算。

初步设计文件报批前,项目法人要委托有相应资格的工程咨询机构或组织行业各方面(包括管理、设计、施工、咨询等方面)的专家,对初步设计中的重大问题,进行咨询论证。设计单位应根据咨询论证意见,对初步设计文件进行补充、修改、优化。初步设计由项目法人组织审查后,按国家现行规定权限向主管部门申报审批。

初步设计文件经批准后,主要内容不得随意修改、变更,并作为项目建设实施的技术文件基础。如有重要修改、变更,须经原审批机关复审同意。

2. 施工准备阶段

施工准备工作开始前,项目法人或其代理机构,须依照有关工程建设项目管理规定,向有关行政主管部门办理报建手续,项目报建须交验工程建设项目的有关批准文件。工程项目进行项目报建登记后,方可组织施工准备工作。

在主体工程开工之前,项目法人必须完成各项施工准备工作,其主要内容包括:

(1)施工现场的征地、拆迁;

(2)完成施工用水、电、通信、路和场地平整等工程;

(3)必需的生产、生活临时建筑工程;

(4)组织招标设计、咨询、设备和物资采购等服务;

(5)组织建设监理和主体工程招标投标,并择优选定建设监理单位和施工承包队伍。

工程项目必须满足如下条件,施工准备方可进行:

(1)初步设计已经批准;

(2)项目法人已经建立;

(3)项目已列入国家或地方建设投资计划,筹资方案已经确定;

(4)有关土地使用权已经批准;

(5)已办理报建手续。

项目法人负责组织施工招标和材料设备采购招标工作,编制和确定招标方案;对投标单位的资质进行审查,择优选定中标单位,签订施工合同和材料设备采购合同;落实工程开工前的各项准备工作。

项目法人若委托监理单位实施建设监理,其职责还包括:通过招标方式择优选择监理单位,签订建设工程委托监理合同,并实施合同管理等工作。

3. 建设实施阶段

建设实施阶段是指主体工程的建设实施,项目法人按照批准的建设文件,组织工程建设,保证项目建设目标的实现。

项目法人或其代理机构必须按审批权限,向主管部门提出主体工程开工申请报告,经批准后,主体工程方能正式开工。主体工程开工须具备以下条件:

(1)前期工程各阶段文件已按规定批准,施工详图设计可以满足初期主体工程施工需要;

(2)建设项目已列入国家或地方建设投资年度计划,年度建设资金已落实;

(3)主体工程招标已经决标,工程承包合同已经签订,并得到主管部门同意;

(4)现场施工准备和征地移民等建设外部条件能够满足主体工程开工需要。

此外,主体工程开工前还须具备以下条件:

(1)建设管理模式已经确定,投资主体与项目主体的管理关系已经理顺;

(2)项目建设所需全部投资来源已经明确,且投资结构合理;

(3)项目产品的销售,已有用户承诺,并确定了定价原则。

项目法人应编制项目年度投资计划和建设进度计划;组织工程实施,负责控制投资、质量和进度,并定期向建设主管部门报送建设情况。

4. 生产准备阶段

生产准备是项目投产前所要进行的一项重要工作,是建设阶段转入生产经营的必要条件。项目法人应按照建管结合和项目法人责任制的要求,适时做好有关生产准备工作。

生产准备应根据不同类型的工程要求确定,一般应包括如下主要内容:

(1)生产组织准备。建立生产经营的管理机构及相应管理制度。

(2)招收和培训人员。按照生产运营的要求,配备生产管理人员,并通过多种形式的培训,提高人员素质,使之能满足运营要求。生产管理人员要尽早介入工程的施工建设,参加设备的安装调试,熟悉情况,掌握好生产技术和工艺流程,为顺利衔接基本建设和生产经营阶段做好准备。

(3)生产技术准备。主要包括技术资料的汇总、运行技术方案的制订、岗位操作规程制定和新技术准备。

(4)生产的物资准备。主要是落实投产运营所需要的原材料、协作产品、工器具、备品备件和其他协作配合条件的准备。

(5)正常的生活福利设施准备。

项目法人要组织好项目运营的班子,做好系统的技术测试,做好各项运营的准备工作。

5. 竣工验收阶段

竣工验收是工程完成建设目标的标志,是全面考核基本建设成果、检验设计和工程质量的重要步骤。竣工验收合格的项目即从基本建设转入生产或使用。

当建设项目的建设内容全部完成,项目法人要及时组织各个单项工程验收,完成档案资料的整理工作,通过有关部门组织的工程档案资料的验收,通过有关机构的技术鉴定,编制工程竣工决算报告,通过审计机关组织的竣工审计,提出竣工验收报告,向验收主管部门提出申请,根据国家和部颁验收规程,组织验收。

工程规模较大、技术较复杂的建设项目要先进行初步验收。不合格的工程不能验收;有遗留问题的项目,对遗留问题必须有具体处理意见,且有限期处理的明确要求并落实责任人。通过初步验收后,方可进行工程项目的竣工验收。

6. 后评价阶段

建设项目竣工投产后,一般经过1~2年生产运营后,要进行一次系统的项目后评价,主要内容包括:影响评价——项目投产后对各方面的影响进行评价;经济效益评价——项目投资、国民经济效益、财务效益、技术进步和规模效益、可行性研究深度等进行评价;过程评价——对项目的立项、设计施工、建设管理、竣工投产、生产运营等全过程进行评价。

4.1.5　项目法人与各方的关系

项目法人与各方的关系是一种新型的适应社会主义市场经济机制运行的关系。实行项目法人责任制后,在项目管理上要形成以项目法人为主体,项目法人向国家和各投资方负责,咨询、设计、监理、施工、物资供应等单位通过招标投标和履行经济合同为项目法人提供建设服务的建设管理新模式。政府部门要依法对项目进行监督、协调和管理,并为项目建设和生产经营创造良好的外部环境,帮助项目法人协调解决征地拆迁、移民安置和社会治安等问题。

4.1.5.1 项目法人与政府主管部门的关系

项目法人与政府主管部门之间的关系是管理与被管理的关系。实行项目法人责任制后,项目法人拥有自主权,政府主管部门对项目法人和建设工程项目的管理,要有原来的直接管理为主转变为间接管理为主,由原来的微观管理为主转变为宏观管理为主,不再干预项目法人的投资与建设活动。政府主管部门的主要职能是依法进行监督、协调和管理,即政府主管部门通过制定法律和法规、指导和制约项目法人的投资活动,使其符合国家的宏观政策和根本利益,并负责检查和审批涉及环境保护和其他对社会有影响的问题;协调项目法人与项目所在地的公共关系,为项目建设和生产运营创造良好的外部环境,帮助项目法人协调解决征地拆迁、移民安置和社会治安等问题。项目法人也要自觉接受计划、财政、审计等部门的稽查、检查和监督。

4.1.5.2 项目法人与投资方的关系

投资方是项目法人的股东,由投资方组成的股东会或股东大会是项目法人的最高权力机构。各投资方必须按照组建项目法人时签订的投资协议规定的方式、数量和时间足额出资,且不得收回。投资方作为股东,以其出资额为限对项目法人承担责任,同时享有所有者权益。项目法人享有各投资方出资形成的全部法人财产权,并以其全部法人资产,依法自主经营,自负盈亏,照章纳税,对出资者承担资产保值增值的责任。

4.1.5.3 项目法人与金融机构的关系

金融机构是指向建设工程项目提供贷款的国内商业银行、非商业金融机构、国际金融组织和外国商业银行等。项目法人与金融机构是平等的民事主体关系,双方通过借款合同明确其权利和义务。金融机构按照借款合同约定的数额、期限及时向项目法人拨付款项,项目法人按照借款合同约定的期限归还款项并支付利息。

4.1.5.4 项目法人与监理单位的关系

项目法人与监理单位是平等的民事主体关系,是一种委托与被委托、授权与被授权的关系。

项目法人和监理单位都是市场经济中独立的法人。项目法人为了更好地完成自己担负的工程建设任务,而委托监理单位替自己负责一些具体的事项,项目法人与监理单位二者之间是一种委托与被委托的关系。监理单位仅按照委托的要求开展工作,对项目法人负责,但并不受项目法人的领导。项目法人对监理单位的人力、物力、财力等方面没有支配权、管理权。

工程监理单位接受授权后,项目法人就把一部分工程项目建设的管理权力授予监理单位。诸如工程实施的组织协调工作的主持权、设计、施工和设备质量的确认与否决权、工程量与工程价款支付的确认与否决权、工程实施进度和工期的确认与否决权以及围绕工程项目建设的各种建议权等。项目法人往往留有工程建设规模和建设标准的决定权、对工程承建单位的选定权、与承建单位订立合同的签认权及工程竣工后或分阶段的验收权等。

项目法人与监理单位之间委托与被委托的关系确立后,双方签订合同,即工程监理委托合同。监理单位按照合同的要求,承担工程的监理任务,监督管理承建单位履行工程建设合同。

监理单位受项目法人委托,按合同规定在现场从事组织、管理、协调、监督工作。同时,监理单位要站在独立公正的立场上,协调项目法人与设计、施工等单位之间的关系。

4.1.5.5　项目法人与承建单位的关系

承建单位是指参与工程建设的设计、施工等单位。项目法人与承建单位是平等的民事主体关系,项目法人通过招标方式择优选择承建单位,承建单位通过投标竞争获得设计或施工任务,双方通过签订工程承包合同明确其权利和义务。

(1)项目法人要建立严格的现场协调或调度制度。及时研究解决设计、施工的关键技术问题。从整体效益出发,认真履行合同,积极处理好工程建设各方的关系,为施工创造良好的外部条件。

(2)设计单位应按合同及时提供施工详图,并确保设计质量。按工程规模,派出设计代表组进驻施工现场,解决施工中出现的设计问题。

施工详图经监理单位审核后交施工单位施工。设计单位对不涉及重大设计原则问题的合理意见应当采纳并修改设计。若有分歧,由项目法人决定。如涉及初步设计重大变更问题,应由原初步设计批准部门审定。

(3)施工单位要切实加强管理,认真履行签订的承包合同。在施工过程中,要将所编制的施工计划、技术措施及组织管理情况报项目法人。

4.2　招标投标制

4.2.1　实施招标投标制的作用和意义

招标投标制度是建设单位对拟建的建设工程项目通过法定的程序和方法吸引承包单位进行公平竞争,并从中选择条件优越者来完成建设工程任务的行为。

工程建设领域招标投标制的实施,是完善社会主义市场经济体制的重要措施,是维护公平竞争的市场经济秩序,促进全国统一市场形成的内在要求,是深化投资体制改革,提高国有资产使用效益的有效手段,也是加强工程质量管理,预防和遏制腐败的重要环节,对规范招标投标活动,保护国家利益、社会公共利益和招标投标活动当事人的合法权益,提高经济效益,保证工程项目质量起到了十分重要的作用。

(1)通过招标投标提高经济效益和社会效益。我国社会主义市场经济的基本特点是要充分发挥竞争机制作用,使市场主体在平等条件下公平竞争,优胜劣汰,从而实现资源的优化配置。招标投标是市场竞争的一种重要方式,最大优点就是能够充分体现"公开、公平、公正"的市场竞争原则,通过招标采购, 让众多投标人进行公平竞争,以最低或较低的价格获得最优的货物、工程或服务。从而达到提高经济效益和社会效益,提高招标项目的质量,提高国有资金使用效率,推动投融资管理体制和各行业管理体制的改革的目的。

(2)通过招标投标提升企业竞争力。能够促进企业转变经营机制,提高企业的创新活力,积极引进先进技术和管理,提高企业生产、服务的质量和效率,不断提升企业市场信誉和竞争力。

(3)通过招标投标健全市场经济体系。能够维护和规范市场竞争秩序,保护当事人的合法权益,提高市场交易的公平、满意和可信度,促进社会和企业的法治、信用建设,促进政府转变职能,提高行政效率,建立健全现代市场经济体系。

(4)通过招标投标打击贪污腐败。有利于保护国家和社会公共利益,保障合理、有效使用国有资金和其他公共资金,防止其浪费和流失,构建从源头预防腐败交易的社会监督制约体系。在世界各国的公共采购制度建设初期,招标投标制度由于其程序的规范性和公开性,往往能对打击贪污腐败起到较好的效果。

4.2.2 招标范围

《中华人民共和国招标投标法》(简称《招标投标法》)规定,在中华人民共和国境内进行下列工程建设项目,包括项目的勘查、设计、施工、监理以及与工程建设有关的重要设备、材料等的采购,必须进行招标。具体包括:

(1)大型基础设施、公用事业等关系社会公共利益、公众安全的项目;

(2)全部或者部分使用国有资金投资或者国家融资的项目;

(3)使用国际组织或者外国政府贷款、援助资金的项目。

对于依法必须招标的具体范围和规模标准以外的建设工程项目,可以不进行招标,采用直接发包的方式。此外,根据《工程建设项目招标范围和规模标准规定》,建设项目的勘察、设计,采用特定专利或者专有技术的,或者其建筑艺术造型有特殊要求的,经项目主管部门批准,可以不进行招标。

原国家计委、建设部等七部门颁布的《工程建设项目施工招标投标办法》中规定,有下列情形之一的,经该办法规定的审批部门批准,可以不进行施工招标:

(1)涉及国家安全、国家秘密或者抢险救灾而不适宜招标的;

(2)属于利用扶贫资金实行以工代赈需要使用农民工的;

(3)施工主要技术采用特定的专利或者专有技术的;

(4)施工企业自建自用的工程,且该施工企业资质等级符合工程要求的;

(5)在建工程追加的附属小型工程或者主体加层工程,原中标人仍具备承包能力的;

(6)法律、行政法规规定的其他情形。

4.2.3 招标规模标准

按照《工程建设项目招标范围和规模标准规定》,各类工程建设项目达到下列标准之一的,必须进行招标:

(1)施工单项合同估算价在人民币200万元以上的;

(2)重要设备、材料等货物的采购,单项合同估算价在人民币100万元以上的;

(3)勘察、设计、监理等服务的采购,单项合同估算价在人民币50万元以上的;

(4)单项合同估算价低于第(1)、(2)、(3)项规定的标准,但项目总投资额在人民币3 000万元以上的。

4.2.4　招标方式

《招标投标法》规定,招标分为公开招标和邀请招标。《中华人民共和国建筑法》(简称《建筑法》)规定,提倡对建筑工程实行总承包,禁止将建筑工程肢解发包。建筑工程的发包单位可以将建筑工程的勘察、设计、施工、设备采购一并发包给一个工程总承包单位,也可以将建筑工程的勘察、设计、施工、设备采购的一项或者多项发包给一个工程总承包单位;但是,不得将应当由一个承包单位完成的建筑工程肢解成若干部分发包给几个承包单位。

4.2.5　招标投标场所

招标投标交易场所不得与行政监督部门存在隶属关系,不得以营利为目的。国家鼓励利用信息网络进行电子招标投诉。

4.3　建设工程监理制

建设工程监理制是指受项目法人委托所进行的工程项目建设管理,具体是指具有法人资格的监理单位受建设单位的委托,依据有关工程建设的法律、法规、项目批准文件、监理合同及其他工程建设合同,对工程建设实施的投资、工程质量和建设工期进行控制的监督管理。

4.3.1　实施监理制的作用和意义

我国的建设工程监理制于1988年开始实施。1997年《建筑法》以法律制度的形式做出规定:"国家推行建筑工程监理制度",从而使建设工程监理在全国范围内进入全面推行阶段,从法律上明确了监理制度的法律地位。建设工程监理制的实施具有重大意义,具体表现在以下三个方面:

(1)实行建设监理制度是对我国40年来工程建设事业反思的结果,是历史经验的升华。新中国成立后的30年,我国工程建设的管理方式,一方面适应了当时的历史需要,保证了国家建设投资计划的完成和工程建设的实施,另一方面也暴露出很多弊端。主要是我国的工程建设活动,基本上是由建设单位及其主管部门自己组织进行的,也就是所谓自筹、自管、自建。建设单位及其主管部门既要自己负责编制计划任务书、选择建设地点、编制设计文件等建设前期阶段的工作,还要直接承担材料设备筹措、管理组织施工、生产准备、竣工验收、交付使用等建设实施阶段的工作。一个项目定下来,小则拼凑一个临时性的筹建班子,大则组织一个指挥部,人员来自四面八方,待刚刚摸到一些经验,多数人就随着工程告竣而转入生产或使用单位。另一个项目定下来,又要从头开始,如此周而复始在低水平上重复,阻碍了工程管理水平的提高。

改革开放以来,我国为加强建设前期工作,避免和减少建设项目决策失误,提高投资效益,实行了投资包干和前期咨询等制度。这实际上是利用经济手段明确了国家与建设单位的责任。在工程实施阶段,实行了以设计或以施工为龙头的工程总承包制度,推动了施工生产方式的进步。应该看到,实行总承包制度,建设单位可以利用经济杠杆的作用,使自己从烦琐的具体事务中解脱出来,尽量消除过去由建设单位自行组织施工的弊端,加强对工程施工的统筹管理,这应该是我国施工管理的一个发展方向。但是,由于总承包单位对工程造价、质量、工期进行总承包,并由此追求自身的经济效益,它统筹管理施工,是对自己负责而不能理解为代表建设单位。因此,在总承包制度下,建设单位对工程实施过程的监督管理变得薄弱了,在工程建设管理体制上有可能出现漏洞。这样就迫切需要建立起一套能够有效控制投资、控制建设周期、控制建设质量,严格实施国家建设计划和工程合同的制度,这就是建设监理制度。这项来自实践经验总结的科学制度,一经付诸实施,就收到显著的效益,说明它符合我国改革方向,符合我国工程建设实践的需要。

(2)实行建设监理制度是发展社会主义市场经济的必然要求,是建设领域深化改革的需要。随着计划商品经济向社会主义市场经济的发展,工程建设出现了投资来源的多元化,投资使用的有偿化,承包主体的市场化,并普遍推行了各种形式的经济责任制,工程建设各参与者的独立地位得到了增强。追求局部利益的趋势日益突出。有的建设项目资金未筹足、设计未完成、前期工作没有做好,就仓促开工;有些建设项目,设计标准一再提高,概预算造价一再突破;一些承建单位违反市场竞争原则,用非法手段索取建设任务;一些建设单位的人员为捞取好处,私拉不合格施工单位;一些承建单位在低标价下偷工减料,粗制滥造等。这就不可避免地产生了投资规模失控、拖欠工程款、工程质量低劣、损失浪费严重和市场秩序混乱等问题。出现这些问题,都与没有适应市场经济的发展建立健全相应的管理制度有关。为了建立建设领域市场经济的良好秩序,约束工程建设各个环节的随意性,必须实行建设监理制度,加强对工程建设过程的有效控制。这也是建设领域深化改革的一项重要内容。

(3)实行建设监理制度,有利于我国进一步对外开放。随着改革开放的深入发展,外商投资、合资、贷款兴建的项目越来越多,已构成我国工程建设的重要组成部分。这些项目的建设,投资者或贷款方基本上都要求实行国际通行的建设监理制度。但我国以前没有这一制度和相应的监理队伍,常常处于被动和不利的地位。多数工程的建设不得不由外国人来监理。我国建筑企业进入国际承包市场,也因为不熟悉国际惯例,缺乏监理知识和被监理的经验,而往往使经济收入和企业信誉受损。这些情况,充分表明了我国建立并推广建设监理制度的必要性和紧迫性。从另一方面讲,借鉴国际惯例组织工程建设,也正是我国投资环境改善的标志之一,有利于吸引更多的外资,进一步推动我国的对外开放。

4.3.2 监理制实施范围和规模

为了确定必须实行监理的建设工程项目具体范围和规模标准,规范建设工程监理活动,2001 年建设部发布《建设工程监理范围和规模标准规定》(建设部令 86 号),下列建设工程必须实行监理制:

(1)国家重点建设工程;

(2)大中型公用事业工程;

(3)成片开发建设的住宅小区工程;

(4)利用外国政府或者国际组织贷款、援助资金的工程;

(5)国家规定必须实行监理的其他工程。

国家重点建设工程,是指依据《国家重点建设项目管理办法》所确定的对国民经济和社会发展有重大影响的骨干项目。

大中型公用事业工程,是指项目总投资额在 3 000 万元以上的下列工程项目:

(1)供水、供电、供气、供热等市政工程项目;

(2)科技、教育、文化等项目;

(3)体育、旅游、商业等项目;

(4)其他公用事业项目。

成片开发建设的住宅小区工程,建筑面积在 5 万 m^2 以上的住宅建设工程必须实行监理;5 万 m^2 以下的住宅建设工程,可以实行监理,具体范围和规模标准由省、自治区、直辖市人民政府建设行政主管部门规定。

为了保证住宅质量,对高层住宅及地基、结构复杂的多层住宅应当实行监理。

利用外国政府或者国际组织贷款、援助资金的工程范围包括:

(1)使用世界银行、亚洲开发银行等国际组织贷款资金的项目;

(2)使用国外政府及其机构贷款资金的项目;

(3)使用国际组织或者国外政府援助资金的项目。

国家规定必须实行监理的其他工程是指:

(1)项目总投资额在 3 000 万元以上关系社会公共利益、公众安全的下列基础设施项目:

①煤炭、石油、化工、天然气、电力、新能源等项目;

②铁路、公路、管道、水运、民航以及其他交通运输业等项目;

③邮政、电信枢纽、通信、信息网络等项目;

④防洪、灌溉、排涝、发电、引(供)水、滩涂治理、水资源保护、水土保持等水利建设项目;

⑤道路、桥梁、地铁和轻轨交通、污水排放及处理、垃圾处理、地下管道、公共停车场等城市基础设施项目;

⑥生态环境保护项目;

⑦其他基础设施项目。

(2)学校、影剧院、体育场馆项目。

实践证明,建设监理制度是改革开放以来我国建设领域的一项重大改革和成就,它的诞生和发展,是应对旧的工程管理模式深化改革的产物,是来自实践的需要,是发展市场经济的必然结果。建设监理制的实施,对规范工程建设项目的监理活动,确保工程建设质量,做好投资控制、进度控制、质量控制、合同管理、信息管理、组织协调,促进工程建设起到了很好的监督管理作用。建设监理制的设立是我国工程建设道路上的里程碑,对于建设工程的良性发展具有重大的作用和深远的意义。

4.4 合同管理制

合同管理制度是根据《中华人民共和国合同法》(简称《合同法》)及其他有关法规的规定制定的制度。当一个公司成立并正常经营后,不管什么类型的公司,都需要有合同,相应的就有合同管理制度,国家为了避免合同管理的混乱,规定了合同管理制度的内容和办法。

合同管理制是国家规定的对工程建设项目必须实行的又一种项目管理制度。在工程项目的建设过程中,项目法人通过招标或政府采购,确定了勘察、设计、施工、监理单位或材料、设备供应商。为了保护各方的合法权益,确定各方的权利和义务,要依法签订相应的合同。国家重大建设工程合同,应当按照国家规定的程序和国家批准的投资计划、可行性研究报告等文件订立。勘察、设计合同的内容包括提交有关基础资料和文件(包括概预算)的期限、质量要求、费用以及其他协作条件等条款。施工合同的内容包括工程范围、建设工期、中间交工工程的开工和竣工时间、工程质量、工程造价、技术资料交付时间、材料和设备供应责任、拨款和结算、竣工验收、质量保修范围和质量保证期、双方相互协作等条款。建设工程实行监理的,发包人应当与监理人采用书面形式订立委托监理合同。发包人与监理人的权利和义务以及法律责任,应当依照《合同法》委托合同以及其他有关法律、行政法规的规定。这些建设工程合同是承包人进行工程建设,发包人支付价款的合同,包括工程勘察、设计、施工合同,是发包人与承包人之间为完成商定的建设工程项目,确定双方权利和义务的协议,既是工程建设质量控制、进度控制、投资控制的主要依据,又是施工阶段监理单位进行工程监理、财务部门支付工程款、审计部门进行审计、建设管理部门进行工程验收的依据。

建设工程项目的合同管理,是在工程建设活动中,对工程项目所涉及的各类合同的协商、签订与履行过程中所进行的科学管理工作,并通过科学的管理,保证工程项目目标实现的活动。工程建设项目合同管理制的实施,对督促勘察、设计、施工、监理单位或材料、设备供应商依法履行各自的责任和义务,保护合同当事人的合法权益,保障工程建设项目的顺利实施起到了重要的保障作用。

4.5 国家地下水监测工程建设管理

4.5.1 管理体制

4.5.1.1 建设管理机构

国家地下水监测工程是由国家发展和改革委员会批复,水利部门和原国土资源部分别设立项目法人,两部共同开展建设的工程项目。为了协调工程建设,2015 年 3 月,水利部与原国土资源部成立两部项目协调领导小组,负责指导协调项目建设工作,研究解决涉及两部有关项目建设重大问题。领导小组下设办公室,分别设在两部项目法人单位,两部项目法人单位成立国家地下水监测中心管委会。

工程可行性研究报告批复后,水利部项目法人成立水利部国家地下水监测工程项目建设办公室(简称部项目办)。各流域机构水文局及各省级水文部门相继成立项目管理机构。建设管理组织机构图如图4-1所示。

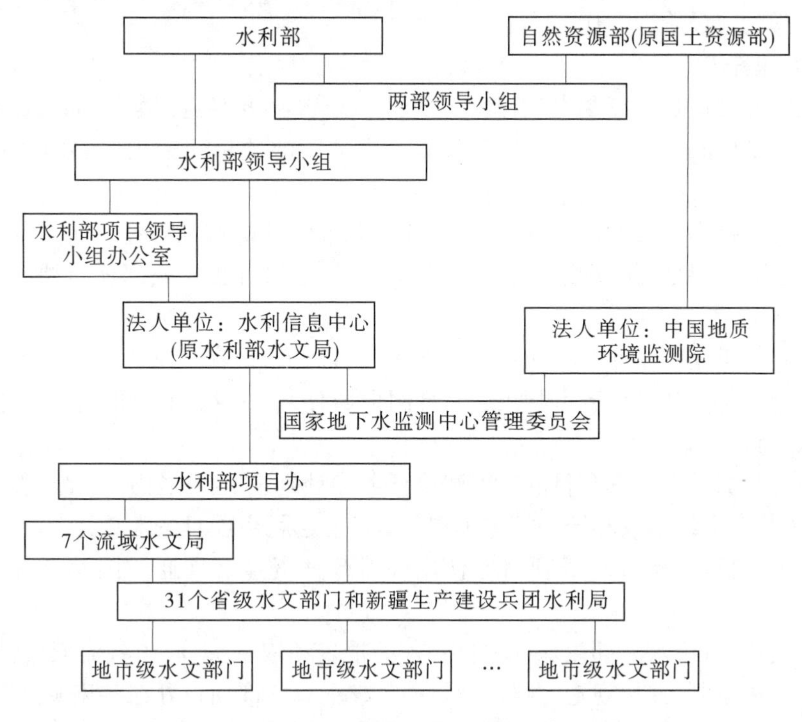

图4-1　国家地下水监测工程项目建设管理组织机构

4.5.1.2　管理机构主要职能

两部领导小组负责两部合作建设过程中的重大决策与部署;负责指导、检查两部合作项目建设工作及落实情况;统筹协调、研究两部合作过程中有关项目的重大事项。

水利部领导小组主要职责是指导、监督国家地下水监测工程项目建设工作,协调自然资源部(原国土资源部)建立两部联席会议制度,研究解决项目建设中的重大问题。

水利部领导小组办公室设在水利部水文司(原水利部水文局),承担领导小组的日常工作。

国家地下水监测中心管理委员会负责贯彻落实两部合作建设过程中的重大决策与部署;协调两部合作建设过程中有关项目的重要事项;负责国家地下水监测中心大楼的购置与装修、改造;负责国家地下水监测中心大楼信息系统、地下水水质实验室仪器设备等配置及配套设施的建设等;协调国家地下水监测中心大楼建成后的后勤服务、物业管理及其他运行维护事宜。

水利部信息中心(原水利部水文局)作为水利部分项目法人,全面负责本工程的建设管理,对工程的计划执行、项目实施、资金使用、质量控制、进度控制、安全生产等负总责,确保工程安全、资金安全、干部安全、生产安全,并负责与原国土资源部项目法人协调。

部项目办主要职责是在部项目建设领导小组及办公室的指导协调下,在项目法人的支持领导下,具体负责国家地下水监测工程(水利部分)项目建设工作。

各流域机构水文局、各省级水文部门按照项目法人授权或委托,做好本级项目建设管理工作。各流域水文局成立相应的项目建设部配合做好本级工程项目的建设管理工作,协助部项目办监督检查流域片内省级项目的建设管理工作;各省级水文部门成立项目办,负责本级工程的建设管理工作。

4.5.1.3 管理程序

项目法人和部项目办编制本工程的初步设计报告、年度实施方案,在批复的初步设计报告中明确了部中心、各流域机构和各省级水文部门的项目建设内容、建设资金、建设周期。

部项目办根据本工程建设进度安排,审核汇总各流域机构和各省级水文部门年度建设计划后,提出本工程的年度投资建议和建设计划,经项目法人或部项目领导小组同意后,报送水利部。

水利部将本工程的年度投资建设计划下达项目法人,由项目法人下达各流域机构和各省级水文部门年度建设任务。相关水文部门根据有关规定组织招标工作,招标完成后,由项目法人签订合同。

部项目办根据自身承办项目的年度建设任务和计划,在开展全国工程建设管理的同时,根据有关规定组织本级和统一招标工作,招标完成后,由项目法人签订合同。

部项目办、流域机构及省级项目办使用的财政性资金必须通过国库单一账户进行支付。

各流域机构、省级水文部门承办项目的各类报表和竣工决算,由各流域机构、省级水文部门分别组织编制,并按规定上报部项目办审核汇总。部项目办在各流域机构、省级水文部门上报的报表和决算基础上,编制整个项目的报表和决算,由项目法人报部财务司。

4.5.1.4 工程建设

国家地下水监测工程(水利部分)按照基本建设程序组织实施,执行项目法人责任制、招标投标制、建设监理制和合同管理制。按照《中华人民共和国招标投标法》《中华人民共和国招标投标法实施条例》实施工程招标投标活动。在实施建设工程前,公开招标具有相应资质的工程监理单位,签订建设工程监理合同。

针对地下水工程建设实际情况,制定一系列工程建设管理办法和规定构建完整的工程建设制度体系。项目法人在工程建设前,制定了项目建设管理、资金使用、廉政等3项管理办法,之后又下发了招标投标实施办法、设计变更申报批准程序、验收管理办法、监测站施工质量和安全监督检查手册、运行维护管理办法等一系列管理办法和规定,规范工程招投标、建设、监理、验收、支付、运行等重要环节。

工程建设前,项目法人根据项目特点和具体情况,与各流域机构、省级水文局等单位签订授权书、委托书、廉政责任书,进一步明确相关责任和建设任务。通过组织召开项目启动会、项目建设推进会、项目建设专题会、实时跟踪督查等方式,多措并举,推进工程建设。工程建设中,依托地方水文部门加强对现场施工的组织管理,确保每个监测井施工现场均有各省水文局的人员,强化对施工单位的监督,加强关键环节的监管,把好工程质量关。

部项目办严格遵守项目建设管理办法、设计变更调整补充规定、设计变更调整有关问题申报批准程序的规定等,在年度计划安排、标段划分、招标文件编制、设备的选型、招标评标结果、合同签订、设计变更等所有环节均按要求进行审批或备案。对施工过程中遇到的有关建设内容变更、工程量变更等问题,按照申请、上报、复核、审批的流程进行设计变更,以确保设计变更的严肃性。

工程档案管理工作按照《国家地下水监测工程(水利部分)项目档案管理办法》实施,各级水文部门制定专人负责档案管理,及时收集整理工程建设中产生的通知、招标文件、合同、标准规范、设计成果、验收报告等,并按要求建立完整的工程档案。

4.5.1.5　质量控制

工程质量由项目法人全面负责,设计、施工、监理,以及设备、材料供应等单位按照《建设工程质量管理条例》《水利工程质量管理规定》等有关规定和合同,对各自承担的工作质量负责。部项目办、各流域机构和各省级水文部门根据职责,组织设计和施工单位进行设计交底,施工中对工程质量进行检查,组织有关单位进行工程验收。

国家地下水监测工程充分发挥工程监理的作用,以合同为依据,围绕合同规定的总目标,在管理上做到规范化、标准化;在合同执行上做到有章可循、有据可依;在合同控制上,做到监督、跟踪和调整;从而有效地进行了质量、进度和投资三控制。

实行工程质量终身负责制,工程质量一票否决制。对质量不合格的工程,必须返工,直至验收合格,否则验收单位有权拒绝验收,项目法人有权拒付工程款。工程涉及的材料、设备等,必须经过质量检验和检测,严禁不合格的材料、物品等进入工程建设。

为了确保工程质量,部项目办制定了监测站施工质量和安全监督检查手册、验收手册、设计变更规定,以及信息通信规约、数据库表结构及标识符、软件技术管理等 22 项工程项目标准。

项目法人、部项目办、各流域和各省水文部门项目办,重视质量监督工作,在建设过程中强化质量管理,加大监督检测力度。发挥各级水文部门作用,强化现场监管,加强对监理、设计、施工等单位的管理、协调,严格施工现场关键环节质量控制,开展质量和安全生产检查,对检查中发现的安全隐患和施工质量问题,通过下发整改通知、约谈等方式要求限期整改,多角度、多途径保证工程质量。

4.5.1.6　资金管理

本工程资金由项目法人集中管理,统一支付,单独核算,专款专用。为规范基本建设项目的财务行为,加强项目资金管理,提高投资效益,工程严格执行《中华人民共和国预算法》《中华人民共和国会计法》《基本建设财务规则》《水利基本建设项目竣工决算编制规程》等法律法规,严格按照基本建设审批程序及批准的概(预)算执行。

规范建账和会计科目使用,加强会计基础工作,按照基本建设会计制度,专门设账,独立核算,专人负责,专款专用,保证资金安全。

严格按照《中华人民共和国政府采购法》《招标投标法》和水利部的相关规定,多部门多级次对合同条款进行审查,按照合同约定条款完成工程价款的结算工作。

定期编制项目执行情况报表,及时了解投资完成情况和资金使用情况,针对发现的问题,提出合理化建议并督促整改。严格审核报账制单位经费使用计划,严格执行相关规定,确保经费支出合理合规。

4.5.1.7 **验收管理**

部项目办加强验收质量管理。部项目办成立技术预验专家组,先行把好技术关,对各省级中心、地市分中心和监测站进行现场检查,检查工程技术资料,听取单项工程建设情况汇报和信息系统演示,指出存在的问题并写入技术预验收报告,督促省级水文部门对照问题进行整改,并上报整改报告。在提交完工验收申请时,对技术预验整改情况、档案自检和档案监理专题审核进行核查,满足验收条件后报请项目法人审批。批复后,受项目法人委托,部项目办成立档案同步验收专家组和完工验收专家组,按照完工验收程序和规定组织开展验收工作。

4.5.1.8 **监督检查**

(1)明确监管责任。项目法人成立项目建设监管组,项目办组建咨询专家委员会、建管专家组,部项目办印发监测站施工质量和安全监督检查手册。按照监管办法的要求,项目法人、各流域机构、各省水文部门各司其职对工程建设质量、安全生产、资金支付、廉政建设等方面进行监督检查。

(2)加强监督检查。工程开工建设后,水利部、项目法人多次开展工程监督检查;依托流域机构组织了16个检查组,对各省工程建设管理情况进行监督检查;相关省级水文部门每年度开展工程自查自纠工作。

(3)邀请纪律监察部门参加评标监督。在项目招标过程中,部项目办、各流域和省级水文部门积极向主管部门报告有关事宜,在开标过程中,相关纪律监察部门的代表参加和监督工作,开标后和实施建设过程中遇到问题也主动请教。这些措施的采取,保证了招标投标过程的公开、公平、公正。在水利部机关项目及各地项目的招标中,没有发现规避招标、虚假招标、围标串标、评标不公等问题。

4.5.1.9 **安全生产和廉政建设**

严格遵守水利部印发的《国家地下水监测工程(水利部分)项目廉政建设办法》,在项目招标时就将安全责任和廉政责任写入招标文件,合同签订同时与施工单位签订《安全责任书》和《廉政责任书》。开展党风廉政教育,与工作人员签订《党风廉政责任书》,严格遵守中央八项规定精神,廉洁自律,严格要求自己,严禁违规插手项目招标投标工作,严禁收受礼金和吃请,防止违法违纪行为发生,强化人员管理和制度建设,严格落实责任制,从源头上预防腐败,强化红线意识和忧患意识,把好项目建设廉政风险防控的重要关口。

工程建设中,部项目办针对工程特性和施工时段,采取有效措施落实安全生产,实行定期、不定期巡查,发现施工中的隐患立即纠正。工程建设期间,生产建设安全平稳有序,没有发生安全生产责任事故和违反廉政办法的行为。

4.5.1.10 **人员培训**

国家地下水监测工程建设过程中,项目法人、部项目办先后共举办了20余次技术、建管、档案等方面的培训班,制作视频教材分发全国,邀请工程建设人员学习先进省份的工作流程和方法。各省(区、市)水文部门因地制宜也举办了不同层次的技术培训。国家地下水监测工程为水利行业培养了大批地下水监测和工程建设人才,提高了专业技术水平和工作效率。

4.5.2　规章制度建设

国家地下水监测工程(水利部分)建设是一个规模庞大、技术复杂、设备种类众多、多方承建的项目,在严格执行项目法人责任制、招标投标制、建设监理制、合同管理制,遵守国家和行业相关规章制度的基础上,为了保证国家地下水监测工程的顺利实施,针对工程实际情况,制定了一系列管理办法、要求和标准规范,确保整个工程有法可依,有章可循。

为了做好国家地下水监测工程(水利部分)的建设管理工作,水利部、项目法人、部项目办制定了一系列规章制度,水利部颁布了 7 个管理办法,即《国家地下水监测工程(水利部分)项目建设管理办法》《国家地下水监测工程(水利部分)项目资金使用管理办法》《国家地下水监测工程(水利部分)项目廉政建设办法》《国家地下水监测工程(水利部分)项目档案管理办法》《国家地下水监测工程(水利部分)验收管理办法》《国家地下水监测工程(水利部分)运行维护管理办法》《国家地下水监测工程水利部与自然资源部信息共享管理办法》;项目法人印发了 4 个管理办法,即《国家地下水监测工程(水利部分)招标投标实施办法》《国家地下水监测工程(水利部分)设计变更调整补充规定》《国家地下水监测工程(水利部分)项目资金报账管理暂行办法》《国家地下水监测工程(水利部分)设计变更调整有关问题申报批准程序的规定》;部项目办印发了 6 个管理办法,即《国家地下水监测工程(水利部分)监测站施工质量和安全监督检查手册(试行)》《国家地下水监测工程监测站建设合同完工验收暂行规定》《国家地下水监测工程(水利部分)监测站建设合同工程完工验收规定》《国家地下水监测工程(水利部分)仪器设备验收手册(试行)》《国家地下水监测工程(水利部分)监测井合同验收要求》《国家地下水监测工程(水利部分)单项工程完工验收实施细则(试行)》。部项目办还制定了 22 项工程项目标准,涉及国家地下水监测工程信息通信规约、数据库表结构及标识符、软件技术管理等。

4.5.3　经验小结

(1)机构健全是保障,授权地方管理是关键。国家地下水监测工程是一项得到党和国家的高度重视、列入国家“十三五”规划的国家战略性工程。水利部党组高度重视国家地下水监测工程建设,在工程立项当年,就成立了由副部长担任组长的水利部国家地下水监测工程领导小组,负责指导监督国家地下水监测工程项目建设工作,协调自然资源部(原国土资源部)建立两部联席会议制度,研究解决项目建设中的重大问题。领导小组办公室设在原水利部水文局,承担领导小组的日常工作。同时由项目法人单位组建水利部国家地下水监测工程项目建设办公室,具体负责国家地下水监测工程(水利部分)项目建设工作。项目法人单位和各流域、各省水文部门签订工程建设授权书或委托书,授权地方对本工程建设管理职责,与此同时,各流域、各省级水文部门相继成立工程建设管理部门,并配备专职人员,配合项目法人和部项目办开展本级工程建设管理工作。从上至下健全的工程建设管理机构,确保了工程项目按期保质高效完成。

(2)制度先行是前提。国家地下水监测工程严格执行项目法人责任制、招标投标制、建设监理制和合同管理制,制定了一系列工程建设管理办法和工程技术标准。项目法人在工程建设前,制定了项目建设管理、资金使用、廉政等 3 项管理办法,之后又下发了招标投标实施办法、设计变更申报批准程序、验收管理办法、监测站施工质量和安全监督检查手册、运行维护管理办法等一系列管理办法,规范了工程招投标、建设、监理、验收、支付、运行等关键环节的程序和方法,形成了一整套地下水工程建设管理体制和机制,填补了地下水工程建设与运行管理的空白。这些管理办法的颁布和执行,从工程建设一开始,就做到了制度先行、有章可循,从而保证了工程建设的顺利进行。这些规章制度和标准规范是工程进行的基础,部分填补了地下水工程建设方面的空白,为各地的地下水工程建设提供了参考,对其他行业也具有示范作用。

(3)提供指导书模板,规范设计招标文件内容。在国家地下水监测工程涉及32个省级水文部门和7个流域机构,在各级工程建设过程中具有大量的共性要求,如监测井建设招标文件、监测井水位仪器招标文件、业务软件本地化定制招标文件等。为了规范上述内容,部项目办在充分调研和征求意见的基础上,编制了一系列的标准格式的指导书,例如:《国家地下水监测工程(水利部分)监测井建设招标文件编写指导书》《国家地下水监测工程(水利部分)监测井水位监测仪器设备采购和安装招标文件编写指导书》《国家地下水监测工程(水利部分)信息源建设及业务软件本地化定制招标文件编制指导书》。这些指导书涵盖了近八成的工程建设招标内容,规范了招标文件格式,减轻了地方的工作压力,减少了人为失误,也加快了招标审批效率。

(4)强化项目管理,全力推进建设和验收进度。一是明确各级任务。项目法人不仅与各流域机构、省级水文局等单位签订授权书、委托书、廉政责任书,还明确各级水文部门的责任、工作任务。二是强化项目推动。通过组织召开项目启动会、项目建设推进会、项目建设专题会、实时跟踪督查等方式,多措并举,推进工程建设和验收。三是强化现场管理。依托地方水文部门加强对现场施工的组织管理,确保每个监测井施工现场均有各省水文局的人员,强化对施工单位的监督,加强关键环节的监管,把好质量关。

(5)规范管理程序。严格遵守项目建设管理办法、设计变更调整补充规定、设计变更调整有关问题申报批准程序的规定等,在年度计划安排、标段划分、招标文件编制和审批、设备的选型、招标评标结果、合同签订、设计变更等所有环节均按要求进行审批或备案。对施工过程中遇到的有关建设内容变更、工程量变更等问题,按照申请、上报、复核、审批的流程进行设计变更,以确保设计变更的严肃性。

(6)加强验收质量管理。部项目办成立技术预验专家组,先行把好技术关,对各省级中心、地市分中心和监测站进行现场检查,检查工程技术资料,听取单项工程建设情况汇报和信息系统演示,指出存在的问题并写入技术预验收报告,督促省级水文部门对照问题进行整改,并上报整改报告。在提交完工验收申请时,对技术预验整改情况、档案自检和档案监理专题审核进行核查,满足验收条件后报请项目法人审批。批复后,受项目法人委托,部项目办成立档案同步验收专家组和完工验收专家组,按照完工验收程序和规定组织开展验收工作。

第 5 章　招标投标管理

招标投标制度是建设单位对拟建的建设工程项目,通过法定的程序和方法吸引承包单位进行公平竞争,并从中选择条件优越者来完成建设任务的行为。招标投标是市场竞争的重要方式,最大优点就是能够充分体现“公开、公平、公正”的市场竞争原则,通过招标采购公平竞争,以最低或较低的价格获得最优的货物、工程或服务,从而促进企业转变经营机制,提高企业的创新活力,促进社会和企业的法治、信用建设,促进政府转变职能,提高行政效率,建立健全现代市场经济体系,达到提高经济效益和社会效益的目的。

招标投标是工程建设管理工作的关键环节,工程承建单位选择的好坏,对工程建设的成败至关重要。国家地下水监测工程建设范围广,覆盖除港澳台以外的全国各地,为便于工程的建设管理,按照属地管理原则,将工程划分为 40 个单项工程,根据其特点进一步细分为多个标段,并结合工程实际情况制定了《国家地下水监测工程(水利部分)工程招标投标管理办法》,规范项目的招投标工作。招标工作中,从工程的特点、施工现场的条件、投标人特长、合同工程的衔接等方面进行分析和优化,采取不同的招标方式和组织形式。

5.1　项目采购管理概述

5.1.1　项目采购管理的概念

任何项目的执行都离不开采购活动,如水利工程项目需要得到钢材、水泥和其他配套水利设备等,信息化项目需要购买计算机、服务器等设备及数据库等软件。工程项目需要采购承包商来提供施工服务,技术援助项目需要聘请咨询专家。科研项目需要通过采购研究专家来完成科研活动。这些项目投入物都是通过采购获得的。因此,采购工作是项目管理过程中的一个十分重要的关键环节。采购管理的成功与否,是一个项目成败的决定因素。如果采购管理不当,可能会出现设备、材料的质量问题,使成本上升、工期延长,最终导致项目不能成功。实践证明,一个项目成功的基础需要合格的承包商,优良的原材料,先进的设备等,这些都是通过采购获取。项目的成本构成中,承包商费用、原材料、设备仪器等占绝大部分,一般要占项目投资的 50%~60%;采购物资的质量、成本不仅影响着项目的成本,而且关系着项目的预期效益能否充分发挥、项目目标能否完成;采购过程在整个项目管理中占据较大的工作量,是与项目外部交往的过程,不确定因素较多,采购往往涉及相当多的外部部门,招投标过程又充满商业竞争,如果没有严密而规范化的程序与制度,就会给贪污、贿赂之类的腐败或欺诈行为和严重浪费现象提供滋生的土壤,给项目的执行带来危害。因此,对项目管理者来讲,必须对采购管理引起高度重视。

项目采购管理是项目组织在采购项目所需产品(或服务)中所开展的管理活动。这里,所谓“产品”,通常是指货物和(或)服务,所谓“项目组织”,一般可称为业主或业主代表,是业主方管理机构。项目采购是一个过程,它是以不同的方式通过努力从项目管理组织外部获得货物、土建工程和服务的整个采办过程,它不仅包括购买货物,而且包括雇佣承包商来实施土建工程和聘用咨询专家来从事咨询服务。

在项目采购和项目采购管理中,主要涉及4个方面的利益主体以及他们之间的角色互动。他们是项目业主或客户、项目组织(包括承包商或项目业主或客户组织内部的项目团队)、资源供应商、项目的分包商和专家。项目业主或客户是项目的发起人、出资人,是项目最终成果的所有者或使用者,同时也是项目实施过程中各种资源的最终购买者。承包商或项目团队是项目业主或客户的代理人,它对项目业主或客户负责,为了完成项目目标必须管理好采购任务,然后从项目业主或客户那里获得补偿。资源供应商是为项目组织提供项目所需商品以及部分劳务的卖主(工商企业组织),可以直接将商品卖给项目业主或客户,也可以将商品或劳务直接卖给承包商或项目团队。当项目组织缺少某种专业人才或资源去完成某些项目任务时,他们可能会雇佣分包商(或专业技术顾问)来实施这些任务。项目的分包商和各种中介咨询专家是专门从事某一方面专业服务的企业或独立工作者,可以直接为项目实施组织提供服务,也可以直接为项目业主或客户提供服务,他们从项目组织或项目业主(或客户)那里获得劳务报酬。

项目业主或客户与项目组织,项目组织与分包商和供应商,项目业主或客户与分包商和供应商之间都会有委托代理关系,而项目组织与资源供应商之间则是产品买卖关系,也即采购关系。在项目的采购管理中,管理的主要内容是这种资源采购关系,处理好他们之间的关系。因此,在项目的采购管理中,这4个主要角色之间要进行有效的沟通,积极的互动,才能使项目管理获得成功,否则就可能发生项目因资源不到位而产生实施进度受阻或项目失败的风险。

5.1.2 项目采购的分类

5.1.2.1 按采购内容分类

项目采购按其内容可分为有形采购和无形采购两种类型。有形采购是指货物、劳务采购,无形采购是指咨询服务采购。它们有以下三种具体方式。

(1)货物采购。属于有形采购,是指购买项目建设所需的投入物,如机械、设备、仪器、仪表、办公设备、建筑材料(钢材、水泥、木材)等,并包括与之相关的服务,如运输、保险、安装、调试、培训和维修等。

货物采购又可分为大宗货物和定制货物,大宗货物是企业批量生产的产品,市场上有批量供应的商品,项目采购过程相对比较容易。另一种货物是市场上没有现成的产品供应,需要通过寻找供应商专门定制的产品,主要是专业设备,这种货物采购需要与供应商专门签订供销合同。合同是采购管理的主要内容和依据。

(2)土建工程采购。土建工程采购也属于有形采购,是指通过招标或其他商定的方式选择工程承包单位,即选择合格的承包商承担项目工程施工任务。如修建高速公路、水利工程、民用住宅等,土建工程采购内容还包括与之相关的服务,如技术、人员培训、维修等。

(3)咨询服务采购。咨询服务采购不同于货物或工程采购,它属于无形采购。咨询服务采购包括聘请咨询公司或者个人咨询专家。咨询服务的范围很广，主要有以下几类：一类是项目前期准备工作的咨询服务，如项目的可行性研究。许多项目在投资之前都要进行相关的市场调研、论证工作，社会上有专门从事这类工作的机构、公司和资深专家，聘请或委托他们进行论证工作既可以节省人力、物力，又可以保证论证的准确性和可信度。二类是工程项目设计和招标文件的编制服务。三类是项目管理、施工监理等执行性服务。四类是技术援助和培训等服务。

5.1.2.2　按采购方式分类

按采购方式可分为招标采购和非招标采购。

(1)招标采购。招标分为国际竞争性招标、有限国际招标和国内竞争性招标。国际竞争性招标是为了使项目执行单位能够经济有效地采购到所需货物、土建和服务，并保证所有各国合格的供应商和承包商有一个公平参与投标竞争的机会。有限国际招标实际上是一种不公开刊登广告，而是直接邀请有关厂商投标的国际竞争性招标。国内竞争性招标是通过在国内刊登广告，并根据国内招标程序进行的。

(2)非招标采购。主要包括国际、国内询价采购，直接采购，自营工程等。国际咨询采购和国内咨询采购，也称为“货比三家”，是在比较几家国内外厂家报价的基础上进行的采购。直接采购是在特定的采购环境下，不进行竞争而直接签订合同的采购方法。自营工程是指借款人或项目业主不通过招标或其他采购方式而直接使用自己国内、省(自治区、直辖市)内的施工队伍来承建的土建工程。

5.1.3　项目采购方式的选择

项目采购可以选择的方式多种多样。不同的采购方式又分别适用于不同的项目规模、不同的资金来源渠道、不同的采购项目对象的性质和要求。因此，在项目实施过程中，就有必要进行适当选择，以决定采用最适合某项目的采购方式，而且有可能出现在同一项目中同时使用多种不同的采购方式的情况。多种采购方式的合理组合使用将有助于提高采购的效率和质量。

5.1.3.1　公开竞争性招标(无限竞争性招标)

公开竞争性招标是由招标单位通过报刊、广播、电视等公开媒体工具发布招标广告，凡对该项目感兴趣又符合投标条件的法人或者其他组织，都可以在规定的时间内向招标单位提交意向书，由招标单位进行资格审查，核准后购买招标文件，进行投标。

公开竞争性招标的方式可以给一切合格的投标者以平等的竞争机会，能够吸引众多的投资者，所以称为无限竞争性招标。

根据项目采购规模的大小、要求的货物和服务技术水平的高低以及资金来源的不同，公开竞争性招标又可根据其涉及范围的大小，分为国际竞争性招标和国内竞争性招标。

公开竞争性招标的优点：竞争公平而激烈，符合要求的供货者均有机会参加投标。在更加广泛的范围内选择承包商，有利于采购者以最低的价格取得符合要求的工程或货物。公开公正，可以避免贪污贿赂行为。

公开竞争性招标的缺点：招标准备工作量大，可能会出现低水平标书，增加采购的费用支出。

5.1.3.2 有限竞争性招标(邀请招标或选择招标)

有限竞争性招标,又称为邀请招标或选择招标。有限竞争性招标是由招标单位根据自己积累的资料,或由权威的咨询机构提供的信息,选择一些合格的单位发出邀请,应邀请单位(必须有3家或3家以上)在规定的时间内向招标单位提交投标意向,购买招标文件进行投标。

有限竞争性招标的优点:缩短评标周期和费用,有利于项目迅速开工,节省招标管理费用。

有限竞争性招标的缺点:竞争不公平,不能有效地发现潜在的供应商,采购价格可能会提高。

这种招标方式一般适用于:

(1)采购金额小。

(2)有能力提供所需货物的供应商、服务的提供者或工程的承包商数量有限。

(3)有其他特殊原因,证明不能够完全按照竞争性招标方式进行采购,如紧急援建项目等。

5.1.3.3 询价采购(议标)

询价采购即比价方式,又称"货比三家",它是根据3家及以上供应商所提供的报价,然后将各个报价进行比较的一种采购方式,其目的是确保价格的竞争性。这种方式不需要正式的招标文件,具体做法与一般的对外采购区别不大,只不过是要向几个供应商询价进行比较,最后确定采购的厂家。

询价采购的优点:快速启动项目采购。

询价采购的缺点:因缺乏竞争导致成本大幅度上升。

询价采购适用于项目采购时即可直接取得的现货采购,或价值较小,属于标准规格的产品采购。有时也适用于小型、简单的工程。

5.1.3.4 直接签订合同

直接签订合同指在特定的环境下,不进行竞争而直接签订合同的采购方法。这主要适用于不能或不便进行竞争性招标、竞争性招标优势性不存在的情况下。如有些货物或服务具有专卖性质,只能从一家制造商或承包商处获得。在重新招标时没有一家承包商愿意投标等。

5.1.3.5 自制或自己提供服务

这种方式不是严格意义上的采购方式,而是由项目实施组织利用自己的人员和设备生产产品或承建工程。这可能是由于项目的一些特殊要求或是项目组织本人从成本效益原则分析的结果决定的。

5.1.4 政府采购

5.1.4.1 政府采购的一般规定

为了规范在中华人民共和国境内进行的政府采购行为,提高政府采购资金的使用效益,维护国家利益和社会公共利益,保护政府采购当事人的合法权益,促进廉政建设,我国制定了《中华人民共和国政府采购法》(简称《政府采购法》)。

《政府采购法》所称政府采购，是指各级国家机关、事业单位和团体组织，使用财政性资金采购依法制定的集中采购目录以内的或者采购限额标准以上的货物、工程和服务的行为。

政府集中采购目录和采购限额标准依照《政府采购法》规定的权限制定，遵循公开透明原则、公平竞争原则、公正原则和诚实信用原则。

采购是指以合同方式有偿取得货物、工程和服务的行为，包括购买、租赁、委托、雇用等；货物是指各种形态和种类的物品，包括原材料、燃料、设备、产品等；工程是指建设工程，包括建筑物和构筑物的新建、改建、扩建、装修、拆除、修缮等；服务是指除货物和工程以外的其他政府采购对象。

政府采购工程进行招标投标的，适用招标投标法。任何单位和个人不得采用任何方式，阻挠和限制供应商自由进入本地区和本行业的政府采购市场。政府采购应当严格按照批准的预算执行。

政府采购实行集中采购和分散采购相结合。集中采购的范围由省级以上人民政府公布的集中采购目录确定。属于中央预算的政府采购项目，其集中采购目录由国务院确定并公布；属于地方预算的政府采购项目，其集中采购目录由省、自治区、直辖市人民政府或者其授权的机构确定并公布。纳入集中采购目录的政府采购项目，应当实行集中采购。

政府采购限额标准，属于中央预算的政府采购项目，由国务院确定并公布；属于地方预算的政府采购项目，由省、自治区、直辖市人民政府或者其授权的机构确定并公布。

政府采购应当有助于实现国家的经济和社会发展政策目标，包括保护环境，扶持不发达地区和少数民族地区，促进中小企业发展等。

政府采购应当采购本国货物、工程和服务。但有下列情形之一的除外：

(1)需要采购的货物、工程或者服务在中国境内无法获取或者无法以合理的商业条件获取的；

(2)为在中国境外使用而进行采购的；

(3)其他法律、行政法规另有规定的。

前款所称本国货物、工程和服务的界定，依照国务院有关规定执行。

政府采购的信息应当在政府采购监督管理部门指定的媒体上及时向社会公开发布，但涉及商业秘密的除外。

在政府采购活动中，采购人员及相关人员与供应商有利害关系的，必须回避。供应商认为采购人员及相关人员与其他供应商有利害关系的，可以申请其回避。

前款所称相关人员，包括招标采购中评标委员会的组成人员，竞争性谈判采购中谈判小组的组成人员，询价采购中询价小组的组成人员等。

各级人民政府财政部门是负责政府采购监督管理的部门，依法履行对政府采购活动的监督管理职责。

各级人民政府其他有关部门依法履行与政府采购活动有关的监督管理职责。

5.1.4.2　政府采购当事人

政府采购当事人是指在政府采购活动中享有权利和承担义务的各类主体，包括采购人、供应商和采购代理机构等。

(1)采购人。是指依法进行政府采购的国家机关、事业单位、团体组织。

(2)采购代理机构。集中采购机构为采购代理机构。设区的市、自治州以上人民政府根据本级政府采购项目组织集中采购的需要设立集中采购机构。

集中采购机构是非营利事业法人,根据采购人的委托办理采购事宜。

采购人采购纳入集中采购目录的政府采购项目,必须委托集中采购机构代理采购;采购未纳入集中采购目录的政府采购项目,可以自行采购,也可以委托集中采购机构在委托的范围内代理采购。

纳入集中采购目录属于通用的政府采购项目的,应当委托集中采购机构代理采购;属于本部门、本系统有特殊要求的项目,应当实行部门集中采购;属于本单位有特殊要求的项目,经省级以上人民政府批准,可以自行采购。

采购人可以委托经国务院有关部门或者省级人民政府有关部门认定资格的采购代理机构,在委托的范围内办理政府采购事宜;采购人有权自行选择采购代理机构,任何单位和个人不得以任何方式为采购人指定采购代理机构;采购人依法委托采购代理机构办理采购事宜的,应当由采购人与采购代理机构签订委托代理协议,依法确定委托代理的事项,约定双方的权利义务。

供应商是指向采购人提供货物、工程或者服务的法人、其他组织或者自然人。供应商参加政府采购活动应当具备下列条件:

(1)具有独立承担民事责任的能力;

(2)具有良好的商业信誉和健全的财务会计制度;

(3)具有履行合同所必需的设备和专业技术能力;

(4)有依法缴纳税收和社会保障资金的良好记录;

(5)参加政府采购活动前三年内,在经营活动中没有重大违法记录;

(6)法律、行政法规规定的其他条件。

采购人可以根据采购项目的特殊要求,规定供应商的特定条件,但不得以不合理的条件对供应商实行差别待遇或者歧视待遇。

5.1.4.3 政府采购方式

政府采购的方式有公开招标、邀请招标、竞争性谈判、单一来源采购、询价和国务院政府采购监督管理部门认定的其他采购方式。

1. 公开招标

公开招标是政府采购的主要采购方式。采购人采购货物或者服务应当采用公开招标方式的,其具体数额标准,属于中央预算的政府采购项目,由国务院规定;属于地方预算的政府采购项目,由省、自治区、直辖市人民政府规定;因特殊情况需要采用公开招标以外的采购方式的,应当在采购活动开始前获得设区的市、自治州以上人民政府采购监督管理部门的批准。

采购人不得将应当以公开招标方式采购的货物或者服务化整为零或者以其他任何方式规避公开招标采购。

2. 邀请招标

符合下列情形之一的货物或者服务,可以依法采用邀请招标方式采购:

(1)具有特殊性,只能从有限范围的供应商处采购的;

(2)采用公开招标方式的费用占政府采购项目总价值的比例过大的。

3. 竞争性谈判

符合下列情形之一的货物或者服务,可以依法采用竞争性谈判方式采购:

(1)招标后没有供应商投标或者没有合格标的或者重新招标未能成立的;

(2)技术复杂或者性质特殊,不能确定详细规格或者具体要求的;

(3)采用招标所需时间不能满足用户紧急需要的;

(4)不能事先计算出价格总额的。

4. 单一来源采购

符合下列情形之一的货物或者服务,可以依法采用单一来源方式采购:

(1)只能从唯一供应商处采购的。

(2)发生了不可预见的紧急情况,不能从其他供应商处采购的。

(3)必须保证原有采购项目一致性或者服务配套的要求,需要继续从原供应商处添购,且添购资金总额不超过原合同采购金额10%的。

5. 询价

采购的货物规格、标准统一、现货货源充足且价格变化幅度小的政府采购项目,可以依法采用询价方式采购。

5.1.4.4　政府采购程序

公开招标和邀请招标的程序在后面的章节详细叙述。这里仅讨论竞争性谈判和单一来源采购及询价方式采购的程序。

1. 竞争性谈判采购的程序

采用竞争性谈判方式采购的,应当遵循下列程序:

(1)成立谈判小组。谈判小组由采购人的代表和有关专家共3人以上的单数组成,其中专家的人数不得少于成员总数的2/3。

(2)制定谈判文件。谈判文件应当明确谈判程序、谈判内容、合同草案的条款以及评定成交的标准等事项。

(3)确定邀请参加谈判的供应商名单。谈判小组从符合相应资格条件的供应商名单中确定不少于三家的供应商参加谈判,并向其提供谈判文件。

(4)谈判。谈判小组所有成员集中与单一供应商分别进行谈判。在谈判中,谈判的任何一方不得透露与谈判有关的其他供应商的技术资料、价格和其他信息。谈判文件有实质性变动的,谈判小组应当以书面形式通知所有参加谈判的供应商。

(5)确定成交供应商。谈判结束后,谈判小组应当要求所有参加谈判的供应商在规定时间内进行最后报价,采购人从谈判小组提出的成交候选人中根据符合采购需求、质量和服务相等且报价最低的原则确定成交供应商,并将结果通知所有参加谈判的未成交的供应商。

2. 单一来源采购的程序

采取单一来源方式采购的,采购人与供应商应当遵循《政府采购法》规定的原则,在保证采购项目质量和双方商定合理价格的基础上进行采购。

3. 询价方式采购的程序

采取询价方式采购的,应当遵循下列程序:

(1)成立询价小组。询价小组由采购人的代表和有关专家共3人以上的单数组成,其中专家的人数不得少于成员总数的2/3。询价小组应当对采购项目的价格构成和评定成交的标准等事项做出规定。

(2)确定被询价的供应商名单。询价小组根据采购需求,从符合相应资格条件的供应商名单中确定不少于3家的供应商,并向其发出询价通知书让其报价。

(3)询价。询价小组要求被询价的供应商一次报出不得更改的价格。

(4)确定成交供应商。采购人根据符合采购需求、质量和服务相等且报价最低的原则确定成交供应商,并将结果通知所有被询价的未成交的供应商。

5.2 招标投标概述

5.2.1 工程招标投标的概念

建设工程招标投标,是指招标人事先提出工程的条件和要求,由众多投标人参加投标并按照规定程序从中选择交易对象的一种市场交易行为,也就是说,它是由招标人或招标人委托的招标代理机构通过媒体公开发布招标公告或投标邀请函,发布招标采购的信息与要求,邀请潜在的投标人参加平等竞争,然后按照规定的程序和方法,通过对投标竞争者的报价、质量、工期和技术水平等因素,进行科学的比较和综合分析,从中择优选定建设时间短、技术力量强、质量好、报价低、信誉度高的中标者,并与之签订合同,以实现节约投资、保证质量和优化配置资源的一种特殊的交易方式。

从交易过程来看,建设工程的招标投标包括招标和投标两个基本环节。

建设工程项目招标:是指招标人(建设单位、业主或项目法人)通过招标文件的形式将拟建的工程项目发布公告,将拟建工程项目的工作内容和要求告之自愿参加的投标人参加竞争,然后通过评审,从中择优选定中标人,并以合同的形式完成委托的法律行为。

建设工程项目投标:是指各投标人(响应招标、参与投标竞争的法人或其他组织)依据自身的能力和管理水平,按照招标文件规定的统一要求制作并递交投标文件,履行相关手续,争取中标的过程。

5.2.1.1 项目法人

项目法人是具有法人资格和地位,依照有关法律法规要求设立或认定,对建设工程项目负有法定责任的企业或事业单位。

5.2.1.2 招标人

招标人是指依照《招标投标法》的规定提出招标项目、进行招标的项目法人或其他组织。所谓“提出招标项目”,是指招标人依法提出和确定需要招标的项目,按照国家有关规定需要履行项目审批手续的,已履行审批手续,并获得批准,落实项目资金来源等。所谓“进行招标”,是指提出招标方案,拟定或决定招标范围、招标方式、招标的组织形式,编制招标文件,发布招标公告,审查投标人资格,主持开标,组建评标委员会进行评标,择优确定中标人,并与中标人订立书面合同等招标工作的过程。

招标人可以自行办理招标事宜,即"自行招标",也可自行选择招标代理机构,委托其办理招标事宜。

招标人具有编制招标文件和组织评标能力的,可以自行办理招标事宜。任何单位和个人不得强制其委托招标代理机构办理招标事宜。依法必须进行招标的项目,招标人自行办理招标事宜的,应当向有关行政监督部门备案。

条件不具备的招标人有权自行选择招标代理机构,委托招标代理机构代表招标人的意志,由其在授权的范围内依法招标。这种由招标人委托招标代理机构办理招标事宜,称为"委托招标",接受招标人委托的招标代理机构进行的招标活动称作"代理招标"。"委托招标"也被视为招标人"进行招标"。任何单位和个人不得以任何方式为招标人指定招标代理机构。

5.2.1.3　招标代理机构

招标代理机构是依法设立、从事招标代理业务并提供相关服务的社会中介组织。招标代理机构应当具备下列条件:

(1)有从事招标代理业务的营业场所和相应资金;

(2)有能够编制招标文件和组织评标的相应专业力量;

(3)有符合《招标投标法》规定条件、可以作为评标委员会成员人选的技术、经济等方面的专家库。

从事工程建设项目招标代理业务的招标代理机构,其资格由国务院或者省、自治区、直辖市人民政府的建设行政主管部门认定。从事其他招标代理业务的招标代理机构,其资格认定的主管部门由国务院规定。招标代理机构与行政机关和其他国家机关不得存在隶属关系或者其他利益关系。

招标代理机构应当在招标人委托的范围内办理招标事宜,并遵守招标投标法关于招标人的规定。

5.2.1.4　投标人

投标人是响应招标、参加投标竞争的法人或者其他组织。我国《招标投标法》规定,依法招标的科研项目允许个人参加投标的,投标的个人适用本法有关投标人的规定,即除了在科研项目中允许个人作为投标主体参加科研项目投标活动外,一般不包括自然人。这里的其他组织,是指不具备法人条件的组织。所谓参加投标竞争活动,是指投标人通过调查研究,按照招标文件的规定编写投标文件(包括编制投标报价等),在规定的时间、地点将投标文件密封送达招标人,按时参加开标,回答评标委员会询问、接受评标过程的审查,凭借投标人的实力、优势、经验、信誉以及投标水平和投标技巧,在激烈的竞争中争取中标而获得项目承包任务的过程。

投标人应当具备承担招标项目的能力;国家有关规定对投标人资格条件或者招标文件对投标人资格条件有规定的,投标人应当具备规定的资格条件。

投标人应当按照招标文件的要求编制投标文件。投标文件应当对招标文件提出的实质性要求和条件做出响应。

招标项目属于建设施工的,投标文件的内容应当包括拟派出的项目负责人与主要技术人员的简历、业绩和拟用于完成招标项目的机械设备等。

两个以上法人或者其他组织可以组成一个联合体,以一个投标人的身份共同投标。

联合体各方均应当具备承担招标项目的相应能力;国家有关规定或者招标文件对投标人资格条件有规定的,联合体各方均应当具备规定的相应资格条件。由同一专业的单位组成的联合体,按照资质等级较低的单位确定资质等级。联合体各方应当签订共同投标协议,明确约定各方拟承担的工作和责任,并将共同投标协议连同投标文件一并提交招标人。联合体中标的,联合体各方应当共同与招标人签订合同,就中标项目向招标人承担连带责任。招标人不得强制投标人组成联合体共同投标,不得限制投标人之间的竞争。

5.2.1.5 标

标是指发标单位标明的项目的内容、条件、工程量、质量、标准等要求,以及不公开的工程价格(标底)。建设工程项目的招标投标包括监理招标投标、勘察设计招标投标、施工招标投标和货物招标投标等类型。

5.2.2 工程招标投标的特征

建设工程招标投标是一种特殊的市场交易方式,它具有以下基本特征。

5.2.2.1 竞争的激烈性

竞争是招标投标的核心,也是市场经济条件下建设工程项目投标的本质特性。当招标人通过媒体和网络公开发布招标信息,就不存在地域的界限,其影响范围十分广泛;一般公开招标的项目都颇具规模,涉及金额较大,对投标人具有很大的吸引力;在市场经济条件下,投标人往往通过投标获胜才能承揽到工程,因此一个项目的招标往往会出现众多的投标人来投标,即使是邀请招标也必须是有3家以上来投标,而中标者通常只有1家,这就形成了投标者之间的激烈竞争,他们必须以自己的实力、信誉、服务、报价等方面的综合优势,才能战胜其他投标者。同时,招标人是从投标者中间“择优”,有选择就有竞争。

5.2.2.2 信息的公开性

(1)公开招标信息。招标人采用公开招标方式的,应当发布招标公告。依法必须进行招标的项目的招标公告,应当通过国家指定的报刊、信息网络或者其他媒介发布。需要进行资格预审的,还要事先公开发布资格预审公告。招标人采用邀请招标方式的,应当向三个以上具备承担招标项目的能力、资信良好的特定的法人或者其他组织发出投标邀请书。

(2)公开程序和内容。开标应当在招标文件确定的提交投标文件截止时间的同一时间公开进行;开标地点应当为招标文件中预先确定的地点。开标由招标人主持,邀请所有投标人参加。开标时,由投标人或者其推选的代表检查投标文件的密封情况,也可以由招标人委托的公证机构检查并公证;经确认无误后,由工作人员当众拆封,宣读投标人名称、投标价格和投标文件的其他主要内容。

招标人在招标文件要求提交投标文件的截止时间前收到的所有投标文件,开标时都应当当众予以拆封、宣读。开标过程应当记录,并存档备查。

(3)公开评标标准和评标方法。评标标准和评标方法应当在提供给所有投标人的招标文件中载明,评标委员会按照招标文件规定的评标标准和方法对投标文件进行秘密评审和比较,在评标时不得另行制定或者修改、补充任何评标标准和方法。

(4)公开中标结果。中标人确定后,招标人应当向中标人发出中标通知书,并同时将中标结果通知所有未中标的投标人。目前,有的招标文件中也明确规定实施公示制度,即中标人确定后,中标结果在指定的媒体上发布公告。公告内容包括招标项目名称、中标人名单、评标委员会成员名单、招标采购单位的名称和电话。投标人对中标公告有异议的,可以书面形式向招标人提出质疑或向有关行政监督部门投诉。只有在公示期间对中标候选人没有异议或对异议进行了处理后,才能正式确定为中标人。

5.2.2.3　报价的一次性

招标与投标的交易行为不同于一般的商品交换,也不同于公开询价与谈判交易。在整个招投标过程中,投标人没有讨价还价的权利,是招标投标这种特殊的交易方式的一个最显著的特性。投标人投标,只能一次性报价。

5.2.2.4　过程的公正性

在招标过程中,招标人不得以不合理的条件限制或者排斥潜在投标人,不得对潜在投标人实行歧视待遇。招标文件不得要求或者标明特定的生产供应者以及含有倾向或者排斥潜在投标人的其他内容。招标人对已发出的招标文件进行必要的澄清或者修改的,应当在招标文件要求提交投标文件截止时间至少15日前,以书面形式通知所有招标文件收受人。投标人在招标文件要求提交投标文件的截止时间前,可以补充、修改或者撤回已提交的投标文件,并书面通知招标人。开标由招标人主持,邀请所有投标人参加。招标人在招标文件要求提交投标文件的截止时间前收到的所有投标文件,开标时都应当当众予以拆封、宣读。在组建评标委员会时,与投标人有利害关系的人不得进入相关项目的评标委员会;已经进入的应当更换。要求评标委员会成员客观、公正地履行职务,遵守职业道德,对所提出的评审意见承担个人责任。在签订合同时,招标人和中标人不得再行订立背离合同实质性内容的其他协议。投标人和其他利害关系人认为招标投标活动不符合国家有关规定的,有权向招标人提出异议或者依法向有关行政监督部门投诉。这些规定都保证了投标过程的公正性。

5.2.2.5　管理的规范性

国家制定了《中华人民共和国招标投标法》,有关部门制定了《工程建设项目勘察设计招标投标办法》《工程建设项目施工招标投标办法》《工程建设项目货物招标投标办法》《工程建设项目招标投标活动投诉处理办法》《评标委员会和评标方法暂行规定》《评标专家和评标专家库管理暂行办法》《国家重大建设项目招标投标监督暂行办法》《招标公告发布暂行办法》《工程建设项目自行招标试行办法》等,这些法律法规对规范招标投标活动,保护国家利益、社会公共利益和招标投标活动当事人的合法权益,提高经济效益,保证项目质量起到了重要的保障作用。

5.2.3　工程项目招标

5.2.3.1　项目招标范围和规模标准

建设工程项目的招标是一种民事行为,招标人有权决定是否采用招标方式。但是,招标人的这种权利不是绝对的,它受到法律的制约。根据《招标投标法》的规定:在中华人民共和国境内进行下列工程建设项目包括项目的勘察、设计、施工、监理以及与工程建设有关的重要设备、材料等的采购,必须进行招标:

(1)大型基础设施、公用事业等关系社会公共利益、公众安全的项目;

(2)全部或者部分使用国有资金投资或者国家融资的项目;

(3)使用国际组织或者外国政府贷款、援助资金的项目。

为了确定必须进行招标的工程建设项目的具体范围和规模标准,规范招标投标活动,根据《招标投标法》第三条的规定,原国家计委于2000年5月发布的《工程建设项目招标范围和规模标准规定》(国家计委令第3号)做了如下规定:

(1)关系社会公共利益、公众安全的基础设施项目的范围包括:

①煤炭、石油、天然气、电力、新能源等能源项目;

②铁路、公路、管道、水运、航空以及其他交通运输业等交通运输项目;

③邮政、电信枢纽、通信、信息网络等邮电通信项目;

④防洪、灌溉、排涝、引(供)水、滩涂治理、水土保持、水利枢纽等水利项目;

⑤道路、桥梁、地铁和轻轨交通、污水排放及处理、垃圾处理、地下管道、公共停车场等城市设施项目;

⑥生态环境保护项目;

⑦其他基础设施项目。

(2)关系社会公共利益、公众安全的公用事业项目的范围包括:

①供水、供电、供气、供热等市政工程项目;

②科技、教育、文化等项目;

③体育、旅游等项目;

④卫生、社会福利等项目;

⑤商品住宅,包括经济适用住房;

⑥其他公用事业项目。

(3)使用国有资金投资项目的范围包括:

①使用各级财政预算资金的项目;

②使用纳入财政管理的各种政府性专项建设基金的项目;

③使用国有企业事业单位自有资金,并且国有资产投资者实际拥有控制权的项目。

(4)国家融资项目的范围包括:

①使用国家发行债券所筹资金的项目;

②使用国家对外借款或者担保所筹资金的项目;

③使用国家政策性贷款的项目;

④国家授权投资主体融资的项目;

⑤国家特许的融资项目。

(5)使用国际组织或者外国政府资金的项目的范围包括:

①使用世界银行、亚洲开发银行等国际组织贷款资金的项目;

②使用外国政府及其机构贷款资金的项目;

③使用国际组织或者外国政府援助资金的项目。

上述规定范围内的各类工程建设项目,包括项目的勘察、设计、施工、监理以及与工程建设有关的重要设备、材料等的采购,达到下列标准之一的,必须进行招标:

①施工单项合同估算价在200万元人民币以上的;

②重要设备、材料等货物的采购,单项合同估算价在100万元人民币以上的;

③勘察、设计、监理等服务的采购,单项合同估算价在50万元人民币以上的;

④单项合同估算价低于第①、②、③项规定的标准,但项目总投资额在3 000万元人民币以上的。

建设项目的勘查、设计,采用特定专利或者专有技术的,或者其建筑艺术造型有特殊要求的,经项目主管部门批准,可以不进行招标。

依法必须进行招标的项目,全部使用国有资金投资或者国有资金投资占控股或者主导地位的,应当公开招标。招标投标活动不受地区、部门的限制,不得对潜在投标人实行歧视待遇。

省、自治区、直辖市人民政府根据实际情况,可以规定本地区必须进行招标的具体范围和规模标准,但不得缩小本规定确定的必须进行招标的范围。

为加强水利工程建设项目招标投标工作的管理,规范招标投标活动,根据《招标投标法》和国家有关规定,结合水利工程建设的特点,水利部于2001年10月发布的《水利工程建设项目招标投标管理规定》(水利部第14号令)也规定:符合下列具体范围并达到规模标准之一的水利工程建设项目必须进行招标。

(1)具体范围:

①关系社会公共利益、公共安全的防洪、排涝、灌溉、水力发电、引(供)水、滩涂治理、水土保持、水资源保护等水利工程建设项目;

②使用国有资金投资或者国家融资的水利工程建设项目;

③使用国际组织或者外国政府贷款、援助资金的水利工程建设项目。

(2)规模标准。

①施工单项合同估算价在200万元人民币以上的;

②重要设备、材料等货物的采购,单项合同估算价在100万元人民币以上的;

③勘察设计、监理等服务的采购,单项合同估算价在50万元人民币以上的;

④项目总投资额在3 000万元人民币以上,但分标单项合同估算价低于本项第①、②、③目规定的标准的项目原则上都必须招标。

本规定适用于水利工程建设项目的勘察设计、施工、监理以及与水利工程建设有关的重要设备、材料采购等的招标投标活动。

5.2.3.2　项目招标的类型

建设工程项目招标按照不同的分类标准可以划分为以下几种。

1.按建设工程项目的招标方式分类

根据《招标投标法》的规定:招标分为公开招标和邀请招标。只有特殊情况下,经批准才可直接委托,不用招标。

1)公开招标

公开招标又称无限竞争性招标,是指招标人通过各种新闻媒体(报刊、广播、电视、信息网络等)公开发布建设工程项目招标公告,有意向的投标人均可参加资格审查,合格的投标人可购买招标文件参加投标的方式。

公开招标的优点是:招标人可在较广泛的范围内选择报价合理、工期较短、信誉良好、可靠的中标人并取得有竞争的报价,取得最佳的投资效益。由于公开招标是无限竞争性招标,投标竞争相当激烈,有利于开展竞争,打破垄断,促使投标人努力提高工程质量和服务水平,缩短工期和降低成本。同时,由于公开招标是根据预先制定并众所周知的程序和标准公开而客观地进行的,因此一般能防止招标投标过程中作弊情况的发生。

其缺点是:由于申请投标人较多,一般要设置资格预审程序,而且评标的工作量也较大,所需招标时间长,招标费用的支出也比较大。

鉴于公开招标符合招标中公开、公平、公正的基本原则,这种招标方式主要适用于投资额度大、技术复杂的大型建设工程项目的招标。目前,国家大型工程项目的建设一般要求以公开招标的方式选择实施单位,尤其对使用世界银行、亚洲开发银行或其他国际金融机构贷款建设的工程项目,则都规定必须通过国际公开招标的方式选择承包商。

(1)工程建设项目勘察设计的公开招标。

《工程建设项目勘察设计招标投标办法》(国家发改委、建设部、铁道部、交通部、信息产业部、水利部、民航总局、广电总局联合令第2号)规定:

全部使用国有资金投资或者国有资金投资占控股或者主导地位的工程建设项目,以及国务院发展和改革部门确定的国家重点项目和省、自治区、直辖市人民政府确定的地方重点项目,应当公开招标。

《水利工程建设项目勘察(测)设计招标投标管理办法》(水总〔2004〕511号)规定:符合下列具体范围并达到规模标准之一的水利工程建设项目初步设计和施工图阶段的勘察(测)设计必须进行招标。

①具体范围:

关系社会公共利益、公共安全的防洪、排涝、灌溉、水力发电、引(供)水、滩涂治理、水土保持、水资源保护等水利工程建设项目;

使用国有资金投资或者国家融资的水利工程建设项目;

使用国际组织或者外国政府贷款、援助资金的水利工程建设项目。

②规模标准:

勘察(测)设计单项合同估算价在50万元人民币以上的;

项目总投资额在3 000万元人民币以上的。

(2)工程建设项目施工的公开招标。

《工程建设项目施工招标投标办法》(国家发改委、建设部、铁道部、交通部、信息产业部、水利部、民航总局令第30号)规定:

工程建设项目符合《工程建设项目招标范围和规模标准规定》(国家计委令第3号)规定的范围和标准的,必须通过招标选择施工单位。

国务院发展计划部门确定的国家重点建设项目和各省、自治区、直辖市人民政府确定的地方重点建设项目,以及全部使用国有资金投资或者国有资金投资占控股或者主导地位的工程建设项目,应当公开招标。

(3)工程建设项目货物的公开招标。

《工程建设项目货物招标投标办法》(国家发改委、建设部、铁道部、交通部、信息产业部、水利部、民航总局令第27号)规定:

工程建设项目符合《工程建设项目招标范围和规模标准规定》(原国家计委令第3号)规定的范围和标准的,必须通过招标选择货物(指与工程建设项目有关的重要设备、材料等)供应单位。

国务院发展改革部门确定的国家重点建设项目和各省、自治区、直辖市人民政府确定的地方重点建设项目,其货物采购应当公开招标。

2)邀请招标

邀请招标又称有限竞争性招标,是指招标人向预先选择的若干家具备承担招标项目能力、资信良好的潜在投标人发出投标邀请函,将招标工程的情况、工作范围及实施条件等做出简要说明,请他们参加投标竞争的招标方式。邀请对象数目以5~10家为宜,但不能少于3家。被邀请人同意参加投标后,从招标人处获取招标文件,按规定要求投标。

邀请招标的优点是不需要发布招标公告,不进行资格预审,简化了招标程序,节约了招标费用,缩短了招标时间;目标集中,招标组织的工作量较小。其缺点是,由于参加的投标人较少,竞争性较差,可能失去某些在技术上或报价上有竞争力的潜在投标人参与投标。也不利于招标人获得最优的报价,取得最佳的投资效益。

(1)工程建设项目勘察设计的邀请招标。

《工程建设项目勘察设计招标投标办法》规定:对于依法必须进行勘察设计招标的工程建设项目,在下列情况下可以进行邀请招标:

①项目的技术性、专业性较强,或者环境资源条件特殊,符合条件的潜在投标人数量有限的;

②如采用公开招标,所需费用占工程建设项目总投资的比例过大的;

③建设条件受自然因素限制,如采用公开招标,将影响项目实施时机的。

招标人采用邀请招标方式的,应保证有三个以上具备承担招标项目勘察设计的能力,并具有相应资质的特定法人或者其他组织参加投标。

(2)工程建设项目施工的邀请招标。

《工程建设项目施工招标投标办法》(国家发改委、建设部、铁道部、交通部、信息产业部、水利部、民航总局令第30号)规定:有下列情形之一的,经批准可以进行邀请招标:

①项目技术复杂或有特殊要求,只有少量几家潜在投标人可供选择的;

②受自然地域环境限制的;

③涉及国家安全、国家秘密或者抢险救灾,适宜招标但不宜公开招标的;

④拟公开招标的费用与项目的价值相比,不值得的;

⑤法律、法规规定不宜公开招标的。

国家重点建设项目的邀请招标,应当经国务院发展计划部门批准;地方重点建设项目的邀请招标,应当经各省、自治区、直辖市人民政府批准。

全部使用国有资金投资或者国有资金投资占控股或者主导地位的并需要审批的工程建设项目的邀请招标,应当经项目审批部门批准,但项目审批部门只审批立项的,由有关行政监督部门审批。

(3)工程建设项目货物的邀请招标。

《工程建设项目货物招标投标办法》规定:有下列情形之一的,经批准可以进行邀请招标:

①项目技术复杂或有特殊要求,只有少量几家潜在投标人可供选择的;

②受自然地域环境限制的;

③涉及国家安全、国家秘密或者抢险救灾,适宜招标但不宜公开招标的;

④拟公开招标的费用与项目的价值相比,不值得的;

⑤法律、法规规定不宜公开招标的。

国家重点建设项目货物的邀请招标,应当经国务院发展改革部门批准;地方重点建设项目货物的邀请招标,应当经省、自治区、直辖市人民政府批准。

3)委托

对于不适宜公开招标或邀请招标的特殊工程或特殊条件下的工作内容,经批准,可以采取将工程建设项目委托给承包商(或单位)的方式。

(1)工程建设项目勘察设计的委托。

《工程建设项目勘察设计招标投标办法》规定:按照国家规定需要政府审批的项目,有下列情形之一的,经批准,项目的勘察设计可以不进行招标:

①涉及国家安全、国家秘密的;

②抢险救灾的;

③主要工艺、技术采用特定专利或者专有技术的;

④技术复杂或专业性强,能够满足条件的勘察设计单位少于三家,不能形成有效竞争的;

⑤已建成项目需要改、扩建或者技术改造,由其他单位进行设计影响项目功能配套性的。

《水利工程建设项目招标投标管理规定》规定:下列项目可不进行招标,但须经项目主管部门批准:

①涉及国家安全、国家秘密的项目;

②应急防汛、抗旱、抢险、救灾等项目;

③项目中经批准使用农民投工、投劳施工的部分(不包括该部分中勘察设计、监理和重要设备、材料采购);

④不具备招标条件的公益性水利工程建设项目的项目建议书和可行性研究报告;

⑤采用特定专利技术或特有技术的;

⑥其他特殊项目。

《水利工程建设项目勘察(测)设计招标投标管理办法》规定:必须进行勘察(测)设计招标的水利工程建设项目,有下列情形之一的,根据项目审批程序,经项目主管部门批准,可以不进行招标:

①涉及国家安全、国家秘密的;

②抢险救灾或紧急度汛的;

③采用特定的专利或者专有技术的；

④技术复杂或专业性强，能够满足条件的勘察（测）设计单位少于3家，不能形成有效竞争的。

（2）工程建设项目施工的委托。

《工程建设项目施工招标投标办法》规定：需要审批的工程建设项目，有下列情形之一的，经有关规定的审批部门批准，可以不进行施工招标：

①涉及国家安全、国家秘密或者抢险救灾而不适宜招标的；

②属于利用扶贫资金实行以工代赈需要使用农民工的；

③施工主要技术采用特定的专利或者专有技术的；

④施工企业自建自用的工程，且该施工企业资质等级符合工程要求的；

⑤在建工程追加的附属小型工程或者主体加层工程，原中标人仍具备承包能力的；

⑥法律、行政法规规定的其他情形。

不需要审批但依法必须招标的工程建设项目，有上述规定情形之一的，可以不进行施工招标。

2. 按工程建设业务范围分类

（1）工程建设全过程招标。是指从项目建议书开始，包括可行性研究、勘察设计、设备材料采购、工程施工、生产准备、投料试车，直至竣工和交付使用为止委托承包全部工作内容的招标。全过程招标一般由业主选定总承包单位，再由总承包单位去组织各阶段的实施工作。

（2）勘察设计招标。是指工程建设项目的勘察设计任务向勘察设计单位招标。招标人可以依据工程建设项目的不同特点，实行勘察设计一次性总体招标；也可以在保证项目完整性、连续性的前提下，按照技术要求实行分段或分项招标。依法必须招标的工程建设项目，招标人可以对项目的勘察、设计、施工以及与工程建设有关的重要设备、材料的采购，实行总承包招标。

（3）工程施工招标。是指工程建设项目的施工任务向施工单位招标。

（4）货物招标。货物是指与工程建设项目有关的重要设备、材料等。货物招标是指工程建设所需的全部或主要材料、设备向专门的采购供应单位招标。

3. 按工程的施工范围分类

（1）全部工程施工招标。就是招标单位把建设工程项目的全部施工任务作为一个"标底"进行招标。

（2）单项或单位工程招标。

（3）分部工程招标。

（4）专业工程招标。

上述后3种招标方式是把整个工程分为若干个单位工程、分部工程或专业工程分别进行招标和发包。这样可以发挥各承包单位的专业特长，合同比第1种方式容易落实，风险小。即使出现问题，也是局部的，容易纠正和补救。

4. 按照招标的区域分类

按招标的国界可以分为国际招标、国内招标和地方招标。

(1)国际招标。利用外资和世界银行贷款的工程就具有国际招标的必要条件。而且,世界银行也规定必须实行国际招标。国际招标需要有外汇支付手段。

(2)国内招标。

(3)地方招标。

我国绝大多数工程建设项目,都实行国内招标。根据工程投资和技术难度的大小,可以在国内、省内、地区内甚至市县范围内招标。

5.2.3.3 招标合同的划分与合同类型的选择

1.合同数量的划分

合同的主要条款是招标文件中必须包括的部分。因此,在招标文件的编制中,招标人要考虑合同数量的划分。合同数量是指建设工程项目施工阶段的全部工作内容分几次招标,每次招标时又发几个合同包。所谓"标"是指一次选择承包商的全部委托任务;而"包"是指每次招标时允许投标人承包的基本单位。如某工程建设施工,将全部工程分为土建工程、设备安装工程两个标,分阶段进行招标。而土建工程又分主体工程和附属工程两个合同包同时招标。投标人可以同时投两个合同包,也可以只投主体工程或附属工程其中之一的合同包。因此,标和包并不是同一个概念,有时招标人一次招标只发一个合同包,但有时也可能一次招标同时发几个包,招标人就每个合同包分别与承包商签订施工合同。

因此,招标人在招标之前分标或分包时就要从工程的特点、施工现场的条件、注意发挥投标人的特长、有利于合同工程的衔接、有利于系统之间的衔接等几个方面综合考虑,拟订几个方案进行比较,确定合同数量的划分。

2.合同类型的选择

一个大的建设工程项目,专业众多、技术复杂,在招标之前,对每一个合同包采用哪一种形式的合同,如何计价,需要业主根据每一个项目的特点、技术经济指标,以及资金、工期和质量上的要求等综合因素综合考虑后决定。

建设工程项目的合同根据计价方式的不同,主要有3种,即总价合同、单价合同和成本加酬金合同。

1)总价合同

总价合同是指根据合同规定的工程施工内容和有关条件,业主应付给承包商的款额是一个固定的金额,即明确的总价。总价合同也称为总价包干合同,即根据工程施工招标时的要求和条件,当施工内容和有关条件不发生变化时,业主付给承包商的价款总额就不发生变化。

总价合同可分为固定总价合同、变动总价合同和固定工程量总价合同三种。

(1)固定总价合同。其价格计算是以图纸、规定、规范为基础,工程任务和内容明确,业主的要求和条件清楚,合同总价一次包死,固定不变,即不再因为环境的变化和工程量的增加而变化。在这类合同中,承包商承担了全部的工作量和价格的风险。对业主而言,在合同签订时就可以基本确定项目的总投资额,对投资控制有利;在合同双方都无法预测的风险条件下和可能有工程变更的情况下,承包商承担了较大的风险,业主的风险较小。这种合同类型能够使业主在评标时易于确定报价最低的承包单位、易于进行支付计算。

但这类合同仅适用于工程量不大且能精确计算、工期较短、技术不太复杂、风险不大的建设工程项目。因为采用这种合同类型要求业主必须准备详细而全面的设计图纸(施工详图)和各种说明,使承包单位能准确计算工程量。规模大且技术复杂的工程项目,承包风险大,各项费用不易估算准确,不宜采用固定总价合同。

(2)变动总价合同。又称可调总价合同,合同的价格计算是以图纸、规定、规范为基础,按照时价进行计算,得到包括全部工程任务和内容的暂定合同价格。它是一种相对固定价格,在合同执行过程中,由于通货膨胀等原因而使所用的工、料成本增加时,可以按照合同约定对合同总价进行相应的调整。因此,在合同签订时,就要考虑何种条件下可以对合同价款进行调整,并写入合同条款中。这种合同,通货膨胀等不可预见因素的风险由业主承担,对承包商而言,其风险相对较小,但对业主而言,不利于其进行投资控制,增大了突破投资的风险。

在工程施工招标中,施工期限一年左右的项目一般实行固定总价合同,通常不考虑价格调整问题,以签订合同时的单价和总价为准,物价上涨的风险全部由承包商承担。但是对于建设周期一年半以上的工程项目,则应考虑下列因素引起的价格变化问题:①劳务工资以及材料费用的上涨;②运输费、燃料费、电力等价格变化对工程造价的影响;③外汇汇率的变化影响;④国家或地方立法的改变引起的工程费用的上涨。

(3)固定工程量总价合同。在工程量报价单内,业主按单位工程及分项工作内容列出实施工作量,承包商分别填报各项内容的直接费单价,然后单列间接费、管理费、利润等项内容后算出总价,并据以签订合同。合同内原定的工作内容全部完成后,业主按总价支付给承包商全部费用。如果中途发生设计变更或增加新的工作内容,则用合同内已确定的单价来计算新增工程量而对总价进行调整。在货物的招标采购中一般可用固定工程量总价合同。

2)单价合同

单价合同是指承包商按工程量报价单内分项工作内容填报单价,以实际完成工程量乘以所报单价计算结算价款的合同。这里的单价应为计及各种摊销费用后的综合单价,而非直接费单价,在合同履行过程中若无特殊情况,一般不变更单价。

单价合同的特点是单价优先。业主给出的工程量清单表中的数字是参考数字,而实际工程款则按实际完成工程量和合同中确定的单价计算。由于单价合同允许合同随工程量变化而调整工程总价,业主和承包商都不存在工程量方面的风险,因此对合同双方都比较公平。

单价合同大多用于工期长、技术复杂、实施过程中发生各种不可预见因素较多的大型复杂工程的土建施工,以及业主为了缩短项目建设周期,初步设计完成后就进行施工招标的工程。采用单价合同对业主的不足之处是,业主需要安排专门的力量来核实已经完成的工程量,需要在施工中花费不少精力,协调工作量大。另外,用于计算应付工程款的实际工程量可能超过预测的工程量,即实际投资容易超过计划投资,对投资控制不利。

3)成本加酬金合同

是由业主向承包商支付建设工程的实际成本,并按事先约定的某一种方式支付酬金的合同类型。成本加酬金合同中,承包商不承担任何价格变化或工程量变化的风险,这些风险主要由业主承担,对业主的投资控制很不利。承包商也往往不注意降低施工成本。

这类合同主要用于以下项目:

(1)时间特别紧迫,需要立即开展工作的建设工程项目,如抢险、救灾工程,来不及进行详细的计划和商谈的项目。

(2)新型的建设工程项目,或对工程内容及技术经济指标尚未确定,就要开工建设的工程项目。

(3)工程特别复杂,工程技术、结构方案不能预先确定,或者尽管可以确定工程技术和结构方案,但是不能进行竞争性的招标活动并以总价合同或单价合同的形式确定承包商,如研究开发性质的工程项目。

(4)风险很大的建设工程项目。

在国际上,许多项目管理合同、咨询服务合同等也多采用成本加酬金合同的方式。

5.2.4 工程项目标段划分

标段划分直接决定招标结果和签约的合同数量,对工程项目的管理模式、实施效果都会产生重大的影响。标段划分涉及法律、经济、技术等多个专业,划分规则也较为复杂,标段划分方案在很大程度上体现了招标人的招标组织水平和招标从业人员的业务水平,如何科学、合理合法地划分标段,使招标结果最优化,是项目法人和建设管理者需要认真分析与思考的问题。

5.2.4.1 标段划分的法律规定

合法性是标段划分的第一要素,是所有其他规则的基础。《招标投标法》第十九条规定,招标项目需要划分标段、确定工期的,招标人应当合理划分标段、确定工期,并在招标文件中载明;《招标投标法实施条例》第二十四条规定,招标人对招标项目划分标段的,应当遵守《招标投标法》的有关规定,不得利用划分标段限制或者排斥潜在投标人。依法必须进行招标的项目的招标人不得利用划分标段规避招标。上述规定可以总结为“两个应当、两个不得”,即划分标段应当合理,划分标段应当在招标文件中载明,不得利用划分标段限制或者排斥潜在投标人,依法必须进行招标的项目的招标人不得利用划分标段规避招标。

5.2.4.2 合理划分标段判断标准

《招标投标法》第十九条规定,招标人应当合理划分标段。标段划分合理与否的判断标准包括两点,即划分理由的客观性和划分结果的竞争性,两者缺一不可,同时满足这两个条件的,才能认定为“划分标段合理”。

标段划分理由的客观性表现在,划分标段虽然是人为决策过程,但必须有客观事实作为依据和支持,必须经得起检验。举例来说,某化工厂需要采购水处理药剂做性能对比试验,以便找出最适合的水处理药剂。这种情况下,水处理药剂采购项目必须划分为几个标段,且各标段中标人必须为不同的供应商,否则就无法进行对比试验。就这一个招标项目而言,划分标段是必然要求,划分标段的理由无疑是符合客观性要求的。

认定标段划分理由的客观性有一定难度 ,根据招标行业公认的准则,工程项目一般按以下原则划分标段:在满足现场管理和工程进度需求的条件下,以能独立发挥作用的永久工程为标段划分单元；专业相同、考核业绩相同的项目，可以分为一个标段。而货物采购标段划分的原则为：技术指标及要求相同的、属于一个经销商经营的货物，可以划分在同一个标段或包；对金额较小的货物可以适当合并标段或包。

标段划分结果的竞争性是指通过标段划分能够扩大竞争格局，而不是缩小竞争格局。为做到扩大竞争格局，招标人应当在充分调研的基础上进行标段分析，不仅要考虑招标项目的特点（现场条件、投资、进度、自身管理能力等因素），还应考虑潜在投标人的资质、能力、业绩、竞争能力，通过对标段的合理划分选择出最符合要求的中标人，以利于项目的顺利实施。

5.2.4.3　划分标段应当在招标文件中载明

要真正做到"载明"，必须认真落实两个关键问题：一是标段内容，二是评标标准。

许多招标文件对标段划分表述模糊，标段之间接口不全面、存在漏项或者歧义，各标段责任不清，更有甚者只写上标段名称，潜在投标人想看的内容看不到，空话、套话一大堆。如果标段界面"载"而不"明"，应认定标段划分不符合法律规定。对于施工项目来说，标段界面清晰尤为重要，施工项目涉及安全、质量、投资和进度等诸多方面，若各标段承包商之间界面划分不清，在安全责任、质量责任、投资责任、工期责任上必然会出现推诿扯皮现象，会给招标人带来重大的隐患。要做到标段内容清晰、责任明确，招标人需要调动资源做好充分的准备工作。

编制评标标准尤为困难。评标标准必须考虑评标过程可能出现的所有特例，针对评标中的可变因素做出具体规定，逻辑严密并有很强的可操作性。如果评标标准不能保证在任何情况下都能够评选出唯一的中标人，则可认定该评标标准不符合法律规定。对于划分为多个标段的招标项目而言，一家投标人同时参与多个标段的竞争是常态，而"多投多中"和"多投一中" 是实践中经常用到的评标标准。

5.2.4.4　不得利用划分标段限制或者排斥潜在投标人

1. 事后判断方法

该方法较为简单，只需看其标段划分后的招标结果竞争格局是扩大了还是变小了就可以做出结论。

2. 事前判断方法

事前判断方法主要有以下几种方式：

(1)标段划分过大，相应的资质要求过高、资金要求严苛，使得有资质、有实力参加投标的潜在投标人变少。

(2)标段划分过小，不利于吸引规模大、有实力的潜在投标人投标，客观上排斥大型企业参加投标。

(3)标段划分过散，导致界面犬牙交错，互相交叉影响，协调工作量过大，超出大多数业内竞争者的承受能力。

(4)标段划分不考虑专业性，甚至横跨数个不相关专业 ，导致大多数潜在投标人无法发挥专业特长，或者只能组成联合体参与投标。

(5)标段划分为某些投标人量身定做，只有个别企业满足条件。

出现以上5种情形之一的，可以认定为利用划分标段限制或者排斥潜在投标人，招标人策划标段划分方案时应当引以为戒。

5.2.4.5　依法必须进行招标的项目的招标人不得利用划分标段规避招标

首先,规避招标的项目是指依法必须进行招标的项目,招标人自愿招标的项目不在此列。

其次,依法必须进行招标项目的界定,既有项目性质标准,又有资金渠道标准和项目规模标准。划分标段无法改变项目性质和资金渠道,利用标段划分规避招标的主要手段是通过将项目化整为零、肢解拆分,使之达不到法定的招标工程规模标准。针对招标人利用划分标段规避招标的问题,一方面,要加大对《招标投标法》的宣传力度,增强大家依法招标的自觉性,使其"不想做";另一方面,要建立管办分开的招标管理体制,设置专职招标管理部门对招标活动实行全程监控,使其"不能做";最后,要建立健全监督检查和责任追究机制,做到警钟长鸣,使其"不敢做"。

5.3　工程项目招标程序

5.3.1　工程项目招标应具备的条件

建设工程项目的招标一般包括勘察设计、施工和货物招标三种类型。不同的类型招标应具备的条件有所不同。

5.3.1.1　勘察设计招标应具备的条件

依法必须进行勘察设计招标的工程建设项目,在招标时应当具备下列条件:

(1)按照国家有关规定需要履行项目审批手续的,已履行审批手续,取得批准。

(2)勘察设计所需资金已经落实。

(3)所必需的勘察设计基础资料已经收集完成。

(4)法律法规规定的其他条件。

5.3.1.2　施工招标应具备的条件

依法必须招标的工程建设项目,应当具备下列条件才能进行施工招标:

(1)招标人已经依法成立;

(2)初步设计及概算应当履行审批手续的,已经批准;

(3)招标范围、招标方式和招标组织形式等应当履行核准手续的,已经核准;

(4)有相应资金或资金来源已经落实;

(5)有招标所需的设计图纸及技术资料。

5.3.1.3　货物招标应具备的条件

依法必须招标的工程建设项目,应当具备下列条件才能进行货物招标:

(1)招标人已经依法成立;

(2)按照国家有关规定应当履行项目审批、核准或者备案手续的,已经审批、核准或者备案;

(3)有相应资金或者资金来源已经落实;

(4)能够提出货物的使用与技术要求。

5.3.2　工程项目招标

按照招标人和投标人参与程度,可将公开招标过程粗略划分成招标准备阶段、招标投标阶段和决标成交阶段及签订合同阶段。

5.3.2.1　招标准备阶段

招标准备阶段的工作由招标人单独完成,投标人不参与。招标准备阶段应编制好招标过程中可能涉及的有关文件,保证招标活动的正常进行。这些文件大致包括招标广告、资格预审文件、招标文件、合同协议书,以及资格预审和评标的方法。主要工作包括以下几个方面。

1. 办理招标备案

依法必须进行招标的工程建设项目,按国家有关投资项目审批管理规定,凡应报送项目审批部门审批的,招标人应当在报送的可行性研究报告中包括以下招标内容:

(1)建设项目的勘察、设计、施工、监理以及重要设备、材料等采购活动的具体招标范围(全部或者部分招标)。

(2)建设项目的勘察、设计、施工、监理以及重要设备、材料等采购活动拟采用的招标组织形式(委托招标或者自行招标);拟自行招标的,还应按照《工程建设项目自行招标试行办法》(国家发展计划委员会令第5号)规定报送书面材料。

(3)建设项目的勘察、设计、施工、监理以及重要设备、材料等采购活动拟采用的招标方式(公开招标或者邀请招标);国家发展计划委员会确定的国家重点项目和省、自治区、直辖市人民政府确定的地方重点项目,拟采用邀请招标的,应对采用邀请招标的理由做出说明。

(4)其他有关内容。

项目审批部门在批准项目可行性研究报告时,应依据法律、法规规定的权限,对项目建设单位拟定的招标范围、招标组织形式、招标方式等内容提出核准或者不予核准的意见。

项目审批部门应当将核准招标内容的意见抄送有关行政监督部门。获得认可后才可以开展招标工作。

2. 确定招标组织形式

招标人根据自己的实际情况,确定是自行招标还是委托招标。

(1)当招标人具备以下条件时,按有关规定和管理权限经核准可自行办理招标事宜。

①具有项目法人资格(或法人资格);

②具有与招标项目规模和复杂程度相适应的工程技术、概预算、财务和工程管理等方面专业技术力量;

③具有编制招标文件和组织评标的能力;

④具有从事同类工程建设项目招标的经验;

⑤设有专门的招标机构或者拥有3名以上专职招标业务人员;

⑥熟悉和掌握招标投标法律、法规、规章。

招标人申请自行办理招标事宜时,应当报送以下书面材料:

①项目法人营业执照、法人证书或者项目法人组建文件;

②与招标项目相适应的专业技术力量情况;

③内设的招标机构或者专职招标业务人员的基本情况;

④拟使用的评标专家库情况;

⑤以往编制的同类工程建设项目招标文件和评标报告,以及招标业绩的证明材料;

⑥其他材料。

(2)招标人不具有编制招标文件和组织评标能力的,可以委托招标代理机构办理招标事宜。工程招标代理是指工程招标代理机构接受招标人的委托,从事工程的勘察、设计、施工、监理以及与工程建设有关的重要设备(进口机电设备除外)、材料采购招标的代理业务。

招标代理机构是依法设立、从事招标代理业务并提供相关服务的社会中介组织。招标代理机构应当具备下列条件:

①有从事招标代理业务的营业场所和相应资金;

②有能够编制招标文件和组织评标的相应专业力量;

③有符合《招标投标法》有关规定条件、可以作为评标委员会成员人选的技术、经济等方面的专家库。

招标代理机构可以在其资格等级范围内承担下列招标事宜:

①拟订招标方案,编制和出售招标文件、资格预审文件;

②审查投标人资格;

③编制标底;

④组织投标人踏勘现场;

⑤组织开标、评标,协助招标人定标;

⑥草拟合同;

⑦招标人委托的其他事项。

招标代理机构不得无权代理、越权代理,不得明知委托事项违法而进行代理。

招标代理机构不得接受同一招标项目的投标代理和投标咨询业务;未经招标人同意,不得转让招标代理业务。

招标人确定招标代理机构后,与其签订书面委托招标合同,委托其办理招标事宜。

3. 选择招标方式

根据工程特点和招标人的管理能力确定发包范围;依据工程建设总进度计划确定项目建设过程中的招标次数和每次招标的工作内容;按照每次招标前准备工作的完成情况,选择合同的计价方式;依据工程项目的特点、招标前准备工作的完成情况、合同类型等因素的影响程度,最终确定招标方式(公开招标或者邀请招标)。

4. 编制招标有关文件

招标文件是招标者招标承建工程项目或采购货物及服务的法律文件,它既是投标人编制投标文件的依据,也是评标委员会评标的依据,还是业主与承包商签订和履行合同的依据。因此,招标文件质量的优劣直接影响到招标的效果和进度。招标人应当根据招标项目的特点和需要编制好招标文件。

1)编制招标文件的注意事项

(1)应遵守国家的法律法规的有关规定。

(2)要注意公正、合理地处理业主和承包商的利益。如果不恰当地过多将业主应承担的风险转移给承包商一方,势必迫使承包商加大风险费用,提高投标报价,最终还是业主一方增加支出。对于信息化工程来讲,如果过低压低价格,就可能导致承包商降低服务质量来应对,最终还是用户吃亏。

(3)招标文件应正确、详尽地反映招标项目的客观情况。客观描述工程的性质、施工条件、技术要求、售后服务等,使投标人的投标建立在客观、可靠的基础上,减少履约过程中的争议。

(4)招标文件的商务和技术部分的内容应力求统一,避免出现各文件之间的矛盾。

2)编制招标文件应遵循的原则

(1)编制招标文件必须遵守国家及地方政府有关招标投标的法律法规和部门规章的规定。

(2)编制招标文件必须遵循公开、公平、公正的原则,招标人不得以不合理的条件限制或者排斥潜在投标人,不得对潜在投标人实行歧视待遇。

(3)编制招标文件必须遵循诚实信用的原则,招标人向投标人提供的招标项目的情况,特别是工程项目的审批、资金来源和落实等情况,都要确保其真实可靠。

(4)若已进行过资格预审,则招标文件介绍的工程情况和提出的要求,必须与资格预审文件的内容保持一致。

(5)招标文件的内容要能系统、完整、准确地反映工程的规模、性质、商务、技术、报价、售后服务、技术培训要求等内容。

(6)招标文件不得要求或者表明特定的设备、材料等生产供应商以及含有倾向或排斥投标申请人的其他内容。

3)勘察设计招标文件的内容

(1)投标须知;

(2)投标文件格式及主要合同条款;

(3)项目说明书,包括资金来源情况;

(4)勘察设计范围,对勘察设计进度、阶段和深度要求;

(5)勘察设计基础资料;

(6)勘察设计费用支付方式,对未中标人是否给予补偿及补偿标准;

(7)投标报价要求;

(8)对投标人资格审查的标准;

(9)评标标准和方法;

(10)投标有效期。

投标有效期,是招标文件中规定的投标文件有效期,从提交投标文件截止日起计算。

4)施工招标项目招标文件的内容

(1)投标邀请书;

(2)投标人须知;

(3)合同主要条款;

(4)投标文件格式;

(5)采用工程量清单招标的,应当提供工程量清单;

(6)技术条款;

(7)设计图纸;

(8)评标标准和方法;

(9)投标辅助材料。

招标人应当在招标文件中规定实质性要求和条件,并用醒目的方式标明。

5)货物(设备、材料)招标项目招标文件的内容

(1)招标公告或投标邀请书;

(2)投标人须知,主要包括如下内容:

①工程项目概况;

②资金来源;

③重要设备、材料的名称、规格、型号、数量和批次、运输方式、交货地点、交货时间、验收方式;

④有关招标文件的澄清、修改的规定;

⑤投标人须提供的有关资格和资信证明文件的格式、内容要求;

⑥投标报价的要求、报价编制方式及须随报价单同时提供的资料;

⑦标底的确定方法;

⑧评标的标准、方法和中标原则;

⑨投标文件的编制要求、密封方式及报送份数;

⑩递交投标文件的方式、地点和截止时间,与投标人进行联系的人员姓名、地址、电话号码、电子邮件;

⑪投标保证金的金额及交付方式;

⑫开标的时间安排和地点;

⑬投标有效期限。

(3)合同条件(通用条款和专用条款);

(4)图纸及设计资料附件;

(5)技术规定及规范(标准);

(6)货物量、采购及报价清单;

(7)安装调试和人员培训内容;

(8)表式和其他需要说明的事项。

招标人应当在招标文件中规定实质性要求和条件,说明不满足其中任何一项实质性要求和条件的投标将被拒绝,并用醒目的方式标明;没有标明的要求和条件在评标时不得作为实质性要求和条件。对于非实质性要求和条件,应规定允许偏差的最大范围、最高项数,以及对这些偏差进行调整的方法。

国家对招标货物的技术、标准、质量等有特殊要求的,招标人应当在招标文件中提出相应特殊要求,并将其作为实质性要求和条件。

招标人对已发出的招标文件进行必要澄清或者修改的,要在招标文件要求提交投标文件截止日期至少 15 日前,以书面形式通知所有投标人。该澄清或者修改的内容为招标文件的组成部分。

依法必须进行招标的项目,自招标文件开始发出之日起至投标人提交投标文件截止之日止,最短不应当少于 20 日。

5.3.2.2　招标投标阶段

招标投标阶段是从公开招标发布招标公告之日或邀请招标寄出投标邀请书之日起,到招标文件规定的投标截止日期为止,这一段时间既是业主的招标阶段,也是投标人的投标阶段。

招标人的主要工作内容包括:发布招标公告(或投标邀请书)、对投标申请人进行资格审查、发售招标文件、组织投标人进行现场勘察、回答投标人的质疑和接受标书。对于投标人来说,这一阶段的主要工作包括:办理投标申请、购买招标文件、研究招标文件、对现场进行勘察、提出有关疑问请招标人给予解答、编写投标文件、在投标截止日期递交标书。

1. 发布招标公告

招标公告的作用是让潜在投标人获得招标信息,以便进行项目筛选,确定是否参与竞争。

采用公开招标方式的,招标人应当发布招标公告,邀请不特定的法人或者其他组织投标。依法必须进行招标项目的招标公告,应当在国家指定的报刊和信息网络上发布。

采用邀请招标方式的,招标人应当向三家以上具备承担招标项目的能力、资信良好的特定的法人或者其他组织发出投标邀请书。

1)勘察设计招标项目招标公告

招标公告或投标邀请书应当载明以下内容:

(1)招标人的名称和地址;

(2)招标项目的性质、规模、资金来源、实施地点和时间;

(3)对投标人的资质要求,如进行资格预审,获取资格预审文件的办法;

(4)获取招标文件的办法及费用;

(5)投标报名开始时间、截止时间和地点。

2)施工招标项目招标公告

招标公告或者投标邀请书应当至少载明下列内容:

(1)招标人的名称和地址;

(2)招标项目的内容、规模、资金来源;

(3)招标项目的实施地点和工期;

(4)获取招标文件或者资格预审文件的地点和时间;

(5)对招标文件或者资格预审文件收取的费用;

(6)对投标人的资质等级的要求。

3)货物招标项目招标公告

招标公告或者投标邀请书应当载明下列内容:

(1)招标人的名称和地址;

(2)招标货物的名称、数量、技术规格、资金来源;

(3)交货的地点和时间;

(4)获取招标文件或者资格预审文件的地点和时间;

(5)对招标文件或者资格预审文件收取的费用;

(6)提交资格预审申请书或者投标文件的地点和截止日期;

(7)对投标人的资格要求。

2. 资格预审

招标人可以根据招标项目本身的特点和需要,要求潜在投标人或者投标人提供满足其资格要求的文件,对潜在投标人或者投标人进行资格审查;法律、行政法规对潜在投标人或者投标人的资格条件有规定的,依照其规定。

资格审查一般分为资格预审和资格后审。

资格预审,是指在投标前对潜在投标人进行的资格审查。

资格后审,是指在开标后对投标人进行的资格审查。

资格预审,是招标人在正式招标前,对有意参与招标项目投标的投标人是否具备投标资格所做的审查。投标人资格预审,实际上是招标人在投标开始前对可能的投标申请人预先进行筛选的必要步骤。进行投标人资格预审的目的主要是确保该项目的全部投标人都是有足够的人力、物力、财力和经验,能胜任本项目的工程承包单位。资格预审,有利于业主方面节省评标阶段的费用和时间,有利于招标人获得合理的投标报价,有利于保证招标工作的顺利进行,有利于保证投标的有效性。

进行资格预审的,一般不再进行资格后审,但招标文件另有规定的除外。

采取资格预审的,招标人应发布资格预审公告。

1)资格预审文件的内容

(1)资格预审邀请书;

(2)申请人须知;

(3)资格要求;

(4)其他业绩要求;

(5)资格审查标准和方法;

(6)资格预审结果的通知方式。

采取资格预审的,招标人应当在资格预审文件中载明资格预审的条件、标准和方法;采取资格后审的,招标人应当在招标文件中载明对投标人资格要求的条件、标准和方法。

招标人不得改变载明的资格条件或者以没有载明的资格条件对潜在投标人或者投标人进行资格审查。

2)资格审查中主要审查潜在投标人或者投标人的内容

(1)具有独立订立合同的权利;

(2)具有履行合同的能力,包括专业、技术资格和能力,资金、设备和其他物质设施状况,管理能力,经验、信誉和相应的从业人员;

(3)没有处于被责令停业,投标资格被取消,财产被接管、冻结,破产状态;

(4)在最近三年内没有骗取中标和严重违约及重大工程质量问题;

(5)法律、行政法规规定的其他资格条件。

资格审查时,招标人不得以不合理的条件限制、排斥潜在投标人或者投标人,不得对潜在投标人或者投标人实行歧视待遇。任何单位和个人不得以行政手段或者其他不合理方式限制投标人的数量。

对潜在投标人进行资格审查,主要考察该投标人总体能力是否具备完成招标工作所要求的条件。公开招标时设置资格预审程序,一是保证参与投标的法人或组织在资质和能力等方面能够满足完成招标工作的要求;二是通过评审优选出综合实力较强的一批申请投标人,再请他们参加投标竞争,以减小评标的工作量。

3)资格预审的内容

(1)法人地位。审查投标人的法定名称、单位地址、企业的资质等级、营业执照、批准的营业范围、机构与组织等是否与招标工程相适应。若为联合体投标,对合伙人也要审查。

(2)商业信誉。主要审查投标人都完成过哪些工程项目;资信如何,是否发生过严重的违约行为;项目的实施质量与服务水平是否达到业主满意的程度等。

(3)财务状况。财务状况评审至关重要,它是资格预审的重点。财务不可靠或缺少一定支付能力的投标单位不可能顺利地履行合同,审查财务能力的目的一是防止投标人中标后将业主支付的预付款用于非工程所需的方面,二是通过财务审查也可以看出该投标单位的经营和管理水平的高低。财务审查除要关注投标人的注册资本、总资产外,重点应放在近3年经过审计的财务年报和资产负债表中反映出的资产负债率、净资产收益率、总资产报酬率、主营业务利润增长率等,以及正在实施而尚未完成的工程的总投资额、年均完成投资额,银行资信证明等。

(4)施工经验。主要是了解审查投标人最近几年已完成的工程的数量、规模,重点放在与招标项目类似的工程施工经验,所完成的工程的施工工期、施工质量情况、用户评价证明,以及正在执行的合同情况,进而审查投标人在施工经验方面能力能否胜任本招标项目的工作。

(5)技术能力。主要是评价投标人实施工程项目的潜在的技术水平,包括人员能力和设备能力两个方面。人员能力方面又可进一步划分为管理人员和技术人员的能力。管理人员能力主要评定管理的组织机构、管理施工计划、与本项目相适应的管理经验等因素;技术人员能力主要审查投入本项目的技术负责人的施工经验、组成人员的专业覆盖面等是否满足工程要求。这些内容通过投标人所报的参加本项目的人员情况表来反映,包括主要人员的学历、施工经验、个人资质证书、曾担任过的职务,以及各方面人员的组成结构等。

这里要特别注意:当两个以上法人或者其他组织组成一个联合体,以一个投标人的身份共同投标时,应审查联合体各方是否具备承担招标项目的相应能力;国家有关规定或者招标文件对投标人资格条件有规定的,联合体各方均应当具备规定的相应资格条件。由同一专业的单位组成的联合体,按照资质等级较低的单位确定资质等级。联合体各方必须签订共同投标协议,明确约定各方拟承担的工作和责任,并将共同投标协议连同投标文件一并提交招标人。

招标人应按规定日期接受潜在投标人编制的资格预审文件,并组织对潜在投标人的资格预审文件进行审核。经资格预审后,招标人应当向资格预审合格的潜在投标人发出资格预审合格通知书,告知获取招标文件的时间、地点和方法,并同时向资格预审不合格的潜在投标人告知资格预审结果。资格预审不合格的潜在投标人不得参加投标。

经资格后审不合格的投标人,评标委员会应当对其投标作废标处理。

3. 发售招标文件

资格预审合格的投标申请人(采用资格后审方式的为所有的投标申请人)可按招标公告规定的时间和地点从招标人或招标代理机构处获取招标文件。招标人对发出的招标文件依法可酌情收取工本费。对设计文件可收取押金,开标后退还设计文件再将押金退还。投标人要求邮寄招标文件的,应缴纳邮寄费用;招标单位应以最快捷和安全的方式将招标文件寄送给投标人。

招标人应当按招标公告或者投标邀请书规定的时间、地点发出招标文件或者资格预审文件。自招标文件或者资格预审文件发出之日起至停止发出之日止,最短不得少于5个工作日。招标人发出的招标文件或者资格预审文件应当加盖印章。

招标人可以通过信息网络或者其他媒介发布招标文件,通过信息网络或者其他媒介发布的招标文件与书面招标文件具有同等法律效力,出现不一致时以书面招标文件为准,但法律、行政法规或者招标文件另有规定的除外。

除不可抗力原因外,招标文件或者资格预审文件发出后,不予退还;招标人在发布招标公告、发出投标邀请书后或者发出招标文件或资格预审文件后不得擅自终止招标。因不可抗力原因造成招标终止的,投标人有权要求退回招标文件并收回购买招标文件的费用。

4. 现场考察

《招标投标法》第二十一条规定,招标人根据招标项目的具体情况,可以组织潜在投标人踏勘项目现场。

踏勘项目现场是指招标人在投标须知规定的时间组织投标人对工程现场场地和周围环境等客观条件进行的现场勘察。现场勘察的目的一方面是让投标人了解工程项目的现场情况、自然条件、施工条件以及周围环境条件和当地的市场价格等,让投标人编制施工组织设计或施工方案以及计算各种措施费用获取必要的信息,以便于编制投标书;另一方面要求投标人通过自己的实地考察确定投标的原则和策略,避免合同履行过程中他以不了解现场情况为理由推卸应承担的合同责任。

通常,招标人组织投标人统一进行现场勘察并对工程项目做必要的介绍。投标人参加现场勘察并承担踏勘现场的责任、风险和费用。

5. 解答投标人的质疑

对于潜在投标人在研究招标文件和现场踏勘中提出的疑问,招标人可以以书面的形式或召开标前会议的方式解答。标前会议是指招标单位在招标文件规定日期(投标截止日期前),为解答投标人研究招标文件和现场考察中所提出的有关质疑问题进行解答的会议。在正式会议上,招标人除向投标人介绍工程情况外,还要有针对性地解答投标人书面提出的各种问题,以及会议上投标人即席提出的有关问题。会议结束后,招标人应按口头解答的内容以书面的形式发送给每一位投标人以保证招标的公开和公平,但不必说明问题的来源。回答函件作为招标文件的组成部分,如果书面解答的问题与招标文件中的规定不一致,以函件的解答为准。书面补充函件应在投标截止日期前一段时间发出,以便让投标人有时间做出反应。

标前会议上,招标单位对每个投标人的解答都必须慎重、认真。因为他说的任何一句话都可能影响投标人报价的高低。为此,会议前招标单位应对投标人提出的书面质疑进行认真的研究,由主答人解答。对会上投标人即席提出的问题,主答人有把握时可以扼要回答,其他人不要轻率插话。对把握性不大的问题,则可以宣布临时休会,由招标单位研究后再复会答复。与招标和现场考察无关的问题,一律拒绝解答。

招标人对已发出的招标文件进行必要的澄清或者修改的,应当在招标文件要求提交投标文件截止时间至少 15 日前,以书面形式通知所有招标文件收受人。该澄清或者修改的内容为招标文件的组成部分。

招标人应当确定投标人编制投标文件所需要的合理时间;但是,依法必须进行招标的项目,自招标文件开始发出之日起至投标人提交投标文件截止之日止,最短不得少于 20 日。

6. 编制标底

编制标底是工程项目招标前的一项重要准备工作,而且是比较复杂而又细致的工作。标底又称底价,是招标工程的预期价格,是由建设单位或其委托的设计、咨询顾问公司编制。它既是招标人发包工程的期望值,是确定工程合同价格的参考依据,又是评定标价的参考值,是衡量、评审投标人投标报价是否合理的尺度和依据,也是衡量招标投标活动经济效果的依据。如果中标的合同价低于标底,说明招标竞争的激烈程度较为理想。

投标人设定标底,是对招标工程的造价做出预算,以便心中有一个基本的价格底数,由此可以对投标报价做出理性的判断。标底并不是决定能否中标的标准价,而只是对投标报价进行评审和比较的一个参考价格。我国招标投标的有关法律法规规定,招标人设有标底的,标底在评标中应当作为参考,但不得作为评标的唯一依据。

标底应由工程成本(含主体工程费用、临时工程费用以及其他工程费用)、投标者的合理利润、税金及风险系数(不可预见费)等组成。我国规定,标底不得超过经批准的工程概算或修正概算。

影响标底的因素很多,在编制时要充分考虑项目的规模大小、技术难易、地理条件、工期要求、材料差价、质量要求等因素,从全局出发,兼顾国家、建设单位和投标单位三者的利益。

招标人可根据项目特点决定是否编制标底。编制标底的,标底编制过程和标底必须保密。

招标项目编制标底的,应根据批准的初步设计、投资概算,依据有关计价办法,参照有关工程定额,结合市场供求状况,综合考虑投资、工期和质量等方面的因素合理确定。

标底由招标人自行编制或委托中介机构编制。一个工程只能编制一个标底。

任何单位和个人不得强制招标人编制或报审标底,或干预其确定标底。

招标项目可以不设标底,进行无标底招标。

1)《水利工程建设项目招标投标管理规定》关于标底的规定

施工招标设有标底的,评标标底可采用:

(1)招标人组织编制的标底 A;

(2)以全部或部分投标人报价的平均值作为标底 B;

(3)以标底 A 和标底 B 的加权平均值作为标底;

(4)以标底 A 值作为确定有效标的标准,以进入有效标内投标人的报价平均值作为标底。

施工招标未设标底的,按不低于成本价的有效标进行评审。

2)《水利工程建设项目重要设备材料采购招标投标管理办法》关于标底的规定

招标人根据需要可编制标底作为评定投标人报价的参考依据。招标人可自行编制标底或委托具有相应业绩的造价咨询机构、监理机构或招标代理机构编制。标底应当在市场调查的基础上,根据所需设备、材料的品种、性能、适用条件、市场价格编制。评标标底可用下列任一种方法确定:

(1)以招标人编制的标底 A 为评标标底;

(2)以投标人的报价去掉最高报价和最低报价后的平均值 B 为评标标底;

(3)以投标人的报价的平均值 B 为评标标底;

(4)设定投标报价超过 A 一定百分数和低于 A 一定百分数的报价为无效报价,以有效范围内的各投标报价的平均值 B 为评标标底;

(5)赋予 A、B 以权重,分别为 a、b,令 $a+b=1$,评标标底 $C=Aa+Bb$。

5.3.2.3 决标成交阶段

从开标日到业主与中标人签订合同这一期间称为决标成交阶段,是对各投标书进行评审比较,最终确定中标人的过程。该阶段的工作包括开标、评标、决标和签订合同几项工作,其中评标和决标都是在业主主持下秘密进行的。

1. 开标

开标是指投标人提交投标文件后,招标人在招标文件投标须知规定的时间和地点,当众开启投标人提交的投标文件,公开宣布投标人的名称、投标报价及其他主要内容。

开标由招标人或招标人委托的招标代理机构主持,并邀请所有投标人参加。为保证开标的公正性,一般还邀请有关部门(项目主管部门、监察部门)的代表出席。重要的开标还可以委托公证部门的公证人员对整个开标过程依法进行公证。

1)开标的程序

(1)开标主持人按照招标文件规定的投标截止时间宣布开标会议开始,同时宣布开标唱标纪律及相关内容。

(2)介绍招标投标的基本情况,包括到会的相关单位、投标单位和人员。

(3)宣布开标公证人员,开标工作人员包括唱标人员、监标人员、记录人员等。

(4)主持人当众打开标箱,检查各投标文件的密封、盖章情况,并予以签字确认。

(5)确定唱标顺序,然后按顺序开标唱标。开标时,工作人员当众打开开标函进行唱标,包括投标人名称、投标价格、工期、附加条件、补充声明、优惠条件、替代方案等。如果有标底,也应同时公布;联合体投标的,还应宣读联合投标协议书。开标后,任何投标人都不允许更改投标书的内容和报价,也不允许再增加优惠条件。投标书经启封后不得再更改招标文件中说明的评标、定标办法。

(6)招标人对开标过程要一一进行记录,并存档备查。各投标人对投标报价内容无异议,签字确认。

2)招标人不予受理的情形

(1)逾期送达的或者未送达指定地点的;

(2)未按招标文件要求密封的。

3)评标委员会初审后按废标处理的投标文件

(1)无单位盖章并无法定代表人或法定代表人授权的代理人签字或盖章的;

(2)无法定代表人出具的授权委托书的;

(3)未按规定的格式填写,内容不全或关键字迹模糊、无法辨认的;

(4)投标人递交两份或多份内容不同的投标文件,或在一份投标文件中对同一招标项目报有两个或多个报价,且未声明哪一个有效,按招标文件规定提交备选投标方案的除外;

(5)投标人名称或组织结构与资格预审时不一致且未提供有效证明的;

(6)投标有效期不满足招标文件要求的;

(7)未按招标文件要求提交投标保证金的;

(8)联合体投标未附联合体各方共同投标协议的;

(9)招标文件明确规定可以废标的其他情形。

2. 评标

1)评标的概念

评标是依据招标文件中规定的标准和方法,对每个投标人的投标文件进行审查、评审和比较。评标是确定中标人的必经程序,是保证招标成功的重要环节。为了确保评标的公正性,评标由评标委员会负责。

2)评标委员会

评标委员会是由招标人负责依法组建的负责评标活动、向招标人推荐中标候选人或者根据招标人的授权直接确定中标人的临时组织。

评标委员会由招标人或其委托的招标代理机构熟悉相关业务的代表,以及有关技术、经济等方面的专家组成,成员人数为5人以上单数,其中技术、经济等方面的专家不得少于成员总数的2/3。

评标委员会设负责人的,评标委员会负责人由评标委员会成员推举产生或者由招标人确定。评标委员会负责人与评标委员会的其他成员有同等的表决权。

评标委员会的专家成员应当从省级以上人民政府有关部门提供的专家名册或者招标代理机构的专家库内的相关专家名单中确定。

评标委员会中评标专家可以采取随机抽取或者直接确定的方式。一般项目,可以采取随机抽取的方式;技术特别复杂、专业性要求特别高或者国家有特殊要求的招标项目,采取随机抽取方式确定的专家难以胜任的,可以由招标人直接确定。

(1)评标专家应符合下列条件:

①从事相关专业领域工作满8年并具有高级职称或者同等专业水平;

②熟悉有关招标投标的法律法规,并具有与招标项目相关的实践经验;

③能够认真、公正、诚实、廉洁地履行职责。

(2)有下列情形之一的,不得担任评标委员会成员:

①投标人或者投标人主要负责人的近亲属;

②项目主管部门或者行政监督部门的人员;

③与投标人有经济利益关系,可能影响对投标公正评审的;

④曾因在招标、评标以及其他与招标投标有关活动中从事违法行为而受过行政处罚或刑事处罚的。

(3)评标委员会成员有前款规定情形之一的,应当主动提出回避。

(4)评标专家享有下列权利:

①接受招标人或其招标代理机构聘请,担任评标委员会成员;

②依法对投标文件进行独立评审,提出评审意见,不受任何单位或者个人的干预;

③接受参加评标活动的劳务报酬;

④法律、行政法规规定的其他权利。

(5)评标专家负有下列义务:

①有《招标投标法》第三十七条和《评标委员会和评标方法暂行规定》第十二条规定情形之一的,应当主动提出回避;

②遵守评标工作纪律,不得私下接触投标人,不得收受他人的财物或者其他好处,不得透露对投标文件的评审和比较、中标候选人的推荐情况以及与评标有关的其他情况;

③客观公正地进行评标;

④协助、配合有关行政监督部门的监督、检查;

⑤法律、行政法规规定的其他义务。

评标委员会成员应当客观、公正地履行职责,遵守职业道德,对所提出的评审意见承担个人责任。

评标委员会成员不得与任何投标人或者与招标结果有利害关系的人进行私下接触,不得收受投标人、中介人、其他利害关系人的财物或者其他好处。

评标委员会成员和与评标活动有关的工作人员不得透露对投标文件的评审和比较、中标候选人的推荐情况以及与评标有关的其他情况。

(6)评标专家有下列情形之一的,由有关行政监督部门给予警告;情节严重的,由组建评标专家库的政府部门或者招标代理机构取消担任评标专家的资格,并予以公告:

①私下接触投标人的;

②收受利害关系人的财物或者其他好处的;

③向他人透露对投标文件的评审和比较、中标候选人的推荐以及与评标有关的其他情况的;

④不能客观公正履行职责的;

⑤无正当理由,拒不参加评标活动的。

3）评标程序

评标委员会应当根据招标文件规定的评标标准和方法，对投标文件进行系统评审和比较。招标文件中没有规定的标准和方法不得作为评标的依据。招标人设有标底的，标底应当保密，并在评标时作为参考。评标工作一般按以下程序进行：

（1）招标人宣布评标委员会成员名单并确定主任委员；

（2）招标人宣布有关评标纪律；

（3）在主任委员主持下，根据需要，讨论通过成立有关专业组和工作组；

（4）听取招标人介绍招标文件；

（5）组织评标人员学习评标标准和方法；

（6）经评标委员会讨论，并经 1/2 以上委员同意，提出需投标人澄清的问题，以书面形式送达投标人；

（7）对需要文字澄清的问题，投标人应当以书面形式送达评标委员会；

（8）评标委员会按招标文件确定的评标标准和方法，对投标文件进行评审，确定中标候选人推荐顺序；

（9）在评标委员会 2/3 以上委员同意的情况下，通过评标委员会工作报告，并报招标人。评标委员会工作报告附件包括有关评标的往来澄清函、有关评标资料及推荐意见等。

4）评标步骤

大型工程项目的评标通常分成初步评审和详细评审两个阶段进行。

（1）初步评审。

初步评审是指对投标文件的符合性进行审查，包括商务符合性和技术符合性鉴定。初评是为了从所有的投标书中筛选出符合最低要求标准的合格标书，淘汰那些基本不合格的标书，以免在详细评审阶段浪费时间和精力。评审合格标书的主要条件是：

①投标书的有效性。审查标书单位是否与资格预审的名单一致，投标人提供的所有资质文件及业绩证明文件是否与投标人主体一致；递交的投标保函在金额与有效期内是否符合招标文件的规定。如果以标底衡量有效标时，投标报价是否在规定的标底百分比上下幅度范围内。

②投标书的完整性。投标书是否包括了招标文件规定应递交的全部文件和内容。如果缺少一项内容，则无法进行客观、公正的评价，对缺少规定文件的标书只能按废标处理。

③投标书与招标文件的一致性。审查每一投标文件是否对招标文件提出的所有实质性要求和条件做出响应。未能在实质上响应的投标，应作废标处理。

④报价计算的正确性。在初审阶段，仅审核报价计算是否正确，不细究各项报价的合理性。要分析报价与总价是否有算术上的计算错误，是否有遗漏或者增补。投标文件中若大写金额和小写金额不一致的，以大写金额为准；总价金额与单价金额不一致的，以单价金额为准，但单价金额小数点有明显错误的除外；若副本与正本不一致，以正本为准。对不同文字文本投标文件的解释发生异议的，以中文文本为准。

若出现的错误在规定的允许范围内，评标委员会将予以改正，并请投标人签字确认，如果投标人不接受对其错误的更正，其投标将被拒绝。若出现的错误超出允许范围内，按废标对待。

评标委员会应当根据招标文件,审查并逐项列出投标文件的全部投标偏差。投标偏差分为重大偏差和细微偏差。

投标书内如有下列情况之一,即视为投标文件对招标文件实质性要求和条件响应存在重大偏差,为未能对招标文件做出实质性响应,作废标处理。招标文件对重大偏差另有规定的,从其规定。

下列情况属于重大偏差:

①没有按照招标文件要求提供投标担保或者所提供的投标担保有瑕疵;

②投标文件没有投标人授权代表签字和加盖公章;

③投标文件载明的招标项目完成期限超过招标文件规定的期限;

④明显不符合技术规格、技术标准的要求;

⑤投标文件载明的货物包装方式、检验标准和方法等不符合招标文件的要求;

⑥投标文件附有招标人不能接受的条件;

⑦不符合招标文件中规定的其他实质性要求。

细微偏差是指投标文件在实质上响应招标文件要求,但在个别地方存在漏项或者提供了不完整的技术信息和数据等情况,并且补正这些遗漏或者不完整不会对其他投标人造成不公平的结果。细微偏差不影响投标文件的有效性。

评标委员会应当书面要求存在细微偏差的投标人在评标结束前予以补正。拒不补正的,在详细评审时可以对细微偏差做不利于该投标人的量化,量化标准应当在招标文件中规定。

对于存在细微偏差的投标文件,可以书面要求投标人在评标结束前予以澄清、说明或者补正,但不得超出投标文件的范围或者改变投标文件的实质性内容。拒不按照要求对投标文件进行澄清、说明或者补正的,评标委员会可以否决其投标。

在评标过程中,评标委员会发现投标人以他人的名义投标、串通投标、以行贿手段谋取中标或者以其他弄虚作假方式投标的,该投标人的投标应作废标处理。

在评标过程中,评标委员会发现投标人的报价明显低于其他投标报价或者在设有标底时明显低于标底,使得其投标报价可能低于其个别成本的,应当要求该投标人做出书面说明并提供相关证明材料。投标人不能合理说明或者不能提供相关证明材料的,由评标委员会认定该投标人以低于成本报价竞标,其投标应作废标处理。

投标人资格条件不符合国家有关规定和招标文件要求的,或者拒不按照要求对投标文件进行澄清、说明或者补正的,评标委员会可以否决其投标。

评标委员会应当审查每一投标文件是否对招标文件提出的所有实质性要求和条件做出响应。未能在实质上响应的投标,应作废标处理。

评标委员会根据上述规定否决不合格投标或者界定为废标后,因有效投标不足三个使得投标明显缺乏竞争的,评标委员会可以否决全部投标。

投标人少于三个或者所有投标被否决的,招标人应当依法重新招标。

(2)详细评审。

经初步评审合格的投标文件,评标委员会应当根据招标文件确定的评标标准和方法,对其技术部分和商务部分做进一步评审、比较。一般先评技术标,再评商务标。

①技术评审。对投标文件进行技术评审的目的是确认实质上响应招标文件要求的投标人完成招标项目的技术能力以及他们提供的技术方案的先进性、经济性和可靠性等，为定标提供依据。不同的项目技术评审的内容有所不同，但主要包括以下内容：

对于勘察(测)、设计项目的技术评审，主要从技术方案的合理性、技术创新、质量保证体系、项目进度安排等方面评审。

对于施工项目的技术评审，主要从施工总体布置、施工进度计划、施工方法和技术措施、材料和设备、技术建议和替代方案等方面进行评审。

对于设备、材料采购项目的技术评审，主要从设备、材料的性能、质量、技术参数，技术经济指标、生产同类产品的经验，可靠性和使用寿命，检修条件和售后服务等方面进行评审。

②商务评审。是从投标人的企业实力(注册资本、近三年营业额、企业技术人员)、同类项目的业绩、质量体系认证、企业财务状况、银行资信证明状况、付款条件的偏差情况、交货期的偏差情况等方面，对招标文件的响应性检查。从成本、财务和经济分析等方面评定投标报价的合理性和可靠性，估量授标给各投标人后的不同经济效果。商务评审的主要内容如下：

a. 投标书与招标文件是否有重大偏离。检查投标书响应程度，看其是否有实质性的偏离，看投标人是否愿意承担招标文件规定的全部义务，投标书的合同条件与技术规范是否与招标文件一致，有无附加条件。

b. 审查全部报价数据计算的正确性，并与标底(如果有)进行适当对比，若有较大差异，应分析其原因。评定报价是否合理，以及潜在的风险问题。

c. 分析报价构成的合理性。

d. 审查商务优惠条件的实用价值。如设备赠给、付款条件、技术协作、专利转让等，分析若从优惠条件方面考虑授标与他，在其他方面可能存在的风险。

3. 评标标准

《水利工程建设项目招标投标管理规定》规定，评标标准和方法应当在招标文件中载明，在评标时不得另行制定或修改、补充任何评标标准和方法。

招标人在一个项目中，对所有投标人评标标准和方法必须相同。

评标标准分为技术标准和商务标准，一般包含以下内容。

1)勘察设计评标标准

(1)投标人的业绩和资信；

(2)勘察总工程师、设计总工程师的经历；

(3)人力资源配备；

(4)技术方案和技术创新；

(5)质量标准及质量管理措施；

(6)技术支持与保障；

(7)投标价格和评标价格；

(8)财务状况；

(9)组织实施方案及进度安排。

2)监理评标标准

(1)投标人的业绩和资信;

(2)项目总监理工程师经历及主要监理人员情况;

(3)监理规划(大纲);

(4)投标价格和评标价格;

(5)财务状况。

3)施工评标标准

(1)施工方案(或施工组织设计)与工期;

(2)投标价格和评标价格;

(3)施工项目经理及技术负责人的经历;

(4)组织机构及主要管理人员;

(5)主要施工设备;

(6)质量标准、质量和安全管理措施;

(7)投标人的业绩、类似工程经历和资信;

(8)财务状况。

4)设备、材料评标标准

(1)投标价格和评标价格;

(2)质量标准及质量管理措施;

(3)组织供应计划;

(4)售后服务;

(5)投标人的业绩和资信;

(6)财务状况。

4.评标办法

在详细评审阶段进行评标的方法很多,主要评标方法包括经评审的最低投标价法、综合评估法或者法律、行政法规允许的其他评标方法。

1)经评审的最低投标价法

经评审的投标价,国际上称为“评标价”,所以经评审的投标价法,也称为评标价法。最低投标价法,是指以价格为主要因素确定中标候选人的评标方法,即在全部满足招标文件实质性要求前提下,依据统一的价格要素评定最低报价,以提出最低报价的投标人作为中标候选人或者中标人的评标方法。评标委员会经过对投标人的综合评议,达不到招标工程要求的,作为无效标处理,直接废除,不进入报价评标。然后对基本合格的标书按照预定的方法将某些评审要素按一定的规则折算为评标价格,再加到该标书的报价上形成“评标价”。如投标人报价有漏项,则须将其他投标人报价中该项价格的最高价加计入该投标人的投标总价中,调整后的价格作为投标人的评标价。

采用经评审的最低投标价法的,评标委员会应当根据招标文件中规定的评标价格调整方法,对所有投标人的投标报价以及投标文件的商务部分做必要的价格调整。

采用经评审的最低投标价法的,中标人的投标应当符合招标文件规定的技术要求和标准,但评标委员会无需对投标文件的技术部分进行价格折算。

根据经评审的最低投标价法,能够满足招标文件的实质性要求,并且经评审的最低投标价的投标,应当推荐为中标候选人。

采用最低投标价法的,按投标报价由低到高的顺序排列。投标报价相同的,按技术指标优劣顺序排列。评标委员会认为,排在前面的中标候选人的最低投标价或者某些分项报价明显不合理或者低于成本,有可能影响商品质量和不能诚信履约的,应当要求其在规定的期限内提供书面文件予以解释说明,并提交相关证明材料;否则,评标委员会可以取消该投标人的中标候选资格,按顺序由排在后面的中标候选人递补,以此类推。

但应注意,评标价仅仅是评标过程中以货币为单位的评定比较方法,而不是与中标人签订合同的价格。业主接受了最低评标价的投标人后,合同价格仍为该投标人的报价值。

根据经评审的最低投标价法完成详细评审后,评标委员会应当拟定一份"标价比较表",连同书面评标报告提交招标人。"标价比较表"应当载明投标人的投标报价、对商务偏差的价格调整和说明以及经评审的最终投标价。

经评审的最低投标价法一般适用于具有通用技术、性能标准或者招标人对其技术、性能没有特殊要求的招标项目。

2)综合评估法

综合评估法又称综合评价(分)法,它是指在最大限度地满足招标文件实质性要求前提下,按照招标文件中规定的各项因素进行综合评审后,以评标总得分最高的投标人作为中标候选人或者中标人的评标方法。

综合评分的主要因素是:价格、技术、财务状况、信誉、业绩、服务、对招标文件的响应程度,以及相应的比重或者权值等。上述因素应当在招标文件中事先规定。

评标时,评标委员会各成员应当独立对每个有效投标人的标书进行评价、打分,然后汇总每个投标人每项评分因素的得分。

评标总得分$=F_1 \times A_1+F_2 \times A_2+\cdots+F_n \times A_n$

F_1、$F_2 \cdots F_n$ 分别为各项评分因素的汇总得分;

A_1、A_2、$\cdots A_n$ 分别为各项评分因素所占的权重($A_1+A_2+\cdots+A_n=1$)。

这种方法首先确定对标书的评审内容,将评审内容分类,各类内再细化成小项,并确定各类及小项的评分标准,对标书的评审给予打分,各项统计之和即为该标书得分,最终以得分的多少排出次序,作为综合评分的结果,以得分最高的投标书为最优。这种定量的评价方法,反映的是投标人的综合素质,既是一种科学的评标方法,又能充分体现平等竞争的原则。

根据综合评估法,最大限度地满足招标文件中规定的各项综合评价标准的投标,应当推荐为中标候选人。

衡量投标文件是否最大限度地满足招标文件中规定的各项评价标准,可以采取折算为货币的方法、打分的方法或者其他方法。需量化的因素及其权重应当在招标文件中明确规定。

评标委员会对各个评审因素进行量化时,应当将量化指标建立在同一基础或者同一标准上,使各投标文件具有可比性。

对技术部分和商务部分进行量化后,评标委员会应当对这两部分的量化结果进行加权,计算出每一投标的综合评估价或者综合评估分。

根据综合评估法完成评标后,评标委员会应当拟定一份"综合评估比较表",连同书面评标报告提交招标人。"综合评估比较表"应当载明投标人的投标报价、所做的任何修正、对商务偏差的调整、对技术偏差的调整、对各评审因素的评估以及对每一投标的最终评审结果。

采用综合评价法的,按评审后得分由高到低顺序排列。得分相同的,按投标报价由低到高的顺序排列。得分且投标报价相同的,按技术指标优劣顺序排列。

不宜采用经评审的最低投标价法的招标项目,一般应当采取综合评估法进行评审。

3)其他评标方法

(1)最低价中标法。在操作上比较简单,就是在所有通过资格审查的投标者中,谁报的价最低谁中标。这种方法可以节省投资,操作简便,反腐倡廉效果好,但对招标人来讲,对投标人资料审查必须要严格,招标前期工作量大,质量要求高,要求招标保证措施齐全,目前这种方法在我国的运用受到一定的限制。

(2)专家评议法。是一种对投标书定性评价的方法,评标委员会按照招标文件,通过对投标单位的能力、业绩、财务状况、信誉、投标价格、工期质量、施工方案或设备的性能、交货时间、安装调试、售后服务等内容进行定性的分析和比较,评委依据其经验对上述内容做综合判断,选择投标单位在各指标都较优良者为中标单位,以协商或投票的方法确定中标候选人。这种方法适用于标的额比较小的中小型工程的评标。这种方法评标过程简单,评标工作量小,可以在比较短的时间完成,但是科学性显然较差。

5. 评标报告

评标委员会完成评标后,应根据评审结果向招标人推荐中标候选人1~3人,并标明排列顺序;或按照招标人的授权,直接确定中标人。最后,评标委员会应提出书面评标报告提交招标人,并抄送有关行政监督部门。

评标报告是评标阶段的结论性报告,是招标人定标的重要依据,应当如实记载以下内容:

(1)基本情况和数据表;

(2)评标委员会成员名单;

(3)开标记录;

(4)符合要求的投标一览表;

(5)废标情况说明;

(6)评标标准、评标方法或者评标因素一览表;

(7)经评审的价格或者评分比较一览表;

(8)经评审的投标人排序;

(9)推荐的中标候选人名单与签订合同前要处理的事宜;

(10)澄清、说明、补正事项纪要。

评标报告由评标委员会全体成员签字。对评标结论持有异议的评标委员会成员可以书面方式阐述其不同意见和理由。评标委员会成员拒绝在评标报告上签字且不陈述其不同意见和理由的,视为同意评标结论。评标委员会应当对此做出书面说明并记录在案。

向招标人提交书面评标报告后，评标委员会即告解散。评标过程中使用的文件、表格以及其他资料应当即时归还招标人。

评标委员会经评审，认为所有投标都不符合招标文件要求的，可以否决所有投标。依法必须进行招标的项目的所有投标被否决的，招标人应当依法重新招标。

6. 定标

定标是指经过评标，做出决定，最后选定中标人的行为。确定中标人前，招标人不得与投标人就投标价格、投标方案等实质性内容进行谈判。招标人应该根据评标委员会提出的评标报告和推荐的中标候选人确定中标人，也可以授权评标委员会直接确定中标人。

定标原则是，中标人的投标应当符合下列条件之一：

(1) 能够最大限度地满足招标文件中规定的各项综合评价标准；

(2) 能够满足招标文件各项要求，并经评审的价格最低，但投标价格低于成本的除外。

招标人应当接受评标委员会推荐的中标候选人，不得在评标委员会推荐的中标候选人之外确定中标人。

评标委员会提出书面评标报告后，招标人一般应当在 15 日内确定中标人，但最迟应当在投标有效期结束日 30 个工作日前确定。

依法必须进行招标的项目，招标人应当确定排名第一的中标候选人为中标人。排名第一的中标候选人放弃中标、因不可抗力提出不能履行合同，或者招标文件规定应当提交履约保证金而在规定的期限内未能提交的，招标人可以确定排名第二的中标候选人为中标人。

排名第二的中标候选人因前述规定的同样原因不能签订合同的，招标人可以确定排名第三的中标候选人为中标人。

招标人可以授权评标委员会直接确定中标人。

国务院对中标人的确定另有规定的，从其规定。

对于勘察设计招标，招标人不得以压低勘察设计费、增加工作量、缩短勘察设计周期等作为发出中标通知书的条件，也不得与中标人再行订立背离合同实质性内容的其他协议。

对于施工招标，招标人不得向中标人提出压低报价、增加工作量、缩短工期或其他违背中标人意愿的要求，以此作为发出中标通知书和签订合同的条件。

对于货物招标，招标人不得向中标人提出压低报价、增加配件或者售后服务量以及其他超出招标文件规定的违背中标人意愿的要求，以此作为发出中标通知书和签订合同的条件。

中标人确定后，招标人应当向中标人发出中标通知书，并同时将中标结果通知所有未中标的投标人。中标通知书对招标人和中标人具有法律效力。中标通知书发出后，招标人改变中标结果的，或者中标人放弃中标项目的，应当依法承担法律责任。

5.3.2.4　签订合同

在发出中标通知书到双方签订合同的这一段时间，双方一般还要就合同进行谈判，将双方之前达成的协议具体化，并可补充完善某些条款。但是，谈判不得涉及对招标文件和中标人的投标文件中的实质性内容的更改,如关于价格、工期等内容,也不得再订立背离合同实质性内容的其他协议。若中标人拒签合同,则招标人有权没收其投标保证金,再和其他人签订协议。

招标人和中标人应当自中标通知书发出之日起30日内,按照招标文件和中标人的投标文件订立书面合同。招标人与中标人不得再行订立背离合同实质性内容的其他协议。

招标文件要求中标人提交履约保证金或者其他形式履约担保的,中标人应当提交;拒绝提交的,视为放弃中标项目。招标人要求中标人提供履约保证金或其他形式履约担保的,招标人应当同时向中标人提供工程款(或货物款)支付担保。

履约保证金金额一般为中标合同价的10%以内,招标人不得擅自提高履约保证金,不得强制要求中标人垫付中标项目建设资金。

招标人与中标人签订合同后5个工作日内,应当向中标人和未中标的投标人退还投标保证金。

依法必须进行招标的项目,招标人应当自确定中标人之日起15日内,向有关行政监督部门提交招标投标情况的书面报告。书面报告至少应包括下列内容:

1.勘察设计招标项目的书面报告内容

(1)招标项目基本情况;

(2)投标人情况;

(3)评标委员会成员名单;

(4)开标情况;

(5)评标标准和方法;

(6)废标情况;

(7)评标委员会推荐的经排序的中标候选人名单;

(8)中标结果;

(9)未确定排名第一的中标候选人为中标人的原因;

(10)其他需说明的问题。

2.施工招标项目的书面报告内容

(1)工程招标范围;

(2)招标方式和发布招标公告的媒介;

(3)招标文件中投标人须知、技术条款、评标标准和方法、合同主要条款等内容;

(4)评标委员会的组成和评标报告;

(5)中标结果。

3.货物招标项目的书面报告内容

(1)招标货物基本情况;

(2)招标方式和发布招标公告或者资格预审公告的媒介;

(3)招标文件中投标人须知、技术条款、评标标准和方法、合同主要条款等内容;

(4)评标委员会的组成和评标报告;

(5)中标结果。

招标人和中标人正式签订合同后,整个招标投标工作结束。

5.3.3　有关方的法律责任

招标人、投标人、评标委员会成员、招标代理机构是招标投标活动的参与方，要保证招标投标活动的公开、公平、公正，需要各方按照招标投标法律的规定，依法进行。有关各方必须了解自己的权利与义务，做到知法、守法。

法律责任是指行为主体因违反法律义务而应当或必须承担的不利后果。法律责任是法律法则的一个有机组成部分。任何法律法则不仅要明确规定法律主体的义务或权利，而且要明确规定因违反法律义务而应承担的责任。

对招标投标活动监督检查中发现的招标人、招标代理机构、投标人、评标委员会成员和相关工作人员违反《招标投标法》及相关配套法规、规章的，国家视情节依法给予以下处罚：

(1)警告。

(2)责令限期改正。

(3)罚款。

(4)没收违法所得。

(5)取消在一定时期参加国家重大建设项目投标、评标资格。

(6)暂停安排国家建设资金或暂停审批有关地区、部门建设项目。

对需要暂停或取消招标代理资质、吊销营业执照、责令停业整顿、给予行政处分、依法追究刑事责任的，移交有关部门、地方人民政府或者司法机关处理。

对国家重大建设项目招标投标过程中发生的各种违法行为进行处罚时，也可以依据职责分工由国家发展和改革委员会同有关部门共同实施。

重大处理决定，报国务院批准。

国家发展和改革委员会和有关部门做出处罚之前，要告知当事人。当事人对处罚有异议的，发展和改革委员会及其他有关行政监督部门应予核实。

对处罚决定不服的，可以依法申请复议。

招标投标有关法律法规就违反招标投标义务应承担的责任做出了明确的规定。

5.3.3.1　招标人的违法行为及其法律责任

1. 招标人违反强制性招标行为的情况

(1)依法必须进行招标的项目而不招标的行为。

(2)将必须进行招标的项目化整为零规避招标的行为。如采用分解和拆分项目合同等方法，使项目的单价低于招标限额，从而达到规避招标的目的。

(3)其他任何方式规避招标的行为。

对于违反强制性招标义务的上述行为，法律规定了行为人应当承担责任的形式。《招标投标法》第五十一规定，违反本法规定，必须进行招标的项目而不招标的，将必须进行招标的项目化整为零或者以其他任何方式规避招标的，责令限期改正，可以处项目合同金额千分之五以上千分之十以下的罚款；对全部或者部分使用国有资金的项目，可以暂停项目执行或者暂停资金拨付；对单位直接负责的主管人员和其他直接责任人员依法给予处分。

2. 招标人限制竞争或违反非歧视义务的责任

招标人不得以不合理的条件限制或者排斥潜在投标人,不得对潜在投标人实行歧视待遇。招标文件不得要求或者标明特定的生产供应者以及含有倾向或者排斥潜在投标人的其他内容。招标人不得强制投标人组成联合体共同投标,不得限制投标人之间的竞争。

对于违反限制竞争或违反非歧视义务的上述行为,法律规定了行为人应当承担责任的形式。《招标投标法》第五十一条规定, 招标人以不合理的条件限制或者排斥潜在投标人的,对潜在投标人实行歧视待遇的,强制要求投标人组成联合体共同投标的,或者限制投标人之间竞争的,责令改正,可以处一万元以上五万元以下的罚款。

3. 招标人违反保密义务的责任

招标人不得向他人透露已获取招标文件的潜在投标人的名称、数量以及可能影响公平竞争的有关招标投标的其他情况。招标人设有标底的,标底必须保密。

对于违反保密义务的上述行为,法律规定了行为人应当承担责任的形式。依法必须进行招标项目的招标人向他人透露已获取招标文件的潜在投标人的名称、数量或者可能影响公平竞争的有关招标投标的其他情况的,或者泄露标底的,有关行政监督部门给予警告,可以并处一万元以上十万元以下的罚款;对单位直接负责的主管人员和其他直接责任人员依法给予处分;构成犯罪的,依法追究刑事责任。

上述所列行为影响中标结果,并且中标人为前款所列行为的受益人的,中标无效。

4. 招标人违反禁止谈判义务的责任

对于违反禁止谈判义务的上述行为,法律规定了行为人应当承担责任的形式《招标投标法》第五十五条规定, 依法必须进行招标的项目,招标人违反本法规定,与投标人就投标价格、投标方案等实质性内容进行谈判的,给予警告,对单位直接负责的主管人员和其他直接责任人员依法给予处分。

以上所述行为影响中标结果的,中标无效。

5. 招标人不当确定中标人的责任

招标人应当接受评标委员会推荐的中标候选人,不得在评标委员会推荐的中标候选人之外确定中标人。如果招标人在评标委员会依法推荐的中标候选人以外确定中标人;如果依法必须进行招标的项目的所有投标人被评标委员会否决后,招标人自行确定中标人,那么招标人的上述行为就属于违法行为,应承担相应的法律责任。《招标投标法》第五十七条规定,招标人在评标委员会依法推荐的中标候选人以外确定中标人的,依法必须进行招标的项目在所有投标被评标委员会否决后自行确定中标人的,中标无效。责令改正,可以处中标项目金额千分之五以上千分之十以下的罚款;对单位直接负责的主管人员和其他直接责任人员依法给予处分。

招标人不按规定期限确定中标人的,或者中标通知书发出后,改变中标结果的,无正当理由不与中标人签订合同的,或者在签订合同时向中标人提出附加条件或者更改合同实质性内容的,有关行政监督部门给予警告,责令改正,根据情节可处三万元以下的罚款;造成中标人损失的,并应当赔偿损失。

6. 招标人与中标人违反了不得变更合同实质性内容的责任

招标人和中标人应当自中标通知书发出之日起三十日内,按照招标文件和中标人的投标文件订立书面合同。招标人和中标人不得再行订立背离合同实质性内容的其他协议。如果招标人与中标人违反了这一义务,则根据规定:招标人与中标人不按照招标文件和中标人的投标文件订立合同的,招标人、中标人订立背离合同实质性内容的协议的,或者招标人擅自提高履约保证金或强制要求中标人垫付中标项目建设资金的,有关行政监督部门责令改正;可以处中标项目金额千分之五以上千分之十以下的罚款。

7. 招标人不履行与中标人订立的合同的责任

招标人不履行与中标人订立的合同的,应当双倍返还中标人的履约保证金;给中标人造成的损失超过返还的履约保证金的,还应当对超过部分予以赔偿;没有提交履约保证金的,应当对中标人的损失承担赔偿责任。

因不可抗力不能履行合同的,不适用前款规定。

8. 处罚

招标人在发布招标公告、发出投标邀请书或者售出招标文件或资格预审文件后终止招标的,除有正当理由外,有关行政监督部门给予警告,根据情节可处三万元以下的罚款;给潜在投标人或者投标人造成损失的,并应当赔偿损失。

5.3.3.2　评标委员会成员的违法行为及其法律责任

《招标投标法》规定评标由招标人依法组建的评标委员会负责。评标委员会成员应当客观、公正地履行职务,遵守职业道德,对所提出的评审意见承担个人责任。评标委员会成员不得私下接触投标人,不得收受投标人的财物或者其他好处。评标委员会成员和参与评标的有关工作人员不得透露对投标文件的评审和比较、中标候选人的推荐情况以及与评标有关的其他情况。

如果评标委员会成员违反这些义务,根据《招标投标法》第五十六条规定:评标委员会成员收受投标人的财物或者其他好处的,评标委员会成员或者参加评标的有关工作人员向他人透露对投标文件的评审和比较、中标候选人的推荐以及与评标有关的其他情况的,给予警告,没收收受的财物,可以并处三千元以上五万元以下的罚款,对有所列违法行为的评标委员会成员取消担任评标委员会成员的资格,不得再参加任何依法必须进行招标的项目的评标;构成犯罪的,依法追究刑事责任。

评标委员会成员在评标过程中擅离职守,影响评标程序正常进行,或者在评标过程中不能客观公正地履行职责的,有关行政监督部门给予警告;情节严重的,取消担任评标委员会成员的资格,不得再参加任何招标项目的评标,并处一万元以下的罚款。

评标专家有下列情形之一的,由有关行政监督部门给予警告;情节严重的,由组建评标专家库的政府部门或者招标代理机构取消担任评标专家的资格,并予以公告:

(1)私下接触投标人的;

(2)收受利害关系人的财物或者其他好处的;

(3)向他人透露对投标文件的评审和比较、中标候选人的推荐以及与评标有关的其他情况的;

(4)不能客观公正履行职责的;

(5)无正当理由,拒不参加评标活动的。

5.3.3.3 投标人的违法行为及其法律责任

1.投标人的违法行为

投标人应承担法律责任的违法行为主要有两种:串通投标行为和以不正当行为谋取中标的行为。

1)投标人的串通投标行为

投标人的串通投标包括投标人之间的串通投标和招标人与投标人之间的串通投标。

下列行为均属投标人之间的串通投标报价:

(1)投标人之间相互约定抬高或压低投标报价。

(2)投标人之间相互约定,在招标项目中分别以高、中、低价位报价。

(3)投标人之间先进行内部竞价,内定中标人,然后再参加投标。

(4)投标人之间其他串通投标报价的行为。

下列行为属于招标人与投标人串通投标:

(1)招标人在开标前开启招标文件,并将投标情况告知其他投标人,或者协助投标人撤换投标文件,更改报价。

(2)招标人向投标人泄露标底。

(3)招标人与投标人商定,投标时压低或抬高报价,中标后再给投标人或招标人额外补偿。

(4)招标人预先内定中标人。

(5)其他串通投标行为。包括:

①投标人递交两份或多份内容不同的投标文件,或在一份投标文件中对同一招标项目报有两个或多个报价,且未声明哪一个有效,按招标文件规定提交备选投标方案的除外;

②投标人名称或组织结构与资格预审时不一致的;

③联合体投标未附联合体各方共同投标协议的;

④投标人拒不按照要求对投标文件进行澄清、说明或者补正的;

⑤评标委员会认定投标人以低于成本报价竞标的。

2)投标人以不正当行为谋取中标的行为

投标人以不正当行为谋取中标的行为,包括投标人以向招标人或者评标委员会成员行贿的手段谋取中标的行为和以他人名义投标或者以其他方式弄虚作假骗取中标的行为。所谓以他人名义投标,指投标人挂靠其他施工单位,或从其他单位通过转让或租借的方式获取资格或资质证书,或者由其他单位及其法定代表人在自己编制的投标文件上加盖印章和签字等行为。

2.投标人违法行为的法律责任

对于上述违法行为,《招标投标法》规定:

投标人相互串通投标或者与招标人串通投标的,投标人以向招标人或者评标委员会成员行贿的手段谋取中标的,中标无效,处中标项目金额千分之五以上千分之十以下的罚款,对单位直接负责的主管人员和其他直接责任人员处单位罚款数额百分之五以上百分之十以下的罚款;有违法所得的,并处没收违法所得;情节严重的,取消其一年至二年内参加依法必须进行招标的项目的投标资格并予以公告,直至由工商行政管理机关吊销营业执照;构成犯罪的,依法追究刑事责任。给他人造成损失的,依法承担赔偿责任。

投标人以他人名义投标或者以其他方式弄虚作假,骗取中标的,中标无效,给招标人造成损失的,依法承担赔偿责任;构成犯罪的,依法追究刑事责任。

中标通知书发出后,中标人放弃中标项目的,无正当理由不与招标人签订合同的,在签订合同时向招标人提出附加条件或者更改合同实质性内容的,或者拒不提交所要求的履约保证金的,招标人可取消其中标资格,并没收其投标保证金;给招标人的损失超过投标保证金数额的,中标人应当对超过部分予以赔偿;没有提交投标保证金的,应当对招标人的损失承担赔偿责任。

中标人将中标项目转让给他人的,将中标项目肢解后分别转让给他人的,违法将中标项目的部分主体、关键性工作分包给他人的,或者分包人再次分包的,转让、分包无效,有关行政监督部门处转让、分包项目金额千分之五以上千分之十以下的罚款;有违法所得的,并处没收违法所得;可以责令停业整顿;情节严重的,由工商行政管理机关吊销营业执照。

中标人不履行与招标人订立的合同的,履约保证金不予退还,给招标人造成的损失超过履约保证金数额的,还应当对超过部分予以赔偿;没有提交履约保证金的,应当对招标人的损失承担赔偿责任。

中标人不按照与招标人订立的合同履行义务,情节严重的,取消其二年至五年内参加依法必须进行招标的项目的投标资格并予以公告,直至由工商行政管理机关吊销营业执照。因不可抗力不能履行合同的,不适用前两款规定。

5.3.3.4 招标代理机构的违法行为及其法律责任

招标代理机构违法泄露应当保密的与招标投标活动有关的情况和资料的,或者与招标人、投标人串通损害国家利益、社会公共利益或者他人合法权益的,由有关行政监督部门处五万元以上二十五万元以下罚款,对单位直接负责的主管人员和其他直接责任人员处单位罚款数额百分之五以上百分之十以下罚款;有违法所得的,并处没收违法所得;情节严重的,有关行政监督部门可停止其一定时期内参与相关领域的招标代理业务,资格认定部门可暂停直至取消招标代理资格;构成犯罪的,由司法部门依法追究刑事责任。给他人造成损失的,依法承担赔偿责任。

上述所列行为影响中标结果,并且中标人为前款所列行为的受益人的,中标无效。

组建评标专家库的政府部门或者招标代理机构有下列情形之一的,由有关行政监督部门给予警告;情节严重的,暂停直至取消招标代理机构相应的招标代理资格:

(1)组建的评标专家库不具备《评标专家和评标专家库管理暂行办法》(国家发改委令第 29 号)规定条件的。

(2)未按《评标专家和评标专家库管理暂行办法》规定建立评标专家档案或对评标专家档案作虚假记载的。

(3)以管理为名,非法干预评标专家的评标活动的。

招标人或其委托的招标代理机构不从依法组建的评标专家库中抽取专家的,评标无效;情节严重的,由有关行政监督部门依法给予警告。

政府投资项目的招标人或其委托的招标代理机构不遵守“政府投资项目的评标专家,必须从政府有关部门组建的评标专家库中抽取”的规定,不从政府有关部门组建的评标专家库中抽取专家的,评标无效;情节严重的,由政府有关部门依法给予警告。

5.3.4 招标投标有关情况的认定

在基本建设工程招标投标活动中,如何认定什么是项目投标废标、什么是项目招标无效、什么是项目评标无效、何种情况可以取消中标和何种情况项目必须重新招标,是经常遇到的问题,也是一个非常严肃的问题,必须引起招标人的高度重视,要防患于未然,尽量避免此类情况的出现。

5.3.4.1 投标废标

招标人对有下列情况之一的投标文件,应作为废标处理或被否决:

(1)投标文件密封不符合招标文件要求的;

(2)逾期送达的;

(3)投标人法定代表人或授权代表人未参加开标会议的;

(4)未按招标文件规定加盖单位公章和法定代表人(或其授权人)的签字(或印鉴)的;

(5)招标文件规定不得标明投标人名称,但投标文件上标明投标人名称或有任何可能透露投标人名称的标记的;

(6)未按招标文件要求编写或字迹模糊导致无法确认关键技术方案、关键工期、关键工程质量保证措施、投标价格的;

(7)未按规定交纳投标保证金的;

(8)超出招标文件规定,违反国家有关规定的;

(9)投标人提供虚假资料的;

(10)投标报价不符合国家颁布的有关取费标准,或者低于成本恶性竞争的;

(11)未响应招标文件的实质性要求和条件的;

(12)以联合体形式投标,未向招标人提交共同投标协议的;

(13)投标文件附有招标人不能接受的条件。

5.3.4.2 招标无效

招标人或者招标代理机构有下列情形之一的,有关行政监督部门责令其限期改正,根据情节可处三万元以下的罚款;情节严重的,招标无效:

(1)未在指定的媒介发布招标公告的;

(2)邀请招标不依法发出投标邀请书的;

(3)不符合规定条件或虽符合条件而未经批准,擅自进行邀请招标或不招标的;

(4)自招标文件或资格预审文件出售之日起至停止出售之日止,少于五个工作日的;

(5)依法必须招标的项目,自招标文件开始发出之日起至提交投标文件截止之日止,少于二十日的;

(6)应当公开招标而不公开招标的;

(7)不具备招标条件而进行招标的;

(8)应当履行核准手续而未履行的;

(9)不按项目审批部门核准内容进行招标的;

(10)在提交投标文件截止时间后接收投标文件的;

(11)投标人数量不符合法定要求不重新招标的;

(12)非因不可抗力原因,在发布招标公告、发出投标邀请书或者发售资格预审文件或招标文件后终止招标的。

被认定为招标无效的,应当重新招标。

5.3.4.3 评标无效

评标过程有下列情况之一的,评标无效,应当依法重新进行评标或者重新进行招标,有关行政监督部门可处三万元以下的罚款:

(1)使用招标文件没有确定的评标标准和+方法的;

(2)评标标准和方法含有倾向或者排斥投标人的内容,妨碍或者限制投标人之间竞争,且影响评标结果的;

(3)应当回避担任评标委员会成员的人参与评标的;

(4)评标委员会的组建及人员组成不符合法定要求的;

(5)评标委员会及其成员在评标过程中有违法行为,且影响评标结果的。

5.3.4.4 取消中标

出现下列情况之一的,招标人有权取消中标人中标资格,并没收其投标保证金:

(1)中标人不出席合同谈判;

(2)中标人未能在招标文件规定期限内提交履约保证金;

(3)中标人无正当理由拒绝签订合同。

5.3.4.5 重新招标

在下列情况下,招标人应当依法重新招标:

(1)资格预审合格的潜在投标人不足3个的;

(2)在投标截止时间前提交投标文件的投标人少于3个的;

(3)所有投标均被作废标处理或被否决的;

(4)评标委员会否决不合格投标或者界定为废标后,因有效投标不足3个使得投标明显缺乏竞争,评标委员会决定否决全部投标的;

(5)同意延长投标有效期的投标人少于3个的。

评标定标工作应当在投标有效期结束日30个工作日内完成,不能如期完成的,招标人应当通知所有投标人延长投标有效期。

同意延长投标有效期的投标人应当相应延长其投标担保的有效期,但不得修改投标文件的实质性内容。拒绝延长投标有效期的投标人有权收回投标保证金。招标文件中规定给予未中标人补偿的,拒绝延长的投标人有权获得补偿。

任何单位违法限制或者排斥本地区、本系统以外的法人或者其他组织参加投标的,为招标人指定招标代理机构的,强制招标人委托招标代理机构办理招标事宜的,或者以其他方式干涉招标投标活动的,有关行政监督部门责令改正;对单位直接负责的主管人员和其他直接责任人员依法给予警告、记过、记大过的处分,情节较重的,依法给予降级、撤职、开除的处分。

个人利用职权进行前款违法行为的,依照前款规定追究责任。

对招标投标活动依法负有行政监督职责的国家机关工作人员徇私舞弊、滥用职权或者玩忽职守,构成犯罪的,依法追究刑事责任;不构成犯罪的,依法给予行政处分。

任何单位和个人对工程建设项目招标投标过程中发生的违法行为,有权向项目审批部门或者有关行政监督部门投诉或举报。

依法必须进行施工招标的项目违反法律规定,中标无效的,应当依照法律规定的中标条件从其余投标人中重新确定中标人或者依法重新进行招标。

中标无效的,发出的中标通知书和签订的合同自始没有法律约束力,但不影响合同中独立存在的有关解决争议方法的条款的效力。

5.4 国家地下水监测工程的招标投标管理

5.4.1 招标投标准备阶段的管理

招标投标是国家地下水监测工程(水利部分)工程建设管理工作中最重要的环节,工程承建单位选择的好坏,对工程建设的成败至关重要。为加强国家地下水监测工程(水利部分)工程的招投标管理,部项目办专门制定了《国家地下水监测工程(水利部分)招标投标管理办法》,规范项目的招投标工作。

为做好国家地下水监测工程的招标投标管理工作,项目法人根据工程实际情况,在国家地下水监测工程招标准备阶段,项目法人从工程的特点、施工现场的条件、投标人特长、合同工程的衔接等方面进行了分析和优化,最终确定了国家地下水监测工程(水利部分)单项工程的划分、工程标段的划分、招标组织形式的选择、合同类型的选择方案。

5.4.1.1 单项工程的划分

由于国家地下水监测工程(水利部分)涉及水利部、7个流域机构、31个省(区、市)及新疆生产建设兵团,为便于工程的建设管理,根据项目的建设管理办法,单项工程遵循建设属地划分原则,分为1个国家地下水监测中心建设项目,7个流域级建设项目、31个省(区、市)及新疆生产建设兵团建设项目,共计40个单项工程。

5.4.1.2 工程标段的划分

本工程40个单项工程,根据工程建设需要,划分为不同类型的标段,绝大多数标段委托具备甲级资质的招标代理机构公开招标,仅个别标段由部项目办采取邀请招标的方式进行建设。

1. 国家地下水监测中心建设标段划分和招标方式

国家地下水监测中心建设项目标段包括公开招标标段和邀请招标标段。

(1)公开招标标段。国家中心大楼相关标段。例如:生产用房购置、房屋装修加固、改造以及水质实验室仪器设备购置。

全国地下水监测工程相关标段。例如:工程成井水质检测、监测站水质自动监测设备、测井维护与巡测设备、工程基础软硬件采购、业务应用软件开发,以及工程设计、物探、设计、监理等。

（2）邀请招标标段。政府采购网批量集中采购。例如：办公电脑采购由项目法人通过政府采购网申报中央国家机关批量集中采购。

指定目录对比邀请招标。例如：国家地下水信息系统安全等级保护测评按照据国家网络安全等级保护相关规定，测评机构必须从“全国信息安全等级保护测评机构推荐目录”中选择，部项目办按照规定在目录中选取 3 家单位，进行了沟通和询价，综合考虑业务熟悉度和报价，经会议确认评测机构。

询价方式邀请招标。例如：国家中心大楼木质、钢制办公家具采购，由部项目办邀请多家政府采购确认的合格供货商，按照“同等服务、价格优先”的原则确定成交供应商。

2. 流域级建设项目标段划分和招标方式

流域级建设项目由项目法人授权，由 7 个流域机构水文部门分别承担流域本级中心单项工程建设任务，7 个流域级单项工程中有的仅涉及本流域中心，如淮河、海河、松辽流域业务软件本地化定制；有的还涉及其他省部分工程建设，如长江、黄河、珠江、太湖流域片信息源建设及业务软件本地化定制。但整体上来讲，流域级单项工程工程量较小，仅涉及软件工程建设，因此将 7 个流域单项工程划分为 1 个标段进行全国公开招标。

3. 省级建设项目标段划分和招标方式

省级建设项目受项目法人委托，由 31 个省（区、市）和新疆生产建设兵团水文部门分别承担本级省级中心单项工程建设任务。省级单项工程建设任务主要包括：监测井土建工程、监测站水位监测仪器设备购置与安装，部分省包括：信息源建设及业务软件本地化定制、网络改造以及地下水典型区模型开发。考虑到省级单项工程工程量较大，按工程建设内容、工程量，将省级单项工程划分为 181 个标段，省级单项工程包含的标段数从两个至超过十个不等，但全部进行全国公开招标。

5.4.1.3　招标组织形式的选择

为做好项目的招标工作，部项目办根据实际情况，项目采取委托招标的组织形式。对招标代理从公司实力、以往业绩、服务质量等方面进行调研，通过综合比选确定具有甲级资质的招标公司承担工程招标代理工作。

鉴于工程投资额度较大、技术复杂，为了确保公开、公平、公正的原则，在较广泛的范围内选择报价合理、工期较短、信誉良好、可靠的中标人并取得有竞争力的报价，取得最佳的投资效益，部项目办组织招标的项目和委托各流域、各省招标的项目大多采用国内公开招标的方式，仅极少数采用政府采购、邀标或单一来源方式。

5.4.1.4　合同类型的选择

由于本工程项目，专业众多、技术复杂，在招标之前，根据每一个项目的特点、技术经济指标，以及资金、工期和质量上的要求等因素综合考虑合同类型的选择。

对于监测井土建工程和监测仪器设备购置安装工程项目的招标，采用非固定工程量总价合同的形式，即投标人根据招标要求详细列出各子工程或仪器设备的单价，该价格应包含所有招标时的对应工程量费用和税费，在合同执行过程中，由于实际情况发生变化，在得到项目法人、设计院、监理单位批准设计变更的前提下，施工完成后，由实际工程量计算出价格调整变化，最后由甲乙双方签订合同变更协议后。

对计算机等设备、软件产品采购的招标,采用固定工程量总价合同的形式,即列出设备采购的数量,要求投标人所报出的货物价格均为最终用户所在地价格,该价格应已包含了所有的费用和税费,招标人或最终用户所在地项目单位将不再支付报价以外的其他费用。投标人应在投标分项报价表上标明拟提供货物的单价(如适用)和总价。所有根据合同或其他原因应由投标人支付的税款和其他应交纳的费用都要包括在投标人提交的投标价格中。投标人所报的投标价在合同执行过程中是固定不变的,不得以任何理由予以变更。任何包含价格调整要求的投标,将被认为是非响应性投标而予以拒绝。要求投标人所提供的所有设备除特定的外接设备外,所有提供的软、硬件需配齐以构成一套实用系统。如果投标人在中标并签署合同后,在供货或系统集成时出现软、硬件有任何遗漏,均必须由中标人免费提供,招标人将不再支付任何费用。

5.4.1.5 主要项目的招标

根据不同项目的特点,采取不同的招标方式:

(1)监测站土建工程、仪器设备购置与安装工程,由于站点分散、投资量小,由流域机构、省(自治区、直辖市)项目办分别自行组织,在国内公开招标,择优确定中标单位。

(2)信息系统由水利部信息中心统一开发部署,流域机构、省(自治区、直辖市)项目办分别根据自身特点进行定制,在国内公开招标,择优选择中标单位。

(3)计算机网络设备、监测站维护、巡测仪器由项目法人统一组织在国内公开招标,各省根据需求,项目法人、项目办配发至各流域、各省级中心和各地市级分中心。

(4)项目设计、监理、物探工作也实行国内公开招标方式,确定中标单位。

5.4.1.6 招标文件编制

结合工程实际,突出行业特点,编制好招标文件是工程招投标工作的前提。招标文件不仅是工程招标工作的重要依据之一,还是工程合同的重要组成部分,更是工程施工、合同管理、价款结算、竣工验收的条件和依据。

在国家地下水监测工程中,由于监测井土建、仪器设备购置安装以及信息源建设及业务软件本地化定制是一个技术比较复杂、点多面广的分散型工程,具有技术含量高、不确定因素多、风险大、设计与工程实施紧密结合、工程的隐蔽性与现场的不确定、信息安全要求、信息传输时效性快、系统稳定性要求高等特点。这些工程还涉及32个省级水文部门和7个流域机构,具有大量的共性要求。在实际招标工作中,为了提高招标文件编制质量,确保招标投标活动的公平、公正、公开,部项目办依据《国家发展改革委关于国家地下水监测工程初步设计概算的批复》(发改投资〔2015〕1282号)、《水利部 国土资源部关于国家地下水监测工程初步设计报告的批复》(水总〔2015〕250号)及初步设计分省报告,在招标之前组织编写了《国家地下水监测工程(水利部分)监测井建设招标文件编写指导书》和《国家地下水监测工程(水利部分)监测井水位监测仪器设备采购和安装招标文件编写指导书》以及《国家地下水监测工程(水利部分)信息源建设及业务软件本地化定制招标文件编制指导书》(见附录)。招标文件的编制着重需要注意以下几个方面:

1. 投标人的资质要求

投标人是在中华人民共和国依照《中华人民共和国公司法》注册的、具有法人资格的有能力承担施工任务,提供招标货物或工程服务的系统集成商(软件开发商)。

首先,投标人应符合中华人民共和国政府采购法第二十二条之规定,即:

(1)具有独立承担民事责任的能力;

(2)具有良好的商业信誉和健全的财务会计制度;

(3)具有履行合同所必需的设备和专业技术能力;

(4)具有依法缴纳税收和社会保障资金的良好记录;

(5)参加政府采购活动前三年内,在经营活动中没有重大违法记录;

(6)法律、行政法规规定的其他条件。

此外,根据工程和标段特点,本工程各类招标中还对投标人有其他资质要求:

土建工程:工程勘察证书乙级及以上(业务范围:工程勘察专业类水文地质勘察乙级及以上)、地质勘察资质证书(资质类别和资质等级:水文地质、工程地质、环境地质调查乙级及以上;地质钻探:乙级及以上)、水利水电工程施工总承包贰级及以上、水利凿井技术甲(壹)级资质、水利凿井单位甲(壹)级资质、凿井工程专业承包甲(壹)级资质。

仪器设备:拟投标的仪器设备必须检测合格,国内产品必须具有生产许可证;进口产品须具有形式检测证书及相关手续,且产品生产许可证标明的厂商名称或其生产设备的分公司(或所属单位,或子公司)的名称(须提供与投标人隶属关系的证明)及型号规格必须与检测合格的仪器一致;投标人应提供免费给委托招标人不低于本次招标仪器设备总套数10%的整套同款产品作为备品备件的承诺书原件并加盖公章;投标人应提供承担设备通信费至整体工程验收的承诺书原件并加盖公章;投标人应提供合同设备的质量保证期按投标文件中承诺的期限,但不得少于整体工程验收后12个月的承诺书原件并加盖公章。

2. 合格的投标人的条件

合格的投标人除具有上述资质要求外,还应具有与招标项目相当或更大规模的项目实施经验,具有类似工程的成功案例,以保证工程项目的成功实施。根据工程项目点多面广、保障程度要求高的特点,合格的投标人还要具有提供本地化技术支持和售后服务的能力。若允许联合体投标,对联合体成员的要求。若同时发几个包,是否允许投几个包,是否可以几个包同时中标,这都是要在招标文件中明确的问题。

指导书里特别强调:投标人不得直接或间接地与招标人为采购本次招标的货物(或项目)进行设计、编制规范和其他文件所委托的咨询公司或其附属机构有任何关联;投标人提供的所有资质文件及业绩证明文件必须真实可靠,否则,任何虚假证明都可能导致其投标被拒绝。

3. 明标与暗标的选择

对技术性强的招标项目,为保证评标的公正、客观,尽量消除评标人的个人印象对评标结果的影响,本工程投标文件的技术部分采用“暗标”方式,即投标文件的商务部分和技术部分必须分别装订成册,且投标文件的技术部分(副本)不能包含任何标明投标人信息的内容,不符合该要求的投标将作为废标。

4. 明底与暗底的确定

标底是招标工程的预期价格,是评标中的参考依据,也是招标人控制投资的重要手段。部项目办和流域、省水文部门在每一个项目招标前,进行市场行情调查,掌握相近的同类工程的造价或类似设备的价格,从全局出发,兼顾国家、建设单位和投标单位三者的利益,充分考虑项目的规模大小、技术难易、施工条件、工期要求、材料差价、质量要求等因素,以不突破批复概算为准,同时保证有3家以上的厂家或单位参加竞争,尽可能将工程标底的水平控制在低于或等于社会同类工程项目的平均水平上。

本工程在招标过程中采用暗底。投标人根据招标文件的要求,选择合适的设备、人员、服务配置,招标人将依据投标人施工能力、设备性能的优劣以及服务等招标内容分别进行评价,综合性价比越好,得分越高,不同性价比的赋分将有差距。通过这样的方式,招标人获得了满意的招标效果。

5. 评标办法的选定

根据工程时效性强、服务程度要求高的特点,招标文件中明确每一个招标项目的评标办法和评分标准。本工程评标采用综合评分法。

1) 制定评标办法考虑的因素

综合打分法中除考虑商务、技术、价格因素外,还考虑了业绩、技术支持和售后服务的因素,根据每个项目的特点,对每个因素合理赋分,并按百分制进行综合打分。

商务打分考虑的因素:企业基本状况(财务状况良好、信誉度,通过ISO系列认证,财务状况、信誉度),业绩(近三年来:承担本省范围内打井或水文地质勘探井的数量;承担本省范围内地质勘探工作;具有省级及以上打井工程或地质勘探工作业绩被评为优秀工程,完成类似打井工程或地质勘探工作的)。

技术打分考虑的因素:建设方案、施工方案、项目人员组成等设备选型技术指标技术支持与服务承诺。

投标人对招标文件技术部分的响应程度。对设备的采购来讲,要考虑投标设备技术的先进性和可靠性、投标设备的主要性能指标、投标设备零部件、备品备件供应情况、对投标设备安装调试的要求、服务期限内的培训与技术支持与售后服务、投标人所提供的培训方案等。对软件开发来讲,要考虑系统需求分析、开发技术方案、项目组织实施方案(包括参加项目的人员及专业配置、组织管理和计划安排、完成招标项目的质量保证措施)、开发质量保障方案、对系统成果要求的具体响应、系统的培训方案、技术支持与售后服务等。

价格及合理性打分考虑的因素:对各投标人的投标报价按照招标文件的要求,应在同一基础上进行比较并做相应调整。

(1)对货物招标价格调整的原则如下:

①投标人的报价必须包含供货范围内所有内容。

②投标人必须根据招标文件要求和产品技术状况列出质量保证期内所需备品备件的清单和价格,根据招标文件的要求将该备品备件价确定是否计入投标总价,若所提供的产品不需备品备件或免费提供,应在投标文件中说明。否则按漏项处理。

③投标人报价如有漏项,则须将其他投标人报价中该项价格的最高价加计入该投标人的投标总价。设备配置、零备件及服务缺漏项按其他投标人在此项的最高价原则补齐,但若总计的缺漏项和一般技术参数/要求的偏离项累计超过5个(含)或投标总价的10%(含),即可作为废标处理。投标总价若包含招标文件要求以外的内容,在评标时不予

核减。

(2)对软件开发等服务项目招标价格调整的原则是:

①投标人的报价必须包含供应范围内所有内容。

②投标人报价如有漏项,则须将其他投标人报价中该项价格的最高价加计入该投标人的投标总价。软件配置及服务缺漏项按其他投标人在此项的最高价原则补齐,但若总计的缺漏项和一般技术参数/要求的偏离项累计超过5个(含)或投标总价的10%(含),即可作为废标处理。投标总价若包含招标文件要求以外的内容,在评标时不予核减。

调整后的价格作为投标人的评标价。根据评标价格及组成的合理性测算各投标人的价格分值。

技术支持和售后服务打分考虑的因素:投标人所提供的技术支持措施,投标人对所投货物(或服务)的售后服务保证措施及服务体系,投标人的本地化服务措施。

对一些项目(如系统集成、软件开发等)需要考虑技术支持和售后服务。技术支持包括一定期限内的免费技术支持(包括一定的现场支持),售后服务包括质量保质期内的售后服务和质量保质期外的收费服务,质量保质期内的售后服务包括免费的技术咨询(热线电话、Email、传真等方式,多少小时内做出反应、多少小时内提出解决方案等)、故障响应的时间(包括多少小时内必须给予解答、多少小时到达用户现场排除故障、是否7×24 h的实时技术支持等)、软件升级(多少年内如有升级版本,供应商对相关软件进行免费的升级服务)、软件迁移(多少年内提供硬件环境变更后的软件无偿迁移服务)、技术资料(供应商是否提供产品全部原厂商技术文档和相关资料)等的要求。

2)评标办法考虑的分值

对于技术性强的项目,在商务分值中可加重业绩与施工经验的分值。对于技术简单或技术规格、性能等要求统一的货物,可适当加大价格因素在总分中的比重。对技术复杂的项目,可适当加大技术因素在总分中的比重。

每一个招标项目,招标内容不同,侧重点也不相同,如软件开发项目、技术能力和水平是主要方面,而设备采购中,在设备性能、质量差别不大的情况下,价格又成了考虑的重点,因此招标人应对每一个招标项目进行综合分析,全面考虑,合理确定评标办法考虑的因素及每一个因素的权重,以达到满意的招标结果。

在制定评标办法中要综合考虑价格的问题:

(1)价格分的比重。

价格分的比重,在招投标法中没有明确规定。

财政部《关于加强政府采购货物和服务项目价格评审管理的通知》中规定政府采购货物和服务项目采用综合评分法的,除执行统一价格标准的服务项目外,采购人或其委托的采购代理机构应当依法合理设置价格分值。

(2)在具体制定评标办法时要充分考虑价格的杠杆作用。

既要让投标人认识到价格的重要性,促使他以优惠的价格提供给招标人优质的产品和良好的服务,这在货物招标中是需要我们重视的一个问题;也就是说高的价格分数,是为了促使供货商能给一个好的价格折扣;但又要注意不能使价格成为综合评标中决定性的因素,特别是在服务类项目或以技术为主的项目(如监理、设计、软件开发等)的招标中。

在实际评标过程中,一般根据每一个项目的实际情况,确定一个价格上限和一个价格下限。价格上限充分考虑了各种因素,以不超过项目概算为限,它是招标人控制的价格上限,超过这个上限,价格分为0;价格下限要充分考虑投标人的利益,以不低于成本价为限,低于价格下限的价格得分为0 。这样既使投标人不亏本,也能防止有的投标人恶性竞争,以低于成本价报价,扰乱投标秩序,避免若其中标,既可能完不成任务,又保证不了质量,最终使招标人付出更高代价的局面出现。

6. 招标文件中应注意的日期

(1)招标文件的澄清。招标人对已发出的招标文件进行必要澄清或者修改的,应当在招标文件要求提交投标文件截止日期至少15日前,以书面形式通知所有投标人。该澄清或者修改的内容为招标文件的组成部分。

(2)投标文件的编写。招标人应当确定投标人编制投标文件所需的合理时间。依法必须进行招标的项目,自招标文件开始发出之日起至投标人提交投标文件截止之日止,最短不应当少于20日。

(3)招标文件或资格预审文件的出售。招标人应当按招标公告或者投标邀请书规定的时间、地点出售招标文件或者资格预审文件。自招标文件或者资格预审文件出售之日起至停止出售之日止,最短不得少于5个工作日。招标人发出的招标文件或者资格预审文件应当加盖印章。

(4)中标人的确定。评标委员会提出书面评标报告后,招标人一般应当在15日内确定中标人,但最迟应当在投标有效期结束日30个工作日前确定。不能在投标有效期结束日30个工作日前完成评标和定标的,招标人应当通知所有投标人延长投标有效期。

(5)合同的签订。招标人和中标人应当自中标通知书发出之日起30日内,按照招标文件和中标人的投标文件订立书面合同。招标人和中标人不得再行订立背离合同实质性内容的其他协议。

(6)投标保证金的退还。招标人与中标人签订合同后5个工作日内,应当向中标人和未中标的投标人退还投标保证金。

7. 招标文件中的两"金"一"费"问题

招标文件中的两"金"一"费"是指投标保证金、履约保证金和中标服务费。

1)投标保证金

(1)投标人应向招标代理机构提交招标文件规定数额的投标保证金,并作为其投标的一部分。

(2)投标保证金是为了保护招标代理机构和招标人免遭因投标人的行为而蒙受损失。招标代理机构和招标人在因投标人的行为受到损害时,可根据招标文件的有关规定没收投标人的投标保证金。

(3)投标保证金金额:投标保证金金额一般为投标总价的2%。

(4)投标保证金应在投标有效期截止日后30天保持有效。

(5)投标保证金除现金外,可以是银行出具的银行保函、保兑支票、银行汇票或现金支票,也可以是招标人认可的其他合法担保形式。

(6)投标保证金和开标一览表一般装在一个开标信封内随投标文件在开标前提交。凡没有附有效的投标保证金的投标其投标将被作为废标。以支票或汇票提交的,如发现票据由于开票人原因导致无法入账的,将可能被视为无效投标保证金,从而导致其投标被作为废标。

(7)对于未中标的投标人的投标保证金,招标代理机构应在招标人与中标人签订合同后5个工作日内,退还未中标的投标人。

(8)中标人的投标保证金,在中标人签订合同,按规定交纳了履约保证金,并按规定交纳了招标服务费后予以退还。

(9)发生下列任何情况时,投标保证金将被没收:

①投标人在招标文件中规定的投标有效期内撤回其投标;

②中标人在规定期限内未能根据有关规定签订合同;

③中标人在规定期限内未能根据按有关规定提交履约保证金;

④中标人在规定期限内未能根据有关规定向招标代理机构缴纳招标服务费。

2)履约保证金

履约保证金是中标人和担保银行为了招标人的利益而做的一种承诺,按此承诺,中标人和担保银行共同保证合同的履行。中标人如果在实施过程中不继续履行承包义务,招标人可以没收中标人的履约保证金。

履约保证金的有效期一般可规定合同生效日至保修责任中止日/或服务期结束/质量保证期止。

(1)中标人在与买方签订合同的14日内,应按照合同条款的规定,采用招标文件提供的履约保证金保函格式或招标人可以接受的其他形式向买方提交履约保证金(一般为中标合同总价10%以内)。

(2)如果中标人没有自收到《中标通知书》之日起30天内与招标人签订合同及向买方提交履约保证金,招标人和招标代理机构将有充分理由取消该中标决定,并没收其投标保证金,在此情况下,招标人可根据综合得分高低顺序将合同授予排名第二的中标候选人,或者重新招标。

(3)中标人提交合格的履约保证金是合同生效的必要条件。

3)中标服务费

中标方须向招标机构或招标人按如下标准和规定缴纳中标服务费。

中标服务费以中标总金额作为收费的计算基数。

中标服务费按《招标代理服务收费管理暂行办法》(计价格〔2002〕1980号)执行,按中标金额差额定率累进法计算。

中标服务费的交纳方式:在签约前,向招标机构直接交纳中标服务费。可用支票、汇票、电汇、现金等付款方式一次向招标机构缴清中标服务费。

8. 招标文件中的两"期"问题

1)投标有效期

所谓投标有效期,是指招标人对投标人发出的要约做出承诺的期限。也可以理解为投标人为自己发出的投标文件承担法律责任的期限。按照《合同法》的有关规定,作为要约人的投标人提交的投标文件属于要约。要约通过开标生效后,投标人就不能再行撤回。一旦作为受要约人的招标人做出承诺,并送达要约人,合同即告成立,要约人不得拒绝。在投标有效期截止前,投标人必须对自己提交的投标文件承担相应法律责任。

投标有效期:是招标文件规定的投标文件有效期,从提交投标文件截止日起计算。

国家发改委、建设部、铁道部、交通部、信息产业部、水利部、民航总局颁发的第 30 号令《工程建设项目施工招标投标办法》和 27 号令《工程建设项目货物招标投标办法》在投标有效期方面都做了如下规定:招标文件应当规定一个适当的投标有效期,以保证投标人有足够的时间完成评标和与中标人签订合同。投标有效期从投标人提交投标文件截止日起计算。在原投标有效期结束前,出现特殊情况的,招标人可以书面形式要求所有投标人延长投标有效期。投标人同意延长的,不得要求或被允许修改其投标文件的实质性内容,但应当相应延长其投标保证金的有效期;投标人拒绝延长的,其投标失败,但是投标人有权收回其投标保证金。因延长投标有效期造成投标人损失的,招标人应当给予补偿,但因不可抗力需要延长投标有效期的除外。

从上述规定可以看出:投标有效期是从投标人提交投标文件截止日起计算,在实际工作中,应依据招标项目的性质、规模、评标难易程度等,确定评标的时间,应该考虑到完成评标、编写评标报告、评标结果的备案、发出中标通知书、最终签订合同等方方面面,合理估算出开标、评标、定标、签订合同、质疑、投诉处理所需时间,即投标有效期时间。

评标时间:不同的项目所需要的评标时间有很大的差异。长的有评几个月的,短的则在开标当天评完。考虑到完成评标报告,一般项目评标时间可按 10 天来算。

定标时间:2003 年七部委 30 号令第五十六条第二款规定:"评标委员会提出书面评标报告后,招标人一般应当在十五日内确定中标人,但最迟应当在投标有效期结束日三十个工作日前确定。"因此,定标时间通常情况下可考虑用 10 天时间。

签订合同时间:《招标投标法》第四十六条中规定,招标人和中标人应当自中标通知书发出之日起三十日内,订立书面合同。这就是说,签订合同时间最长不得超过 30 天。通常情况下,可考虑使用 20 天左右时间签订合同。

质疑和投诉时间:《招标投标法》及其有配套法规没有对质疑和投诉做出规定。但《政府采购法》对此做了规定:"政府采购监督管理部门在处理投诉事项期间,可视具体情况书面通知采购人暂停采购活动,但暂停时间最长不得超过三十日。"

通过以上分析,投标有效期至少应为 70 天以上。

依照国际惯例,投标有效期一般为 90~120 天。在此期间内,全部投标均为有效,投标者不得修改或撤销其投标。

如果要求的投标有效期太短,上述工作在规定的期限内不能按时完成,招标方就不得不要求投标人延长投标有效期。这个时候,主动权就在投标人手中,投标人可以根据自己在这个时刻的形势判断来决定是否同意延长。如果投标人选择拒绝延长,招标方无权没收该投标人的投标保证金。如果原定投标有效期结束时已经初步选定了中标人,而该投标人又选择拒绝延长投标有效期,则招标方不得不重新推荐中标人,而且往往会使中标价格增高,尤其是原材料价格波动比较大的货物招标过程中这种情况经常发生。

如果要求的投标有效期过长,投标人考虑的风险系数会增大,往往会使投标价格增高,甚至有些投标人会由于风险过大而不参加投标,投标的竞争性会有所降低。

如有的设备采购案,在评标报告得到有关部门批准后,投标有效期已经结束。这时,招标方认为能够正常签订供货合同。但是在中标通知书发出后,中标人以种种理由拒签合同。经过多次协商,招标方不得不放弃该投标人。这样,既耽误了供货,又由于选择了次低标招标方而不得不又花资金,而且由于已经超过了投标有效期,无法没收该投标人的投标保证金,使买方遭受了很大损失。

如果由于某种原因,评标时间不够,在投标有效期间之内,招标人有权要求投标人延长投标有效期,投标人同意时,相应延长投标保证金有效期;如果投标人拒绝延长投标有效期,投标人的投标作废,招标人应退回投标人的投标保证金。因此,作为招标人来讲,应注意的是不要轻易延长投标有效期。特别是投标人数比较少的情况下,那些有实力和有能力报价较低投标人,这时很容易退出投标,从而减少了选择的余地。

投标人的投标保证金有效期是投标有效期时间加上到中标人递交了履约担保证书并签订了合同协议书的时间。一般投标有效期加上15~30天,即为投标保证金的有效期。之所以这样规定,是因为发出中标通知书以后,第一中标人不接受中标,可把合同授予第二中标人,这时投标保证金还未退回,以防止招标作废。

投标有限期和投标保证金的有效期,都应明确载明在招标文件的投标人须知中,这对招标人和投标人都有制约作用,特别可约束招标人应抓紧时间进行评标和确定中标人。如延长投标有效期可能会带来不良后果。这也充分体现招标文件是公平的。在现实中个别招标人不顾招标文件的这项规定,利用自己的特殊地位,在投标有效期内要延长投标有效期而不发延长通知,超过投标有效期后,既不告知延长投标有效期,也不发布中标通知,弄得投标人不知所以。这不是招标人明智的做法,因确定中标人之后如果产生争议,如中标人要求延长完工时间,拖延进场时间所造成的损失要求补偿等,都是不太好处理的问题。

由于招标文件对投标人和招标人都是有约束力的,因此招标人和投标人都应严格按招标程序进行招标和投标,严肃对待投标有效期,这是确保招标顺利进行的保证。

在一期工程的招标中,部项目办在招标文件中一般规定投标有效期为开标日(即投标截止日)后90天,投标保证金金额不少于投标总价的2%,投标保证金应在投标有效期截止日后30天保持有效。

2)质量保证期

质量保证期指合理使用寿命。对产品而言,产品的保质期是指产品在正常条件下的质量保证期限。产品的保质期由生产者提供,标注在限时使用的产品上。在保质期内,产品的生产企业对该产品质量符合有关标准或明示担保的质量条件负责,销售者可以放心销售这些产品,消费者可以安全使用;对工程而言,质量保证期是该工程的合理使用年限。在质量保证期内,施工者承担瑕疵担保责任。瑕疵担保责任是指买卖时,销售者违反所做的保证承诺后,应当向买方依法承担的法律后果。就是指在该期限内产品或工程是合格的,施工方对此予以保证。如果质量不合格,施工方将承担损害赔偿责任,在损害赔偿期内,如果质量问题产生质量安全事故造成他人损害,则承担赔偿责任,即出现质量问题要有事故损害才能主张赔偿。

工程保修期是指免费维修的期限。在保修期内,施工单位承担因施工责任引起的质量问题承担免费维修的责任;在保修期内,只要在保修范围和保修期限内出现质量瑕疵,不管有无损害,就要履行保修义务,费用由责任方承担,如果产生质量安全事故造成损失,则另外赔偿。保修期内,投标人负责对其提供的设备进行维修,不收取额外费用。在保证期内因厂方责任发生的质量问题,厂方无偿返修,并承担由此造成的直接经济损失。

建设项目的保修期,一般自竣工验收合格之日起计算。

在一期工程建设中,招标文件都规定了设备或开发的系统的质量保证期。

设备质量保证期:是指竣工验收合格之日起乙方对合同设备及软件的正常稳定运行给予的质量保证期限,保证期内乙方负责纠正、清除和解决合同设备及软件出现的缺陷、障碍和问题。系统(或设备)验收后进入设备质量保证期,设备的质量保证期一般为36个月。自双方代表在系统(或设备)验收单上签字之日起计算。

系统质量保证期:是指自系统集成终验之日起乙方对网络或软件系统的正常稳定运行给予的保证,保证期内乙方负责纠正或清除网络或软件系统出现的缺陷。系统验收后,进入1年试运行期,试运行期结束后进行系统终验,终验合格后进入系统质量保证期,自双方代表在系统终验单上签字之日起计算,有效期为24个月。

5.4.2 招标投标阶段的管理

5.4.2.1 招标信息发布

按照《招标投标法》的要求,部项目办组织招标的项目在水利部网站、中国政府采购网、中国采购与招标网等媒体上发布招标公告,流域、省组织的招标项目除在上述网站上发布招标公告外,还在当地水利或相关媒体上发布招标公告,通过媒体及时公布相关招标信息,让投标人全面了解工程建设信息,做到了工程建设信息的公开、透明,创造良好的竞争环境。

5.4.2.2 评标委员会组建

本工程依照《招标投标法》第三十七条规定,评标由招标人依法组建的评标委员会负责。依法必须进行招标的项目,其评标委员会由招标人的代表和有关技术、经济等方面的专家组成,成员人数为五人以上单数,其中技术、经济等方面的专家不得少于成员总数的2/3。技术专家应当从事相关领域工作满八年并具有高级职称或者具有同等专业水平,由招标人从国务院有关部门或者省、自治区、直辖市人民政府有关部门提供的专家名册或者招标代理机构的专家库内的相关专业的专家名单中确定;一般招标项目可以采取随机抽取方式,特殊招标项目可以由招标人直接确定。与投标人有利害关系的人不得进入相关项目的评标委员会;已经进入的应当更换。评标委员会成员的名单在中标结果确定前应当保密。

5.4.2.3 评标细则制定

评标细则是在招标文件确定的评标办法的基础上的细化,它是评标委员会评标具体执行的评判标准,是招标投标工作中最关键的一环。部项目办根据每个项目的特点,对商务、技术、价格、技术支持和售后服务等要素的评分进行了细化,制定了完整、科学、高效的评标规则。特别对价格分的计算,进行认真的分析研究,确定合理的价格上限和价格下限,以投标人的评标价格计算投标人的价格得分值。

在评标细则的制定过程中,实行严格的保密制度。评标细则制定完后,由项目主管领导签字后封存,在开标前提交评标委员会,并在开标前报建管司、监察局备案。

5.4.3　工程决标成交阶段的管理

5.4.3.1　开标

开标是在招标文件中预先确定的地点与招标文件确定的提交投标文件截止时间的同一时间公开进行。在开标时对逾期送达的或者未送达指定地点和未按招标文件要求密封的招标文件不予受理;对唱标开始后才提交开标信封的投标人按废标处理。

开标时,由投标人或者其推选的代表检查投标文件的密封情况,经确认无误后,由工作人员当众拆封,宣读投标人名称、投标价格和投标文件的其他主要内容。由工作人员当场记录,投标人确认无误后签字,招标人、招标代理机构、邀请的监督部门的代表也一并签字,并存档备查。

5.4.3.2　评标

1. 评标

评标分初审和详细评审两个阶段。对投标文件的初审(符合性检查)是评标工作的一个关键环节,直接影响到投标人能否进入详细评审阶段,也是招标投标工作中最容易引起争议的地方,必须引起招标人的高度重视。

一般情况下,实质上没有响应招标文件要求的投标将被拒绝。投标人不得通过修正或撤销不合要求的偏离或保留从而使其投标成为实质上响应的投标。

1)初审

在综合评价与打分之前,评标委员会将根据招标文件的要求和规定,审查每个投标人的合格性以及每份投标文件是否实质上响应了招标文件的要求。实质上响应的投标应该是与招标文件要求的全部条款、条件和规格参数相符,没有重大偏离的投标。对关键条文的偏离、保留或反对将被认为是实质上的偏离。评标委员会决定投标的响应性只根据投标本身的内容,而不寻求外部的证据。评标委员会还将审查投标文件是否完整、文件签署是否合格、资格证明文件是否齐全、投标人是否提交了投标保证金、投标保证金是否合格、有无计算上的错误等实质性内容。

在评议时,如果发现下列情况之一,其投标将被拒绝:

(1)提交的投标文件没有按照招标文件实质性要求的内容和格式编制的;

(2)投标人未提交投标保证金或金额不足、投标保证金形式不符合招标文件要求的;

(3)若投标文件的技术部分采用“暗标”的方式,正本投标文件中的商务部分未按招标文件规定加盖投标单位公章、无法定代表人签字,或签字人无法定代表人有效委托书的;

(4)若投标文件的技术部分采用“暗标”的方式,正本投标文件的商务部分和技术部分中有未经法定代表人或法定代表人授权人逐页签字或小签的;

(5)若投标文件的技术部分采用“暗标”的方式,副本投标文件的技术部分出现投标人名称或小签的,不符合暗标要求的;

(6)未按招标文件要求进行分项报价的;

(7)投标文件未按招标文件规定加盖投标单位公章、无法定代表人签字,或签字人无法定代表人有效授权委托书的;

(8)超出经营范围投标的;

(9)投标人的投标文件或资格证明文件不符合招标文件要求的;

(10)投标有效期不足的;

(11)投标人在同一份投标文件中,对同一招标项目报有两个或多个报价的;

(12)投标文件附有招标人不能接受的条件的;

(13)投标文件技术规格中的响应与事实不符或虚假投标的;

(14)投标人复制招标文件的技术规格相关部分内容作为其投标文件的一部分的;

(15)投标文件符合招标文件中规定废标的其他商务和(或)技术条款的;

(16)不满足招标文件技术部分中主要参数和超出偏差范围的;

(17)评标委员会认为没有实质性响应招标文件的;

(18)联合体投标未附联合体各方共同投标协议(即联合体协议)的。

在评标过程中发现投标保证金金额不足、投标保证金形式不符合招标文件要求、投标有效期不足的情况经常发生;在设备招标中有的投标人为了降低投标价格,往往采取降低性能或参数的设备进行投标,不满足招标文件技术部分中主要参数和超出偏差范围的情况也有发生;法定代表人的签字与企业营业执照不一致,即签字人无法定代表人有效委托书的情况也偶尔发生,应引起招标人的注意。

2)详细评审

评标委员会只对确定为实质上响应招标文件要求的投标进行详细评审。详细评审即以招标文件为依据,对所有实质上响应的投标分别从"商务""技术""技术支持与售后服务"和"价格"等方面进行评审并按照百分制进行综合打分。

对采用"暗标"方式的招标项目,评标委员会仅对各有效投标人的投标文件进行评价和打分,而且评标时对商务部分进行"明标"处理,即评标委员会按招标文件的规定对各有效投标人的投标文件的商务部分进行公开评价和打分;对技术部分的评标进行"暗标"处理,即对没有标注投标人名称的投标文件的技术部分进行编号,由评标委员会对各有效投标人的投标文件的技术部分在不知晓投标人的情况下,按招标文件的规定对其技术内容进行评价和打分。打完技术分后,在评标会上宣布各有效投标人的名称,然后评标委员会将各有效投标人的商务部分的得分和技术部分的得分进行合计,即为该有效投标人的总得分,最后根据各有效投标人各自的得分高低顺序排序并推荐得分最高的前三名投标人为中标候选人。

2. 保密问题

水利部、国家保密局《水利工作中国家秘密及其密级具体范围的规定》中规定:依照《中华人民共和国招标投标法》招标的水利工程的标底资料、投标文件的评审和比较、中标候选者的推荐情况,未公布的招标计划,评标人姓名,中标后的谈判方案等,属秘密级事项。

在本工程的招标过程中,部项目办十分重视保密问题,特别是评标办法(包括标底)

和评标专家名单,知情范围仅限定于经办人、审核人和项目办主管领导。

在工程评标过程中,对评标委员会也实行了严格的保密制度,每次评标前,由招标人宣读评标纪律,要求评委和与评标活动有关的工作人员,不得泄露评标工作的任何评审细节,不得泄露评标专家和中标候选人的推荐情况,以及与评标有关的其他情况。为避免外界干扰,评标期间个人各种通信工具统一保管。正是采取这些措施,从而保证了国家地下水监测工程评标工作的顺利进行。

3. 资格审查

部项目办在收到委托招标代理机构的评标报告后,采用资格后审的方式,即在开标后对投标人进行资格审查。

部项目办根据招标文件列出的标准,审查综合得分最高的中标候选人是否有能力令人满意地履行合同。必要时对中标候选人及其投标的技术方案、项目人员、资质、信誉,以及招标人认为有必要了解的其他问题做出进一步的考察。如果审查通过,将确定该中标候选人为推荐中标人,在中国采购与招标网、水利部等网站上予以公示,在公示期内,如无异议,招标人将确定该推荐中标人为中标人;如果审查没有通过,招标人将拒绝其中标,并对综合得分排名第二的中标候选人能否令人满意地履行合同做类似的审查。

4. 中标通知书

经过资格后审后,部项目办将把合同授予被确定为实质上响应招标文件的要求,并有履行合同能力的综合得分最高的中标候选人。中标人确定后,招标机构将向中标人发出中标通知书,向未中标的其他投标人发出招标结果通知书。

5. 签订合同

中标人在收到招标机构的中标通知书后14日内,按招标文件的要求与部项目办或有关项目办分别签订合同。

中标人在与项目办签订合同30日内,按照合同条款的规定,采用招标文件中提供的履约保证金保函格式或招标人可以接受的其他形式向合同甲方提交履约保证金。

如果中标人没有按照规定的时间和要求与招标人签订合同和未向合同甲方提交履约保证金,招标方将取消该中标决定,并没收其投标保证金。在此情况下,招标人将合同授予综合得分排名第二的投标人或重新招标。

5.4.4　招投标活动的投诉处理

5.4.4.1　熟悉法律,掌握政策

工程建设项目招标投标活动的投诉是招标投标工作中经常遇到的问题,也是招标人无法回避的问题。熟悉法律,掌握政策,是搞好水利工程招投标工作的基础。在国家地下水监测工程招投标工作中,项目法人、部项目办组织学习了《招标投标法》《中华人民共和国政府采购法》等有关法律,熟悉《工程建设项目勘察设计招标投标办法》《工程建设项目施工招标投标办法》《工程建设项目货物招标投标办法》《评标委员会和评标方法暂行规定》《评标专家和评标专家库管理暂行办法》《国家重大建设项目招标投标监督暂行办法》《工程建设项目招标投标活动投诉处理办法》《水利工程建设项目招标投标行政监督暂行规定》《水利工程建设项目招标投标行政监察暂行规定》《招标代理服务收费管理暂行办

法》《信息系统工程监理暂行规定》等有关规定。只有熟悉国家招标投标的有关法律和有关政策,并运用这些法律、政策指导招标投标工作,才能做好水利工程建设的招投标工作。

5.4.4.2　投诉的时限性要求

国家发展和改革委员会、建设部、铁道部、交通部、信息产业部、水利部、中国民用航空总局令第11号《工程建设项目招标投标活动投诉处理办法》规定:

(1)投诉。投诉人应当在知道或者应当知道其权益受到侵害之日起10日内提出书面投诉。

(2)受理。行政监督部门收到投诉书后,应当在5日内进行审查,视情况分别做出以下处理决定。

①不符合投诉处理条件的,决定不予受理,并将不予受理的理由书面告知投诉人。

②对符合投诉处理条件,但不属于本部门受理的投诉,书面告知投诉人向其他行政监督部门提出投诉。

对于符合投诉处理条件并决定受理的,收到投诉书之日即为正式受理。

(3)处理决定。负责受理投诉的行政监督部门应当自受理投诉之日起30日内,对投诉事项做出处理决定,并以书面形式通知投诉人、被投诉人和其他与投诉处理结果有关的当事人。

如果情况复杂,不能在规定期限内做出处理决定的,经本部门负责人批准,可以适当延长,并告知投诉人和被投诉人。投诉处理决定应当包括下列主要内容:

①投诉人和被投诉人的名称、住址;

②投诉人的投诉事项及主张;

③被投诉人的答辩及请求;

④调查认定的基本事实;

⑤行政监督部门的处理意见及依据。

5.4.4.3　投诉书的内容

(1)投诉人投诉时,应当提交投诉书。投诉书应当包括下列内容:

①投诉人的名称、地址及有效联系方式;

②被投诉人的名称、地址及有效联系方式;

③投诉事项的基本事实;

④相关请求及主张;

⑤有效线索和相关证明材料。

投诉人是法人的,投诉书必须由其法定代表人或者授权代表签字并盖章;其他组织或者个人投诉的,投诉书必须由其主要负责人或者投诉人本人签字,并附有效身份证明复印件。

投诉书有关材料是外文的,投诉人应当同时提供其中文译本。

(2)有下列情形之一的投诉,不予受理:

①投诉人不是所投诉招标投标活动的参与者,或者与投诉项目无任何利害关系的;

②投诉事项不具体,且未提供有效线索,难以查证的;

③投诉书未署具投诉人真实姓名、签字和有效联系方式的;以法人名义投诉的,投诉

书未经法定代表人签字并加盖公章的；

④超过投诉时效的；

⑤已经做出处理决定，并且投诉人没有提出新的证据；

⑥投诉事项已进入行政复议或者行政诉讼程序的。

(3)回避。行政监督部门负责投诉处理的工作人员，有下列情形之一的，应当主动回避：

①近亲属是被投诉人、投诉人，或者是被投诉人、投诉人的主要负责人；

②在近3年内本人曾经在被投诉人单位担任高级管理职务；

③与被投诉人、投诉人有其他利害关系，可能影响对投诉事项公正处理的。

在国家地下水监测工程(水利部分)的招标投标工作中，严格执行国家法律法规，做到了评标程序的规范化、程序化、合法化。认真做好评标的组织工作，精心编制评标细则，采取切实有效的监督措施，排除各种干扰，确保了评标专家依据评标办法独立负责地进行评标，保证了招标投标活动的公开、公平、公正。但是，招标投标活动中的投诉也是招标人面临的一个不可回避的现实问题，在本工程招投标过程中也遇到了相关投诉，虽然得以圆满解决，但也造成进度滞后，因此我们必须予以高度重视。

(4)对招标投标工作中的违法行为，要给予严厉打击，特别要针对下列行为采取严厉措施，以保证招标投标活动的正常进行。

①对投标人以他人名义投标或者以其他方式弄虚作假，骗取中标的，取消其中标，给招标人造成损失的，依法承担赔偿责任；构成犯罪的，依法追究刑事责任。

②对采取不正当手段诋毁、排挤其他投标人的，或提供虚假材料谋取中标的，应列入不良行为记录名单，在1~3年内禁止参加国家地下水监测工程(水利部分)工程项目的投标。

③对以投诉为名排挤竞争对手的；对投诉人故意捏造事实，伪造证明材料的虚假恶意投诉，阻碍招标投标活动的正常进行的，由行政监督部门驳回投诉，并给予警告；情节严重的，处于一万元以下的罚款。

④对于性质恶劣、情节严重的投诉事项，行政监督部门可以将投诉处理结果在有关媒体上公布，接受舆论和公众监督。

5.4.5　经验小结

(1)合理划分标段。工程建设项目标段划分是决定招标结果的重要因素。标段划分首先必须符合法律规定，在法律允许的范围内，进行合法合理的标段划分，不能通过划分标段限制标段规模，回避公开招标或其他招标方式。国家地下水监测工程(水利部分)由于点多面广，建设任务种类多，参与建设管理单位多，项目法人根据工程特点，在《招标投标法》的指导下，标段划分主要考虑到以下几个方面：第一，考虑到建设规模、建设投资进行标段划分。例如：标段规模不能太大，中标单位很难在规定时间内完成建设任务；标段规模也不能太小，投标单位认为利润太低，导致无人应标，造成流标或即使中标后，建设单位积极性也不高。第二，考虑到建设内容和建设范围进行标段划分，由于本工程建设涉及1个国家中心、7个流域机构和32个省级水文部门，采取全国统一招标和分地域相结合的标段划分方法。例如:工程成井水质检测、监测站水质自动监测设备、测井维护与巡测设备、工程基础软硬件采购、业务应用软件开发等按建设内容,划分为全国统一招标标段;对于地方授权管理的建设内容,单独划分标段。例如:每个省划分有地下水土建标段、地下水监测仪器标段等。第三,尽量划分公开招标标段。例如:本工程超过98%的标段为国内公开招标标段,只有信息系统安全等级保护测评、办公电脑设备等个别国家有特殊规定的建设内容,划分为指定目录邀标或政府采购标段。

(2)严把招标文件,规范审批流程。首先,优选招标代理机构。工程招标之前,各流域、各省级水文部门按招标要求筛选符合资质要求招标代理机构,签订代理协议,并上报项目法人备案。其次,严格招标文件编写。在招标之前,部项目办已经统一编制了《地下水土建工程招标文件指导书》《地下水监测仪器购置招标文件指导书》《信息源与业务软件开发招标文件指导书》,各流域、各省级水文部门按照统一的模板编制招标文件,既可以防止各地、各部门理解不到位,放宽投标要求引入不适当的投标人,或者过于严格的限制性条款排斥潜在投标人,招标文件编制人员可以专注于建设内容,快速优质地编制招标文件。招标文件初稿完成后,授权或委托管理单位先进行招标文件审核,之后,上报部项目办审批,只有部项目办正式批复后才能进行挂网,开展全国公开招标工作。

(3)全程监督,加强招标过程管理。首先,项目法人监察部门参与招标管理,部项目办和各级管理部门学习《招标投标法》《国家地下水监测工程招标投标实施办法》等。其次,加强审批流程监督管理,要求招标审批每一个环节都要留下印记,做到"谁审批、谁负责",也便于追根溯源,发现问题的源头。再次,严格开标环节监督。本工程标段开标前,管理单位将邀请纪律监察部门派人参加开标,监察人员参与开标现场、专家评审等环节的全程监督。

第 6 章　工程监理

工程监理是受建设单位委托,根据法律法规、工程建设标准、勘察设计文件及合同,对建设工程质量、进度、造价进行控制,对合同、信息进行管理,对工程建设相关方的关系进行协调,并履行建设工程安全生产管理法定职责的服务活动。推行工程建设监理制度,是我国深化基本建设体制改革,发展市场经济的重要措施,是我国与国际惯例接轨的一项重要制度,工程监理在工程建设中具有重要的作用。

由于国家地下水监测工程建设点多面广、建设周期短、专业种类多,单个监理公司人员数量、专业配备难以适应本工程要求。因此,项目法人将工程水利部分划分为两个监理标段,监理单位根据监理合同,依据监理规划和监理细则,结合工程特点实施质量控制、进度控制、投资控制、合同管理、信息管理和协调各方关系,通过分工合作,确保工程的顺利实施。

6.1　工程监理概述

我国自 1988 年实行工程建设项目监理制度以来,建立了一支为投资者提供工程管理服务的专业化监理队伍,打破了过去工程建设项目自筹、自建、自营的小生产管理状况,初步实现了工程管理与国际惯例的接轨。目前,我国正处于工业化加速阶段,各行业的建设需求巨大,且随着我国经济体制改革的深化和投资主体的多元化发展,工程项目规模的扩大和复杂程度的加深,市场对工程监理服务的需求日益增长。30 多年的风雨历程,监理行业在我国工程建设中起到了不可估量的作用,未来在建设工程领域也必将起到更大的作用。

6.1.1　工程监理的特点

建设工程监理是一种脑力和体力相结合的有偿技术服务。国际上通常把这类服务归为工程咨询或工程顾问服务。我国的建设工程监理属于业主方项目管理的范畴,建设工程监理的工作性质有以下几个特点:

(1)服务性。工程监理机构受业主的委托进行工程建设的监理活动,它提供的不是工程任务的承包,而是服务,工程监理机构将尽一切努力进行项目的目标控制,但它不可能保证项目的目标一定实现,也不可能承担由于其他原因导致的项目目标失控。

(2)科学性。工程监理机构拥有从事工程监理工作的专业人士——监理工程师,他们将应用所掌握的工程监理科学的思想、组织、方法和手段从事工程监理活动。

(3)独立性。指的是不依附性,它在组织上和经济上不依附于监理工作的对象(如施工单位、承包商、材料和设备的供货商等),否则它就不可能自主地履行其义务。

(4)公平性。工程监理机构受业主的委托进行工程建设的监理活动,当业主方和承包商发生利益冲突或矛盾时,工程监理机构应以事实为依据,以法律和有关合同为准绳,在维护业主的合法权益时,不损害承包商的合法权益,这体现了建设工程监理的公平性。

6.1.2 工程监理的基本原则

监理单位受业主委托对建设工程实施监理时,应遵守以下基本原则。

6.1.2.1 公正、独立、自主的原则

监理工程师在建设工程监理中必须尊重科学、尊重事实,组织各方协同配合,维护有关各方的合法权益。为此,必须坚持公正、独立、自主的原则。业主与承建单位虽然都是独立运行的经济主体,但他们追求的经济目标有差异,监理工程师应在按合同约定的权、责、利关系的基础上,协调双方的一致性。只有按合同的约定建成工程,业主才能实现投资的目的,承建单位也才能实现自己生产的产品的价值,取得工程款和实现盈利。

6.1.2.2 权责一致的原则

监理工程师承担的职责应与业主授予的权限相一致。监理工程师的监理职权,依赖于业主的授权。这种权力的授予,除体现在业主与监理单位之间签订的委托监理合同之中,而且应作为业主与承建单位之间建设工程合同的合同条件。因此,监理工程师在明确业主提出的监理目标和监理工作内容要求后,应与业主协商,明确相应的授权,达成共识后明确反映在委托监理合同中及建设工程合同中。据此,监理工程师才能开展监理活动。总监理工程师代表监理单位全面履行建设工程委托监理合同,承担合同中确定的监理方向业主方所承担的义务和责任。因此,在委托监理合同实施中,监理单位应给总监理工程师充分授权,体现权责一致的原则。

6.1.2.3 总监理工程师负责制的原则

总监理工程师是工程监理全部工作的负责人。要建立和健全总监理工程师负责制,就要明确权、责、利关系,健全项目监理机构,具有科学的运行制度、现代化的管理手段,形成以总监理工程师为首的高效能的决策指挥体系。

总监理工程师负责制的内涵包括:

(1)总监理工程师是工程监理的责任主体。责任是总监理工程师负责制的核心,它构成了对总监理工程师的工作压力与动力,也是确定总监理工程师权力和利益的依据。所以,总监理工程师应是向业主和监理单位所负责任的承担者。

(2)总监理工程师是工程监理的权力主体。根据总监理工程师承担责任的要求,总监理工程师全面领导建设工程的监理工作,包括组建项目监理机构,主持编制建设工程监理规划,组织实施监理活动,对监理工作总结、监督、评价。

6.1.2.4 严格监理、热情服务的原则

严格监理,就是各级监理人员严格按照国家政策、法规、规范、标准和合同控制建设工程的目标,依照既定的程序和制度,认真履行职责,对承建单位进行严格监理。

监理工程师还应当为业主提供全方位的服务,“应运用合理的技能,谨慎而勤奋地工作”。由于业主一般不熟悉建设工程管理与技术业务,监理工程师应按照委托监理合同的要求多方位、多层次地为业主提供良好的服务,维护业主的正当权益。但是,不能因此而一味向各承建单位转嫁风险,从而损害承建单位的正当经济利益。

6.1.2.5　综合效益的原则

建设工程监理活动既要考虑业主的经济效益，也必须考虑与社会效益和环境效益的有机统一。建设工程监理活动虽经业主的委托和授权才得以进行，但监理工程师应首先严格遵守国家的建设管理法律、法规、标准等，以高度负责的态度和责任感，既对业主负责，谋求最大的经济效益，又要对国家和社会负责，取得最佳的综合效益。只有在符合宏观经济效益、社会效益和环境效益的条件下，业主投资项目的微观经济效益才能得以实现。

6.1.3　工程监理相关法律法规

6.1.3.1　《建设工程质量管理条例》的相关规定

第三十六条　工程监理单位应当依照法律、法规以及有关技术标准、设计文件和建设工程承包合同，代表建设单位对施工质量实施监理，并对施工质量承担建立责任。

第六十七条　工程监理单位有下列行为之一的，责令改正，处50万元以上100万元以下的罚款，降低资质等级或者吊销资质证书；有违法所得的，予以没收；造成损失的，承担连带赔偿责任：

与建设单位或施工单位串通，弄虚作假、降低工程质量的；

将不合格的建设工程、建筑材料、建筑构配件和设备按照合格签字的。

第六十八条　违反本条例规定，工程监理单位与被监理工程的施工单位以及建筑材料、建筑构配件和设备供应单位有隶属关系或者其他利害关系承担该项建设工程的监理业务的，责令改正，处5万元以上10万元以下的罚款，降低资质等级或者吊销资质证书；有违法所得的，予以没收。

6.1.3.2　《建设工程安全生产管理条例》的相关规定

第十四条　工程监理单位应当审查施工组织设计中的安全技术措施或者专项施工方案是否符合工程建设强制性标准。

第二十三条　施工单位应当设立安全生产管理机构，配备专职安全生产管理人员。

第二十四条　建设工程实行施工总承包的，由总承包单位对施工现场的安全生产负总责。

6.1.3.3　《中华人民共和国建筑法》的相关规定

第三十二条　建筑工程监理应当依照法律、行政法规及有关的技术标准、设计文件和建筑工程承包合同，对承包单位在施工质量、建设工期和建设资金使用等方面，代表建设单位实施监督。工程监理人员认为工程施工不符合工程设计要求、施工技术标准和合同约定的，有权要求建筑施工企业改正。工程监理人员发现工程设计不符合建筑工程质量标准或者合同约定的质量要求的，应当报告建设单位要求设计单位改正。

第三十四条　工程监理单位应当在其资质等级许可的监理范围内，承担工程监理业务。工程监理单位应当根据建设单位的委托，客观、公正地执行监理任务。工程监理单位与被监理工程的承包单位以及建筑材料、建筑构配件和设备供应单位不得有隶属关系或者其他利害关系。工程监理单位不得转让工程监理业务。

6.1.3.4 建设行政管理部门关于监理的规章

《生产安全事故报告和调查处理条例》;

《北京市建设工程质量条例》2015 第 14 号;

《北京市建设工程见证取样和送检管理规定(试行)》京建质〔2009〕289 号;

《房屋建筑工程施工旁站监理管理办法》建市〔2002〕189 号;

《危险性较大的分部分项工程安全管理规定》住建部 37 号令;

危险性较大的分部分项工程的范围(建办质〔2018〕31 号);

超过一定规模的危险性较大的分部分项工程的范围(建办质〔2018〕31 号);

《关于加强基础管线施工防护和拆除工程施工安全监督的若干规定》(京建施〔2006〕256 号);

《建筑施工特种作业人员管理规定》(建质〔2008〕75 号);

《特种作业人员安全技术培训考核管理规定》(国家安全生产监督管理总局第 30 号令);

《建筑施工企业安全生产管理机构设置及专职安全生产管理人员配备办法》(建质〔2008〕91 号)。

6.2 工程监理的基本工作

6.2.1 工程监理的性质和依据

6.2.1.1 工程监理的性质

(1)工程监理单位是指依法成立并取得建设主管部门颁发的工程监理企业资质证书,从事建设工程监理与相关服务活动的服务机构,必须有建设单位的委托和授权方能开展监理业务。

(2)建设工程监理的性质具有服务性、独立性、公平性和科学性。

(3)工程监理单位不同于生产经营单位,既不直接进行工程设计和施工生产,也不参与施工单位的利润分成。

6.2.1.2 建设工程监理的依据

建设工程监理的依据包括有关的法律、法规、规章和技术标准及工程建设文件、建设工程监理合同和有关的建设工程合同。

6.2.2 工程监理与参建方的关系

(1)监理单位、建设单位、设计单位、施工单位都是建筑市场的主体,他们之间的相互关系是平等主体关系。

(2)建设单位与监理单位的关系是委托和被委托的合同关系,监理单位直接对建设单位负责,在监理业务中要维护其合法权益。在建设工程监理工作范围内,建设单位与施工单位之间涉及施工合同的联系活动,应通过工程监理单位进行。

(3)监理单位与施工单位的关系是监理与被监理的关系。监理单位与施工单位没有合同关系,通过监理合同和其他建设合同的约定,监理单位对施工单位实施监理。监理单位督促施工单位认真履行建设工程施工合同中规定的责任和义务,并维护施工单位的合法权益。

(4)监理单位与勘察、设计单位没有合同关系,在施工阶段属于协作关系;但在为建设单位提供工程勘察、设计阶段的相关服务时,与勘察设计单位是监理与被监理的关系。

6.2.3 监理工作启动

(1)工程开工前,项目监理机构应参加由建设单位主持的第一次工地会议,会后根据建设单位要求整理会议纪要,与会各方代表会签。

第一次工地会议应由建设单位主持,在工程正式开工前进行。参加会议人员应包括:①建设单位驻现场代表及有关职能人员;②施工单位项目经理部经理及有关职能人员、分包单位主要负责人;③项目监理机构主要监理人员。

(2)第一次工地会议的工作内容和要求包括:①建设单位负责人宣布项目总监理工程师并向其授权;②建设单位负责人宣布施工单位及其驻现场代表(项目经理部经理);③参会单位互相介绍各方组织机构、人员及其专业、职能分工;④施工单位项目经理汇报施工现场施工准备的情况及安全生产准备情况;⑤会议各方协商确定协调的方式,参加监理例会的人员、时间及安排;⑥其他相关事项;⑦会议纪要应由项目监理机构负责整理,与会各方代表会签。

(3)项目监理机构应参加建设单位主持的设计交底和图纸会审。设计交底和图纸会审记录由施工单位负责整理,项目监理机构应同建设单位、设计单位和施工单位共同签认。

(4)项目监理机构应向施工单位进行监理交底,明确相关合同约定以及监理工作依据、内容、程序和方法,以及施工报审和资料管理的有关要求,并形成交底记录。监理交底在第一次工地会议上进行的,交底记录可记入会议纪要。

监理交底参加人员:施工单位项目经理及有关职能人员、分包单位主要负责人;监理机构总监理工程师及有关监理人员,并由总监理工程师主持交底。

(5)监理交底的主要内容包括:①明确适用的国家及本市发布的有关工程建设监理的政策、法令、法规;②阐明有关合同中约定的建设单位和施工单位的权利和义务;③介绍监理工作内容,监理工作的程序、方法和要求;④确定监理例会和安全等专业例会的时间和参会人员;⑤项目监理机构应编写会议纪要,并经与会各方会签后及时发出;⑥监理交底可以根据工程的特点、规模、复杂程度、进度、环境等因素分阶段、分专业进行,监理交底应形成文字记录。

(6)项目监理机构应审核施工单位报审的施工组织设计文件,核查施工单位现场质量、安全生产管理体系的建立情况。现场质量管理体系具体核查内容应符合《施工现场质量管理检查记录》的要求,并可根据施工现场的情况补充。

(7)项目监理机构应核查开工条件,审查施工单位报送的开工报审资料,在工程开工报审表上签署意见,并签发《工程开工令》。

6.2.4 监理人员岗位职责

6.2.4.1 总监理工程师岗位职责

总监理工程师岗位职责主要是确定项目监理机构人员及其岗位职责;组织编制监理规划,审批监理实施细则;根据工程进展及监理工作情况调配监理人员,检查监理人员工作;组织召开监理例会;组织审核分包单位资格;组织审查施工组织设计、(专项)施工方案;审查开、复工报审表,签发工程开工令、暂停令和复工令;组织检查施工单位现场质量、安全生产管理体系的建立及运行情况;组织审核施工单位的付款申请,签发工程款支付证书,组织审核竣工结算;组织审查和处理工程变更;调解建设单位与施工单位的合同争议,处理工程索赔;组织验收分部工程,组织审查单位工程质量检验资料;审查施工单位的竣工申请,组织工程竣工预验收,组织编写工程质量评估报告,参与工程竣工验收;参与或配合工程质量安全事故的调查和处理;组织编写监理月报、监理工作总结,组织整理监理文件资料。

6.2.4.2 总监理工程师代表岗位职责

总监理工程师代表由总监理工程师在权限范围内委托授权。但总监理工程师不得将下列工作委托给总监理工程师代表:

(1)组织编制监理规划,审批监理实施细则;

(2)根据工程进展及监理工作情况调配监理人员;

(3)组织审查施工组织设计、(专项)施工方案;

(4)签发工程开工令、暂停令和复工令;

(5)组织验收分部工程;

(6)签发工程款支付证书,组织审核竣工结算;

(7)调解建设单位与施工单位的合同争议,处理工程索赔;

(8)审查施工单位的竣工申请,组织工程竣工预验收,组织编写工程质量评估报告,参与工程竣工验收;

(9)参与或配合工程质量安全事故的调查和处理。

6.2.4.3 专业监理工程师岗位职责

参与编制监理规划,负责编制监理实施细则;审查施工单位提交的涉及本专业的报审文件,并向总监理工程师报告;参与审核分包单位资格;指导、检查监理员工作,定期向总监理工程师报告本专业监理工作实施情况;检查进场的工程材料、构配件、设备的质量;验收检验批、隐蔽工程、分项工程、参与验收分部工程;处置发现的质量问题和安全事故隐患;进行工程计量;参与工程变更的审查和处理;组织编写监理日志,参与编写监理月报;收集、汇总、参与整理监理文件资料;参与工程竣工预验收和竣工验收。

6.2.4.4 监理员岗位职责

监理员岗位职责主要是根据分工或指派,参与巡视检查现场施工质量和安全文明施工情况;根据旁站方案的要求,实施旁站,填写并签署旁站记录;根据检测试验计划和见证计划,实施见证取样,填写并签署见证记录;检查施工单位投入工程项目的人力、主要设备的使用及运行情况;复核工程计量有关数据;检查重要工序施工结果;发现施工作业中的质量和安全问题应及时指出,并向专业监理工程师报告。

6.2.4.5　各级监理工程师签署意见的范围

(1)总监理工程师应在下列文件资料中签署意见:①监理规划、监理实施细则;②工程开工令、工程暂停令、工程复工令;③监理通知单、监理报告、工程款支付证书、见证人告知书;④施工现场质量管理检查记录、施工组织设计/(专项)施工方案报审表、工程开工报审表、施工进度计划报审表、工程复工报审表、工程临时/最终延期报审表、分包单位资质报审表、工程变更费用报审表、费用索赔报审表、监理通知回复单、分部工程质量验收报验表、单位工程竣工验收报审表;⑤工程竣工报告、单位工程质量评估报告、监理工作总结;⑥总监理工程师应签署的其他工程资料。

(2)总监理工程师代表在总监理工程师授权范围内的文件资料中代理总监理工程师签署意见。

(3)专业监理工程师应在下列文件资料中签署意见:①监理通知单;②施工组织设计/(专项)施工方案报审表、施工进度计划报审表、分包单位资质报审表、工程变更费用报审表、工程款支付报审表、监理通知回复单、工程定位测量记录、材料和构配件进场检验记录、设备开箱检验记录、隐蔽工程、检验批、分项工程质量验收记录;③平行检验记录;④专业监理工程师应签署的其他工程资料。

(4)监理员可在下列资料中签署意见:①旁站记录;②材料见证记录;③实体检验见证记录;④项目监理机构明确的其他应签署的工程资料。

6.2.5　监理规划与监理实施细则

6.2.5.1　一般规定

(1)监理规划应结合工程实际情况,明确项目监理机构的工作目标,确定具体的监理工作制度、内容、程序、方法和措施。

(2)监理实施细则应符合监理规划的要求,结合工程特点,具有可操作性。

6.2.5.2　监理规划

(1)监理规划可在签订建设工程监理合同及收到工程设计文件后由总监理工程师组织编制,并应在召开第一次工地会议前报送建设单位。

(2)监理规划编审应遵循下列程序:

①总监理工程师组织专业监理工程师编制。

②总监理工程师签字后由工程监理单位技术负责人审批。

③监理规划应包括的主要内容为:工程概况;监理工作的范围、内容、目标;监理工作依据;监理组织形式、人员配备及进退场计划、监理人员岗位职责;监理工作制度;工程质量控制;工程造价控制;工程进度控制;安全生产管理的监理工作;合同和信息管理;组织协调;监理工作实施。

④在实施建设工程监理过程中,如实际情况或条件发生变化而需要调整监理规划时,应由总监理工程师组织专业监理工程师修改,经工程监理单位技术负责人批准后报建设单位。

6.2.5.3 监理实施细则

针对专业性较强、危险性较大的分部分项工程,项目监理机构应编制监理实施细则。监理实施细则应在相应工程施工开始前由专业监理工程师编制,并报总监理工程师审批。

(1)监理实施细则的编制应依据相关资料,包括监理规划;工程建设标准、工程设计文件;施工组织设计、(专项)施工方案。

(2)监理实施细则应包括的主要内容为专业工程特点、监理工作流程、监理工作要点、监理工作方法及措施。

在实施建设工程监理过程中,监理实施细则可根据实际情况进行补充、修改,经总监理工程师批准后实施。

6.2.6 监理工作主要方法、手段及监理报告

6.2.6.1 主要方法

建设工程监理工作的主要方法包括:巡视、旁站、平行检验、见证取样及送检、检查验收(施工过程中)等。

6.2.6.2 主要手段

建设工程监理工作的主要手段主要包括监理指令、监理例会和专题会议。

1. 监理指令

监理指令一般包含工作联系单、监理通知、工程暂停令。

2. 监理例会和专题会议

监理例会由项目监理机构总监理工程师或总监理工程师代表主持。指定一名监理工程师在专用的记录表上进行记录,根据记录整理编写会议纪要。监理例会纪要的主要内容包括:

(1)会议时间及地点,会议主持人及参加会议人员。

(2)会议主要议题:检查上次监理例会议决事项的落实情况,分析未完事项的原因及应采取的措施,并明确各项措施实施的责任单位、责任人及时限要求;进展情况及有关问题,分析偏差及其原因,明确整改措施和完善要求;汇总材料、构配件和设备供应情况及存在的质量问题和改进要求;确定下一阶段进度目标,研究落实施工单位实现进度目标的措施;协商解决分包单位的管理及协调问题;确定工程变更及洽商中存在的主要问题;确定工程量核定及工程款支付中的有关问题的解决方法;沟通违约、争议、工程延期、费用索赔的情况及处理意见;听取和研究建设单位、施工单位提出的问题和对监理工作的意见;议决事项及其负责落实单位、责任人和时限要求。

(3)在监理例会纪要中尤其要记载,各方意见不一致的重大问题,应将各方的主要观点,特别是相互对立的意见详细记载。

会议纪要应及时编写,经总监理工程师审阅,与会各方代表会签后印发给各方签收,项目监理机构应作为监理资料归档存放。

专题会议是由总监理工程师近期授权的专业监理工程师主持或参加的,为解决监理过程中的工程专项问题而不定期召开的会议。会后应及时编写会议纪要并会签下发。

6.2.6.3 监理月报、监理报告、监理安全专题报告

1. 监理月报

(1)监理月报编制基本要求。总监理工程师组织编制监理月报,签署后报送建设单位和监理单位;监理月报应真实反映工程现状和监理工作情况,做到数据准确、重点突出、语言简练,并附必要的图表和照片。

(2)监理月报主要内容。包括工程概况;施工单位项目组织机构及人员动态;工程进度控制;工程质量控制;工程造价控制;材料、构配件、设备到场情况;合同其他事项管理;本期安全监理工作情况;气象记录;项目监理机构与工作统计;下期工作重点及建议等。

2. 监理报告

监理工作报告的主要内容包括工程概况、监理规划、监理过程、监理效果、经验与建议;其他需要说明或报告事项等。

3. 监理安全专题报告

在监理安全工作中,针对施工现场的安全生产状况,结合发出监理指令的执行情况,总监理工程师认为有必要时,可根据工程安全实际情况,编写书面监理安全专题报告,报建设单位或建设行政主管部门。

6.2.7 项目监理组成

(1)工程监理单位实施监理时,应在施工现场派驻项目监理机构。项目监理机构的组织形式和规模,可根据建设工程监理合同约定的服务内容、服务期限,以及工程特点、规模、技术复杂程度、环境等因素确定。

(2)项目监理机构的监理人员由总监理工程师、专业监理工程师和监理员组成,且专业配套、数量满足建设工程监理工作需要,必要时可设总监理工程师代表。

(3)工程监理单位在建设工程监理合同签订后,应及时将项目监理机构的组织形式、人员构成及对总监理工程师的任命书面通知建设单位。

(4)工程监理单位调换总监理工程师的,事先应征得建设单位同意;调换专业、监理工程师的,总监理工程师应书面通知建设单位。

(5)一名总监理工程师可担任一项建设工程监理合同的总监理工程师。当需要同时担任多项建设工程监理合同的总监理工程师时,应经建设单位同意,且最多不得超过三项。

6.3 工程监理控制

6.3.1 工程监理质量控制

6.3.1.1 施工准备质量控制

1. 施工组织设计审查的基本内容

项目监理机构应审查施工单位报审的施工组织设计,符合要求时,应由总监理工程师签认后报建设单位。施工组织设计审查应包括以下基本内容:

(1)编审程序应符合相关规定;

(2)施工进度、施工方案及工程质量保证措施应符合施工合同要求;

(3)资源(资金、劳动力、材料、设备)供应计划应满足工程施工需要;

(4)安全技术措施、危险性较大的分部分项工程专项施工方案应符合工程建设强制性标准;

(5)施工总平面布置应科学合理。

2. 施工组织设计审查的相关要求

项目监理机构对施工组织设计的审查,应符合《建筑工程施工组织设计管理规程》(DB11/T 363—2016)及《建筑工程资料管理规程》(DB11/T 695—2017)的相关要求。

1)施工组织设计的编制与审批

(1)群体工程或特大型项目应编制施工组织总设计,并应在开工前完成编制和审批。

(2)应由施工单位项目负责人主持编制,项目技术负责人组织编写。

(3)应由施工单位技术负责人审批。

(4)应报项目监理机构总监理工程师审批。

2)施工部署

施工部署应包括:部署原则;项目管理机构设置;质量、安全和绿色施工管理体系建立;工程重点、难点分析;主要施工方法;施工区域及任务划分;"四新"技术应用计划等内容。其中:

(1)部署原则应结合工程项目特点,阐述建设单位或承包单位在该项目实施过程中实现其预期目标的主导思想。

(2)项目管理机构设置应包括总承包单位在本项目的主要负责人姓名、职务、职称,部门设置及职责宜以框图的形式加以说明。

(3)质量、安全和绿色施工管理体系应明确该管理体系负责人及主要组成人员岗位、职责,宜以框图的形式加以说明。

(4)工程重点、难点应根据工程的具体情况分析确定,并提出针对性措施。

(5)主要施工方法应对项目涉及的单位工程、主要分部工程所采用的施工方法进行简要说明。

(6)施工区域及任务划分应根据发包范围对各施工单位的区域及任务划分进行描述,并在施工总平面图中标注。

(7)"四新"技术应用计划,应对工程施工中采用的新技术、新工艺、新材料、新设备提出使用及管理要求。

3. 总监签署施工组织设计审查意见的条件

总监理工程师应组织专业监理工程师审查施工单位报送的开工报审表及相关资料,同时具备以下条件的,由总监理工程师签署审查意见,报建设单位批准后,总监理工程师签发工程开工令:

(1)设计交底和图纸会审已完成。

(2)施工组织设计已由总监理工程师签认。

(3)施工单位现场质量、安全生产管理体系已建立,管理及施工人员已到位,施工机械具备使用条件,主要工程材料已落实。

(4)进场道路及水、电、通信等已满足开工要求。

4. 审核分包单位的资格

根据监理规范的要求,分包工程开工前,项目监理机构应审核施工单位报送的分包单位资质报审表。以法律、法规和投标文件,施工合同、设计文件等为依据,确认其符合性。

1)审核的标准

(1)营业执照。营业执照中的注册资金应满足投标文件和建设单位、施工单位的要求。

(2)企业资质等级证书。企业资质等级应符合分包单位承包的工程项目所需要的资质等级和范围限值;并符合招标文件约定。

2)审核安全生产许可文件

(1)安全生产许可证是否有效。

(2)安全生产许可证复印件应盖单位公章。

(3)专职安全员资格及配备数量。

3)特种作业人员资格

特种作业人员应具备相应资格。

4)审核程序的签认

(1)施工单位报送分包单位资格报审表,并附相关资料。

(2)专业监理工程师审查,对不符合要求的附件,要求重报,当相关资料符合要求后,填写专业监理工程师审核意见并签字。

(3)总监理工程师填写审核意见并签字。

5. 检查施工计量设备的检定报告及实验室

(1)检查施工计量设备的检定报告。专业监理工程师应审查施工单位定期提交的影响工程质量的计量设备的检定报告。审查内容包括:计量检定单位的资质、计量检定报告有效期限。审查合格予以签认。

(2)检查为本工程服务的实验室。专业监理工程师应检查为本工程服务的实验室,检查内容包括:实验室的资质等级及试验范围;法定计量部门对试验设备出具的计量检定证明;实验室管理制度;试验人员资格证书。

6. 检查进场的工程材料、构配件、设备的质量

1)现场检查工程材料外观质量

(1)根据外观质量的标准(国家标准、地方标准或企业标准)对材料外观质量进行检查;包括尺寸、规格、标牌、标识等。

(2)根据相关验收标准,对进场材料划分检验批及确定抽样数量。

2)检查质量证明文件

(1)检查施工单位所报的质量证明文件,包括产品的合格证、材料质量性能检测报告。

(2)查验国家标准规定的“3C”认证证明,设备及部件的型式检验报告。

3)复试和见证取样及送检

(1)监理人员应要求施工单位根据国家相关规定及标准要求抽取试件、样品,送有资质的实验室或检测单位进行复试检验。

(2)监理人员应根据建设工程监理合同约定,对用于工程的材料进行见证取样、送检。

(3)对已进场经检验不合格的工程材料、构配件、设备,应要求施工单位限期将其撤出施工现场,并检查撤出情况。

6.3.1.2 施工过程质量控制

1.常规检查

项目监理机构应检查施工单位现场的质量管理体系的运行情况,包括组织机构、管理制度、专职管理人员和特种作业人员的资格。检查内容包括:

(1)检查施工单位现场的质量管理组织机构是否健全,对其主要负责人、重要岗位的质量管理人员不符合相应配备标准、合同约定或未履职到岗的,应要求施工单位整改。施工单位逾期未改的,应经建设单位同意后下达《工程暂停令》。

(2)检查施工单位质量管理制度的落实情况,对未落实的,项目监理机构应下发《监理通知书》,要求施工单位整改。施工单位逾期未改有可能造成质量失控的,应经建设单位同意下达《工程暂停令》。

(3)对施工单位现场不称职的质量管理人员,项目监理机构可要求撤换。

(4)对于分包单位不履行相应的质量管理责任的人员,项目监理机构可建议更换。

(5)对特种作业人员资格不符合规定的人员,项目监理机构应要求整改。

2.监理巡视、旁站及平行检验

1)监理巡视

(1)巡视的要求。巡视时项目监理机构对施工现场进行的定期或不定期的检查活动。

监理人员应对施工现场进行有目的的巡视检查,及时纠正违规操作,发现质量、安全问题和隐患后,发出整改指令,验收整改效果,以实现有效控制。

(2)巡视的工作要点:

①检查过程施工按设计文件、工程建设标准和批准的施工方案施工情况;

②检查工程材料的进场、存放、报验情况;

③检查施工现场管理人员,特别是施工质量管理人员、安全管理人员到位情况;

④检查特种作业人员持证上岗情况;

⑤质量安全问题和隐患及处理情况。

巡视情况应记入监理日记,重大情况应报告总监理工程师并记入项目监理日志。

(3)巡视过程中发现问题的处理原则。发现施工单位有违反工程建设强制性标准或施工方案行为时,应要求施工单位立即整改;发现其施工活动已经或者可能危及工程质量或安全时,应当向总监理工程师报告,由总监理工程师下达局部暂停施工指令或者采取其他应急措施。

2）监理旁站

旁站是项目监理机构对施工现场关键部位或关键工序的施工质量进行的监督活动。

（1）旁站监理的范围。项目监理机构应根据工程特点和施工组织设计将影响工程主体结构安全的、完工后无法检测其质量的或返工会造成较大损失的部位及其施工过程作为旁站的关键部位、关键工序，在监理规划或监理实施细则中明确旁站范围。安排监理人员进行旁站。

（2）旁站监理人员的主要职责。

①检查现场质检人员到岗、特殊工种人员持证上岗情况；

②检查施工机械、材料准备情况；

③检查关键部位、关键工序的施工情况；

④检查工程建设强制性标准执行情况；

⑤检查发现问题的处理情况；

⑥做好旁站监理记录。

3）平行检验

项目监理机构应根据工程特点、专业要求，以及建设工程监理合同约定，对工程材料、施工质量进行平行检验。

对于施工过程中已完工程施工质量进行的平行检验应在施工单位自检的基础上进行，并应符合工程特点或专业要求及相关规定，平行检验的项目、数量、频率和费用等应符合建设工程监理合同的约定。

对平行检验不合格的工程材料、施工质量，项目监理机构应签发监理通知单，要求施工单位在指定的时间内整改，并重新报验。

3. 组织或参与工程过程验收

1）检验批的验收

（1）检验批的定义。检验批是按相同的生产条件或按规定的方式汇总起来供抽样检验用的，由一定数量样本组成的检验体。

（2）检验批的划分。分项工程可包含一个或若干个检验批。施工前，应由施工单位制订分项工程和检验批的划分方案，并由监理单位审核。

（3）检验批质量验收。检验批的验收应按主要控制项目和一般控制项目进行验收。检验批质量验收合格标准应符合下列规定：

①主要控制项目质量经抽样检验均应合格；

②一般控制项目（主要控制项目之外的其他项目）的合格率则应该达到80%以上。

（4）检验批验收程序和组织。

①施工单位应对检验批质量自检合格。

②专业监理工程师组织施工单位项目专业质量检查员、专业工长等进行验收。相关人员应到施工现场，依据设计文件和相关验收规范的要求进行检查，同时，还应检查相关检测资料、施工资料。当主要控制项目和一般控制项目均达到合格后，监理工程师给予签认，不符合合格条件的应进行整改，整改合格后重新验收。

2)隐蔽工程验收

(1)隐蔽工程是分项工程中的一个组成内容,隐蔽工程在隐蔽前应由施工单位通知监理单位进行验收,并应形成验收文件。

(2)隐蔽工程验收应当由监理工程师和施工单位质检员、工长等相关人员共同进行。

3)分项工程验收

(1)分项工程是分部(子分部)工程的组成部分,由一个或若干个检验批组成。一般按照主要工种、材料、施工工艺、设备类型等进行划分。施工前,应由施工单位制订分项工程划分方案,并由监理单位审核。

(2)分项工程质量验收合格应符合下列规定:所含检验批的质量均应验收合格,所含检验批的质量验收记录应完整。

(3)分项工程验收程序和组织要求。

①分项工程应由专业监理工程师组织施工单位项目专业技术负责人及相关质量管理人员进行验收;

②分项工程验收记录由施工单位项目技术负责人签字后,由专业监理工程师审核并签署验收结论。

4)分部工程验收

(1)分部(子分部)工程的划分。分部工程是单位工程的组成部分,一般按工程部位、专业性质等划分,在国家标准中明确给出了单位工程所包含的分部工程的名称和数量。

当分部工程较大或较复杂时,可按材料种类、施工特点、施工程序、专业系统及类别等将分部工程划分为若干子分部工程。

(2)分部工程验收程序和组织。

①分部工程应由总监理工程师组织施工单位项目负责人和项目技术、质量负责人等进行验收。勘察、设计单位项目负责人和施工单位技术、质量部门负责人应参加地基和基础分部工程的验收;设计单位项目负责人和施工单位技术、质量部门的负责人应参加主体结构、节能分部工程的验收。

②分部工程的观感质量应由验收人员现场检查,并应共同确认。

(3)分部工程验收合格标准:

①分部(子分部)工程所含分项工程的质量均应验收合格;

②质量控制资料应完整;

③有关安全、节能、环境保护和主要使用功能等的抽样检验结果应符合相关规定;

④观感质量应符合有关专业验收规范的规定。

6.3.1.3 竣工验收质量控制

1.工程竣工预验收

工程竣工预验收是在单位工程竣工验收前,项目监理机构的一项保障性工作,监理机构组织专业监理工程师对单位工程已完成项目进行全面质量检查,对质量缺陷、未完成项逐一对照设计图纸和相关规范落实,检查后,列出整改清单,要求施工单位进行整改。整改后,监理机构可逐一销项。监理预验收的目的,是最后一次全面把关,保证单位工程符合竣工验收条件。

1)工程竣工预验收流程

(1)单位工程完成后,施工单位应组织有关人员依据验收规范、设计图纸等进行自检,对检查结果进行评定并进行必要的整改。同时,施工单位应填写单位工程竣工预验收报验表报项目监理机构,申请工程竣工预验收。

(2)总监理工程师组织项目监理机构专业监理工程师与施工单位有关人员对工程质量进行竣工预验收;发现存在质量问题时,应要求施工单位及时整改。整改完毕后,总监理工程师签署预验收报验表,同时编写工程质量评估报告报建设单位;由施工单位向建设单位提交工程竣工报告和完整的质量控制资料,申请建设单位组织竣工验收。

2)编制工程质量评估报告

工程竣工预验收合格后,总监理工程师组织专业监理工程师编写工程质量评估报告,经总监理工程师签字并报监理单位技术负责人审核签认后,报送建设单位。

工程质量评估报告应包含以下内容:

(1)工程概况;

(2)工程各参建单位;

(3)工程质量验收情况;

(4)工程质量事故及处理情况;

(5)竣工资料审查情况;

(6)工程质量评估结论。

2. 单位工程竣工验收

1)工程竣工验收程序

(1)建设单位收到施工单位编制的工程竣工报告和总监理工程师签署的预验收报验表后,由建设单位项目负责人组织勘察、设计、施工、监理等单位项目负责人共同进行单位工程验收,事前应通知质量监督部门参加;施工单位项目技术、质量负责人和监理单位的总监理工程师应参加验收(在一个单位工程中,对满足生产要求或具备使用条件,施工单位自行检验,监理单位已预验收的子单位工程,建设单位可组织进行验收。由几个施工单位负责施工的单位工程,当其中的子单位工程已按设计要求完成,并经自行检验,也可按规定的程序组织正式验收,办理交工手续)。

(2)验收合格,各方在《单位(子单位)工程质量竣工验收记录》上签字并加盖单位公章(在整个单位工程进行验收时,已验收的子单位工程验收资料应作为单位工程验收的附件)。

2)单位工程质量验收合格标准

(1)所含分部或子分部工程的质量均应验收合格;

(2)质量控制资料应完整;

(3)所含分部工程中有关安全、节能、环境保护和主要使用功能等的检验资料应完整;

(4)主要使用功能的抽查结果应符合相关专业验收规范的规定;

(5)观感质量应符合要求,观感质量检查须由参加验收的各方人员共同进行,最后共同协商确定是否通过验收。

6.3.2　工程监理工期控制

工程监理对工期控制主要分为事前控制、事中控制和事后控制三个阶段,各阶段分别采用不同的方法和手段对工程工期进行把控。

6.3.2.1　工期的事前控制方法

(1)收集施工招投标文件、施工合同中有关进度方面的资料:施工招投标文件、施工合同中有关进度方面的规定是进度控制的依据,这方面的内容必须收集齐全并加以贯彻实施。

(2)了解与工程建设有关的场地周围道路运输、劳力资源、原材料供应、施工期间的气候条件等。

(3)编制施工阶段进度控制监理实施细则:这是现场监理人员实施进度控制的具体作性文件,内容包括本工程施工阶段进度控制的特点;施工阶段进度控制目标分解(包括进度控制的节点和目标值),施工阶段进度控制的主要内容和深度,进度控制人员的职责和分工;与进度控制有关各项工作的时间安排与工作流程;进度控制采取的具体措施;进度控制方法(包括进度检查日期、收信数据方式、进度报表形式、统计分析方法等):进度目标实现的可能性及风险分析;尚须注意和尚待解决的有关问题。

(4)审核单位工程施工进度计划,施工单位应在工程开工前报送单位工程施工进度计划,专业监理工程师对进度计划进行分析,确认其可行并满足要求后,由总监理工程师审批执行。单位工程施工进度计划审核的内容主要包括:进度计划是否符合合同要求;主要工程项目有无遗漏;总、分包单位的进度计划是否协调;施工顺序的安排是否符合施工工艺的要求;工期是否进行了优化,进度是否安排合理;劳动力、材料、机械设备等供应能否满足进度需要,供应是否连续均衡,该进度计划是否与其他进度计划协调;对由业主提供的施工条件,施工单位在施工进度计划中所抽出的供应时间和数量是否明确、合理,是否有因业主违规而导致工程延期和费用索赔的可能。

(5)进行进度计划系统的综合:进度控制监理工程师对施工单位提交的单位工程施工进度计划审核后,将着重解决各单位工程、施工进度之间、施工进度计划与资源(包括资金设备、机具、材料及劳动力)保障计划之间及外部协作条件的延伸性计划之间的综合平衡与相互衔接问题,然后把各个单位工程施工进度计划综合成一个多阶段群体的施工总进度计划,以利总体控制。

(6)按月、周编制工程实施计划:根据总进度计划的安排,施工单位应编制月进度计划,并根据月计划编制周计划,作为施工单位近期执行的指令性计划,以保证总进度计划的实施。

(7)审核施工前段时间的主要材料和设备供应计划,协助业主制定由业主提供的材料和设备的供应计划:因本工程工期十分紧迫,因此要求施工前段时间主要材料和设备的供应必须考虑周全,并报计划经总监理工程师审核后实施,以确保材料设备的供应必须考虑周全,并报计划经总监理工程师审核后实施,以确保材料设备的供应与进度计划相互协调一致;对业主提供的材料和设备,项目监理部应协助制订供应计划,并控制其实施,使其满足施工要求,避免因业主材料和设备供应的不及时而引起索赔。

(8)适时发布开工令:监理工程师根据施工单位和业主关于工程开工的准备情况,选择合适的时机及时发布工程开工令。如果开工令发布拖延,就等于推迟了竣工时间,甚至可能引起施工单位的索赔。为了检查双方的准备情况,监理工程师应提醒业主按照合同规定,及时提供施工用地,同时还应当完成法律法规及财务方面的手续,以便能及时向施工单位支付工程款。施工单位应将开工所需要的人力、材料及设备等准备好。

6.3.2.2　工期的事中控制方法

(1)协助施工单位实施进度计划,随时把握施工进度计划的关键控制点,掌握进度实施的动态。

(2)及时检查和审核施工单位进度统计分析资料和进度控制报表。

(3)严格进行进度检查:为了了解施工进度的实际情况,避免施工单位谎报工程量的情况,监理工程师需进行必要的现场跟踪检查,检查现场工作量的实际完成情况,并进行记录,为进度分析提供可靠的数据资料。

(4)对收集的进度数据进行整理和统计,并将计划与实际进行比较,从中发现是否出现进度偏差,当发现实际进度滞后于计划进度时,应进行工程进度预测并签发监理通知指令施工单位采取调整措施并监督实施;当实际进度严重滞后于计划进度时,由总监理工程师与业主商定后采取进一步措施。

(5)定期向业主汇报工程实际进度情况,近期提供必要的进度报告。

(6)定期召开由业主、施工单位、监理单位三方参加的协调会议,及时协调有关各方关系,使工程顺利进行。

(7)核实已完工程量,及时签发应付工程进度款。

6.3.2.3　工期的事后控制方法

(1)制定保证总工期不突破的措施。

(2)制定总工期被突破的补救措施。

(3)根据已实施的施工进度,及时修改和调整进度计划和监理工作计划,以保证下一阶段工作顺利开展。

(4)及时组织验收工作,确保后续工作的顺利进行。

(5)按合同和有关法律法规的规定处理工程索赔。

(6)整理工程进度资料,施工过程中的工程进度资料一方面为业主提供有用信息,另一方面也是处理工程索赔必不可少的资料,必须认真整理,妥善保存。

6.3.3　工程监理投资控制

通过《监理工作联系单》与业主、承包单位沟通信息,提出工程投资控制的合理化建议,避免造成对业主的索赔。

6.3.3.1　工程投资与工程进度款支付控制目标

将工程造价控制在业主投资计划确定的目标范围内,杜绝不符合合同规定的工程造价发生。通过采取确实可行的措施及科学的方法确保投资控制目标的实现。根据工程招标文件、答疑纪要、施工合同、工程量清单、设计图纸、现场签证等文件,监理工程师负责量的核对,造价工程师负责量价的计量,总造价师负责最终量价的确定,确保工程的最终造价控制在中标价与合同规定的可调整价之和范围内。

6.3.3.2 工程投资与工程进度款支付控制方法

(1)熟悉设计图纸、设计要求、招标文件,分析合同价构成因素,详细分析中标施工单位的报价,寻找掌握工程费用最易突破部分和环节。

(2)预测工程风险及可能发生索赔的诱因,制定防范性对策,减少向业主索赔的情况发生。

(3)重视施工图纸的会审工作:通过认真会审图纸,全力发现图纸中存在的错、漏、碰、缺等毛病,消除质量隐患,减少设计变更。

(4)用技术经济的观点,从造价优化的角度,评定、完善施工方案。

(5)认真办理现场技术经济签认工作:现场签认涉及的面较宽,如二次搬运、隐蔽工程、材料代换、施工条件变化、停水停电、排水抗洪、设计变更等,监理工程师应亲自核验,并由总监理工程师与业主共同签认。

(6)严格控制设计变更,对每一项设计变更进行技术经济分析,设计变更是施工阶段影响工程投资的主要因素之一,因此正确处理好设计变更与投资控制的关系,规范设计变更的程序。

(7)严格工程价款计量支付程序,认真做好已完工程量的验收计量工作,避免因计算方法的改变而引起工程量的增加;按合同规定,及时提醒业主向施工单位支付进度款,避免因进度款支付滞后造成索赔的条件同时要求施工单位申报用款计划,协助业主按计划组织资金。注意资金的时间效益,应避免资金过早投入,以减少利息支付。

(8)做好预(结)算的审核工作。

(9)重视施工承包合同的管理,确保业主的合法权益不受损害。

6.3.3.3 投资控制的措施

1.投资控制的组织措施

(1)建立健全监理组织,完善职责分工及有关制度,落实投资控制的责任。

(2)编制本阶段投资控制工作计划和详细的工作流程图。

(3)建立工程款计量和支付制度、工程变更和签证监理工作制度,工程计量由专业监理工程师负责技术审核,造价工程师负责套价和取费的审核,最后由总监审核签字的三级责任制。

(4)使工程费用及工程进度始终处于受控状态。对未按期完成的工程量,不予下一步支付。

(5)若建设单位同意,建立工程必须经建设单位和监理双方人员签字方为有效的制度。

(6)建立工程造价三级审核制,即现场监理工程师进行量的实物计量,造价工程师进行量价的计量,总造价师进行量价的最终计量。

2.投资控制的技术措施

(1)对施工图纸进行自审,找出工程施工中工程费用容易突破的环节,在实施过程中加以预防。

(2)熟悉设计图纸和设计要求,针对量大、质高、价款波动大的材料的涨价预测,采取对策,减少承包方提出索赔的可能。

(3)审核施工组织设计、施工方案和施工进度计划,对主要施工方案进行技术经济分析评价,选择最经济、合理的措施。

(4)督促承包单位按批准的进度计划完成工程量。

(5)对甲供材料协助业主确定供应厂家,对承包单位供应的材料、设备,严格按设计要求进行核对,确定合理价格,并督促按时供应交货。

(6)认真做好施工过程的隐蔽签认与原始记录工作,为准确确定工程造价的变更提供可靠的依据。

(7)对工程变更进行技术经济比较,严格控制工程变更。

(8)按合理工期组织施工,避免不必要的赶工费。

3. 投资控制的经济措施

(1)编制资金使用计划,确定、分解与进度相一致的投资控制目标。

(2)严格进行工程计量与进度款支付。依据施工合同约定的工程量计算规则、施工图纸和进度款支付原则进行工程量计量和进度款支付;所有计量的工程必须经过监理工程师质量评定,取得质量合格证明;以设计图纸规定的建筑物几何尺寸进行计量;工程计量支付遵循工程量清单计量规定和计量支付条款的规定。

(3)审核工程付款支付申请单,签发付款证书。

(4)在施工过程中进行投资跟踪控制,定期进行投资实际支出值与计划目标值的比较;发现偏差,分析产生偏差的原因,采取纠偏措施。

(5)对未按期完成的进度支付款,采取处罚手段。

(6)对工程施工过程中的投资做好分析与预测,经常或定期向业主提交项目投资控制及其存在问题的报告。

4. 投资控制的合同和信息措施

(1)协助建设单位签订一个好的合同,合同中涉及投资的条款,字斟句酌,不出现不利于建设单位的条款。在施工合同中,承包范围、结算方式、政策性调整等帮助业主写明、写清楚,并参与合同修改,补充工作。

(2)做好工程施工记录,保存各种文件图纸,特别是对有实际施工变更情况的图纸,注意积累素材,为正确处理可能发生的索赔提供依据。参与处理索赔事宜。

(3)按合同条款支付工程款,防止过早、过量的现金支付。提醒业主及时、全面履约,减少对方提出索赔的条件和机会,正确地处理索赔等。

(4)收集有关投资信息,进行动态分析比较,提供给建设单位,为业主提供决策依据。

6.3.3.4　进度款支付控制措施

1. 认真核定施工单位提交的工程计量申报材料

(1)工程计量应是经专业监理工程师质量验收合格的工程量,不合格的不予计量。

(2)工程计量清单应是施工合同约定的工程量清单,合同外的不予计量。

(3)专业监理工程师应进行现场计量,按施工合同的约定审核工程量清单,并报总监理工程师审定。

2. 核定施工单位报来的合同项目进度款支付申请表

(1)按照施工合同约定的工程进度款支付条件进行审核。

(2)总监理工程师审定、签署工程款支付证书,并报建设单位。

6.3.3.5 投资控制的方法

投资控制是管理过程中的工作重点,在施工阶段进行投资控制的基本原则是把计划投资额作为工程项目投资的目标值,把工程项目建设进展情况的实际支出额与工程投资目标进行比较,找出两者之间的偏差,并提出切实可行的措施加以控制。为此,监理需要通过如下方法,做好投资控制的监理工作:

(1)依据工程图纸、概预算、合同的工程量、进度计划建立工程量台账。

(2)熟悉每份施工合同条款内容,把握合同价计算、调整及付款方式。

(3)审核承包单位根据进度计划编制的工程项目各阶段、月度资金使用计划,提出合理的资金使用计划和措施。

(4)通过图纸自审,熟悉设计图纸,审核施工组织设计及施工方案,进行风险分析,找出工程投资最易突破的部分、最易发生费用索赔的原因及部位,制定造价预控对策。

(5)在施工阶段严格审查控制施工过程的新增费用,对涉及停工、用工、赶工材料代用、材料调价、变更等费用的签证,认真调查研究、精确计算。

(6)经常检查工程计量和进度款支付的情况,对实际发生值与计划控制值进行分析、比较、控制。

(7)严格规范进行工程计量和进度款支付的程序和时限要求,定期向业主提供造价控制报表。

①详细记录施工过程中进度、质量变更引起的有关造价控制的问题,预先与业主沟通。

②在保证质量及进度的前提下,对承包单位填报的工程量清单和工程款支付申请表,按施工合同的约定,由监理工程师进行现场计量、造价工程师进行审核,报总监理工程师审定后,总监理工程师签署工程款支付证书报业主支付。

(8)通过《监理工作联系单》与业主、承包单位沟通信息,提出工程投资控制的合理化建议,避免造成对业主的索赔。

(9)及时审核完成竣工结算:

①工程竣工验收合格后,要求承包单位在规定的时间内向项目监理部提交竣工结算资料。

②项目监理部及时按施工合同的有关规定进行竣工结算审核,公正的处理费用索赔,并对竣工结算的最终造价与承包单位、业主进行沟通。取得一致后,报业主审定。

③督促业主及时按合同约定与承包单位办理竣工结算有关事项。

(10)对缺陷责任期的资金使用实行控制。

6.4　工程监理资料管理

6.4.1　资料管理基本规定

工程监理资料管理应符合下列基本规定：

(1)工程资料必须真实反映工程建设过程和工程质量的实际情况,并应与工程质量的实际情况、工程进度同步形成、收集和整理。工程资料严禁伪造或故意撤换。

(2)工程资料应字迹清晰、内容齐全,并由相关人员签字;需要加盖印章的,应有相关印章。

(3)工程各参建单位应确保各自资料的真实、准确、完整、有效,并具有可追溯性;由多方共同形成的资料,应分别对各自所形成的资料内容负责。

(4)工程资料应为原件。当为复印件时,应加盖复印件提供单位的印章,注明复印日期,并有经手人签字。

(5)工程各参建单位应及时对工程资料进行确认、签字和传递。

(6)工程各参建单位应在合同中对工程资料的编制要求、套数、费用和移交期限等做出明确约定。合同中对工程资料的技术要求不应低于资料管理规程的规定。

(7)工程竣工图应由建设单位组织编制,也可委托施工、监理或者设计等单位编制。

(8)建设单位应在工程竣工验收前,提请城建档案管理部门对工程档案进行预验收,取得《建设工程竣工档案预验收意见》。列入城建档案管理部门接收范围的工程档案,应在工程竣工验收后六个月内移交。

(9)由建设单位采购供应的建筑材料、构配件和设备,建设单位应当组织到货验收,并向施工单位出具检验合格证明等相应的质量证明文件。

(10)专业承包施工单位应按资料规程的要求,形成专业承包范围内的施工资料,需要报审报验的资料交由总承包单位审核确认,并由总承包施工单位报项目监理机构审批。

专业承包工程完成后,应将所形成的工程资料整理后交给总承包施工单位,由总承包施工单位汇总后交给建设单位。

6.4.2　监理资料

监理资料是监理单位在工程建设监理活动过程中所形成的书面和电子的文字及图像影像资料。

6.4.2.1　监理文件资料

监理文件资料应包括以下主要内容：

(1)勘察设计文件、建设工程监理合同及其他合同文件；

(2)监理规划、监理实施细则；

(3)设计交底和图纸会审会议纪要；

(4)施工组织设计、(专项)施工方案、施工进度计划报审文件资料；

(5)分包单位资格报审文件资料；

(6)施工控制测量成果报验文件资料;

(7)总监理工程师任命书,法定代表人授权书、质量终身责任承诺书、工程开工令、工程暂停令、工程复工报审表、工程复工令、开工和复工报审文件资料;

(8)工程材料、构配件、设备报验文件资料;

(9)见证取样和平行检验文件资料;

(10)工程质量检查报验资料及工程有关验收资料;

(11)工程变更、费用索赔及工程延期文件资料;

(12)工程计量、工程款支付文件资料;

(13)监理通知单(监理通知回复单)、工作联系单与监理报告;

(14)第一次工地会议、监理例会、专题会议等会议纪要;

(15)监理月报、监理日志、旁站记录;

(16)有关施工安全审核资料;

(17)工程质量评估报告及竣工验收监理文件资料;

(18)工程质量评估报告及竣工验收监理文件资料;

(19)监理工作总结。

6.4.2.2 监理日志、监理月报、监理工作总结

监理日志、监理月报、监理工作总结的主要内容:

(1)监理日志应包括以下主要内容:天气和施工环境情况;当日施工进展情况;当日监理工作情况(包括旁站、巡视、见证取样、平行检验等情况);当日存在的问题及协调解决情况;其他有关事项。

(2)监理月报应包括以下主要内容:本月工程实施情况;本月监理工作情况;本月施工中存在的问题及处理情况;下月监理工作重点。

(3)监理工作总结应包括以下主要内容:工程概况;项目监理机构;建设工程监理合同履行情况;监理工作成效;监理工作中发现的问题及其处理情况。

6.4.2.3 监理例会参加单位及人员

(1)总监理工程师、总监理工程师代表及有关专业监理工程师;

(2)施工单位项目监理、技术负责人、安全负责人及相关人员,分包单位项目负责人及相关人员;

(3)建设单位代表及相关人员;

(4)必要时可邀请设计单位、设备供应厂商、第三方监测单位、第三方监测单位等相关单位代表参会。

6.4.2.4 监理例会的程序及主要内容

(1)施工单位汇报上次例会的议决事项完成情况,未完成事项的原因及将采取的措施;

(2)施工单位汇报上次例会以来的进度、质量和安全生产情况,对存在的问题进行原因分析及采取的措施;

(3)施工单位通报下周进度计划、质量和安全工作重点及措施,并提出需要协调解决的事宜;

(4)材料、设备和构配件的供应情况及存在的问题及改进措施；
(5)分包单位的管理及协调问题；
(6)建设工程施工合同执行中遇到的问题及处理措施；
(7)项目监理机构指出施工中存在的问题,并提出要求；
(8)建设单位协调解决需要处理的问题,并提出要求；
(9)本次例会决议事项,包括决议事项的执行人及完成时限；
(10)其他有关事项。

6.4.3　报审报验资料

报审报验资料包括施工单位报审报验的施工资料和施工中监理需要报审报验的文件资料。

(1)施工单位报审报验的施工资料包括的主要项目有:施工组织设计、施工方案及专项施工方案;分包单位资质报审资料;施工控制测量成果报验资料;施工进度计划报审资料,工程开复工及工程延期资料;工程材料、设备、构配件报验资料;工程质量检查报验资料及工程有关验收资料;图纸会审记录、工程变更、费用索赔资料;工程款报审资料;施工现场安全报审资料;监理通知回复单、工作联系单等。

(2)施工中涉及监理工作主要报审报验文件包括:施工组织设计报审文件;施工方案报审文件;专项施工方案报审文件;施工进度计划报审文件;分包单位资质报审文件;工程开工报审表;工程复工报审表;工程变更报审文件;费用索赔报审文件;工程延期报审文件;工程款报审文件;施工控制测量成果验收文件;工程材料、检验批、分项工程报验文件;分部工程报验文件;单位工程竣工预验收报验文件;单位工程竣工报验文件。

6.4.4　工程资料案卷编制要求

工程资料案卷的编制应符合下列基本要求:

(1)工程资料的内容必须真实地反映工程竣工后的实际情况,具有永久和长期保存价值的文件材料,必须完整、准确、系统,各种程序责任者的签章手续必须齐全。

(2)工程资料必须使用原件,如有特殊原因不能使用原件的,应在复印件或抄件上盖章并注明原件存放处。

(3)工程资料的签字必须使用档案规定用笔。工程资料应采用打印的形式并手工签字。

(4)工程档案应为原件,采用耐用性强、韧力大的纸张。其编制和填写必须适应档案微缩管理和计算机输入的要求。

(5)凡采用施工蓝图改绘竣工图的,必须利用反差明显的新图,修改后的竣工图必须图面整洁、图样清晰,文字材料字迹工整、清楚。

(6)工程档案的微缩制品,必须按国家微缩标准进行制作,主要技术指标(解像力、密度、海波残留量等)要符合国家标准,保证质量,以长期安全保管。

(7)工程照片(含底片)及声像档案,要求图像清晰,声音清楚,文字说明内容准确。

6.4.5 监理资料归档管理

监理文件资料的归档管理应符合下列规定:

(1)应按单位工程及时整理、分类汇总,并按规定组卷,形成监理档案。

(2)工程监理单位应根据工程特点和有关规定,保存监理档案,并应及时向有关单位、部门移交需要存档的监理文件资料。

监理文件资料保存的年限要求:

(1)安全生产管理相关监理文件资料。安全生产管理相关监理文件资料一般应保存到单位工程竣工验收完成后,工程竣工移交后相应资料可以不再保存(发生安全事故的项目除外)。

(2)质量控制相关监理文件资料:

①材料、设备构配件报验资料一般应保存到单位工程竣工验收完成后。

②隐蔽工程检验批、分项工程过程质量控制资料一般应保存到单位工程竣工验收完成后。

③子分部、分部工程资料一般应保存到单位工程竣工验收完成后5年。

④中标通知书、建设工程监理合同、单位工程竣工验收记录等业绩证明类资料一般保存10年。

⑤有明确存档单位资料,工程监理单位可只保存相关台账。

⑥永久保存资料由工程监理单位依据国家有关规定自行确定。

(3)造价控制相关监理文件资料:

①造价控制相关监理文件资料一般保存到竣工结算完成后2年。

②工程监理单位对于造价控制认为有必要较长时间保存的,由工程监理单位自行确定保存时间。

6.5 国家地下水监测工程监理

国家地下水监测工程(水利部分)建设具有投资大、技术含量高、点多面广、建设周期短的特点,为保证工程的有效性、安全性和可靠性,项目法人将工程监理大致划分为北方片和南方片两个监理标段,由两个工程监理单位联手合作,从专业化的第三方角度来保证工程的顺利实施。

6.5.1 监理合同任务

项目法人通过全国公开招投标方式确定工程监理公司,两家监理公司的主要任务如下:

(1)北方片监理公司负责15个省级(含新疆生产建设兵团)监测中心,139个地市级分中心,6 924 个国家级地下水监测站,监测数据全部实现自动采集与传输,全部监测站均具有水质监测功能,其中 60 个有代表性的监测站开展水质自动监测。涉及北京、天津、河北、山西、河南、陕西、甘肃、青海、新疆、宁夏、黑龙江、吉林、辽宁、内蒙古等 14 省(区、市)和新疆生产建设兵团。

(2)南方片监理公司负责 1 个国家地下水监测中心(水利部分),7 个流域监测中心,17 个省级监测中心,141 个地市级分中心,3 219 个国家级地下水监测站,监测数据全部实现自动采集与传输,全部监测站均可进行水质监测,其中 40 个有代表性的监测站开展水质自动监测。涉及安徽、江苏、山东、湖北、湖南、江西、重庆、四川、贵州、云南、西藏、上海、浙江、福建、广东、广西、海南等 17 省(区、市),以及国家地下水监测中心(水利部分)和 7 个流域中心。

6.5.2 监理工作

6.5.2.1 监理工作依据

国家地下水监测工程(水利部分)监理工作的依据是国家法律、行业规章制度、标准规范,以及本工程相关要求规定、工程文件等。具体如下:

(1)国家法律法规。《中华人民共和国水法》《中华人民共和国水文条例》《中华人民共和国安全生产法》《中华人民共和国合同法》《中华人民共和国招标投标法》《中华人民共和国环境保护法》。

(2)行业规章制度、标准规范。《建设工程监理范围和规模标准规定》《水利工程建设监理规定、水文基础设施项目建设管理办法》《水利工程施工监理规范》(SL 288—2014)、《地下水监测规范》(SL 183—2005)、《地下水监测站建设技术规范》(SL 360—2006)、《水工建筑物与堰槽测流规范》(SL 537—2011)、《机井技术规范》(GB/T 50625—2010)、《机井井管标准》(SL 154—2013)、《水文基础设施建设及技术装备标准》(SL 276—2002)、《水质数据库表结构及标识符》(SL 325—2014)、《水文监测数据通信规约》(SL 651—2014)、《水文自动测报系统技术规范》(SL 61—2015)、《地下水数据库表结构及标识符》(SL 586—2012)、《水文地质术语》(GB/T 14157—1993)、《建筑装饰装修工程质量验收规范》(GB 50210—2001)、《建筑地面工程施工质量验收规范》(GB 50209—2002)、《民用建筑工程室内环境污染控制规范》(GB 50325—2001)、《建筑内部装修设计防火规范》(GB 50222—95)、《建设工程监理规范》(GB/T 50319—2013)、《建筑抗震加固技术规程》(JGJ 116—2009)、《工程结构加固材料安全性鉴定技术规范》(GB 50728—2011)、《碳纤维片加固混凝土结构技术规程》)(CECS146:2003,2007 年版)、《混凝土结构后锚固技术规程》(JGJ 145—2013)、《混凝土结构加固技术规范》(CECS25:90)、《钢筋混凝土结构外粘钢板加固技术规程》(DB 42/2003—2000)、《混凝土结构工程施工及验收规范》(GB 50204—2015)、《建筑结构加固工程施工质量验收规范》(GB 50550—2010)、《细水雾灭火系统设计、施工、验收规范》(DBJ01-74—2003)、《压力管道规范-工业管道》(GB/T

20801—2006)、《屋面工程技术规范》(GB 50345—2012)、《通风与空调工程施工质量验收规范》(GB 50243—2002)、《气体灭火系统施工及验收规范》(GB 50263—2007)、《软件系统验收规范》(GB/T 28035—2011)。

(3)本工程相关规定要求。国家地下水监测工程(水利部分)项目建设管理办法、国家地下水监测工程(水利部分)项目建设资金使用管理办法、国家地下水监测工程(水利部分)项目廉政建设办法、国家地下水监测工程(水利部分)初步设计报告及分省初步设计报告、本项目监测井建设设备采购和服务招标文件及澄清补遗文件等。

(4)工程文件:本项目监理人和承包商的投标文件、本项目委托人与监理人、承包商所签订的合同;改造加固、装修设计图纸等设计文件;国家地下水监测工程(水利部分)监理规划及细则。

6.5.2.2　监理工作程序

(1)施工准备阶段的监理工作程序见图6-1。

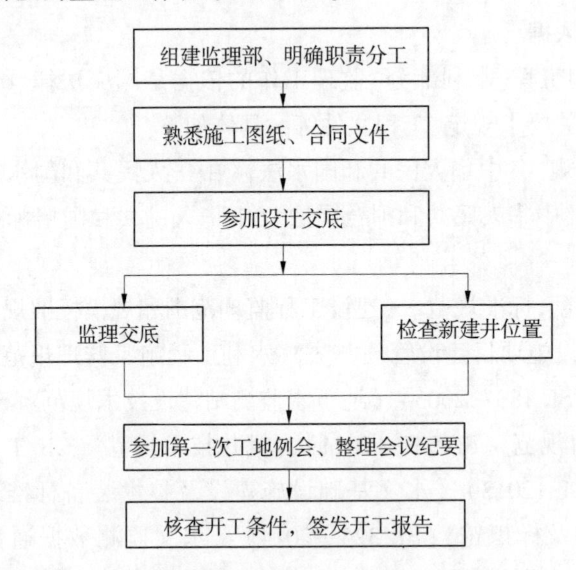

图6-1　施工准备阶段的监理工作程序

(2)工程材料、构配件和设备质量控制基本程序见图6-2。

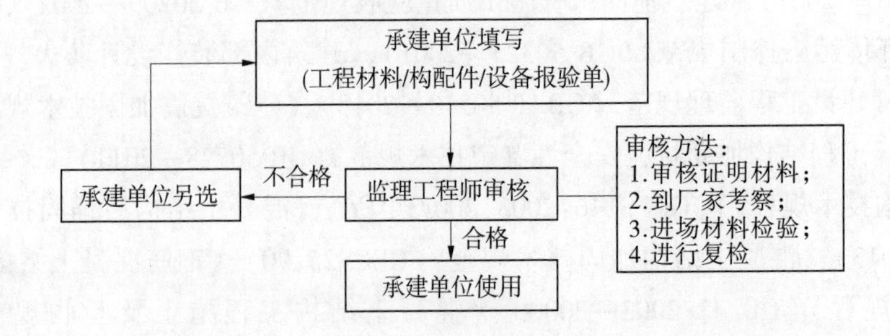

图6-2　工程材料、构配件和设备质量控制基本程序

(3)合同工程、单元工程签认基本程序见图6-3。

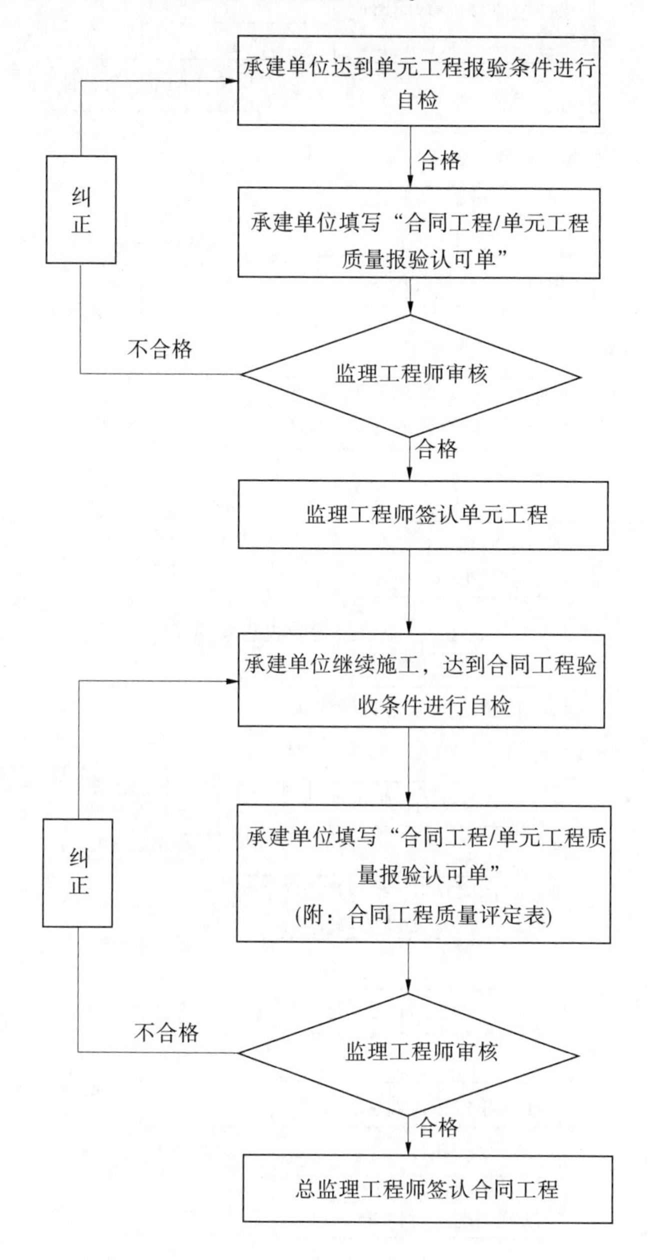

图6-3　合同工程、单元工程签认基本程序

(4)单位工程验收基本程序见图6-4。

(5)工程工期控制的基本程序见图6-5。

(6)工程价款阶段支付基本程序见图6-6。

(7)工程竣工验收结算的基本程序见图6-7。

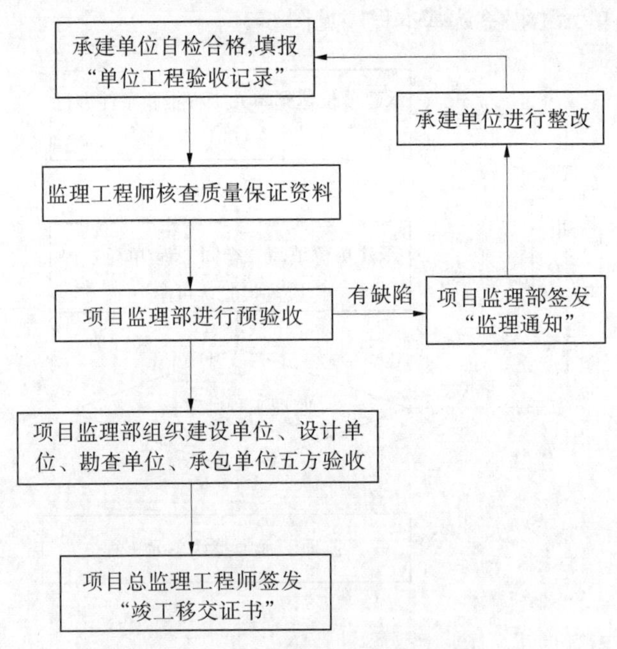

图 6-4　单位工程验收基本程序

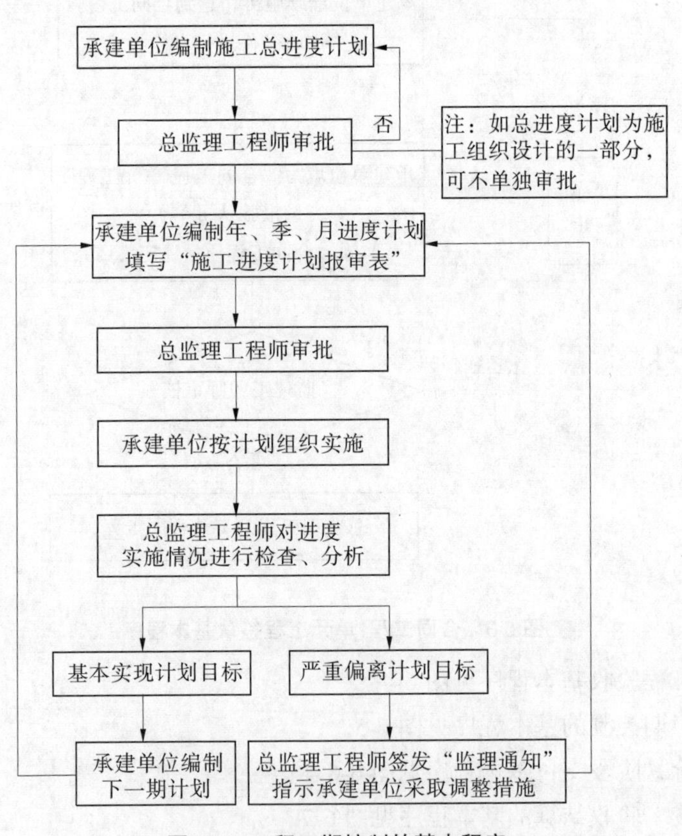

图 6-5　工程工期控制的基本程序

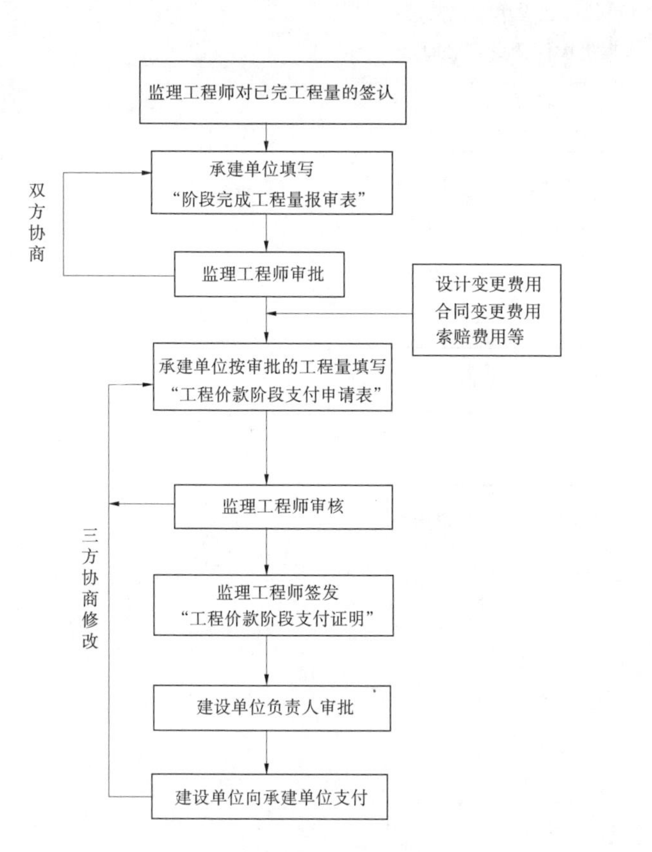

图6-6 工程价款阶段支付基本程序

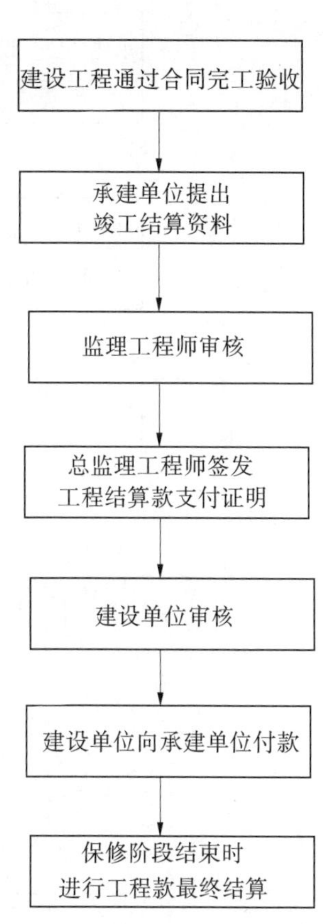

图6-7 工程竣工验收结算的基本程序

(8)工程变更、洽商管理的基本程序见图6-8。

(9)工程费用索赔管理的基本程序见图6-9。

(10)工程延期管理的基本程序见图6-10。

6.5.2.3 **监理工作内容**

1.施工前准备

(1)对承建单位编制的施工组织设计进行审批。对施工组织设计中的机构设置、人员安排、设备配置、主要管理人员资质情况、施工质量及安全保证体系、进度计划、原材料与半成品的准备、施工工艺流程、职业健康及环境保护措施进行审查。

(2)督促承建单位建立质量保证体系,落实施工管理、技术人员配备,并审查承建单位的质量保证体系和措施。

(3)统一施工及监理资料用表格式。由两家监理公司共同编制施工现场原始记录表、单井质量验收表和仪器安装与调试质量验收表,通过各种记录表和验收表规范施工每道工序管理控制内容,如:监测井钻孔施工现场原始记录表对钻探岩土样采集、孔深校正、

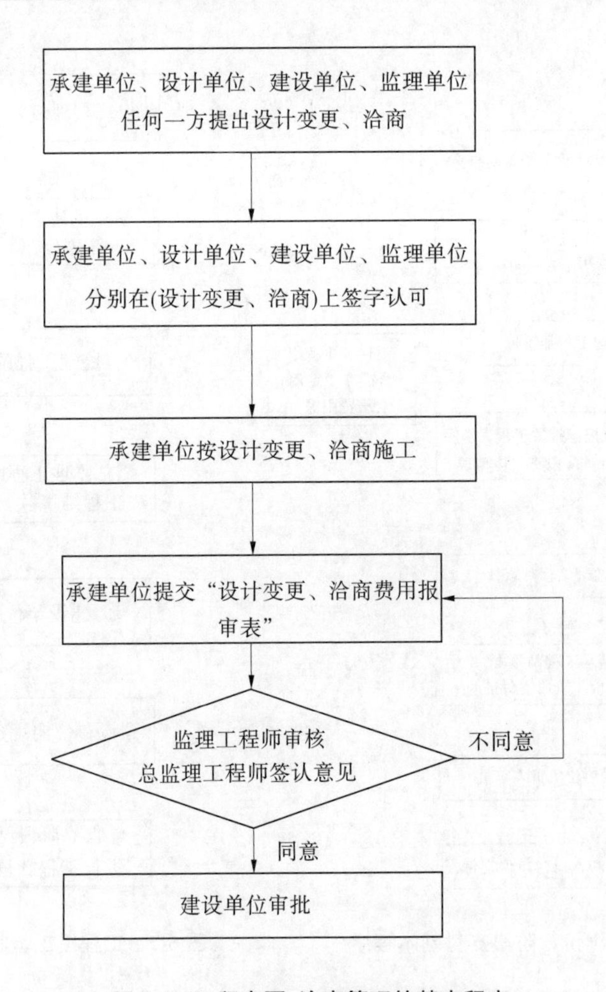

图 6-8 工程变更、洽商管理的基本程序

孔斜测量、电测井、水文地质钻探分层、排管、填砾、洗井后含砂量、抽水试验记录、辅助设施施工记录和水质检测取样给出了明确的记录内容和格式,通过填写表格把控和回溯钻孔施工过程中的每一道工序。

(4)督促承建单位进行施工准备。监测井土建工程开始施工前,承建单位提前采购井管、滤料、黏土球,监理公司对采购的井管、滤料等进行复验,钻机设备进行保养调试,施工人员岗前培训;仪器设备采购与安装工程承建单位提供仪器设备生产采购计划,按计划参加仪器设备现场抽检封存,以及辅助设施用料采购和复验;督促软件开发承建单位熟悉有关设计文件和监测站前期工程验收资料等,采购有关工作所需设备、材料,组建工作团队。

(5)协调参建各方之间的关系。协调部项目办与各承建单位间的关系,协调各流域、省、地市水文局与承建单位间关系,协调承建单位与地方职能部门间关系。

(6)对承建单位签发开工令。通过审批承建单位施工组织设计,确认承建单位做好施工前准备,根据合同有关条款确定开工日期,由监理人签发开工令。

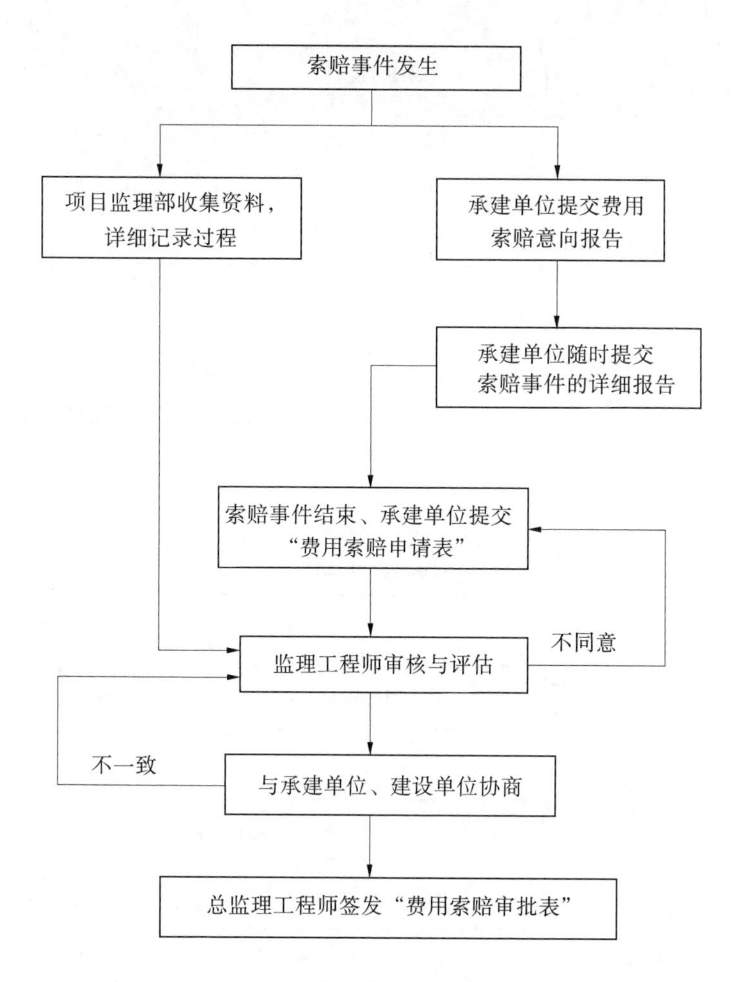

图6-9　工程费用索赔管理的基本程序

(7)审查承建单位的单项施工方案和技术措施。结合工程实际情况审查承建单位的单项施工方案和技术措施，审查施工方案的可行性、质量保障措施和安全措施，国家有关强制性标准的符合性等。

2. 国家地下水监测中心监理工作内容

1)监测中心大楼

对部分楼层的主梁、中梁和楼板加固，楼层装修和局部改造，涉及给排水工程、采暖工程、通风与空调工程、电气工程、装饰装修工程等方面的监理工作。

2)水质实验室

需对28个实验室功能分区及装修参照大楼装修装饰标准进行管控监理；检测指标仪器的购置与安装、配套功能系统软件及配套硬件设施安装调试等方面的监理工作。

3)监测中心大楼基础软硬件

硬件设备、水质监测设备、水质实验室设备采购及安装调试监理；商业软件采购及应用等方面的监理工作。

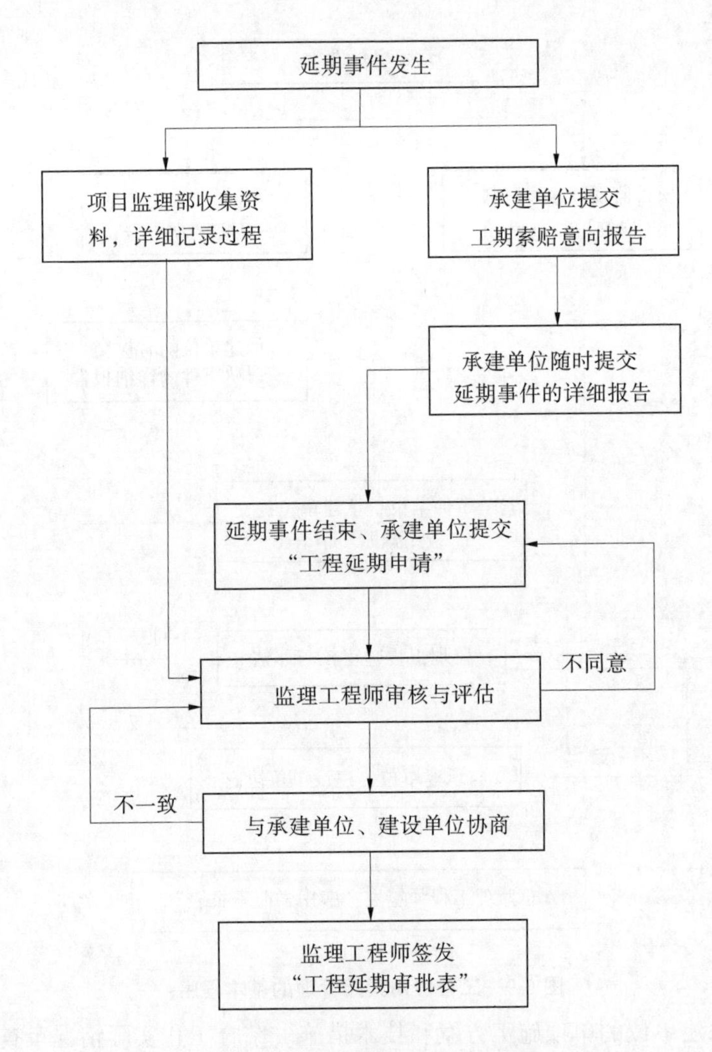

图 6-10 工程延期管理的基本程序

4)信息服务系统软件开发及系统集成

业务软件开发定制涉及的监理工作,包括用户需求分析阶段、软件详细设计阶段、软件编码及软件模块调试阶段、软件使用修改阶段、软件测试阶段、系统试运行阶段、合同验收阶段。

5)其他

国家监测中心统一采购为各省配备的监测站巡测维护设备、水质自动监测设备。监理工程师对采购流程进行监督,协同项目法人对采购设备进行开箱验货和抽检。

监测站巡测维护设备监理工作包括:水位水温校准、数据移动传输、洗井等巡测维护仪器设备及地下水专业取样,以及水位水温校准、自动采集传输设备等,以及 100 套水质自动监测设备采购、安装、调试等方面的监理工作。

3. 流域监测中心监理工作内容

负责 7 个流域监测中心配备的服务器等硬件设备采购流程控制和验货,以及为流域地下水监测中心本地化软件定制开发工作过程监督控制，跟踪信息服务系统开发，参加软件模块功能测试和系统测试验收，确保按期完成。

4. 省/地市监测中心监理工作内容

1）省级监测中心

32 个省级监测中心配置硬件设备购置与安装流程控制和验货，以及安装结果确认验收；系统软件采购与应用效果确认；业务软件本地化定制过程（包括试运行）跟踪管理及软件功能和试运行效果确认；信息源建设成果确认；部署全国统一开发地下水业务信息软件试运行监理，以及陕西省监测中心另配网络硬软件设备安装与调试的监理工作。

2）地市级分中心

配置服务器及软件系统，负责其购置与安装效果确认；配备水位、水温校准，数据移动传输，洗井等巡测维护仪器设备及地下水专业取样瓶，对其采购过程进行监督控制；配置全国统一开发的地下水业务信息软件，负责其应用效果确认。

3）信息源建设

信息源建设监理内容有四项：新建国家地下水监测工程监测井建设提取的岩土芯样资料处理及岩土样实体保存质量控制；国家地下水监测工程监测井建设抽水试验资料处理质量控制；国家地下水监测工程监测站信息整理入库资料质量控制；北方地区历史地下水监测信息的整理入库质量控制。

4）业务软件本地化定制

在统一开发的业务软件基础上，根据各流域、各省水资源管理要求、地下水动态变化特性，补充完善统一开发的业务软件，使得业务软件更加符合本省的业务需求。监理工程师的主要任务是，通过参与系统功能测试、对软件系统试运行结果进行检查验证等方法，确保业务软件本地化定制满足合同要求及相关技术规范。

5）高程引测

检查高程与坐标测量方法是否正确；填报测量报表资料是否齐全；检查所有监测站是否都能换算井口高程和坐标；通过现场 GPS 抽检验证测量数据的正确性；问题数据处理确认。

6）陕西省关中平原典型区地下水资源模型开发

项目区基础资料收集质量控制；地下水资源模型建设质量控制；地下水资源模型软件开发质量控制。监理主要工作内容是跟踪进度；按合同及设计要求验证软件的分析、模拟、预测、显示与输出能力，以及三维浏览、空间分析、数据查询等功能；试运行结果确认。

5. 监测站监理工作内容

1）监测站土建工程

（1）新建监测井。

①依据工程施工合同文件、设计文件、技术标准，对施工全过程进行检查，其中对新建监测井管材安装与填砾、抽水试验和流量站确定位置、基础处理、堰槽浇筑与堰板安装等关键工序进行旁站监理；按照有关规定，对承建单位报审的工程设备进行审批，对新建井的井管、滤料和流量站的混凝土试块等材料（中间产品）见证取样复检，其中滤料和混凝土试块按规定进行平行检测；复核承建单位自评的工程质量等级；审核承建单位提出的工

程质量缺陷处理方案,参与质量事故调查。

②检查工程实施情况,督促承建单位采取措施,实现合同工期目标。当实施进度发生较大偏差时要求承建单位调整进度计划。

③核定承建单位完成的工程量,审核承建单位提交的支付申请,签发付款凭证;受理索赔申请,提出处理意见;处理工程变更。

④检查承建单位安全技术措施、专项施工方案落实情况;检查防洪度汛措施落实情况;参与安全事故调查。

⑤工程完工后,对单井或流量站进行总体质量检测、评定,督促承建单位完成单井或流量站质量验收资料,对单井或流量站质量验收资料进行检查、审核。

(2)改建监测站。

①依据工程施工合同文件、设计文件、技术标准,检查承建单位改建井专项施工方案落实情况,对施工全过程进行检查,其中对清淤洗井、抽水试验等关键工序进行旁站监理;检查承建单位安全技术措施落实情况,参与安全事故调查;复核承建单位自评的工程质量等级;审核承建单位提出的工程质量缺陷处理方案,参与质量事故调查。

②合同工期目标控制和工程量核定等同新建监测井。

③工程完工后,对改建井井深、涌水量、监测站辅助设施等进行现场质量检测、评定,督促承建单位完成单井质量验收资料,对单井质量验收资料进行检查、审核。

(3)流量站。

①确认承建单位施工方法是否正确。

②检查堰槽基础处理是否合格。

③检查橡胶止水带、嵌缝材料和防渗膜进场报验手续。

④堰槽浇筑与堰板安装和量水堰计安装质量控制。

⑤合同工期目标控制和工程量核定等同新建监测井。

⑥工程完工后,对流量站堰槽尺寸、堰板安装和量水堰计安装质量及辅助设施等进行现场质量检测、评定,督促承建单位完成单站质量验收资料,对单站质量验收资料进行检查、审核。

2)监测站成井水质检测分析

新建井、改建井和流量站均需进行水质取样。

(1)水样采集。督促水质检测承建单位及时完成所有监测站(包括水位站和流量站)水样采集工作;现场监督水样采集,使采集过程规范,结果符合要求,避免水样污染。

(2)水质分析。跟踪了解水质分析结果,协助水质检测单位处理有关水样问题。

3)监测仪器设备购置与安装

(1)水位监测仪器设备购置。

根据《国家地下水监测工程(水利部分)监测站施工质量和安全监督检查手册(试行)》(地下水〔2015〕73号)要求,检查设备生产厂商资格证明材料、产品型号及规格、数量等;对各监测站水位仪器设备购置与安装标段采购的设备复检进行见证取样;追踪抽检结果。

(2)仪器设备安装调试。

仪器设备安装调试前需对进场设备进行开箱检查;现场安装时确认设备型号、缆绳长度是否符合要求;安装完成确认上传数据是否能发送至省和国家地下水监测中心;试运行时确认系统到报率和系统运行完好率是否达标。

(3)保护设施、标志牌购置与安装。

仪器辅助设施包括监测站保护筒(箱)9 782 个、站房 307 个、标志牌和水准点各 10 256 个;流量站仪器保护设施 45 个、标志牌和水准点各 43 个。入场后需检查材质、规格和外观等事项;施工时需对井口基础、水准点埋设进行检查并进行旁站监督;并需对所用混凝土进行平行检测。

6. 其他监理工作内容

1)配合委托人方面

(1)总监理工程师及时审阅、处理委托人发出的各种文件。

(2)协助合同谈判及合同签订工作。

(3)协助委托人编制资金使用计划,协助委托人检查承建单位的资金使用情况。

(4)成立驻部项目办监理机构,配备专职人员配合项目协调监理管理工作。

2)设计单位面

(1)核查并签发施工图及有关技术文件。

(2)主持或与委托人联合主持设计技术交底会议,编写会议纪要。

(3)协助委托人会同设计人对重大技术问题和优化设计进行专题讨论。

(4)审核各项设计变更,并提出审核意见和优化建议。

(5)保存、管理所收到的设计图纸、文件及相关资料。

(6)积极做好设计协调及信息反馈和交流工作。

3)设备及材料采购

(1)协助委托人进行重要设备、材料的采购招标及合同谈判工作。管理好采购合同,并对采购计划进度、现场安装进度、工程质量进行监督控制和协调。

(2)主持服务器、计算机等硬件设备的出厂验收和现场交接验收。

(3)负责国家地下水监测中心设备的开箱检验、安装、调试、信息开发软件等的验收。

4)施工方面

(1)协助委托人进行监测井建设工程施工招标和签订工程施工合同。

(2)全面管理工程施工合同,严格施工分包管理,确需分包的,报委托人批准。

(3)编制完成项目监理规划及监理实施细则,并报委托人;建立内部管理制度,明确监理工作控制程序;建立质量检查体系,健全质量管理制度。

(4)施工进度、质量和资金控制,安全管理、合同管理和档案管理,协调施工合同各方关系。

(5)监督承建单位执行保修期工作计划,检查和验收尾工项目,对已移交工程中出现的质量缺陷等调查原因并提出处理意见。

5)工程移交和保修期工作

(1)工程通过合同项目完工验收,且遗留问题处理完毕后,协助委托人办理工程移交工作。

(2)审核承建单位递交的"工程质量保修书",督促承建单位完成施工场地清理工作,协助委托人向承建单位颁发经委托人签发的"合同项目完工证书"。

(3)监督承建单位执行保修期工作计划,检查和验收尾工项目,对已移交工程中出现的质量缺陷等调查原因并提出处理意见。

(4)检查和记录工程质量缺陷,对缺陷原因进行调查分析并确定责任归属,审核修复方案,监督修复过程并验收,审核修复费用。

(5)参加合同项目保修期满验收,签发最终支付证书。保修期满,监理人在检查承建单位已经按照施工合同约定完成全部工作,且经验收合格后,签发工程质量保修责任终止证书。

6)监理机构应向委托人提供的信息和文件

(1)监理月报、年报按照委托人要求采用统一格式,定期上报给委托人。

(2)日常监理文件:监理日志、旁站记录、监理通知、各种批复文件等。

6.5.3 监理规划

6.5.3.1 建立监理规划及细则

2015年10月,国家地下水监测工程(水利部分)组建了监理一标、二标监理部;两家监理公司分别授权委派了总监理工程师,并以工程涉及的国家中心、流域、31个省(区、市)和新疆生产建设兵团为单位,监理一标段设立了15个监理组,监理二标段设立了18个监理组。在总监理工程师的主持下,监理一标段、二标段监理部依据各自《监理大纲》《水利工程施工监理规范》《监理合同》及有关文件分别编写了《国家地下水监测工程(水利部分)监理一标段监理规划》《国家地下水监测工程(水利部分)监理二标段监理规划》,该监理规划报各自公司技术负责人审批后,报送项目法人,经项目法人批复后实施。

监理规划批复后,监理公司监理部根据各自监理规划、《水利工程施工监理规范》及《监理合同》,结合本工程点多面广、技术含量高的特点,编写了《国家地下水监测工程(水利部分)监理一标段2015年度工作细则》和《国家地下水监测工程(水利部分)监理二标段2015年度工作细则》,后续又各自编制了2016~2019年度工作细则,年度工作细则均经总监审批上报部项目办,经批复后实施。监理二标监理部还编制了《国家地下水监测中心大楼装修及加固、通风、消防、综合布线配套工程监理实施细则》,经总监审批上报批复后实施。

监理规划包括总则、工程质量控制、工程进度控制、工程资金控制、施工安全及文明施工监理、合同管理、协调、工程质量评定和验收监理工作、缺陷责任期监理工作、信息管理、监理设施、监理工作计划等11项主要内容。

监理细则包括总则、监理工作基本程序及表格使用两部分。监理工作基本程序及表格使用是细则的重点,包括工程技术文件审批工作程序、工程开工管理程序、测量工作管理程序、工程材料管理、过程控制管理办法及程序、工程进度计划管理程序、工程计量管理程序、工程款支付管理程序、质量事故处理管理程序、文件资料管理程序、工程验收及移交管理程序11个部分,能够全面指导现场监理工作。

6.5.3.2　监理工作制度

根据《监理合同》和《水利工程建设项目施工监理规范》等文件，结合国家地下水监测工程建设的特点，编制了12项监理工作制度，分别为：技术交底制度、施工组织设计（施工方案）审核制度、开工审批制度、原材料/半成品/构配件/工程设备检验制度、设计变更审查制度、工程质量检验制度、监理旁站制度、工地会议制度、工程计量付款签证制度、工作报告制度、监理日志制度、档案资料收集与整理管理制度。

1. 技术交底制度

工程项目开工前，现场监理工程师组织设计单位向承建单位进行施工设计文件的全面技术交底（包括设计意图、施工要求、质量标准、技术措施），使承建单位明确设计意图、技术标准和技术要求，以便科学地组织施工，并按合理的工序、工艺流程进行作业。

2. 施工组织设计（施工方案）审核制度

施工组织设计（施工方案）经承建单位技术负责人审核批准后送交项目监理机构审批。总监理工程师组织监理人员对施工组织设计（施工方案）进行审查，提出审查意见，经总监审核、签认之后报部项目办或授权委托单位。对于不合理的施工方案，要求承建单位及时做出修改与调整。

3. 开工审批制度

1）施工准备检查

开工前，监理单位检查承建单位的下列施工准备情况并做好记录：

（1）承建单位派驻现场的主要管理、技术人员数量及资格是否与施工合同文件一致。如有变化，重新审查并报委托人认定。

（2）承建单位进场施工设备的数量和规格、性能是否符合施工合同约定要求。

（3）检查进场原材料（如井管、滤料、钢筋、水泥等）的质量、规格、性能是否符合有关技术标准和技术条款的要求，原材料的储存量是否满足工程开工及随后施工的需要。

（4）承建单位的质量保证体系、承建单位的施工安全、环境保护措施、规章制度的制定及关键岗位施工人员的资格。

（5）承建单位中标后的施工组织设计、施工措施计划、施工进度计划和资金流计划等技术文件是否完成并提交给监理机构审批。

（6）按照施工规范要求需要进行的各种施工工艺参数的试验是否完成并提交给监理机构审核。

2）发布开工指令

根据承建单位的施工准备工作基本完成及有关资料报批工作完成后，承建单位提出“工程开工申请单”报监理机构，监理人员检查核实施工准备工作情况，认为已满足合同要求和具备开工条件时，由总监理工程师签发开工指令。

4. 原材料/半成品/构配件/工程设备检验制度

（1）对于工程中使用的原材料、半成品、构配件，监理人员认真审阅其出场证明、材质证明、试验报告、产品合格证等，并按有关要求进行见证取样送检，做好见证取样记录跟踪表。

（2）对于承建单位采购的工程设备，监理机构参加工程设备的交货验收；对于委托人提供的工程设备,监理机构会同承建单位参加交货验收。

(3)原材料、半成品、构配件和工程设备未经检验,不得使用;经检验不合格的原材料、半成品、构配件和工程设备,督促承建单位及时运离工地或做出相应处理。

(4)监理单位在发现承建单位未按有关规定和施工合同约定对原材料、半成品、构配件和工程设备进行检验时,及时指示承建单位补做检验;若承建单位未按监理机构的指示进行补验,监理机构按施工合同约定自行或委托其他有资质的检验机构进行检验,承建单位配合并支付相应费用。

5. 设计变更审查制度

(1)发现设计差错或与实际情况不符(如物探资料出现偏差),以及对工程的合理化建议等原因,需要进行设计变更时,必须严格执行本制度。

(2)提出设计变更申请时,先由提出方报监理工程师,对变更内容、理由、部位,涉及的工程量、工艺流程等进行技术核定,再由监理单位会同部项目办或授权委托单位确定是否需要进行设计变更,如需变更时,依据水利部印发的《国家地下水监测工程(水利部分)项目建设管理办法》(水文〔2015〕57 号)文件以及后续补发的有关文件进行处理。

(3)确定变更后,监理工程师及时审核其技术上的合理性及对工期的影响,经与发包人充分协商后,连同设计变更一起向承建单位发出工期增减通知,承建单位应据此安排施工。

(4)重大变更须经发包人组织专家论证,并经发包人、设计单位、承建单位、监理单位一致同意,由设计单位负责修改,报原审查机构审查。同时,监理工程师协助发包人履行报批程序。

(5)监理单位发现承建单位擅自改变设计时,将指令停工,由此引起的一切后果由承建单位承担。

6. 工程质量检验制度

承建单位每完成一道工序,都需要自查,合格后方可报监理机构进行复核检验。上道工序未经复核检验或复核检验不合格,不得进行下道工序施工。

(1)监理人员在检查工程中发现一般的质量问题,随时通知施工人员及时改正,并做好记录。检验不合格时可发出“监理工程师通知单”,限期改正。

(2)如承建单位拒绝改正,情节较严重的,监理工程师报请总监理工程师批准后,发出《工程暂停令》,指令部分工程、单项工程或全部工程暂停施工。待承建单位改正后,报监理工程师进行复验,合格后发出复工指令。

(3)分部工程、单项工程或全部工程分别完工后,经承建单位自检合格,按工程建设相关要求填写各种报验申请表,经监理工程师现场查验后,签发同意完工验收申请批复。

(4)监理人员需要承建单位执行的事项,除口头通知外可使用“监理工程师通知单”,促使承建单位执行。

7. 监理旁站制度

为了确保国家地下水监测工程质量和施工进度,在监理工作中对全部监测站重要部位、关键施工工序(如下井管、填滤与止水、抽水试验等)、关键时段施工或通过工序交接检查无法把握工程质量的情况下,监理部将安排监理人员在作业现场实行旁站监理,即进行全过程的监督检查,发现问题及时督促承建单位整改。

8. 工地会议制度

工地会议是监理工程师对合同工程进行全面管理的重要手段之一,旨在检查、监督承建单位对本工程承包合同的执行情况,协调有关各方的关系,促进各方认真履行承包合同所规定的职责、权利和义务。工地会议分为第一次工地会议、监理例会。

1)第一次工地会议

工程项目开工前,监理人员参加由授权委托人主持召开的第一次工地会议。其主要内容为:委托人、承建单位和监理单位分别介绍各自驻现场的组织机构、人员及其分工。委托人介绍工程开工准备情况;承建单位介绍施工准备情况;委托人和驻地监理工程师对施工准备情况提出意见和要求;研究确定各方在施工过程中参加工地例会的主要人员,召开工地例会周期、地点及主要议题。

2)监理例会

在施工过程中,驻现场监理工程师要定期主持召开监理例会。会议纪要由项目监理人员负责起草,并经与会各方代表会签。监理例会包括以下主要内容为:检查上次例会议定事项的落实情况,分析未完事项原因;检查分析工程项目进度计划完成情况,提出下一阶段进度目标及其落实措施;检查分析工程项目质量状况,针对存在的质量问题提出改进措施;检查工程量核定及工程款支付情况;解决需要协调的有关事项;其他有关事宜。

9. 工程计量付款签证制度

承建单位在提交预付款支付申请的同时提供满足支付条件的证明,监理部将检查施工人员、施工设备进场是否符合规定,证明工程履约保函是否完备,在支付条件满足合同要求后,签署支付证书报委托人批准;承建单位在申请进度付款前,通知监理部共同进行必要的计量测量,进度付款申请附有工程量计算书、已完工程的质量合格证明资料等支持性材料。监理部根据计量测量的结果审核已完工程量,按照相应单价审核支付金额。进度付款将根据合同规定扣还预付款、扣除保留金。监理部签发的支付证书报委托人审批。有申请付款的工程量均进行计量并经监理机构确认。未经监理部签证的付款申请,委托人不应支付。

10. 工作报告制度

监理工作报告真实反映工程或事件状况、监理工作情况,做到内容全面、重点突出、语言简练、数据准确,并附必要的影像资料。在监理实施过程中,由项目监理部提交的监理工作报告包括监理月报、监理专题报告、监理工作报告和监理工作总结报告。

1)监理周报、月报、年报

监理部及时向部项目办报送周报、月报、半年报、年报,按照部项目办统一要求的格式、内容进行编写。文字简明扼要,表格清晰。

2)监理工作报告

合同工程验收时,驻地监理工程师按规定提交相应的监理工作报告。监理工作报告在验收工作开始前完成。监理工作报告的主要内容:工程概况,包括工程特性、合同目标、工程项目组成等;监理规划,包括监理制度的建立、监理机构的设置与主要工作人员、检测采用的方法和主要设备等;监理过程,包括监理合同履行情况和监理过程情况;监理效果,包括质量控制、投资控制、进度控制监理工作成效及综合评价、施工安全与环境保护监理工作成效及综合评价;经验与建议;其他需要说明或报告事项;附件,包括监理机构的设置与主要工作人员情况表、工程建设监理大事记。

11. 监理日志制度

全体监理人员每天必须如实填写监理日志。监理日志包括以下内容:当日日期、气象情况记录;现场施工的环境情况记录,包括场地、水、电等情况,停水、停电等事件的原因、责任方以及造成当日损失工作时间等内容;工地材料、设备进场及检验情况,记录材料品种、规格型号、数量、生产厂家、检验审核结果等内容;当日工程质量情况记录,包括施工质量及工程质量存在的问题、产生原因及限期整改的时间、方案、复验时间等内容;当日试验情况记录;当日施工进度概述;信息反馈情况,包括当日收到的设计变更、合理化建议、重要文件等,并核实变化的工程数量;当日有关协调问题记录;对承建单位资质及特殊工种上岗人员岗位证书的审核结果记录;其他需要记录的情况。

12. 档案资料收集与整理管理制度

工程档案资料是反映工程建设管理全过程的文字记录,它贯穿工程建设的全过程,对工程施工、竣工、交付使用中起着非常重要的作用。档案资料的完整、准确是工程建设及竣工验收的必备条件;是施工现场情况的一种佐证,对现场施工起着监督作用。由于监测井的建设具有隐蔽性,因此更加需要通过资料来反映工程质量。资料的完整与质量,将直接影响到工程项目的质量。

根据《水文设施工程验收管理办法》、《水利工程建设项目档案管理规定》、《国家地下水监测工程(水利部分)档案管理办法》(办档〔2015〕186 号)、《国家地下水监测工程省级项目建设管理档案资料收集整理指导书》(地下水〔2016〕145 号)等文件要求,监理部严格按照文件要求进行监理资料的整理归档工作,以满足档案验收的要求。同时督促承建单位做好档案资料的整理工作。

6.5.3.3 监理组织机构设置

1. 监理组织形式

国家地下水监测工程建设地点分布在全国,同时需要统一管理,为适应监理工作需要,两家监理公司分别设立了以北京为中心的监理一标段、二标段监理部,履行监理单位的权利和义务,组织协调各省(区、市)的监理组工作。监理组织机构人员由总监理工程师、驻部项目办负责人、专业监理工程师、监理组长、驻地监理工程师、监理员和其他工作人员组成。工程实行总监负责制,两家监理公司均采用直线式监理组织形式。

监理一标段(北方片)监理部成立北京、天津、河北、山西、河南、陕西、甘肃、青海、新疆、宁夏、黑龙江、吉林、辽宁、内蒙古等 14 省(区、市)和新疆生产建设兵团共 15 个监理组。

监理二标段(南方片)监理部成立安徽、江苏、山东、湖北、湖南、江西、重庆、四川、贵州、云南、西藏、上海、福建、广东、广西、海南、国家中心 7 个流域共 18 个监理组。

2. 监理人员配备

1) 合理的专业结构

项目监理部应由与所监理工程的专业性质、特点及建设单位对监理人的要求相适应的各专业监理人员组成。本工程监理班子计划配备水工建筑、地质、信息、环保、造价、安全等专业监理工程师(含总监),能够满足工程监理工作需要。

2)合理的技术职称结构

为了提高管理效率和经济性,项目监理部的监理人员应根据本工程的特点和工程监理工作的需要,确定监理人员的技术职称结构。合理的技术职称结构表现在高级职称、中级职称和初级职称有与监理工作要求相符合的比例。图纸审查的监理工作,应由具有高级职称的监理人员完成。施工阶段的监理工作,应主要由具有高级职称、中级职称的监理人员完成,初级职称监理人员协助高级职称、中级职称的监理人员从事实际操作工作,如旁站、填写日志、现场抽样检查、实测实量等。

3)合理的年龄结构

为了提高工作效率,项目监理部的监理人员的配备应根据本工程的特点和监理工作的需要,确定合理的监理人员年龄结构。合理的年龄结构表现在以中、青年为主,老、中、青相结合的特点,且有与监理工作要求相符合的比例。

3. 监理人员岗位职责

1)总监理工程师的岗位职责

总监理工程师是国家地下水监测工程(水利部分)监理工作的总负责人,也是项目监理部的负责人,全面负责工程监理实施工作。总监理工程师是监理单位履行建设工程监理合同的全权代表,代表监理单位履行监理合同赋予监理单位的责任、权利与义务。

总监理工程师的主要职责包括:确定项目监理部人员及其岗位职责;组织编制监理规划,审批监理实施细则;根据工程进展情况及监理工作情况调配监理人员,检查监理人员工作,调换不称职监理人员;组织召开监理例会;组织审核分包单位资格;组织审查施工组织设计、(专项)施工方案、应急救援预案;审查工程开复工报审表,签发工程开工令、暂停令和复工令;组织检查承建单位现场质量、安全生产管理体系的建立及运行情况;组织审核承建单位的付款申请,签发工程款支付证书,组织审核竣工结算;组织审查和处理工程变更;调解建设单位与承建单位的合同争议,处理工程索赔;组织验收分部工程,组织审查单位工程质量检验资料;审查承建单位的竣工申请,组织工程竣工预验收,组织编写工程质量评估报告,参与工程竣工验收;参与或配合工程质量、安全事故的调查和处理;组织编写监理月报、年报、监理工作总结,组织整理监理文件资料等。

2)驻部项目办负责人的岗位职责

驻部项目办负责人由总监理工程师授权,协助总监理工程师开展工作,并代表总监理工程师行使其部分职责和权力。

驻项目办负责人的主要职责包括:负责总监理工程师指定或交办的监理工作;按总监理工程师的授权,行使总监理工程师的部分职责和权力。审阅、处理建设单位发出的各种招标文件,协助完成合同谈判及合同签订工作,协助建设单位编制资金使用计划;协助建设单位检查承建单位的资金使用情况,建立本工程的监理工作流程,协调监理管理工作。

虽然驻部项目办负责人可以行使总监理工程师的部分职责和权力,但总监理工程师不得将关键工作职权委托给驻部项目办负责人,具体包括8项内容:组织编制工程监理规划,审批工程监理实施细则;根据工程进展情况及监理工作情况调配监理人员,调换不称职监理人员;组织审查施工组织设计、专项施工方案、应急救援预案;签发工程开工令、暂停令和复工令;签发工程款支付证书,组织审核竣工结算;调解建设单位与承建单位的合同争议,处理工程索赔;审查承建单位的竣工申请,组织工程竣工预验收,组织编写工程质量评估报告,参与工程竣工验收;参与或配合工程质量、安全事故的调查和处理。

3)驻监理部监理人员的岗位职责

驻监理部监理人员的主要职责包括:在总监理工程师和驻项目办负责人的领导下,配合部项目办协调监理管理工作;收集、整理文件信息,两家监理公司共同合作做好监理周报、月报、半年报和年报资料收集汇总工作。

4)专业监理工程师职责

专业监理工程师按照总监理工程师所授予的职责权限开展监理工作,是所承担监理工作的直接责任人,并对总监理工程师负责。监理工程师的主要职责包括:参与编制监理规划,负责编制监理实施细则;审查承建单位提交的涉及本专业的报审文件,并向总监理工程师报告;审查承建单位提交的施工月、年进度计划,具体施工措施方案;检查承建单位质量保证体系运作情况,按照职责权限处理施工现场发生的有关问题,协调有关各方的工作关系。签署承建单位违规警告通知等一般监理指令;预核签工程款支付凭证;预审施工图纸以及提出设计变更、索赔申请、质量和安全事故处理等方面的意见和方案;按照职责权限组织分部工程的验收工作和单位工程的评定工作;检查进场材料、设备、构配件的原始凭证、检查报告等质量证明文件及其质量情况,必要时进行平行检验;负责工作范围内的计量工作,审核工程计量的数据和原始凭证;负责工作范围内的监理周、月、半年和年报资料收集、汇总及整理,参与编写监理月报;组织编写整理监理日志;指导、检查监理员的工作。当监理员需要调整时,向总监理工程师汇报;定期向总监理工程师报告监理工作情况。对重大问题,及时向总监理工程师请示。

5)监理员职责

监理员的主要职责包括:核实进场原材料质量检验报告和施工测量成果报告等原始资料;检查承建单位用于工程建设的材料、构配件、工程设备使用情况,并做好现场记录;检查并记录现场施工程序、施工方法等实施过程情况;检查和统计计日工情况;核实工程计量结果;核查关键岗位施工人员的上岗资格;检查、监督工程现场的施工安全和环境保护措施的落实情况,发现异常情况及时向监理工程师报告;检查承建单位的施工日志和试验记录;核实承建单位质量评定的相关原始记录。

6.5.3.4 监理工作方法

建立省级项目办、市级项目组、监理部或各省监理组、承建单位四方联络机制,对工程建设过程中出现的各种事宜进行及时沟通并解决。采取现场记录、发布文件、旁站监理、巡视检验、跟踪检测、平行检测、协调等多种手段进行工程质量监理,确保原材料质量合格,施工工艺符合质量要求。

1.现场记录

监理人员如实记录每日施工现场的人员、原材料、中间产品、施工设备、天气、施工环境、作业内容、存在的问题及其处理情况等,并以合同工程为单位将记录装订成册,形成监理日志。

2. 发布文件

监理人员采用通知、批复、确认等书面文件形式开展监理工作。每个合同工程均有发布施工组织设计批复、合同开工通知、合同开工批复等监理文件;工程预付款支付证书、工程进度付款证书等监理文件,对工程投资进行有效控制;合同工程实施期间,通过监理通知、会议纪要等文件进行监督管理。

3. 旁站监理

监理人员对工程的关键部位或关键工序的施工质量进行的监督活动。需旁站监理的工程有:新建井、改建井、流量站、监测站仪器购置与安装。

旁站监理人员对需要实施旁站监理的关键部位、关键工序在施工现场跟班监督,及时发现和处理旁站监理过程中出现的质量和安全问题,如实准确地做好旁站监理记录。

旁站监理人员及时制止违章违规作业行为。发现施工人员有违章作业行为时,立即制止,必要时发出违章作业警告单责令承建单位整改;发现其施工活动已经或者可能危及工程质量和安全的,将及时向总监报告,由总监下达暂停施工指令或者采取其他应急措施。

1)新建井旁站监理工作内容

新建井需旁站监理的关键工序是:测量井深、管材安装与填滤、封闭和止水、抽水试验、监测仪器与井口保护装置安装、站房建设等,收集所有关键工序的文字及图像记录。

(1)测量井深的旁站监理。

测量井深有四种方法:测井绳测量、数钻杆长度、按填砾数量计算、数井管长度。其中,按填砾计算的是滤水层段井深,数井管长度计算出的为最终成井深度。

要求采用两个以上方法验证测量结果的真实性,需承建单位与监理工程师共同完成,除填报资料外,还需附上相关照片。

(2)井管安装的旁站监理。

监测井下井管前,监理工程师的工作:第一,检查承建单位校正孔径、孔深和测斜结果是否符合设计要求。第二,确认井管是否履行进场报验手续和现场保管是否妥当,检查外观质量,量测管壁厚度及直径。第三,核实井壁管、过滤管、沉淀管组合、排列、长度与电测井资料相匹配情况。第四,检查下管方法选取是否正确。第五,全程跟踪井管安装。重点检查以下事项:

①井管的连接方法是否满足设计要求,连接是否做到对正接直、封闭严密,接头处的强度是否满足下管安全和质量要求。

②过滤管安装位置的上下偏差是否控制在300 mm以内。

③井管应位于井孔中心。

④沉淀管封底是否牢固。

(3)填砾的旁站监理。

监测井填砾前,监理工程师的工作:第一,检查滤料的进场手续是否完善,是否得到现场妥善保管。第二,检查滤料颗粒是否为磨圆度良好的石英砂和砂砾石,含泥量是否超标。第三,督促承建单位在井管安装到位后,立即进行填砾及止水工作。第四,检查填砾位置是否正确,是否落实在放置自动监测设备和抽水的层位采用石英砂填砾。

(4)封闭和止水的旁站监理。

监理工程师的工作:第一,检查止水材料是否符合设计要求,计算数量是否满足需求。第二,核查电测井资料,复核下止水层厚度和上止水层厚度。第三,督促承建单位在完成下止水层时、上止水层开始施工时对前一道工序完成结果进行评估,在评估达到预期效果后才能进行下一道工序施工。第四,监理工程师评估封闭和止水效果,不合格时返工处理。

(5)洗井的旁站监理。

监理工程师的工作:第一,对封闭和止水效果评估,评估合格后才可进行洗井。第二,确认洗井方法是否正确。第三,观察洗井出水量变化,并通过往井中注水方式确认洗井后滤水层透水效果。第四,督促承建单位提交相关质量验收资料,给出验收意见。

(6)抽水试验的旁站监理。

监理工程师的工作:第一,首先检查抽水试验前准备工作是否到位(设置井口固定点标志、测量监测井内静水位、安排好水的排水、做好井口周围保护措施等)。第二,核实抽水稳定时间、确定水位观测方法。第三,全程跟踪抽水试验。关注:①是否按设计要求和规范规定进行3次降深;②是否根据规定时间读取相关测试数据;③检查抽水试验结果是否达标。第四,检查出水量测量数据是否真实可靠。第五,监督水样采集人按规范采取水样,进行水质分析。第六,督促承建单位做好井口临时保护措施。

2)改建井的旁站监理工作内容

(1)洗井。检查洗井方法和工具,按井的结构、井管材料、淤积严重程度选择,应采用不同的洗井工具交错使用或联合使用。洗井完成后,确认洗井效果是否满足规范要求。

(2)抽水试验。改建站抽水试验的旁站监理工作内容与新建站抽水试验的旁站监理工作内容相同。

3)流量站的旁站监理工作内容

需旁站监理的关键工序是(但不限于):确定位置、基础处理、堰槽浇注与堰板安装、设备安装。

(1)检查堰槽安装或浇筑位置,堰槽中心线要与泉水出流方向一致,否则督促承建单位重新安装及浇筑。

(2)督促承建单位做好基础处理,保证安装质量,不致发生倾覆、滑动、断裂、沉陷和漏水情况。

(3)在浇筑堰槽时,检查各部位(如喉道底宽、喉道水平表面的水平偏差、喉道两侧竖直表面之前的宽度、喉道底部的平均纵横向坡度、喉道斜面坡度、喉道长度等)尺寸的误差是否在允许范围内,不在允许范围内则返工。

在浇筑堰时,堰顶宽度、堰顶的水平表面倾斜偏差、堰顶长度、控制断面、堰的上下游纵向坡度、堰高等是否满足要求,否则返工。

(4)检查量水堰计安装的位置,以及安装方法,防污管安放时管内是否有杂物及防污管安装后是否满足要求,否则返工。

4)监测仪器安装的旁站监理工作内容

(1)井口保护装置安装。旁站监理首先检查井口保护的基础施工质量是否符合设计要求和规范规定,现场安装条件是否满足要求。然后,检查锁具、通信盖板等的规格型号、尺寸等是否符合设计要求。最后,检查井口保护装置安装是否牢固,安装质量是否满足设计要求和规范规定。

(2)站房建设的旁站监理。旁站监理检查原材料出厂合格证、复验报告;检查梁端第一个箍筋设置位置;检查梁端与柱交接处箍筋加密区范围;检查受力钢筋伸入支座锚固长度,主次梁受力筋排距和位置;检查梁上部钢筋标高,钢筋保护厚度,钢筋品种、数量、规格、尺寸和级别是否符合设计要求。

(3)混凝土工程。对施工过程进行监理:监督承建单位实测混凝土坍落度(扩展度);检查浇筑顺序、是否连续浇筑、分层厚度、振捣方式、表面抹压及养护措施等;检查承建单位混凝土试块留置的种类、组数及养护条件是否符合相关要求;检查混凝土浇筑过程中钢筋及预留孔洞、预埋件是否移位。

(4)监测仪器安装旁站。监测仪器安装前,旁站监理首先检查各项土建工程是否符合要求,是否已对井口进行基础处理,能否确保监测设施满足牢固、可靠及防水、防盗要求。然后,全面检查、测试和联试各项设备及附件的机械和电气性能是否满足设计要求及规范规定。

监测仪器安装后,检查数据传输设备悬挂是否牢固,传输信号是否畅通。检查监测仪器的安装质量是否满足设计要求和规范规定。

4. 巡视检查

监理人员对施工现场进行的定期或不定期的检查活动。在巡视中检查施工人员、机械设备、原材料、施工方法、施工工艺是否符合要求,施工现场记录是否完整真实。本工程需巡视到场(但不限于)的有:国家地下水监测中心加固及装修工程、监测站土建及仪器设备安装与调试工程。巡视检查要点:

(1)检查原材料。施工现场原材料、构配件的采购和堆放是否符合施工组织设计(方案)要求:其规格、型号等是否符合设计要求;是否已见证取样,并检测合格;是否已按程序报验并允许使用;有无使用不合格材料,有无使用质量合格证明资料欠缺的材料。

(2)检查施工人员,尤其是质检员、安全员等关键岗位人员是否到位,能否确保各项管理制度和质量保证体系是否落实;特种作业人员是否持证上岗,人证是否相符,是否进行了技术交底并有记录;现场施工人员是否按照规定佩戴安全防护用品。

(3)对新建井的打井钻机速度、钻杆的垂直度、泥浆的稠度、下管、填砾料、封闭止水等进行巡视。

(4)对改建井的洗井清淤与井口保护设施建设、流量站的堰槽安装、量水堰计的安装等进行巡视。

(5)站房建设的巡视。按照水利工程规范要求检查砌体工程、钢筋工程、模板工程、混凝土工程、屋面工程。

(6)国家地下水监测中心装修。装饰装修工程:基层处理是否合格,是否按要求使用垂直、水平控制线,施工工艺是否符合要求;需要进行隐蔽的部位和内容是否已经按程序报验并通过验收;细部制作、安装、涂饰等是否符合设计要求和相关规定;安装工程等:重点检查是否按规范、规程、设计图纸、图集和批准的施工组织设计(方案)施工;是否有专人负责,施工是否正常等。

(7)仪器设备到场。仪器设备进场后,监理部首先检查各类仪器的型号、规格、数量和供货质量。然后,全面检查、测试和联试各项设备及附件的机械和电气性能是否满足设计要求和规范规定。

5.跟踪检测

监理人员对承建单位进行试件及工程材料现场取样、封样、送检工作的监督活动。对监测井的井管、滤料,对流量站、站房和仪器安装用混凝土试块等,进行见证取样、封样及送检。

1)跟踪检测要求

(1)见证取样和送检是指在监理单位人员的见证下,由承建单位的试验人员按照国家有关技术标准、规范的规定,在施工现场对工程中涉及结构安全的材料进行取样,并送至具备相应检测资质的第三方检测机构进行检测的活动。

(2)见证实验室应由承建单位向监理提出书面申请,经监理批准后方可使用。首先选择水利壹级实验室,不能在水利壹级实验室进行的项目可以选择省级以上市政或建筑实验室。见证实验室必须具有实验室资质证书及质量监督局出具的计量认证证书。

(3)承建单位应按照规定制订检测试验计划,配备试验人员,负责施工现场的取样工作,做好材料取样记录、试块和试件的制作、养护记录等。

(4)在施工过程中,见证人员应按照见证取样和送检计划,对施工现场的见证取样和送检进行见证。试验人员应在试样或其包装上做出标识。

标识应至少标明试件编号、取样部位、取样日期等信息,并由见证人员和试验人员签字。见证人员填写见证记录,由承建单位将见证记录归入施工技术档案。试验人员和见证人员应共同做好样品的成型、保养、存放、封样、送检等全过程工作。

(5)承建单位应对见证取样和送检试样的代表性和真实性负责,监理单位负监理责任。因玩忽职守或弄虚作假,使样品失去代表性和真实性,造成质量事故的,应依法承担相应的责任。

2)原材料取样规定

(1)井管。取样规定:需符合《机井井管标准》(SL 154—2013)组批及抽样方案,并且要满足每个合同工程、每个供应商至少抽取一组样品,样本量为5%。

管材质量应符合《机井井管标准》(SL/T 154—2013)或《水井用·聚氯乙烯(PVC-U)管材》(CJ/T 308—2009)的规定。

(2)滤料。取样规定:每20个监测井抽取一组样品,每个合同工程不少于一组。

检验项目:筛分析。不符合规格的数量不得超过设计数量的15%,不应含土和杂物。

(3)钢筋。监理人员仅对来料钢筋型号和外观进行检查,出厂合格证、检验报告和材料进场报验单等通过报批。

(4)水泥。水泥进厂后承建单位填报《材料/构配件进场报验单》,监理人员根据《材料/构配件进场报验单》所填写的内容,到水泥存放地检查进厂的水泥数量、品种、标号、厂家与报验的水泥是否一致。如发现问题,监理人员指令施工人员,将水泥清场或监督施工人员取样并封存做标记,由监理人员指令施工人员送至指定的实验室进行检验。

水泥进厂存放期超过3个月的,需要求承建单位重新取样做试验,并按检验后的水泥实际强度使用。

(5)砂子。依据《普通混凝土用砂、石质量及检验方法标准》(JGJ 52—2006)的规定,砂子的必试项目为:颗粒级配、含泥量、泥块含量。如有需要,抽样检验。质量要求应符合《水工混凝土施工规范》(SL 677—2014)的规定,混凝土设计龄期强度等级<30 MPa,砂子含泥量≤5%,且不得含有泥块。

(6)石子。依据《普通混凝土用砂、石质量及检验方法标准》(JGJ 52—2006)的规定,石子的必试项目:颗粒级配、含泥量、泥块含量、针片状颗粒含量。石子的质量标准应符合《水工混凝土施工规范》(SL 677—2014)的规定,二级配石子含泥量≤1%,且不得有泥块含量,混凝土设计龄期强度等级<30 MPa,针状和片状颗粒的总含量≤25%。

(7)橡胶止水带。按照《高分子防水材料-第二部分止水带》(GB 18173.2—2000)的规定:"以每月同标记的止水带产量为一批",即以生产月份,而不是进场批次或长度划分检验批。按照《水工建筑物止水带技术规范》(DL 5215—2005)的规定,现场抽样检查每批不得少于一次。

(8)砖。依据《砌体工程施工质量验收规范》(GB 50203—2011)规定,每一生产厂家的砖到现场后,按烧结砖15万块、多孔砖5万块、灰砂砖及粉煤灰砖10万块各为一验收批,抽检数量为1组。

3)中间产品取样规定

(1)混凝土的一般规定。混凝土浇筑前应重点审核承建单位报审的混凝土配合比,是否满足设计要求;混凝土浇筑前应检查商品混凝土配料单与混凝土配合比报告单上的材料是否一致;在混凝土浇筑过程中,监理人员要对坍落度、和易性进行检查。对有抗冻要求的混凝土,抽查一次混凝土含气量,检查含气量测定值是否满足要求;现场平行检测的混凝土强度试件,由现场监理人员进行取样。跟踪检测(见证取样和送检)试块由现场监理人员监督承建单位人员完成;混凝土要求使用低碱水泥、无碱外加剂、骨料为非碱活性骨料。

(2)普通混凝土的取样规定。混凝土抗压试验每工作班拌制的同一配合比的混凝土,取样不得少于1组;承建单位在施工过程中,混凝土抗渗性能试验每个标段、每个配合比取样1组,混凝土抗冻性能试验每个标段、每个配比取样1组。

(3)回填质量检验。填筑工程开始前,承建单位应将回填碾压试验方案报项目监理部,经监理部同意后,进行碾压试验;填筑层施工完成后,承建单位应按有关的规范规定进行自检,并通知监理单位按规定进行跟踪检测工作。在自检合格的基础上,监理单位进行监理抽检;承建单位填筑质量应满足相关的技术标准、规范的要求,同时满足合同文件及技术文件的要求;回填土质量检验以监理人员现场查看为主,必要时可进行抽样检验。

6. 平行检测

平行检测是指在承建单位对原材料、中间产品和工程质量自检的同时,监理部按照监理合同约定独立进行抽样检测,核验承建单位的检测结果。平行检测应符合下列规定:

(1)监理组采用现场测量手段进行平行检测。

(2)需要通过实验室进行检测的项目,监理组应按照监理合同约定送至具有相应资质的当地工程质量检测机构进行检测试验。

(3)根据《国家地下水监测工程(水利部分)监测站施工质量和安全监督检查手册(试行)》(地下水〔2015〕73号)要求,平行检测的项目和数量(比例)见表6-1。

表6-1　平行检测项目和数量

检测项目	滤料	混凝土	水泥砂浆
平行检测率	5%	3%	3%

(4)当平行检测结果与承建单位的自检试验结果不一致时,监理组组织承建单位及有关各方进行原因分析,提出处理意见。

(5)滤料的平行检测。检测项目为:滤料组成和粒径是否符合规范要求,筛分颗粒级配分析,流量站混凝土试块的抗压强度,水泥砂浆抗压强度。

承建单位取样的数量和要求为:每20个站抽取1组,每个标段至少抽取1组。

(6)混凝土和水泥砂浆的平行检测。检测项目为:流量站混凝土试块的抗压强度,水泥砂浆抗压强度。

承建单位取样的数量和要求为:每站抽取1组。

7. 移动管理

针对本项目的特点,第一标段监理单位采用微信群收集影像,通过视频进行动态管理;第二标段监理单位除建立微信群外,还将在三峡库区、南水北调、金沙江流域已成功应用的工程现场监测与管理信息技术应用于本工程,即手机App管理系统。其功能特点如下:

手机App管理系统为移动终端,主要功能有二维地图平台、人员定位及查看、项目查询、数据填报、日志填报、照片和视频上传、照片和视频审核、过程性资料上传、匹配分析及预警、数据分级汇总及预警、现场人员监管、内嵌拨号等。

该App工程监理管理系统分为现场工作人员、监理人员、项目管理人员和系统管理人员四个用户组。

1)现场工作人员

现场工作人员用户提供现场数据上报,现场照片视频拍摄和上报。

(1)二维地图平台。建立全国二维地图平台,将17个省3 000个监测点根据经纬度在二维地图上以特定的图形进行显示,直观反映监测点在全国、各省、各区(县)的分布情况,在一个界面内方便地完成数据上报,查看监测点的基本信息和上报的相关数据信息。

(2)人员定位。在地图上反映当前用户的位置信息,查看与附件监测点的位置关系。

(3)项目查询。在地图上直观地查询所有监测点以及其工程信息,免去纸质或电子表格的管理与查询不便,提升工作效率。

(4)照片和视频拍摄。直观的反应各监测点、各时段的现场情况,方便对现场的管理。

(5)数据上报。通过现场数据和照片视频的上报,形成完整的电子档案,方便对项目的管理和问题追溯。

(6)照片和视频播放。通过流媒体技术,用户能直接通过App在手机上播放上传的照片和视频。

2)监理人员

监理人员用户在拥有现场工作人员全部功能权限的基础上,还能查看监测点现场工作人员信息,上报照片和视频审批,以及直接通话功能。

3)项目管理人员

项目管理人员用户提供所有监测点上报数据的查看,所有上报照片和视频的查看,所有现场人员和监理人员功能权限的查看与监管。

4)系统管理人员

系统管理人员提供用户注册审批,用户权限设置,项目流程配置,系统操作记录管理,监测点信息的录入。

6.5.3.5　安全监理

安全监理的任务是对建设工程中的人、机、环境及施工全过程进行预测、评价、监控和督促,并通过法律、经济、行政和技术手段,促使其建设行为符合国家安全生产、劳动保护法律、法规标准,制止建设中的冒险性、盲目性和随意性行为,有效地把建设工程安全控制在允许的风险度范围之内,以确保安全。

1.监理人员岗位安全职责

项目的安全监理实行总监理工程师负责制,下设专业安全监理工程师和现场安全监理员。总监理工程师对工程项目的安全监理负责,并根据工程的特点明确专业安全监理工程师的监理职责。其职责如下:

(1)总监理工程师安全职责包括:审查分包单位的安全生产许可证,并提出审查意见;审查施工组织设计中的安全技术措施;审查专项施工方案;参与工程安全事故的调查;组织编写并签发安全监理工作阶段报告,专题报告和项目安全监理工作总结;组织监理人员定期对工程项目进行安全检查;核查承包单位的施工机械、安全设施的验收手续;发现存在安全事故隐患的,应当要求承建单位限期整改;发现存在情况严重的安全事故隐患的,应当要求承建单位暂停施工,并及时报告发包人;承建单位拒不整改或拒不停工的,应及时向政府有关部门报告。

(2)专业监理工程师安全职责包括:审查施工组织设计中专业安全技术措施,并向总监提出报告;审查本专业专项施工方案,并向总监提出报告;核查本专业的施工机械、安全设施的验收手续,并向总监提出报告;组织本专业人员对工程项目进行安全检查;检查现场安全物资(材料、设备、施工机械、安全防护用具等)的质量证明文件及其情况;检查并督促承办单位建立健全并落实施工现场安全管理体系和安全生产管理制度;监督承包单位按照法律法规、工程建设强制性标准和审查的施工组织设计、专项施工方案组织施工;发现存在安全事故隐患,应当要求承建单位整改,情况严重的安全隐患,应当要求承建单位暂停施工,并向总监报告;督促承建单位做好逐级安全技术交底工作;每周例行检查并做好检查记录。

(3)监理员安全职责包括:检查承包单位施工机械、安全设施的使用、运行状况并做好检查记录;按设计图纸和有关法律法规、工程建设强制性标准对承包单位的施工生产进行检查和记录;担任旁站工作。

2. 安全生产控制的措施

(1)工程开工前,监理部督促承建单位建立健全施工安全保证体系、安全管理规章制度和安全生产责任制,对施工人员进行施工安全教育和培训。审查施工组织设计中的安全技术措施或者专项施工方案是否符合工程建设强制性标准。审查未通过的,安全技术措施及专项施工方案不得实施。如需补充完善或修改,及时督促承建单位修改、补充或完善。

(2)贯彻执行"安全第一,预防为主"的方针,督促承建单位按照施工组织设计中的安全技术措施和专项方案组织施工,监督承建单位认真执行国家现行有关安全生产的法律、法规,建设行政主管部门有关安全生产的规章、标准、技术操作规程,全面落实安全防护措施,确保人员、机械设备及工程安全。

(3)施工过程中,发现不安全因素和安全隐患时,应指示承建单位采取有效措施予以整改。承建单位必须按照整改要求按期整改,整改完成自检合格后,通知监理工程师予以复查,复查合格后方可进行后续施工。若承建单位延误或拒绝整改,监理部可责令其停工。当监理工程师发现存在重大安全隐患时,应立即指示承建单位停工,做好防患措施,并及时向发包人报告;如有必要,应向政府有关主管部门报告。检查、整改、复查、报告等情况应记载在监理日志、监理月报中。

(4)日常检查和定期抽查相结合。

①日常检查:监理人员不定期巡视工地现场,对安全生产的实施情况(如特种作业人员持证上岗情况、进入现场的主要施工机械的安全状况、各种安全标志和安全防护措施是否符合强制性标准要求、是否对施工人员进行了安全技术交底,交底内容是否全面、具体、具有针对性,安全生产费用的使用情况等)进行检查。如果类似问题多次发生,监理部将按照合同对承建单位采取必要的措施,监督其纠正、提出警告、进行处罚直至要求承建单位的现场负责人退场。

②定期抽查:除日常检查外,每月定期抽查一次。由监理部负责采用视频方式进行抽查(也可邀请发包人参与),一起对整个工区的安全生产情况进行定期抽查和评比。对不符合要求的区域,除责成承建单位采取措施进行纠正外,还将在全工区进行通报。

(5)召开安全生产会。由监理部负责安全管理的监理工程师召集,每月召开一次,会议可以采取网络电话或视频方式进行,总监、承建单位项目经理、发包人代表参加。会议将结合现场检查情况,指出前段安全施工方面存在的问题,提出整改意见和建议;对下一步的安全管理工作进行部署等。

(6)加强安全生产宣传工作,强化各方人员的安全意识。

(7)抓好重点危险工序的安全生产措施的检查落实,做到预防为主、消除隐患,避免安全事故的发生。

(8)对工程中发生的安全事故,严格执行安全生产责任追究制度,做到"四不放过"。消除所有的事故隐患,确保工地安全生产和各项目标的如期实现。

(9)钻井安全措施。施工机械设备的安全装置必须齐全和处于良好状态。对裸露的传动部位或者突出部位要装防护罩或防护栏杆;现场运输道路平整、畅通、排水设施良好;特殊、危险地段设醒目的标志,夜间设有照明设施;各种机械电器设备都要按制度要求维护保养,施工期间应经常对机械设备、塔架、提引系统进行安全检查,设备运行时,不得拆卸和检修。不准跨越防护栏杆或传动部位;卷扬机上的钢丝绳要有足够强度,操作卷扬机时,严禁用手抚摸钢丝绳和卷筒,并要与孔口、塔上操作者密切配合。上下钻具时应慢提轻放,不得猛刹、猛放。孔口操作者,拖插垫时,手要握垫叉柄,抽出或插好垫后,应站到钻具起落范围以外安全位置;水龙头,高压胶管要有防缠绕和防脱落装置,钻进中不准以人力扶水龙头或高压胶管,机上修理水龙头时,要切断电源或切断动力,并把回转器手柄放在空挡位置,防止失误触动手柄导致主杆回转伤人;要做好夏季、冬季、雨季和台风等恶劣天气条件下的安全防护工作;防洪度汛措施检查。汛期前,协助发包人审查设计单位制订的防洪度汛方案和承建单位编写的防洪度汛措施,协助发包人组织安全度汛大检查和做好安全度汛、防汛防灾工作。

(10)施工临时用电安全监督管理规定。

开工前,由监理工程师复核承建单位施工临时用电的负荷计算,协助承建单位确定电源进线、变压器容量、导线截面等主要电器设备的类型、规格是否符合施工安全的要求。强化施工安全用电的监控,加强施工过程临时用电的安全检查,发现用电安全隐患及安全问题,及时指令承建单位整改,把各种用电安全事故苗头消灭在萌芽状态。

①严禁承建单位在高、低压线路下方搭设任何生活设施、作业棚,或堆放构件、架具、材料及其他杂物,所有施工临时设施的外侧外缘与外电架空线路的边线之间必须保持足够的安全距离。

②施工现场的临时道路与外电架空线路交叉时,应遵守《施工现场临时用电安全技术规范》的规定。必要时应采取一定的安全预防措施。

③对于未能达到《施工现场临时用电安全技术规范》规定的最小安全距离的各种设备、设施,必须严格要求承建单位根据实际情况提出妥善的安全防护措施,如增设屏障、遮栏、围栏或保护网,悬挂醒目标志牌等,并经监理部审批后认真付诸实施。

④在架空线路附近施工时,必须采取有效措施,防止架空线路中的杆倾斜、悬倒。

⑤对所有电气设备进行防雷接地和重复接地。

⑥严格要求承建单位对施工现场专用的所有中性点直接接地的电力线路全部采用TN-S接零保护系统,所有电气设备的金属外壳必须与专用保护零线连接。

⑦所有开关箱、配电箱的设置安装必须符合“三级配电两级保护”的要求,末级开关箱必须安装漏电保护参数匹配的漏电保护装置,并做到“一机一闸、一漏一箱”,闸具完好,接线有序,标记清楚,门锁有效,防雨措施妥当。

(11)机械设备安全管理措施。

①机械操作人员必须经过专业安全技术培训,考核合格后,持证上岗。严禁酒后作业。

②机械设备使用前首先检验各种安全装置是否灵敏可靠,决不允许设备带病运转。安全防护装置不完整或已失效的机械不得使用。

③工作前必须检查机械、仪表、工具等确认完好方能使用。机械运行时,严禁接触转

动部位和进行检修。工作结束后,应将机械停到安全地带。

④操作人员在作业过程中,不得擅自离开岗位或将机械交给其他无证人员操作。严禁疲劳作业,严禁机械带故障作业,严禁无关人员进入作业区和操作室。

⑤提钻时,发觉孔内阻力较大,则不能强行提拉,应将钻具上下活动或边冲边提拉钻具,以防钻具拉死造成事故。每次提升钻具时,必须认真检查钢丝绳、丝扣的连接情况以及钻具有无损坏,活门是否灵活严密等。如果钻刃磨损超过 4~6 mm,应及时补焊,活门不灵活应及时修复。

⑥机械设备发现运转不正常应停机检查,不得在运转中修理。

⑦一切机械设备不准超负荷使用,凡自制和改造设备机具,新投产的机械设备必须经过有关专业鉴定,合乎安全要求,并制定安全技术操作规程后,经批准方可使用。

⑧操作者应对机械设备经常检查和维护保养。机械连续作业时,应建立交接班制度;接班人员经检查确认无误后,方可进行工作。

⑨新购、经过大修或技术改造的机械,应按有关规定要求进行测试和试运转。

⑩夜间工作时,现场必须有足够照明,机械照明装置应齐全完好。

(12)施工现场安全生产管理规定。

①施工现场有利于生产,方便职工生活,符合防洪、防火等安全要求,具备安全生产、文明施工的条件。

②施工现场内设置醒目的安全警示标志;防火、防洪、防雷击等安全设施完备,且定期检查,如有损坏,及时修理。

③现场运输道路平整、畅通、排水设施良好;特殊、危险地段设醒目的标志,夜间设有照明设施。

④施工现场内各种材料分类码放整齐稳固,建筑垃圾及时清理,以保持现场的整洁有序。

(13)消防安全管理规定。

①承建单位应建立健全各级消防责任制和管理制度,配备相应的消防设备,做好日常防火安全巡视检查,及时消除火灾隐患。

②根据施工生产防火安全需要,应配备相应的消防器材和设备,存放在明显易于取用的位置。消防器材及设备附近,严禁堆放其他物品。

③消防用器材设备,应妥善管理,定期检验,及时更换过期器材,消防设备器材不应挪作他用。

④根据施工生产防火安全的需要,合理布置消防通道和各种防火标志,消防通道应保持通畅,宽度不应小于 3.5 m。

⑤宿舍、办公室、休息室内严禁存放易燃易爆物品,未经许可不得使用电炉。

⑥施工区域需要使用明火时,应将使用区进行防火分隔,清除动火区域内的易燃、可燃物,配置消防器材,并应有专人监护。

⑦油料等常用的易燃易爆危险品存放使用场所、仓库,应有严格的防火措施和相应的消防设施,严禁使用明火和吸烟。明显位置设置醒目的禁火警示标志及安全防火规定标识。

⑧施工生产作业区与建筑物之间的防火安全距离,应遵守下列规定:用火作业区距所建的建筑物和其他区域不应小于25 m;仓库区、易燃、可燃材料堆集场距所建的建筑物和其他区域不应小于20 m;易燃品集中站距所建的建筑物和其他区域不应小于30 m。

(14)防雷。

雨季施工时,施工现场所有用电设备、机械设备,若在相邻建筑物、构筑物的防雷装置的保护范围以外,应按规范规定安装防雷装置。

(15)施工标志管理规定。

①主要施工部位、作业点和危险区域及主要通道口均应挂设相关的安全标志。

②施工机械设备应随机挂设安全操作规程牌。

③各种安全标志应符合规范规定,制作美观、统一。

(16)强制保险措施。

要求包括驻京监理部人员、现场监理人员和承建单位现场人员都需购买人身意外险。

(17)文明施工。

每眼监测井都按照文明施工的要求进行场地布置,做到布局合理,将对周围环境的影响降至最小,最大限度地保护周边环境;对于有人员出没的地块进行围挡、设置警示牌;施工结束,恢复原貌,并进行打扫,确保场地整洁,环保卫生,避免对监测站周边环境污染。

通过现场检查纠正、会议点评等方式,指出安全文明环保工作需要改进的地方;主动与周围群众沟通,做好宣传和解释工作。未发生一起承建单位与群众纠纷事件。

6.5.4　监理过程

6.5.4.1　工程质量控制

国家地下水监测工程监理质量控制主要包括:国家地下水监测中心质量控制、流域监测中心质量控制、省/地市监测中心质量控制、监测站质量控制。

1. 国家地下水监测中心质量控制

国家地下水监测中心项目建设由大楼房屋加固和装修工程、水质化验仪器设备及实验室建设、中心大楼基础软硬件建设、信息系统建设、测井维护巡测设备和自动监测设备采购等组成。

1)房屋加固和装修

(1)审核承建单位的施工方案。

①审查承建单位施工组织设计方案,特别是实验室、房屋装修加固等工作内容作为重点,提高方案针对性。同时,督促消防备案手续办理和施工许可证办理材料准备和办理工作。

②审查承建单位和人员资质,根据施工组织设计修改监理工作细则,按照本工程项目的质量要求标准和质量控制目标(包括施工材料及设备等多方面),审查施工组织设计及施工图等文件,根据质量要求提出修改意见,严把质量关。

③组织设计单位和承建单位通过书面或现场沟通方式进行对接和沟通,使得承建单位详细了解装修及加固设计的思路、设计过程及设计重点工作,并强调施工过程要注意事项,对承建单位提出的疑问进行解答。

(2)审查承建单位的施工组织设计。

总监理工程师和专业监理工程师,严格审查承建单位的施工组织设计,对施工组织设计中的机构设置、人员安排、设备配置、主要管理人员资质情况、施工质量及安全保证体系、进度计划、原材与半成品的准备、施工工艺流程、职业健康及环境保护措施进行审查,并提出了修改意见,进一步完善施工组织设计。

(3)审查分包单位资质。

①对暖通工程、给排水系统工程、电气工程、实验室工程等工程分包单位资质进行审查,要求符合有关规定。

②承担建筑装饰装修工程施工的人员(如电工、架子工、焊工等)需持证上岗。

(4)严把原材料、中间产品质量关。

坚持原材料"先检后用原则",严把原材料、构配件的质量控制关,严格原材料、构配件报审制度。对加固、装修材料(如植筋、水泥、碳纤维布、粘胶等)的质量、规格、性能是否符合有关技术标准和技术条款的要求,一律按规范规定的抽样数量进行见证抽样复验,同一厂家生产的同一品种、同一类型的进场材料至少抽一组样品进行复检。共完成26次见证取样;其送样均经过监理工程师签封;复验材料全部合格。

2)监测中心大楼软硬件建设

(1)水质实验室、档案室、会商室、展览室。

水质实验室、档案室、会商室、展览室功能分区及装修装饰工程完工后,监理工程师对采购的仪器、设备及配件进场和安装调试进行了监督管理。

①水质实验室。国家地下水监测中心大楼水质实验室配置各种型号水质化验仪器设备共173台。监理质量控制过程如下:

a.安装前准备。监理工程师协同部项目办对进场的水质化验仪器、设备及配件逐项进行开箱检查,确认各仪器型号、规格和数量与采购合同一致,外观合格,"三证"齐全;检查现场安装人员为仪器生产厂商专业安装调试技术员,确认资格符合要求。

b.安装过程监理。监理工程师对仪器设备安装过程、工序进行检查见证,安装人员对设备安装位置和安装基础进行检查,确认合格后,监理工程师确认与安装施工图纸相符;设备定位后,监理工程师确认符合设备平面图和安装施工图的要求;设备安装结束,监理工程师检查了设备基础的坚固性和设备的调平符合规定。

c.调试过程监理。仪器设备及其附属装置、管路等全部施工安装完毕,施工单位自查合格,施工记录及质量控制资料齐备,监理工程师检查符合要求;精密仪器的操作规程已由安装调试单位编制完成,经总监理工程师审查批准;现场检查设备及周围环境已清扫干净,监理工程师监督设备安装调试人员按规定的步骤和内容进行调试试运行,检查各台水质化验仪器已具备各项检测指标检测功能、配套功能系统已完备,配套设施齐全。

②档案室。

国家地下水监测中心大楼档案室建设配备手动密集架、临时储物柜。监理质量控制过程如下:

a.安装前准备。监理工程师协同部项目办对进场的手动密集架、临时储物柜组件逐项进行开箱检查,确认其规格、颜色与采购合同一致,外观合格,"三证"齐全;检查现场安装人员为手动密集架专业安装调试技术员,确认安装人员资格符合要求。

b.安装和调试过程监理。首先进行地轨安装,后经安装人员自检合格,提请监理工程师检查,监理工程师检查地轨与地面是否紧密贴合,经检查无虚跨空隙,再用水平尺检查地轨水平度,确认地轨两端及两轨间水平误差为1~2 mm,符合有关规定。

c.安装后检查。密集架安装结束,监理工程师检查密集架架板组装后平整牢固,通过手动遥控逐一检查所有密集柜移动和停止功能收放自如,并清点密集架数量,达到合同数量要求;临时储物柜组装完成后,监理工程师按合同确定的规格检查,符合其质量和数量要求。

③会商室。

国家地下水监测中心会商室配置大屏幕显示系统、集中控制系统、音视频解码系统、图像采集与切换系统、数字会议系统等。

设备安装前,监理工程师协同部项目办对进场的大屏幕显示设备及配套各系统设备及组件逐项进行开箱检查,确认其型号与采购合同一致,外观合格,"三证"齐全;待各系统设备安装调试结束,会同部项目办、设备安装调试人员一起对各系统设备逐一测试,直至满足合同技术条款。

④展览室。

国家地下水监测中心展览室包含展板与视频制作、模型制作、显示设备采购等。施工过程中,监理工程师首先检查进场设备和施工材料,施工过程中,对展台、展墙制作与安装进行现场监督检查,重点检查所用PVC板、木工板、粘胶、灯具等材料"三证齐全",安装完成后进行系统测试,对照设计施工图纸逐项检查,直至满足合同技术条款。

3)监测中心大楼基础软硬件建设

监理工程师协助部项目办完成监测中心大楼硬件设备、水质监测设备、水质实验室设备采购招标及合同谈判工作;会同部项目办和承建单位对到场仪器设备开箱检查,以及仪器设备调试、试运行现场确认,满足初设要求。

监理工程师协助委托人完成商业软件产品采购招标及合同谈判工作,协同部项目办进行现场监督检查,对现场验证软件功能;试运行结果确认,直至满足合同技术条款。

4)其他

(1)信息服务系统软件开发及系统集成。

监理工程师协助部项目办完成统一开发的业务软件及系统集成招标及合同谈判工作;用户需求分析阶段,参与功能模块设计单位方案讨论;待软件设计、编码完成,见证软件模块调试;直至软件完成测试,进入系统试运行阶段,会同委托人和承建单位共同确认试运行结果,参加合同验收。

(2)监测站巡测维护设备和水质自动监测设备采购。

国家地下水监测工程(水利部分)280个地市中心配备的巡测设备、测井维护设备,以及100个自动监测站配备水质监测设备由部项目办集中采购,分发至各地市中心。部监理人员参加巡测设备的抽检工作,经第三方抽检合格后,由供货商发往全国各地市中心;现场监理人员参加巡测维护设备的开箱验收工作,对设备的产品型号、规格、数量确认无误后,地市中心签收设备接收单。

2. 流域监测中心质量控制

7个流域监测中心配备的服务器等硬件设备采购流程符合规范流程,通过了发包人、承建单位和监理人三方验货,以及数据库管理、地理信息等系统软件购置与安装,采购流程符合规范流程,使用效果通过试运行验证。

软件开发初期,监理工程师参与软件功能模块分析,从用户角度提出建议。开发过程中参加软件功能模块验证和系统试运行效果确认,协助承建单位查漏补缺,完善软件的使用功能。参加软件试运行工作,试运行结果经过监理工程师与各流域、承建单位共同确认,试运行达到预期效果。

另外,对配备到各流域的水位、水温校准、数据移动传输、洗井等巡测维护仪器设备及地下水专业取样瓶的规格、型号,质量和数量进行核实。

3. 省/地市监测中心质量控制

监理人员检查各省级和地市级监测中心配置的硬件设备数量及规格是否符合要求;购置的系统软件是否满足系统功能需求;涉及的信息源建设和业务软件本地化定制是否满足监测中心要求;协助部项目办和软件开发商部署统一开发的地下水业务软件并进行系统测试。

对项目法人统一采购,配备到各省的水位、水温校准,数据移动传输,洗井等巡测维护仪器设备及地下水专业取样瓶的规格、型号和数量进行核实。

1)信息源建设

对地下水监测站的岩土样资料、抽水试验资料、监测站信息及历史地下水监测资料等进行监督控制,确保信息源建设数据准确、真实、可靠,为工程运行管理及水资源分析评价等提供基础信息支撑。具体内容包括:

(1)岩土芯样资料处理。比照钻探岩芯编录资料,对岩土样采集资料及试验分析资料进行核实,确认无误后整理入库;将整理好的岩土芯样资料及试验分析资料进行收集、校核、人工录入excel模板并与上述确认正确的岩土芯样资料进行比对,确认无误后导入地下水综合数据库;岩土芯标本制作及展示。典型井岩土芯样实物装入岩芯箱并运送至建设单位指定地方,按照要求进行摆放、拍照及建立电子档案,导入本工程建设的数据库等。

(2)抽水试验资料处理的监督检查。抽水试验原始记录资料和成果分析资料收集、整理、检查及入库完成后,通过抽查抽水试验现场记录表来核实抽水试验资料,将系统计算结果与单井质量验收表上相关信息进行比较。

(3)监测站信息整理入库的监督检查。检查内容包括监测站站名、位置、井深、测站编码等基本信息,地层岩性、井管规格、滤料等成井信息,监测仪器设备型号、性能指标监测频次等监测仪器设备信息与监测站信息有关信息的收集、整理并入库。检查方法包括:

①确定监测站站名、位置、井深、测站编码等基本信息来源于单井质量验收表,如有变更,则以变更后的站名、位置、井深、测站编码等基本信息为准。

②确定地层岩性、井管规格、滤料等成井信息,一律以监测井土建工程单井质量验收表为准。

③确定监测仪器设备型号、性能指标、监测频次等监测仪器设备信息,以仪器设备安

装调试质量验收表为准。

④待完成相关资料收集、整理并入库,经监理人员核对(站名等基本信息逐项核实,其他数据抽查确认,抽查比例不少于10%,如有错误,全数检查,确保数据无误。

(4)历史地下水监测资料整理入库的监督检查。历史地下水监测站信息和监测资料的收集、整理并入库,主要是地下水水位监测站的基本信息和埋深/水位监测信息。监理人员按10%比例抽检确认。

2)业务软件本地化定制

监理工程师协助各省完成业务软件本地化,定制软件招标及合同谈判工作;用户需求分析阶段,参与功能模块设计单位方案讨论;待软件设计、编码完成,见证软件模块调试;直至软件完成测试,进入系统试运行阶段,会同各省和承建单位共同确认试运行结果,参加合同验收。

3)高程引测

监测站高程引测质量控制措施包括:所有高程测量水准基面全部采用1985年国家高程基准;监测站高程和坐标测量基本上都采用GPS测量方式,个别监测站采用水准测量;通过抽查跟踪确认方式参与高程和坐标测量工作,确认GPS测量精度达到了《全球定位系统(GPS)测量规范》(GB/T 18314—2009)中E级以上精度要求;水准测量标准达到了《国家三、四等水准测量规范》(GB 12898—2009)中四等水准测量精度要求;监理单位最后通过资料检查和个别站点抽查,确认监测站高程和坐标测量的数量和质量。

4. 监测站质量控制

国家地下水监测工程(水利部分)监测站建设是全部工程建设的基本内容和重点,监测站质量控制也是监理工作的重点和工作量最大的部分,监测站质量决定了整个工程建设的成败。按照施工内容,监测站质量控制分为监测站土建工程质量控制、监测仪器设备购置与安装质量控制、监测站辅助设施质量控制。

1)监测站土建工程质量控制

按监测井类型和施工内容,监测站土建工程质量控制分为新建井质量控制、改建井质量控制、流量站质量控制、成井水质检测分析质量控制、单井(土建)质量验收以及原材料检测。

(1)新建井质量控制。

监测井工程开工前后,监理人员与各省、市水文局/项目办、施工单位联系,协调解决工程施工过程中遇到的问题,采取巡视检查、现场记录、旁站监理、平行检测、跟踪检测、工序质量验收、使用手机App管理系统等方法进行工程质量的控制。监测井施工关键环节需要进行质量控制,包括:开工准备、井位确认、钻机设备安装、钻进施工、岩土样采集、井深和孔径现场测量、电测井、终孔、疏孔、井管安装、回填滤料、封闭与止水、洗井、抽水试验。

①开工准备。

a. 参加第一次工程例会。

一般情况下,各省单项工程开工动员会和监测井土建标段第一次工程例会同时召开,省水文局、地市水文局、设计单位、监理单位和各标段承建单位均派人参加,后续开工的标段第一次工程例会将由工程建设相关部门或单位参加(包括施工所在地相关政府部门)。会上,省水文局/项目办进行合同工程介绍,设计院代表对设计单位方案、各项技术指标进行技术交底,总监理工程师/总监代表/监理人员介绍该省监理人员配置情况,并进行首次监理工作交底。会议促成了多方有效沟通,表达了监理管控工程的目标和具体要求,为后续工程建设顺利开展铺平了道路。

监理交底内容包括:要求承建单位做好开工前的准备工作及资料上报审批工作;要求承建单位建立质量及安全保证体系,明确承建单位主要人员的职责;确定新建井、改建井和流量站的关键工序;说明施工原始记录表和监测井工序质量验收表填写要求;对关键工序进行拍照和录像以及上报的方法和要求。

b. 审批承建单位的施工组织设计。

监理公司对本工程全部 111 个监测井土建标段施工组织设计进行了审批。开工前严格审批承建单位的施工组织设计,对施工组织设计中的机构设置、人员安排、设备配置、主要管理人员资质情况、施工质量及安全保证体系、进度计划、原材料与半成品的准备、施工工艺流程、职业健康及环境保护措施进行审查,其中,对安徽、湖南、江西和广西等省(区)提出针对特定地层制订施工应急方案,如溶洞地层和砾石地层钻探方法等,使施工组织设计得到进一步完善。

c. 严把原材料、中间产品质量关。

监理单位对原材料进场实行审批报验制度,主要材料必须提供出厂合格证、产品质量保证书;对管材的厚度、直径现场测量,并对管材(油污)、黏土球(粒径、是否半干状)、滤料(含泥量)进行外观质量检查;根据《国家地下水监测工程(水利部分)监测站施工质量和安全监督检查手册(试行)》(地下水〔2015〕73 号)要求的频率见证承建单位对 PVC-U 井管、滤料进场后复验抽样。

d. 实行机械设备进场报验制度。

机械设备进场后,监理人员首先要求承建单位提交机械设备进场报验单,审查核对机械设备保养记录,检查各组件外观,检查传动装置安全护罩、电缆线和配电箱等安全性等,确认能否满足施工要求。另外,对钻机操作人员(尤其是机长)操作证进行核实。工程施工中,清退了部分不合格钻机,并对部分不合格钻机提出了整改措施,整改合格才允许投入使用。

e. 移动管理使用培训。

开工前,现场监理人员对承建单位进行移动管理培训。通过建立微信群或手机 App 管理系统培训,确保承建单位按照监理单位的要求进行现场资料收集,并上传后台数据库。

②井位确认。

监理人员正常情况下到场确认井位,如遇特殊情况,监理人员不能及时到场,监理人员通过微信群或手机 App 系统视频与施工人员进行确认,事后到现场再次确认。监理人员井位确认主要内容包括:

a. 监理人员到场确认“三通一平”(路通、水通、电通、场地平整)。

b. 监理人员检查井孔位置。

c. 监理人员检查施工周边环境,确保井位与电力线路、通信线路、构筑物、管道及其他地面建筑、地下设施保持足够的安全距离。

d. 检查钻头直径确定开孔孔径不小于规定值。

e. 检查泥浆池和沉砂池的容积。

f. 检查进场的原材料(井管、滤料、黏土)是否与报验的规格一致,并检查外观质量和数量。

g. 对滤料进行平行检测。本工程监理人员先对滤料进行外观检查,合格后按10眼监测井抽取一个样品的比例,进行平行检测抽检。

h. 监理人员督促承建单位按照批准的施工组织设计和施工合同规定的技术规程规范进行作业,要求施工人员提前4 h通知监理人员关键环节到场旁站。

i. 监理人员自行或督促承建单位通过手机App上传现场影像或使用微信群收集照片,并填写《钻探设备安装质量及安全情况检查表》。

③钻机设备安装。

在钻机安装时,监理人员督促施工人员,检查钻机下的地基是否满足钻机运行所需要的承载力,确保钻机运行时稳固;并使用水平尺检查钻机平台是否水平,各传动装置是否安全。

监理人员检查承建单位的施工记录是否正确,以及承建单位填写"钻探设备安装质量及安全情况检查表"相关栏数据是否规范。

④钻进施工。

监理人员督促施工人员履行以下几项规定:

a. 对于有水质监测要求的监测井,施工前对更换的新钻头、钻杆和取土器等机具使用无磷洗涤剂除污,以保证清洁无油。

b. 在居民区或城市近郊的监测井钻井前,先挖探槽,以避开地下管线。

c. 松散岩层钻进采用水压护壁,孔内宜有3 m以上的水头压力;如采用泥浆护壁,确认孔内泥浆面距地面是否小于0.5 m,为减少提下钻时水力波动,提下钻具时轻提慢放。对基岩顶部的松散覆盖层或破碎岩层,通常采用直径219 mm或其以上套管护壁。遇强风化岩层钻进时严格控制钻速和钻压,避免埋钻事故。

d. 泥浆黏度指标的要求是:砾石、粗砂、中砂含水层泥浆黏度应为18~22 s;细砂、粉砂含水层应为16~18 s;冲击钻进时,孔内泥浆含砂量不应大于8%,胶体率不应低于70%;回转钻进时,孔内泥浆含砂量不应大于12%,胶体率不应低于80%。井孔较深时,胶体率应提高。

e. 针对井深超过50 m的监测井,钻进中承建单位随时检测钻杆的垂直度,采用小口罗盘测斜仪测量孔斜,并及时纠偏;井身直径不得小于设计井径。井段的顶角和方位角不得有突变。定期检查钻具的弯曲、磨损,不合格马上更换,必要时安装钻铤和导正器。

监理人员通过巡视检查钻探施工现场,检查事项:

a. 采用泥浆黏度计及泥浆比重器测量泥浆的黏度和比重,不符合要求时,监理工程师立即口头通知施工人员通过泥浆泵做调整。

b. 在钻进过程中,要求对水位、水温观测记录,发生漏水、涌砂位置、自流水水头和自流量、孔壁坍塌和气体逸出情况,岩层变层深度、含水构造和溶洞的起止深度等进行观测和记录。这些指标的异常变化预示着含水层可能已出现,故观测记录是判定地下含水层的一个重要依据。

通过水位观测,判定含水层的两种情况:每次提钻后下钻前各观测一次,如发现水位有明显变化,则注意是否钻到含水层;遇水位突变或有异议的含水层马上停钻,测其水位或水头高度。

水温观测:在孔内水位和漏水量有很大变化时才进行观测,作为确认是否有含水层的佐证。当钻探深度接近设计含水层时,每钻进 5 m 就要测量一次水温。

涌水、漏水观测:发现涌水及严重漏水时,记录其位置、起止深度。

其他观测:对掉钻、坍塌掉块、换径变层、反水颜色突变及涌砂、气体逸出等现象,记录其起止深度。

c. 检查承建单位的钻探台班表记录是否规范,记录数据是否完整,督促承建单位及时填写《钻孔质量验收记录表》相关栏数据。

⑤岩土样采集。

根据分省初步设计文件要求,对需进行岩土分层取样的监测井,应在每层至少取土样一个。冲击钻进时,可用抽筒或钻头带取鉴别样;回转无岩芯钻进时,可在井口冲洗液中捞取鉴别样。通常采用回转无岩芯钻进,监理人员通过现场捞取一次鉴别样与上次鉴别样做比较,还会从泥浆池中捞取沉淀物,从中寻找泥沙,判断含水层是否出现。

初步设计还规定部分监测井取芯,分为两种:岩土地层取芯和基岩取芯。

a. 岩土地层取芯。监理人员要求尽可多的保留岩芯,实际取样率达 80%以上,监理人员还会要求承建单位现场技术人员现场进行岩土样编录。

b. 对于基岩岩芯采取率:监理人员除督促施工技术员完成岩芯编录、检查钻探现场施工质量和安全情况外,还对取出的芯样进行分析。

监理人员检查岩土样采集表填写是否规范,取芯样编录是否符合要求,并抽查确认岩层记录描述准确与否。取芯钻探过程中监理人员通过巡视检查控制质量,并且每眼取芯井巡视 1 次以上。监理人员督促现场施工人员对岩土样进行密封并妥善保存,承建单位将岩芯样的照片、岩土样采集表和视频通过手机 App 上传至后台数据库或微信收集照片。

⑥井深和孔径现场测量。

新建井完成钻孔后,承建单位进行井深、井斜和孔径的测量,监理人员现场旁站并确认。

a. 现场测量井深。井绳法。测井绳直接量测深度,用测井绳之前检查测井绳的完好性,因测井绳多次使用后绳上数字脱落影响读数的准确性。

数钻杆法。从井中取出钻杆的根数,根据每根钻杆的长度及钻头的长度累计而得。对于回转钻进施工的监测井,监理工程师要求实际钻探井深大于设计井深 1~3 m,以确保成井时能达到设计井深。

b. 井斜测量。一般采用陀螺测斜仪测量井斜,如发生井斜,则马上采取纠偏措施。纠偏作业时监理人员旁站验证。

c. 下管前孔径检查。大多数通过量测终孔时的钻头尺寸来确定。少数监测井采用铁箍检查,能下到井底,则终孔孔径符合设计要求。考虑铁箍检查有导致塌孔的风险,一般采用量测钻头直径来判断孔径。孔径要求:下管 146 mm、168 mm、219 mm 钢管,开孔孔径为 350 mm、400 mm、450 mm;下管 200 mm PVC-U 管,开孔孔径为 400 mm。允许钻头实际尺寸较孔径小 10 mm 以内。

d. 监测目标含水层为岩石层(裂隙、岩溶),由松散层进入岩石层可一径到底或做变径,对于破碎岩石层是否需要下套管,如果难以做出准确判断,监理人员一般要求下套管。

监理人员旁站时,通过手机 App 或微信收集测井深、井斜和孔径的照片和视频,并做旁站记录,除记录站点名称和位置外,还记录现场投入的人力、机械设备、材料,以及施工过程、测井记录,还有异常情况的处理等。

⑦电测井。

为验证地层勘察数据的准确性,新建站均进行了电测井。电测井时监理人员旁站,并做以下检查确认:

a. 用计时器测量测井速度,并要求测井人员将速度控制在 0.27 m/s 以内(一般采用电机,易控制);

b. 标记电缆深度时,挂相当于井下仪器重量的挂锤(自制);

c. 测井曲线首尾记录有基线,首尾基线偏移不大于 2 mm;

d. 当电测数据曲线出现断记和畸变时,要求测井人员暂停测试,现场查明,采取有效措施后,重新测试;

e. 电测成果解释,电测人员对测量数据做出岩性解析,验证了含水层位置及厚度与钻探记录或岩土样吻合程度,如果差异较大,则督促施工人员查找原因或重测。

监理人员旁站时,将电测井的照片或视频通过手机 App 上传至后台数据库或微信收集,确认影像清晰。承建单位填写《监测井成井实际结构图》相关栏位数据。监理人员对电测井相关信息,含水层位置和厚度等测量结果信息记录,现场人员和机械设备投入情况等进行核实。

⑧终孔。

终孔判定条件:

a. 地下含水层为孔隙水的,当含水层厚度小于 30 m 时,凿穿整个含水层;含水层厚度大于 30 m 时,凿至多年最低水位以下 10 m。多年最低水位资料由省水文局提供。

b. 地下含水层为孔隙承压水的,当其厚度不大于 10 m 时,凿穿整个含水层(组);大于 10 m 时,凿至该含水层(组)顶板以下不小于 10 m。

c. 地下含水层为岩溶水的,凿穿岩溶水上部覆盖岩层,到岩溶发育部位一定深度为止。

承建单位按上述终孔条件判断可以终孔时,则通知监理工程师到场确认,监理工程师签发终孔通知书。当钻进达到设计深度没有发现地下含水层时,由承建单位及时口头向监理工程师提出工程变更申请。监理工程师马上报告给省项目办或部项目办,再会同设计单位协商确定是否加深钻进,或变更监测井位置等。

⑨疏孔。

疏孔是仅针对正循环钻探泥浆护壁井孔的一道工序,目的是去掉含水层段护壁泥浆,利用疏孔、扫孔来达到校正孔径、孔深和孔斜。本工程采用的疏孔方法有两种:疏孔器疏孔、扩大钻头疏孔。通常采用扩大钻头疏孔。

疏孔与井管安装、填砾和止水需连续进行,间隔时间不得超过4 h,所以疏孔前再对井管、滤料和黏土球等材料进行一次例行检查。因此,现场监理人员在确认承建单位做好准备才准许施工。

a. 松散层中的井孔,终孔后用疏孔器疏孔,使井孔圆直,上下畅通,疏孔器外径与设计井孔直径相适应,长度在6~8 m。

b. 监理人员如确认本地区地下水为高压自流水层,则及时提醒施工人员不宜疏孔。

c. 监理人员检查疏孔钻头直径较原钻头大10~20 mm则判合格,准许施工。疏孔结束,待孔底沉淀物排净后,及时转入换浆,送入的泥浆由稠变稀循序渐进,不得突变。为防止承建单位盲目赶进度,监理人员检查换浆效果,待出孔泥浆与入孔泥浆性能接近一致,孔口捞取泥浆样达到无粉砂沉淀的时候即可终止换浆。

监理人员督促施工人员将疏孔、扫孔和换浆的照片及视频通过手机App上传至后台数据库或微信收集照片,并检查承建单位填写的《监测井工序质量验收记录表》,检查相关栏位数据的正确性。

⑩井管安装。

a. 井管安装前检查。监理人员通过观察、钢尺或游标卡尺对井管材料、直径及厚度进行确认。本工程监测井施工过程中,有个别监测井,根据实际情况对井深做了调整,在征得部/省项目办、设计人和监理人同意后,相应调整了井管规格。

b. 过滤管检查。过滤管介于井壁管和沉淀管之间,监测井凿穿的地下水监测目标含水层全部安装过滤管。过滤管类型一般有缠丝过滤管、骨架过滤管以及PVC-U割缝滤水管,也有较为特殊的过滤器,如桥式过滤器、填砾过滤器。

对于专业厂商生产的过滤管,提供有关开孔规格证明材料,监理人员不再检查开孔率。针对现场加工的过滤管,开孔方式基本为圆孔且呈梅花形排列,监理人员按照钢制过滤管开孔率25%,PVC-U过滤管开孔率10%的要求检查开孔率,并要求承建单位使用400目网纱包裹并用铁丝扎实。

c. 沉淀管检查。沉淀管安装在监测井底部,均采用井壁管。大多数钢制沉淀管的管底采用钢板焊接封死,或利用混凝土封死;PVC-U沉淀管的管底用木塞或封盖封死。当井深<50 m,采用长度3 m或3 m以上的沉淀管;井深≥50 m,则采用长度5 m或5 m以上的沉淀管。监理人员实测井壁管、过滤管和沉淀管长度、直径、厚度的照片上传至后台数据库或微信收集,照片清晰。

d. 井管安装旁站。监理人员再次核实实物规格是否与报验规格一致;检查井管外观(油污检查)、尺寸是否合格。通常采用提吊下管法下管。对于井管接头方式,钢管采用丝扣或焊接连接;PVC-U管采用丝扣或插口连接。无论何种连接方式,在监理人员的督导下均按规范要求进行处理,如插口连接除使用专用胶水外,还增加铆钉加固,确保井管连接对正接直、封闭严密,强度满足下管安全和成井质量的要求。

井管安装完成后，监理人员检查测量井管露出地面的高度是否满足高出监测井附近地面0.5~0.8 m的要求，检查承建单位的施工记录是否正确，督促承建单位通过微信或手机App将井管安装的照片及视频上传至后台数据库，填写《监测井工序质量验收记录表》相关栏数据。同时，监理人员也填写旁站记录：站点名称和位置；承建单位投入的人力、机械设备和材料数量，检查情况；监理人员对井壁管、过滤管编排顺序做确认，并记录安装前各种检查数据、安装所用井管数量、安装过程及结果等。

⑪回填滤料。

a. 监理人员检查准备工作情况。通过捞起泥浆检查泥浆稠密度，发现泥浆过稠时，要求施工人员先对井内泥浆进行稀释。检查滤料，如果滤料不足，督促承建单位马上补足数量。

b. 填砾旁站。填入滤料时，监理人员记录填入滤料的数量和测量滤料充填深度，滤料填充至过滤管顶端以上不小于3 m处时终止填砾，一般在3 m以上，深井在5 m以上。与施工人员一道使用测井绳测量滤料填充是否达到要求，不足时继续补充填砾。

回填滤料完成后，督促承建单位通过手机App将填滤过程照片及视频上传至后台数据库或微信收集，填写《监测井工序质量验收记录表》相关栏数据，检查数据的正确性。同时，监理人员也填写并上传旁站记录：站点名称和位置信息；承建单位投入人力、机械设备和备料情况；检查滤料质量和数量信息；填滤过程质量控制情况；检查承建单位的施工记录完成情况等。

⑫封闭与止水。

监理人员检查止水材料，要求选用优质黏土做成的黏土球，黏土球的粒径处于20~40 mm，半干的硬塑或可塑状态。止水的材料从井管四周均匀、缓慢、连续填入，封闭与止水后，采用抽水方式检验封闭和止水的效果。监理人员协助施工人员进行验算，确认止水材料填充高度不少于3 m。

封闭与止水完成后，督促承建单位通过手机App将封闭与止水的照片及视频上传至后台数据库或微信收集，填写《监测井工序质量验收记录表》相关栏数据。同时，监理人员填写并上传旁站记录：站点名称和位置信息；承建单位投入人力、机械设备和备料情况；黏土球质量和数量检查情况；确认止水位置与地面高度并记录测量数据，封闭与止水施工过程记录；对承建单位的施工记录检查情况等。

⑬洗井。

一般情况，监测井封闭与止水后当天进行洗井。根据各地区含水层岩性特征、监测井结构和井管管材的实际情况，选择不同的洗井方法。如钢管采用活塞或空气压缩机洗井，PVC-U管采用抽水洗井等。监理人员对滤水段透水性能进行检查，确认洗井效果。

洗井完成后，督促承建单位将洗井的照片、洗井后达到效果的视频通过手机App上传至后台数据库或微信收集。抽查承建单位填写《监测井工序质量验收记录表》相关栏位数据，在监理人员的指导下进行了整改。

⑭抽水试验。

通常采用单孔稳定流抽水试验。因抽水试验时间较长，监理人员选择在抽水试验开始和结束各4个小时进行旁站。

试验结束后,监理人员检查井口临时封堵情况和场地恢复情况,督促施工人员做好抽水试验记录,收集好抽水试验及井口临时保护的照片;填写《监测井工序质量验收记录表》相关栏位数据。监理人员填写并上传旁站记录:站点名称和位置信息;抽水试验完成情况;现场检查情况;抽水试验记录检查情况;井口保护措施是否有效可靠,场地平整及恢复是否合格等。

(2)改建井质量控制。

改建井建设通常只做洗井、抽水试验两项工作。大多数改建井采用抽水洗井,个别淤积较严重的改建井采用空压机洗井,其质量控制措施与新建井洗井和抽水试验基本相同。检查内容包括:含水层透水性检测;井底淤积清洗结束后,测量井深达到设计要求;改建井原站房或井口保护装置完好,洗井和抽水试验未对周边环境造成不良影响;流量站质量控制。

本工程建设的流量站主要有泉流量站、地下暗河站、坎儿井站三种,主要分布在广西、贵州、山东、河北、新疆等5个省(自治区)。流量站质量控制包括:位置确认、基础处理、堰槽浇筑与堰板安装、量水堰计安装等几个方面,经过监理工程师巡视检查、旁站监理,工程总体质量合格。其质量控制过程如下:

①矩形薄壁堰、巴歇尔槽。

监理人员对工程质量的控制情况:

a. 监理人员确定矩形薄壁堰(或巴歇尔槽)位置。

堰槽选位结合了当地地形地貌、安全情况,以及考虑到后期维护和管理,部分堰槽选位做了调整,最终选位均较为合理;验证堰槽中心线与泉出流方向保持一致。

b. 审核承建单位报批的水泥、钢筋、砂、石子,全部合格。

c. 审核承建单位报审的C25混凝土配合比,满足设计要求。按每站一组的频次见证承建单位对C25混凝土复验抽样,结果合格。

d. 针对每个流量站标段,现场监理人员按承建单位报审的C25混凝土配合比进行一次混凝土抽样检测,混凝土强度试件,由监理人员现场进行取样。

e. 检查基础处理情况:槽深、宽尺寸及基础垫层处理符合设计要求,基础稳定,不致发生倾覆、沉陷情况。

f. 对矩形薄壁堰、巴歇尔槽的堰槽浇筑与堰板安装进行旁站监理,见证施工过程,检查钢筋规格、数量、绑扎搭接长度,模板拼缝、内外支护安装质量符合相关规范;对比混凝土配料单和混凝土配合比报告单,材料及配比一致;在混凝土浇筑过程中,检查坍落度、和易性,确认堰槽翼墙墙背填料和夯实情况,材料与设计保持一致;检查堰槽一侧静水井,巴歇尔槽外观测井及与堰槽连接方式符合设计要求;确认量水堰计安装在堰板的上游1~1.2 m,且浇筑高度符合设计要求;检查承建单位收集的施工的照片是否清晰;填写旁站记录:站点名称及位置信息,承建单位投入人力、设备和备料情况,材料检查及抽检情况,以及施工过程监督检查情况。

②坎儿井。

本工程坎儿井流量站全部位于新疆维吾尔族自治区,对坎儿井的质量控制,监理人员采取了如下措施:

a. 确定坎儿井位置。

经监理人员现场确认,坎儿井位置及堰槽布置方向与初步设计保持一致;验证堰槽中心线与泉出流方向一致。

b. 审核承建单位报批的水泥、钢筋、砂、石子,全部合格。

c. 审核承建单位报审的C20混凝土配合比,满足设计要求。按每站一组的频次见证承建单位对C20混凝土、M10复验抽样。C20混凝土复验检测内容除正常检测混凝土强度等项目外,还检测了抗冻、抗渗指标,均达到F200W6等级要求。

d. 现场监理人员按承建单位报审的C20混凝土配合比进行了一次混凝土抽样检测,混凝土强度试件由现场监理人员进行取样,检测项目包含抗冻、抗渗指标,检测结果达到F200W6等级要求。

e. 监理人员现场查看坎儿井出口处管道导流处理情况,满足导流及施工要求。

(3)成井水质检测分析质量控制。

新建井、改建井和流量站施工完成后,施工单位按要求通知水质检测单位到场采集水样,监理人员现场监督完成水质采样工作,配合水质检测单位开展检测工作。

①对水质采样工作的监督。

a. 按照水位站水样采集于抽水试验结束前或进行中的要求,在监理人员的见证下,水质检测单位完成新建井和改建井水样采集;流量站水样可随时采集,故选择在土建工程施工结束,水流稳定后且确认水源没有被污染时,监理人员协助水质检测单位采集水样。

b. 对没有及时采集水样的监测站或需重新采集水样的监测站进行补采水样时,则采用常规水质人工采样办法,即按照规范要求抽取井内水体2~3倍水量,再进行采样,以提高水样的代表性。在监理人员的督促下,监测站土建工程施工人员协助水质检测单位完成水样补采工作。

c. 水样盛装容器由水质检测单位按规范要求自行采购;监理人员确认水样采集单上的信息(包含监测站点名称、编码、水温、采样时间、采样人和监理人等信息)是否填写完整、清晰等内容。

②配合水质检测单位开展检测工作。

监理人员还跟踪了解水质检测分析工作进展,确认水样采集、检测工作全部完成为止。水质检测分析期间,对于检测单位反馈的水质异常信息,监理单位协助检测单位再次采样或分析原因,降低人为原因产生的检测错误。

(4)监测井质量验收。

①按照初步设计和合同技术条款要求,每眼监测井完工后,均要进行单井验收。监测井验收由监理工程师主持,省/地市水文局、承建单位参与。验收的内容有:现场检查监测井的井深、静水位、井口临时保护和场地恢复情况;施工原始记录表;单井质量验收表。具体验收办法如下:

a. 通过测井绳测量成井深度,使用游标卡尺测量井管厚度是否符合设计要求。

b. 结合钻探台班表、电测井资料,确认井壁管、滤水管和沉淀管编排顺序的合理性。

c. 检查洗井和抽水试验记录,现场核查静水位与抽水试验记录是否吻合。

d. 检查监测站施工原始记录表资料完整性,其内容是否有缺项。

e. 检查承建单位收集的影像资料的完整性。

f. 审核单井质量验收报表。

②根据现场工程进展情况,监理工程师适时联合省/地市水文局和承建单位,按照上述要求分批次对每眼监测井成井质量进行验收。单井验收时,监理人员还会着重检查易出问题的地方,具体如下:

a. 对单井进行检查验收时,要注意洗井不彻底、井口临时保护措施不牢固和现场恢复不到位问题。

b. 原始记录资料不全、不正确问题,如洗井结果没有做记录,钻探记录与岩土样编录不一致等。

c. 单井质量验收表尤其是成井柱状图填报不正确或达不到规范要求的问题。

③问题整改:对于单井质量验收时出现的问题,监理人员要求承建单位在规定时间内完成整改,问题监测井必须经过监理人员复查质量验收合格后,才能进行下一步监测井合同工程验收。

(5)原材料检测。

监理单位严格按照《国家地下水监测工程(水利部分)监测站施工质量和安全监督检查手册(试行)》(地下水〔2015〕73 号)要求的频率对 PVC-U 管材、钢管管材、滤料等原材料进行跟踪检测、平行检测;检测结果符合设计文件、施工合同及有关规范的要求。监理部还委托有资质的检测单位对滤料进行平行检测。

针对工程质量及现场安全措施不规范之处,监理人员现场要求立即改正,或及时向承建单位下达监理通知等措施,督促承建单位加强工程质量和安全管理。

工程建设期间,监理人员现场巡视检查及单井验收近 2 万站次,旁站记录约 1 万份,签发监理通知 200 多份,召开协调、检讨会约 400 次,记录监理日志 400 多本,收集影像资料 98 760 份。

2)监测仪器设备购置与安装质量控制

按照施工内容,监测仪器设备购置与安装质量控制分为仪器设备抽检、仪器设备安装、辅助设施质量等。

(1)仪器设备抽检。

在部项目办和各省项目办负责督促指导下,在监理人员的见证下,仪器检测单位、中标公司开展仪器抽样检测工作。根据《国家地下水监测工程(水利部分)产品抽样检验测试实施办法》(地下水〔2016〕139 号),仪器设备(一体化压力式水位计与一体化浮子式水位计、悬锤式水位计)安装前需进行抽样检测,抽样比例为 3%~5%。监理人员检查和确认内容包括:

①确认抽样检测对象为整套仪器设备,包括缆线等。

②检查仪器设备生产厂商出具的"三证",即生产许可证、出厂检验合格证和产品质量保证书,三证齐全。

③在部/省项目办、监理工程师和仪器设备生产商见证下全部封存并贴上二维码。

④检查现场仪器设备生产批号和生产日期,确认批次和批数,针对每批采购每批次生产的仪器设备,按不小于 3%~5%的比例随机抽取检测样品。

⑤多方签字确认《产品检测抽样单》,待抽检仪器发货至检测单位。

(2)仪器设备安装质量控制。

①仪器设备开箱验货。

带封条的仪器设备由承建单位运至各省指定的临时库房,在省(或地市)项目办、监理人员和承建单位三方共同见证下开箱验货。开箱前检查封条是否完整;开箱检查仪器型号、规格、二维码,对照清单清点数量;检查仪器是否受损。没有发现仪器受损或二维码被撕等不好现象,开箱验货结果均符合要求。

监理人员还收集开箱检查的照片和视频,通过手机App上传至后台数据库或微信群收集,并督促承建单位填写《仪器设备开箱检验记录表(批次汇总)》《仪器设备开箱检验记录表(单站)》相关栏数据。

②仪器设备安装与调试。

安装前,监理人员先全面检查各个监测井土建指标是否符合设计要求,对检查不达标的监测井暂停仪器安装;对于个别监测井井深等做调整的,要求仪器安装人员相应调整仪器设备辅助配件,使其符合设计要求;对各项设备及附件的机械和电气性能进行全面检查、测试和联试。

安装时,监理人员现场确认仪器型号是否与该监测井相符,检查设备及零部件齐全、清洁、完好;与安装人员一道现场测量静水位数据,确认入井缆绳长度;安装完成后通过不断调试,确认上传数据能发送至省级中心和国家中心,否则,查找原因直到问题得到解决。

监理人员依照以上控制要点监督承建单位完成所有仪器设备安装工程,在确认上传数据时发现约不到5%的仪器设备不能上传数据或上传率达不到要求,经后续追踪异常处理结果,发现均为现场环境异常(如位置偏僻卫星信号不强、信号被干扰)所至,最终通过加大信号发射功率使问题得到圆满解决。监理人员还检查了承建单位的施工记录正确与否,并检查承建单位填写的仪器设备安装调试现场记录表和仪器设备安装质量检查表等相关栏数据。

(3)监测站辅助设施质量控制。

监测站辅助设施主要包括井口基础处理、保护筒(箱)安装、水准点埋设,部分监测站还包含站房建设、流量站辅助设施建设、重点水质自动监测站特有附属设施质量控制。

①井口基础处理质量控制。

井口基础质量控制要点:基槽开挖长度、宽度(或直径)和深度是否符合设计要求;混凝土配合比是否符合第三方检测机构提供的配合比报告要求;施工过程是否规范;现场安全措施和文明施工要求;现场恢复确认。

监理人员对基坑开挖、钢筋的制作与安装、混凝土浇筑、保护筒(箱)安装及标示牌的安装等工序严格把关。在冻土地区基坑一定要挖至冻土层以下20 cm。

监理人员旁站检查、确认:确认井口基础开挖深度达400~600 mm,通过现场检查督促确保现场混凝土配合比与试验报告一致;督促承建单位通过手机App上传至后台数据库或微信收集;检查并纠正承建单位的施工记录和由承建单位填写的施工验收记录表单。

②保护筒(箱)安装质量控制。

监理人员在井口保护装置安装过程中,通过巡视检查和旁站控制施工质量,监理检查内容包括:检查保护筒(箱)规格、尺寸是否符合设计要求;对保护筒(箱)安装进行旁站,见证验槽、验筋、混凝土浇筑,且安装时使用水准尺检查保护筒(箱)是否垂直于地面。冬季施工时,监理人员还督促施工人员做好井口基础防冻的安全措施;监理人员现场验收井口保护装置安装质量。检查保护筒外形、锁具、通信盖板、通气孔、外涂料、防护装置基础和观测井管牢固程度和景观、标志牌等;督促承建单位上传施工记录信息;检查承建单位施工记录是否正确等。

③水准点埋设质量控制。

经监理人员现场检查和督导,确认混凝土基础尺寸、水准点标志尺寸及埋设位置符合设计要求。

④站房建设质量控制。

部分监测站房建有监测站房,监理人员要按照房屋建设规范控制站房建设质量,站房建设施工包括基础开挖、混凝土垫层浇筑、混凝土结构施工(钢筋工程、模板工程和混凝土工程)、砌体工程施工、装饰工程施工(内墙抹灰、釉面砖镶贴、门安装)等。

⑤流量站辅助设施质量控制。

监理人员主要通过检查验收方式对流量站辅助设施(水尺、水位计台和测流缆道)进行质量控制,并督促承建单位完成有关质量验收表填报和签字。

⑥重点水质自动监测站特有附属设施质量控制。

全国17个重点水质站,在监测井附近埋设立杆,采用表面光滑、酸洗热镀锌钢管,立杆上安装仪器保护箱、避雷针以及太阳能板支架。监理人员通过检查验收方式控制重点水质自动监测站特有附属设施施工质量,同时,要求承建单位填报有关质量验收表并签字。

6.5.4.2 工程进度控制

工程进度控制一般包括总体措施和针对性措施。总体措施包含组织措施、经济措施、技术措施、合同措施;针对性措施由具体工程建设内容设定,本工程主要包含监测站土建工程进度控制措施、监测站仪器安装与调试进度控制措施、信息源建设及业务软件本地化定制的进度控制措施。

1. 进度控制的总体措施

1)组织措施

(1)总监理工程师负责统一协调指挥,各单项工程监理组每月25~28日汇报各合同工程当月进度,以及报下月进度计划给总监理工程师批示。

(2)审查每个承建单位投入本工程的机械、设备和作业人员是否满足本工程进度的要求,并持续跟踪落实情况。

(3)现场监理人员检查施工阶段材料、设备和中间产品的规格、数量是否满足要求,投入人力、机械、各类周转物资投入情况等是否满足工程进度的要求。

(4)建立发包人、监理人和承建单位三方联络机制,便于及时解决施工中遇到的各种问题等。

(5)定期召开三方参加的工程进度协调会,解决工程进度方面存在的问题,监理工程师提出建设性意见。

2)经济措施

(1)确保建设资金及时到位。2016 年 10 月,监测站土建工程施工进入高潮,大部分承建单位根据工程进度申请的工程进度款迟迟不能到位。为此,两个监理单位监理部积极向部项目办反映情况,通过部项目办采取的特别措施解决了问题。

(2)对进度滞后的合同工程,暂停进度款支付。2016~2017 年,部分监测站土建工程施工进度达到 80%时有所懈怠,连续 2 月不能完成月进度计划,部分仪器安装工程进入尾声,施工单位对遗留问题处理缓慢,监理工程师暂停第二次工程款支付,直至赶工达到进度要求后,才支付第二次工程进度款。

(3)对已完工合格工程及时进行工程量核实,签发工程进度款支付凭证,以保证承建单位的后续施工费用。

3)技术措施

(1)监理工程师按月、周审查施工进度计划,审查的主要内容包括:

①施工进度计划与合同工期和阶段性目标的符合性,并考虑适当留有调节余量。

②施工进度计划应充分考虑各项目之间逻辑关系以及施工方案。

③关键路线安排和施工进度计划实施过程的合理性。

④人力、材料、施工设备等资源配置计划和施工强度的合理性。

⑤材料、构配件、工程设备供应计划与施工进度计划的衔接。

(2)采用手机 App 管理系统或微信对施工现场进行动态管理,掌握进度现况。

(3)督促承建单位优化施工组织。根据工程实际情况和进度现状,及时调整施工方法,如采用交叉施工、平行施工等。

(4)鼓励承建单位采用新技术、新工艺、新材料,缩短工艺时间,减少工艺环节等。

(5)如工程进度滞后的原因,非协调可以解决的,且又符合合同规定的工程延期条件的,由承建单位按规定提出工期延期报告,由监理审查属实后,报发包人批准后执行。

4)合同措施

落实合同罚责条款,促进承建单位赶进度。对因承建单位组织不力、投入不足等原因造成工程延期的,按合同要求进行处罚,以此督促承建单位达成工期目标。

2. 进度控制的针对性措施

1)监测站土建工程进度控制措施

(1)督促承建单位为不同类型监测井配备相应的足够数量的钻机设备,保证工程进度。如井深 100 m 以下孔隙水监测井数量较多,配备较多数量中、小型钻机;井深 100 m 以上承压水监测井数量相对较少,配备大、中型钻机的数量需计算得出;针对岩溶水和裂隙水监测井,还可以配备空压机钻机。

(2)督促承建单位针对每台钻机制订转场计划,转场计划提前 1~3 d 制订,以提高钻机稼动率。监理人员将其作为现场检查内容。

(3)做好井管、滤料和黏土球备料工作。在一天内完成钻探的监测井,均安排材料与钻机同步进场,其他监测井在终孔前一天完成材料进场。监理人员首先检查进场材料质量、数量和程序符合性,发现问题马上处理。

(4)工程开工前,协助承建单位完成井管和滤料复验工作,监理人员收到检测报告并确认材料合格后才同意开工。

(5)北方平原大部分地区地层以粉土、粉砂为主,针对此特点,大量采用了反循环钻机完成 100 m 以下监测井钻探施工,大大加快了工程进度。

(6)如遇雨季或冬季霜冻天气,则要求承建单位合理利用有限施工时段,加大人力、机械设备投入,力争实现原进度目标。

(7)对于出现干井、溢流井导致重新打井,可能会影响工期的情形,监理人员第一时间将情况报告给省、地市水文局,并主动联系有关各方以最短时间完成重新选址工作,并要求承建单位马上安排进场施工,尽量减小工期损失。因此,造成工期延长时,则指示承建单位修改施工进度计划。

(8)对于监测井土建工程,如有赶工需要,则要求承建单位采取如下措施:

①成立测井、洗井和抽水试验 2 个专业施工组,组织流水施工;

②以县(区)为单位划分为多个施工段,组织 2 个或 2 个以上施工段并行施工。

(9)现场跟进仪器辅助设施施工,防止返工,以质量保进度。

(10)通过监理人员介绍到兄弟施工队伍(其他合同工程)现场观摩学习,传授施工经验,以加快施工进度。如江苏省监测井土建 3 标施工现场负责人带人去安徽 2 标施工现场学习经验。

(11)现场监理人员将安全检查列入工作重点,检查安全措施是否到位,特殊工种人员资质、安全防护装置配备、操作行为是否规范,设备保养、维护、检修是否及时,各种安全警示标志、安全通道、安全防护设施是否到位和规范。通过安全检查和督导,杜绝了一切安全隐患,确保了施工进度不受影响。

(12)监理人员通过巡视和手机 App 动态管理方式掌握施工进度真实情况,发现影响进度的因素,如监测井选址协调有困难,则果断选择暂时放弃;钻探遇上砾石层时,如现场施工人员无力应对,则协调其他施工队伍提供技术支援等。确保进度计划达成目标。

2)监测站仪器安装与调试进度控制措施

(1)联络发包人(各省代表人)、承建单位召开工程开工会议,明确仪器设备生产期限,保护筒、水准点辅助设备样品交货时间,以及后续工作计划。

(2)按时完成仪器抽检工作,督促承建单位完成混凝土配合比试验报告,为仪器辅助设施施工做好准备。

(3)待发包人完成保护筒、水准点样品确认,督促承建单位按计划完成辅助设备生产。

(4)开工前,召集监测站仪器安装工程承建单位与土建工程承建单位协调工程移交事宜,办理移交手续。

(5)对于监测井土建工程延期已影响到仪器设备安装与调试工程的情况,在监测井土建工程验收前,允许移交单井验收合格的监测井给仪器安装工程承建单位进行仪器保护设施施工。

(6)按照仪器检验提交报告时间节点制订仪器辅助设施施工计划,要求期间至少完成一半甚至全部辅助设施施工,为后续仪器安装调试争取时间。

(7)现场跟进仪器辅助设施施工,防止返工,以质量保进度。

(8)跟进仪器设备安装与调试施工,直至试运行阶段。

(9)了解异常设备处理进展,督促承建单位尽快完成异常处理工作,提交仪器试运行报告。

3)信息源建设及业务软件本地化定制的进度控制

(1)联系省项目办、承建单位和监理人员商议信息源建设办法,研究如何处理岩土样实物,确定各类数据录入和校核办法,为制订信息源建设计划提供保障。

(2)定期现场了解信息源建设进度,及时进行数据抽查比对和相关验收报表三方签字。

(3)监理工程师与省项目办、承建单位三方共同制订业务软件本地化定制总计划,阶段性检讨软件开发进展,重点把握功能模块测试和试运行两个时间节点,达成工期目标。

在工程实施过程中,不论何种原因引起的工期延误(期),承建单位均应及时做出调整,并将修订的进度计划和拟采取的措施报送监理人审批。若进度偏差有可能影响合同工期目标的实现,修订的进度计划经监理人审查后报项目建设管理单位审批,进度计划的重大调整应报项目法人审批。

6.5.4.3　工程投资控制

监理工程师全面熟悉合同文件,尤其需要熟悉有关监理人员在计量与支付方面的职责权限条款,这是做好工程投资支付工作的前提,也是投资控制的重点。

在工程投资控制过程中,按照建设方与施工方签订的施工合同,严格控制工程款支付,需要做到不超付、不少付、不重复支付。

1.投资控制的相关规定

1)工程计量

(1)工程量认定必备条件:承建单位实际完成的工程量;经质量检验合格的工程量;施工合同中规定可计量的工程量;由现场监理工程师审核并经监理部签认。

(2)工程计量符合程序:承建单位向监理人填报工程量申报表;对应监理组根据合同工程单井(或工序)质量验收表审查承建单位计量数据;监理组签认的工程量申报表上报给发包人代表审核,然后提交给监理部(国家监测中心工程量由承建单位直接向监理部申报);监理部审核后提交给发包人。

2)预付款支付

监理部收到承建单位的工程预付款申请后,审核承建单位是否具备工程预付款支付条件。条件具备、额度准确时,可签发工程预付款付款证书。

3)工程进度款支付

(1)承建单位按照规范表格式样,在完成合同工程约定的工程量后填报付款申请报表。

(2)监理部在接到承建单位付款申请后,在监理规范规定的时间内完成审查。付款申请应符合以下要求:付款申请表填写符合规定;申请付款项目、范围、内容、方式符合施工合同约定;工程计量结果得到监理工程师认可;付款金额与合同相符。

(3)监理部在审核工程进度款支付申请的同时审核工程预付款应扣回的额度。

4)质量保证金支付

当工程保修期满之后,监理部应签发保修责任终止证书,发包人退还承建单位的银行履约保函。如果还有部分缺陷工程需要处理,监理部报发包人同意后,通过履约保函银行扣回与处理工作所需费用相应的款项。

5)最终支付

监理部及时审核承建单位在收到保修责任终止证书后提交的最终付款申请及结清单,签发最终付款证书,报项目法人批准。

2. 严格进行工程计量,审核工程款支付申请

依据施工合同条款、工程量清单中"计量支付"条款和初步设计要求,对已完工且验收合格的工程方可统计工程量,计量支付要严格按照合同的约定进行,特别要注意计量方法的适用范围。对于未完工或工程质量达不到要求的工程一律不予计量。

1)工程预付款支付

按照上述工程预付款支付规定,监理部完成所有合同预付款支付申请的审核工作,签发了预付款支付证书,并上报发包方。

2)工程进度款支付

在监理部指导下,驻各省监理工程师完成辖下所有合同工程工程量的核实工作。没有发生超出合同规定范围的工程量纳入计量;也没有发生不合格工程或没有验收的工程纳入计量。另外,监理部直接对国家监测中心(水利部分)加固与装修工程、软硬件等合同的计量进行了核实。

监理部按上述工程进度款支付有关规定,完成所有合同进度款支付申请的审核工作,并及时核减了扣减的预付款金额,签发了工程进度款支付证书,并上报建设方。

3)竣工结算

对承建单位提交的工程竣工结算申请,监理部进行了全面审核。除打干井、个别监测井变更监测层位等略有增加工程投资外,未发生较大增加工程投资事项。达到工程投资控制目标。

3. 防止索赔事件发生

本工程有两种情况可能引起索赔,如:因工程物探资料不足导致部分监测井增加了深度;部分监测井征用土地工作不顺导致施工人员窝工。通过现场监理工程师、省项目办、施工单位的沟通协调,避免了索赔事件发生。

6.5.4.4 安全生产文明施工与组织协调

1. 安全生产

(1)工程开工前,监理人员督促承建单位建立健全施工安全保证体系、安全管理规章制度和安全生产责任制,对职工进行施工安全教育和培训。审查施工组织设计中的安全技术措施是否符合工程建设强制性标准。审查未通过的,安全技术措施不得实施。需补充完善或修改的,及时督促承建单位修改、补充或完善。

(2)贯彻执行"安全第一,预防为主"的方针,督促承建单位按照施工组织设计中的安全技术措施组织施工,监督承建单位认真执行国家现行有关安全生产的法律、法规,建设行政主管部门有关安全生产的规章、标准、技术操作规程,全面落实安全防护措施,确保人

员、机械设备及工程安全。

(3)施工过程中,发现不安全因素和安全隐患时,指示承建单位采取有效措施予以整改。承建单位必须按照整改要求按期整改,整改完成自检合格后,通知监理人员予以复查,复查合格后方可进行后续施工。监理人员发现存在重大安全隐患时,立即指示承建单位停工,做好防患措施,并及时向委托人报告。检查、整改、复查、报告等情况记载在监理日志、监理月报中。

(4)日常检查和定期检查相结合。

日常检查:监理人员经常巡视工地现场,随时对安全生产的实施情况(如特种作业人员持证上岗情况,进入现场的主要施工机械,电气设备的安全状况,各种安全标志和安全防护措施是否符合强制性标准要求,是否对施工人员进行了安全技术交底,交底内容是否全面、具体、具有针对性,安全生产费用的使用情况等)进行检查。

定期检查:除日常检查外,每月定期检查一次。由监理人员负责组织承建单位参加,一起对整个工区的安全生产情况进行定期检查和评比。对不符合要求的区域,除责成承建单位采取措施进行纠正外,还将在全工区进行通报。

(5)召开安全生产会。由监理人员负责召集,每月召开一次,总监、承建单位项目经理、委托人代表参加。会议将结合现场检查情况,指出前段安全施工方面存在的问题,提出整改意见和建议;对下一步的安全管理工作进行部署等。

(6)加强安全生产宣传工作,强化各方人员的安全意识。

(7)抓重点危险工序的安全生产措施的检查落实,做到预防为主、消除隐患,尽量避免安全事故的发生。

(8)监测井钻进安全措施。

①检查施工机械设备的安全装置必须齐全和处于良好状态。对裸露的传动部位或者突出部位要装防护罩或防护栏杆。

②各种机械电器设备按制度要求维护保养,施工期间经常对机械设备、塔架、提引系统进行安全检查。施工人员不准跨越防护栏杆或传动部位。

③卷扬机上的钢丝绳有足够强度,操作卷扬机时,未发现施工人员用手抚摸钢丝绳和卷筒,并与孔口、塔上操作者密切配合。督促施工人员基本做到上下钻具时慢提轻放,不得猛刹,猛放。孔口操作者,拖插垫时,手要握垫叉柄,抽出或插好垫后,站到钻具起落范围以外安全位置。

④水龙头、高压胶管要有防缠绕和防脱落装置,检查钻进中施工人员是否以人力扶水龙头或高压胶管;机上修理水龙头时,是否切断电源或切断动力,并把回转器手柄放在空挡位置,防止失误触动手柄导致主杆回转伤人。

⑤进行季节性安全检查,防止雨、雪、雷、电等季节天气下出现安全事故。

(9)施工临时用电安全管理。

①开工前,由监理工程师组织有关人员对施工现场进行全面的勘察,并对承建单位施工临时用电需求情况进行调查摸底,复核承建单位施工临时用电的负荷计算,协助承建单位确定电源进线、变压器、配电室、总配电箱、分配电箱的位置及线路走向,并对承建单位所选择的变压器容量、导线截面等主要电器设备的类型、规格是否符合施工安全的要求进

行监控。

②严格审查承建单位根据本身用电设备容量、施工总平面布置和施工过程使用情况编制的本工程施工临时用电的专项施工组织设计,并对其安全用电技术措施和电气防火措施进行重点审查。

③强化施工安全用电的监控。

④加强施工过程临时用电的安全检查,发现用电安全隐患及安全问题,及时指令承建单位整改,把各种用电安全事故苗头消灭在萌芽状态。

⑤重视承建单位用电档案资料的检查,随时查验承建单位专业电工的上岗资格,每周一次定期检查承建单位专业电工日常安装、维修、拆除临时用电的工作记录,并对承建单位下列施工临时用电的技术档案的建立和管理情况实施严格监控:临时用电施工组织设计的全部资料;修改临时用电施工组织设计的资料;技术交底资料:临时用电工程检查验收表;电气设备的测试、检验凭单和调试记录;接地电阻测定记录表:定期检(复)查表;电工维修工作记录。

(10)机械设备安全管理。

①检查机械操作人员是否经过专业安全技术培训,考核合格后,持证上岗,并严禁酒后作业。

②机械设备使用前首先检验各种安全装置是否灵敏可靠,决不允许设备带病运转。安全防护装置不完整或已失效的机械不得使用。

③督促施工人员工作前必须检查机械、仪表、工具等确认完好方能使用。机械运行时,严禁接触转动部位和进行检修。工作结束后,将机械停到安全地带。

④检查操作人员在作业过程中,是否擅自离开岗位或将机械交给其他无证人员操作。是否疲劳作业,是否机械带故障作业,是否有无关人员进入作业区和操作室。

⑤检查机械设备是否在超负荷使用,凡自制和改造设备机具,新投产的机械设备必须经过有关专业鉴定,合乎安全要求,并制定安全技术操作规程后,经监理人员批准方可使用。

⑥检查操作人员是否对机械设备经常检查和维护保养。机械连续作业时,是否建立交接班制度。

⑦检查新购、经过大修或技术改造的机械,是否按有关规定要求进行测试和试运转。

⑧夜间工作时,现场是否有足够照明,机械照明装置是否齐全完好。

(11)施工现场安全生产管理。

①检查施工现场是否有利于生产,方便职工生活,符合防洪、防火等安全要求,具备安全生产、文明施工的条件。

②检查施工现场内是否设置醒目的安全警示标志;防火、防洪、防雷击等安全设施完备,且定期检查,如有损坏,及时修理。

③检查现场运输道路是否平整、畅通、排水设施良好;特殊、危险地段是否设醒目的标志,夜间是否设有照明设施。

④检查易燃品仓库等,是否采取了必要的安全防护措施,严禁用易燃材料修建,仓库位置符合有关规定。

(12)检查承建单位的运输安全管理是否达到以下规定:

①加强驾驶员的交通法规教育,执行交通法规、规章制度,不酒后驾驶、超载运行、带病运行、超速运行,转弯、下坡时减速慢行。

②加强驾驶员思想教育,大力提倡"文明驾驶""宁停三分、不抢一秒"的安全驾驶作风。

③装、卸现场有专人指挥,确保机械设备有秩序运行。

④加强临时施工道路养护,疏通道路排水系统,保证其干爽、平整。

⑤对易燃物品运输,采用专用设施封闭运输,轻装、轻放。

⑥车辆载重和乘坐人数,不准超过行使核定人数,车厢外的任何部分严禁乘人。

(13)消防安全管理。

①检查承建单位是否建立、健全各级消防责任制和管理制度,配备相应的消防设备,做好日常防火安全巡视检查,及时消除火灾隐患,经常开展消防宣传教育活动和灭火、应急疏散救护的演练。

②根据施工生产防火安全需要,是否配备相应的消防器材和设备,存放在明显易于取用的位置。消防器材及设备附近,是否堆放其他物品。

③检查消防用器材设备,是否妥善管理,定期检验,及时更换过期器材,消防设备器材不挪作他用。

④检查油料等常用的易燃易爆危险品存放使用场所、仓库,是否有严格的防火措施和相应的消防设施,严禁使用明火和吸烟,明显位置设置醒目的禁火警示标志及安全防火规定标识。

(14)检查接地及防雷是否满足相关规定。

(15)施工标志管理。检查施工现场是否有安全标志布置平面图;安全标志是否按图挂设,特别是主要施工部位、作业点和危险区域及主要通道口均应挂设相关的安全标志;检查施工机械设备是否随机挂设安全操作规程牌;检查各种安全标志是否符合规范规定,制作美观、统一。

(16)加固工程搭设的安全支护体系和工作平台,监理工程师在日常巡视中,定期或不定期进行安全检查并确认其牢固性。

(17)当施工现场拆除原墙体所产生的粉尘,影响施工人员健康时,检查承建单位是否采取有效的防护措施,洒水降尘或给施工人员配备口罩,并督促施工人员在未洒水降尘时必须戴口罩。

(18)在粘贴碳纤维布、帖型钢、植筋需用环氧树脂时,督促承建单位打开门窗保持施工现场通风良好,并督促施工人员戴口罩。施工所用的环氧树脂,要求承建单位存放在远离火源的储藏室内,并密封存放。

(19)工作场地严禁烟火,施工中发现涂刷环氧树脂的工人边工作边吸烟,立即要其离开施工作业处,并督促施工单位进行批评教育。

(20)检查操作人员在2 m及以上的无防护设施的高处和临边作业时,是否戴好配安全绳的安全带,扣好保险钩。督促所有进入施工现场的人员必须戴好安全帽,扣好帽带。

国家地下水监测工程(水利部分)建设过程中,经过参建各方的共同努力,未发生一起安全事故。

2. 文明施工

(1)监理人员对承建单位编制的文明施工措施、文明施工方案进行审查。对批准的技术措施,监督承建单位立即组织实施,并做好财力、物力、人力方面的准备,确保准时、准确到位。

(2)监理人员审查承建单位的文明施工自检体系,要求承包商提供详细、准确、全面的自检报告和报表。

(3)监理人员定期组织工地文明施工检查,监督承建单位对工地不文明状态和事件的处理。

(4)监理人员充分发挥人的主观能动性,树立文明施工意识,自觉维护工程形象,从根本上创造一个良好的文明施工环境。

(5)督促承建单位搞好材料、构配件、设备器具的管理。

(6)检查承建单位的施工场地管理。

(7)监理人员检查标识管理。

3. 组织协调

充分发挥监理的组织协调作用,对施工过程中建设单位和承建单位具有争议的事件,不管是业主原因还是施工原因,都积极与双方进行沟通协调,采取会议协调、交谈协调、书面协调等多种方式,圆满地解决与工期、质量、投资、安全等有关的各种问题。

(1)建立省水文局、承建单位和驻省监理组三方联络机制,必要时将各地市水文局纳入该机制,方便各方联络。

(2)协调发包人与承建单位之间的关系。本工程监测井所用土地征用工作时常受阻,影响到工程进度计划的实施。现场监理人员一方面与发包人(大多数由地市水文局代表发包人协调井位)积极沟通,请求加大协调力度,另一方面要求承建单位现场管理人员参与征用土地协调工作,并及时对施工计划做适度调整,比如将一部分机械和人员调往其他地区。

(3)协调承建单位与当地群众之间的关系。工程施工进入高峰期,施工人员因赶进度常常在夜间施工,难免会对周边群众造成影响,被当地群众投诉。为此,监理人员马上与现场施工管理人员一道出面向当地群众做解释,希望得到他们谅解。同时,告诫施工人员控制施工区域,做好安全防范措施,缩短夜间施工时间,做好善后工作。

(4)督促承建单位做好人、机、料组织协调工作。如出现2个以上施工队伍,且较为分散,有时相距多达数十千米,人、机、料的分配很关键。这时,监理人员参与承建单位的现场管理协调工作,协助承建单位制订相关计划,控制节点施工进度,防止计划受影响而打乱组织安排。

6.5.4.5 合同管理

1. 合同管理措施

(1)对合同管理人员的培训。合同管理人员的业务素质高低,直接影响着合同管理的质量。监理部组织监理人员学习与合同有关的法律法规,认真阅读、熟悉各类合同文本,充分理解和熟悉合同条款,详细分析哪些条款与发包人有关、哪些与承建单位有关、哪些与设计人有关、哪些与工程检查有关、哪些与工期有关等,分门别类分析各自的责任和相互联系,按专业岗位将合同履行监督职责落实到每一个人,使每一位监理人员能够用合同规范自己的监理行为,能够按合同规定及时处理实施中遇到的问题。

(2)建立健全规章制度。制定切实可行的合同管理制度,使管理工作有章可循。合同管理制度的主要内容包括合同的归口管理,合同履行过程中形成的合同组成文件,如设计变更、洽商记录、会议纪要、监理文件、来往信件、各种施工进度表、施工现场的工程文件、工程照片、工程检查和验收报告等分门别类存档。

(3)合同信息管理。监理部建立合同管理信息计算机化,实行动态管理。为每份合同建档,对合同中有关质量、投资、进度等数据制成图表,便于跟踪管理。

2. 合同监督管理

(1)合同审查。监理机构驻北京监理部协助委托人审核招标文件255份、合同文件255份,涉及合同项目255个,其中:审核国家监测中心合同项目43个、流域监测中心合同项目7个、省级监测中心20个、监测站土建合同项目111个、仪器设备合同项目48个、信息源与本地化定制合同项目26个。对招标和合同文件审核的过程中提出了若干修改意见,进一步完善了招标和合同文件。

(2)监理部根据合同工期审核进度计划、检查施工进度,按照合同文件和规范验收合同工程,按照合同条款签发工程预付款凭证、进行工程计量及签署工程进度款凭证。

(3)各省监理组人员,现场督促承建单位落实合同承诺,投入足够人力和机械设备,基本如期完成了合同任务;以监理质量管理体系促进施工质量保证体系不断完善,保证了工程质量;严格审核工程计量,减少设计变更的事件发生,合同工程投资变化处在合理区间。

(4)大部分省份监测站土建工程与仪器设备安装工程工期出现重叠,根据施工顺序,土建工程完工验收才能进行仪器安装。为了不影响仪器安装,在监理部指导下,各省监理组监理工程师协调发包人、承建单位一起,组织三方对土建工程及时进行单井验收,允许验收合格监测井移交给仪器安装工程承建单位,解决了不少仪器安装工程不能按合同如期进场的问题,避免了仪器安装工期延后。

3. 合同延期管理

大多数工程延期发生在监测站土建工程,除造成本合同工程延期外,还影响到后期仪器安装等合同工期。

(1)受监测站征用土地不及时的影响,部分监测站土建工程合同延期,受监测站土建工程影响,部分仪器安装工程被迫延期。承建单位及时提出延期申请,在驻各省监理工程师积极协调下,与发包人、承建单位达成延期共识,监理部及时批复了延期申请。

(2)确定变更后,监理工程师及时审核工程变更对工期的影响,经与发包人、承建单位充分协商后,向承建单位发出工期延长通知,承建单位据此提出工程延期申请,监理部及时作批复。本工程大部分变更没有影响合同工期,仅部分变更监测层位(如由第一层承压水调整为第二层承压水,井深有较大加深)增加了施工时间,少数合同因打干井而延长工期。

4. 合同工程变更管理

监理单位严格执行水利部印发的《国家地下水监测工程(水利部分)项目建设管理办法》(水文〔2015〕57号)、项目法人下发的《关于印发<国家地下水监测工程(水利部分)设计变更调整补充规定>的通知》(水文综〔2015〕155号)、水利部水文局《关于国家地下水监测工程(水利部分)有关打干井等设计变更补充规定的通知》(水文综〔2016〕172号)和《关于国家地下水监测工程(水利部分)有关打干井设计变更补充规定的通知》(水文综〔2017〕109号),以及部项目办发布的《国家地下水监测工程(水利部分)设计变更简化申报程序专题会会议纪要》(地下水〔2016〕97号文)进行合同工程变更管理,一般采取以下三种程序进行处理:

程序一:由省级水文部门处理,做好记录,并报部项目办备案。

程序二:由省级水文部门提出正式申请,报部项目办直接批准。

程序三:由省级水文部门报部项目办,部项目办去函征求设计单位意见后批复。

经整理,涉及工程设计变更的内容。

5. 合同投资调整管理

本工程因变更导致投资需做调整,主要变更原因包括井深、因干井而重建、站房改井口保护和监测层位调整。

(1)井深:井深增减导致一个标段实际钻探总进尺超过设计总进尺的±5%时,相应调增或调减工程投资额。如江西省监测站土建工程因此调减了工程投资。

(2)因干井而重建:因打干井而重新选址重建,则打干井而产生的钻探进尺就是新增工程量,监理工程师等三方对这部分工程量做确认签字。如安徽省15眼干井追加了工程投资。

(3)站房改井口保护:站房改井口保护将直接核减工程投资。如山东省发生34眼监测站站房改井口保护情况,因此而核减了相关工程投资。

(4)监测层位调整:个别监测站监测层位发生了较大变化,其增加或减少超过50 m时,将追加或减少工程投资。如安徽省阜阳市3个监测站监测层位由第一层承压水调整为第二层承压水,因此追加了工程投资。

6. 合同验收管理

合同工程完工后,由承建单位向监理工程师提出合同工程完工验收申请,由监理工程师组织,省项目办代表、设计院和承建单位参加,对合同工程进行预验收。预验收合格后,监理工程师向发包人提交合同工程预验收报告,之后由发包人组织合同工程正式验收。

1)合同工程完工预验收

合同工程完工预验收阶段是监理工程师严把工程质量的重要一环,也是工程的施工资料及监理资料的收集与整理最关键的一环。必须严格按照《国家地下水监测工程监测站建设合同工程完工验收规定》(地下水〔2016〕155号)和《国家地下水监测工程省级项目建设管理档案资料收集整理指导书》(地下水〔2016〕145号)进行现场实物和资料的预验收。本工程合同工程主要包括监测站土建工程和监测站仪器设备购置与安装工程。

(1)监测站土建工程预验收。

本工程按一定比例(20%~30%)现场外业抽查,确认井管材料(直径、壁厚)、测量井深等是否符合设计要求;测量井内静水位,抽水检查是否水清沙净,井口临时保护措施安全可靠;施工现场清理情况等;查看档案资料内业检查,确认施工组织设计、机械设备和材料进场报验、材料复验、施工现场原始记录表、施工影像、施工日志、单井质量验收表、单站土建工程施工报告和工程款申请支付手续等承建单位提交的资料,尤其是水文地质钻探综合分层、排管记录、填砾和止水记录等原始记录;单井质量验收表与施工现场原始记录信息是否一致,是否签字;监理工程师提交的监理规划及细则、施工组织设计及开工批复、监理日志和旁站记录、监理影像、监理通知及会议纪要、支付证书及其他有关资料等。

(2)监测站仪器设备购置与安装工程预验收。

通过现场外业检查,确认完成了各个合同规定的仪器购置与安装工程量,仪器保护设施、水准点等辅助设施完成情况。档案资料预验收确认施工组织设计、仪器设备和材料进场报验、仪器抽检和材料复验、施工影像、施工日志、仪器及辅助设施安装质量验收表、工程款申请支付手续等承建单位提交的资料,以及监理工程师提交的资料齐全,监理日志和旁站记录、监理影像、监理通知及会议纪要、支付证书及其他有关资料等。

2)合同工程验收

合同工程预验收后,监理工程师督促承建单位及时对预验收中发现的问题进行整改,并根据发现的问题举一反三,监理工程师协助承建单位进行一次全面自查和整改,尤其是资料问题。在承建单位提交整改报告后,监理工程师进行整改结果确认,并报告给发包人。

(1)监测站土建工程合同验收。

验收组通过现场检查和档案资料专项检查,确认各个合同工程预验收发现的问题已整改合格,合同规定的监测站土建工程施工全部完工且符合设计要求,施工现场都已清理完毕。合同工程验收全部合格。

(2)监测站仪器设备购置与安装工程验收。

验收组对预验收现场发现的问题监测站进行重点检查,对其他监测站进行部分抽查,并按照档案管理有关要求,对档案资料进行同步验收。

3)其他合同工程验收

除上述两类工程外,本工程项目还有信息源建设与软件本地化定制开发、国家地下水监测中心(水利部分)、流域监测中心、省/地市监测中心等合同工程,在进行外业检查的同时,同步进行合同工程档案资料内业验收,检查施工组织设计、施工设备和材料进场报验、仪器抽检和材料复验、施工影像、施工日志、质量验收表和工程款申请支付手续,以及监理资料等。

6.5.5　监理控制效果

6.5.5.1　质量控制效果

1.监测站土建工程

监测站土建工程施工准备期间对各种技术文件、单位资质及人员资格进行审批,符合法定流程;监测井工程各标段井管材料全部来自合格生产厂商,抽检结果全部合格,滤料抽检和平行检验全部合格;单井验收时发现约 10% 的监测井有轻微质量问题(如井底清洗不干净、井口现场回填不到位等),经整改后重验全部合格,没有发生重大质量问题;井口保护较好;岩土芯样保存较好,芯样编录资料详细完整,岩层命名规范;现场记录的钻探、抽水试验等原始资料齐全,质量验收表填报及监测井成果图绘制符合要求;预验收时采取抽查方式进行单井验收质量的复查,复查结果与单井验收数据相吻合,工程质量合格,资料真实齐全。监测井成井工程质量控制情况良好,达到了预期的质量控制目标。

2. 监测站仪器购置与安装调试工程

各仪器购置与安装调试合同工程仪器抽检均合格,井口保护基础、水准点所用混凝土抽检及平行检验均合格,保护筒、标示牌所用材料及规格符合设计要求;井口保护基础基坑开挖深度 400~500 mm,以及混凝土配比等符合设计要求;仪器安装后 93%的仪器一次上传数据成功,调试后所有仪器都能上传数据;2 个月试运行期间,系统到报率和系统运行完好率均在 97%以上;仪器检验材料、现场开箱检查资料、安装调试记录资料齐全且符合质量验收要求。工程实体质量合格。

3. 信息源建设与业务软件本地化定制

各标段信息源建设全部完成,业务软件本地化定制的参数配置、功能及地图底图细化、已建地下水系统与本工程地下水系统的兼容、历史地下水监测资料与本工程监测资料的衔接处理及地下水月报编制系统等完成情况良好。工程符合设计要求,档案资料完整、规范。按合同约定完成了全部建设内容,未发生质量问题,为系统运行管理、水资源分析评价提供基础支撑。

4. 国家监测中心大楼加固及装修工程

承担建筑装修工程施工的单位资质符合要求;拟进场工程材料、构配件和设备进场报验审批合格;中心大楼加固及装饰装修工程达到设计和规范要求;设备和电器安装符合设计要求和国家现行标准的规定。

工程的各项参数指标均符合设计要求,施工程序符合合同和有关规程、规范的规定,各个合同工程检验检测资料齐全,未发生质量事故。同时,40 个单项工程质量经验收均达到初步设计约定的合格标准。

6.5.5.2　进度控制效果

因国家地下水监测工程(水利部分)监测井及仪器设备标段分布地域广、建设周期长、参建单位多,施工环境复杂的特点,监测井建设工程受天气因素、承建单位现场组织协调因素影响较大;监理单位依据监理规范和合同约定实施了进度控制,对发生进度滞后的现象进行的纠偏措施,因不可抗力等原因申请了工程延期,未影响单项工程完工验收进度。国家地下水监测中心建设、流域监测中心建设、省级监测中心建设达到工程总体进度控制要求。

6.5.5.3　投资控制效果

国家地下水监测工程(水利部分)1 个国家监测中心、7 个流域监测中心、32 个省级监测中心中标合同概算总价 110 262.00 万元,实际结算金额为 110 262.00 万元,项目上报计量支付文件准确、资料齐全;计量工作及时、准确、完整。按合同及规定的程序对发生的变更问题及时处理,对承建单位上报的费用、工程数量计算提出审核意见。

在计量支付工作中,各流域、省监理组根据工程计量有关规范严格审核了各合同承建单位提交的工程量申报表,核减了不合理的工程量,退回了填报不规范的工程款支付申请;监理部按合同规定核算工程价款金额,进度款支付时按比例扣除预付款。

监理工程师对工程变更引起的投资变化进行了有效控制,核实变更导致工程量的变化,确保变更后工程量计算公平合理,未发生索赔事件。

本工程监理单位对工程投资控制做到了工程量计量真实准确,工程价款支付及时,工程投资得到了有效控制。

6.5.6　单项工程验收

国家地下水监测工程(水利部分)划分为国家地下水监测中心建设、流域级监测中心建设、省级地下水监测中心建设等40个单项工程。各单项工程建设任务全部完成后,项目法人组织单项工程完工验收工作,由各省监理组提前汇总本省监理工作信息提交监理部,监理部根据基本信息组织各监理组进行单项工程档案专题审核,编写单项工程档案专题审核报告和单项验收监理工作报告,总监、副总监、省监理组代表参加验收工作。

6.5.6.1　工程档案审核

档案验收前,流域、省级水文部门开展档案自检工作,自检主要针对以下几个方面:对工程档案管理情况,文件材料收集、整理、归档与保管情况,竣工图编制与整理情况,档案自检工作的组织情况,对自检或以往阶段验收发现问题的整改情况,目前仍存在的问题,对工程档案完整、准确、系统性的自我评价等内容,并形成档案自检报告。

流域、省级水文部门完成档案自检并提交自检报告后,监理工程师开始对工程档案进行专题审核。审核对象主要是监理和施工单位提交的项目档案,主要审核档案的范围、数量,档案内容与整理质量。

综合评价:

(1)工程档案资料自检完成后,档案整理小组对所有档案进行进一步梳理完善,针对存在的问题进行整改,确保规范、完整、系统。

(2)通过专项审核,监理单位认为工程档案管理有序,整编规范,工程各阶段形成整编的各类档案资料基本能够达到“完整、准确、系统”的要求,符合相关管理办法要求,可以进行档案验收。

(3)工程项目各参建单位档案管理体制健全、档案形成过程管控有力、安全设施设备和防护措施、档案编制符合《科学技术档案案卷构成的一般要求》,完成了项目档案的分类、组卷、编目等整理工作,且分类及编目准确、案卷整齐划一、排架合理;案卷题名表述恰当、完整,标段主要工程内容表述清楚;竣工图在原施工蓝图上进行扛划、修正,并进行说明,盖档号章逐张编码;卷内目录,备考表填写说明清楚;有专用电脑管理档案资料;照片档案符合《照片档案管理规范》要求;部分实现了档案信息化管理。

经监理单位审核,国家地下水监测项目整体工程档案收集齐全、内容完整真实、签章手续完备、图纸折叠规范、各项内容标准清晰、案卷排列有序,满足档案完整性、准确性、系统性要求,符合竣工验收及归档条件,同意进行最终档案验收。

6.5.6.2　单项工程验收

2018年初,两家监理公司监理部着手各单项工程验收准备工作,指派监理部技术骨干和各省监理组主要负责人对各自负责的单项工程档案验收问题整改结果进行确认,对整改不到位的相关责任单位督促及时完成整改,同时了解各单项工程运行情况,积极准备各单项工程验收总结材料,为单项工程验收创造条件。

根据《国家地下水监测工程(水利部分)单项工程完工验收实施细则(试行)》(地下水 C2018H7 号),达到单项工程验收条件(省级单项工程还需完成单项工程技术预验收)的流域或省级水文部门应向法人单位提交完工验收申请,待批复同意后,由部地下水项目办印发验收会议通知,成立专家组,具体组织验收。

1. 验收前准备

确认单项工程技术预验收时发现的问题已按要求完成整改,并提交了整改报告;按有关规定完成资产核查并编制完成资产统计表;完成档案整理立卷、装订装盒等归档工作和档案管理系统录入,档案自检合格并形成档案自检报告;监理工程师已提交档案专题审核报告;完成单项工程完工报告、设计工作报告、监理工作报告。

2. 现场复核检查

针对单项工程技术预验收时发现的监测井、辅助设施、仪器设备或技术资料数据等方面的问题,现场复核整改完成情况,必要时进行测量井深、抽水试验等验证。

3. 组织工程档案同步验收

档案验收意见分通过与不通过两种,若未通过档案验收,单项工程验收不得通过。

2018 年 10 月开始,各流域和省级单项工程陆续开展档案验收工作,至 2019 年 4 月完成。全国共 7 个流域、32 个省单项工程,全部顺利通过验收,合格率 100%,平均优良率 70%。

4. 单项工程正式验收

验收专家组听取并审查流域或省级水文部门、设计单位、监理单位工作报告;检查单项工程是否按批准的设计全部完成,设计变更批复情况;检查单项工程建设情况(流域或省级监测中心建设情况,省级还包括地市监测中心建设情况和监测站建设情况),评价工程质量为“合格”或“不合格”;查看信息系统演示,检查单项工程是否正常运行;检查工程款财务结算情况;检查资产管理情况;对验收遗留问题提出处理意见;确定单项工程完工日期。

6.5.7　工程质量评价

按照水利部《国家地下水监测工程(水利部分)验收管理办法》(水文〔2017〕190 号)第 13 条、第 22 条,本工程采用监理报告代替质量监督报告。监理单位对国家地下水监测工程(水利部分)各个阶段进行了全程监理,对该工程进行了质量控制、进度控制、投资控制、合同管理、项目协调、档案审核,评价如下:

(1)质量控制:正常,无重大质量问题;

(2)进度控制:正常,无重大进度问题;

(3)投资控制:正常,无重大投资问题;

(4)合同管理:正常,无重大合同管理问题;

(5)项目协调:正常,无重大协调问题;

(6)档案审核:正常,通过档案审核。

监理报告认为,国家地下水监测工程(水利部分)建设遵循国家标准、行业标准,符合系统设计要求,在项目实施过程中,无重大质量问题,工程的实施进度、工程投资符合项目要求,工程实施过程中未出现索赔等合同争议情况。

监理结论为:国家地下水监测工程(水利部分)建设符合相关技术标准和规范,全面完成了批复的初步设计及设计变更建设任务,工程质量合格,符合设计要求,系统运行稳定,达到预期建设目标,40个单项验收质量合格,同意通过竣工验收。

6.5.8 经验小结

6.5.8.1 结合实际通过两家监理公司推进监理工作

一般情况下,一个工程建设项目大多为一个监理公司,而国家地下水监测工程点多面广,监测站分布在全国31个省(自治区、直辖市)及新疆生产建设兵团;建设任务复杂涉及专业多,不仅包括监测站井土建工程、仪器设备安装调试、信息系统建设,还包含房屋购置与改造装修、实验室建设等,使得监理工作难度远远大于一般的工程项目,为了能够保质保量完成监理任务,履行监理职责,项目法人将工程监理大致划分为北方片和南方片两个监理标段,分别承担不同区域工程建设任务的监理工作,从专业化的角度来保证工程的顺利实施。

6.5.8.2 进行监理人员培训,确保工程顺利进行

企业的生存和发展取决于企业人员的专业技术能力和管理水平,对于监理公司同样适用。工程监理的作用就是代表业主对工程建设实施监控,监理是提供专业化的服务活动,完成工程质量控制、投资控制、建设工期控制,以及安全管理、合同管理、协调工作。国家地下水监测工程点多面广、技术种类多、建设周期短,需要大量的专业监理人员同时开展工作,监理人员需要快速了解工程建设情况、技术要求、建管流程,需要大量的人员培训;同时,工程涉及两家监理公司,两家公司的管理制度、管理方法也不尽相同,需要统一监理管理规则,双方的监理人员也需要去了解并适应新的制度、流程和方法。

6.5.8.3 发挥地方水文单位监督作用

国家地下水监测工程的最大特点就是点多面广,建设中的站点位于不同省、不同地市(县),可能位于大城市,也可能位于偏远的农村,如果仅仅依靠两家监理公司有限的监理人员,很难优质地完成监理任务。因此,各省级水文部门充分发挥自身的优势,要求各地方水文单位参加工程监督管理,定时、定期检查辖区内的工程建设情况,及时指出问题或上报工程建设动向,把辖区内的工程监管作为自身工作内容,发挥地方水文单位监督作用。

6.5.8.4 项目法人加强对监理单位的管理

虽然工程监理公司代表业主对工程建设实施监督管理,但是业主也不能高枕无忧,监理公司的性质也决定了其盈利属性,因此业主也需要对监理单位进行监督管理。在国家地下水监测工程(水利部分)建设中,部项目办会督促各监理单位严格履行各项审批程序,按时提交监理周报、月报、年报;在日常管理工作中,部项目办、各级水文部门对监理人员出勤情况和工作状态进行定期或不定期的检查;针对本工程的特点、不同施工阶段的特

点和新要求，部项目办和各级水文部门会邀请总监、监理人员进行讨论，参加监理技术交底会、业务培训会和监理工程师会议，了解监理公司人员情况、培训情况和管理情况，宣传工程各项规章制度，强化监理人员的服务意识。项目法人与监理单位签订廉政协议、安全生产协议，同时要求每一位监理工程师也签订廉政和安全责任书，层层落实每一位监理人员的工作职责和责任范围，提高监理人员的工作责任心。督促监理单位必须按合同承诺，明确对监理人员的管理与处罚措施，并在实施中不断加以完善，从而较好地规范了监理公司和监理人员的监理工作行为，也促进了监理公司的内部管理，从而使得监理公司取得了较好的监理工作绩效，国家地下水监测工程也建设完成并顺利通过验收。

第7章 档案管理

工程档案是指在工程项目前期、实施、验收等建设阶段形成的,具有保存价值的文字、图表、声像等不同形式与载体的历史记录。工程档案是检查、评价、分析工程质量的“第一手”资料,是工程建设、竣工验收及运行与维护的必备条件,也是落实工程质量责任终身制的重要依据。工程档案管理贯穿于工程建设的全过程,在工程施工、竣工、交付使用中起着非常重要的作用。

为规范国家地下水监测工程(水利部分)档案管理工作,根据《中华人民共和国档案法》(简称《档案法》)《水利工程建设项目档案管理规定》等法规制度,结合本工程实际情况,水利部印发了《国家地下水监测工程(水利部分)项目档案管理办法》,将档案管理工作纳入工程建设与管理工作程序,明确了档案管理负责部门与人员的岗位职责,建立、健全了管理制度,确保本工程档案工作正常开展。

国家地下水监测工程(水利部分)档案管理工作由项目法人总负责,各流域和省级水文部门受项目法人委托,承担本级项目档案管理工作。工程档案采取同步管理方式,贯穿于工程建设各个阶段。

7.1 档案管理概述

7.1.1 档案的作用

档案是人类文明的伴生物。在人类漫长的文明史中,无论各个国家的政权性质如何、发达程度如何,都无一例外地在日积月累地形成和保存档案,并将其流传于后世。之所以如此,是因为档案具有独特的、重要的、广泛的社会作用。随着社会进步和人们认识的发展,档案的作用还在不断得以发掘,目前比较集中和主要地表现在行政、业务、文化、法律、教育等几个方面。

7.1.1.1 行政作用

档案是各级各类机构、社会组织行使职能、从事管理活动的真实记录,这些记录对于该机构、地区乃至国家工作人员察往知来,保持政策、体制、秩序、工作方法的连续性、有效性,以及决策的科学性具有不可替代的凭证和参考作用,这种作用可以称为资治作用或行政作用。

7.1.1.2 业务作用

档案作为历史的记录,就其宏观而言,纵贯古今许多历史阶段,横穿自然和社会的各个领域。就其微观而言,它记述了人们改造客观世界和主观世界的实践过程,涉及生产经营、金融贸易、工程设计、教育卫生、文学艺术、军事外交等诸多方面。档案在每一个业务领域中都可发挥重要的凭证和参考作用,成为业务活动的信息支持和保障。

在各项业务活动中形成的档案不仅可以维持业务活动的正常进行,有时还可以产生明显的社会效益和经济效益。中国第一历史档案馆所藏明清时期的水文档案为建设长江三峡水利枢纽工程和治理黄河、海河提供了重要的依据及参考。浙江省建筑设计院利用茅以升先生保存下来的钱塘江大桥档案,掌握了该桥附近的地下水文情况,节约了15万元钻探费,加快了设计速度。在1991年居庸关及古长城遗址的修复工程、1999年天安门广场的修整工程中,档案都为工程的设计和施工提供了重要依据,而且节约了大量的设计施工资金。又如,在生产开发领域,充分利用档案可以节省大量资源,对于节约劳动支付和避免重复劳动,对于企、事业单位挖潜、革新、改造、取得经济效益都具有重要作用。仅据上海、天津档案部门不完全统计,1994年通过开发利用档案创造的直接和间接经济效益就分别达4.3亿元和6.2亿元。

7.1.1.3 文化作用

档案的文化作用主要指档案是人类所创造的一种宝贵的精神文化财富,以及它对于人类社会文化的积累、传播、发展与进步所发挥的各种功能。档案与文化紧密相连,档案是人类文明的产物,是历史文化遗产中必不可少的组成部分。社会文化的发展是具有历史连续性的,社会物质生产发展的连续性是文化发展历史连续性的基础,而档案的存在和发展是文化发展连续性的重要条件之一。档案的文化作用主要是指档案是人类所创造的一种宝贵的精神文化财富,以及它对于人类社会文化的积累、传播、发展与进步所发挥的各种功能。档案与文化紧密相连,档案是人类文明的产物,是历史文化遗产中必不可少的组成部分。社会文化的发展是具有历史连续性的,社会物质生产发展的连续性是文化发展历史连续性的基础,而档案的存在和发展是文化发展连续性的重要条件之一。

7.1.1.4 法律作用

档案的法律作用是指档案在解决争端、处理案件等活动中所发挥的证据作用。法律作用是档案凭证价值的重要体现。从档案的形成来看,它是当时、当地、当事人在业务活动中形成的原始记录,真实性、可靠性强,是令人信服的真凭实据。

7.1.1.5 教育作用

古人立档有直接或间接的目的,一方面反映了中央集权制的封建政权在政治方面的需要,另一方面也是所谓文化"文治教化"的需要。教育,指的是按照一定的社会要求,对受教育者的身心施以影响的一种有目的、有计划的活动。除学校教育外,人们还要有意无意地接受家庭教育和社会教育,其中,社会教育是终身教育。在社会教育的诸多素材中,档案以其独特的历史性、直观性和原始性,成为宣传教育的重要材料。

7.1.2 档案的价值

7.1.2.1 档案价值的概述

档案可以作为行政管理的查考凭据、生产建设的参考依据、科学研究的可靠资料、宣传教育的生动素材,又是维护国家、集体和个人权益的法律依据。档案的作用是多方面的,概括起来有两个基本方面:一是凭证作用;二是参考作用,也称为档案的基本价值。档案的凭证作用是档案区别于其他各种资料的根本特征。

7.1.2.2　档案价值的时效性

时效,指的是某一事物在一定时间内发挥作用的特性。档案价值的时效性是指档案对社会的有用性是有时限的,某些档案在一定时期内对利用者是有价值的,超过这个时间限制后则降低或丧失了价值。这一规律可称为档案价值的时效律。

档案价值的时效性主要表现在两个方面:

1.档案与利用者需求之间关系的时效性

并不是所有文件的生命期都一样长,姑且不论其自然寿命,仅就其有用性而言,有些在文书处理过程完结后就被淘汰,有些在现行期或半现行期内有利用价值,有些则在进入非现行期以至永远都可能因有用而被保存。在一定意义上说,档案的价值鉴定就是认识和确定档案价值的时效期,档案保管期限就是档案时效期的具体体现。搞清档案的时效期,划分档案的保管期限是一项十分复杂、十分重要的工作。

不同种类档案的时效性有不同的特点。文书档案的时效期通常取决于人们对其记录内容的认知和需求程度,有一定的不确定性、弹性或跨度。其中一些类型的档案的时效性比较明确,如一般事务性通知在通知事项被执行之后其作用基本消失,合同、协议类文件的时效性与其有效期直接相关等。科技档案的时效期因其门类不同而不同,天文、水文、勘测、气象等类档案积累越多越容易找出其中的规律,因而时效期长,而相当一部分工程技术档案的时效期与其记录和反映的实体寿命是直接相关的。比如,基建档案所反映的对象是某一建筑物、构筑物,设备档案所反映的是某一设备,实体对象一旦报废或不复存在,这些档案的凭证作用就大大降低甚至消失了。由于技术的飞速进步,导致此类档案所承载的静态知识老化周期变短,其参考作用也会变小,甚至微不足道。一种新产品、新技术、新工艺的档案材料,如果能够及时地有偿地转让给他人参考,人们就可吸取。其科技成果,省时省力地创造出新的科技成果。如果长期不利用,这些档案可能一文不值;从价值主体方面看,利用者的需求也具有时效性,如果档案不能及时地满足利用者的需求,这些档案价值就无法体现,或变得毫无意义。例如,当人需要利用某些档案信息进行决策、判断而未能获得时,一旦做出错误决断,有些后果是难以挽救的,这些可资为凭的档案就错过了实现凭证价值的时机。又如假设当年浙江省建筑设计院在耗时耗资重新钻探钱塘江桥附近地下水文情况后得到茅以升先生保存下来的有关档案,这些大桥档案的经济价值就大大降低了。据载,在北京地铁设计时,有关部门查考了诸如现状管线、规划管线、道路房屋建筑、地质、水文、气象及已建地铁各类设计图纸等大量的档案材料为设计提供了可靠的基础数据,保证了设计期限,大大提高了效率,也节省了1 000多万元实测资金。又如1987年上海宝钢原料码头引桥被轮船撞断,主副原料输送系统全部中断。档案部门闻讯后在20 min内调出有关图纸急送现场,在抢修引桥中为有关部门查找和提供底图近2 500张,复印蓝图13 000余张,按常规6个月的工期仅用85 d就完成了修复任务,节省费用6 000余万元。这两个实例所反映的情况如果等到几十年后档案开放时才发现,就毫无意义了。

2.档案价值形态的时效性

从档案价值的扩展律可知,档案对于利用者有多方面的作用,因而具有各种不同的价值形态。而这些作用往往是在不同的时间段中发挥出来的。例如,档案形成之初以行政、业务作用为主,以后转向科学、文化等其他作用。如一些具有行政和法律效力的文件,在其有效期过后失去了行政、法律约束力,但可能依然具有参考、研究价值。不同作用的此消彼长说明档案在不同的时间内可与不同的利用者需求形成不同的价值,社会政治、经济、文化状况对于不同形态档案价值的实现也具有直接的影响。档案工作者在了解这种变化趋势的同时,也应把握变化的时间和阶段性,以防错失某些价值实现的最佳时机。比如,文书档案中一些反映行政和业务管理活动的原始记录,如果及时得以整理研究,也可以从中总结出不少经验教训,作为现实工作的借鉴。而等到几十年后再去研究它,档案的资治作用已基本消失,剩下的主要是史料作用了。了解档案价值的时效律,有利于档案工作者以辩证的思维认识时间对于档案价值的影响,正确地判断不同档案的时效性,不失时机地开发档案信息资源,积极地提供利用,防止本应被适时利用的档案因提供过晚而丧失部分或全部价值。

7.1.3　档案管理工作

档案管理工作是指用科学的原则和方法管理档案,为党和国家各项事业服务的工作。它的基本内容包括:档案的接收与征集、整理、鉴定、保管、编目与检索、编辑与研究、统计和利用服务。上述档案管理业务内容的划分只是相对的,我国档案界长期以来将档案管理业务分成"六个环节"或"八个环节"。随着档案管理现代化的发展,档案管理业务的内容与结构还将发生新的变化。档案管理业务的诸环节是适应社会实践的需要而产生和发展的。国家机关、社会组织和个人在参与社会活动时形成了大量文件,社会活动的延续又需要经常使用这些文件。由于文件形成后的自然状况并不能完全适应社会对其实际利用的需要。为此,必须按照科学的原则和方法对这些文件进行专门的管理,这就形成了档案管理业务的各项内容。

7.1.3.1　档案的收集工作

各个机关、机关内部各个组织单位形成和使用的文件,往往是分散的,而且在数量上也是浩繁的,而机关与社会对档案的利用则要求一定程度上的集中。为了解决档案的分散形成与集中利用之间的矛盾就形成了档案的收集工作。

7.1.3.2　档案的整理工作

收集起来的档案不仅在数量上是巨大的,而且仍然处于零乱状态,而日常管理和实际利用时则要求将档案材料进行系统化。为了解决档案的零乱与管理和利用的系统化要求之间的矛盾,就形成了档案的整理工作。

7.1.3.3　档案的鉴定工作

随着时间的推移和社会活动的继续,新的档案在不断形成,档案的数量在不断增长,有些档案也会因其存在环境的变化而失去保存价值。为了使有保存价值的档案能够得到优先保管并能发挥最大作用,以满足社会利用的需要,就形成了档案的鉴定工作。

7.1.3.4　档案的保管工作

由于自然和社会的各种原因,档案总是处于渐变性的自毁过程中,或者可能会遭到突变性的破坏,而社会利用则要求长远地拥有完好的档案。为了解决档案自然寿命的有限性与社会长远利用需要之间的矛盾,就形成了档案的保管工作。

7.1.3.5　档案的编目与检索工作

数量庞大的档案,通常是按照它的自然形成规律进行整理存放的。档案一经整理,其体系将保持相对稳定。由于档案往往是孤本,这就决定了档案整理排放的体系具有单向线性特征,而社会对档案利用的需要则是多样的和变化的。为了解决档案馆藏体系的单向线性排列与社会多样的和变化的利用需要之间的矛盾,为档案的查找提供手段,就形成了档案的编目与检索工作。

7.1.3.6　档案的编辑与研究工作

档案部门收存的档案,主要是原始材料,有的相当珍贵,只适宜馆内利用,而社会利用档案的需要是广泛的。为了满足社会多样的和广泛利用档案的需要,需要对档案进行研究,汇编出版各种档案参考资料,这就形成了档案的编辑与研究工作。

7.1.3.7　档案的统计工作

为了了解档案工作的基本情况,分析档案工作的规律性,提高档案管理的水平,需要对档案和档案管理的状态进行数量观察和分析研究,这就形成了档案的统计工作。

7.1.3.8　档案的利用工作

对档案进行一系列的管理活动,其最终目的是发挥档案的作用,档案的作用是在对其利用的工作中得以实现的。为了满足社会实际利用档案的需要,需要通过各种方式向用户提供档案材料,这就形成了档案的提供利用和服务工作。由此可见,档案管理业务的各个环节,实际上可以划分为两个基本的组成部分,即档案基础工作和档案提供利用工作。档案基础工作为提供利用工作创造条件;提供利用工作则反映了档案基础工作的成果,同时也向基础工作提出了新的要求。

7.1.4　档案信息化

2020 年,第十三次全国人大常委会第十九次会议审议通过了新修订的《中华人民共和国档案法》,新修订的档案法增加了档案信息化建设章节,要求将档案信息化纳入信息化发展规划,加强档案信息化建设,推进电子档案管理信息系统建设,指出电子档案与传统载体档案具有同等效力,可以以电子形式作为凭证使用。新修订的档案法为档案工作变革与转型、创新与发展提供了充分的法律保障。

7.1.4.1　档案信息数字化的含义

档案信息数字化是指利用数据库技术、数据压缩技术、高速扫描技术等技术、手段,将纸质文件、声像文件等传统介质的文件和已归档保存的电子档案,系统组织成具有有序结构的档案数字信息库。

7.1.4.2　档案信息数字化的原则

为了确保档案信息数字化工作的质量,档案信息数字化工作必须遵循一定的原则,这具体体现在规范性原则。所有档案信息必须按照规定的技术要求、文本格式和工作标准进行数字化,并尽可能采取通用标准。

(1)安全性原则。在档案信息数字化过程中,要确保档案原件的安全、确保数字化档案信息的内容与档案原件相吻合、确保档案信息内容不泄密。电子档案应当来源可靠、程序规范、要素合规。

(2)效益性原则。档案信息的数字化工作面广量大,耗时耗财,必须十分讲究数字化工作的效益。应在充分调研的基础上选择最优的档案信息数字化方案,这包括从海量的档案信息资源中选择适当的数字化对象,选择最优的数字化工作流程、最合理的技术手段和最适宜的数字化加工设施等。

7.1.4.3 档案信息数字化的内容和形式

现阶段,在我国各级档案机构的馆藏档案中,除极少部分是在其形成过程和前期运动阶段中就采用了数字化记录形式以外,绝大部分档案是纸质档案。针对这一现状,现阶段和今后一段时间内,我国档案信息数字化的中心任务就是对纸质档案信息进行数字化转换。这既是进一步改变其馆藏档案结构的需要,更是利用网络技术和虚拟技术实现档案信息资源共享和档案信息化建设的关键环节。一般来说,档案信息数字化的内容有两个不同层次:一是档案目录信息的数字化。其目标是建立档案目录数据库。做好这项工作的关键是严格规范档案信息的著录标引,并科学选定档案目录数据库结构。二是档案全文信息的数字化。档案全文信息数字化可以采用扫描录入方式将档案全文按原貌逐页存储为图像文件并为其编制目录索引,或是经 OCR(光学字符技术)识别后采用文本格式存储档案内容,辅之以全文检索数据库两种不同方式。在档案信息数字化过程中,可以根据档案信息的自身特点将这两种方式结合起来使用。

7.1.5 档案人员的职业道德

档案工作者职业道德,是指档案工作者在从事档案行政、档案保管和利用服务等项职能活动中,应当遵守的基本行为准则,它是整个社会职业道德体系中的一个重要组成部分。档案工作者职业道德与各行各业的职业道德一样,都具有鲜明的时代性与历史性、职业性与具体性、社会性与阶级性等特征。认识和把握档案职业道德的性质和特点,对于进行档案职业道德教育,培养有利于社会建设和发展的道德习惯,形成优良的社会风尚、道德准则等,均具有积极的意义。

档案工作者职业道德的规范与准则,就是对档案工作者职业行为的基本要求。根据《档案法》和国际档案理事会 1996 年通过的《档案工作者职业道德准则》的精神,档案工作者职业道德的内容主要包括以下几点:

(1)忠于职守,爱岗敬业。所谓忠于职守,就是指档案工作者应当尽到保护、管理档案的义务,尽到为档案用户提供优质信息服务的职责;所谓爱岗敬业,是指档案专业工作人员应当对档案事业的建设和发展倾注较之普通公众更多的爱心,全心全意地投身于本职工作之中。

(2)遵纪守法,严守机密。档案工作者应当保守所管理档案信息内容的机密,增强保密观念,培养良好的保密习惯,并且在档案管理实践中同各种失密、泄密、窃密行为做斗争。首先,档案工作者应当注意保护国家的安全及集体和公民个人的隐私,不得销毁相关的档案文件信息,尤其是易于更新和消除的相关电子文件信息。档案工作者应当尊重文件形成者或文件所涉及当事人的隐私及其他合法权益。其次,档案工作者应当珍视国家和社会给予的特殊信任,并在实际工作中,不利用职务之便,为自己或他人谋求私利。应当客观、公正地对待其专业"特权",约束自身的行为。

(3)档案工作者应当自觉养成良好的职业保密习惯。习惯是在职业道德行为的反复实践中逐渐形成的、一贯的、稳定的、习以为常的行为,即古人所言的“从心所欲,不逾矩”。档案职业道德习惯的社会意义,在于它将对有关道德原则和规范的应该遵守转变为习惯于遵守。养成良好的保密习惯,就是要使档案工作者自觉地遵守保密纪律,以高度的政治责任感来从事档案工作这种崇高的社会职业。再次,档案工作者应当自觉养成良好的职业保密习惯。习惯是在职业道德行为的反复实践中逐渐形成的、一贯的、稳定的、习以为常的行为,即古人所言的“从心所欲,不逾矩”。档案职业道德习惯的社会意义,在于它将对有关道德原则和规范的应该遵守转变为习惯遵守。养成良好的保密习惯,就是要使档案工作者自觉地遵守保密纪律,以高度的政治责任感来从事档案工作这种崇高的社会职业。

7.1.6 档案工作的原则和要求

《中华人民共和国档案法》明确规定,档案工作实行统一领导、分级理原则,档案完整与安全,便于社会各方面的利用。其内涵包括以下两个方面:

一是统一领导、分级管理。这是档案工作的组织原则和管理体制。所谓统一领导就是在国家层面,由国家档案行政管理部门对全的档案工作实行统一领导,包括档案法规的制定与完善,组织协调档案事业发展,监督档案法规的贯彻落实,统一管理国家层面的相关档案等职责;地方层面则由地方各级档案行政管理部门对行政区域内的档案工作实行统领导,履行相应档案管理职责;在各行业和各单位层面,则是在相应的档案行政管理部门监督与指导下,对本行业和本单位的档案工作实行统一领导,履行相应的档案管理职责。所谓分级管理,除上面所述的有关档案事业与行政管理职能外,对档案的实体是指以上各层面、各单位产生的档案分别由国家、地方及各单位的档案馆(室)进行分级管理。由此也就构成了“统一领导、分级管理”的档案工作原则。

二是维护档案完整与安全。强调的是不同层面的档案部门要维护相应层面档案的完整与安全,才能实现国家层面的档案完整与安全。从内容上讲,各级档案部门保存的档案应既包括各单位党、政档案和科技档案,也包括会计、审计等专门档案;从载体形式上讲,既包括纸质档案,也包括非纸质档案。所谓安全,是指档案部门要加强管理,确保档案内容与实体的安全。这是档案工作的基本要求。二是便于社会各方面的利用。这是档案工作的根本目的,体现了档案工作的服务性质。各级档案部门要通过对不同层面档案的开发利用,实现档案的价值。这也是检验档案工作效果的一项重要指标。

7.2 建设项目档案管理

建设项目档案是指建设项目在立项、招标投标、勘察、设计、施工、监理及竣工验收等各阶段形成的,具有保存价值的文字、图像、声像等不同形式的历史记录。

7.2.1 建设项目档案

建设项目档案,又称基本建设档案,简称基建档案,是指在建设项目立项、审批、招标投标、勘察、设计、施工、监理及竣工验收等活动中形成的科技档案。所谓建设项目,是指建筑、安装等形成固定资产的活动中,按照一个总体设计进行施工,独立组成的,在经济上统一核算、行政上有独立组织形式、实行统管理的单位。建设项目主要包括单项工程和单位工程两种。单项工程,是指建设项目中具有独立设计文件、可独立组织施工,建成后可以独立发挥生产能力或工程效益的工程。单位工程,是指具有独立设计文件、可独立组织施工,但建成后不能独立发挥生产能力或工程效益的工程。建设项目档案的特点之一是按项目成套,一个建设项目的档案是具有有机联系的整体。按项目进度程度分类,一般包括以下内容。

7.2.1.1 项目前期文件

指工程开工以前在立项、审批、招标投标等活动中形成的文件。项目前期文件主要包括:项目建议书及其报批文件,项目选址意见书及其报批文件,可行性研究报告及其评估、报批文件,项目评估、论证文件,环境预测、调查报告、环境影响报告书和批复,设计任务书及其报批文件,招标投标、承发包合同协议。

7.2.1.2 项目设计文件

项目设计,是项目建设活动的重要内容,它为项目建设编制设计文件,用以指导施工。项目设计文件主要内容包括:设计依据性文件和设计基础文件(如勘察文件),总体规划设计文件,初步设计或扩大初步设计文件(包括方案设计初步设计及附图、主要设备表、概算书等),技术设计文件,施工图设计文件(包括工程施工图、施工图设计说明书、计算书、预算书等)。

7.2.1.3 项目施工文件

项目施工文件是项目施工过程中形成的反映项目建筑、安装情况的文件。施工文件记录了施工过程的实际面貌,其内容主要有:①施工准备工作文件。包括施工承包协议文件和施工执照,施工组织设计,开工报告,图纸会审记录和施工预算书等。②施工文件。包括工程测量定位记录,建筑材料试验报告,隐蔽工程施工记录,工程沉降、位移观测及变形观测记录,设计变更和材料代用审核文件,以及施工日志、大事记等。

7.2.1.4 项目监理文件

项目监理文件是指项目监理单位对项目工程质量、进度和建设资金使用等进行监督、控制的文件,主要包括施工监理文件(如监理合同协议、监理大纲、监理规划、细则,施工及设备器材供应单位资质审核及设备、材料报审,监理日志等);设备采购、监制工作监理文件;建筑施工质量监理文件;建设资金使用监理文件;监理工作总结等。

7.2.1.5 项目竣工验收文件

项目竣工验收文件是指项目竣工后试运行及竣工验收时形成的文件。包括工程验收文件,工程质量检验评定及缺陷处理文件,试车记录,交工验收证明施工技术总结,竣工验收报告和竣工图。竣工图十分重要,它能真实地记录建筑工程的具体情况和实际面貌,是对建设项目进行交工验收、使用、维护乃至改建、扩建的重要依据,在建设项目日后使用维护和改建、扩建过程中,也会形成相应的科技文件,它们也是该项目档案不可或缺的组成部分。

7.2.2　设备档案

设备档案,是各种机器设备、车辆、船舶和仪器、仪表的档案材料设备,是一种重要的生产手段。随着科学技术和生产力的发展,在社会生产和科技研究、自然观测的各个领域,都普遍地以各种设备装备起来,因此设备档案是一种在各个专业的各种不同的企事业单位中都存在的科技档案。设备档案,按设备的构造和使用形式划分为两种:一种是同土建工程连在一起的,如某些化工装置以及钢铁和有色冶金企业的冶炼设备的档案。这种设备档案,一般同基建档案难以分开,因此可以作为基建档案的一个组成部分。另一种是各种金属切削设备、运输设备、采掘设备、起重设备以及某些仪器、仪表的档案,它们可以同土建工程分开独立存在。设备从来源看有两种:一种是本单位自己设计、研制的,这是各单位根据本身生产工艺或科研、试验的特殊需要而自制的专用设备;另一种是从国内外市场上购买来的外购设备。因此,设备档案也相应地有两种情况:一种是在自制设备的设计和研制过程中形成的科技文件,另一种是随外购设备的进货带来的科技文件。两种都是设备档案的重要组成部分,都应妥善保存,科学管理。此外,在设备的使用、维护、检修、改造过程中,也相应地形成文件,它们也是设备档案的组成部分。设备档案的基本特点同产品档案的特点是一样的,即以型号成套。但设备档案的内容构成,在一般情况下同产品档案不尽相同。这是因为设备档案和产品档案的作用不同,形成过程也不相同。自制设备的档案构成,除包括设备在设计研制、试验、制造过程中形成的文件外,还包括该项设备在安装、使用、维修改造过程中形成的文件。外购设备档案的构成同产品档案的差异更大,它不包括该设备在设计、研制、制造过程中形成的文件。其内容基本上包括三个部分。

第一,设备购置文件。包括设备技术经济计算文件,有关购置设备的谈判文件,以及订购协议或合同书等。

第二,随机文件。包括设备图册和说明书,设备合格证、装箱和配件目录,以及设备安装规程等。

第三,设备安装、使用过程中形成的文件。包括设备安装记录、试车验收记录和总结报告,设备运行记录,设备保养和大、中修记录,设备使用分析表,设备检查和事故记录,设备履历表,设备改造记录和总结等。

7.2.3　档案管理原则

档案管理工作实行统一领导、分级管理的原则。国家鼓励和支持档案科学研究和技术创新,促进科技成果在档案收集、整理、保护、利用等方面的转化和应用,推动档案科技进步。因此,还应根据科技档案和科技档案工作的特点,实行以下具体的管理原则。

7.2.3.1　专业管理原则

科技档案工作的专业管理原则,是由科技档案和科技档案工作的专业性特点决定的。科技档案是科技、生产活动的伴生物,不同学科或不同专业活动形成的科技档案,在科技文件的形成、科技档案的内容构成及其保管、利用等方面都存在着各自不同的特点,只有根据各专业或行业科技档案的特点,总结管理经验,制定管理的要求和标准,才能实现对科技档案的科学管理。科技档案工作由科技档案业务管理和科技档案事业管理两部分组成。科技档案业务管理和科技档案事业管理都具有明显的专业性特点,按专业规划和管理科技档案工作是我国档案工作的一条有益的经验。随着社会主义市场经济的发展和政府职能的转变,一些专业主管部门被撤销,但还有很多专业主管部门和专业性管理工作存在,按专业管理科技档案工作的基本内涵并没有发生变化。

7.2.3.2 前端控制原则

前端控制以文件生命周期理论为基础,把科技文件从形成到永久保存或销毁的不同阶段看作一个完整的过程。在这个过程中,科技文件的形成是前端,处理、鉴定、整理、编目等具体管理活动是中端,永久保管或销毁是末端。前端控制是对整个管理过程的目标、要求和规则进行系统分析、科学整合,使需要和可能在科技文件形成阶段实现或部分实现的管理功能尽量在这一阶段实现。科技文件形成周期长、数量大、涉及部门多、专业复杂、载体类型多样,如果不加强前端控制,科技档案的完整性和准确性就很难保障。前端控制的原则在电子科技文件管理中更是至关重要的。其必要性主要体现在以下两个方面:第一,前端控制是确保电子科技文件真实可靠、完整安全、长期可读的有效策略。第二,前端控制是优化管理功能,提高管理效率的科学理念。

7.2.3.3 全程管理原则

全程管理原则是指根据科技、生产活动的特点以及科技档案的成套性特点,建立一个完整的管理体系,对科技文件从产生到永久保存或销毁的整个生命周期进行全程管理。全程管理是一种全面的管理,因为它涵盖科技文件和科技档案的全部管理活动;全程管理是一种系统的管理,因为它强调各项管理内容和要求的无缝连接、系统整合和总体效应;全程管理是一种过程管理,它强调通过过程控制来实现结果控制,将管理要求融入每一个管理流程,有益于优化科技、生产管理流程。

7.2.3.4 知识管理原则

知识管理作为一种全新的管理模式和方法,是市场经济和知识经济高度发展的产物。知识管理是指为了提高组织竞争力而对组织内外各种信息、知识进行有效的识别、全面地收集、科学的加工和充分的运用;并且通过促进知识共享,鼓励知识创新,实现知识增值。它是利用集体智慧来提高组织的应变能力和创新能力,是为组织实现显性知识和隐性知识共享提供的新途径。从一定意义上讲,知识管理,就是一个组织管理其拥有的知识和运用知识参与管理的过程。知识的分类方法有多种,根据其表达、传递方式,知识一般被划分为显性知识和隐性知识两种类型。显性知识是指可以用正式语言清楚表达和传播的知识,主要存在于企业文献如图书、情报档案之中。隐性知识是指不易用语言表达的、隐藏在组织层次或个人头脑中的知识,如企业的文化、价值,员工的技能、解决问题的思路等。科技档案是国家和组织重要的知识资源。美国 Delphi 咨询集团的一项调查表明:在组织所获取的知识中,大约46%是以文本和电子文档的形式存在的。科技档案直接记述了人们的科技、生产活动过程、经验和成果,它所储备的是在科技、生产活动中直接产生和形成的原生信息,蕴涵着丰富的知识,是国家和组织珍贵的科学技术资源和显性知识。既然科技档案是重要的知识资源,那么,科技档案管理本身就是对知识的种管理活动和过程。科技档案管理工作,包括对科技文件形成、积累、整理和归档的监督、协助和控制,以及对科技档案的收集、整理、编目、鉴定、保管、统计、检索和开发利用等工作。这一管理过程,实际上是对科技文件、档案这种显性知识的获取、积累、储存、保护、控制和开发。科技档案工作应遵循知识管理原则,通过对科技档案的科学管理和有效开发利用,不断强化科技档案知识服务意识,实现科技档案知识共享,为组织的科技、生产及其管理活动提供直接依据和参考。科技档案管理者必须停止单纯扮演实体保管员的角色,而成为概念、知识的提供者,成为知识管理者。科技档案直接记述了人们的科技、生产活动过程、经验和成果,它所储备的是在科技、生产活动中直接产生和形成的原生信息,蕴涵着丰富的知识,是国家和组织珍贵的科学技术资源和显性知识。既然科技档案是重要的知识资源,那么,科技档案管理本身就是对知识的管理活动和过程。科技档案管理工作,包括对科技文件形成、积累、整理和归档的监督、协助和控制,以及对科技档案的收集、整理、编目、鉴定、保管、统计、检索和开发利用等工作。这一管理过程,实际上是对科技文件、档案这种显性知识的获取、积累、储存、保护、控制和开发。

科技档案工作应遵循知识管理原则,通过对科技档案的科学管理和有效开发利用,不断强化科技档案知识服务意识,实现科技档案知识共享,为组织的科技、生产及其管理活动提供直接依据和参考。科技档案管理者必须停止单纯扮演实体保管员的角色,而成为概念、知识的提供者,成为知识管理者。

7.2.4 档案收集

7.2.4.1 归档范围

工程项目档案的主要内容包括:

(1)工程建设前期工作文件材料。设计任务书、报批文件及审批文件;规划报告及审批文件;项目建议书及审批文件;可行性研报告及审批文件;初步设计报告书及审批文件;各阶段环境影响、水土保持、水资源评价等专项报告及批复文件;招标设计文件;技术设计文件;施工图设计文件等。

(2)工程项目建设管理文件材料。有关规章制度、办法;开工报告及审批文件;重要会议与专业会议的文件及相关材料;工程建设大事记;重大事件、事故声像材料;有关工程建设管理及移民工作的各种合同、协议书;合同谈判记录、纪要;合同变更文件;有关领导的重要批示;有关工程建设计划、实施计划和调整计划;重大设计变更及审批文件;有关质量及安全生产事故处理文件材料;招标文件、招标修改文件、招标补遗及答疑文件;投标书、资质资料、履约类保函、委托授权书和投标澄清文件、修正文件;开标、评标会议文件及中标通知书;环保、档案、防疫、消防、人防、水土保持等专项验收的请示、批复文件等。

(3)施工文件材料。工程技术要求、技术交底、图纸会审纪要;施工计划、技术、工艺、安全措施等施工组织设计报批及审核文件;建筑原材料出厂证明、质量鉴定、复验单及试验报告;设备材料、零部件的出厂证明(合格证)、材料代用核定审批手续、技术核定单、业务联系单、备忘录等;设计变更通知、工程更改洽商单等;施工技术总结,施工预、决算;事故及缺陷处理报告等相关材料;各阶段检查、验收报告和结论及相关文件材料;竣工图;施工大事记;施工记录及施工日记等。

(4)监理文件材料。监理合同协议,监理大纲,监理规划;设备材料审核文件;开(停、复、返)工令、许可证等;工程材料监理检查、复检、实验记录、报告;监理日志、监理周(月、季、年)报、备忘录;会议纪要;设备验收、交接文件,支付证书和设备制造结算审核文件;设备采购、监造工作总结等。

(5)其他有关文件材料。设备有关文件材料;科研项目文件材料;生产技术准备、试生产文件材料、财务管理文件材料、竣工验收文件材料等。

7.2.4.2　质量要求

档案的完整性、准确性、系统性和安全性是工程项目档案的基本要求。

(1)完整性。要求工程档案要齐全成套,并且种类也应完备。一方面,就单项工程建设活动形成的工程档案而言,应包括该活动全过程中形成的所有具有保存价值的施工文件,符合成套性的要求;另一方面,就一定的库藏范围而言,工程项目应按系统科学排列档案,使工程项目档案从个体到整体的构成更加合理,维护工程档案的不可分散性。

(2)准确性。要求工程档案必须是真实的历史记录,并且在内容上始终与所反映的实际施工相一致。首先要求工程档案是其工程施工活动同期形成的真实的历史记录,保证如实地记录和反映工程建设的历史面貌;其次要求工程档案能够动态地反映工程文件归档后其科技对象发展变化的基本情况,使科技档案为历史和现实使用提供可靠的依据和凭证。

(3)系统性。要求保持工程档案之间的有机联系,不得任意肢解与组合,并且实现库藏工程档案排列的有序化。

(4)安全性。要求保证工程档案实体的安全,尽可能延长其自然寿命;同时还要求保护工程档案信息的安全,保守科技机密,保护知识产权。

(5)规范性。要求工程档案种类、书写、制作符合相关要求。

①归档的文件应为原件。

②工程文件的内容及其深度必须符合国家有关工程勘察、设计、施工、监理等方面的技术规范、标准和规程。

③工程文件应采用耐久性强的书写材料,如碳素墨水、蓝黑墨水,不得使用易褪色的书写材料,如红色墨水、纯蓝墨水、圆珠笔、复写纸、铅笔等。

④工程文件应字迹清楚,图样清晰,图表整洁,签字盖章手续完备。

⑤图纸一般采用蓝晒图,竣工图应是新蓝图。计算机出图必须清晰,不得使用计算机出图的复印件。

7.2.4.3　时间要求

水利部《水利工程建设项目档案管理规定》(水办〔2005〕480 号)规定,工程档案的归档时间,可由项目法人根据实际情况确定。可分阶段在单位工程或单项工程完工后向项目法人归档,也可在主体工程全部完工后向项目法人归档。整个项目的归档工作和项目法人向有关单位的档案移交工作,应在工程竣工验收后 3 个月内完成。

国家和水利部就重点建设项目档案工作的文件中明确提出,建设项目档案工作与项目建设进程同步进行。在项目建设的不同阶段,应以阶段验收为基准,同步完成档案的整理与归档工作,以单元(单位)工程为单位建设的,在单元(单位)工程验收前,完成整理归档工作,在整体项目验收后 3 个月内完成全部工程项目档案的整理归档。

7.2.5　档案整理

档案整理是通过对应归档文件材料的分类、编目,使其有序化、条理化、系统化的一项具体工作。其成果是将若干个单份文件组成一个个案卷,并按要求赋予每个案卷拟写的题名,用来揭示案卷内文件材料的内容,再通过编写页号、编制卷内文件材料目录,固定案卷内文件材料的排列次序。

7.2.5.1　分类方案

根据工程项目档案数量的多少,来确定档案设置的类目层次。对于大型项目,要以整个项目为分类对象,在分类时,首先以工程项目的建设程序和性质来区分,再按单位工程或专业、阶段等进行分类。如施工档案可以再按各单位工程进行分类。对于小型项目,形成的档案数量较少,可以不设二、三级类目,直接按建设程序对档案进行组卷整理后依次排列即可。

7.2.5.2　立卷的原则和方法

立卷应遵循工程文件的自然形成规律,保持卷内文件的有机联系,便于档案的保管和利用。一个建设工程由多个单位工程组成时,工程文件应按单位工程组卷。

立卷方法:

(1)工程文件可按建设程序划分为工程准备阶段的文件、监理文件、施工文件、竣工图、竣工验收文件五部分。

(2)工程准备阶段文件可按建设程序、专业、形成单位等组卷。

(3)监理文件可按单位工程、分部工程、专业、阶段等组卷。

(4)施工文件可按单位工程、分部工程、专业、阶段等组卷。

(5)竣工图可按单位工程、专业组卷。

(6)竣工验收文件按单位工程、专业等组卷。

案卷不宜过厚,一般不超过40 cm。案卷内不应有重份文件;不同载体的文件一般应分别组卷。

7.2.5.3　卷内文件的排列

(1)管理文件按问题、时间或重要程度排列。同一事项的请示与批复,批复在前,请示在后;函与复函,复函在前,函在后。

(2)施工文件按管理、依据、建筑、安装、检测实验记录、评定、验收排列。

(3)设备文件按依据性、开箱验收、随机图样、安装调试和运行维修等顺序排列。

(4)竣工图按专业、图号排列。

(5)卷内文件一般文字在前,图样在后;译文在前,原文在后;正件在前,附件在后;印件在前,定稿在后。

7.2.5.4　案卷编目

1. 编制卷内文件页号

卷内文件均按有书写内容的页面编号。每卷单独编号,页号从“1”开始。页号编写位置:单面书写的文件在右下角;双面书写的文件,正面在右下角,背面在左下角。折叠后的图纸一律在右下角。成套图纸或印刷成册的科技文件材料,自成一卷的,原目录可代替卷内目录,不必重新编写页码。案卷封面、卷内目录、卷内备考表不编写页号。

2. 卷内目录的编制

卷内文件目录:卷内文件目录由顺序号、责任者、文件编号(图号)、日期、文件标题(题名)、页号、备注组成。各项内容均应填写清楚。序号:以一份文件为单位,用阿拉伯数字从“1”依次标注。责任者:填写文件的直接形成单位和个人,有多个责任者时,选择两个主要责任者,其余用“等”代替。

3. 文件编号

文件编号(图号),填写文件的发文字号或图纸编号。文件标题(题名),填写文件标题(图纸)全称。日期:填写文件形成的日期。页次:填写文件在卷内所排的起始页号。最后一份文件填写起止页号。

卷内目录排列在卷内文件首页之前。

4. 卷内备考表

卷内备考表的式样应符合有关规定。卷内备考表主要表明卷内文件的总页数、各类文件页数(照片张数),以及立卷单位对案卷情况的说明。卷内备考表排列在卷内文件尾页之后。

5. 案卷封面的编制

(1)案卷封面印刷在卷盒、档案盒、卷夹的正表面,也可采用内封面形式。案卷封面的式样应符合有关规定的要求。

(2)案卷封面的内容应包括:档号、档案馆代号、案卷题名、编制单位、起止日期、密级、保管期限、共几卷、第几卷。

(3)档号应由分类号、项目号、案卷号组成。档号由档案保管单位填写。

(4)档案馆(室)代号应填写国家给定的本档案馆(室)的编号。档案馆(室)代号由档案馆(室)填写。

(5)案卷题名应简明、准确地揭示卷内文件的内容。案卷题名应包括工程名称、专业名称、卷内文件的内容。

(6)编制单位应填写案卷内文件的形成单位或主要责任者。

(7)起止日期应填写案卷内全部文件形成的起止日期。

(8)保管期限分为永久、长期、短期三种期限。永久是指工程档案需永久保存。长期是指工程档案的保存期限等于工程的使用寿命。短期是指工程档案保存20年以下。同一类卷内有不同保管期限的文件,该案卷保管期限应从长。

(9)密级分为绝密、机密、秘密三种。同一案卷内有不同密级的文件,应以高密级为本卷密级。

6. 案卷用纸

卷内目录、卷内备考表、案卷内封面应采用70 g以上白色书写纸制作,幅面统一采用A4幅面。

7.2.5.5 案卷装订要求

(1)案卷可采用装订与不装订两种形式。文字材料必须装订,既有文字材料,又有图纸的案卷应装订。装订应采用线绳三孔或不锈钢钉左侧装订法,要整齐、牢固、便于保管和利用。

(2)文字材料可采用整卷装订与单份文件装订两种形式;图纸可不装订,但同一项目应统一。

(3)案卷内不应有金属物。

(4)单份文件装订时,应在卷内每份文件首页右上方加盖、填写档案号章。档号章内容有档号、序号。

(5)外文资料应保持原来的案卷及文件排列顺序、文号及装订形式。

7.2.5.6　卷盒、卷夹、案卷脊背

(1)案卷装具一般采用卷盒、卷夹两种形式:

①卷盒外表尺寸为 310 mm×220 mm,厚度分别为 20 mm、30 mm、40 mm、50 mm。

②卷夹外表尺寸为 310 mm×220 mm,厚度一般为 20~30 mm。

③卷盒、卷夹应采用无酸纸制作(无酸纸档案盒)。

(2)案卷脊背的内容包括档号、案卷题名。

7.2.6　档案鉴定

2000 年、2004 年国家档案局下发关于做好国家重点建设项目档案工作的通知,要求:各国家重点建设项目单位要尽快对项目档案工作做出全面安排,贯彻执行国家档案工作法律、法规和业务规范,对项目档案工作实行统一管理,建立健全项目档案工作各项规章制度,明确项目文件材料的收集、整理、归档及档案移交工作职责和要求,采取有力措施,使项目档案工作与项目建设同步进行,避免脱节和滞后。多次强调了同步管理的重要性。

同步管理,指将项目档案工作领导责任制纳入工程质量领导人责任制;将项目档案管理纳入项目法人责任制、招标投标制、工程监理制和合同管理制;将项目档案工作纳入项目建设管理计划和工作程序,采取有效措施,确保项目档案的完整、准确、系统。

具体内容是:水利工程档案工作应贯穿于水利工程建设程序的各个阶段,即从水利工程建设前期就应进行文件材料的收集和整理工作;在签订有关合同、协议时,应对水利工程档案的收集、整理、移交提出明确要求;检查水利工程进度与施工质量时,要同时检查水利工程档案的收集、整理情况;在进行项目成果评审、鉴定和水利工程重要阶段验收与竣工验收时,要同时审查、验收工程档案的内容与质量,并做出相应的鉴定评语。

档案工作与工程项目建设要做到三同步,即档案工作与工程项目立项同步,与施工进度同步,与竣工验收同步。

7.2.7　档案保管与统计

档案保管工作就是将本单位的全部档案按照归档要求,集中到档案室有序地排架、便于查阅利用,并采取安全防护措施以保障档案安全。

7.2.7.1　档案库房的管理

档案室应对存放档案资源的库房进行日常的科学管理。合理配置温湿度计、去湿机、除尘器、灭火器等设备;合理配置档案柜架,进行统一编号,确定档案存放位置;记录库内温湿度状况,根据需要不失时机地采取通风、去湿、降温等控制,调节温湿度措施;采取防

霉驱虫、防尘、防火、防光和防盗措施;对照明、仪器管理和档案状况的检查以及保持库房的清洁卫生等。

7.2.7.2 档案专门技术处理

为了延长档案寿命,档案人员对归档的档案进行严格检查,对受潮、干枯的档案进行去湿和补水处理;对于破损的档案,应进行必要的修裱复制等技术处理。

7.2.7.3 档案流动过程中的安全保护

为了有效地保护档案,防止档案丢失,档案部门应制定系统的档案保管、借阅、复印、接受、移交制度,确保档案的安全保管和有效利用。

7.2.8 档案验收和移交

《水利工程建设项目档案管理规定》(水办〔2005〕480号)规定,水利工程档案验收是工程竣工验收的重要内容,应提前或与工程竣工验收同步进行。凡档案内容与质量达不到要求的水利工程,不得通过档案验收;未通过档案验收或档案验收不合格的,不得进行或通过工程的竣工验收。《水利工程建设项目档案验收管理办法》(水办〔2008〕366号)规定,大中型以上和国家重点水利工程建设项目,应按本办法要求进行档案验收。档案验收不合格的,不得进行项目竣工验收。

7.2.8.1 验收准备工作

项目法人在项目验收前,确认已经基本完成应归档文件材料的收集、整理、归档与移交工作,并要进行全面的自检,自检的内容主要包括:档案管理情况;文件材料收集、整理、归档与保管情况;竣工图编制与整理情况;工程档案完整、准确、系统、安全性的自我评价等内容。确认工程档案的内容与质量已达要求后,可向有关单位报送档案自检报告,并提出档案专项验收申请。

7.2.8.2 验收主要内容

(1)档案管理体制和管理状况。

(2)文件材料的收集、整理质量,竣工图的编制质量与整理情况,已归档文件材料的种类与数量。

(3)工程档案的完整、准确、系统性评价。

(4)历次档案检查、验收存在问题及整改情况。

7.2.8.3 工程档案移交

工程档案移交前,应编制档案目录。档案目录应为案卷级,并须填写工程档案交接单。交接双方应认真核对目录与实物,并由经手人签字、加盖单位公章确认。

归档时间可由建设单位根据实际情况确定。可分阶段在单位工程或单项工程完工后向项目法人归档,也可在主体工程全部完工后向项目法人归档。整个项目的归档工作和项目法人向有关单位的档案移交工作,应在工程竣工验收后3个月内完成。

7.3　国家地下水监测工程档案管理

7.3.1　档案管理模式

国家地下水监测工程(水利部分)档案管理工作由项目法人总负责,并接受水利部档案业务主管部门监督指导。各流域和省级水文部门受项目法人委托,作为单项工程负责单位,承担本级项目档案管理工作。档案管理采取同步管理方式,贯穿于工程建设管理各个阶段,即在前期准备阶段就开展文件材料的收集、整理工作;在签订有关合同、协议时,应对工程档案的收集、整理、归档提出明确要求;在工程验收时,应同时审查验收工程档案的内容和质量,并做出相应的鉴定评语。

7.3.1.1　档案管理原则和目标

国家地下水监测工程(水利部分)项目档案工作遵循"统一领导、分级负责、同步管理"原则,通过加强领导、强化监督、明确责任等措施,落实工程档案与工程建设进程同步管理规定,确保整体工程完成时,工程档案能完整、准确、系统地反映整个项目建设工作。

7.3.1.2　职责任务

部项目办按照项目法人要求,负责建立、完善本工程档案管理制度,承担部项目办和国家中心单项工程应归档的文件材料收集、整理与归档工作,接收流域及省级水文部门提交的单项工程档案,并对流域及省级水文部门档案管理和落实情况进行监督、检查。

流域及省级水文部门是本级工程档案管理工作的责任主体,按照项目法人要求,负责落实本工程项目档案管理办法各项要求,承担本级工程应归档文件材料的收集、整理、归档和上报工作,对各承建单位应归档材料的收集、整理工作进行监督、指导,以及归档文件材料电子化和档案管理系统录入管理,并接受部项目办和同级档案主管部门的监督指导。流域和省级水文部门归档材料(短期保存的文件材料除外)均按两套进行整理,一套移交部项目办,另一套由省级水文部门保存。

监理单位负责监理工作中应归档文件材料的收集、整理、归档工作,还负责对被监理单位提交的归档文件材料收集、整理质量进行把关,并提出审核意见。

参建单位负责承建任务范围内应归档文件材料的管理,保证各类归档文件材料完整、准确。各参建单位在进行工程建设中完成相关文件材料收集、整理,通过监理审核后,提交本级工程档案管理部门。

7.3.1.3　人员配备

部项目办受项目法人委托全权负责本工程的档案工作,由综合部门负责日常档案工作,配备专职档案工作人员,并根据工作需要适当调整档案人员;各流域、省级水文部门(项目办)配备1~2名专职档案工作人员;施工单位与监理单位根据需要配备专职或兼职档案人员,对自身产生的资料负责,同时监理单位对施工单位产生的资料进行审核。要求各单位档案人员基本稳定,当档案人员发生调整时,需要做好档案交接工作。对于兼职档案人员必须通过培训,使其具备档案专业基本知识和技能,掌握一定的项目管理和相关工程技术专业知识。

本工程建立工作人员职责档案,实行工程质量和廉政建设终身负责制。各级项目办(部)工作人员职责档案随工程文件一并归档保存。

7.3.2　相关规定和要求

国家地下水监测工程档案管理工作中,遵守和执行相关国家法律和标准、行业标准和规定,以及根据工程实际情况制定的管理办法和其他对档案的要求。主要法律法规和标准规定如下。

7.3.2.1　国家法律和标准

《中华人民共和国档案法》;

《国家电子政务工程建设项目档案管理暂行办法》;

《照片档案管理规范》(GB/T 11821—2002);

《档案分类标引规则》(GB/T 15418—2009);

《科学技术档案案卷构成的一般要求》(GB/T 11822—2008);

《电子文件归档与电子档案管理规范》(GB/T 18894—2016)。

7.3.2.2　行业标准和规定

《档号编制规则》(DA/T 13—1994);

《电子文件归档光盘技术要求和应用规范》(DA/T 38—2008);

《数码照片归档与管理规范》(DA/T 50—2014);

《档案数字化光盘标识规范》(DA/T 52—2014);

《纸质档案数字化规范》(DA/T 31—2017);

《建设项目档案管理规范》(DA/T 28—2018);

《纸质归档文件装订规范》(DA/T 69—2018);

《水利工程建设项目档案管理规定》(水办〔2005〕480 号);

《水利工程建设项目档案验收管理办法》(水办〔2008〕366 号)。

7.3.2.3 工程管理办法、档案相关规定和要求

《国家地下水监测工程(水利部分)项目建设管理办法》;

《关于印发〈国家地下水监测工程省级项目建设管理档案资料收集整理指导书〉的通知》;

《国家地下水监测工程(水利部分)单项工程完工验收实施细则(试行)》;

《关于进一步加强项目档案建设管理有关工作的通知》;

《关于做好国家地下水监测工程(水利部分)本级项目建设管理档案资料收集及交接工作的通知》;

《关于国家地下水监测工程(水利部分)项目档案资料提交有关要求的通知》;

《关于加快档案资料整改和移交的通知》。

7.3.3　档案管理制度建设

国家地下水监测工程(水利部分)档案管理制度建设,贯穿于工程建设各个阶段。项目法人和部项目办根据实际情况,不断完善档案管理规定和细化相关要求,指导工程各阶段档案管理工作,包括工程建设前期、工程建设阶段、工程验收阶段、档案交接阶段。

7.3.3.1　工程建设前期

在工程建设开工前,水利部根据《中华人民共和国档案法》《国家电子政务工程建设项目 档案管理暂行办法》《水利工程建设项目档案管理规定》《国家地下水监测工程(水利部分)项目建设管理办法》等法规章制度,结合本工程实际,制定了《国家地下水监测工程(水利部分)项目档案管理办法》(水利部办档〔2015〕186号),对归档文件材料范围、保管期限、归档单位代码、档案分类、档案交接单等做出了明确规定。

7.3.3.2　工程建设阶段

在工程建设过程中,部项目办印发了《关于加强档案理工作的通知》,从领导重视、责任落实、遵章执行三方面加强档案管理工作。由于本项目工程量大,产生的档案资料多且复杂,各流域和省级水文部门没有从事过类似项目建设,缺乏档案管理经验,为此部地下项目办编制了《国家地下水监测工程省级项目建设管理档案资料收集整理指导书》,从管理模式、参建单位职责任务、主要建设内容、资料的收集范围及内容提出了详细要求。

7.3.3.3　工程验收阶段

在工程收尾阶段,为了加强和规范单项工程完工验收中的技术预验收和档案验收工作,部项目办组织编制了《国家地下水监测工程(水利部分)单项工程完工验收实施细则(试行)》,对档案验收应具备条件、档案自检、监理单位审核、验收组织、验收程序、验收后注意问题、档案验收评分标准、档案验收意见格式等做出了明确规定。针对大部分省(流域)没有专业档案人员,对有关档案管理规范、标准和要求学习理解不深入,存在资料收集不齐全,分类、立卷不准确及卷内文件不完整等问题,为此部项目办印发了《关于进一步加强项目档案建设管理有关工作的通知》要求各单位重视档案建设管理工作,明确专职档案人员,加强学习培训,对档案封面编制,案卷装订、装盒,照片声像档案组卷,电子档案提交等做出了明确要求。2018年,工程即将进入单项工程验收阶段,部项目办提前在《关于做好国家地下水监测工程(水利部分)单项工程完工验收工作的通知》中,对档案验收的组织、程序和验收条件做了明确的规定,对档案自检报告及档案验收监理专题审核报告的主要编写内容提出了明确要求。

7.3.3.4　档案交接阶段

部项目办按照《国家地下水监测工程(水利部分)项目档案管理办法》,结合本级单项工程建设过程中形成资料的特点,编制了《国家地下水监测工程(水利部分)本级项目档案资料收集目录及交接工作指导书》(地下水〔2018〕134号),确定档案资料收集范围和内容,细化了各阶段建设过程中形成的资料文件目录,同时根据合同条款梳理制定了《本级项目档案资料收集目录一览表》。

为确保各流域、省级单项工程的档案提交的及时性、完整性,项目办印发了《关于国家地下水监测工程(水利部分)项目档案资料提交有关要求的通知》(地下水〔2019〕8号),详细介绍了档案提交的条件及有关要求,要求各流域、省按档案验收专家意见对档案资料完成整改,包括对档案系统中电子档案的对应修改;档案自检报告中增加整改情况章节;对档案管理工作自检报告、监理专题审核报告、档案归档总说明、档案案卷目录、档案卷内目录等材料进行修改完善,并形成终稿。

在单项工程档案移交过程中出现移交速度慢、无法及时完成电子档案数据迁移工作时,再次印发了《关于加快档案资料整改和移交的通知》(地下水〔2019〕19号),督促各单位高度重视档案整改,按期完成档案移交工作,并针对档案交接过程中的几点注意事项做了详细说明。

7.3.4 档案质量控制措施

工程档案是工程项目前期、实施、验收等建设阶段过程中形成的,具有保存价值的文字、图表、声像等不同形式与载体的历史记录,是工程实体最终成果的重要性文件,它贯穿于工程建设的全过程,在工程施工、竣工、交付使用中起着非常重要的作用。

工程档案是建设工程验收、质量等级核定的必要与前提条件之一。国家地下水监测工程规定,如果工程档案资料不符合标准规定,未通过同步验收或专项验收,不得进行合同验收、单项工程验收和工程竣工验收。项目法人、部项目办、各流域和各省水文部门作为具体负责工程建设的管理部门,十分重视项目档案建设工作和工程档案质量,在工程建设中,通过一系列档案相关规定,针对合同审核、单井验收、合同验收、单项工程验收等各环节,采取人员培训、监督检查、管理系统查验、监理审核等措施,强化档案质量管理,实现档案与工程同步管理,确保归档资料齐全、完整、准确和规范。

7.3.4.1 监督检查

在工程建设过程中,水利部、项目法人多次进行工程监督检查,检查组由水利部、项目法人、部项目办、各流域组和各省(区、市)专家参加,检查组不仅检查工程进度与施工质量,还负责检查工程档案的收集、整理情况。检查内容包括工程档案的收集、整理是否与工程建设进程同步进行;是否按照档案收集指导书和合同验收手册等要求开展资料收集整理工作。

7.3.4.2 档案管理系统查验

在监督检查现场查看纸质档案资料的同时,各级工程档案管理人员充分利用档案管理系统,调用和检查电子档案同步形成。

国家地下水监测工程在纸质档案归档工作的同时,还通过档案管理系统电子档案录入,做到纸质、电子档案同步管理,对电子档案提交流程、文件夹层次、光盘刻录、标签制作等做出明确要求。同时实施纸质档案和数字档案“双套制”工作模式,推进档案信息数字化进程。一方面,可以增强档案查询服务能力;另一方面,可以充分利用档案管理系统的实时监控功能,加强在线远程检查与分类指导,有效促进工程档案资料的收集、整理工作,通过信息化手段提升工程档案质量控制。

7.3.4.3 监理检查和监理审核

监理对档案资料的审核,是监理公司的基本责任和工作内容。监理通过检查施工资料,发现问题和不足,例如:档案资料填写不完整、原始资料、成果资料数据有错误、各方签字不全等问题,提出口头整改要求。在合同验收或单项工程、竣工验收前,监理公司将进行档案监理审核工作,重点检查档案是否完整、准确、系统,归档组卷是否规范,是否及时将存档资料录入档案管理系统等,对于发现的问题要求施工单位及时整改并提交有整改报告,否则不得进行验收工作。通过监理检查和监理审核可以在建设过程中和验收前中及时发现问题和及时解决问题，严格把关好建设过程档案资料的质量关。

7.3.5　工程资料收集

7.3.5.1　档案收集范围及内容

工程档案收集、整理工作是工程档案的关键环节，资料收集的完整性将直接影响工程档案的质量。本工程资料收集范围按照《国家地下水监测工程（水利部分）项目档案管理办法》中应归档文件材料范围和保管期限表。在档案管理办法基础上，项目法人、部项目办结合省级单项工程特点，对建设过程及成果资料收集、整理工作进行归纳总结，印发了《国家地下水监测工程省级项目建设管理档案资料收集整理指导书》，明确了各级档案责任单位和应当收集、整理资料的目录和内容，从而可以更好地指导档案资料收集整理工作。

7.3.5.2　档案收集整理与归档

本工程档案编号遵循唯一性、合理性、稳定性、可扩充性、简单性原则，采用档案编号结构形式为：工程类别号-归档单位代码-项目类别号-案卷号，即：DJ-XX-YYY-ZZZ

其中：

DJ是本工程代码；

XX是项目法人、流域及省级水文部门等归档单位代码；

YYY是项目类别代码；

ZZZ是案卷号，按排列次序流水编号。

例如：DJ-00-101-047　表示：国家地下水监测工程-项目法人-综合管理-第047顺序号的档案。

7.3.5.3　档案分类

本工程档案为科学技术档案，科学技术档案分类是根据工程档案的内容特征和形式特征，运用逻辑方法对科技档案加以分门别类的过程，把一定范围的档案划分成不同的类别、层次，从而形成具有一定从属关系和平行关系的不同等级的档案体系。

本工程的主要建设任务为监测井建设、监测站设备仪器安装、信息化系统建设、国家地下水监测中心大楼建设，高程引测等。工程档案分类遵循排他性、包容性、循序性原则和工程的主要建设任务进行，共分综合管理、监测井建设、监测站设备仪器、信息化系统建设、国家地下水监测中心大楼建设、其他等六大类。

1. 综合管理类

根据工程建设管理不同阶段分为工程准备阶段、工程建设管理、工程验收管理三小类。

2. 监测站建设（含站房附属设施）类

监测站建设（含站房附属设施）类材料包括监测站建设、成井水质检测分析全过程材料。各单项工程按实际招标标段为单位，材料以标段划分的序列号排序归类，站房附属设施材料归类根据招标内容进行调整。

3. 监测站设备（含巡测维护设备、水质自动监测设备、保护桩等附属设施）类

监测站设备（含巡测维护设备、水质自动监测设备、保护桩等附属设施）类材料包括

监测站设备购置、安装、验收全过程材料。各单项工程按实际招标标段为单位,材料以标段划分的序列号排序归类。

4. 信息化系统建设

信息化系统建设任务有软件建设和硬件建设。依次按合同排序归类。

5. 国家地下水监测中心大楼建设类

国家地下水监测中心大楼建设类材料包括大楼装修加固、电力增容、展览室建设、硬件设施购置安装、水质实验室仪器购置安装等方面的材料。

6. 其他类

其他材料包括高程引测材料和监理管理性文件材料,每类材料按合同依次排序。

部分省根据工程实际情况进行调整,将巡测设备、测井维护设备、水质自动监测设备放在其他类下;监测站合同完工验收材料放在综合管理下的验收阶段内。

国家地下水监测工程(水利部分)档案分类见表 7-1。

表 7-1 国家地下水监测工程(水利部分)档案分类

分类号	档案类目名称
1	综合管理
101	工程准备阶段
102	工程建设管理
103	工程验收管理
104	其他
2	监测站建设(含站房附属设施)
201	按各省实际招标标段划分序列号排序;第一标段为 201 (以下同)
202	(第二标段)
2××	其他(××要用各省标段序号后的流水号替代,如有 20 个标段,××即为 21)
3	监测站设备仪器(含巡测设备、保护桩等附属设施)
301	按各省实际招标标段划分序列号排序;第一标段为 301 (以下同)
302	(第二标段)
3××	其他(××要用各省标段序号后的流水号替代,如有 20 个标段,××即为 21)
4	信息化系统建设
401	软件建设
402	硬件建设
403	其他
5	国家地下水监测中心大楼建设

续表 7-1

分类号	档案类目名称
501	装修
502	网络
503	设备
504	其他
6	其他

7.3.5.4 收集范围

1.国家地下水监测中心单项工程

国家地下水监测中心单项工程(简称部本级单项工程)的档案包括项目法人水利部信息中心有关管理性文件和国家地下水监测中心建设材料等。归档单位代码分别为00和40。

按照项目档案管理办法和《关于做好国家地下水监测工程(水利部分)本级单项工程建设管理档案资料收集及交接工作的通知》(地下水〔2018〕134号)要求,本级单项工程档案资料收集主要内容包括项目法人对工程建设准备阶段、工程建设阶段、工程验收阶段的管理类资料,工程建设实施过程中所委托服务或进行招标投标项目的各类合同以及合同执行中产生的过程材料和成果资料。档案收集内容包括以下几点。

1)管理类文件

(1)项目前期准备:项目建议书及批复、可研阶段材料、项目实施机构文件、初设文件、物探文件等。

(2)项目建设期:制定的各类管理性规范等文件、大事记、项目会议文件及汇报材料、简报、设计变更的报批文件、合同材料等。

(3)工程验收期:合同完工验收、单项工程完工验收、整体工程竣工验收等。

2)监测站建设文件

成井水质检测分析合同材料,按施工招标标段分类,每标段成井水质检测分析按招标投标文件、实施方案、采样记录表、检测成果、水质分析评价报告等工作流程进行收集。

3)监测站设备仪器

本级单项工程收集巡测设备、维护设备招投标、设备验货、设备签收和合同验收材料,设备开箱验收、抽检和随机文件材料随设备归档于省级单项工程档案。

水质自动监测站设备收集招标投标,设备进场报验、检测,随机文件材料,安装、试运行、验收全过程材料。

4)信息化系统建设

信息化系统建设包括软件建设和硬件建设。

软件建设主要有招标投标文件、实施方案、需求分析、设计方案、技术报告、开发工作报告、测试报告、试运行报告、部署报告、验收材料等。

硬件建设主要有招标投标文件、设备安装实施报告、安装设备仪器开箱验收、抽检、随机文件材料、安装调试报告,设备安装试运行报告、验收材料等。

5)国家地下水监测中心大楼建设

按建设内容先后完成情况来进行材料收集,主要有大楼装修加固、电力增容、展览室建设、硬件设施购置安装、水质实验室仪器购置安装等。以合同单位分别从招标投标、施工过程到合同验收收集材料。

国家地下水监测中心大楼装修及加固、通风、消防综合布线等配套工程合同项目档案资料,按照《北京市建筑工程资料管理规程》(DB11/T 695—2017)收集与整理。

6)其他

高程引测主要有工作技术方案、水准点点之记、水准测量观测手簿、监测站点分布图、成果表、工作与技术报告、合同验收材料。

监理材料主要是监理单位的管理性文件,有监理规划、监理细则、监理年报、监理季报等材料。

2.各流域、省级单项工程

《国家地下水监测工程省级项目建设管理档案资料收集整理指导书》(地下水〔2016〕145号)和《关于进一步加强项目档案建设管理有关工作的通知》(地下水〔2018〕36号)文件对流域、省级单项工程的收集范围做了明确的要求,各流域、省级单项工程归档单位分别从01~39。档案收集内容包括以下内容。

1)管理类文件

(1)项目前期准备:项目机构组建文件、相关事项责任书、委托书、建设内容报批文件、分省初设文件、物探文件等。

(2)项目建设期:各种会议材料、简报、管理性规定文件、设计变更、检查监督及进度报告等。

(3)工程验收期:单项工程完工验收材料、设计变更文件汇编、各标段监测井竣工图(综合柱状图)集等。

2)监测站建设文件

监测站建设实施全过程的材料。从招标投标文件、施工准备(开工等相关批复、施工组织设计及相关方案、现场组织机构及人员批复、技术交底及变更等);施工管理(用地及管护协议、设备和原材料进场、施工日志、资金支付等)、单井施工材料、监理材料、合同验收、施工照片册、施工影像光盘册等工作流程进行收集。

3)监测站设备仪器

监测站设备仪器购置、安装全过程材料。从招标投标文件、设备安装实施、安装设备仪器开箱验收、抽检、随机文件材料、单井设备安装资料、安装调试报告,设备运行比测记录、设备安装试运行报告、监理材料、验收材料、安装和比测照片册等方面收集。

巡测设备、测井维护设备收集设备签收单、开箱验收、抽检和随机文件材料。

4)信息化系统建设

流域、省级单项工程信息化系统建设内容包括信息源建设与软件本地化定制、部项目办统一开发的8大业务系统部署和服务器安装。

信息源建设收集招标投标文件、实施方案、报告、试运行方案、记录、数据表格、入库情况报告、试运行报告、资金支付、合同验收等材料。

软件本地化定制收集招标投标文件、实施方案、需求分析、设计方案、技术报告、开发工作报告、测试报告、试运行报告、部署报告、验收材料等材料。

部项目办统一招标开发的8大业务系统部署和服务器安装主要收集试运行报告、服务器安装开箱验收、抽检、随机文件材料、安装调试报告等材料。

5)其他

高程引测主要收集工作技术方案和报告、水准点点之记、水准测量观测手簿、监测站点分布图、成果表、工作与技术报告、合同验收材料。

7.3.6　工程档案整理

7.3.6.1　分类组卷

本工程档案组卷是依据《国家地下水监测工程(水利部分)项目档案管理办法》,档案资料按照综合管理类、监测站建设类、监测站设备仪器类、信息化系统建设类、国家地下水监测中心大楼建设类、其他等六类分类组卷。其中,综合管理类文件按问题、时间、文种组卷;其余五类文件主要以合同为主体,按合同实施阶段、专业组卷。这样分类是为了保持工程案卷内文件材料的有机联系和案卷的成套性、系统性,便于档案的保管和利用。

7.3.6.2　案卷排列

本工程案卷排列按系统、成套性的特点进行排列,将相同、相近或相似的案卷尽量排列在一起,形成早的案卷或结论性的案卷排在前面,形成晚的案卷或依据性的案卷排在后面。本工程各类案卷内容和排列顺序如下。

1.综合管理类文件

(1)部本级单项工程:项目前期准备(项目建议书及批复、可研阶段材料、项目实施机构文件、初设报告、物探等);项目建设(制定的管理性文件、大事记、项目会议文件及汇报材料、简报、设计变更的报批文件、合同材料、监理材料等);工程验收(合同完工验收、单项工程完工验收、整体工程竣工验收等)。

(2)流域、省级单项工程:项目准备材料(项目机构组建及相关事项责任书、委托书、报批手续、建设内容统计表、分省初步设计图集等);项目建设管理材料(各种会议材料、简报、管理规定、设计变更、检查监督及进度报告等);项目验收材料(单项工项验收材料、设计变更文件汇编、各标段监测井竣工图(综合柱状图)集等)。

2.监测站建设文件

(1)部本级单项工程:成井水质检测分析标段,各标段材料形成的案卷以合同执行阶段排序。

(2)省级单项工程:监测井施工类材料只存在省级单项工程中,此类案卷按照施工流程排列。即:招标投标文件、施工准备(开工等相关批复、施工组织设计及相关方案、现场组织机构及人员批复、技术交底及变更等);施工管理(用地及管护协议、设备和原材料进场、施工日志、资金支付等)、单井施工资料、监理资料、合同验收、施工照片册、施工影像光盘册。

3. 监测站设备仪器文件

(1)部级单项工程:巡测设备、测井维护设备及水质自动监测站设备共五个标段,各标段材料形成的案卷以合同执行阶段排序。

(2)省级单项工程:案卷根据设备采购、验货、安装、调试运行工作程序排列,即招标投标文件,设备安装实施报告,安装设备仪器开箱验收、抽检、随机文件材料,单井设备安装资料、安装调试报告,设备运行比测记录,设备安装试运行报告,验收材料,安装和比测照片册,监理资料。

4. 信息化系统建设文件

信息化系统建设文件包括软件开发和硬件建设文件。

软件开发案卷按软件开发流程进行文件排序。主要有招标投标文件、实施方案、需求分析设计方案、技术报告、开发工作报告、测试报告、试运行报告、部署报告、验收材料等。

硬件建设有数据库服务器、应用服务器、机柜等设备,材料从招标投标、到货检验、安装调试到合同验收,依次按合同排序。

流域、省级单项工程的信息源建设类案卷按工作内容开展的先后顺利来排序。主要工作内容有招标投标文件、实施方案、报告、试运行方案、记录、数据表格、入库情况报告、试运行报告、资金支付、合同验收等。

5. 国家地下水监测中心大楼建设文件

按建设合同完成先后情况来进行案卷排列,装修设计、电力增容、展览室建设、硬件设施购置安装、水质实验室仪器购置安装等。

国家地下水监测中心大楼装修及加固、通风、消防综合布线等配套工程项目档案资料,根据北京市城建档案馆要求,按照《北京市建筑工程资料管理规程》(DB11/T 695—2017)收集与整理,提交一份给北京市城建档案馆保存,另外提交一份留存部项目办,保留其原有组卷形式。

6. 其他文件

其他文件包括高程引测文件和监理管理性文件。高程引测卷内文件依据《关于监测站高程引测及坐标测量合同验收有关要求的通知》排序。即工作技术方案、水准点点之记、水准测量观测手簿、监测站点分布图、成果表、工作与技术报告、合同验收材料。

监理管理性文件按监理资料的时间、文种顺序排列案卷。

7.3.6.3 卷内文件排序

本工程案卷内各类文件材料排列,按问题结合时间(阶段)或重要程度排列。卷内文件排序遵循以下原则:

(1)卷内管理性文件排列。印件在前,定稿在后,正件在前,附件在后;复文在前,来文在后,收发文稿签随文件一并归档。

(2)施工文件按照其施工顺序进行排列。监测井单井资料按照施工工序先后排列。即施工设备进场、新建井钻孔、电测井、排管、下管、填砾、封闭止水、洗井、抽水试验、单井验收材料、附属设施材料。设备仪器安装资料按安装调、随机文件、设备仪器试运行、验收等工作程序排列。

(3)图样材料的排列。分为两种情况:一是对于有图样目录的图纸,按图样目录的顺序进行排列;二是对于没有图样目录的图纸,可以按总体与局部的关系排列。

(4)图文混合材料的排列。要求文字材料在前,图样材料在后。

7.3.6.4　案卷编目

本工程案卷编目的流程是:编写卷内文件页号→编写案卷封面→编写卷内目录→编写备考表。

1. 编写卷内文件页号

卷内文件材料均以有书写内容的页面编写页号。三孔一线装订的案卷用阿拉伯数字从 1 开始,依次编写。单面书写的文件材料在其右下角编写页号;双面书写的文件材料,正面在其右下角,背面在其左下角编写页号,图样页号编写在标题栏外。大张的或图表折叠后,仍按未折叠前有图文的要求编写页号。成套图样或印刷成册的文件材料,自成一卷的,原目录可代替卷内目录,不重新编写页号。

2. 编写案卷封面

本工程案卷封面包括案卷题名、立卷单位、起止日期、保管期限、档案密级等内容。案卷封面、脊背均从档案管理系统打印后,粘贴在卷盒正表面和脊背。

案卷题名:简明、准确地揭示卷内文件的内容,避免出现"×××第 1 部分、×××第 2 部分"等含糊题名。

立卷单位:项目法人单位、各流域、各省水文部门。

起止日期:填写卷内文件内容形成的最早和最晚日期。

保管期限:按照制定的保管期限表划定,同一案卷内有不同保管期限的文件时,应按最长的保管期限的文件来定。

档案密级:本工程档案不涉密,没有密级。

3. 编写卷内目录

本工程卷内目录放在案卷所有文件之前,不编页码。主要内容包括序号、文件编号、责任者、文件题名、日期、页号、备注、档号。

序号:阿拉伯数字从"1"开始,依次填写卷内文件材料的排列顺序号。

文件编号:填写卷内文件形成时的原字号或图号、代号。

责任者:卷内文件的形成者或主要责任者,合同文件并列填写不少于 2 个责任者。

文件题名:卷内文件的标题。

日期:卷内文件形成的日期。

页号/页数:填写案卷的文件材料首页上标注的页号(最后一件要填首、尾页号);不装订的文件材料,填写每件文件总页数。

档号:同案卷封面的编制。

4. 编写卷内备考表

本工程卷内备考表放在案卷最后,用以登记卷内文件的基本状况,和需要说明的一些问题。

所有案卷均履行立卷人、检查人在卷内备考表中的签字手续。

7.3.6.5　案卷装订

本工程案卷内文件采用整卷装订和以件为单位的装订两种形式。

整卷装订要求进行三孔一线装订,装订顺序为封面、卷内目录、材料、备考表。装订之前先剔除卷内容易锈蚀的金属物,统一文件材料幅面,规范文字材料为 A4 型,图样规格为 A4 型 297 mm×210 mm。装订时将卷内文件的底边和右边取齐,大于规格纸型的要折叠压平,对于图样类材料,图标应露在右下角,未留装订线的必须加边。孔距总长度为 140~160 mm,中孔到边孔长度 70~80 mm,卷脊装订线的直距离 15~20 mm。装订一律在左侧,结头在案卷后面。装订后要求达到结实、整齐、不掉页、不倒页、不压字、不损坏文件、不妨碍阅读与复制。

7.3.6.6 装盒

线装案卷按照薄厚装入相应规格的档案盒,以件为单位装订的按照件号先后顺序装入相应规格的档案盒,与卷内目录中的相应条目排列顺序完全一致,一卷一盒。档案盒外表面牛皮纸与档案盒紧密贴合,做到不起泡,不翘边、翘角。

7.3.6.7 竣工图的编制

竣工图是工程的实际、真实情况的反映,是工程档案的重要组成部分。本工程竣工图包括:新建监测井的综合柱状图、国家监测中心大楼装修及加固等建设项目形成的竣工图。本着“谁施工谁编制”的原则,竣工图由全国 32 个省级单项工程的各监测井施工单位和国家监测中心大楼装修及加固施工单位绘制,监理单位负责审核,各省级水文部门和部项目办负责汇总整理。

新建监测井综合柱状图要求施工单位按照实际成井情况和部项目办规定的成井柱状图示例绘制,按标段装订成册,存放在各省单项工程验收文件内。国家监测中心大楼装修及加固等建设项目形成的竣工图存放在各合同项目验收文件内。

所有竣工图在绘制完成后,每份图纸均需要监理工程师审核,盖竣工图章。项目的竣工图必须清晰、准确,与实物相符,签字手续完备,图幅符合标准,符合竣工图的质量标准。

7.3.6.8 照片、影像(光盘)档案整理

国家地下水监测工程实施过程中形成大量照片,包括:会议、领导监督检查、监测井施工建设、设备安装调试、合同验收、单项工程完工验收等内容。照片、影像(光盘)档案按照《关于进一步加强项目档案建设管理有关工作的通知》文件要求整理入册。

(1)照片档案:若干张联系密切的照片按顺序排列后组成一组,编写组说明。每张照片按照案卷号-组号-张号格式进行编号,制作单张照片说明,在单张照片说明的右上角标组联号,拟写单张照片的题名、填写照片事由、时间、摄影者等信息(见图 7-1)。

(2)影像光盘:本工程的影像光盘主要是监测井建设过程中井管安装(下管、配管、排管、井管连接)、滤料、止水材料填充、封闭效果检查、抽水试验、洗井冲淤等关键工序的影像材料。每张光盘进行编号,编号格式:案卷号-盘号;拟写光盘标签,一张光盘对应一个标签,光盘入册编写光盘目录(见图 7-2)。

7.3.6.9 实物(岩芯)档案

根据《国家地下水监测工程(水利部分)信息源建设及业务软件本级化定制设计变更方案》的要求,各省级单项工程选取有代表性的岩土芯实物,制作成岩土芯缩样标本(见图 7-3)。岩土芯缩样标本是将岩芯土样进行缩减处理后,按照地层自下而上的顺序装入高透明有机玻璃管内制成,便于直观地反映地层结构。

图 7-1　照片档案

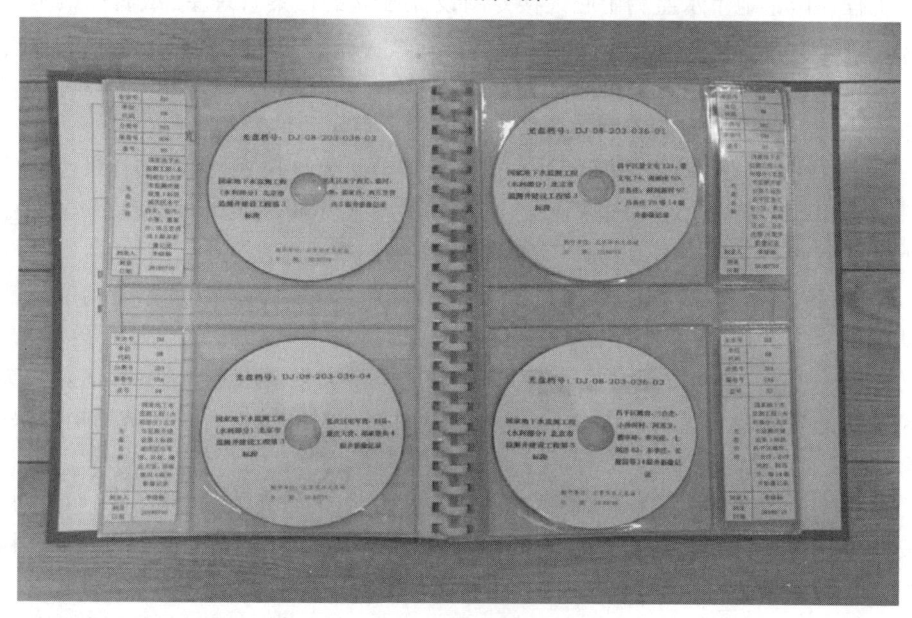

图 7-2　光盘档案

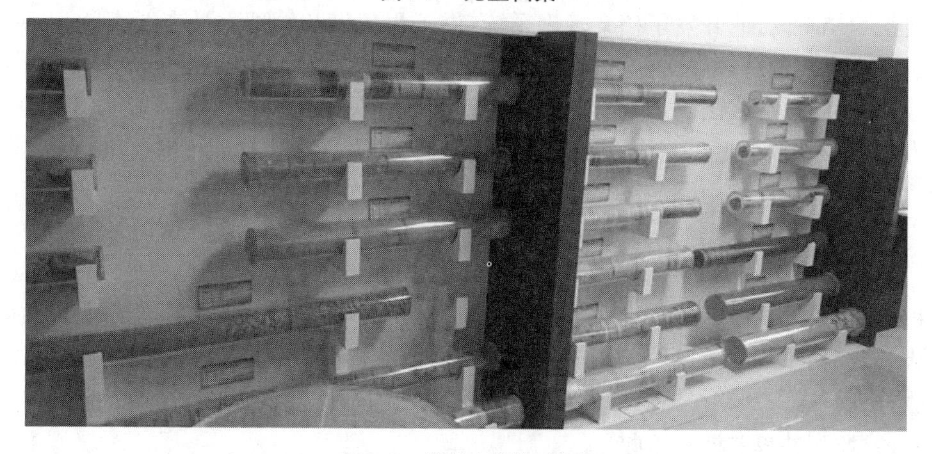

图 7-3　实物(岩芯)档案

7.3.6.10　电子档案

本工程的纸质档案力求全部进行数字化处理,形成电子文档,除工程前期阶段成册文件(如项目建议书)及个别招标投标文件只对封面和目录进行数字化处理,其余全部实现电子化,电子化率达到了95%以上。利用档案管理系统,实现案卷级、文件级目录著录和原文相应挂接,文档内容与纸质档案的案卷、卷内文件一一对应。储存位置根据纸质档案的编号逐层建立文件夹,文件名与文件档号一致,实现远程查询利用。

7.3.7 工程档案保管和利用

7.3.7.1 工程档案保管

1. 档案管理

本工程在国家地下水监测中心大楼专门设立独立的档案管理室,纸质档案全部上密集架保存,做到排列有序。

2. 档案备份

本工程档案备份分为纸质档案备份和电子档案备份两种。

(1)纸质档案备份:根据国家地下水监测工程分级管理模式,流域及省级水文部门归档文件材料(短期保存的文件材料除外) 按2套完整的工程档案进行整理,一套保存在国家地下水监测中心大楼档案室,另一套流域及省级水文部门的档案部门留存。

(2)电子档案备份:工程电子档案保存实行备份制度,对档案管理系统内电子档案进行定期备份。本工程的电子档案采用离线方式进行备份。存储介质为档案级光盘,按《关于进一步加强项目档案建设管理有关工作的通知》文件要求进行刻录,建立层次文件夹。刻录好的光盘装入透明光盘盒,编制光盘盒封面及封底标签后放入防磁柜内保存。

7.3.7.2 工程档案利用

档案利用是档案整个过程中的最终环节,档案工作人员为档案所做的一切努力,包括档案安全保护最终目标就是能服务于社会、单位或个人,通过档案管理系统查找、利用档案信息,满足其利用需求,是档案信息资源利用价值得以实现。

工程建设期间,为了加强档案利用管理工作,部项目办制定了档案查询、借阅制度;为了方便工程档案管理,开发了档案管理系统,供工程建设和管理人员在线查阅,并对工程建设过程中形成的管理性文件进行汇编,包括:项目建设与管理文件汇编和档案工作文件汇编等。工程建成后,国家地下水监测工程的建设相关档案资料可以供其他单位参考,项目法人每年对工程地下水监测数据进行整编工作,作为数据档案进行保存,也可以供大专院校、科研部门加以利用。

7.3.8 工程档案验收和移交

档案验收是国家地下水监测工程各阶段验收的重要内容。本工程合同完工验收、单项工程验收时,工程档案验收采用同步验收方式;整体工程竣工验收时,提前进行档案专项验收。

7.3.8.1 监测井单井档案验收

单井验收是国家地下水监测工程特有的一种验收方式。由于本工程建设监测井10 298个,而监测井土建施工作为本工程工程量最大、投资最多的部分,也是整个工程的最基础的工程设施,本工程要求,施工单位按合同完成监测井(含流量站)及附属辅助设施建设后，书面或口头向监理提出验收申请，监理单位组织单井验收工作。验收人员不仅对每个单井进行现场验收，同时对照合同和本工程档案资料收集整理指导书要求，检查监测井施工过程形成的所有资料，包括现场记录、成井报告、抽水试验报告、原材料/中间产品进场报验单、质量验收图表等，最后监理单位给出验收意见，提出整改意见，施工单位整改合格后签发单井验收质量验收单，只有合同标段所有单井验收后，施工单位才能申请进行本标段合同完工验收。

7.3.8.2　合同完工和单项工程档案验收

按照《国家地下水监测工程（水利部分）验收管理办法》，本工程合同完工验收或单项工程验收时采用档案同步验收，即同步对相关工程应归档文件材料的收集、整理情况进行检查验收，并将项目档案收集情况及整理质量等评价意见写入验收意见。只有完成合同工程或单项工程应归档文件材料的收集、整理，并满足完整、准确和档案电子化要求后，才能通过验收；档案不合格的，不得通过验收。因此，档案资料完整和准确是通过合同验收和单项工程验收的前提条件之一。

按照管理办法，档案同步验收由部项目办或流域、省级水文部门的档案人员负责。项目法人、部项目办承担国家地下水监测中心单项工程和统一招标的合同工程完工验收，指导检查流域和省级合同工程完工验收工作，以及组织流域、省级单项工程验收工作。流域和省级水文部门负责组织本级工程中合同完工验收工作，配合项目法人、部项目办进行本级单项工程完工验收工作。档案验收专家组，按照档案相关管理办法和规定，根据合同或单项工程验收要求，对成果资料进行把关、检查，列出的问题清单，做出相应的鉴定评价，对存在的问题提出整改意见，只有满足档案资料完整和准确性要求后，合同或单项工程验收才能通过验收。

7.3.8.3　工程整体竣工档案验收

在本工程全部单项工程完工验收后，项目法人成立档案验收自检验收组，对全部工程档案开展自检工作，通过自检发现问题并整改问题。同时，两家监理单位成立专项审核组，监理驻部办及现场抽调监理人员进行配合，对部本级项目和流域、省级单项工程全部已移交工程档案进行专项审查，在确保档案资料检查无遗漏的基础上，着重对各单项工程档案验收提出的问题整改情况进行核查，从监理的角度审视工程档案的完整性、准确性、系统性和安全性。

国家地下水监测工程（水利部分）整体竣工档案验收采用了专项验收。在本工程整体竣工验收前，水利部档案主管部门组织了档案专项验收工作，项目法人、部项目办、各流域及省级水文部门配合，验收组依据《水利工程建设项目档案验收管理办法》，通过查看工程现场，听取项目法人档案管理和自检情况汇报、监理单位档案审核情况的汇报，对档案有关情况进行质询和抽查，通过本工程项目档案专项验收评分标准进行量化赋分，最终形成验收意见并同意通过档案专项验收。

7.3.8.4　工程档案资料移交

2019年9月底，随着40个单项工程全部通过验收，各流域、省级水文部门开始本级工程档案的移交工作。向部项目办档案移交前，流域、省级水文部门首先自查本级单项工程档案验收意见整改情况，部项目办档案工作人员通过档案管理系统，对电子档案文件进行初步审核,通过核查后,单项工程纸质档案移交部项目办,项目办对收到的档案数量、档案质量等进行检查,如果有问题,则列出整改问题清单,整改到位后正式办理移交手续。

7.3.9 工程档案管理系统

国家地下水监测工程(水利部分)档案管理信息系统是一个覆盖国家地下水监测中心和流域、省级监测中心各个部门,能满足工程档案信息化管理,集中统一的、开放的、易于扩展的档案集中管理平台。该系统规范了各部门档案管理,具有统一的数据格式和查询、展示界面,系统内档案信息资源能够得到安全可靠的存储和充分共享利用,使得档案业务工作实现信息化管理、档案收集整理工作最大限度实现自动化、档案数据访问权限得到安全控制、档案利用更加简单方便,成为国家地下水监测中心发展的重要信息管理平台。

7.3.9.1 基本功能

档案管理信息系统是依据国际标准、国家标准、行业标准和企业标准,利用国际、国内成熟研究成果,采用合理的技术架构和技术手段,解决电子文件安全存储、数据管理和安全利用的问题,主要功能如下:

(1)收集整编:提供档案收集、整编、归档等核心功能,采用多种采集方式,如在线接收、原文挂接、离线导入、数据导入等。

(2)数据管理:按照自定义的全宗划分和管理树型结构实现各类型档案的检查、修改、接收(退回)等操作。

(3)查借阅利用:采用跨库、跨类、全文检索等多种方式,提供准确高效的查询途径,达到在线利用的管理要求。能够配合二维码(条形码)完成实体档案的借阅管理。

(4)统计管理:提供统计分析功能,通过年度、归档量、借阅量等多种统计字段对档案业务进行统计,集成档案统计年报。

(5)鉴定编研:根据有关要求,实现档案鉴定销毁审批流程、销毁计划设置等功能。根据实际需要建立专题库,按照不同专题进行编纂和研究。

(6)库房管理:建立同实体库房对应的虚拟库房,根据需要提供相应的管理功能和数据查询功能。

(7)业务门户:开发定制化的业务门户,提供工作动态、通知公告、规章制度、荣誉展、单位沿革等专题。

(8)二维码(条形码)制作:按照自定义规则生成含档案相关信息的二维码(条形码),可直接连接打印机生成。

(9)在数据迁移和电子档案整编完善:工作充分完成的前提下,加强档案资源共享,按照严格的权限划控,实现地下水监测中心能够利用全部档案信息条目和电子档案原文,而各流域机构、各省级水文部门根据自身权限远程利用部分档案信息条目和电子档案原文的业务需求。

通过开发和集成先进成熟的技术保障系统各项功能得到可靠实现、提高系统的易用性和流程的自动化程度。

7.3.9.2　档案管理信息系统特点

系统采用分层设计思想,利用现有系统资源,采用“整体规划、内网门户整合、多层面应用集成”的策略,兼顾国家地下水监测中心的用户、流域和省级用户两级用户业务管理的整体要求、整体部署,针对国家地下水档案管理要求及工作业务要求。该系统主要具有以下几个方面的特点:

(1)档案收集整编的多样化。通过多种采集方式,如在线接收、原文挂接、离线导入、数据导入等方式来收集档案。

(2)整体规划。兼顾国家地下水监测中心的用户、流域和省级用户两级用户业务管理的整体要求、整体部署。系统针对各层级用户、各专业用户对档案管理的要求,做到整体与部分的统一,充分利用现有系统资源,进行系统的全面规划。

(3)门户整理。根据用户的要求,系统实现了用户的统一管理和统一认证;提供了单一的访问入口和用户单点登录功能,并根据用户权限,为每个用户提供个性化工作界面。

(4)多层面应用集成。能够通过多层面对系统各个应用进行集成:遵循综合应用平台标准,通过系统综合平台接口对其他系统进行集成;能够通过内网门户系统实现应用系统之间的集成与协作。

(5)实时性。系统可实时根据档案的变动情况,建立进入和退出机制,做到档案的准确性,同时对档案的档案借阅、检索、发布等状态进行实时修改。对档案的使用情况、工作情况和借阅情况进行统计。

(6)统一性。系统按照国内和水利行业的档案系统统一标准和方案进行建设。

(7)扩展性。系统采用 B/S 模式开发,充分展现网络技术和服务器-客户端方式的优势,并考虑到系统扩展要求,保留数据接口。

7.3.9.3　总体架构

档案管理系统部署环境及系统架构与国家地下水监测工程其他软件系统(如资产管理系统)基本相同,系统整体包括四层架构,分别为基础设施层、数据资源层、应用支撑层和业务应用层(见图 7-4)。

基础设施层为系统底层的软、硬件支撑,本次基础设施层将充分利用水利部现有平台,使用现有服务器进行业务系统及数据库的安装部署,使用办公平台现有网络资源、计算资源、存储资源和安全资源,可以有效节省基础投资,并减少后期维护任务。

在数据资源层,使用结构化数据库存储系统所需的资产数据、工程数据、空间数据、用户数据及多媒体数据,并通过水利部已有数据备份措施对数据进行定期备份,确保数据安全。

应用支撑层主要部署系统运行所需的应用支撑软件以及系统报表所需的报表工具等。

业务应用层为档案系统的收集整编、档案管理、查借阅、统计管理、鉴定编研、库房管理以及业务门户等功能。

在用户层,国家地下水监测中心用户直接通过局域网访问两个系统,流域机构、省级及地市级用户通过防汛骨干网连接到水利部后,再通过水利部机关与国家地下水监测中心之间的专线连接对系统进行访问。

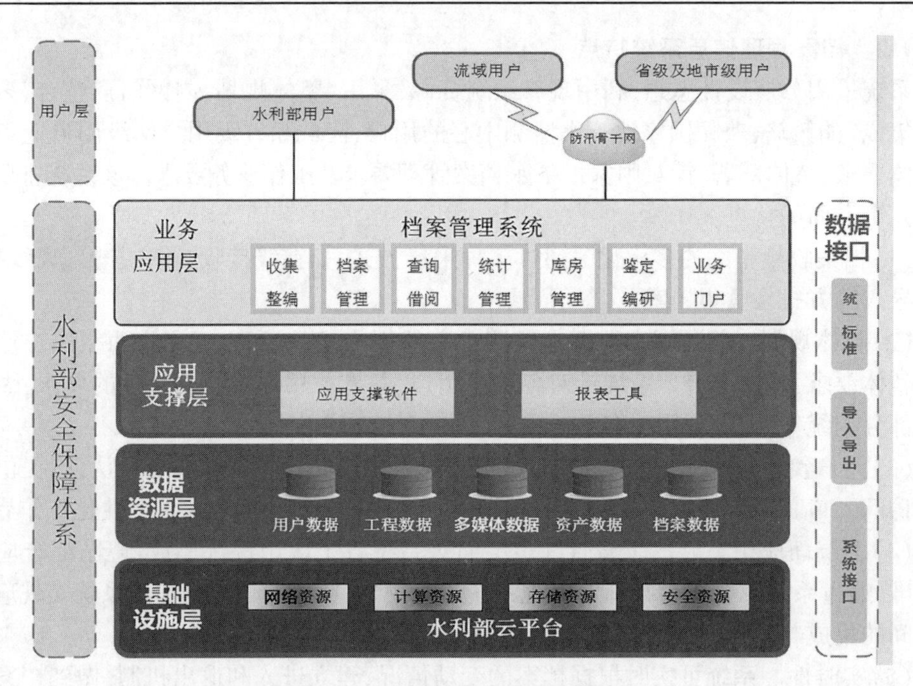

图 7-4　档案管理信息系统架构

7.3.9.4　档案管理系统的作用

档案管理系统的作用主要体现在为项目建设期作用和为项目建成后作用两个阶段。

1. 工程建设期作用

在国家地下水监测工程建设中,档案管理人员可以通过该系统档案审核功能,对档案信息收集、整理、存储过程中出现的资料收集不齐全,分类、立卷不准确及卷内文件不完整等问题,进行在线远程检查与分类指导,有效地促进了工程档案资料的收集和整理工作。档案系统与 OA 系统建有数据接口,对 OA 系统形成的文书档案资料实现电子档案实时接收,极大地方便了工程建设文书类档案收集。

2. 工程建成后作用

实现实体档案与电子档案的一体化管理。通过库房管理、二维码管理等辅助手段,实现了实体档案在系统内的记录归档。档案系统设计中考虑了物联网相关技术的 RFID 射频标签的扩展使用接口。后期可通过标签信息快速锁定档案以进行盘点借阅等日常管理,借助标签的 EAS 防盗功能,配合门型通道天线,可以很好地防止档案丢失,实现非法取走报警功能。

实现档案建设与管理的精细化。档案信息管理系统平台引入流程控制机制,在档案立卷归档、借阅利用、档案变更、档案销毁等业务工作中,实现可定制的流程化审批管理机制。实现档案管理工作的电子化审批流转。尤其是在档案借阅中,通过在线申请、在线预约、在线审批、在线分发等流程化处理,简化了档案共享流程,极大地方便了档案管理员与业务工作人员。在线电子档案多人共享机制,提高了档案的利用效率与利用频率。

实现权限管理,确保档案数据信息安全。档案信息管理系统具有权限管理功能,分为系统管理员、系统安全管理员、系统审计员。系统管理员负责系统日常管理,系统安全管理员负责系统用户授权，系统审计员负责审计系统管理员和系统安全管理员两个角色的日常业务行为日志。

预留多样化系统接口，实现未来系统的扩展性。档案信息管理系统进行了适度的先进技术储备设计，以扩展其使用周期。系统以中间库为主体，建立多种方式的业务系统接口，实现多种形式的数据共享与交换，为规划中的业务应用系统预留对接通道。

7.3.10　经验小结

（1）制度先行。档案管理制度建设贯穿整个项目的各个阶段。在工程建设开工前，水利部根据《中华人民共和国档案法》《国家电子政务工程建设项目档案管理暂行办法》《水利工程建设项目档案管理规定》《国家地下水监测工程（水利部分）项目建设管理办法》等法规章制度，结合本工程实际，提前制定了《国家地下水监测工程（水利部分）项目档案管理办法》，对归档文件材料范围、保管期限、归档单位代码、档案分类、档案交接单等做出了明确规定。之后根据工程实际情况进一步编制了《国家地下水监测工程省级项目建设管理档案资料收集整理指导书》《国家地下水监测工程（水利部分）项目档案资料提交有关要求》等，并对档案资料收集、整理、整改和移交做出具体要求。工程建设期间，加强档案管理制度的宣贯工作，多次举办档案建设管理培训班，档案管理人员赴现场或电话指导各流域、省档案管理过程中遇到的问题。

（2）专人管理。部项目办、各流域和省级水文部门高度重视档案管理工作，明确档案管理负责部门与人员的岗位职责，由专人进行档案管理工作，项目法人、部项目办聘请专业档案公司人员跟踪指导项目档案管理工作，加强各地档案管理工作。

（3）纸质档案和电子档案同步管理。随着信息化进程的不断深入，信息化手段也进入工程建设和管理工作中，国家地下水监测工程建设过程中充分利用档案管理信息系统，要求纸质档案和电子档案同步管理，即纸质档案归档的同时，完成纸质档案电子化。通过档案管理系统远程调用，工程建设人员、管理人员、监督检查人员以及验收专家可以随时查阅需要的工程档案资料，也便于各省级水文部门工程建设人员之间的相互学习和交流，不仅降低了工程建设管理难度，减少了大量人力和时间成本，也大幅提高了工程档案的使用效率。

（4）重视档案验收工作。项目法人、部项目办重视档案的验收工作，提前制定《国家地下水监测工程（水利部分）验收管理办法》，要求合同完工验收、单项工程验收时，工程档案验收采用档案同步验收；整体工程竣工验收时，提前进行档案专项验收，并明确规定档案验收不合格，项目不得通过验收。国家地下水监测工程档案验收时，专家组不仅要逐项检查工程纸质档案，还要随时查看电子档案的归档情况，并针对发现的问题列出整改清单，限期整改。

第 8 章　合同管理

8.1　工程合同概述

8.1.1　工程合同定义

工程合同也称工程承包合同,是指工程项目的业主为完成工程建设任务,与承包人订立的关于承包人进行工程建设,业主支付工程价款的合同。从本质上说,合同是一种协议,并且是合同主体之间的平等协议。工程合同是为工程项目的总目标服务的,它在项目的生命期中存在。由于工程价值量大,合同价格高,使合同管理对工程经济效益影响很大。合同管理得好,工程质量周期有保障,承包人赢得利润,否则,工程质量周期难以保障,承包人也要遭受经济损失。

8.1.2　工程合同特点

(1)合同生命期长,合同管理的持续时间长。

(2)由于工程价值量大,合同价格高,使合同管理对工程经济效益影响很大。

(3)合同变更频繁。要求合同管理必须是动态的,必须加强合同控制和合同变更管理工作。

(4)合同管理极为复杂、烦琐,是高度准确、严密和精细的管理工作。

①现代工程要求相应的合同实施的技术水平和管理水平高。

②现代工程融资方式、管理模式和承包方式多样,使工程项目合同关系越来越复杂。

③合同条件越来越复杂,合同条款多,合同文件多,与主合同相关的其他合同多。

④工程的参加单位和协作单位多,责任界限的划分、权力和义务的定义异常复杂,合同文件出错和矛盾的可能性加大,合同协调极为复杂。

⑤合同实施过程复杂。

⑥在工程过程中,合同相关文件多。

(5)合同管理受外界环境影响大,风险大,如经济条件、社会条件、法律和自然条件的变化等。这些因素因承包商难以预测,不能控制,但都会妨碍合同的正常实施,造成经济损失。

(6)合同管理作为一项项目管理职能,有它自己的职责和任务。但它有特殊性。

①由于合同中包括了项目的整体目标,所以合同管理对项目的进度控制、质量控制、成本控制有总控制和总协调的作用。它是工程项目管理的核心和灵魂,是综合性的、全面的管理工作。

②合同管理要处理与业主、其他方面的经济关系,则必须服从企业经营管理,服从企

业战略。

8.1.3　工程合同主要类型

按照工程建设的各个阶段,工程合同主要包括勘察合同、设计合同、施工合同。

8.1.3.1　工程勘察合同

工程勘察合同,是指根据建设工程的要求,查明、分析、评价建设场地的地质地理环境特征和岩土工程条件并编制建设工程勘察文件,发包人支付勘察费用的合同。

工程勘察是工程建设的第一个环节,也是保证建设工程质量的基础环节。为了确保工程勘察的质量,勘察合同的承包方必须是经国家或省级主管机关批准,持有《勘察许可证》,具有法人资格的勘察单位。

8.1.3.2　工程设计合同

工程设计合同,是指根据建设工程的要求,对建设工程的技术、经济、资源、环境等条件进行综合分析、论证并编制建设工程设计文件,发包人为此支付设计费的合同。

工程设计是工程建设的第二个环节,是保证建设工程质量的重要环节。工程设计合同的承包方必须是经国家或省级主要机关批准,持有《设计许可证》,具有法人资格的设计单位。

8.1.3.3　工程施工合同

工程施工合同是指根据建设工程设计文件的要求,对建设工程进行新建、扩建、改建,发包人为此支付施工费的合同。

工程施工合同是工程建设中最重要,也是最复杂的合同。合同除涉及双方当事人外,还要涉及地方政府、工程所在地单位和个人的利益等。它在工程项目中的持续时间长,标的物复杂,价格高。在整个建设工程合同体系中,它起主干合同的作用。

8.2　工程合同订立程序

8.2.1　合同订立

合同是合同意向人在意思表示自由的条件下,经过表达自身意愿与了解对方需要过程后达成一致形成的协议。工程合同是订立时当事人经过协商,就工程合同的主要条款达成合意的过程,工程合同的订立要经过要约和承诺两个阶段。

合同订立的过程就是合同的形成过程,是合同的协商过程。订立合同的具体方式多样,可以通过口头或者书面往来协商谈判,也可以采取招标、拍卖、挂牌出让等方式。但不管采取什么具体方式,都必然经过两个步骤,即要约和承诺。

当事人协商一致后,合同成立。合同成立具有以下几个重要意义:

(1)合同成立旨在解决合同是否存在的问题,如果合同不存在,就谈不上合同的履行、变更、终止和解释的问题。

(2)合同成立时合同生效的前提,合同成立与合同生效既相互联系又相互区别;《合同法》规定,依法成立的合同,自成立时生效。

(3)合同成立时区分违约和缔约过失责任的根本标志。

8.2.2 要约及要约邀请

要约是合同意向人向对方提出的,表达合同意向的行为和过程,是合同订立的必经阶段,是一种法律行为。

8.2.2.1 要约的含义

《合同法》第十四条规定,要约是希望和他人订立合同的意思。要约有时称为发价、发盘或报价。发出要约的人为要约人,接受要约的人为受要约人。

要约的构成要件主要有以下两项:

(1)内容具体确定。所谓“具体”,是指要约的内容必须具有足以使合同成立的主要条款,如果不能包含合同的主要条款,承诺人则难以做出承诺;所谓“确定”,条约的内容必须明确要约人的真实意图,主要受要约人才能有针对性地进行承诺。

(2)表明经受要约人承诺,要约人即受该意思表示约束。要约是一种法律行为,要求在规定的有效期限内,要约人要受到要约的约束。当受要约人按时接受要约条款,要约人便负有与受要约人签订合同的义务,否则,要约人对由此造成受要约人的损失应承担法律责任。

8.2.2.2 要约的效力

(1)要约的生效。《合同法》第十六条规定,要约到达受要约人生效。采用数据电文形成订立合同,收件人制定特定系统接收数据电文的,该数据电文进入该特定系统的时间,视为到达时间;未指定特定系统的,该数据电文进入收件的任何系统的首次时间,视为到达时间。

(2)要约的撤回。是指要约在生效之前,要约人预使其不发生法律效力而取消其要约的意思表示。要约的约束力一般是在要约生效之后才发生,但要约未生效之前,要约人是可以撤回要约的。《合同法》第十七条规定,要约可以撤回。撤回要约的通知应当在要约到达受要约人之前或者与要约同时到达受要约人。

(3)要约的撤销。是指要约生效以后,要约人欲使其丧失法律效力而取消该项要约的意思表示。要约生效后虽然对要约人有约束力,但是在特殊情况下,考虑要约人的利益,在不损害受要约人的前提下,要约应该允许撤销。

(4)要约的失效。是指要约丧失其法律效力,要约人和受要约人均不再受其约束。《合同法》第二十条规定,有下列情形之一的,要约失效:拒绝要约的通知到达要约人;要约人依法撤销要约;承诺期限届满,受要约人未做出承诺;受要约人对要约的内容作出实质性变更。

8.2.2.3 要约邀请

要约邀请又称要约引诱,《合同法》第十五条规定,要约邀请是希望他人向自己发出要约的意思表示。寄送价目表、拍卖公告、招标公告、招股说明书、商业广告等为要约邀请。

8.2.3 承诺

承诺是指合同当事人一方对另一方发来的要约,在要约要求的有效期限内,做出的统一要约条款的意思表示。

承诺是一种法律行为,承诺必须在要约有效期限内以明示的方式做出,并送达要约人;承诺必须是承诺人做出同意要约的相对人在要约表示,方为有效。如果受要约人对要约中的必要性条款突出修改、补充、部分同意,附有条件或者另行提出新的条件,以及迟到送达的承诺,均不被视为有效的承诺,而被称为新要约。

8.2.3.1 承诺的构成要件

(1)承诺必须由受约人向要约人做出。只有受约人有承诺资格,非受约人向要约人做出的意思表示不属于承诺,而是一种要约。

(2)承诺的内容应当与要约的内容一致。承诺是受要约人愿意接受要约内容与要约人订立合同的意思表示。因此,承诺是对要约的实质性同意,也即对要约的无条件地接受。

但要约人对要约内容做出非实质性变更的,除要约人及时表示反对或者要约表明承诺不得对要约的内容做出任何变更的以外,承诺有效。

(3)承诺人必须在要约有效期限内做出承诺。受要约人超过承诺期限发出的承诺,除要约人及时通知受要约人该承诺有校外,为新要约。

8.2.3.2 承诺的方式和期限

1. 承诺的方式

《合同法》第二十二条规定,承诺应当以通知的方式做出,但根据交易习惯或者要约表明可以通过行为做出承诺的除外。

"通知"方式是指承诺人以口头形式或书面形式明确告知要约人完全接受要约内容做出的意思表示。"行为"方式是指承诺人依照交易习惯或者要约的条款能够为要约人确认承诺人接受要约内容做出的意思表示。

2. 承诺的期限

《合同法》第二十三条规定,承诺应当在要约确定的期限内到达要约人。要约没有确定承诺期限的,承诺应当依据下列规定到达:要约以对话方式做出的,应当即时做出承诺,但当事人另有约定的除外;要约以非对话方式做出的,承诺应当在合理期限内到达。

8.2.3.3 承诺的效力

(1)承诺生效。承诺通知到达要约人时生效。《合同法》第二十五条规定,承诺生效时合同成立。

承诺生效与合同成立是密不可分的法律事实。承诺生效,是指承诺发生法律效力,也即承诺对承诺人和要约人产生法律约束力。承诺人做出有效的承诺,在事实上合同已经成立,已经成立的合同对合同当事人双方具有约束力。

(2)承诺撤回。承诺的撤回是指承诺人主观上欲阻止或者消灭承诺发法律效力的意思表示。

《合同法》第二十七条规定,承诺可以撤回,撤回承诺的通知应当在承诺通知到达要约人之前或者与承诺通知同时到达要约人。但不能因承诺的撤回而损害要约人的利益。

(3)迟发的承诺。《合同法》第二十八条规定,受要约人超过承诺期限发出承诺的,除要约人及时通知受要约人该承诺有效的以外,为新要约。迟发的承诺是指受要约人主观上超过承诺期限发出的承诺。

(4)迟到的承诺。《合同法》第二十九条规定,受要约人在承诺期限内发出承诺,按照通常情形能够及时到达要约人,但因其他原因承诺到达要约人时超过承诺期限的,除要约人及时通知受要约人因承诺超过期限不接受该承诺的以外,该承诺有效。迟到的承诺是指承诺人发出承诺后,由于外界原因而延误到达。

8.2.4 要约变更

要约变更是指承诺的内容与要约的内容不一致,即受要约人对要约的内容做出的变更,分为实质性变更和非实质性变更。

8.2.4.1 要约内容的实质性变更

《合同法》第三十条规定,承诺的内容应当与要约的内容一致。受要约人对要约的内容做出实质性变更的,为新要约。有关合同标的、数量、质量、价款或者报酬、履行期限、履行地点和方式、违约责任和解决争议方法等的变更。

8.2.4.2 要约内容的非实质性变更

承诺对要约的内容做出非实质性变更是指受要约人在有关合同的标的、数量、质量、价款或报酬、履行期限、履行地点和方式、违约责任和解决争议方法等方面以外,对原要约内容做出某些补充、限制和修改。如承诺中增加有建议性条款、说明性条款,以及在要约人的授权范围内对要约内容的非实质性变更。

《合同法》第三十一条规定,承诺对要约作出非实质性变更的,除要约人及时表示反对或者要约表明承诺不得对要约的内容做出任何变更的以外,该承诺有效,合同的内容以承诺的内容为准。

针对实质性和非实质性变更,注意以下几点:

(1)对要约内容做出实质性变更的,为新要约。

(2)所谓实质性变更,一般是指对合同法规定的主要条款的变更。

(3)对非主要条款的细微变更,应属非实质性变更,并不自然成为新要约。

(4)对要约内容做非实质性变更的,原则上构成承诺,但有两个例外:要约人及时表示反对;要约表明不得做任何变更的。

(5)非实质性变更构成承诺的,以承诺内容为合同内容。

8.3 合同主要条款

合同条款,即合同内容,是指由合同当事人约定的权利义务的具体规定。合同的内容由当事人约定,一般包括以下条款:当事人的名称或者姓名和住所,标的,数量,质量,价款或者报酬,履行期限、地点和方式,违约责任,解决争议的方法。当事人可以参照各类合同的示范文本订立合同。

8.3.1 合同主要条款的内容

合同应包括以下条款：

(1)当事人的名称或者姓名和住所,是指法人或其他组织的名称,或自然人的姓名。住所是指组织的主要办事机构所在地或自然人的户籍所在地。

(2)标的是指合同当事人双方权利和义务共同指向的对象,即合同法律关系的客体。标的可以是货物、劳务、工程项目或者货币等。依据合同种类的不同,合同的标的也各有不同。

(3)数量是计算标的尺度,是确立合同当事人之间的权利和义务的量化指标,从而计算价款或报酬。签订合同时,应当使用国家法定计量,做到计量标准化、规范化。

(4)质量是标的物内在的特殊属性和一定的社会属性的总和,是标的物性质差异的具体特征。它是标的物价值和使用价值的集中体现,并决定着标的物的经济效益和社会效益,还直接关系到生产的安全和人身的健康等。

当事人签订合同时,必须对标的物的质量做出明确的规定。标的物的质量,有国家标准的,按国家标准签订;没有国家标准,而有行业标准的按行业标准签订;或者有地方标准的按地方标准签订。如果标的物是没有上述标准的新产品,可按企业新产品鉴定的标准(如产品说明书、合格证载明的),写明相应的质量标准。国家鼓励企业采用国际质量标准。

(5)价款或者报酬。价款通常是指当事人一方为取得对方出让的标的物,而给对方一定数额的货币。报酬通常是指当事人一方为对方提供劳务、服务等,从而向对方收取一定数额的货币报酬。

(6)履行期限、地点和方式。

①履行期限是指当事人交付标的和支付价款或报酬的时间,也就是依据合同约定,权利人要求义务人履行义务的请求权发生的时间。合同的履行期限,是一项重要条款,当事人必须写明具体的履行起止时间,避免因履行期限不明确而发生纠纷。倘若合同当事人在合同中没有约定履行期限,则只能按照有关规定处理。

②履行地点是指当事人交付标的和支付价款或报酬的地点。它包括标的交付、提取地点,服务、劳务或工程项目建设的地点,价款或报酬结算的地点等。合同当事人双方签合同时,必须将履行地点写明确,并且要写得具体、准确,以免发生差错引起纠纷。

③履行方式,是指合同当事人双方约定以哪种方式转移标的物和解算价款。履行方式应视所签订合同的类别而定。

(7)违约责任是指合同当事人约定一方或双方不履行或不完全履行合同义务时,必须承担的法律责任。违约责任包括继续履行、采取补救措施、赔偿损失三种法定责任和支付违约金、定金两种约定责任。

(8)争议解决的方式,是指合同当事人约定在合同产生争议时,采取什么方式解决争议。

8.3.2 合同的形式

合同的形式是指订立合同的当事人达成一致意思表示的表现形式。合同是当事人的民事权利义务关系,合同形式是当事人权利义务关系的体现,根据我国《合同法》规定,合同形式可以以口头形式、书面形式和其他形式来体现。

8.3.2.1 口头形式

口头形式合同是指当事人以言语而不以文字形式做出意思表示订立的合同,口头合同在现实生活中广泛应用,凡当事人无约定或法律未规定特定形式的合同,均可采取口头形式。

8.3.2.2 书面形式

书面形式是指合同书、信件和数据电文(包括电报、电传、传真、电子数据交换和电子邮件)等可以有形地表现所载内容的形式。《合同法》第十条规定,法律、行政法规规定采用书面形式的,应当采用书面形式。根据法律规定,建设工程施工合同应当采用书面形式,一般包括合同协议书、中标通知书、投标书及其附件、合同专用条款、合同通用条款、洽商、变更等明确双方权利、义务的纪要、协议、工程报价单或工程预算书、图纸以及标准、规范和其他有关技术资料、技术要求等。当事人在合同履行过程中订有数份合同,当事人就同一建设工程另行订立的建设工程施工合同与经过备案的中标合同实质性内容不一致的,应当以备案的中标合同作为结算工程价款的根据。

《合同法》第三十六条规定,法律、行政法规规定或者当事人约定采用书面形式订立合同,当事人未采用书面形式但一方已经履行主要义务,对方接受的,该合同成立。

8.3.2.3 其他形式

其他形式是指口头形式、书面形式之外的合同形式,即行为推定形式。行为推定方式只适用于法律明确规定、交易习惯许可时或者要约明确表明时,并不能普遍适用。

8.3.3 合同的生效

8.3.3.1 合同的成立

合同成立是指当事人完成了签订合同过程,并就合同内容协调一致。合同成立不同于合同生效。合同生效是法律认可合同效力,强调合同内容合法性。合同成立是合同生效的前提条件,如果合同不成立,是不可能生效的。但是合同成立也并不意味着合同就生效了。

1. 合同成立的一般条件

存在订约当事人。合同成立首先应具备双方或者多方订约当事人,只有一方当事人不可能成立合同。

订约当事人对主要条款达成一致。合同成立的根本标志是订约双方或者经多方协商,就合同的主要条款达成一致意见。

经历要约与承诺两个阶段。《合同法》第十三条规定:当事人订立合同,采取要约、承诺方式。缔约当事人就订立合同达成合意,一般应经过要约、承诺阶段。若只停留在要约阶段,合同根本未成立。

2. 合同成立时间

合同成立时间关系到当事人何时受合同关系约束,因此合同成立时间具有重要意义。确定合同成立时间,遵守如下规则:

当事人采用合同书形式订立合同的,自双方当事人签字或者盖章时合同成立。各方当事人签字或者盖章的时间不在同一时间的,最后一方签字或者盖章时合同成立。

当事人采用信件、数据电文等形式订立合同的,可以在合同成立之前要求签订确认书。签订确认书时,合同成立。

3. 合同成立地点

合同成立地点可能成为确定法院管辖的依据,因此具有重要意义。确定合同成立的地点遵守如下规则:

承诺生效的地点为合同成立的地点。采用数据电文形式订立合同的,收件人的主营业地为合同成立的地点;没有主营业地的,其经常居住地为合同成立的地点。当事人另有约定的,按照其约定。

当事人采用合同形式订立合同的,双方当事人签字或者盖章的地点为合同成立的地点。

8.3.3.2　合同生效

合同生效是指法律按照一定标准对合同评价后赋予强制力。已经成立的合同,必须具备一定生效的条件,才能产生法律约束力。合同生效要件要有以下几个方面:

(1)订立合同的当事人必须具有相应的民事权利能力和民事行为能力。

(2)意思表示真实。

(3)不违反法律、行政法规的强制性规定,不损害社会公共利益。

(4)具备法律所要求的形式。

8.3.4　合同履行的原则

合同的履行是合同管理中最具实质性的一步,所有合同当事人都要重视合同的履行,由于每一个合同都是不同的合同,在履行的过程中也就自然会不尽相同。因此,《合同法》给出了合同履行的原则,违背这些原则的履行都将为此承担相应的法律责任。

8.3.4.1　全面、适当履行的原则

全面、适当履行,是指合同当事人按照合同约定全面履行自己的义务,包括履行义务的主体、标的、数量、质量、价款或者报酬以及履行的方式、地点、期限等,都应当按照合同的约定全面履行。

8.3.4.2　遵循诚实守信的原则

诚实守信原则,是我国《民法通则》的基本原则,也是《合同法》的一项十分重要的原则,它贯穿于合同的订立、履行、变更、终止等全过程。因此,当事人在订立和合同时,要讲诚实,要守信用,要善意,当事人双方要互相协作,合同才能圆满地履行。

8.3.4.3　公平合理,促进合同履行的原则

合同当事人双方自订立合同起,直到合同的履行、变更、转让以及发生争执时对纠纷的解决,都应当依据公平合理的原则,按照《合同法》的规定,根据合同的性质、目的和交

易习惯,善意地履行通知、协助和保密等附随义务。

8.3.4.4 当事人一方不得擅自变更合同的原则

合同依法成立,即具有法律约束力,因此合同当事人任何一方均不得擅自变更合同。

8.4 工程施工合同

8.4.1 工程施工合同特点

工程施工合同是建设工程的主要合同,是工程建设质量控制、进度控制、投资控制的主要依据。主要有以下特点。

8.4.1.1 合同标的物的特殊性

施工合同的标的物是特定的建筑产品,不同于其他一般商品。首先,建筑产品和施工生产的流动性是区别于其他商品的根本特点。其次,由于建筑产品各有特定功能要求,其实物形态千差万别,种类庞杂,其外观、结构、使用目的、使用人也各不相同,这就要求每个建筑产品都需单独设计和施工。最后,建筑产品体积庞大,消耗的人力、物力、财力多,一次性投资额大。

8.4.1.2 合同履行期限的长期性

建筑物的施工由于体积大、建筑材料类型多、结构复杂、工作量大、工期长,而合同履行期限一般会拖延,因为工程建设的施工应当在合同签订后才开始,且需加上合同签订后到正式开工前的一个较长的施工准备时间和工程全部竣工验收后,办理竣工结算及保修期的时间,在工程的施工过程中,还可能因为不可抗力、工程变更、材料供应不及时等原因而导致工期顺延,所有这些情况,决定了施工合同的履行期限具有长期性。

8.4.1.3 合同内容的多样性

施工合同涉及的主体很多,主要法律关系包括劳动关系、保险关系和运输关系等,就要求施工合同的内容尽量详尽,且具有多样性。因此,施工合同除应当具备建设工程合同的一般内容外,还应对安全施工、专利技术使用、发现地下障碍物和文物、工程的分包、不可抗力、工程变更以及材料设备的供应、运输、验收等内容做出规定。

8.4.1.4 合同监督的严格性

由于施工合同的履行对国家经济发展、人们的工作和生活都有着很大的影响,国家对施工合同的监督是十分严格的。国家对合同的主体、合同的订立和合同的履行,都应该进行严格的监督。

8.4.2 合同文本内容

《建设工程施工合同(示范文本)》(GF-2013-0201)适用于土木工程,包括各类公用建筑、民用建筑、工业厂房、交通设施及线路、管道的施工和设备的安装。

8.4.2.1 施工文本组成

《建设工程施工合同(示范文本)》由合同协议书、通用合同条款、专用合同条款及附件组成。

1. 合同协议书

《建设工程施工合同(示范文本)》合同协议书共计 13 条,主要包括工程概况、合同工期、质量标准、签约合同价和合同价格形式、项目经理、合同文件构成、承诺以及合同生效条件等重要内容,集中约定了合同当事人基本的合同权利义务。

2. 通用合同条款

通用合同条款是合同当事人根据《中华人民共和国建筑法》《中华人民共和国合同法》等法律法规的规定,就工程建设的实施及相关事项,对合同当事人的权利义务做出的原则性约定。通用合同条款共计 20 条。

3. 专用合同条款

专用合同条款是对通用合同条款原则性约定的细化、完善、补充、修改或另行约定的条款。合同当事人可以根据不同建设工程特点及具体情况,通过双方的谈判、协商对相应的专用合同条款进行修改补充。

4. 附件

《建设工程施工合同(示范文本)》的附件是对施工合同当事人的权力、义务的进一步明确,并且使得施工合同当事人的有关工作一目了然,便于执行和管理。该合同文本有 11 个附件。附件 1:承包人承揽工程项目一览表;附件 2:发包人供应材料设备一览表;附件 3:工程质量保修书;附件 4:主要建设工程文件目录;附件 5:承包人用于本工程施工的机械设备表;附件 6:承包人主要施工管理人员表;附件 7:分包人主要施工管理人员表;附加 8:履约担保格式;附件 9:预付款担保格式;附件 10:支付担保格式;附件 11:暂估价一览表。

8.4.2.2　合同文件解释顺序

施工合同文件应能相互解释、互为说明。除专用条款约定外,组成施工合同的文件和优先解释顺序如下:

(1)双方签署的合同协议书。

(2)中标通知书。

(3)投标书及其附件。

(4)本合同专用条款。是对通用条款的具体化、补充或修改。

(5)本合同的通用条款。是根据法律、行政法规规定及建设工程施工的需要订立的,通用于建设工程施工条款。

(6)本工程所使用的标准、规范及其有关技术文件。

(7)图纸。

(8)工程量清单。

(9)工程报价单或预算书。

合同履行中,双方有关工程的洽商、变更等书面协议或文件视为合同的组成部分,在不违背法律和行政法规的前提下,当事人可以通过协商变更合同内容,这些变更的协议或文件的效力高于其他合同文件,且签署在后的协议或文件的效力高于签署在前的协议文件。

8.4.3　合同双方权责

发包人应按照合同约定为工程项目的顺利开展提供便利,承包商应按合同约定施工。

8.4.3.1　发包人的工作

发包人按专用条款约定的内容和时间完成以下工作:

(1)办理土地征用、拆迁补偿、平整施工场地等工作,施工场地具备施工条件,在开工后继续负责解决以上事项遗留问题。

(2)将施工所需水、电、通信线路从施工场地外部接至专用条款约定地点,保证施工期间的需要。

(3)开通施工场地与城乡公共道路的通道,以及专用条款约定的施工场地内的主要道路,满足施工运输的需要,保证施工期间的畅通。

(4)向承包人提供施工场地的工程地质和地下管线资料,对资料的真实准确性负责。

(5)办理施工许可证及其他施工所需证件、批件和临时用地,停水、停电、中断道路交通、爆破作业等的申请批准手续(证明承包人自身资质的证件除外)。

(6)确定水准点与坐标控制点,以书面形式交给承包人,并进行现场交验。

(7)组织承包人和设计单位进行图纸会审和设计交底。

(8)协调处理施工场地周围地下管线和邻近建筑物、构筑物(包括文物保护建筑)、古树名木的保护工作、承担有关费用。

(9)发包人应做的其他工作,双方在专用条款内约定。

8.4.3.2　承包人的工作

承包人按照法律法规、技术标准、设计文件和施工合同完成以下工作:

(1)根据发包人委托,在其设计资质等级和业务允许的范围内,完成施工图设计或与工程配套的设计经工程师确认后使用,发包人承担由此发生的费用。

(2)向工程师提供年、季、月度工程进度计划及相应进度统计报表。

(3)根据工程需要,提供和维修非夜间施工时使用的照明、围栏设施,并负责安全保卫。

(4)按专用条款约定的数量和要求,向发包人提供施工现场办公和生活的房屋及设施,发包人承担由此发生的费用。

(5)遵守政府有关主管部门对施工场地交通、施工噪声以及环境保护和安全生产等的管理规定,按规定办理有关手续,并以书面形式通知发包人,发包人承担由此发生的费用。

(6)已竣工工程未交付发包人之前,承包人按专用条款约定负责已完工程的保护工作,保护期间若发生损坏,承包人应自费予以修复。

(7)按专用条款约定做好施工场地地下管线和邻近建筑物、构筑物(包括文物保护建筑)、古树名木的保护工作。

(8)保证施工场地清洁符合环境卫生管理的有关规定,交工前清理现场达到专用条款约定的要求,承担因自身原因违反有关规定造成的损失和罚款。

(9)承包人应做的其他工作,双方在专用条款内约定。

8.4.4　合同进度控制

8.4.4.1　施工准备阶段的进度控制

1. 合同双方约定合同工期

施工合同工期,是指施工工程从开工起到完成施工合同专用条款双方约定的全部内容,工程达到竣工验收标准时所经历的时间。约定的内容包括开工日期、竣工日期和合同工期的总日历天数。

2. 承包人提交进度计划

承包人应当在专用条款约定的日期,将施工组织设计和工程进度计划提交工程师,工程师收到承包人提交的进度计划后,应当予以确认或者提出修改意见,时间限制则有双方在专用条款中约定。

3. 开工及延期开工

承包人应当按协议书约定的开工日期开始施工;承包人不能按时开工,应在不迟于协议书约定的开工日期前 7 日,以书面形式向工程师提出延期开工的理由和要求。工程师在接到延期开工申请后的 48 h 以内以书面形式答复承包人。工程师在接到延期开工申请后的 48 h 内不答复,视为同意承包人的要求,工期相应顺延;如果工程师不同意延期要求,工期不予顺延。

8.4.4.2　施工阶段的进度控制

工程开工后,合同履行即进入施工阶段。施工过程中,合同参与各方应严格按照合同约定在合同工期内完成各项合同内容,保证工程如期竣工。

1. 监督进度计划的执行

开工后,承包人必须按照工程师确认的进度计划组织施工,接受工程师对进度的检查、监督。一般情况下,工程师每月检查一次承包人的进度计划执行情况,由承包人提交一份上月进度计划实际执行情况和本月的施工计划。

2. 暂停施工

在施工过程中,有些情况会导致暂停施工。虽然暂停施工会影响工程进度,但在工程师认为确有必要时,可以根据现场的实际情况发布暂停施工的指示。

3. 设计变更

在施工前或施工过程中,对设计图纸任何部分的修改或补充都属于设计变更。业主、工程师、设计单位、施工单位均可提出设计变更。

(1)设计变更责任分析。设计变更事件发生后,工程师分析设计变更产生的原因,设计变更产生原因可归纳为:业主从使用角度出发,改变工程局部功能;勘探、设计图纸深度不够;设计图纸矛盾,方案不合理,设计图纸错误;监理工程师和承包商提出合理化建议;设计规范的修改;监理工程师指令错误或指令不及时;承包商擅自修改设计图纸或不按图施工。对于前 6 种原因,产生工程变更的责任者是业主,设计变更产生费用及工期延误由业主承担;第 7 种原因,工程变更责任者是承包商,变更费用由承包商承担,工期不得顺延。

(2)设计变更图纸控制。设计变更涉及图纸的修改,设计变更的图纸必须由设计单位提供,或由承包商提供设计图纸,但必须由设计单位审查并签字确认,除设计单位外,任何项目参与者提供的图纸均为无效。

4. 工期延误

施工过程中,由于社会条件、人为条件、自然条件和管理水平等因素的影响,可能导致工期延误,不能按时竣工。是否应承包人要求合理延长工期,应依据合同责任来判定。

因以下原因造成工期延误,经工程师确认后应相应顺延。

(1)发包人未能按专用条款的约定提供开工条件。

(2)发包方未能按约定日期支付工程预付款、进度款,导致施工不能正常进行。

(3)工程师未按合同约定提供所需指令、批准等,致使施工不能正常进行。

(4)设计变更过和工程量增加。

(5)一周内非承包方原因停水、停电、停气造成停工累计超过 8 h。

(6)不可抗力。

(7)条款中约定或工程师同意工程期顺延的其他情况。

5. 竣工验收阶段的进度控制

竣工验收是发包人对工程的全面检验,是工程实施阶段除保修期外的最后阶段。在竣工验收阶段,项目经理进度控制的任务是督促完成扫尾工作,协调竣工验收中的各方关系,参加竣工验收。

工程应按期竣工。工程如果不能按期竣工,承包人应当承担违约责任。竣工验收程序包括以下几个方面:

承包人提交竣工验收报告。当工程按合同要求全部完成且工程具备竣工验收条件后,承包人按国家工程竣工验收的有关规定,向发包人提供完整的竣工资料和验收报告后,并按专用条款要求的日期和份数向发包人提交竣工图。

发包人组织验收。发包人在收到竣工验收报告后 28 d 内组织有关部门验收,并在验收后 14 d 内给予认可或者提出修改意见,承包人应当按要求进行修改,并承担由自身原因造成修改的费用。竣工日期为承包人送交竣工验收报告日期。

发包人不按时组织验收的后果。发包人收到承包人送交的竣工验收报告后 28 d 内不组织验收,或者在验收后 14 d 内不提出修改意见,则视为竣工验收报告已经被认可;发包人收到承包人送交的竣工验收报告后 28 d 内不组织验收,从第 29 日起承担工程保管及一切意外责任。

8.4.5 合同质量控制

8.4.5.1 合同适用标准、规范

在施工过程中,承包人要随时接受工程师对材料、设备、中间部位、隐蔽工程和竣工工程等质量的检查、验收与监督。

按照《中华人民共和国标准化法》第十一条的规定,为保障人体健康、人身财产安全的标准属于强制性标准。建设工程施工的技术要求和方法即为强制性标准,施工合同当事人必须执行。施工中必须使用国家标准、规范,使用行业标准、规范;没有国家和行业标准、规范的,使用工程所在地的地方标准、规范。双方应当在专用条款中约定适用标准、规

范的名称。发包人应当按照专用条款约定的时间向承包人提供一式两份的标准、规范。

8.4.5.2　材料设备供应

1. 发包人供应的材料设备

发包人应按合同约定提供材料设备，并向承包人提供产品合格证明，对其质量负责。发包人在所供材料设备到货前 24 h 以书面形式通知承包人，由承包人派人与发包人共同清点，并由承包人妥善保管，发包人支付相应的保管费用。

发包人供应的材料设备使用前，由承包人负责检验或试验，不合格的不得使用，检验或试验费用由发包人承担。

2. 承包人采购材料设备

承包人负责采购设备的，应按照专用条款约定及设计和有关标准要求采购，并提供产品合格证明，对材料设备质量负责。

承包人供应的材料设备使用前，承包人应按照工程师的要求进行检验或试验，不合格的不得使用，检验或试验费用由承包人承担。

8.4.5.3　检查和返工

承包人应认真按照标准、规范和设计图纸要求以及工程师依据合同发出的指令施工，随时接受工程师的检查检验，为检查检验提供便利条件。

工程师的检查检验不应影响施工的正常进行。如影响施工正常进行，检查检验不合格时，影响正常施工的费用由承包人承担。

8.4.5.4　隐蔽工程和中间验收

工程具备隐蔽条件或达到专用条款约定的中间验收部位，承包人进行自检，并在隐蔽或中间验收前 48 h 以书面形式通知工程师验收。承包人准备验收记录，验收合格，工程师在验收记录上签字后，承包人方可进行隐蔽和继续施工。验收不合格，承包人在工程师限定的时间内修改后重新验收。

8.4.5.5　重新检验

无论工程师是否进行验收，当其提出对已经隐蔽的工程重新检验的要求时，承包人应按要求进行剥离或开孔，并在检验后重新覆盖或修复。检验合格，发包人承担由此发生的全部追加合同价款，赔偿承包人损失，并相应顺延工期。检验不合格，承包人承担全部费用，工期不予顺延。

8.4.5.6　竣工验收

工程未经竣工验收或竣工验收未通过的，发包人不得使用。发包人强行使用时，由此发生的质量问题及其他问题，由发包人承担责任。

8.4.5.7　质量保修

承包人应按照法律、行政法规或国安家关于工程质量保修的有关规定，以及合同中有关质量保修要求，对交付发包人使用的工程在质量保修期内承担质量保修责任。承包人应在工程竣工验收之前，与发包人签订质量保修书，作为合同附件，主要内容包括工程质量保修范围和内容、质量保修责任和质量保修金的支付方法等。

8.4.6 合同投资控制

8.4.6.1 施工合同价款的约定

施工合同价款,是指按有关规定和协议条款约定的各种取费标准计算,用以支付承包方按照合同要求完成工程内容的价款总额。

8.4.6.2 工程预付款

预付款是业主为了帮助承包商解决施工前期开展工作时的资金短缺问题,从未来的工程款中提前支付的一笔款项。合同工程是否有预付款,以及预付款的金额多少、支付(分期支付的次数及时间)和扣还方式等均要在专用条款内约定。承包商需先将银行出具的履约保函和预付款保函交给业主并通知工程师,工程师在 21 d 内签发"预付款支付证书",业主按合同约定的数额和外币比例支付预付款。预付款保函金额始终保持与预付款等额,即随着承包商对预付款的偿还逐渐递减保函金额。预付款在分期支付工程进度款的支付中按百分比扣减的方式偿还。

8.4.6.3 工程进度款的支付

(1)工程量清单中所列的工程量仅是对工程的估算量,不能作为承包商完成合同规定施工义务的结算依据。每次支付工程月进度款前,均需通过测量来核实实际完成的工程量,以计量值作为支付依据。采用单价合同的施工工作内容以计量的数量作为支付进度款的依据,而总价合同或单价包干混合合同中按总价承包的部分可以按图纸工程量作为支付依据,仅对变更部分予以计量。

(2)承包商提供报表。每个月的月末,承包商应按工程师规定的格式提交一式六份的本月支付报表。内容包括提出本月已完成合格工程的应付款要求和对应扣款的确认。

(3)工程师签证。工程师接到报表后,对承包商完成的工程形象、项目质量、数量以及各项价款的计算进行核查。若有疑问,可要求承包商共同复核工程量。在收到承包商的支付报表的 28 d 内,按核查结果以及总价分解表中核实的实际完成情况签发支付证书。

(4)业主支付。承包商报表经过工程师认可并签发工程进度款的支付证书后,业主应在接到证书后及时给承包商付款。业主的付款时间不应超过工程师收到承包商的月进度付款申请单后的 56 d。

8.4.6.4 变更价款的确定

设计变更发生后,承包人在工程设计变更确定后 14 d 内,提出变更工程价款的报告,经工程师确认后调整合同价款。承包人在确定变更后 14 d 内不向工程师提出变更工程价款报告时,视为该项设计变更不涉及合同价款的变更。工程师收到变更工程价款报告之日起 14 d 内,予以确认。工程师无正当理由不确认时,自变更价款报告送达之日起 14 d 后变更工程价款报告自行生效。

变更价款的确定方法有以下几种:

(1)合同中已有适用于变更工程的价格,按合同已有的价格变更合同价款。

(2)合同中只有类似于变更工程的价格,可以参照类似价格变更合同价款。

(3)合同中没有适用或类似变更工程的价格,由承包人提出适当的变更价格,由工程师确认后执行。

8.4.6.5　竣工结算

竣工结算是指已完成经有关部门验收后承发包双方就最后工程价款进行结算,包括施工结算和项目竣工结算。

1. 竣工结算的程序

(1)承包人递交竣工结算报告。工程竣工验收报告经发包人认可后,承发包双发应当按协议书约定的合同价款及专用条款约定的合同价款调整方式,进行工程竣工结算。工程竣工验收报告经发包人认可后 28 d,承包人向发包人递交竣工阶段报告及完整的结算资料。

(2)发包人的核实和支付。发包人自收到竣工结算资料后 28 d 内进行核实,给予确认或提出修改意见。发包人认可竣工结算报告后,及时办理竣工结算价款的支付手续。

(3)移交工程。承包人收到竣工结算报告及结算资料后 28 d 内进行核实,给予确认或提出修改意见。发包人认可竣工结算报告后,及时办理竣工结算价款的支付手续。

2. 竣工结算的违约责任

(1)发包人收到竣工结算报告及结算资料后 28 d 内无正当理由不支付工程竣工结算价款的,从第 29 日起按承包人同期向银行贷款利率支付拖欠工程价款的利息,并承担违约责任。

(2)发包人收到竣工结算报告及结算资料后 28 d 内不支付工程竣工结算价款,承包人可以催告发包人结算价款。发包人在收到竣工结算报告及结算资料后 56 d 内仍不支付,承包人可以与发包人协议将该工程折价,也可以由承包人申请人民法院将该工程依法拍卖,承包人就该工程折价或者拍卖的价款优先受偿。

(3)工程竣工验收公告经发包人认可后 28 d 内,承包人未能向发包人递交竣工结算报告及完整的结算资料,造成竣工结算不能正常进行或工程竣工结算价款不能及时支付时,如果发包人要求交付工程,承包人应当交付;发包人不要求交付工程,承包人仍应承担保管责任。

8.4.6.6　质量保修金

质量保修金是指建设单位与施工单位在工程承包合同中约定或施工单位在工程保修书中承诺,在工程竣工验收交付使用后,从应付的建设工程款中预留的用以维修建筑工程在保修期限和保修范围内出现的质量缺陷的资金。比例一般为建设工程款的 3%~5%。有约定的每月从施工单位的工程款中按相应比例扣留,也可以最后结算的扣留。

1. 质量保修金的支付

保修金由承包人向发包人支付,也可由发包人从应付承包人工程款内扣留。质量保修金的比例与金额双方约定,但不应超过合同价款的 5%。

2. 质量保修金的结算与返还

工程质量保证期满后,发包人应当及时结算和返还质量保修金。发包人应当在质量保证期满后 14 d 内,将剩余保修金和按约定利率计算的利息返还承包人。

8.4.7 合同其他约定

8.4.7.1 不可抗力的确认

不可抗力是指合同当事人在签订合同时不可预见,在合同履行过程中不可避免且不能克服的自然灾害和社会性突发事件,如地震、海啸、瘟疫、骚乱、暴动、战争和专用合同条款中约定的其他情形。

不可抗力事件发生后,承包人应立即通知工程师,并在力所能及的条件下迅速采取措施,尽力减少损失,发包人应协助承包人采取措施。工程师认为应当暂停施工的,承包人应暂停施工。不可抗力事件结束后48 h内承包人向工程师通报受害情况和损失情况,预计清理和修复。不可抗力事件持续发生,承包人应每隔7 d向工程师报告一次受害情况。不可抗力事件结束后14 d,承包人向工程师提交清理和修复费用的正式报告及有关材料。

不可抗力导致的人员伤亡、财产损失、费用增加和工期延误等后果,由合同当事人按以下原则承担:

(1)永久工程、已运至施工现场的材料和工程设备的损害,以及因工程损坏造成的第三方人员伤亡和财产损失由发包人承担。

(2)承包人施工设备的损坏由承包人承担。

(3)发包人和承包人承担各自人员伤亡和财产的损失。

(4)因不可抗力影响承包人履行合同约定的义务,已经引起或将引起工期延误的,应当顺延工期,由此导致承包人停工的费用损失由发包人和承包人合理分担,停工期间必须支付的工人工资由发包人承担。

(5)因不可抗力引来或将引起工期延误,发包人要求赶工的,由此增加的赶工费用由发包人承担。

(6)承包人在停工期间按照发包人要求照管、清理和修复工程的费用由发包人承担。

8.4.7.2 保险

在施工工程中,双方的保险义务分担如下:

(1)工程开工前,发包人应当为建设工程和施工场地内的发包人人员及第三方人员生命财产办理保险,支付保险费用。

(2)鼓励承包人为施工现场从事危险作业的职工办理意外伤害保险,并为施工场地内自有人员生命财产和施工机械设备办理保险,支付保险费用。

(3)运至施工场地内用于工程的材料和待安装设备,不论由承发包双方任何一方保管,都应由发包人办理保险,并支付保险费用。

8.4.7.3 工程转包与发包

发包人是在经过资格预审、系列考察以及投标和评标等活动后选中承包人的,签订合同不仅意味着双方对报价、工期等可定量化因素的认可,也意味着发包人对承包人的信任,因此在一般情况下,承包人应当以自己的力量来完成施工任务。

1.工程转包

工程转包,是不行使承包人的管理职能,不承担技术经济责任,将所承包的工程倒手转给他人承包的行为。《建筑法》第二十条规定,禁止承包单位将其承包的全部建筑工程转包给他人,禁止承包单位将其承包的全部建筑工程肢解以后以分包的名义分别转包给他人。工程转包,不仅违反合同,也违反我国有关法律和法规的规定。下列行为属于转包:

(1)承包人将承包的工程全部包给其他施工单位,从中提取回扣者。

(2)承包人将工程的主要部分或群体工程中半数以上的单位工程包给其他施工单位者。

(3)分包单位将承包的工程再次分包给其他施工单位者。

2. 工程分包

工程分包,指经合同约定和发包单位认可,从工程承包人承担的工程中承包部分工程的行为。

承包人按专用条款的约定分包所承包的部分工程,并与分包单位签订分包合同。非经发包人同意,承包人不得将承包工程的任何部分分包。承包人不得将其承包的全部工程转包给他人,也不得将其承包的全部工程肢解以后以分包的名义分别转包给他人。

8.4.7.4　违约责任

违约责任,是指合同一方不履行合同义务或履行合同义务不符合约定所应承担的责任。

1. 发包人违约

(1)发包人不按时支付工程预付款。

(2)发包人不按合同约定支付工程款,导致施工无法进行。

(3)发包人无正当理由不支付工程竣工结算价款。

(4)发包人不履行合同义务或不按合同约定履行义务的其他情况。

发包人承担违约责任主要有以下四种方式:

(1)赔偿损失。承发包人双方应当在专用条款内约定发包人赔偿承包人损失的计算方法,损失赔偿金额应当相当于因违约所造成的损失,包括合同履行后可以获得的利益,但不得超过发包人在订立合同时预见或者应当预见到的因违约可能造成的损失。

(2)支付违约金。双发可在专用条款中约定违约金的数额或计算方法。

(3)顺延工期。对于因为发包人违约而延误的工期,应当相应顺延。

(4)继续履行。承包人要求履行合同的,发包人应当在承担上述违约责任后继续履行合同。

2. 承包人违约

当发生下列情况时应认为承包人违约:

(1)因承包人原因不能按照合同约定的竣工日期或工程师同意顺延的工期竣工。

(2)因承包人原因工程质量达不到合同约定的质量标准。

(3)承包人不履行合同义务或不按合同约定履行义务的其他情况。

承包人承担违约责任的方式有以下四种:

(1)赔偿损失。承发包人双方应当在专用条款内约定承包人赔偿发包人损失的计算方法,损失赔偿金额应当相当于因违约所造成的损失,包括合同履行后可以获得的利益,但不得超过承包人在订立合同时遇见或应当遇见的因违约可能造成的损失。

(2)支付违约金。双方可在专用条款中约定违约金的数额或计算方法。

(3)采取补救措施。对于施工质量不符合要求的违约,发包人有权要求承包人采取返工、修理、更换等补救措施。

(4)继续履行。发包人要求履行合同的,承包人应当在承担上述责任后继续履行合同。

一方违约后,另一方要求违约方继续履行合同时,违约方承担责任后仍继续履行。

8.4.7.5 合同争议解决

发包人、承包人在履行合同时发生争议,可以自行和解或者由有关部门调解。当事人不愿意和解、调解或者和解、调解不成的,双方可在合同内约定以下两种方式解决争议:

(1)双方达成仲裁协议,向约定的仲裁委员会申请仲裁。

(2)向有管辖权的人民法院起诉。

发生争议后,除非出现下列情况,否则双方都应继续履行合同,保持施工连续,保护好已完工程:

(1)单方违约导致合同确已无法履行,双方协议停止施工。

(2)调解要求停止施工,且为双方接受。

(3)仲裁机构要求停止施工。

(4)法院要求停止施工。

8.4.7.6 合同解除

施工合同订立后,当事人应当按照合同的约定履行。但是在一定条件下,合同没有履行或者没有完全履行,当事人也可以解除合同。

1.可以解除合同的情况

(1)发包人和承包人协商一致,可以解除合同。

(2)发生不可抗力导致合同的解除。

(3)因一方违约致使合同无法履行。

(4)因一方破产或无力偿债致使合同无法履行。

2.当事人一方解除合同的程序

一方主张解除合同的,应向对方发出解除合同的书面通知,并在发出通知前7 d告知对方。对解除合同有异议的,按照解决合同争议程序处理。

3.合同解除后善后处理

《最高人民法院关于审理建设工程施工合同纠纷案件适用法律问题的解释》第十条规定,建设工程施工合同解除后,已经完成的建设工程质量合格的,发包人应当按照约定支付相应的工程价款;已经完成的建设工程且经竣工验收不合格的,按照以下情形分别处理:修复后的建设工程经竣工验收合格,发包人请求承包人承担修复费用的,应予以支持;修复后的建设工程经竣工验收不合格,承包人请求支付工程价款的,不予支持。因建设工程不合格造成的损失,发包人有过错的,也应承担相应的民事责任。

因此,在承、发包一方行使解除权后,在发包人与施工单位间仍存在工程结算、赔偿及其他的合同义务的履行。

8.5　国家地下水监测工程合同管理

8.5.1　合同管理

合同管理是国家地下水监测工程(水利部分)建设管理的重要组成部分。在工程建设中,部项目办按照《合同法》有关规定,实行了严格的合同管理制度。部项目办在合同管理中主要做了以下几项工作。

8.5.1.1　制定统一的合同文本

依据《合同法》,部项目办会同监理和承建单位制定了统一的合同文本,以合同形式明确甲、乙双方的权利与义务,对资金的支付方式、交货和保险、检验与安装、成果要求、培训与验收、保密与知识产权、争议与仲裁等提出明确要求。

8.5.1.2　明确资金的支付要求

资金支付是合同执行中的一个重要环节,部项目办在制定合同文本时分析了项目特点,按照预付款、到货款、合同验收款等关键支付环节,提出了明确的支付条件和付款比例的要求,从而避免了合同执行中的推诿与扯皮。

8.5.1.3　认真制定合同附件

合同签订后,承建单位在进行现场调查的基础上向部项目办提交了详细的实施方案或需求分析报告。部项目办主持并组织有关专家对详细的实施方案或需求分析报告评审,并和监理一起对具体实施工作方案和技术方案的合同附件进行审核,根据评审情况对各个承建单位的实施方案提出修改意见,经修改后作为合同附件与合同一并执行。

8.5.1.4　履行严格的合同审批程序

在合同草案拟定后,由监理部门提出监理意见,由有关主管处提出处理意见,相关处会签报主管领导审批后正式签订。在工程合同的执行与管理过程中,各地项目办实行专人负责制。部项目办和各地项目办严格按照有关项目建设管理制度和财务管理制度执行,在资金支付方面,根据工程进度及时支付工程进度款,根据验收情况和监理意见及时支付合同验收款。由项目承建单位提工程价款结算资料,经各省水文部门和监理单位认可后,报部项目办审批,按合同要求支付。做到了资金无滞留、挤占、挪用等现象。

8.5.1.5　加强合同执行情况的监督检查

在合同执行过程中,甲、乙双方经常沟通、密切配合,及时解决了合同执行过程中出现的问题,按合同规定履行各方的职责,使得项目能够顺利开展。部项目办加强对各地合同执行情况的监督力度,与监理公司一起共同督促各承建单位,以合同为依据,围绕合同规定的总目标,严格按照的要求和合同款项进行施工,做到了有章可循,有据可依,合同管理的规范化和标准化。

8.5.1.6　完成合同变更补充协议的签订工作

在合同执行过程和工程建设中,对于出现打干井、改建变新建、监测层位变化等情况的设计变更,省级水文部门及时与监理、承建、设计单位沟通协调,按规定程序及时上报设计变更。部项目办会同设计单位审批后,组织甲、乙双方完成合同变更协议的签订工作。

国家地下水监测工程(水利部分)的合同全部由项目法人签订,分为法人招标、委托招标、直接委托三种方式,项目法人签订合同包括:土建合同、设备及软件购置合同、设计及监理合同、生产用房购置合同、国家地下水中心大楼装修加固改造合同、物探及高程引测等签订合同、系统安全等级保护测评合同,以及生产准备费、管理服务、房屋租赁等其他合同,由于采取了以上措施,项目办签订的各种合同执行顺利,没有发生索赔和违约问题,从而保证了国家地下水建设工程的顺利进行。

8.5.2 合同验收

8.5.2.1 监测井建设合同验收

国家地下水监测工程监测井建设合同验收主要包括单井验收、合同预验收和合同完工验收三个阶段。

各省监理单位负责组织单井验收工作,施工单位、省水文部门、设计单位派代表参加。施工单位按照合同规定的工作内容和技术要求,完成监测井(含流量站)及附属设施建设(部分省含在设备标段,包括井口保护设施/站房、水准点、标示牌)任务,且施工档案资料齐全,具备验收条件后,书面或口头提出单井验收申请。单井验收包括施工技术资料检查、现场检查以及验收成果。改建井主要检查井口恢复记录、洗井记录、抽水试验记录、井口附属设施安装记录以及关键工序的影像资料等。流量站检查施工过程中的所有资料记录等。验收成果主要是填写单井成井质量验收单,参建单位和代表评定单井验收是否合格,合格即签字。若不合格,监理给出整改意见,责成承建单位限期整改,复验合格后签字。

合同工程完工预验收工作具体由各省监理单位负责。单井验收合格后,由合同承担单位向省水文部门提交《合同工程完工验收申请报告》,进行合同预验收。省水文部门收到《合同工程完工验收申请报告》后,通知现场管理部门、合同承担单位、设计和监理单位准备合同工程完工预验收材料,在 7 d 内完成预验收工作。合同承担单位根据预验收报告提出的问题及整改意见进行整改、资料补充工作。

各省水文部门负责合同完工验收,并按照合同约定或部地下水项目办〔2016〕155 号文件有关规定和程序执行。各省项目办成立验收专家组,对项目进行外业和内业检查,对档案进行同步验收,最后出具《合同工程完工验收鉴定书》。全部工程质量合格,档案资料完整、规范的,合同完工验收结论评定为合格;发现施工质量存在严重问题或参建方档案资料有严重缺陷的,原则上不予通过,并限时整改。

8.5.2.2 监测站水位监测仪器设备购置与安装合同验收

监测井仪器设备购置与安装合同验收分预验收和完工验收两个阶段。

省水文部门组织各省仪器设备合同预验收工作,监理单位负责具体实施。各省仪器设备合同预验收的组织程序与监测井建设相同。预验收主要工作内容包括档案资料检查和现场抽查。档案资料检查主要涉及承担单位是否按照合同的约定全部完成监测仪器设备及附属设施(部分省含在监测井建设标段)的建设及设备的安装调试工作,检查仪器设备抽样检测报告、开箱检验记录表、安装现场调试记录表、安装质量检查表、人工比测记录、流量站比测记录、水质自动站安装调试报告以及附属设施建设等相关记录表的真实性和完整性。检查系统试运行期(1~3 个月)系统到报率是否≥95%、系统(站群)运行完好率是否≥97%,同时分析自动监测数据的准确性。现场抽查是按各省总站数比例抽查附属设施(井口保护设施、站房、水准点埋设、标识牌)建设质量,检查水位监测仪器设备和水质监测仪器设备是否符合合同约定的型号、规格,安装调试是否完成且实现正常数据传输。

仪器设备合同验收由各省水文部门组织,按照部地下水项目办〔2016〕155 号文件有关规定和程序执行。各省项目办成立了验收专家组,分别进行外业和内业检查,以及档案同步验收。验收组听取有关单位报告,审核文档资料,对有关问题进行了质询与讨论,最后出具《合同工程完工验收鉴定书》。全部工程质量合格,档案资料完整、规范的,合同完工验收结论评定为合格;发现施工质量存在严重问题或参建方档案资料有严重缺陷的,原则上不予通过,并限时整改。

8.5.2.3 信息源建设与软件地化定制合同验收

根据《国家地下水监测工程(水利部分)信息源建设及业务软件本地化定制设计变更方案》,各流域、各省(区、市)信息源建设和业务软件本地化定制委托流域或省为单元进行招标,由相应流域、省级水文部门负责实施、试运行和合同完工验收工作。信息源建设与软件本地化定制合同验收分为试运行和完工验收两个阶段。

根据合同工作内容和技术要求,各省承建单位完成岩芯样本制作、信息源数据整理及入库 60%以上任务,完成相关定制软件的功能模块开发和部署调试工作,落实有关培训等,向省级水文部门提交《××软件部署报告》和《试运行方案》。省级水文部门负责试运行方案的实施,督促承建单位积极整改,完成《试运行记录》,编制《试运行报告》。试运行周期为 1~3 个月,人工比测误差不超过 2 cm。试运行期间须满足逐日到报率≥95%、系统(站群)运行完好率≥97%的要求。试运行结束后,本地化定制软件应满足日常地下水监测站日常管理与维护的需求。

各省水文部门负责合同完工验收。承建单位向省级水文部门提交《合同工程完工验收申请报告》,省级水文部门检查是否具备验收条件,具备验收条件的,在 5 个工作日内完成批复。合同验收会由各省项目办组织。验收会成立专家组,验收专家听取有关单位报告,查阅有关文档,对有关问题进行了质询与讨论,最后出具《合同工程完工验收鉴定书》。

8.5.2.4 高程引测及坐标测量

受项目法人委托,各省水文部门承接国家地下水监测工程(水利部分)高程引测及坐标测量工作。各省水文部门按照技术服务合同要求完成监测站的高程引测及坐标测量工作后,向水利部提出合同验收申请,并报送项目成果资料。获批后由部项目办组织合同验收。会议成立验收专家组,专家听取各省水文部门项目完成情况的汇报、查阅相关资料,讨论质询并形成验收意见。

8.5.2.5 典型区地下水资源模型建设

典型区地下水资源模型建设合同工程完工主要工作量包括项目区基础资料收集、建立补给区和典型区的分布式流域水文模型,将所开发的水流模拟模型与地下水资源管理模型进行耦合,形成一个综合性的功能强大的地下水资源管理模型,开发以数据库和地理信息系统为支撑的实时作业地下水模拟预测计算机软件,并提供相应的开发验收文档。经施工单位自评,监理、设计单位复核,质量合格。由开发单位进行合同工程完工验收会。验收意见为:本合同工程已按合同要求全部建设完成,地下水资源模型软件符合设计及相关规范要求,系统运行正常,功能和性能满足合同要求,提交文档资料齐全。验收工作组同意通过验收。

8.5.2.6 网络中心改造

由施工单位提交合同完工验收申请,随后省水文局、设计单位、监理单位对施工单位承担的国家地下水监测工程监测中心计算机网络建设项目标段进行合同完工预审。预审工作首先是查看监测中心机房,查看了机房外观和硬件设备,操作演示系统软件,内业资料审查是检查参建单位档案资料收集、整理、归档、立卷是否合理,是否有缺失,重点抽查了施工过程记录和质量控制资料,从档案的真实性、完整性和准确性进行全面核查,随后召开了预审工作会,形成预审意见。

施工单位向省项目办提交合同完工验收监理预审报告,同时省项目办批复同意开展合同工程验收工作。验收的主要依据是国家和水利部门制定的相关法律、法规和规章、技术规范、规程、标准及强制性条文、已批准的国家地下水监测工程(水利部分)陕西省初步设计文件、项目施工合同等,验收程序按照《关于印发〈国家地下水监测工程(水利部分)信息化验收手册(试行)〉的通知》(地下水〔2017〕170号)等规程文件的要求进行。

1. 陕西省监测中心计算机网络建设项目

相关单位代表和特邀专家参加验收会议,会议组成了合同工程完工验收组。验收组对工程完成情况和工程质量进行了现场检查,听取了施工单位、监理单位、设计单位和建设单位的汇报,同步对工程档案资料进行验收,讨论并通过了《国家地下水监测工程(水利部分)陕西省监测中心计算机网络建设项目合同工程完工验收鉴定书》。

2. 吉林省地下水监测中心网络环境改造项目

吉林省水文水资源局(吉林省水环境监测中心)组织召开国家地下水监测工程(水利部分)吉林省地下水监测中心网络环境改造项目合同工程完工验收会,验收组听取了施工单位、设计单位、监理单位和建设管理单位的工作报告,对工程资料进行检查,经充分质询,讨论并通过《国家地下水监测工程(水利部分)吉林省地下水监测中心网络环境改造项目合同工程完工验收鉴定书》。合同工程完工验收结论:本工程已按合同要求完成全部施工内容,工程质量符合合同、设计及相关规范、规程要求,工程资料齐全,未发生工程质量和安全事故。通过验收,工程质量为合格。

8.5.3 经验小结

合同管理作为工程建设项目管理中的基础性内容,其地位和作用不容忽视,作为资金管理的最佳形式,合同有法律效力,可在一定程度上确保招标人和施工单位双方的权益。国家地下水监测工程合同管理贯穿工程项目建设全过程,本工程合同管理的经验主要包括以下几点。

8.5.3.1 严格执行合同管理制度

合同管理制度是根据《合同法》和其他有关法规制定的制度,也是我国工程建设管理必须遵循的“四制”之一。严格执行合同管理制度，能够使工程建设各方依法履行各自的责任和义务，不仅保护了合同当事人的合法权益，也对工程建设项目的顺利实施起到了重要作用。国家地下水监测工程项目法人始终重视合同管理工作，项目法人严格执行合同管理制，不仅严格执行《合同法》，还根据工程实际情况，制定了切实可行的合同管理规定，例如：项目资金使用管理办法、项目资金报账管理办法、项目验收管理办法等，把合同管理作为项目建设管理的重要内容，做到职责明确、程序规范，保证了本工程的顺利完成。

8.5.3.2 责任落实到人，全程跟踪管理

合同作为一种具有法律效力的契约，为了保质、保量、按期完成工程建设，工程建设管理部门需要认真对待每一份合同的签订、执行和验收。国家地下水监测工程项目法人、部项目办从项目招投标开始，在合同谈判、合同签订、合同履行、合同变更、合同验收的不同阶段，项目法人\部项目办、流域和省级水文部门、监理单位、设计单位、建设单位都有专人负责、层层把关，将合同监督管理责任落实到人，实行全流程跟踪管理。由于国家地下水监测工程合同管理落实到人，实行流程管理，即使合同执行中发生问题也能快速解决，建设中没有发生索赔等合同争议。

8.5.3.3 提高效率、制定合同模板

由于国家地下水监测工程建设内容涉及面广，大多数招标和合同谈判草拟都是由各流域、省级水文部门办理的，例如每个省级水文部门都涉及土建工程合同、水位监测仪器合同，各流域和省级水文部门都有信息源与定制软件合同招标，这些合同这些招标内容和合同内容类似，为了便于合同编制和合同审查，项目法人、部项目办在合同招标之前，就依据《合同法》，会同监理制定了统一的合同模板，拟定了统一的合同格式和基本内容，明确了甲、乙双方的权利与义务、资金的支付方式、建设周期、建设地点、建设内容、质量保证、成果要求、培训与验收、保密与知识产权、争议与仲裁等。从而大大提高了合同编制效率和审查速度，也减少了由于业务不熟悉和人为原因产生的失误。

8.5.3.4 严格合同验收管理

国家地下水监测工程高度重视合同验收工作，不仅在项目建设管理办法中规定了工程验收总体要求，还制定了工程验收管理办法，以及一系列专项验收要求和规定，例如：监测井合同验收要求、仪器设备验收手册、单项工程完工验收实施细则等。合同验收还实行组合验收，例如：监测井验收分为单井验收、合同预验收和合同完工验收三个层次，只有通过前面的验收后才能进入下一层验收，而且验收不仅仅在会场听取汇报、查看档案，验收组还按相关规定，按比例随机抽取站点现场检查，对比施工方案和施工完成情况，现场查看施工记录、审批文件、档案，现场听取汇报并提出质疑。这种从里到外组合式的合同验收管理，能够最大程度地发现问题，确保工程质量。

8.5.3.5 合同整改清单

国家地下水监测工程不仅严格合同验收管理，验收专家组通常还会列出合同整改清单，详细列出验收过程中发现的问题，虽然只是一些小问题，但同样至关重要，可以有效防止后期建设方整改落实不到位或不完整的现象，杜绝了扯皮现象的发生，同时也只有在整改清单落实后，验收组才签字送出验收意见，经过流域或省级水文部门确认，项目法人或部项目办审核后，才按规定办理合同款支付手续。

第 9 章　财务与资产管理

9.1　财务管理任务和内容

基本建设财务管理是指依据国家严格方针、政策、法律、法规和建设项目概(预)算文件,对建设项目所需资金进行合理筹集、正确使用、科学控制的一系列活动。基本建设财务管理是基本建设的重要组成部分,它是国家财政基本建设支出预算管理的延伸,是保证国家预算正确执行的主要环节。基本建设财务管理的主要任务决定了它贯穿于整个基本建设的全过程,它对基本建设项目从可行性研究开始到项目建成交付使用的全过程进行财务监控和管理,它的职能就是对基本建设项目投入的资金运动的全过程进行连续、系统、全面、综合的反映、监督、控制和会计核算。它直接关系到项目建设任务能否顺利完成、如期移交和发挥效益。

国家地下水监测工程是经国务院同意,国家发展和改革委员会批准立项的一个多学科、高技术、跨地区、跨部门,投资量大,建设周期长的工程。其财务管理主要遵循财政部、水利部制定的《基本建设财务规则》(财政部令第 81 号)、《基本建设项目竣工财务决算管理暂行办法》(财建〔2016〕503 号)、《基本建设项目建设成本管理规定》(财建〔2016〕504 号)、《水利基本建设项目竣工财务决算编制规程》(SL 19—2014),水利部基本建设项目竣工财务决算管理暂行办法(水财务〔2014〕73 号)等规章制度 。

根据财政部制定的《基本建设财务规则》,国家地下水监测工程项目建设财务管理的基本任务是:贯彻执行国家有关法律、法规及规章制度;依法合理使用项目建设资金,做好基本建设资金的预算编制、执行、控制、监督和考核工作,严格控制项目建设成本,减少资金损失和浪费,提高投资效益。国家地下水监测工程建设财务管理的主要内容有:做好财务管理的基础工作、加强基本建设资金管理、编制基本建设项目竣工财务决算、做好资产管理及工程运维费用的测算工作。

9.2　财务管理原则

国家地下水监测工程是总投资 22 多亿元的大型基本建设项目,其中水利部分 11 亿元,由遍布全国各地的 40 个单项工程组成。每个单项工程既是整个项目的组成部分,又有独立的功能。

国家地下水监测工程管理机构设置和工程资金使用遵循“统一领导、分级负责,集中管理、统一支付,专款专用、注重效益”的原则。

统一领导、分级负责原则。项目建设的财务管理由水利部统一领导,对整个项目建设资金使用进行管理和监督。项目法人负责工程建设资金的财务管理,部项目办通过贯彻执行国家或部门有关法规和制定实施内部管理办法实现分级管理。

集中管理,统一支付原则。工程资金由项目法人集中管理、统一支付。流域水文局和省级水文部门按照项目法人授权或委托协助对资金进行监督与管理。

专款专用、注重效益原则。工程资金严格执行相关规定,用于经批准的工程项目,不得截留、挤占和挪用,做到专款专用,厉行节约,降低工程成本,防止损失浪费,提高资金使用效益。

9.3　财务管理体系建设

工程水利部分只有一个项目法人,如何做好具有点多面广、综合协调难度大、专业性强等特点的工程财务管理工作,财务管理体系建设尤为重要。工程资金管理层级划分如下:

(1)水利部负责本工程资金的下达、检查、监督与协调工作,主要工作包括:组织制定本工程资金使用管理制度;审核项目法人申报的年度投资建议计划及预算;指导、检查、监督资金使用与管理;组织审查、审计与审核本工程竣工财务决算。

(2)项目法人是资金使用管理的责任主体,主要职责包括:组织本工程年度投资计划及预算的申请;根据基本建设程序、年度投资计划、年度基本建设支出预算及工程进度,办理工程与设备价款结算,控制费用性支出,合理、有效使用资金;审核部项目办编制的单项工程竣工财务决算;审核本工程竣工财务决算,上报水利部;根据项目建设情况建立资产台账及资产登记卡片,办理资产交付使用手续;组织对本工程资金使用与管理的自查工作;按照政府采购和国库集中支付的有关规定,加强资金使用管理。

(3)部项目办对工程资金使用管理的主要职责包括:建立健全本工程资金内部管理制度并实施;承担本工程年度投资计划及预算的申请;开展资金使用和资产管理等培训工作;制定统一格式的财务报告和报表;编制单项工程竣工财务决算,汇总编制本工程竣工财务决算,报项目法人审核;管理本级工程建设过程中的资产,汇总本工程资产相关报表,报项目法人审核;指导、检查流域水文局和省级水文部门项目资产管理工作,审核流域、省级资产登记报表;具体承担对本工程资金使用与管理情况的自查工作;配合上级和有关部门的审计与检查;按照政府采购和国库集中支付的有关规定,加强资金使用管理。

(4)流域水文局主要工作包括:建立、健全本级工程资金内部管理制度,监督本级工程资金使用和资产管理;按时完成各种报表、报告的编写工作,对发生合同纠纷、违规事件、经济索赔等情况,应及时处理并报告;协助部项目办编制本级单项工程竣工财务决算;建立相应的资产台账及资产登记卡片;配合上级和有关部门的审计与检查;配合部项目办监督检查流域片内单项工程资金使用与管理情况;按照政府采购和国库集中支付的有关规定,加强资金使用管理。

(5)流域项目部主要工作包括:配合做好本级工程项目的建设管理工作,协助部项目办监督检查流域片内省级项目的资金使用与资产管理工作。

(6)省级水文部门主要工作包括:建立健全本级工程资金内部管理制度,监督本级工程资金使用和资产管理;按时完成各种报表、报告的编写工作,对发生合同纠纷、违规事件、经济索赔等情况,应及时处理并报告;协助部项目办编制本级单项工程竣工财务决算;建立相应的资产台账及资产登记卡片;配合上级和有关部门的审计与检查;按照政府采购和国库集中支付的有关规定,加强资金使用管理。

9.4　工程概算编制

9.4.1　概算项目划分

水利工程概算项目划分为工程部分、建设征地移民补偿、环境保护工程、水土保持工程四部分。工程部分细分为建筑工程、机电设备及安装工程、金属结构设备及安装工程、施工临时工程、独立费用;建设征地移民补偿细分为农村部分补偿、城(集)镇部分补偿、工业企业补偿、专业项目补偿、防护工程、库底清理、其他费用。各部分概算再下设一级项目、二级项目、三级项目。具体划分如图 9-1 所示。

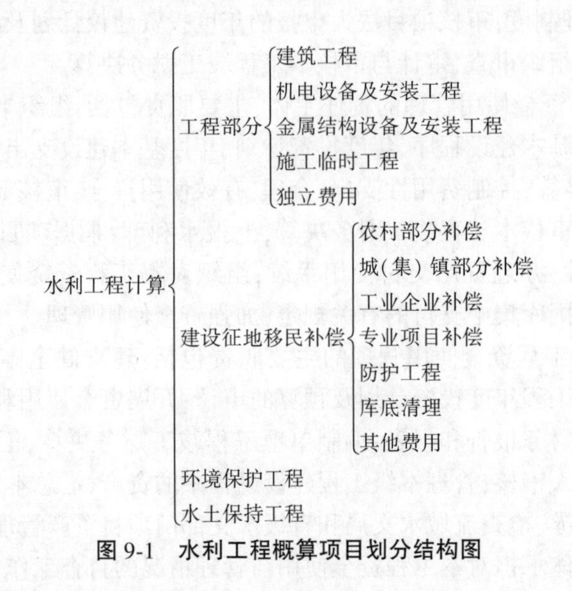

图 9-1　水利工程概算项目划分结构图

9.4.2　概算编制过程

初步设计阶段:2015 年 5 月,国家地下水监测工程初步设计工作完成,水利部、原国土资源部以《关于报送国家地下水监测工程初步设计概算核定的函》(水规计〔2015〕197 号),将《国家地下水监测工程初步设计》报送至国家发展和改革委员会进行概算核定。同年 5 月,国家发展和改革委员会召开国家地下水监测工程初步设计概算评审会;会后,概算编制单位根据评审意见进行修改完善,形成了国家中心、流域及省级地下水监测工程投资概算书(审定稿)。

工程建设实施阶段,结合实际工作需要,对原设计中的国家监测中心及部分省、市建设内容进行了设计变更,所有变更均为一般设计变更。由原设计单位进行概算编制。

9.4.3 编制原则及依据

9.4.3.1 编制原则

初步设计概算是在贯彻执行现行的国家、水利部及有关行业工程概(预)算文件、政策的前提下,本着实事求是、科学有据的原则,并按照工程所在地2014年第四季度建设工程材料基准价格进行编制。

9.4.3.2 编制依据

1. 主要依据

(1)国家及省(自治区、直辖市)颁发的有关法令法规、制度、规程。

(2)水利工程设计概(估)算编制规定。

(3)水利行业主管部门颁发的概算定额和有关行业主管部门颁发的定额。

(4)水利水电工程设计工程量计算规定。

(5)初步设计文件及图纸。

(6)有关合同协议及资金筹措方案。

(7)其他。

2. 本工程编制依据

(1)水利部水总〔2006〕140号文发布的《水利工程概算补充定额(水文设施工程专项)》。

(2)水利部水总〔2002〕116号文颁发的《水利工程设计概(估)算编制规定》《水利建筑工程预算定额》《水利建筑工程概算定额》《水利工程施工机械台时费定额》。

(3)水利部水建管〔1999〕523号文颁发的《水利水电设备安装工程概算定额》。

(4)2002年3月1日起施行的由国家计委、建设部发布的《工程勘察设计收费管理规定》(计价格〔2002〕10号)。

(5)2005年4月1日起由信息产业部批准执行的信部规〔2005〕36号文件发布的《电子建设工程预算定额》。

(6)国家发展和改革委员会、建设部关于印发《建设工程监理与相关服务收费管理规定》的通知(发改价格〔2007〕670号文)。

(7)工程设计图。

(8)仪器设备厂家和经销商报价。

(9)国家发展和改革委员会关于国家地下水监测工程可行性研究报告的批复意见。

(10)中国国际工程咨询公司《关于国家地下水监测工程可行性研究报告的咨询评估报告》。

(11)《国家地下水监测工程可行性研究报告》。

(12)国家地下水监测工程初步设计概算评审专家意见。

9.4.4 基础单价计算

9.4.4.1 人工预算单价

根据水总〔2002〕116号文,按《水利工程设计概(估)算编制规定》的人工工时费标准计算。

9.4.4.2 主要材料、仪器设备价格

按照《水利工程设计概(估)算编制规定》规定的主要材料的种类和计算方法,计算主要材料预算价格。井壁管、滤水管、滤料、黏土球等半成品价格采用工程所在地的市场价。

无缝钢管:管径146型120元/m、管径168型144元/m、管径219型184元/m。

滤水管:管径146型200元/m、管径168型234元/m、管径219型274元/m。

滤料:采用石英砂、砾石或河砂。砾石或河砂150元/m^3、石英砂1 000元/m^3。根据工程设计的石英砂、砾石或河砂的用量比例,滤料的综合价格为350元/m^3。

止水材料:采用优质黏土球、一般黏土球、水泥。一般黏土球120元/m^3、优质黏土球960元/m^3、水泥380元/m^3。根据工程设计优质黏土球、一般黏土球、水泥的用量比例,止水材料的综合单价为260元/m^3。

主要材料限价计入工程单价,超过部分计取税金后列入相应部分之后。主要材料限价:钢筋3 000元/t,水泥300元/t,柴油3 500元/t,汽油3 600元/t,砂、石子、块石70元/m^3。

仪器设备费根据工程所在位置按照水利部水总〔2006〕140号文发布的《水利工程概算补充定额(水文设施工程专项)》规定的方法计算。主要仪器设备原价如下:

(1)地下水水位、水温观测设备原价。

一体化浮子式水位计11 000元/台;

一体化压力式水位水温计14 000元/台。

(2)地下水水质监测设备费。

五参数水质监测设备80 000元/套;

五参数+UV探头水质监测设备240 000元/套。

(3)泉流量测验设备原价。

量水堰计8 400元/套。

(4)巡测设备费。

地市级信息站:水位测尺校准钢尺300元/个,悬锤式水位计3 000元/台,地下水水温计100元/个,地下水击式采样器3 000元/个,地下水采样器(贝勒管)200元/个,数据移动传输设备13 000元/套,小型空气压缩机10 000元/台,移动式汽油发电机组3 000元/台。

9.4.4.3 材料仪器设备运杂费、采购及保管费

设备运杂费费率取6%、设备运杂费费率取7%(广西)、设备运杂费费率取8%(内蒙古、海南、云南、甘肃、青海)、设备运杂费费率取9%(新疆生产建设兵团)、采购保管费费率取0.7%,运输保险费费率按0.45%。

材料的采购保管费费率3%,材料保险费费率0.45%,汽车运输按0.55元/(t·km)计算,汽车运输按0.6元/(t·km)计算(内蒙古),拖拉机运输按0.80元/(t·km)计算,

装卸费见表9-1。

表9-1　装卸费表

材料名称	钢筋（元/t）	型钢（元/t）	木材（元/ m^3）	水泥（元/t）	砂（元/ m^3）	碎石（元/ m^3）
装卸费	10	10	10	10	8	8

9.4.4.4　风、水、电价

由计算而得。

9.4.4.5　施工机械使用费

施工机械使用费根据《水利工程施工机械台时费定额》和《全国统一安装工程施工仪器仪表台班费用定额》及有关规定计算台时费。

9.4.4.6　混凝土材料单价

根据设计确定的不同工程部位的混凝土强度等级、级配和龄期，分别计算每立方混凝土材料单价。混凝土配合比的各种材料用量参照《水利建筑工程预算定额》附录混凝土材料配合表确定。

9.4.4.7　钻井及有关费用

钻井实物工作收费基价＝130（元/m）×自然进尺（m）×岩土类别系数×孔深系数×孔径系数。岩土类别系数、孔深系数、孔径系数按照单井设计图的岩土类别、孔深、孔径大小分别取值。其中，机械洗井840元/台班（山西、内蒙古、山东），抽水试验840元/台班，电测井23元/m，取岩芯样25元/件，取土样15元/件，取水样710元/件，水质分析1 433元/件。

山西、内蒙古、上海、福建、河南、海南、广西、贵州8省（市、区）水质分析1 488元/件。

9.4.4.8　有关造价指标

监测中心生产业务用房拟购置商品房，依据拟购北京市房源区段开发商的报价，综合按每平方米27 000元计算；生产业务用房装修及局部加固综合按每平方米2 000元计算。

监测站仪器房（站房）按照造价指标计算，综合考虑全省类似房屋造价指标按每平方米1 200元计算；监测站测井仪器保护设施按每处3 000元计算；监测站测井仪器保护设施按每处3 700元计算（山西）。

根据专家意见取消监测井井台费用；水准点、测站标志牌按造价指标计算，平均校核水准点680元/个、测站标志牌300元/个。

软件开发所需要的人工工时费为13 000元/人月。

系统集成费按国家、流域、省中心购置商业软硬件设备（不含本工程开发的软件）总费用的7%计列。

9.4.5　有关费率和取费标准

9.4.5.1　其他直接费费率

其他直接费费率、现场经费费率、间接费费率按照水利部水总〔2006〕140号文发布的

《水利工程概算补充定额(水文设施工程专项)》的规定计取。

全国半数单项工程费率如下,建筑工程:其他直接费费率 3%;安装工程:其他直接费费率 3.9%。

海南省计取费率较低,建筑工程:其他直接费费率 2.0%(海南);安装工程:其他直接费费率 2.7%。

青海省计取费率较高,建筑工程:其他直接费费率 5.5%;安装工程:其他直接费费率 6.2%。

9.4.5.2　现场经费费率

现场经费费率见表 9-2。

表 9-2　水文设施工程现场经费费率表

序号	工程类别	计算基础	现场经费费率(%)
1	土石方工程	直接费	10
2	模板工程	直接费	8
3	混凝土浇筑工程	直接费	9
4	钻孔灌浆工程	直接费	9
5	其他工程	直接费	7
6	仪器设备安装工程	人工费	50

9.4.5.3　间接费费率

间接费费率见表 9-3。

表 9-3　水文设施工程间接费费率表

序号	工程类别	计算基础	间接费费率(%)
1	土石方工程	直接工程费	9
2	模板工程	直接工程费	6
3	混凝土浇筑工程	直接工程费	5
4	钻孔灌浆工程	直接工程费	7
5	其他工程	直接工程费	7
6	仪器设备安装工程	人工费	55

9.4.5.4　企业利润

按直接工程费与间接费之和的 7%计算。

9.4.5.5　税金

按直接工程费、间接费、企业利润之和乘税率计算。税率标准按照工程所在位置确定,工程位于市区的税率为 3.477%,工程位于县城镇的税率为 3.413%,工程位于市区、县城镇以外的税率为 3.284%。

9.4.5.6　施工临时工程

施工临时工程按照实际需要计列;其他施工临时工程按工程一至三部分建安工作量(不包括其他施工临时工程)之和的百分率计算。流域中心、浙江省费率取3%。其他省级单项工程考虑到钻井设备进出场及安拆费用,取3%。

9.4.5.7　独立费用

1. 建设管理费

1)项目建设管理费

项目建设管理费按照水总〔2014〕429号文规定计算,即工程一至三部分建安工作量的4.5%。

2)工程建设监理费

工程建设监理费按建安工程费、仪器设备购置费之和的2.5%计取。

2. 生产准备费

生产及管理单位提前进场费:按一至三部分建安工作量的0.3%计算;

生产职工培训费:按一至三部分建安工作量的0.4%计算;

管理用具购置费:按一至三部分建安工作量的0.05%计算;国家中心、流域中心、北京、湖北、湖南、广东按一至三部分建安工作量的0.08%计算;

备品备件购置费:按设备费的0.5%计算;

工器具及生产家具购置费:按设备费的0.14%计算。

3. 工程勘察设计费

工程勘察设计费按建安工程费(国家中心扣除生产业务用房购置费)、仪器设备购置费之和的3%计算;工程勘察设计费未计。物探、监测站高程引测及坐标测量费按实际发生计列。

4. 建设及施工场地征用费

国家中心、流域中心建设及施工场地征用费未计。

地下水监测站永久占地建仪器房的监测站每站9 m^2,不建仪器房的监测站每站4 m^2,每平方米按150元计算;临时占地每站200 m^2,每平方米按2元计算。

泉流量(含坎儿井)监测站永久占地和临时占地费用按实际计列。

浙江省永久占地和临时占地费用按实际计列。

5. 有关税费

契税按地下水监测中心大楼购置费的3%计,印花税按中心大楼购置费的0.05%计。

9.4.5.8　基本预备费

基本预备费按工程一至四部分投资之和的1%计算。

9.4.5.9　环保工程投资

环保工程投资按照建设监测站净投入的环保措施计费。

9.4.5.10　其他

一体化浮子式水位计、一体化压力式水位水温计、水质监测设备安装费均按费率百分数形式计算,平均费率18%。

浙江省水质监测设备安装费按费率百分数形式计算,平均费率3.217%。

9.4.6 变更设计概算

工程建设实施阶段,本着科学、合理、经济、标准的原则,结合实际工作需要,对原设计国家监测中心及部分省市建设内容进行了设计变更,所有变更均为一般设计变更。概算由原设计单位编制。由于变更的时间、省市、项目不同,概算编制所采用的编制依据、部分材料设备单价、费率和取费标准也有所差别。

9.4.6.1 电力增容设备采购及安装工程

1. 编制原则

本概算是在贯彻执行国家及水利部现行有关工程概(预)算文件、政策的前提下,本着实事求是、科学有据的原则,根据北京市 2018 年第 4 期材料价格水平进行编制。

2. 编制依据

(1)《北京市建设工程计价依据——概算定额》(2016 年);

(2)《北京市建设工程造价咨询参考费用》(京价协〔2015〕011 号);

(3)《关于建筑业营业税改征增值税调整北京市建设工程计价依据的实施意见》(京建发〔2016〕116 号);

(4)《北京市住房和城乡建设委员会关于建筑垃圾运输处置费用单独列项计价的通知》(京建发〔2017〕27 号);

(5)《工程勘察设计收费标准》(国家发展计划委员会、建设部 2002 年修订本);

(6)关于颁发 2016 年《北京市建设工程计价依据——概算定额》的通知(京建发〔2016〕407 号文)。

3. 投资概算

水利部地下水项目办和中国地环院咨询原大楼电力设计单位(北京中天正通工程设计有限公司),请对方提供增容施工图纸且出具了施工图概算。该施工概算包含本次增容设备和施工的全部内容,并包含配合调试、验收工作的费用。该部分费用由水利部和国土部共同承担,承担比例按增容比例确定。

本方案水利部分总投资预计为 298.41 万元,全部为新增投资。

本方案费用主要由以下几部分组成:配电室占用费、电力增容费、施工图设计费、增容设备采购及安装费、招标工程量清单和控制价编制费。现就各项费用分别说明如下。

1)配电室占用费

根据国家地下水监测中心的实际增容需要,本次需占用开发商 4 号楼负一层 101 房间(原物业经理办公室)约 28.71 m^2,占用期为永久占用(至大楼产权到期),占用费按照 2 万元/m^2 收取(联合原国土相关部门多次和开发商商谈确定),占用费一次性付清,共计 57.42 万元。该项费用由开发商收取。

2)电力增容费

关于商业写字楼增容费的收费标准和收费依据,国家没有明确规定。水利部、原国土资源部联合点石商务公园现阶段需要增容的其他业主(国土部、建筑工业出版社、航天云网)共同和开发商、物业协商,经过多次协商,最终确定增容费收费标准为 3 元/W(开发商收取 2.8 元/W,物业收取 0.2 元/W),水利部实际增容费收取时计算基数为 548 kW,

其中 48 kW 为提交给开发商增容申请后，由于实验室增加设备相应增加的容量，国土部增容费收取基数为 700 kW。

3）施工图设计费

该费用由大楼原电力设计单位收取，收费依据按照国家相关收费标准收取，根据施工图纸概算，本项目施工费用总计 285.39 万元，设计费按照工程相关规定计算，并在此基础上优惠，优惠后为 11.58 万元。

4）增容设备采购及安装费

增容设备采购及安装费暂定为电力设计单位出具的概算价格，共计 285.39 万元。主要包括新建配电室（设备及电缆）240.67 万元、室外管道及管井 39.55 万元、配电间结构改造 2.82 万元、室外道路绿地拆除恢复 2.35 万元。

5）招标工程量清单和控制价编制费

经过水利部地下水项目办与中国地环院共同协商，委托新华工程咨询有限公司承担招标工程量清单和控制价编制工作。该费用根据京价协〔2015〕011 号《北京市建设工程造价咨询参考费用》收取，计算基数为设计单位出具的设计概算 285.39 万元，则招标工程量清单和控制价编制费为 1.91 万元。经双方友好协商，在此基础上优惠至 1.76 万元。

综上，国家地下水监测中心电力增容费用共有五项，分别是配电室占用费、电力增容费、施工图设计费、增容设备采购及安装费、招标工程量清单和控制价编制费；全部费用由水利、国土两家单位按照增容容量 5∶7比例缴纳分摊。

9.4.6.2　北京初步设计变更

1. 工程概况

在实施过程中，北京地下水监测井建设工程招标出现流标问题；对此，北京市水文总站专文报告水利部国家地下水监测工程项目建设办公室。按照水利部国家地下水监测工程项目建设办公室《关于复核国家地下水监测工程（水利部分）北京市地下水新建监测井建设工程调整投资概算的函》的要求，并根据北京市水文总站提供的水文地质补充资料等进行了初步设计修改，按照初步设计修改图重新编制了初步设计概算，形成了《国家地下水监测工程（水利部分）北京市地下水新建监测井建设工程初步设计变更投资概算书》。2017 年 1 月部地下水项目办组织专家对国家地下水监测工程（水利部分）北京市地下水新建监测井建设工程设计变更投资概算书进行了审查，根据专家意见进行了修改和完善，并形成了审定稿——《国家地下水监测工程（水利部分）北京市地下水新建监测井建设工程初步设计变更投资概算书（审定稿）》。

2. 编制原则

本概算是在贯彻执行现行国家、水利部及有关行业工程概（预）算文件、政策的前提下，本着实事求是、科学有据的原则，并按照工程所在地 2016 年第 11 月建设工程材料基准价格信息的价格水平进行编制。

3. 编制依据

（1）水利部水总〔2014〕429 号文发布的《水利工程设计概（估）算编制规定》。

（2）水利部办公厅关于印发《水利工程营业税改征增值税计价依据调整办法》的通知（办水总〔2016〕132 号）。

(3)水利部水总〔2006〕140 号文发布的《水利工程概算补充定额(水文设施工程专项)》。

(4)水利部水总〔2002〕116 号文发布的《水利建筑工程预算定额》《水利建筑工程概算定额》《水利工程施工机械台时费定额》。

(5)水利部水建管〔1999〕523 号文颁发的《水利水电设备安装工程概算定额》。

(6)2002 年 3 月 1 日起施行的由国家计委、建设部发布的《工程勘察设计收费管理规定》(计价格〔2002〕10 号)。

(7)2005 年 4 月 1 日起由信息产业部批准执行的信部规〔2005〕36 号文件发布的《电子建设工程预算定额》。

(8)国家发展和改革委员会、建设部关于印发《建设工程监理与相关服务收费管理规定》的通知(发改价格〔2007〕670 号文)。

(9)工程设计图。

(10)仪器设备厂家或经销商报价单。

(11)水利部国家地下水监测工程项目建设办公室《关于复核国家地下水监测工程(水利部分)北京市地下水新建监测井建设工程调整投资概算的函》(地下水函〔2016〕54 号)。

(12)国家发展和改革委员会审定的《北京地下水监测工程投资概算书(审定稿)》。

4. 基础单价计算

1)人工预算单价

根据水总〔2014〕429 号文,按《水利工程设计概(估)算编制规定》的人工费标准计算。

2)主要材料、仪器设备价格

按照《水利工程设计概(估)算编制规定》规定的主要材料的种类和计算方法,计算主要材料预算价格。其中,黏土球价格波动较小,采用国家发展和改革委员会核定价;井壁管、滤水管、滤料等主要半成品和材料价格较国家发展和改革委员会核定价变化较大,为此进行了多方询价。

主要材料限价计入工程单价,超过部分计取税金后列入相应部分。主要材料限价:钢筋 2 560 元/t,水泥 255 元/t,柴油 3 075 元/t,汽油 2 990 元/t,砂、石子、块石 70 元/m^3。

仪器设备费根据工程所在位置按照水利部水总〔2006〕140 号文发布的《水利工程概算补充定额(水文设施工程专项)》规定的方法计算。主要仪器设备原价如下:

(1)地下水水位、水温观测设备原价。

一体化浮子式水位计 11 000 元/台;

一体化压力式水位水温计 14 000 元/台。

(2)地下水水质监测设备费。

五参数水质监测设备 80 000 元/套;

五参数+UV 探头水质监测设备 240 000 元/套。

3)仪器设备运杂费、采购及保管费

设备运杂费费率取 6%、采购保管费费率取 0.7%、运输保险费费率取 0.45%。

4)风、水、电价

由计算而得。

5）施工机械使用费

施工机械使用费根据《水利工程施工机械台时费定额》和《全国统一安装工程施工仪器仪表台班费用定额》及有关规定计算台时费。

6）混凝土材料单价

根据设计确定的不同工程部位的混凝土强度等级、级配和龄期，分别计算每立方混凝土材料单价。混凝土配合比的各种材料用量参照《水利建筑工程预算定额》附录混凝土材料配合表确定。

7）钻井及有关费用

钻井实物工作收费基价=130（元/m）×自然进尺（m）×岩土类别系数×孔深系数×孔径系数。岩土类别系数、孔深系数、孔径系数按照单井设计图的岩土类别、孔深、孔径大小分别取值。其中，机械洗井 840 元/台班，抽水试验 840 元/台班，电测井 23 元/m，取岩芯样 25 元/件，取土样 15 元/件，取水样 710 元/件，水质分析 1 433 元/件。

8）有关造价指标

监测站仪器房（站房）按照造价指标计算，综合考虑全省类似房屋造价指标按 1 200 元/m^2 计算；监测站测井仪器保护设施按每处 3 000 元计算。

测站标志牌采用造价指标计算。按照国家发展和改革委员会概算审定稿标准计算，测站标志牌 300 元/个。

5. 有关费率及取费标准

1）其他直接费费率

建筑工程：其他直接费费率 8.5%。安装工程：其他直接费费率 9.2%。

2）间接费费率

北京间接费费率见表 9-4。

表 9-4　北京间接费费率

序号	工程类别	计算基础	间接费费率（%）
1	土方工程	直接费	8.5
2	石方工程	直接费	12.5
3	模板工程	直接费	9.5
4	混凝土浇筑工程	直接费	9.5
5	钢筋制安工程	直接费	5.5
6	钻孔灌浆工程	直接费	10.5
7	其他工程	直接费	10.5
8	仪器设备安装工程	人工费	80

3）企业利润

按直接工程费与间接费之和的 7%计算。

4）税金

税金指应计入建筑安装工程费用内的增值税销项税额，税率为 11%。

5)施工临时工程

施工临时工程按照实际需要计列;其他施工临时工程按工程一至三部分建安工作量(不包括其他施工临时工程)之和的百分率计算,取3%。

施工临时工程在国家发展和改革委员会概算审定稿基础上,增列泥浆外运及建筑物垃圾处理费用。泥浆外运费单价按照北京市相关定额分析计算,建筑物垃圾处理费按照《北京市发展和改革委员会北京市市政市容管理委员会关于调整本市非居民垃圾处理收费有关事项的通知》(京发改〔2013〕2662号)的规定标准计取。

6)独立费用

(1)建设管理费。

①项目建设管理费。

项目建设管理费按照水总〔2014〕429号文规定计算,即工程一至三部分建安工作量的4.5%。

②工程建设监理费。

工程建设监理费按建安工程费、仪器设备购置费之和的2.5%计取。

(2)生产准备费。

生产及管理单位提前进场费:按一至三部分建安工作量的0.25%计算;

生产职工培训费:按一至三部分建安工作量的0.45%计算;

管理用具购置费:按一至三部分建安工作量的0.06%计算;

备品备件购置费:按设备费的0.5%计算;

工器具及生产家具购置费:按设备费的0.15%计算。

(3)工程勘察设计费。

工程勘察设计费按建安工程费、仪器设备购置费之和的3%计算;物探、监测站高程引测及坐标测量费按实际发生计列。

(4)建设及施工场地征用费。

地下水监测站永久占地建仪器房的监测站每站9 m^2,不建仪器房的监测站每站4 m^2,按150元/m^2计算;永久占地面积和补偿标准均为国家发展和改革委员会概算审定标准。

临时占地每站200 m^2(国家发展和改革委员会概算审定标准),占地类型分别为林地和草坪,赔偿标准按照《北京市城市园林树木赔偿标准》(京园绿发〔2002〕285号)执行。

7)基本预备费

基本预备费按工程一至四部分投资之和的1%计算。

8)其他

一体化压力式水位水温计安装费按照国家发展和改革委员会概算审定稿的方法计算,即费率百分数形式计算,平均费率18%;水质设备安装费采用定额法计算。

9.4.6.3 广东初步设计变更

1.工程概况

广东地下水监测工程是国家地下水监测工程的重要组成部分。2015年4月,国家地下水监测工程初步设计工作完成,并上报国家发展和改革委员会审查;同年5月,国家发展和改革委员会召开国家地下水监测工程初步设计概算评审会,并进行了批复。之后,工程进入全面建设实施阶段。2016年4月及8月,广东省水文局组织了两次广东省地下水监测井建设工程招标,投标单位均不足3家,致使两次招标都流标;对此,广东省水文局专文报告部地下水项目办。为进一步推进国家地下水监测工程实施进度,2016年11月部地下水项目办以《关于复核广东监测井建设工程投资的函》向设计单位提出要求,并于11月25日召开设计变更专题讨论会,讨论制订了广东省地下水监测井建设工程流标问题解决方案。按照部地下水项目办文件要求和所制订的解决方案,在补充收集水文地质资料的基础上,对原初步设计进行了修改完善;按照修改后的初步设计图重新编制了初步设计概算,形成了《国家地下水监测工程(水利部分)广东初步设计变更投资概算书》。

2. 编制原则

本概算是在贯彻执行现行国家、水利部及有关行业工程概(预)算文件、政策的前提下,本着实事求是、科学有据的原则,并按照工程所在地2016年第三季度建设工程材料基准价格信息的价格水平进行编制。

3. 编制依据

(1)水利部水总〔2014〕429号文发布的《水利工程设计概(估)算编制规定》。

(2)水利部水总〔2006〕140号文发布的《水利工程概算补充定额(水文设施工程专项)》。

(3)水利部水总〔2002〕116号文发布的《水利建筑工程预算定额》《水利建筑工程概算定额》《水利工程施工机械台时费定额》。

(4)水利部水建管〔1999〕523号文颁发的《水利水电设备安装工程概算定额》。

(5)2002年3月1日起施行的由国家计委、建设部发布的《工程勘察设计收费管理规定》(计价格〔2002〕10号)。

(6)2005年4月1日起由信息产业部批准执行的信部规〔2005〕36号文件发布的《电子建设工程预算定额》。

(7)国家发展和改革委员会、建设部关于印发《建设工程监理与相关服务收费管理规定》的通知(发改价格〔2007〕670号文)。

(8)工程设计图。

(9)仪器设备由厂家和经销商报价单。

(10)水利部国家地下水监测工程项目建设办公室《关于复核广东省地下水监测井建设工程投资的函》(地下水函〔2016〕49号)。

(11)《广东地下水监测工程投资概算书(审定稿)》。

4. 基础单价计算

1)人工预算单价

根据水总〔2014〕429号文,按《水利工程设计概(估)算编制规定》的人工费标准计算。

2)主要材料、仪器设备价格

按照《水利工程设计概(估)算编制规定》规定的主要材料的种类和计算方法,计算主要材料预算价格。井壁管、滤水管、滤料、黏土球等半成品价格采用工程所在地的市场价。

主要材料限价计入工程单价,超过部分计取税金后列入相应部分之后。主要材料限价:钢筋2 560元/t,水泥255元/t,柴油3 075元/t,汽油2 990元/t,砂、石子、块石70元/m^3。

仪器设备费根据工程所在位置按照水利部水总〔2006〕140号文发布的《水利工程概算补充定额(水文设施工程专项)》规定的方法计算。主要仪器设备原价如下:

(1)地下水水位、水温观测设备原价。

一体化浮子式水位计11 000元/台;

一体化压力式水位水温计14 000元/台。

(2)地下水水质监测设备费。

五参数水质监测设备74 632.44元/套。

3)仪器设备运杂费、采购及保管费

设备运杂费费率取6%、采购保管费费率取0.7%、运输保险费费率按0.45%。

4)风、水、电价

由计算而得。

5)施工机械使用费

施工机械使用费根据《水利工程施工机械台时费定额》和《全国统一安装工程施工仪器仪表台班费用定额》及有关规定计算台时费。

6)混凝土材料单价

根据设计确定的不同工程部位的混凝土强度等级、级配和龄期,分别计算每立方混凝土材料单价。混凝土配合比的各种材料用量参照《水利建筑工程预算定额》附录混凝土材料配合表确定。

7)钻井及有关费用

钻井实物工作收费基价=130(元/m)×自然进尺(m)×岩土类别系数×孔深系数×孔径系数。岩土类别系数、孔深系数、孔径系数按照单井设计图的岩土类别、孔深、孔径大小分别取值。其中,机械洗井840元/台班,抽水试验840元/台班,电测井23元/m,取岩芯样25元/件,取土样15元/件,取水样710元/件,水质分析1 433元/件。

8)有关造价指标

监测站仪器房(站房)按照造价指标计算,综合考虑全省类似房屋造价指标按1 200元/m^2计算;监测站测井仪器保护设施按每处3 000元计算。

测站标志牌采用造价指标计算。按照国家发展和改革委员会概算审定稿标准计算,测站标志牌300元/个。

5.有关费率及取费标准

1)其他直接费费率

建筑工程:其他直接费费率7.5%。安装工程:其他直接费费率8.2%。

2)间接费费率

广东间接费费率见表9-5。

表9-5　广东间接费费率

序号	工程类别	计算基础	间接费费率(%)
1	土方工程	直接费	8.5
2	石方工程	直接费	12.5
3	模板工程	直接费	9.5
4	混凝土浇筑工程	直接费	9.5
5	钢筋制安工程	直接费	5.5
6	钻孔灌浆工程	直接费	10.5
7	其他工程	直接费	10.5
8	仪器设备安装工程	人工费	80

3)企业利润

按直接工程费与间接费之和的7%计算。

4)税金

税金指应计入建筑安装工程费用内的增值税销项税额,税率为11%。

5)施工临时工程

施工临时工程按照实际需要计列;其他施工临时工程按工程一至三部分建安工作量(不包括其他施工临时工程)之和的百分率计算,取3%。

6)独立费用

(1)建设管理费。

①项目建设管理费。

项目建设管理费按照水总〔2014〕429号文规定计算,即工程一至三部分建安工作量的4.5%。

②工程建设监理费。

工程建设监理费按建安工程费、仪器设备购置费之和的2.5%计取。

(2)生产准备费。

生产及管理单位提前进场费:按一至三部分建安工作量的0.25%计算;

生产职工培训费:按一至三部分建安工作量的0.45%计算;

管理用具购置费:按一至三部分建安工作量的0.06%计算;

备品备件购置费:按设备费的0.5%计算;

工器具及生产家具购置费:按设备费的0.15%计算。

(3)工程勘察设计费。

工程设计费按建安工程费、仪器设备购置费之和的3%计算;物探、监测站高程引测及坐标测量费按实际发生计列。

(4)建设及施工场地征用费。

地下水监测站永久占地建仪器房的监测站每站9 m^2,不建仪器房的监测站每站4 m^2,按150元/m^2计算;临时占地每站200 m^2,按2元/m^2计算。

7)基本预备费

基本预备费按工程一至四部分投资之和的1%计算。

8)其他

一体化压力式水位水温计、一体化浮子式水位计安装费按照概算审定稿的方法计算,即费率百分数形式计算,平均费率18%;水质设备安装费采用定额法计算。

9.4.6.4　西藏初步设计变更

1. 工程概况

西藏自治区地下水监测工程是国家地下水监测工程的重要组成部分。2015年4月,国家地下水监测工程初步设计工作完成,并上报国家发展和改革委员会审查;同年5月,国家发展和改革委员会召开国家地下水监测工程初步设计概算评审会,并进行了批复。之后,工程进入全面建设实施阶段。在实施过程中,西藏自治区地下水监测井建设工程招标出现流标问题;对此,西藏自治区水文水资源勘测局专文报告水利部地下水项目办。按照部地下水项目办《关于复核西藏自治区监测井建设工程投资的函》的要求,并根据西藏自治区水文水资源勘测局提供的《西藏自治区水文地质资料补充》等资料进行了初步设计修改,按照初步设计修改图重新编制了初步设计概算,形成了《国家地下水监测工程(水利部分)西藏自治区初步设计变更投资概算书》。

2. 编制原则

本概算是在贯彻执行现行国家、水利部及有关行业工程概(预)算文件、政策的前提下,本着实事求是、科学有据的原则,并按照工程所在地2016年第二季度建设工程材料基准价格信息的价格水平进行编制。

3. 编制依据

(1)水利部水总〔2006〕140号文发布的《水利工程概算补充定额(水文设施工程专项)》。

(2)水利部水总〔2014〕429号文发布的《水利工程设计概(估)算编制规定》。

(3)水利部水总〔2002〕116号文发布的《水利建筑工程预算定额》《水利建筑工程概算定额》《水利工程施工机械台时费定额》。

(4)水利部水建管〔1999〕523号文颁发的《水利水电设备安装工程概算定额》。

(5)2002年3月1日起施行的由国家计委、建设部发布的《工程勘察设计收费管理规定》(计价格〔2002〕10号)。

(6)2005年4月1日起由信息产业部批准执行的信部规〔2005〕36号文件发布的《电子建设工程预算定额》。

(7)国家发展和改革委员会、建设部关于印发《建设工程监理与相关服务收费管理规定》的通知(发改价格〔2007〕670号文)。

(8)工程设计图。

(9)仪器设备由厂家和经销商报价单。

(10)水利部国家地下水监测工程项目建设办公室《关于复核西藏自治区监测井建设工程投资的函》(地下水函〔2016〕30号)。

(11)国家发展和改革委员会《西藏自治区地下水监测工程投资概算书(审定稿)》。

4. 基础单价计算

1) 人工预算单价

根据水总〔2014〕429 号文,按《水利工程设计概(估)算编制规定》的人工费标准计算。

2) 主要材料、仪器设备价格

按照《水利工程设计概(估)算编制规定》规定的主要材料的种类和计算方法,计算主要材料预算价格。井壁管、滤水管、滤料、黏土球等半成品价格采用工程所在地的市场价。

主要材料限价计入工程单价,超过部分计取税金后列入相应部分之后。主要材料限价:钢筋 3 000 元/t,水泥 300 元/t,柴油 3 500 元/t,汽油 3 600 元/t,砂、石子、块石 70 元/m^3。

仪器设备费根据工程所在位置按照水利部水总〔2006〕140 号文发布的《水利工程概算补充定额(水文设施工程专项)》规定的方法计算。主要仪器设备原价如下:

(1) 地下水水位、水温观测设备原价。

一体化浮子式水位计 11 000 元/台;

一体化压力式水位水温计 14 000 元/台。

(2) 地下水水质监测设备费。

五参数水质监测设备 80 000 元/套;

五参数+UV 探头水质监测设备 240 000 元/套。

(3) 巡测设备费。

地市级信息站:水位测尺校准钢尺 300 元/个,悬锤式水位计 3 000 元/台,地下水水温计 100 元/个,地下水击式采样器 3 000 元/个,地下水采样器(贝勒管)200 元/个,数据移动传输设备 13 000 元/套,小型空气压缩机 10 000 元/台,移动式汽油发电机组 3 000 元/台。

3) 仪器设备运杂费、采购及保管费

设备运杂费费率取 10%、采购保管费费率取 0.7%、运输保险费费率按 0.45%。

4) 风、水、电价

由计算而得。

5) 施工机械使用费

施工机械使用费根据《水利工程施工机械台时费定额》和《全国统一安装工程施工仪器仪表台班费用定额》及有关规定计算台时费。

6) 混凝土材料单价

根据设计确定的不同工程部位的混凝土强度等级、级配和龄期,分别计算每立方混凝土材料单价。混凝土配合比的各种材料用量参照《水利建筑工程预算定额》附录混凝土材料配合表确定。

7) 钻井及有关费用

钻井实物工作收费基价=130(元/m)×自然进尺(m)×岩土类别系数×孔深系数×孔径系数。岩土类别系数、孔深系数、孔径系数按照单井设计图的岩土类别、孔深、孔径大小分别取值。其中,机械洗井 840 元/台班,抽水试验 840 元/台班,电测井 23 元/m,取岩芯样 25 元/件,取土样 15 元/件,取水样 710 元/件,水质分析 1 433 元/件。

8) 有关造价指标

监测站仪器房(站房)按照造价指标计算,综合考虑全省类似房屋造价指标按 1 200

元/m² 计算;监测站测井仪器保护设施按每处 3 000 元计算。

测站标志牌采用造价指标计算。按照国家发展和改革委员会概算审定稿标准计算,测站标志牌 300 元/个。

5. 有关费率及取费标准

1) 其他直接费费率

建筑工程:其他直接费费率 10.5%。安装工程:其他直接费费率 11.2%。

2) 间接费费率

西藏间接费费率见表 9-6。

表 9-6　西藏间接费费率

序号	工程类别	计算基础	间接费费率(%)
1	土方工程	直接费	7
2	石方工程	直接费	11
3	砂石备料工程	直接费	4
4	模板工程	直接费	8
5	混凝土浇筑工程	直接费	8
6	钢筋制安工程	直接费	5
7	钻孔灌浆工程	直接费	9
8	锚固工程	直接费	9
9	疏浚工程	直接费	6
10	其他工程	直接费	9
11	仪器设备安装工程	人工费	75

3) 企业利润

按直接工程费与间接费之和的 7%计算。

4) 税金

按直接工程费、间接费、企业利润之和乘税率计算。税率标准按照工程所在位置确定,工程位于市区的税率为 3.477%,工程位于县城镇的税率为 3.413%,工程位于市区、县城镇以外的税率为 3.284%。

5) 施工临时工程

施工临时工程按照实际需要计列;其他施工临时工程按工程一至三部分建安工作量(不包括其他施工临时工程)之和的百分率计算,取 3%。

6) 独立费用

(1) 建设管理费。

①项目建设管理费。

项目建设管理费按照水总〔2014〕429 号文规定计算,即工程一至三部分建安工作量的 4.5%。

②工程建设监理费。

工程建设监理费按建安工程费、仪器设备购置费之和的2.5%计取。

(2)生产准备费。

生产及管理单位提前进场费:按一至三部分建安工作量的0.3%计算;

生产职工培训费:按一至三部分建安工作量的0.4%计算;

管理用具购置费:按一至三部分建安工作量的0.05%计算;

备品备件购置费:按设备费的0.5%计算;

工器具及生产家具购置费:按设备费的0.14%计算。

(3)工程勘察设计费。

工程设计费按建安工程费、仪器设备购置费之和的3%计算;物探、监测站高程引测及坐标测量费按实际发生计列。

(4)建设及施工场地征用费。

地下水监测站永久占地建仪器房的监测站每站9 m^2,不建仪器房的监测站每站4 m^2,按150元/m^2计算;临时占地每站200 m^2,按2元/m^2计算。

7)基本预备费

基本预备费按工程一至四部分投资之和的1%计算。

8)其他

一体化浮子式水位计、一体化压力式水位水温计、水质监测设备安装费均按照国家发展和改革委员会概算审定稿的方法计算,即费率百分数形式计算,平均费率18%。

9.4.6.5　新疆南疆地区初步设计变更

1.工程概况

新疆维吾尔自治区地下水监测工程是国家地下水监测工程的重要组成部分。2015年4月,国家地下水监测工程初步设计工作完成,并上报国家发展和改革委员会审查;同年5月,国家发展和改革委员会召开国家地下水监测工程初步设计概算评审会,并进行了批复。之后,工程进入全面建设实施阶段。在实施过程中,由于南疆地区面积大,站点高度分散,自然条件差,社会环境复杂,当地施工技术力量薄弱,监测井所采用井壁管、滤水管、黏土球等材料或半成品当地无生产厂家,加之初步设计水文地质资料的局限性,致使批复设计概算明显偏低。对此,新疆维吾尔自治区水文局专文报告部地下水项目办。按照水利部国家地下水监测工程项目建设办公室《关于复核新疆维吾尔自治区南疆地区监测站建设工程概算的函》的要求,并根据新疆维吾尔自治区水文局提供的补充水文地质资料、主要材料报价单和运距等依据资料进行了初步设计修改,按照初步设计修改图重新编制了初步设计概算,形成了《国家地下水监测工程(水利部分)新疆维吾尔自治区南疆地区初步设计变更投资概算书》。

2.编制原则

本概算是在贯彻执行现行国家、水利部及有关行业工程概(预)算文件、政策的前提下,本着实事求是、科学有据的原则,并按照工程所在地2016年第三季度建设工程材料基准价格信息的价格水平进行编制。

3.编制依据

(1)水利部水总〔2014〕429号文发布的《水利工程设计概(估)算编制规定》。

(2)水利部水总〔2006〕140 号文发布的《水利工程概算补充定额(水文设施工程专项)》。

(3)水利部水总〔2002〕116 号文发布的《水利建筑工程预算定额》《水利建筑工程概算定额》《水利工程施工机械台时费定额》。

(4)水利部水建管〔1999〕523 号文颁发的《水利水电设备安装工程概算定额》。

(5)2002 年 3 月 1 日起施行的由国家计委、建设部发布的《工程勘察设计收费管理规定》(计价格〔2002〕10 号)。

(6)水利部办公厅(办水总〔2016〕132)号关于印发《水利工程营业税改征增值税计价依据调整办法》的通知;

(7)国家发展和改革委员会、建设部关于印发《建设工程监理与相关服务收费管理规定》的通知(发改价格〔2007〕670 号文)。

(8)工程设计图。

(9)仪器设备由厂家和经销商报价单。

(10)水利部国家地下水监测工程项目建设办公室《关于复核新疆维吾尔自治区南疆地区监测站建设工程概算的函》(地下水函〔2016〕45 号)。

(11)《新疆维吾尔族自治区地下水监测工程投资概算书(审定稿)》。

4. 基础单价计算

1)人工预算单价

根据水总〔2014〕429 号文,按《水利工程设计概(估)算编制规定》的人工费标准计算。

2)主要材料、仪器设备价格

按照《水利工程设计概(估)算编制规定》规定的主要材料的种类和计算方法,计算主要材料预算价格。井壁管、滤水管、滤料、黏土球采用国家发展和改革委员会概算审定稿标准计算(采用不含税价),井壁管、滤水管、黏土球由乌鲁木齐市采购加工运输到工地,滤料由阿克苏市采购加工运输到工地。

主要材料限价计入工程单价,超过部分计取税金后列入相应部分之后。主要材料限价:钢筋 2 560 元/t,水泥 255 元/t,柴油 3 075 元/t,汽油 2 990 元/t,砂、石子、块石 70 元/m^3。

仪器设备费根据国家发展和改革委员会概算审定稿标准计算。

3)风、水、电价

由计算而得。

4)施工机械使用费

施工机械使用费根据《水利工程施工机械台时费定额》和《全国统一安装工程施工仪器仪表台班费用定额》及有关规定计算台时费。

5)混凝土材料单价

根据设计确定的不同工程部位的混凝土强度等级、级配和龄期,分别计算每立方混凝土材料单价。混凝土配合比的各种材料用量参照《水利建筑工程预算定额》附录混凝土材料配合表确定。

6)钻井及有关费用

钻井实物工作收费基价=130(元/m)×自然进尺(m)×岩土类别系数×孔深系数×孔径

系数。岩土类别系数、孔深系数、孔径系数按照单井设计图的岩土类别、孔深、孔径大小分别取值。其中,机械洗井840元/台班,抽水试验840元/台班,电测井23元/m,取岩芯样25元/件,取土样15元/件,取水样710元/件,水质分析1 433元/件。

7)有关造价指标

监测站测井仪器保护设施按每处3 000元计算。

测站标志牌采用造价指标计算。按照国家发展和改革委员会概算审定稿标准计算,测站标志牌300元/个。

5.有关费率及取费标准

1)其他直接费费率

建筑工程:其他直接费费率10.5%。安装工程:其他直接费费率11.2%。

2)间接费费率

新疆南疆地区间接费费率见表9-7。

表9-7 新疆南疆地区间接费费率

序号	工程类别	计算基础	间接费费率(%)
1	土方工程	直接费	8.5
2	石方工程	直接费	12.5
3	模板工程	直接费	9.5
4	混凝土浇筑工程	直接费	9.5
5	钢筋制安工程	直接费	5.5
6	钻孔灌浆工程	直接费	10.5
7	其他工程	直接费	10.5
8	仪器设备安装工程	人工费	75

3)企业利润

按直接工程费与间接费之和的7%计算。

4)税金

税金指应计入建筑安装工程费用内的增值税销项税额,税率为11%。

5)施工临时工程

施工临时工程按照实际需要计列;其他施工临时工程按工程一至三部分建安工作量(不包括其他施工临时工程)之和的百分率计算,取3%。

6)独立费用

(1)建设管理费。

①项目建设管理费。

项目建设管理费按照水总〔2014〕429号文规定计算,即工程一至三部分建安工作量的4.5%。

②工程建设监理费。

工程建设监理费按建安工程费、仪器设备购置费之和的2.5%计取。

(2)生产准备费。

生产及管理单位提前进场费:按一至三部分建安工作量的0.3%计算;

生产职工培训费:按一至三部分建安工作量的0.4%计算;

管理用具购置费:按一至三部分建安工作量的0.05%计算;

备品备件购置费:按设备费的0.5%计算;

工器具及生产家具购置费:按设备费的0.14%计算。

(3)工程勘察设计费。

工程设计费按建安工程费、仪器设备购置费之和的3%计算;物探、监测站高程引测及坐标测量费按实际发生计列。

(4)建设及施工场地征用费。

不建仪器房的监测站每站4 m^2,按150元/m^2计算;临时占地每站200 m^2,按2元/m^2计算。

7)基本预备费

基本预备费按工程一至四部分投资之和的1%计算。

8)其他

一体化压力式水位水温计安装费按照国家发展和改革委员会概算审定稿的方法计算,即费率百分数形式计算,平均费率18%。

9.4.6.6 上海投资概算调整

1.工程概况

上海市地下水监测工程是国家地下水监测工程的重要组成部分。2015年4月,国家地下水监测工程初步设计工作完成,并上报国家发展和改革委员会审查;同年5月,国家发展和改革委员会召开国家地下水监测工程初步设计概算评审会,并进行了批复。之后,工程进入全面建设实施阶段。在实施过程中,上海市地下水监测井建设工程招标出现流标问题;对此,上海市水文总站专文报告部地下水项目办。按照部地下水项目办《关于复核上海市地下水监测井建设工程投资的函》的要求和上海水文总站提供的有关依据资料,对初步设计概算进行了调整,形成了《上海市地下水监测工程投资概算书(调整稿)》。

2.编制原则

本概算是在贯彻执行现行国家、水利部及有关行业工程概(预)算文件、政策的前提下,本着实事求是、科学有据的原则,并按照工程所在地2016年第二季度建设工程材料基准价格信息的价格水平进行编制。

3.编制依据

(1)水利部水总〔2014〕429号文发布的《水利工程设计概(估)算编制规定》。

(2)水利部水总〔2006〕140号文发布的《水利工程概算补充定额(水文设施工程专项)》。

(3)水利部水总〔2002〕116号文发布的《水利建筑工程预算定额》《水利建筑工程概算定额》《水利工程施工机械台时费定额》。

(4)水利部水建管〔1999〕523号文颁发的《水利水电设备安装工程概算定额》。

(5)2002 年 3 月 1 日起施行的由国家计委、建设部发布的《工程勘察设计收费管理规定》(计价格〔2002〕10 号)。

(6)2005 年 4 月 1 日起由信息产业部批准执行的信部规〔2005〕36 号文件发布的《电子建设工程预算定额》。

(7)国家发展和改革委员会、建设部关于印发《建设工程监理与相关服务收费管理规定》的通知(发改价格〔2007〕670 号文)。

(8)工程设计图。

(9)仪器设备由厂家和经销商报价单。

(10)水利部国家地下水监测工程项目建设办公室《关于复核上海市地下水监测井建设工程投资的函》(地下水函〔2016〕29 号)。

(11)国家发展和改革委员会《上海市地下水监测工程投资概算书(审定稿)》。

4. 基础单价计算

1)人工预算单价

根据水总〔2014〕429 号文,按《水利工程设计概(估)算编制规定》的人工费标准计算。

2)主要材料、仪器设备价格

按照《水利工程设计概(估)算编制规定》规定的主要材料的种类和计算方法,计算主要材料预算价格。井壁管、滤水管、滤料、黏土球等半成品价格采用工程所在地的市场价。

主要材料限价计入工程单价,超过部分计取税金后列入相应部分之后。主要材料限价:钢筋 3 000 元/t,水泥 300 元/t,柴油 3 500 元/t,汽油 3 600 元/t,砂、石子、块石 70 元/m^3。

仪器设备费根据工程所在位置按照水利部水总〔2006〕140 号文发布的《水利工程概算补充定额(水文设施工程专项)》规定的方法计算。主要仪器设备原价如下:

(1)地下水水位、水温观测设备原价。

一体化浮子式水位计 11 000 元/台;

一体化压力式水位水温计 14 000 元/台。

(2)地下水水质监测设备费。

五参数水质监测设备 80 000 元/套;

五参数+UV 探头水质监测设备 240 000 元/套。

(3)巡测设备费。

地市级信息站:水位测尺校准钢尺 300 元/个,悬锤式水位计 3 000 元/台,地下水水温计 100 元/个,地下水击式采样器 3 000 元/个,地下水采样器(贝勒管)200 元/个,数据移动传输设备 13 000 元/套,小型空气压缩机 10 000 元/台,移动式汽油发电机组 3 000 元/台。

3)仪器设备运杂费、采购及保管费

设备运杂费费率取 6%、采购保管费费率取 0.7%、运输保险费费率按 0.45%。

4)风、水、电价

由计算而得。

5)施工机械使用费

施工机械使用费根据《水利工程施工机械台时费定额》和《全国统一安装工程施工仪器仪表台班费用定额》及有关规定计算台时费。

6)混凝土材料单价

根据设计确定的不同工程部位的混凝土强度等级、级配和龄期,分别计算每立方混凝土材料单价。混凝土配合比的各种材料用量参照《水利建筑工程预算定额》附录混凝土材料配合表确定。

7)钻井及有关费用

钻井实物工作收费基价=130(元/m)×自然进尺(m)×岩土类别系数×孔深系数×孔径系数。岩土类别系数、孔深系数、孔径系数按照单井设计图的岩土类别、孔深、孔径大小分别取值。其中,机械洗井840元/台班,抽水试验840元/台班,电测井23元/m,取岩芯样25元/件,取土样15元/件,取水样710元/件,水质分析1 433元/件。

8)有关造价指标

监测站仪器房(站房)按照造价指标计算,综合考虑全国类似房屋造价指标按1 200元/m^{2}计算;监测站测井仪器保护设施按每处3 000元计算。

水准点、测站标志牌按造价指标按照国家发展和改革委员会概算审定稿标准计算,校核水准点680元/个、测站标志牌300元/个。

5.有关费率及取费标准

1)其他直接费费率

建筑工程:其他直接费费率7.0%。安装工程:其他直接费费率7.7%。

2)间接费费率

上海间接费费率见表9-8。

表9-8 上海间接费费率

序号	工程类别	计算基础	间接费费率(%)
1	土方工程	直接费	7
2	石方工程	直接费	11
3	砂石备料工程	直接费	4
4	模板工程	直接费	8
5	混凝土浇筑工程	直接费	8
6	钢筋制安工程	直接费	5
7	钻孔灌浆工程	直接费	9
8	锚固工程	直接费	9
9	疏浚工程	直接费	6
10	其他工程	直接费	9
11	仪器设备安装工程	人工费	75

3)企业利润

按直接工程费与间接费之和的7%计算。

4) 税金

按直接费、间接费、利润和材料补差之和乘税率计算。税率标准按照工程所在位置确定,工程位于市区的税率为 3.48%,工程位于县城镇的税率为 3.41%, 工程位于市区、县城镇以外的税率为 3.28%。

5) 施工临时工程

施工临时工程按照实际需要计列;其他施工临时工程按工程一至三部分建安工作量(不包括其他施工临时工程)之和的百分率计算,取 4%。

6) 独立费用

(1) 建设管理费。

①项目建设管理费。

项目建设管理费按照水总〔2014〕429 号文规定计算,即工程一至三部分建安工作量的 4.5%。

②工程建设监理费。

工程建设监理费按建安工程费、仪器设备购置费之和的 2.5%计取。

(2) 生产准备费。

生产及管理单位提前进场费:按一至三部分建安工作量的 0.3%计算;

生产职工培训费:按一至三部分建安工作量的 0.4%计算;

管理用具购置费:按一至三部分建安工作量的 0.05%计算;

备品备件购置费:按设备费的 0.5%计算;

工器具及生产家具购置费:按设备费的 0.14%计算。

(3) 工程勘察设计费。

工程勘察设计费按建安工程费、仪器设备购置费之和的 3%计算;物探、监测站高程引测及坐标测量费按实际发生计列。

(4) 建设及施工场地征用费。

地下水监测站永久占地建仪器房的监测站每站 9 m^2,不建仪器房的监测站每站 4 m^2,按 150 元/m^2 计算;临时占地每站 200 m^2,按 2 元/m^2 计算。

7) 基本预备费

基本预备费按工程一至四部分投资之和的 1%计算。

8) 其他

一体化浮子式水位计、一体化压力式水位水温计、水质监测设备安装费均按照国家发展和改革委员会概算审定稿的方法计算, 即费率百分数形式计算,平均费率 18%。

9.4.6.7　云南省自流井

1. 工程概况

国家地下水监测工程(水利部分)云南省地下水监测工程建设范围包括全省 14 个地市(州)及 1 个重点监测区(西南岩溶石山地区)。建设省级中心 1 个、12 个地市级分中心(含 1 个地市级信息站),新建及改建地下水监测站 173 个(新建 166 眼,改建 7 眼)、配置地下水水位信息自动采集传输设备 173 套。本工程分为监测井土建(2 个标段)、水位监测仪器设备与安装和软件本地化定制等多个标段。2017 年年底,2 个监测井土建标段相继完工。完成新建井 166 眼,改建井 7 眼,其中 26 眼新建监测井出现自流。针对自流井监测等问题,部项目办于 2017 年 8 月在郑州组织召开“国家地下水监测工程(水利部分)自流井监测方法及高寒地区冻土层监测站基础处理方式咨询会”;按照咨询会意见和部项目办要求,2017 年 9 月中旬,设计单位完成了自流井监测设施设计方案,并向部项目办进行了汇报。2017 年 12 月,云南省水文水资源局向部项目办报送了《云南省水文水资源局关于国家地下水监测工程(水利部分)云南监测站自流井仪器设备购置与安装设计变更的请示》;2018 年 3 月,部项目办要求开展云南省自流井监测设施的设计变更工作;设计单位在调研、咨询的基础上,对自流井监测设施设计方案进行了优化,完成了变更设计工作。按照变更设计图等依据资料进行了变更设计概算编制,形成了《国家地下水监测工程(水利部分)云南省自流井监测设施设计变更投资概算书》。

2. 编制原则

本概算是在贯彻执行现行国家、水利部及有关行业工程概(预)算文件、政策的前提下,本着实事求是、科学有据的原则,并按照云南省 2018 年第 1 期公路信息价的价格水平进行编制。

3. 编制依据

(1)水利部水总〔2014〕429 号文发布的《水利工程设计概(估)算编制规定》。

(2)水利部办公厅关于印发《水利工程营业税改征增值税计价依据调整办法》的通知(办水总〔2016〕132 号)。

(3)水利部水总〔2006〕140 号文发布的《水利工程概算补充定额(水文设施工程专项)》

(4)水利部水总〔2002〕116 号文发布的《水利建筑工程预算定额》《水利建筑工程概算定额》《水利工程施工机械台时费定额》。

(5)水利部水建管〔1999〕523 号文颁发的《水利水电设备安装工程概算定额》。

(6)2002 年 3 月 1 日起施行的由国家计委、建设部发布的《工程勘察设计收费管理规定》(计价格〔2002〕10 号)。

(7)2005 年 4 月 1 日起由信息产业部批准执行的信部规〔2005〕36 号文件发布的《电子建设工程预算定额》。

(8)国家发展和改革委员会、建设部关于印发《建设工程监理与相关服务收费管理规定》的通知(发改价格〔2007〕670 号文)。

(9)工程设计图。

(10)仪器设备由厂家和经销商报价单。

4. 基础单价计算

1)人工预算单价

根据水总〔2014〕429 号文,按《水利工程设计概(估)算编制规定》的人工费标准计算。

2)主要材料、仪器设备价格

按照《水利工程设计概(估)算编制规定》规定的主要材料的种类和计算方法,计算主要材料预算价格。

主要材料限价计入工程单价，超过部分计取税金后列入相应部分之后。主要材料限价：钢筋2 560元/t，水泥255元/t，柴油2 990元/t，汽油3 075元/t，砂、石子、块石70元/m^3。

3）风、水、电价

由计算而得。

4）施工机械使用费

施工机械使用费根据《水利工程施工机械台时费定额》和《全国统一安装工程施工仪器仪表台班费用定额》及有关规定计算台时费。

5）混凝土材料单价

根据设计确定的不同工程部位的混凝土强度等级、级配和龄期，分别计算每立方混凝土材料单价。混凝土配合比的各种材料用量参照《水利建筑工程预算定额》附录混凝土材料配合表确定。

5. 有关费率及取费标准

1）其他直接费费率

建筑工程：其他直接费费率7.0%。安装工程：其他直接费费率7.7%。

2）间接费费率

云南省间接费费率见表9-9。

表9-9　云南省间接费费率

序号	工程类别	计算基础	间接费费率(%)
1	土方工程	直接费	8.5
2	石方工程	直接费	12.5
3	模板工程	直接费	9.5
4	混凝土浇筑工程	直接费	9.5
5	钢筋制安工程	直接费	5.5
6	钻孔灌浆工程	直接费	10.5
7	其他工程	直接费	10.5
8	仪器设备安装工程	人工费	80

3）企业利润

按直接工程费与间接费之和的7%计算。

4）税金

税金指应计入建筑安装工程费用内的增值税销项税额，税率为11%。

5）施工临时工程

施工临时工程按照实际需要计列；其他施工临时工程按工程一至三部分建安工作量（不包括其他施工临时工程）之和的百分率计算，取3%。

6）独立费用

（1）建设管理费。

建设管理费按照《水利工程设计概(估)算编制规定》(水总〔2014〕429 号)规定计算,即工程一至三部分建安工作量的 4.5%(国家发展和改革委员会概算审定标准)。

(2)工程建设监理费。

工程建设监理费按建安工程费、仪器设备购置费之和的 2.5%计取(国家发展和改革委员会概算审定标准)。

(3)生产准备费。

生产及管理单位提前进场费:按一至三部分建安工作量的 0.25%计算;

生产职工培训费:按一至三部分建安工作量的 0.45%计算;

管理用具购置费:按一至三部分建安工作量的 0.06%计算;

备品备件购置费:按设备费的 0.5%计算;

工器具及生产家具购置费:按设备费的 0.15%计算。

(4)工程勘察设计费。

工程勘察设计费按建安工程费、仪器设备购置费之和的 3%计算(国家发展和改革委员会概算审定标准)。

7)基本预备费

基本预备费按工程一至四部分投资之和的 1%计算(国家发展和改革委员会概算审定标准)。

9.5 财务管理基础工作

做好财务管理的基础工作,是工程建设保质保量的基石。财务管理基础工作包括:按规定设置独立的财务管理机构或指定专人负责基本建设财务工作;严格按照批准的概预算建设内容,做好账务设置和账务管理,建立健全内部财务管理制度;对基本建设活动中的材料、设备采购、存货、各项财产物资及时做好原始记录;及时掌握工程进度,定期进行财产物资清查;按规定报送相关财务报表;运用科学合理的评价方法和评价标准,对项目建设全过程中资金筹集、使用及核算的规范性、有效性,以及投入运营效果等进行绩效评价。

9.5.1 建立财务管理组织

部项目办成立财务处,配备财务人员 4 人,负责执行基本建设财务规则,开展建设项目资金管理与核算、工程价款结算的审核,组织编制竣工财务决算,指导、监督和检查各流域、各省(自治区、直辖市)项目财务管理工作。各流域水文局、省级水文部门均未成立专职的财务机构,由各单位财务部门与项目部(办)共同使用与管理本级工程资金。

9.5.2 完善财务管理制度

该工程是水利部与原国土资源部联合申请、分别实施、信息共享的项目,党和国家高度重视地下水监测工作,在中央"十三五"规划纲要中明确提出完善国家地下水监测系统。在广泛征求意见的基础上,根据工程建设管理要求,从部委层面制定出台《国家地下水监测工程(水利部分)项目建设管理办法》《国家地下水监测工程(水利部分)项目资金使用管理办法》《国家地下水监测工程(水利部分)项目廉政建设办法》,规范工程建设管理、职责分工、资金使用与监管、廉政建设等工作,提高制度的可执行力,为规范项目的建设管理、保证工程质量、实施财务监督提供制度依据。从项目法人的层面可制定出台相应的实施细则。具体包括:项目管理方面对应出台《水利建设基金管理办法》《基建前期工作经费财务管理办法》《项目预算执行进度管理办法》《水利基本建设项目竣工决算审计管理办法》;实施方面对应出台《政府采购管理暂行办法》《固定资产管理办法》《差旅费管理办法》《会议费管理办法》《培训费管理办法》《项目招投标暂行办法》《项目资金报账管理暂行办法》等内部财务管理制度。

9.5.3　加强资金监管措施

9.5.3.1　规范建账和会计科目使用

加强会计基础工作,按照基本建设项目建设成本管理规定,单独设账,项目建设资金纳入基建账目进行核算和管理,保证资金安全。根据概算投资进行细化,设立以省、流域、国家中心为部门,建安工程(含施工临时工程)、仪器设备购置、独立费用、基本预备费、环境保护工程为项目的账务核算体系,实现井字格管理。

9.5.3.2　严格预算内资金管理

基本建设支出预算资金来源包括:本级财政根据当年可用财力安排的财政预算内基本建设投资(含财政专项基本建设投资);年度预算执行中动用机动财力追加的基本建设投资;上年结转本年继续使用的基本建设投资;上级财政专项补助的基本建设投资以及纳入财政预算管理用于安排基本建设的各项专项建设基金等。

项目法人编制项目预算应当以批准的概算为基础,按照项目实际建设资金需求编制,并控制在批准的概算总投资规模、范围和标准以内。项目法人应当细化项目预算,分解项目各年度预算和财政资金预算需求。涉及政府采购的,应当按照规定编制政府采购预算。项目资金预算应当纳入项目主管部门的部门预算或者国有资本经营预算统一管理。列入部门预算的项目,一般应当从项目库中产生。项目法人应当根据项目概算、建设工期、年度投资和自筹资金计划、以前年度项目各类资金结转情况等,提出项目财政资金预算建议数,按照规定程序经项目主管部门审核汇总报财政部门。项目法人根据财政部门下达的预算控制数编制预算,由项目主管部门审核汇总报财政部门,经法定程序审核批复后执行。项目法人应当严格执行项目财政资金预算。对发生停建、缓建、迁移、合并、分立、重大设计变更等变动事项和其他特殊情况确需调整的项目,项目法人应当按照规定程序报项目主管部门审核后,向财政部门申请调整项目财政资金预算。

水利部按照预算管理规定,督促和指导项目法人做好项目财政资金预算编制、执行和调整,严格审核项目财政资金预算、细化预算和预算调整的申请,及时掌握项目预算执行动态,跟踪分析项目进度,按照要求向财政部门报送执行情况。项目法人组织编制本工程年度预算、用款计划和直接支付申请等工作,部项目办具体承办。项目法人、流域水文局、省级水文部门应于当年投资计划下达前,按照报送的年度工程实施方案,做好工程建设前期准备工作,预算一经下达,资金及时支付,保障预算执行进度。工程年度预算在执行中一般不予调整。确需调整的,项目法人应按规定上报水利部申请调整预算,严禁虚报冒领,高估冒算,变相挪用国家基本建设预算资金。

9.5.4 严格建设成本核算

基本建设项目的建设成本包括建筑安装工程投资支出、设备投资支出、待摊投资支出和其他投资支出。其中:

建筑安装工程投资支出是指基本建设项目(简称项目)建设单位按照批准的建设内容发生的建筑工程和安装工程的实际成本,其中不包括被安装设备本身的价值,以及按照合同规定支付给施工单位的预付备料款和预付工程款。

设备投资支出是指项目建设单位按照批准的建设内容发生的各种设备的实际成本(不包括工程抵扣的增值税进项税额),包括需要安装设备、不需要安装设备和为生产准备的不够固定资产标准的工具、器具的实际成本。需要安装设备是指必须将其整体或几个部位装配起来,安装在基础上或建筑物支架上才能使用的设备。不需要安装设备是指不必固定在一定位置或支架上就可以使用的设备。

待摊投资支出是指项目建设单位按照批准的建设内容发生的,应当分摊计入相关资产价值的各项费用和税金支出。主要包括:①勘察费、设计费、研究试验费、可行性研究费及项目其他前期费用;②土地征用及迁移补偿费、土地复垦及补偿费、森林植被恢复费及其他为取得或租用土地使用权而发生的费用;③土地使用税、耕地占用税、契税、车船税、印花税及按规定缴纳的其他税费;④项目建设管理费、代建管理费、临时设施费、监理费、招标投标费、社会中介机构审查费及其他管理性质的费用;⑤项目建设期间发生的各类借款利息、债券利息、贷款评估费、国外借款手续费及承诺费、汇兑损益、债券发行费用及其他债务利息支出或融资费用;⑥工程检测费、设备检验费、负荷联合试车费及其他检验检测类费用;⑦固定资产损失、器材处理亏损、设备盘亏及毁损、报废工程净损失及其他损失;⑧系统集成等信息工程的费用支出;⑨其他待摊投资性质支出。项目在建设期间的建设资金存款利息收入冲减债务利息支出,利息收入超过利息支出的部分,冲减待摊投资总支出。

项目建设管理费是指项目建设单位从项目筹建之日起至办理竣工财务决算之日止发生的管理性质的支出。包括:不在原单位发工资的工作人员工资及相关费用、办公费、办公场地租用费、差旅交通费、劳动保护费、工具用具使用费、固定资产使用费、招募生产工人费、技术图书资料费(含软件)、业务招待费、施工现场津贴、竣工验收费和其他管理性质开支。项目建设单位应当严格执行《党政机关厉行节约反对浪费条例》,严格控制项目建设管理费,实行总额控制,分年度据实列支。

项目单项工程报废净损失计入待摊投资支出。单项工程报废应当经有关部门或专业机构鉴定。非经营性项目以及使用财政资金所占比例超过项目资本50%的经营性项目,发生的单项工程报废经鉴定后,报项目竣工财务决算批复部门审核批准。因设计单位、施工单位、供货单位等原因造成的单项工程报废损失,由责任单位承担。

其他投资支出是指项目建设单位按照批准的项目建设内容发生的房屋购置支出,基本畜禽、林木等的购置、饲养、培育支出,办公生活用家具、器具购置支出,以及软件研发不能计入设备投资的软件购置等支出。

9.5.5　严格资金支付程序

支付建设资金严格执行财政部制定的《水利基本建设资金管理办法》(财基〔1999〕39号)的规定:在项目尚未批准开工以前,支付前期工作费用需经上级主管部门批准;计划任务书已经批准,初步设计和概算尚未批准的,可以支付项目建设必需的施工准备费用;已列入年度基本建设支出预算和年度基建投资计划的施工预备项目和规划设计项目,可以按规定内容支付所需费用。在未经批准开工之前,不得支付工程款。

项目建设资金全部纳入国库集中支付的范畴,根据国库集中支付的有关规定办理资金支付。

资金支付程序:①经办人审查。经办人对支付凭证的合法性、手续的完备性和金额的真实性进行审查。实行工程监理制的项目须监理工程师签字;②有关业务部门审核。经办人审查无误后,应送业务部门和财务部门负责人审核;③项目办领导核准签字。

9.5.6　严格按合同管理

合同管理是工程建设过程中非常重要的内容,制定合同文本时充分考虑每一个项目的特点,按照预付款、到货款(工程进度款)、合同验收款等关键支付环节,提出了明确的支付条件和付款比例的要求,从而避免了合同执行中的推诿与扯皮。为确保项目资金专款专用,在合同签订后,项目办管理人员将合同副本复印件送交财务部门,履行合同支付款支付程序。在需要支付合同款时,由业务部门填报项目付款申请表,经监理审核并签发支付证书,送财务负责人审核同意,由项目办主任签字后,方才办理付款手续。

9.5.7　严格工程价款结算管理

工程价款结算是指依据基本建设工程发承包合同等进行工程预付款、进度款、竣工价款结算的活动。项目建设单位应当严格按照合同约定和工程价款结算程序支付工程款。竣工价款结算一般应当在项目竣工验收后2个月内完成,大型项目一般不得超过3个月。项目建设单位可以与施工单位在合同中约定按照不超过工程价款结算总额的3%预留工程质量保证金,待工程交付使用缺陷责任期满后清算。资信好的施工单位可以用银行保函替代工程质量保证金。加强工程价款结算的监督,重点审查工程招标投标文件、工程量及各项费用的计取、合同协议、施工变更签证、人工和材料价差、工程索赔等。项目法人在与施工单位签订施工合同时,要求工程价款结算方式必须符合财政支出预算管理的有关规定。在办理工程支付手续前严格审核合同的条款、价格、支付申请、计划单及审批人意见等,以防止高估工程款和虚报冒领,对不符合规定的合同,一概拒付。因工程变更等原因造成工程价款支付方式及金额发生变动的,应有完整的书面文件和其他相关资料,并经财会部门审核后方可付款。

9.5.8　加快资金支付进度

加快资金支付进度是提高财政资金使用效益和效率的重要工作。项目在建设过程中,各级项目办资金支付存在滞后现象。为提高资金支付率,加快预算执行进度,项目财务管理要和项目计划管理、工程建设管理、资金支付管理有效结合。要认真清查每一份经济合同的执行情况,严格执行合同,严把验收关:工程进度和到货设备都办理验收手续,需要安装设备的,依照部项目办颁发的设备采购管理办法及设备采购合同对设备进行验收。工程进度和到货设备的验收手续(含工程承包人、设备供应人提供的工程进度报表和设备交货清单)都及时提供财务部门一份,作为结算付款和会计核算的依据。要求依照合同及验收结算手续,及时付清工程进度款和设备款,该抵扣的款项要如数抵扣;对其他应收应付款项要逐笔清理,尽量做到不跨年度,对年末不能结清的也要进行情况确认。

9.5.9 加强监督检查

加强项目建设资金的管理不仅要加强事后监督,更应该加强事前、事中监督。但事前、事中监督则主要依靠内部监督。所以,在扩大内部监督范围的同时,还必须加大内部监督的力度。事前、事中内部监督主要是广泛宣传水利基本建设资金管理方面的法规和规章,提醒办事人员在处理事务的时候必须按照程序和规范办事。事后的内部监督应该在广度和深度上下功夫,发现问题必须及时纠正,查出的问题,必须严肃处理。

(1)建立重大事项报告制度。要求各级项目办指定专人负责信息收集、汇总工作,及时报送信息资料。报送的信息资料主要包括反映资金到位、使用情况的月报、季报、年报,工程进度报告、项目竣工财务决算、项目竣工后的投资效益分析报告及其他相关资料等,以便及时发现问题和解决问题。

(2)主动接受审计部门的监督。在工程建设和资金使用的过程中,部项目办除了经常组织对资金使用情况进行自查、自纠外,还主动接受审计部门的监督。每年的年终都要配合审计部门,将一年的资金使用情况进行审核、审计。对于工程建设过程中涉及的重大事项,配合审计部门开展专项审查,形成财务管理与审计检查良性互动机制。

9.6 项目竣工财务决算编制

编制项目竣工决算是基本建设财务管理中的重要内容。项目竣工财务决算是正确核定项目资产价值、反映竣工项目建设成果的文件,是办理资产移交和产权登记的依据,包括竣工财务决算报表、竣工财务决算说明书以及相关材料。项目竣工财务决算应当数字准确、内容完整。项目建设单位在项目竣工后,应当及时编制项目竣工财务决算,并按照规定报送项目主管部门。

9.6.1 编制规定

国家地下水监测工程(水利部分)建设期为2015~2018年,建设周期长、范围涉及全国31个省(自治区、直辖市)及新疆生产建设兵团,点多面广,可根据初步设计将省中心、流域中心、国家中心划分为单项工程,单项工程竣工具备交付使用条件的,编制单项工程竣工财务决算。建设项目全部竣工后编制竣工财务总决算。具体按照《水利部基本建设项目竣工财务决算管理暂行办法》(水财务〔2014〕73号)和《水利基本建设项目竣工财务决算编制规程》(SL 19—2014)执行。流域水文局、省级水文部门协助部项目办在单项工程完工后3个月内完成竣工财务决算的编制工作,报项目法人审核。项目法人审核部项目办编制的工程汇总竣工财务决算并上报,按照水利部审查、审计和验收意见进行整改,并调整工程汇总竣工财务决算。水利部组织审查、审计与审核本工程竣工财务决算。

9.6.2 编制依据

编制竣工财务决算必须依据会计账簿记录及可靠的原始资料,具体包括:国家有关法律法规等有关规定;可行性研究报告;初步设计或扩大初步设计资料;建设项目总概算及批复文件,项目建设过程中概算调整及批复文件;标底造价的有关文件,或经批准的施工图预算;招(投)标书和工程承包合同(协议书);工程价款结算、设备清单验收手续、单项工程验收报告等有关资料;主管部门下达的历年基本建设投资计划、历年基本建设投资支出预算、历年财务决算及批复文件;会计核算和内部财务管理制度、办法等资料;其他有关项目管理文件要求。

9.6.3 编制条件

(1)单项工程:遗留或未建项目投资低于概算投资3%,并对各项财产、物资等进行全面彻底清理的单项工程,才能编制竣工财务决算。财产、物资等清理的内容具体包括:建设项目设计资料、批准文件、合同、预算资料、计划和财务资料;对财产物资和已完工程进行清查核实,做好剩余物资的回收,需处理的材料、设备要公开变价处理,如实入账;对资金、计划进行核对,对各项债权债务进行清理,做好预计纳入建设成本的账务处理,正确结转各项建设成本,做到账账、账证、账表、账实相符;竣工结余资金要按照规定进行分配,该上交的及时上交,留用的资金如实入账,不得转移、隐匿。

(2)汇总竣工财务决算:在完成全部单项工程竣工财务决算的基础上,按照水利部《水利基本建设项目竣工财务决算编制规程》(SL 19—2014)编制工程汇总竣工财务决算。在编制汇总竣工财务决算时,原单项工程预留的工程尾款或质保金已经发生变化的,按变化后的实际情况编制。

9.6.4 编制内容

工程财务竣工决算由竣工财务决算报表和竣工财务决算说明书两部分内容组成。竣工财务报表包括:封面、竣工项目概况表、项目竣工财务决算表、项目年度财务决算表、竣工项目投资分析表、竣工项目成本表、竣工项目预计未完工程及费用表、竣工项目待核销基建支出表、竣工项目转出投资表、竣工项目交付使用资产表。竣工财务决算说明书内容包括:建设项目概况,概(预)算批复及调整、概(预)算执行、计划下达及执行情况,投资来源构成、投资性质等情况,招(投)标及合同执行情况,工程价款结算、会计账务处理、债权债务清偿、财产物资清理情况,项目主要技术经济指标的分析、计算情况,项目管理、财务管理工作、竣工财务决算工作中存在的问题及解决这些问题的建议,需说明的其他问题。

9.6.5 编制要点

在编制基本建设项目竣工财务决算前,项目法人、流域水文局、省级水文部门要认真做好各项清理工作。清理工作主要包括基本建设项目档案资料的归集整理、账务处理、财产物资的盘点核实及债权债务的清偿,做到账账、账证、账实、账表相符。各种材料、设备、仪器等要逐项盘点核实、填列清单、妥善保管,或按照国家规定进行处理,不得任意侵占、挪用。

在编制项目竣工财务决算时,项目建设单位应当按照规定将待摊投资支出按合理比例分摊计入交付使用资产价值、转出投资价值和待核销基建支出。项目一般不得预留尾工工程,确需预留尾工工程的,大中型工程项目未完工程投资及预留费用控制在总概算的百分之三以内,小型工程项目未完工程投资及预留费用控制在总概算的百分之五以内。项目建设单位应抓紧实施项目尾工工程,加强对尾工工程资金使用的监督管理。已具备竣工验收条件的项目,应当及时组织验收,移交生产和使用。项目隶属关系发生变化时,应当按照规定及时办理财务关系划转,主要包括各项资金来源、已交付使用资产、在建工程、结余资金、各项债权及债务等的清理交接。

9.7　项目竣工财务决算审查

竣工财务决算审查对水利基本建设项目实施行为的监督,其目的在于维护国家财政经济秩序,实现财政资金资产全过程、全覆盖监管,确保财政资金使用管理规范、安全、高效,促进廉政建设,保证国民经济和社会健康发展。

9.7.1　审查内容

经批准的初步设计、项目任务书所确定内容已完成;设计变更及概(预)算调整手续已完备;建设资金全部到位;历次稽查、检查、审计提出的问题已整改落实;债权债务清理完毕;竣工(完工)结算已完成;未完工程投资和预留费用不超过规定的比例;涉及法律诉讼、工程质量、征地拆迁及移民安置等事项已处理完毕;其他影响竣工财务决算编制的重大问题已解决;编制方法是否适当;编制内容、程序是否符合要求;项目概(预)算执行情况;项目反映的投资支出是否正确、形成资产是否完整;资产交付使用情况;是否符合财务制度规定。

9.7.2　审查程序

竣工财务决算编制完成后,项目法人应在十五个工作日内向竣工验收主持单位申请竣工财务决算审查。以设备购置、房屋及其他建筑物购置为主的小型工程类项目竣工财务决算审查可适当简化。竣工验收主持单位收到申请后,应在三十个工作日内组织完成竣工财务决算审查。竣工验收主持单位可组织专家或委托具有相关资质和相应专业人员的社会中介机构及有能力的单位进行审查。

竣工财务决算审查完成后,竣工验收主持单位应下达审查意见。项目法人按照审查意见完成整改落实后,应及时向竣工验收主持单位申请竣工决算审计。

9.8　项目竣工决算审计

9.8.1　审计内容

审计内容包括:项目竣工财务决算报表审计、项目投资及概算执行情况审计、项目建设支出审计、项目交付使用资产情况审计、项目未完工程及所需资金审计、项目建设收入审计、项目结余资金审计、项目工程和物资招标投标执行情况审计。

9.8.1.1　项目竣工财务决算报表审计的主要内容

(1)"竣工项目概况表""项目财务决算表""项目年度财务决算表""竣工项目投资分析表""竣工项目成本表""竣工项目预计未完工程及费用表""项目待核销基建支出表""竣工项目转出投资表""竣工项目交付使用资产表"的编制的真实性、完整性和合法性。

(2)竣工财务决算说明书的真实性、准确性及完整性。

9.8.1.2　项目投资及概算执行情况审计的主要内容

(1)各种资金渠道投入的实际金额,资金不到位的数额及原因。

(2)实际投资完成额。

(3)概算审批、执行的真实性和合法性。

(4)概算调整的真实性和合法性。包括概算调整的原则、各种调整系数、设计变更和估算增加的费用等。

(5)核实建设项目超概算的金额,分析原因,并审查扩大规模、提高标准和计划外投资的情况;审查弥补资金缺口的来源,有无挤占、挪用其他基建资金和专项资金的情况。

9.8.1.3　项目建设支出审计的主要内容

建筑安装工程支出、设备投资支出、待摊投资支出、其他投资支出、待核销基建支出和转出投资列支的内容和费用摊提的真实性、合法性和效益性。

9.8.1.4　项目交付使用资产情况审计的主要内容

(1)交付使用的固定资产、流动资产是否真实,手续是否完备;

(2)交付使用的无形资产的计价依据;

(3)交付使用的递延资产的情况。

9.8.1.5　项目未完工程及所需资金审计的主要内容

审查水利基本建设项目未完工程量及所需要的投资情况,所需资金和额度的留存及有无新增工程内容等情况。

9.8.1.6　项目建设收入审计的主要内容

水利基本建设项目建设收入的来源、分配、上缴和留成使用情况的真实性和合法性。

9.8.1.7　项目结余资金审计的主要内容

(1)银行存款、现金和其他货币资金的情况。

(2)尚未使用的财政直接支付和授权支付额度情况。

(3)库存物资实存量的真实性、有无积压、隐瞒、转移、挪用等问题。

(4)各项债权债务的真实性,有无转移、挪用建设资金和债权债务清理不及时等问题,呆账坏账的处理情况等。

(5)按照有关规定,计提的投资包干节余数额是否准确,是否合理合法。

9.8.1.8　项目工程和物资招标投标执行情况审计的主要内容

(1)工程勘测、设计、施工及物资采购是否按照规定进行了招标。

(2)所订合同或协议的相关条款是否完备,是否全面履行。

(3)合同变更、解除是否按规定履行了必要的手续。

(4)对违约者是否依照有关条款追究责任等。

9.8.2　审计程序

水利审计部门或受委托的社会审计机构对工程进行竣工决算审计,应当事先拟订审计实施方案,组织审计组,并向被审计单位下达审计通知书。

项目法人按照审计需要提供下列资料:项目建议书、可行性研究报告;水项目初步设计的批准文件;项目的预算(概算)批复资料;项目的年度投资计划或资金筹措文件;项目的合同文本和招标、投标有关文件和资料;项目的施工图纸和设计变更的资料;项目的内控制度;项目有关的财务账簿、凭证、报表及工程结算资料;项目的竣工初步验收报告;项目工程竣工财务决算报表;审计需要提供的其他资料。

竣工决算经审计完成后,项目法人应及时完成整改落实,向竣工验收主持单位申请竣工验收。项目法人应根据竣工验收意见对竣工财务决算进行调整。

9.9　竣工财务决算审核审批

9.9.1　审核审批申请条件

按照分级管理、分级负责的原则,由项目主管单位向上级审批(审核)单位正式提交申请报告;工程项目单位按照《水利基本建设项目竣工财务决算编制规程》编制了竣工财务决算。前期项目单位按照《中央水利基本建设前期工作项目竣工财务决算编制办法》编制了竣工财务决算;项目通过了竣工验收或项目鉴定;项目竣工财务决算报告符合编制要求,按照水利基本建设项目竣工决算审计程序进行了审计,并由审计部门出具了审计报告;项目单位完成了竣工财务决算报告的修改,并对审计中提出需要整改的问题进行了整改;主持项目竣工验收的同级审计部门对项目竣工财务决算报告已出具了确认意见。

报送的资料:项目竣工验收报告或项目鉴定书;竣工财务决算报告;审计部门的审计意见;主持竣工验收部门的同级审计部门的确认文件;对各级部门提出整改意见的整改落实情况;债权、债务已落实清理回收的方案;上级财务部门对竣工财务决算报告的审核文件。审计部门的审计意见指项目主持验收单位的同级审计部门出具的审计意见以及项目单位内部审计部门组织对竣工财务决算的审计意见。未设内部审计部门的单位,由单位内具有内部审计的职能部门出具审计意见。

9.9.2　审核审批程序和内容

按照水利基本建设项目的财务隶属关系,中央水利基本建设项目竣工财务决算报告进行逐级上报、逐级审核,报送至审批单位。各级审核部门应对项目单位报送的项目竣工财务决算进行复核和审查,项目单位的上级财务部门负责对竣工财务决算报告进行审核,如有必要,可要求项目单位修改或重新进行编制。中央水利基本建设项目竣工财务决算审批单位应对竣工决算报告先行进行审核并征求有关部门意见,出具项目竣工财务决算审批意见。对授权权限范围以外的项目,项目主管单位在报送上一级审批单位审批前,应先行予以审核并出具审核意见;财政部另有规定的,按财政部规定执行。

审核审批内容主要包括:项目是否按照批准的预算、投资计划和初步设计、任务书所确定的内容实施,有无超标准、超规模、超概算;项目资金是否全部到位,核算是否规范,资金使用是否合理,有无挤占、挪用现象等;项目形成资产是否全面反映,计价是否准确,资产接受单位是否落实;竣工财务决算报表所填列的数据是否完整,表间钩稽关系是否清晰、正确等;项目在建设过程中历次检查和审计所提的重大问题是否已经整改落实;已经核销的基建支出和转出投资有无依据,是否合理。

9.10　资产管理

国家地下水监测工程(水利部分)情况十分复杂,后续管理难度很大。一是涉及7个流域、31个省(自治区、直辖市)和新疆生产建设兵团、国家地下水监测中心;二是工程设施设备以及信息化系统数量大、种类多、分散,涵盖全国上万监测站及附属设施设备;三是工程于2015年开始全面建设,2019年完成全部建设任务,考虑地下水监测工作的连续性和特殊性,工程采用“边建设,边运行,边发挥效益”的模式,尽早发挥效益。

9.10.1　资产管理范围

工程资产管理分为竣工验收前(建设期在建工程)及竣工验收后(建成后资产转固)两个阶段。工程形成的资产包括固定资产(使用年限超过1年、单位价值在1 000元以上,其中专用设备单位价值在1 500元以上)的房屋、监测井及附属设施等构筑物、仪器、设备、器具、工具及无形资产(软件)等。

9.10.2　资产管理机构和职责

项目法人全面负责本工程的资产管理,流域机构水文局、省级水文部门和陕西地下水管理监测局按照项目法人授权或委托协助对本级资产保管与使用,并监督与管理。

项目法人的主要职责:制定本工程资产管理规章制度;研究制定本工程资产配置标准;建立本工程资产实物台账,登记卡片和财务明细账,办理资产交付使用手续;负责本级资产验收、维修、保养、检查、盘点、清查和统计等日常管理工作;监督、检查本工程资产管理、维护、使用、盘点、清查和统计工作;负责资产处置工作;动态维护国家地下水监测工程(水利部分)资产管理信息系统(简称资产管理信息系统)等。

流域水文局的主要职责:制定本级工程资产管理规章制度;完成本级工程资产备查登记、盘点、清查和统计工作;负责本级工程资产核实、维护和使用;完成资产处置工作等。

省级水文部门的主要职责:制定本级工程资产管理规章制度;完成本级工程资产备查

登记、盘点、清查和统计工作,上报信息中心;负责本级工程资产核实、维护和使用;协助信息中心完成资产处置工作;动态维护资产管理信息系统等。

9.10.3　资产登记与维护

单项工程验收完成前,各单位暂行管理本级资产;单项工程验收后资产由项目法人管理,流域水文局或省级水文部门根据项目法人授权(委托)负责本级资产运行维护与管理工作。

项目法人、流域水文局和省级水文部门负责人对本级资产的保管、使用和维护负全责,管理责任要落实到相关部门和个人,按照“谁使用、谁保管”的原则确定保管人。

项目法人、流域水文局和省级水文部门保管人负责本级资产的备查登记工作,逐项核实资产数量、规格、名称、价值等信息,签字确认。资产保管人发生变更,资产管理部门应及时清点、审验并办理相关手续。

项目法人、流域水文局、省级水文部门应对本级资产进行定期检修和保养,对损坏的或不能使用的监测井、仪器设备应及时维护更新,消除隐患,保证资产效能,发挥资产效益。

项目法人、流域水文局和省级水文部门每年底前完成本级资产盘点与清查。

9.10.4　资产处置

资产处置范围:因资源合理配置而需要调动的资产;闲置不需用的资产;报废无法使用的资产;盘亏、非正常损坏的资产;因技术落后或达到使用年限经鉴定确需淘汰的资产;因单位撤销、分立、合并等原因发生产权或使用权转移的资产;根据国家政策规定需处置的资产。

资产处置流程:省级水文部门资产处置须通过资产管理信息系统向项目法人提出申请,并上传相关资料。项目法人根据审批权限办理处置或上报手续,并按规定进行账务处理。

资产调拨由项目法人按规定向水利部提交申请,经水利部批复同意后,办理调拨手续,同时进行账务处理。

资产报损是指由于非正常原因造成固定资产损坏、丢失的情况。资产报损程序:项目法人资产管理部门、省级水文部门将本级资产报损原因及情况向单位领导、资产监管部门报告,逐级报送至项目法人,资产使用部门落实资产丢失、毁损行为的责任人。

9.10.5　资产监督检查

项目法人、流域水文局、省级水文部门应定期或不定期地对本级资产备查登记、保管使用、维修保养及处置等各个环节进行监督检查。监督检查的内容主要包括:资产业务相关岗位及人员设置情况,主要包括岗位及人员设置是否合理;资产管理信息系统动态维护情况;资产盘点情况,主要包括数量、存放地点、保管人等信息是否账实相符;资产处置制度的执行情况。

9.10.6　资产管理信息系统

为更好地落实国家地下水监测工程建设的整体目标,充分可持续性的发挥资产价值,对资产进行科学有效的管理;通过对关键运行数据监控管理资产的运行情况,确定资产有效利用情况;对维护过程进行有效管理,确定资产维护的状况,从而实现资产生命周期全过程有效管理、资产运行监控管理、运行维护过程管理。基于上述原因,需要针对国家地下水监测工程实际需求,进行资产管理信息系统建设。

国家地下水监测工程(水利部分)资产管理信息系统是一个资产内部管理、资产处置、项目管理、维修登记、在建工程、综合查询分析、资产盘点等多个功能模块于一体的综合信息系统。通过信息化手段达到对入库到出库的全生命周期的管理。同时实现系统与财政部资产系统对接,把在建工程转固资产导入到该资产管理系统的用户中,并与水利部财务管理信息系统资产模块实现衔接。

9.10.6.1　总体目标

紧密结合工程资产管理的工作实际、全面解决国家地下水监测工程(水利部分)信息系统中的资产信息处于静止割裂的状态、实现信息数据的共享、达到服务于国家地下水监测工程(水利部分)管理的需要。实现资产管理全流程操作电子化、全方位协作信息化、全覆盖上下一体化、提高资产管理水平和工作效率、促进资产管理规范化、科学化和精细化管理。平台建设应实现以下目标:

对信息系统技术架构的升级改造、搭建完善的 B/S 架构系统。

对信息系统管理功能进行个性化开发改造,通过建立完善的功能模块、审批流程以及统计分析体系实现资产管理的流程再造,提高信息系统的有用性。

实现资产数据信息的综合集中管理、实时动态地全面反映资产管理信息,为决策分析提供有效支撑。

实现资产管理和国家地下水监测工程(水利部分)业务系统的紧密结合,能够实现业务信息的相互共享。

9.10.6.2　总体设计原则

开放性与先进性:基于 J2EE 技术标准,提供开放的数据接口,可以进行数据的转入和传出,实现系统间互连。采用先进成熟的设备和技术,确保系统的技术先进性,保证投资的有效性和延续性。

规范性与标准化:严格执行财政部统一的编码标准,遵守行业数据标准。

可行性和可实施性:本系统不是一个孤立的系统,因此系统的设计方案应该具有较好的可行性以及可实施性。一方面,在系统的整体框架下系统开发投产能够分阶段地进行,并保持各阶段的相互铺垫和整体工作的连续。另一方面,系统设计也充分考虑到信息中心提供的具体网络、硬件环境,保证系统的设计和实施能够适应目前的使用和将来的发展。

灵活性与可维护性:系统应易于扩展、升级和移植,并具备支持业务处理的灵活的参数化配置,业务功能的重组与更新的灵活性,新的业务应用可灵活增加,不影响系统原有业务功能。具有灵活的、可进化的数据体系结构,允许任何数据被有序引入,并与原有的数据保持一致和集成。

(1)可扩展性与可伸缩性:具有开放的、可扩展的系统结构,允许系统与其他应用系统集成,新的功能模块可以被迅速增加或定制出来。具有平滑分布和升级、灵活的可伸缩能力,允许将不同的计算任务分布到不同的机器上去,而不妨碍其他部分的运行。

(2)安全性与可靠性:充分利用金财工程提供的信息化基础,提供良好的数据安全可靠性策略,保证系统及数据的安全与可靠。

(3)准确性与实时性:保证系统数据处理的准确性,提供多种数据审查手段,数据的传输要及时、准确、可靠和安全。

(4)易用性:系统设计面向最终用户,必须保证易操作、易理解、易控制;系统所出现的问题能够及时预报并迅速解决。

9.10.6.3 总体设计思路

资产管理信息系统基于业内领先的、自主研发的DNA核心产品平台,具备完善的系统管理体系,系统的稳定性、安全性、灵活性、高效性都达到了一个新的高度,满足海量数据高速响应、专业领域系统安全保密、复杂部署环境稳定运行、各种个性化需求灵活实现的要求。同时,与其他系统进行无缝衔接。

在系统的建设和实施过程中,需要完成以下任务。

1.建立横向和纵向平台

横向建立"水利部地下水监测中心—各流域及省级地下水监测中心—地市级分中心"三级管理平台,纵向实现各级之间的资产管理信息畅通。

2.建立动态数据库

以之前资产系统数据作为数据初始来源,建立资产管理动态数据库,全面、准确、动态地反映资产的总量、构成、分布、变动等信息,开发数据查询、资产清查、资产管理等功能,方便、快捷地查询和分析资产占有、使用及增减变动情况。

3.开发资产管理系统所需功能

满足地下水监测各级资产管理员监管需要。有信息交流和发布平台;能提供在线审批功能;提供方便快捷的业务数据查询功能;能实时动态产生指定时点(或区间)的各类报表;能根据单位或资产类别对报表数据进行过滤;能实现资产清查等。

满足单位资产管理日常需要。在资产新建、资产调拨、资产维修、资产报废、在建工程管理等资产生命周期的各个环节提供有效的管理手段。

9.10.6.4 系统功能

1.在建工程管理

在建工程属于国家地下水监测工程(水利部分)资产管理的重要组成部分。工程建设过程中,存在并会形成大量的资产,需要系统提供相应的功能模块对在建工程中的资产进行统一管理。因此,系统需增加在建工程管理模块,将此类资产和单位占有使用的其他资产有所区分、分别统计,当在建工程项目结束之后,通过系统功能将此类资产转换成固定资产,进行日常的管理。

在建工程管理模块的功能应包含:在建工程资产登记、在建工程资产管理、在建工程资产转固、在建工程资产查询、在建工程资产维护管理。

1)在建工程资产登记

根据在建工程的特点,单独进行在建工程资产卡片设计。在建过程中,登记资产卡片。卡片上可关联合同信息,根据合同信息查询相对应的在建工程形成情况。在完成转固之前,所有的在建工程资产卡片都不计入财务固定资产账中。

2)在建工程资产管理

对在建工程中实物资产进行领用、归还、信息变动、盘点等业务管理。

3)在建工程资产转固

在建工程达到竣工之日,满足转固定资产的各项要求后,可将在建工程资产转为固定资产,进行固定资产的入账操作。入固定资产账后的在建工程可以正常进行固定资产日常业务操作及管理。

在进行在建工程转固时,支持进行费用分摊,通过采购价值和分摊价值,确定转固后的固定资产实际价值。

在建工程转固后,能够根据使用情况快速初始折旧信息,进行计提折旧。

4)在建工程资产查询

对在建工程中资产的状态、内容、业务过程等进行相应的查询、分析。

5)在建工程资产维修维护管理

国家地下水监测工程(水利部分)资产管理日常工作中,存在资产维修维护等相关业务,需要记录维修时间、经办人、维修原因、维修费用等信息进行记录,且维修费用不计入资产价值中。方便以后了解资产的维修情况,增强资产管理的质量。资产管理员针对单位资产需要进行维修维护时,通过新建资产维修维护单,把维护的相关信息填写到维修维护单中进行保存。保存之后的维修维护单可以通过维修维护单查询,查询出历史维修维护情况。

2. 建成后资产管理

在建工程资产转固后,资产管理、维修维护同在建工程。

1)资产查询

通过综合查询利用其不同查询条件及方式查询出不同条件下的资产方便对各自监管的资产进行实时了解,利于资产的管理。一是专项查询,按照特定分类进行资产查询,了解资产情况。二是存量查询,通过存量查询出账上现有资产六大类资产总况,同时可以查询各大类资产情况。

2)资产盘点

工程所有监测站需要每一年通过资产盘点反映实物的真实状态,并根据盘点结果更新资产账,以盘点结果的资产使用部门、使用人及存放地点更新资产卡片账,针对盘盈资产进行卡片登记,针对盘亏资产发起处置申请流程,实现以盘点结果为基础开展后续业务,真正实现资产的盘活,体现资产盘点的意义。

3)资产分布地图

通过地图功能清晰明了地查看到全国各个监测站的位置、资产情况、监测站联系人以及联系方式。同时也可以通过搜索功能搜索指定监测站查询该监测站的位置、资产情况,运行维护情况以及转固信息等。

9.11　运行维护经费测算

考虑地下水监测工作的连续性和特殊性,工程采用“边建设,边投入运行,边见效益”的模式,使得工程尽早及最大程度地发挥效益。为确保工程长期、有效运行,需尽快开展工程的运行维护工作,具体分为监测系统运行维护及地下水水质监测工作。

9.11.1 监测系统运行维护

9.11.1.1 主要内容

国家地下水监测工程(水利部分)监测系统主要包括两部分:监测信息采集与传输,监测信息接收、处理、存储和信息服务。监测信息采集与传输主要包括:监测井和监测设备,监测信息接收、处理、存储和信息服务,主要包括:各级监测中心信息网络基础环境和业务软件。

监测系统运行维护工作主要包括五个方面:地下水监测站、地市级分中心、省级监测中心、流域监测中心和国家监测中心。

1. 地下水监测站

地下水监测站负责地下水信息采集与传输,运行维护工作主要包括:监测站委托看护、监测井维修、辅助设施(井口保护设施、标示牌、水准点)维修及报废重建、监测设备维修及更新等。

2. 地市级分中心

地市级分中心将省级监测中心传输来的监测数据进行入库、整理、校核,对异常、缺测数据进行修改(通过信息查询与维护软件,对省级监测中心数据库中的数据进行修改),并定期对自动监测设备进行人工校核等。运行维护主要包括:监测数据的入库、分析、校核,硬件设备以及通用软件和业务软件的运行维护,自动监测信息的对比观测,巡测设备维修养护等。

3. 省级监测中心

省级监测中心接收监测站传输来的监测数据,并将监测数据共享到国家中心、流域中心和地市级分中心;还承担从国家中心分发过来的国土部门地下水监测信息,分别共享到流域中心和地市级分中心。运行维护主要包括:监测数据接收、入库、交换、共享,并发布有关成果,硬件设备以及通用软件和业务软件的运行维护,监测资料整编及年鉴刊印等。另外,陕西省地下水监测中心(陕西省地下水管理监测局)开展计算机网络环境专用设备和“关中平原典型区地下水资源模型”的运行维护。

4. 流域监测中心

流域监测中心主要对省级中心传输来的监测数据进行入库、分析,并发布有关成果。运行维护主要包括:监测数据的入库、分析,硬件设备以及通用软件和业务软件的运行维护等。另外,海河流域监测中心开展“海河流域典型平原区地下模拟与应用平台”的运行维护。

5. 国家监测中心

国家监测中心对地下水监测数据(包括水利和国土两部分的监测数据)进行汇集、存储、分析,并发布监测信息和有关分析成果。运行维护主要包括:监测数据的入库、分析,监测中心大楼日常的水电、物业,水质实验室质量控制,硬件设备,以及通用软件和业务软件的运行维护等。

国家地下水监测工程(水利部分)监测系统运行维护体系见图 9-2。

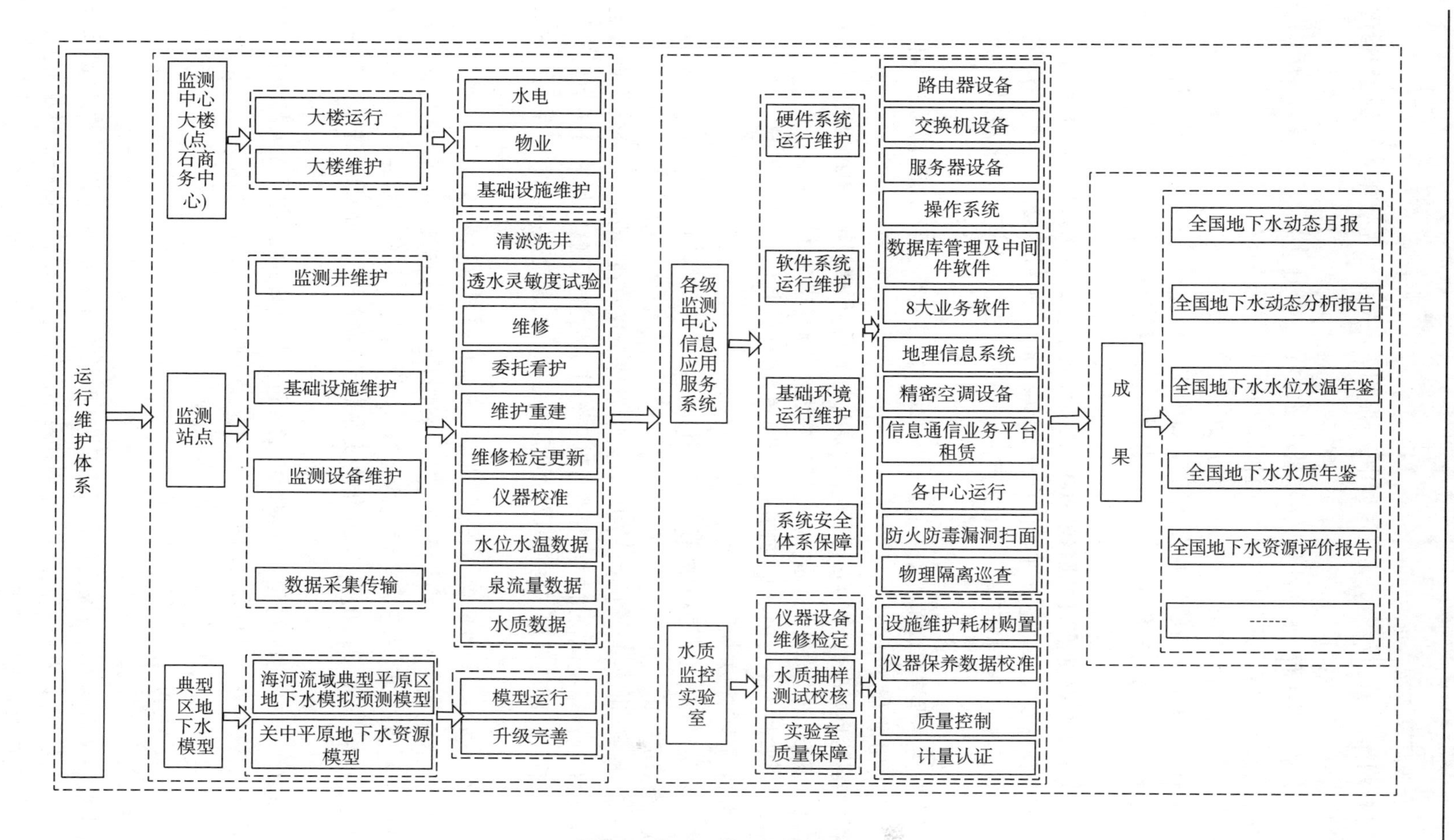

图 9-2　监测系统运行维护体系

9.11.1.2 经费测算依据

为使经费测算合理可行,经费测算过程中,按照相关定额标准并结合工程运行情况进行,主要依据有:

《国家地下水监测工程(水利部分)初步设计报告》;

《中央和国家机关会议费管理办法》(财行〔2016〕214 号);

《中央和国家机关培训费管理办法》(财行〔2013〕523 号);

《中央和国家机关差旅费管理办法》(财行〔2016〕71 号);

《水质监测业务经费定额标准(试行)》(水财务〔2014〕253 号),水利部 2014 年 7 月发布;

《水文业务经费定额标准》(水财经〔2007〕561 号),水利部 2007 年 12 月发布;

《水文基础设施及技术装备管理规范》(SL 415—2007),水利部,2008 年 2 月实施;

《水利信息系统运行维护定额标准(试行)》(水财务〔2009〕284 号),水利部 2009 年 5 月发布;

《地下水监测工程技术规范》(GB/T 51040—2014),住建部、国家质量监督检验检疫总局 2014 年 10 月联合发布;

《工程勘察设计收费标准(2002)》,国家发展计划委员会、建设部 2002 年联合发布;

《全国民用建筑工程设计技术措施/电气》,建设部 2009 年 9 月发布;

国家地下水监测中心大楼物业管理服务合同,2016 年 9 月;

国家、水利部其他相关规定;

水、电及设备材料等主要参考目前市场价格。

9.11.1.3 经费测算

结合工程建设进度,按照“边建设,边运行,边发挥工程效益”的原则,分建设期和建成后两个阶段对监测系统运行维护经费进行测算。建成后经费测算时,充分考虑监测设备及信息系统软硬件的质保期,又将建成后的运行维护经费分为质保期和正常年份两个阶段。

(1)建设期。2015~2017 年为工程建设期,运行维护经费主要为 2017 年开展工程建设期运行维护工作的相关经费,主要包括监测站委托看护,国家监测中心水电、物业等。

(2)建成后。2018 年,工程将全面进入运行期。考虑监测设备和信息系统软硬件设备的质保期,一般为 3 年,即 2018~2020 年为质保期,从 2021 年开始,工程进入正常年份运行维护。

2018~2020 年,质保期内的运行维护经费主要包括监测站委托看护、各级监测中心软硬件的运行性维护和国家中心大楼的水电、物业及水质实验室质量保障等。

2021 年开始至以后,工程进入正常年份运行维护阶段,运行维护经费包括工程所有运行维护工作所产生的费用。

1. 监测站运行维护

为确保监测站正常运行及监测信息可靠,需开展监测站及辅助设施委托看护,监测井井深测量、透水灵敏度试验及清淤洗井,监测井及辅助设施维修,监测设备维修及更换,自动监测设备现场校测等工作。

1）监测站委托看护

为确保监测站正常运行，避免遭到破坏，需委托专人对监测站进行看护。

监测站看护是防止监测井、辅助设施以及监测设备免遭破坏的有效措施，此工作从监测站建成后立即开展。

依据《水文业务经费定额标准》（水财经〔2007〕561 号），参考“水位站委托观测”标准，水位站委托观测标准为：一般地区 400 元/（站·月），发达地区 600 元/（站·月），此看护标准一般是针对有站房的地表水水位站，需对站房、门窗、锁具等进行看护，而地下水水位监测站均由直径 40 cm 以内，高 100 cm 左右的保护桶保护，委托看护任务相对于地表水水位站来说较轻，故地下水水位监测站委托看护费取一般地区委托观测费的一半，即 200 元/（站·月）。

部分省份，在有代表性的区域，布设 2~3 眼井，用以监测同一区域不同含水层地下水变化情况。对于这种情况，2~3 眼井在一个地方的，看护费用按 1 眼井的标准计算，涉及这种情况的井约有 300 眼，即这 300 眼井的委托看护费用按 150 眼井计算。

依据《水质监测业务经费定额标准（试行）》（水财务〔2014〕253 号），参考“水质自动监测站委托看护”标准，水质自动监测站委托看护标准为：一般地区 1 000 元/（站·月），特殊地区 1 600 元/（站·月），此委托看护费标准是针对地表水有站房的水质自动监测站，站房面积最小也在 20 m^2 以上，考虑地下水水质自动监测站没有站房，看护任务相对较轻，委托看护费用应低于有站房的水质自动监测站的委托看护费；另外，考虑地下水水质自动监测站有太阳能供电设备，需定期检查供电线路、太阳能电池板等的工作状况，且水质监测设备的费用比水位监测设备的费用高很多，达 7 倍以上，相比于地下水水位监测站而言，看护任务较重，看护费用应高于地下水水位监测站的看护费。综合考虑以上因素，地下水水质自动监测站的委托看护费取一般地区委托看护费的一半，即 500 元/（站·月）。

综合以上情况，随着地下水监测站建成，不断地投入使用，建设期、建成后监测站的委托看护经费也不断增加。

2）监测井透水灵敏度试验及清淤洗井

监测井使用过程中，由于沉积物附着使得过滤管区域的滤网和滤料出现堵塞现象，另外，由于地下水中极少量的泥沙进入监测井内，随着泥沙的不断沉淀，使得沉淀物厚度超过沉淀管长度，以至于淤堵过滤器，使得监测井内的水位难以真实反映地下水变化的实际情况。根据《地下水监测工程技术规范》（GB/T 51040—2014）和《地下水监测规范》（SL 183—2005），每年需进行一次井深测量和透水灵敏度试验，用以掌握井内淤积物变化情况和过滤管的透水性能，有针对性地开展测井清淤洗井。

井深测量是通过悬锤式水位计等水位/水深测量设备，人工测量监测井井深；透水灵敏度试验指的是向监测井内注入 1 m 井管容积的水量，水位恢复时间是否超过 15 min，如超过 15 min，则应进行洗井。井深测量和透水灵敏度试验现场一次完成。

定期对监测井进行井深测量、透水灵敏度试验及清淤洗井是确保监测井正常运行，监测数据准确可靠的重要保障。根据以往监测井运行情况，新建监测井前三年运行基本正常，因此监测井井深测量、透水灵敏度试验、清淤洗井等工作从 2021 年起开展。

除流量站不进行井深测量、透水灵敏度试验和洗井工作，监测井每年开展井深测量和透水灵敏度试验工作;按照监测井5年清洗一遍的原则,每年清淤洗井的监测井数量为所有监测站数量的20%。

监测井清淤洗井过程中,涉及监测井清淤洗井场地的平整及恢复,包括场地挖槽、排水、场地整理和青苗补偿等工作,在地下水水质采样时,也包括抽水时的场地平整及恢复工作,由于监测井清淤洗井和水质采样存在同时进行的情况,因此,监测井清淤洗井时的场地平整及恢复费用在水质采样时考虑,此处不再计算。

透水灵敏度试验定额标准参考《工程勘察设计收费标准(2002)》中的“渗水试验”收费标准,按340元/台班计算,即单井进行1次透水灵敏度试验的费用为340元。

根据经验,不同井深的洗井台班数不同,0~100 m为5个台班,100~200 m为7个台班,200~300 m为9个台班,大于300 m为11个台班。考虑本工程监测井实际情况,0~100 m的监测井比例约70%,100~200 m的监测井约17%,200~300 m的监测井比例约7%,300 m以上的监测井比例约6%。综合考虑上述因素,单井洗井台班平均数为6个台班,参考《工程勘察设计收费标准(2002)》中的旧井处理的清淤洗井标准,840元/台班。本工程监测井自2021年开始进行监测井透水灵敏度试验和洗井工作,并列支相应经费。

3)监测井及辅助设施维修

监测站看护虽能有效避免监测井及辅助设施免遭破坏,但经济和城镇化进程的快速发展以及人为的故意破坏,还存在部分监测井和辅助设施遭到破坏的情况。根据以往测站运行情况,建成后前三年辅助设施基本不需要维修重建,故辅助设施维修重建工作从2021年开始。根据《水文基础设施及技术装备管理规范》(SL 415—2007),地下水位观测井的使用年限为20年,参考此标准,辅助设施的使用年限取20年,即每年需维修辅助设施的数量占所有监测站数量的5%,故从2021年开始,每年约有515个监测站的辅助设施需进行维修。

监测井维修是对井内异物进行清理、对破损和锈蚀的井管进行修复并固井。根据以往监测井运行情况和监测井质量要求,建成后前三年监测井运行基本正常,因此从2021年开始,开展监测井维修工作。根据《水文基础设施及技术装备管理规范》(SL 415—2007),本工程从2021年开始,监测井年检修率按5%计算。

监测井维修包括过滤器损坏修复和井管损坏修复,根据《工程勘察设计收费标准(2002)》,过滤器损坏修复8 000元/次,井管损坏修复4 500元/次。

监测井维修后,要及时进行监测井固井,根据《工程勘察设计收费标准(2002)》,井深200 m以内的监测井,固井费用为20 000元/次。本工程井深200 m以内的监测井约占87%,固井费用参考200 m以内的标准,即20 000元/次。

监测站辅助设施包括水准点、标示牌、井口保护设施,参考初步设计概算费用和工程实际建设情况,辅助设施建设费用约为3 980元/个。

4)监测设备维修与更换

国家地下水监测工程(水利部分)共建设10 298个地下水监测站,水位监测站10 256个,流量监测站42个,从10 256个水位监测站中,选取100个站开展水质自动监测。共配置水位监测设备10 299套(42个流量监测站,通过监测的水位推求流量,配置的监测设备为水位监测设备。42 个流量监测站配置 43 套设备,其中一个站有两个断面,每个断面配置一套监测设备),其中,一体化压力式水位计 9 737 套,一体化浮子式水位计 562 套,水质自动监测设备 100 套。

(1)监测设备电池更换。

水位自动监测设备通过“锂电池或干电池”供电(水质自动监测设备一般通过“太阳能电池板”供电,维修标准参考水位站),完成信息采集与传输,随着监测设备的使用,电池电量将逐渐衰弱,为防止因电池电量减弱而引起数据漏测、数据传输不畅等问题,需定期对电池进行更换。根据监测设备信息采集、传输频次和设备厂家标注的电池使用年限,RTU 电池一般 2 年更换一次,监测设备质保期内设备厂家负责电池更换,设备质保期一般为 3 年,从 2021 年开始,RTU 电池每年更换的数量为监测设备总数的 50%,约 5 150 套。

根据 RTU 所使用的电池数量和类型,RTU 电池主要包括一号干电池和锂电池两种,干电池和锂电池的设备数量基本各占 50%,每种类型的设备数量约 5 150 台。通过市场调研,并咨询部分省份地下水监测设备的使用情况,每台设备需干电池 4 节,每节 12 元,每套干电池需 48 元;每台设备需锂电池 4 块,每块 34 元,每套锂电池需 136 元。因此,RTU 一号干电池的更换费用 12 万/年,锂电池的更换费用 35 万/年。即监测设备电池更换费用 47 万/年。

(2)监测设备维修与更换。

综合考虑水位监测设备的使用年限以及设备的质保期,对水位监测设备进行必要的维修及更换。

根据《水文基础设施及技术装备管理规范》(SL 415—2007),压力式和浮子式水位计的使用年限为 5~10 年。《水文基础设施及技术装备管理规范》(SL 415—2007)中的水位计使用年限针对的是地表水且不采集水样的情况,而本工程的监测井每年需进行井深测量、透水灵敏度试验、清淤洗井和水样采集,需将监测设备从井中提出,使得监测设备损害的可能性增大。结合开展地下水监测工作省份使用地下水监测设备情况以及设备厂家标注的设备平均无故障工作时间(MTBF),压力式水位计的使用年限取 6~7 年,浮子式水位计的使用年限取 10 年。

本工程采购的水位计的质保期一般 3 年,质保期内,设备的维修工作由设备厂家负责。从 2021 年开始,平均每年需更换的压力式水位计的数量约为压力式水位计设备总数的 15%,约 1 461 套,平均每年需更换的浮子式水位计设备数量约为浮子式水位计设备总数的 10%,约 56 套。

从 2021 年开始,所有地下水水位设备都出质保期,根据《水文业务经费定额标准》(水财经〔2007〕561 号),一体化压力式水位计和一体化浮子式水位计的年维修率均为 5%。维修费用计算时,考虑每年更换的设备数量和质保期,更换设备的质保期取 3 年,更换的设备,在质保期内不产生维修费。

根据工程建设情况,综合考虑监测设备概算价和各标段的采购价格,监测设备更换费用按照概算价的 85%作为基础价进行计算;按照《水文业务经费定额标准》(水财经〔2007〕561 号),一体化压力式水位计的年维修费用 700 元/套,一体化浮子式水位计的年维修费 550 元/套。

特别说明:工程建设过程中,监测设备的采购数量和金额较大,部分省份一个标段的设备采购数量在 200 套以上,投资在 200 万以上,供应商竞争激烈,一般易获得较多的优惠;工程运行过程中的设备更换维护,采购数量小,大部分省份的采购数量在 10~20 套之间,维护工作分散,另外一些维护工作需原设备供应商完成,竞争较少,一般价格优惠较少。因此,按照工程建设过程中设备的采购价(概算价的 85%)计算设备更换费用偏低。

本工程从 10 256 个水位站中选取 100 个站,建设水质自动监测站,配置 100 套水质自动监测设备,其中,五参数水质监测设备 83 套,五参数+UV 探头水质监测设备 17 套。根据以往设备使用情况和设备厂家标注的设备平均无故障工作时间(MTBF),地下水水质自动监测设备的平均使用年限为 5 年。水质自动监测设备的质保期为 3 年,质保期内,设备的维修工作由设备厂家负责,从 2021 年开始,平均每年需更换的水质自动监测设备数量约为所有水质自动监测设备数量的 20%,即五参数设备约 17 套,五参数+UV 探头设备约 3 套。

从 2021 年开始,所有水质自动监测设备都出质保期,因此从 2021 年开始,每年需对 100 套水质自动监测设备进行维修维护。根据《水质监测业务经费定额标准(试行)》(水财务〔2014〕253 号),水质自动监测设备年维修维护费率为设备原价的 4%。维修费用计算时,考虑每年更换的设备数量和质保期,更换设备的质保期取 3 年,更换的设备,在质保期内不产生维修费。

5)监测数据采集传输与监测设备现场校测

监测设备通过 RTU 和传感器自动采集和传输监测信息,利用 GPRS/SMS 将监测信息传输到各级省级监测中心,水位站和流量站每天采集 6 组数据,每月按 30 d 计算需传输 180 组数据,每组包括日地下水埋深/泉水位、日水温/泉流量、电压、信号强度、RTU 工作温度、故障码等 6 个数据;水质自动监测站每月发送 60 组或 30 组数据(重点水质自动监测站,每月传输 60 组数据;一般水质自动监测站,每月传输 30 组数据),每组包括 pH、溶解氧、电导率、浊度、氨氮/氯离子等数据。监测站传输监测信息时,将产生通信费,经市场调研和各省监测信息传输实际情况,每站每月的通信费用约为 15 元。根据监测站监测设备合同要求,2018 年之前,通信费用由设备厂家提供,故从 2019 年开始需要通信费。

地下水水位监测设备运行过程中,由于时间漂移和温度漂移等原因,使得自动监测数据产生系统偏离,造成监测数据不准确,根据《地下水监测工程技术规范》(GB/T 51040—2014),地下水水位、水温、水量等自动监测设备应每年校测 1 次,采用人工监测和自动监测比测的方式进行。根据工作需要,监测设备校测和电池更换、监测井井深测量、监测站辅助设施刷漆等工作,可一次完成,综合考虑各项工作内容,以上工作单次费用取 320 元。

2. 地市级分中心

国家地下水监测工程(水利部分)建设 280 个地市级分中心。通过数据库服务器、操作系统、数据库管理软件的配置,地下水信息交换共享、查询维护等业务软件的部署,建立地市级地下水信息系统平台,实现地市地下水监测信息的汇集、存储。

地市级分中心,每日接收、存储从所属省级监测中心传输的监测数据,包括水利部分的监测数据和国土部分的监测数据,对监测数据进行检查,对异常数据进行修改。

1)基础运行环境

基础运行环境主要承担数据传输的运行管理维护等工作,实现地市级分中心与所属省级监测中心的互联互通,确保数据库服务器等网络硬件设备的稳定运行。

每个地市级分中心各配备一台数据库服务器,服务器等硬件设备的质保期一般为 3 年,质保期内,设备供货公司免费进行技术指导和维修服务,不产生维护性经费,只有运行性经费。从 2021 年开始,硬件设备进入正常年份的运行维护,运行维护费用包括运行性费用和维护性费用两部分。根据《水利信息系统运行维护定额标准》(水财务〔2009〕284 号),服务器运行维护定额包括运行定额和维护定额,2CPU 服务器的运行定额为 5 308 元/(台·年),维护定额为 1 012.5 元/(台·年)。从 2021 年开始,地市级分中心服务器需要提供运行维护经费。

2)业务应用系统

业务应用系统主要实现地下水监测数据的实时监控和资料整编,运行维护工作量主要包括业务应用软件和商业软件的运行、升级、修复与更新。

业务软件主要有:信息查询与维护、信息交换共享、资料整编和移动客户端;商业软件主要有:数据库管理软件、操作系统。

软件(含业务软件和商业软件)的质保期一般为 3 年,质保期内,软件开发公司负责软件的升级、功能完善及现场服务,不产生开发性经费,只有运行性经费。从 2021 年开始,业务应用系统进入正常年份的运行维护,运行维护费用包括运性经费和维护性经费两部分。

运行性经费:本工程每个地市级分中心部署本项目统一开发的 4 套业务软件,业务软件的开发性维护在国家监测中心进行,地市级分中心只有软件的运行性维护。4 套业务软件中,C/S 结构的有 1 套,B/S 结构的有 3 套。根据《水利信息系统运行维护定额标准》(水财务〔2009〕284 号),C/S 结构软件的运行性标准为 2 160 元/(套·年)[客户端 160 元/(套·年),服务器端 2 000 元/(套·年)],B/S 结构软件,参考业务应用类的运行维护定额执行,定额标准为 2 000 元/(套·年)。本工程根据以上标准和业务软件数量,计算年度地市级分中心相关业务软件运行性费用。

维护性经费:本工程每个地市级分中心配置 1 套标准版数据库和 1 套操作系统。根据《水利信息系统运行维护定额标准》(水财务〔2009〕284 号),标准版数据库,运行维护定额标准为 2 650 元/(套·年),标准版操作系统运行维护定额标准为 648 元/(套·年)。本工程根据以上标准和软件数量,计算年度地市级分中心相关运行性经费。

3)巡测设备维修养护

为确保监测数据的准确性,需定期通过人工监测来校对自动监测数据;为确保水质分析样品的正确采集,需定期对水样采集设备进行维修养护。

本工程为每个地市各配置水位校准钢尺、悬锤式水位计、地下水水温计、地下水击式采样器、地下水采样器(贝勒管)、地下水专业取样瓶。根据《水文业务经费定额标准》(水财经〔2007〕561 号),水位校准钢尺、悬锤式水位计和地下水水温计的年维修养护费率为原值的 5%;根据《水质监测业务经费定额标准(试行)》(水财务〔2014〕253 号),地下水击式采样器、地下水采样器(贝勒管)和地下水专业取样瓶的年维修养护费率为原值的 4%。

3. 省级监测中心

国家地下水监测工程(水利部分)共建设32个省级地下水监测中心(含新疆生产建设兵团),通过服务器、接收处理工作站、操作系统、地理信息系统、接收处理、交换共享、水质分析等软硬件配置,建设省级地下水信息系统平台,实现省内地下水监测信息的汇集、存储、分析、处理和发布。省级监测中心运行维护工作主要由信息系统基础运行环境、业务应用系统、数据接收与处理、陕西省地下水监测中心专用设备运行维护、资料整编及年鉴刊印等几部分组成。

1)基础运行环境

基础运行环境主要承担数据传输及信息发布平台运行、管理维护等工作,包括保障监测站与省级监测中心之间的数据线路畅通,及省级中心与国家中心、流域中心和地市级分中心的互联互通,保障应用服务器、数据库服务器等网络硬件设备的稳定运行。

省级监测中心硬件设备主要包括:应用服务器、数据库服务器、接收处理工作站,个别省级中心还单独配置路由器、交换机等。

服务器、接收处理工作站等硬件设备的质保期一般为3年,质保期内,硬件设备供货公司,免费进行技术指导和维修服务,不产生维护性经费,只有运行性经费。从2021年开始,硬件设备进入正常年份的运行维护,运行维护费用包括运行性费用和维护性费用两部分,测算依据和标准如下:

根据《水利信息系统运行维护定额标准》(水财务〔2009〕284号),服务器运行维护定额包括运行定额和维护定额,1CPU服务器的运行定额为3 337元/(台·年),维护定额为480元/(台·年);2CPU服务器的运行定额为5 308元/(台·年),维护定额为1 012.5元/(台·年);路由器、交换机的运行维护定额包括运行定额和维护定额,路由器的运行定额为814.8元/(台·年),维护定额为512元/(台·年);交换机的运行定额为683元/(台·年),维护定额为124元/(台·年)。

2)业务应用系统

业务应用系统主要实现地下水监测数据的实时监控、集成应用、统计分析和成果发布,运行维护工作量主要包括业务应用软件和商业软件的运行、升级、修复与更新。

业务软件主要有:接收处理、信息查询与维护、信息交换共享、业务应用、信息发布、地下水水质分析、资料整编、地下水动态分析与评价及移动客户端;商业软件主要有:操作系统、地理信息系统。个别省级中心单独配置防火墙、防入侵安全审计和安全隔离设备。

软件(含业务软件和商业软件)的质保期一般为3年,质保期内,软件开发公司负责软件的升级、功能完善及现场服务,不产生开发性经费,只有运行性经费。从2021年开始,业务应用系统进入正常年份的运行维护,运行维护费用包括运行性经费和维护性经费两部分,测算依据和标准如下:

每个省级监测中心均部署本项目统一开发8套业务软件,业务软件的开发性维护在国家监测中心进行,省级监测中心只有软件的运行性维护。8套业务软件中,C/S结构的有3套,B/S结构的有5套。根据《水利信息系统运行维护定额标准》(水财务〔2009〕284号),C/S结构软件的运行性维护标准为2 160元/(套·年)[客户端160元/(套·年),服务器端2 000元/(套·年)],B/S结构软件,参考业务应用类的运行维护定额执行,定额标准为 2 000 元/(套·年)。

每个省级监测中心配置标准版操作系统、地理信息系统(标准版)。根据《水利信息系统运行维护定额标准》(水财务〔2009〕284 号),标准版操作系统运行维护定额标准为 648 元/(套·年),图形设计软件标准版的运行维护定额为 110 元/(套·年)。

个别省单独配置信息安全设备,包括防火墙、防入侵安全审计和安全隔离设备。根据《水利信息系统运行维护定额标准》(水财务〔2009〕284 号),信息安全设备包括运行定额和维护定额,其中,防火墙的运行性定额取 1 037.5 元/(台·年),维护性定额取 2 560 元/(台·年);防入侵安全审计的运行性定额取 585.6 元/(台·年),维护性定额取 4 800 元/(台·年);安全隔离设备的运行性定额取 1 045.5 元/(台·年),维护性定额取 66 元/(台·年)。标准版操作系统运行维护定额标准为 648 元/(套·年)。

3)数据接收与处理

通过信息接收处理工作站、数据库管理软件及交换共享软件,每日一方面接收并存储从所辖监测站传输的监测数据,另一方面接收从国家中心交换过来的原国土资源部门的监测数据。省级监测中心将所接收到的监测数据(水利和国土),通过信息交换共享软件,将监测信息共享到国家中心、流域中心和地市级分中心。

2018 年起工程进入全面运行,省级监测中心开始接收、存储、传输和共享所辖监测站和国家中心交换过来的国土部门的监测数据。运行维护工作量主要包括水位、水温、泉流量和水质自动监测数据的整理与入库,保障数据库管理软件及中间件的稳定运行。

各省级监测中心配置企业版数据库和中间件。根据《水利信息系统运行维护定额标准》(水财务〔2009〕284 号),企业版数据库运行维护定额标准为 38 000 元/(套·年),中间件的运行维护定额为采购价的 15%。

4)资料整编

2018 年工程进入全面运行阶段,从 2019 年开始,将对全部地下水监测站的监测资料进行整编。其中,水位水温监测站 10 256 个,流量监测站 42 个,水质自动监测站 100 个。水利部和原国土资源部分别负责各自部门监测资料的整编工作,两部共享整编成果。地下水水位站和流量站,每日监测六组数据,每站每年产生 2 190 组数据。测算依据和标准如下:

根据《水文业务经费定额标准》(水财经〔2007〕561 号),资料整编内容包括:在站整编、集中审查和复审验收,分为水位站、雨量站、蒸发试验站等,在站整编,集中审查和复审验收取费标准分别为 4 400 元/站、1 100 元/站和 4 400 元/站。由于本工程建设的地下水监测站为自动站,资料整编不包括在站整编内容,只有集中审查和复审验收。同时对比地下水资料整编和雨量资料整编的复杂程度。一方面,雨量数据不一定全部为自动监测数据,数据监测时段不一定一致,而地下水监测站的监测信息报文格式全国一致,监测资料格式统一,长度一致,雨量资料整编工作相对地下水监测资料而言,较复杂;另一方面,地下水监测主要地区均为地下水主要开采区,受开采影响,水位合理性综合分析也有其复杂的一面。综合考虑整编数据量和工作复杂程度,地下水监测站单站资料整编费用相对雨量站应减少,取雨量站集中审查和复审验收费用的一半,即集中审查取费标准为 550 元/站和复审验收取费标准为 2 200 元/站。

5)年鉴刊印

本工程从2019年开始地下水年鉴编制、刊印及发行工作。地下水监测资料整编成果按年度分省进行《地下水水位水温及流量年鉴》编制并刊印,水质自动监测资料的年鉴编制及刊印工作,与水质人工监测资料的年鉴编制及刊印统一安排。年鉴发行范围为32个省级监测中心、7个流域监测中心、国家监测中心、部分科研单位、政府部门和高校等。

根据《水文业务经费定额标准》(水财经〔2007〕561号),参考水文资料整编刊印定额标准,资料刊印每册6万元,资料刊印包括制版、校版、印刷、发行。由于地下水资料只有水位、水温、流量等类型,而地表水资料有降雨、蒸发、水位、流量、墒情等类型,地下水资料年鉴编制的复杂性比地表水低,工作量也较少,地下水年鉴刊印费用相应降低,年鉴刊印费各单位(32个省)按5万元(5万元为每册刊印50本的费用,即每册每本1 000元)计算。

4.流域监测中心

国家地下水监测工程(水利部分)分别在七个流域机构水文部门建设流域地下水监测中心,共7个。通过服务器、操作系统、数据库管理软件、地理信息系统等基础软硬件配置,地下水信息交换共享、水质分析等业务软件部署,建立流域地下水信息系统平台,实现流域内地下水监测信息的汇集、存储、分析、处理及发布。

1)基础运行环境

基础运行环境主要承担数据传输及信息发布平台运行管理维护等工作,包括保障与所辖省级监测中心连接的数据线路的畅通,实现应用服务器、数据库服务器等网络硬件设备的稳定运行。

硬件设备主要有:每个流域监测中心各一台应用服务器和数据库服务器。

服务器等硬件设备的质保期一般为3年,质保期内,硬件设备供货公司免费进行技术指导和维修服务,不产生维护性经费,只有运行性经费。从2021年开始,硬件设备进入正常年份的运行维护,运行维护费用包括运行性费用和维护性费用两部分。测算依据和标准如下:

根据《水利信息系统运行维护定额标准》(水财务〔2009〕284号),服务器运行维护定额包括运行定额和维护定额,2CPU服务器的运行定额为5 308元/(台·年),维护定额为1 012.5元/(台·年)。

2)业务应用系统

业务应用系统主要实现地下水监测数据的查询维护、集成应用、统计分析和成果发布,运行维护工作量主要包括业务应用软件和商业软件的运行、升级、修复与更新。

业务软件主要有:信息查询与维护、信息交换共享、业务应用、信息发布和地下水水质分析;商业软件主要有数据库管理软件及通用工具中间件、操作系统、地理信息系统。

软件(含业务软件和商业软件)的质保期一般为3年,质保期内,软件开发公司负责软件的升级、功能完善及现场服务,不产生开发性经费,只有运行性经费。从2021年开始,业务应用系统进入正常年份的运行维护,运行维护费用包括运行性经费和维护性经费两部分。测算依据和标准如下:

每个流域监测中心部署本项目统一开发的业务软件,业务软件的开发性维护在国家监测中心进行,流域监测中心只有软件的运行性维护。业务软件中既有C/S结构软件,也有 B/S 结构。根据《水利信息系统运行维护定额标准》(水财务〔2009〕284 号),C/S 结构软件的运行性维护标准为 2 160 元/(套·年)[客户端 160 元/(套·年),服务器端 2 000 元/(套·年)],B/S 结构软件,参考业务应用类的运行维护定额执行,定额标准为 2 000 元/(套·年)。根据以上标准和业务软件数量,测算流域监测中心业务软件运行性维护费用。

每个流域监测中心配置 Windows(标准版)操作系统和地理信息系统。根据《水利信息系统运行维护定额标准》(水财务〔2009〕284 号),标准版操作系统运行维护定额标准为 648 元/(套·年),图形设计软件标准版的运行维护定额为 110 元/(套·年)。

3)数据接收与处理

通过数据库管理软件和交换共享软件,每日接收从所辖省级监测中心传输的监测数据,包括水利部分的监测数据和国土部分的监测数据。

2018 年起,流域地下水监测中心开始接收并存储所辖省级监测中心传输的监测数据。运行维护工作量主要包括水位、水温、泉流量和水质自动监测数据的整理与入库,保障数据库管理软件及中间件的稳定运行。测算依据和标准同地市级分中心。

5. 国家地下水监测中心

国家地下水监测中心(水利部分)通过服务器、数据库管理软件、操作系统、安全隔离设备、防火墙等基础软硬件配置,地下水信息查询维护、信息交换共享、信息发布等业务软件部署,建立国家地下水信息系统平台,汇集、存储全国地下水监测信息,共享国土部门监测信息,分析全国地下水监测变化,编制分析成果报告,同原国土地下水监测中心联合发布地下水信息和分析成果。

1)基础运行环境

基础运行环境主要承担数据传输、网络运行管理、信息发布平台运行管理维护等工作,包括国家地下水监测中心软件、硬件运行环境。运行维护工作主要包括保障数据传输线路的安全畅通,实现数据中心基础运行环境,以及路由器、交换机等网络硬件设备稳定运行。硬件设备主要有:路由器、交换机、接收处理工作站、数据库服务器、应用服务器。

路由器、交换机、服务器等网络硬件设备的质保期一般为 3 年,质保期内,硬件设备供货公司免费进行技术指导和维修服务,不产生维护性经费,只有运行性经费。从 2021 年开始,硬件设备进入正常年份的运行维护,运行维护费用包括运行性费用和维护性费用两部分,测算依据和标准如下:

根据《水利信息系统运行维护定额标准》(水财务〔2009〕284 号),路由器、交换机的运行维护定额包括运行定额和维护定额,两种设备均取较低的定额标准,路由器的运行定额为 814.8 元/(台·年),维护定额为 512 元/(台·年);交换机的运行定额为 683 元/(台·年),维护定额为 124 元/(台·年);服务器运行维护定额包括运行定额和维护定额,1CPU 服务器的运行定额为 3 337 元/(台·年),维护定额为 480 元/(台·年);2CPU 服务器的运行定额为 5 308 元/(台·年),维护定额为 1 012.5 元/(台·年)。

2)业务应用系统

业务应用系统主要包括信息集成、信息查询与维护、业务应用、信息发布、地下水水质分析等业务功能,实现地下水监测数据的查询维护、集成应用、统计分析和成果发布,运行维护工作量主要包括业务应用软件和商业软件的运行、升级、修复与更新,保障操作系统、系统安全软件等的稳定运行。

业务软件主要有:接收处理、信息查询与维护、信息交换共享、业务应用、信息发布、地下水水质分析、资料整编、地下水动态分析与评价及移动客户端;商业软件主要有操作系统、地理信息系统。

信息查询维护、信息发布、操作系统等软件的质保期一般为3年,质保期内,软件开发公司或供货公司负责软件的升级、功能完善及现场服务,不产生开发性经费,只有运行性经费。从2021年开始,业务应用系统进入正常年份的运行维护,运行维护费用包括运行性经费和维护性经费两部分,测算依据和标准如下:

国家监测中心部署统一开发的业务软件,运行维护工作包括开发性维护和运行性维护。测算依据和标准同省级监测中心和地市级分中心。

3)数据接收与处理

通过数据库管理软件和交换共享软件,每日一方面接收从32个省级监测中心传输的监测数据,另一方面通过和原国土资源部间的交换共享软件,接收从国土地下水监测中心传来的数据,并通过国家防汛抗旱指挥系统网络将原国土资源部的监测数据共享到32个省级监测中心,对所有监测站的监测信息进行数据库管理和实时维护。

运行维护工作量主要包括水位、水温、泉流量和水质自动监测数据的整理与入库,保障数据库管理软件及中间件的稳定运行。

国家监测中心配置企业版数据库和中间件,数据库管理软件和中间件的运行维护经费测算依据和标准同省级监测中心和地市级分中心。

4)信息安全体系

依据《信息安全等级保护管理办法》和实际工作需要,开展"国家地下水监测工程信息应用服务系统"安全巡检与整改,完成系统日常巡检、上网行为管理、安全漏洞修复等工作,保障网络防火墙、漏洞扫描、物理隔离设备、防入侵安全审计等网络安全设备的稳定运行。

国家监测中心配置有防火墙、防入侵安全审计、安全隔离等安全防护设备。

国家监测中心信息系统从2018年起开始整体运行,每年聘请专业机构对地下水信息应用服务系统进行等级保护及日常巡检,并开展信息安全设备的日常维护工作。

2018~2020年为质保期,质保期内,软件提供公司负责软件的维护,不产生维护性经费,只有运行性经费。从2021年开始,信息安全体系进入正常年份的运行维护,运行维护费用包括运行性经费和维护性经费两部分,测算依据和标准如下:

根据《水利信息系统运行维护定额标准》(水财务[2009]284号),信息安全设备包括运行定额和维护定额,防火墙的运行性定额取1 037.5元/(台·年),维护性定额取2 560元/(台·年);防入侵安全审计的运行性能定额取585.6元/(台·年),维护性定额取4 800元/(台·年);安全隔离设备的运行性定额取1 045.5元/(台·年),维护性定额取66元/(台·年)。

5)中心大楼水电、物业管理及空气净化系统维护

中心大楼日常运行工作主要体现在保障水电的正常供应,大楼环境的日常维护以及

大楼物业管理等方面。

(1)电费。中心大楼用电包括两个方面:大楼办公、照明和精密空调用电。依据《全国民用建筑工程设计技术措施/电气》,办公楼每天用电量指标为40~80 W/m^2,考虑加班情况,取每天用电量标准为65 W/m^2(比平均值略高),每年工作天数按251 d计算(扣除休息日和节假日),计算中心大楼办公、照明年用电量;为满足中心大楼实验室、档案室、网络数据中心对环境的特殊要求,配置精密空调,精密空调需全年运行,全年按365 d考虑,按节能模式(额定功率的50%)计算精密空调年用电量,北京市办公楼用电标准为1.2元/(kW·h)计算。

(2)水费。中心大楼用水主要为实验室水质分析用水,水质分析用水在水质监测经费中测算。

(3)物业费。中心大楼物业费按照物业合同,取22元/(月·m^2)乘以中心大楼面积进行计算。

(4)空气净化与温控系统维护。由于国家中心机房和实验室对环境的特殊要求,中心大楼原有的通风系统和温控系统(空调)不能满足要求,对原有通风系统和温控系统进行改造,为确保通风与温控系统正常运行,需定期进行维护。维护工作主要包括:系统维护保养和耗材更换。

①系统维护保养:实验室环境定期维护、系统设备设施的维护等。实验室环境维护每年进行2次,主要包括实验室PVC地面及试验设备的清洁等;系统设备设施的维护每月进行1次,每年12次,由专业人员对系统设备及运行情况进行维护。

②系统耗材更换:空气净化系统过滤器更换,送风系统送风机皮带更换,压力表、密封环、废气及废水处理设备等更换。每年需更换各类过滤器、送风机皮带、压力表、密封环等。

6)国家中心地下水水质实验室质量保障

国家地下水监测中心地下水水质实验室建成后,根据实验室定位,主要负责全国范围内地下水水质的监督性检测和同步分析检测,为确保水质实验室的正常工作,每年需对实验室进行质量控制、计量认证、安全防护、技术装备检定。

按照《水质监测质量管理监督检查考核评定办法》等7项制度以及《水环境监测规范》(SL 219—2013)等要求,对实验室进行管理和开展工作,实验室具备《地下水质量标准》(DZ/T 14848—93)1993年颁布的39项以及最新的93项水质指标的测试能力。

实验室运行维护的主要工作内容包括:质量控制、计量认证、安全防护、技术装备维修检定。

(1)实验室质量控制。

实验室质量控制是指为将分析测试结果的误差控制在允许限度内所采取的控制措施,包括质量监督检查、质量保证和业务培训。每年需对实验室进行一次质量监督和质量保证。2018年为实验室的试运行期,从2019年开展实验室质量控制工作。

(2)实验室计量认证和安全防护。

实验室计量认证是指国家认证认可监督管理委员会和各省、自治区、直辖市人民政府质量技术监督部门对实验室的基本条件和能力是否符合法律、行政法规规定以及相关技术规范或者标准实施的评价和承认活动。作为国家级地下水分析测试机构,监测中心实验室必须符合实验室质量控制规范,同时具备国家级认监委组织的计量认证,参与并通过行业组织的实验室能力验证,能独立承担第三方公正性检测。同时,由于实验室具备毒理分析能力,以及大量试剂具有毒性和易燃易爆性,必须对实验室安全防护工作进行监督和管理。每年进行一次实验室计量认证和安全防护。2018 年为实验室的试运行期,从 2019 年开展实验室计量认证和安全防护工作。

(3)技术装备维修检定。

为完成水质分析任务,保证实验室设施和仪器的正常运转,每年需对实验室配备的酸度计、电子天平、普通显微镜等常规仪器,以及气相色谱仪、离子色谱仪、同位素仪等大型专业设备,以及通风系统、气路系统、污水处理系统等实验室的专业设备全面开展设备检定和必要的修护。

考虑实验室设施和仪器的质保期,一般为 3 年,质保期内,仪器公司负责实验室技术装备维修检定工作,不产生相关费用。从 2021 年起,进入正常年份的实验室技术装备维修检定工,测算依据和标准如下:

根据《水质监测业务经费定额标准(试行)》(水财务〔2014〕253 号),每年进行一次质量控制,包括质量监督检查、质量保证、年度质量控制;每年进行一次计量认证;每年进行一次安全防护,包括实验室废弃物处置、实验室试剂销毁、人员安全防护;每年进行一次技术装备维修检定,包括技术装备维修、技术装备检定,技术装备维修费为设备原价×维修费率,维修费率取设备原价的 4%。实验室检测设备的质保期一般为 3 年,质保期内,设备厂家负责设备的维修维护工作,故技术装备维修费用从 2021 年开始考虑。

9.11.2 地下水水质监测

至 2018 年,我国水利行业水环境监测由 1 个部中心(水利部水环境监测评价研究中心)、7 个流域监测中心、31 个省级监测中心、292 个流域分中心和地市级中心共 331 个监测机构组成,对全国水功能区、省界断面、国界断面、水源地、较大规模以上入河排污口、地下水监测井、水生态监测,以及应急水污染事件等开展监测,部分监测中心还承担农村饮用水水质监测任务。

9.11.2.1 国家地下水水质监测任务与站点选取原则

1. 总体任务

本工程建成后将开展 10 298 个国家地下水监测站、97 个重要地下水水源地取水口、684 个生产井的水质监测工作。按照《地下水质量标准》(GB/T 14848—2017),监测指标 93 项(见表 9-10),其中常规指标 39 项(含 20 项常用指标),非常规指标 54 项,监测频次 2~12 次/年。

按照《地下水质量标准》(GB/T 14848—2017)93 项指标测算,20 项常用指标至少需要配置 10 台(套)分析检测设备,39 项至少需要 16 台(套),93 项全指标至少需要 18 台(套)。

表 9-10　新地下水国标监测指标表

常规指标（39项）	常用指标（感官性状及一般化学指标,20项）	色、嗅和味、浑浊度、肉眼可见物、pH、总硬度、溶解性总固体、硫酸盐、氯化物、铁、锰、铜、锌、铝、挥发性酚类、阴离子表面活性剂、耗氧量、氨氮、硫化物
	微生物指标(2项)	总大肠菌群、菌落总数
	毒理学指标(15项)	亚硝酸盐、硝酸盐、氰化物、氟化物、碘化物、汞、砷、硒、镉、铬(六价)、铅、三氯甲烷、四氯化碳、苯、甲苯
	放射性指标(2项)	总α放射性、总β放射性
非常规指标（54项）	毒理学指标(54项)	铍、硼、锑、钡、镍、钴、钼、银、铊、二氯甲烷、1,2-二氯乙烷、1,1,1-三氯乙烷、1,1,2-三氯乙烷、1,2-二氯丙烷、三溴甲烷、氯乙烯、1,1-二氯乙烯、1,2-二氯乙烯、三氯乙烯、四氯乙烯、氯苯、邻二氯苯、对二氯苯、三氯苯(总量)、乙苯、二甲苯(总量)、苯乙烯、2,4-二硝基甲苯、2,6-二硝基甲苯、萘、蒽、荧蒽、苯并(b)荧蒽、苯并(a)芘、多氯联苯、邻苯二甲酸二(2-乙基己基)酯、2,4,6-三氯酚、五氯酚、六六六、γ-六六六(林丹)、滴滴涕、六氯苯、七氯、2,4-滴、克百威、涕灭威、敌敌畏、甲基对硫磷、马拉硫磷、乐果、毒死蜱、百菌清、莠去津、草甘膦

2. 具体工作内容

本工程考虑到水利系统各级监测中心能力现状,遵循“明确划分、充分利用、方法合规、工作相宜”的指导原则,发挥流域监测中心的检测能力和技术优势,以及地方水文部门实验室数量和站点距离优势、站点管护的便利条件,优化方案,合理分配部、流域、省区三级监测机构对10 298个地下水监测站点的水质监测任务:

部中心负责国家地下水水质监测技术管理、组织协调和质量控制,承担监督性监测、同步监测等任务。流域监测中心对本流域范围内地下水水质监测进行业务指导,负责2 060个国家地下水监测工程站点的39项常规监测和54项非常规监测指标;省级水文部门协助做好本省区内的地下水监测站网运行维护管理和更新改造,开展8 238个站点的常规监测。其中省级中心主要负责39项常规指标监测,地市分中心负责20项常用指标监测。

1)部中心监测任务

部中心(水利部水环境监测评价研究中心)具体承担国家地下水水质监测技术牵头任务,负责国家地下水监测中心的监督性监测和同步分析检测等业务工作。按照《水环境监测规范》(SL 219—2013),《水质监测质量管理监督检查考核评定办法》《水质监测人员岗位技术培训和考核制度》《实验室质量控制考核与比对试验实施办法》《实验室能力验证实施办法》《省界缓冲区等重点水功能区水质监测质量监督检查制度》《水质监测仪器设备监督检查制度》《水质自动监测站质量监督检查办法》等"七项制度"的要求,并参考水利部办公厅《关于印发全国重要江河湖泊水功能区水质达标评价技术方案(修订稿)和全国重要江河湖泊水功能区"十三五"达标评价名录的通知》(办资源〔2016〕91号)关于对水功能区监督性监测的要求(要求监督性监测原则不低于8%),对全部10 298个站点开展监督性监测和同步监测。一是按约5%的站点比例开展监督性监测(结合流域或省采样工作,由部中心人员到现场采样带回实验室分析,对监测工作进行全过程监督),每年2次,上、下半年各1次。二是按约5%的站点比例开展同步对比监测(由流域或省区在采样同时以邮寄的方式将同样的样品寄送到部中心实验室分析),每年开展1次。

(1)监测站点。监督性监测:按全部监测站点的5%计算,每年2次,具体站点在年度监督性监测任务时确定。同步监测:按全部监测站点的5%计算,每年1次,具体站点由部中心与流域或省区监测中心商定。

(2)监测指标与频次。监督性监测、同步监测的监测指标(包括常规与非常规监测指标)与流域或省区监测该站点时一致,监督性监测每年开展2次,同步监测每年1次。

2)流域监测中心任务

全部监测站点中,流域水环境监测(分)中心负责流域本级2 060个站点的监测工作(见表9-11),指导流域范围内省区站点的水质监测工作并进行成果汇总。

表9-11　流域监测中心监测站数表

站点类型	流域站数								常规监测		非常规监测	
	长江	黄河	淮河	海河	珠江	松辽	太湖	合计	年监测频次	监测指标数	年监测频次	监测指标数
重点站	82	68	57	70	35	59	38	409	4	39	0.5	54
一般站	328	274	229	284	141	239	156	1 651	2	20	0.5	73
合计	410	342	286	354	176	298	194	2 060				

(1)监测站点。考虑将国家地下水监测工程站点中分布在污染严重河流沿岸、重要城市周边地区及地下水利用较多地区的站点,由流域水环境监测(分)中心完成。

(2)监测指标与频次。在这些专用监测井中,选取位于城市或城市周边地区的重要站监测39项常规指标,每年4次,剩下的一般站监测20项常用指标,每年2次。另外,结合常规监测采样任务,以每2年覆盖全部站点1次的原则,开展非常规监测,使监测指标达到全部93项。

3)省区水文部门监测任务

在国家地下水监测工程站点中,32个省级水文部门(含新疆生产建设兵团)负责本工程流域监测之外的8 238个站点的水质监测工作。

(1)监测站点。其中,约1/5位于城市或城市周边地区的重要站点由省级监测中心负责,其他一般站点由地市级中心负责。

(2)监测指标与频次。重要站点监测39项常规指标,每年监测4次;一般站点监测20项常用指标,每年监测2次。另外,结合常规监测采样任务,按每2年覆盖全部监测站点1次的原则,开展非常规监测,使监测指标达到全部93项。

9.11.2.2　站点采送样距离测算

1.测算依据

根据各级监测中心和初步设计中国家地下水监测工程10 298个站点的经纬度坐标,按照监测方案的分工要求,采用GIS地图Web服务提供的批量行驶距离计算API接口,通过软件编程逐站计算各个监测中心驱车到各个监测站的行车距离。

根据监测站分布状况,进行了必要的行车线路的优化,以减少不必要采样行驶里程,节约工作经费。考虑到样品过程管理比较重要,按照《水环境监测规范》(SL 219—2013)等标准规范要求,样品采集工作尽可能由各承担任务的监测中心完成,且水质样品检测因为要考虑易变参数,一般要在48 h内送回实验室检测,对于48 h以外的样品也要冷藏保存。根据目前各单位开展监测工作的实际情况,按照采送样往返里程数将各站分成了三类,单站采送样往返距离在0~400 km的为Ⅰ类;距离在400~800 km的为Ⅱ类;大于800 km的为Ⅲ类。地下水采样比较耗时,有的需要抽水4个小时以上,按一天采集2个样品计算,其中Ⅰ类站基本能当天往返,流域中心、省级中心、地市中心负责的站点均自行到站采样。按照规范要求,流域中心、省级中心、地市中心Ⅱ类站也应自行到站采样,但当天不回实验室,需要在外住宿,在计算费用时需考虑采样运输作业人员1晚的住宿费用。流域中心、省级中心Ⅲ类站路程较远,自行采样的话往返时间较长,费用较高,而相比之下,地市中心有距离站点近的优势,流域中心、省级中心Ⅲ类站样品采集都交由最近的地市中心完成,再由地市中心将样品以加冰冷藏快递方式寄送到流域或省中心,能节省一定的样品运输费用,这部分站点计算时采用最近的地市中心到这些站的往返距离,再加上相应的样品寄送和住宿等费用。地市中心自身的Ⅲ类站一般很难在2 d内返回,要计算2晚的住宿费用。

站点采送样距离测算时考虑采集A、B两个站点采集水样时由监测中心出发到A点,再由A点直接去B点,再从B点返回,测算时单次里程统一乘以系数3/4。因部中心现场采样与流域或省区工作共同开展,不重复计算此部分距离。

2.测算结果

全国10 298个地下水水质监测井的分布范围涉及382个地市级行政区,由于部分地市级行政区没有水环境监测中心,实际涉及248个省及地市级水环境监测中心,根据流域、省、地市三级监测中心分配的站点任务,逐站测算出10 298个站点分别到流域、省、地市级分中心的往返距离。根据计算,10 298 个站点共 24 678 测次(不含部中心),全国每年采样运输距离共 436.4 万 km,平均单井采样往返距离 176.9 km。其中,各流域监测中心监测站点 2 060 个,总测次为 4 938,总采送样距离为 101.8 万 km;省级监测中心监测站点 1 632 个,共 6 528 测次,采送样距离为 160.5 万 km;地市级监测中心监测站点 6 606 个,共 13 212 测次,采送样距离为 174.1 万 km。

9.11.2.3 **经费测算**

水质监测费用包括采样、送样、实验室分析检测、数据整编与实验室质量保障等费用。本工程按照监测方案和监测任务,根据水利部印发的《水质监测业务经费定额标准(试行)》(简称水质定额标准,水财务〔2014〕253 号)、财政部印发的《中央和国家机关差旅费管理办法》(财行〔2013〕531 号)、《工程勘测设计收费标准》等规定和标准,结合当前各监测中心工作实际情况和市场调研进行经费测算。具体测算方法如下。

1.采样费

依据采样规范,为采集具备代表性的新水,采样前需对专用井进行抽水,按照《工程勘测设计收费标准》,每个台班(专用设备抽水 8 h)840 元,每次采样至少需要抽水 0.5 台班,需 420 元;抽水时,需进行场地平整及恢复,包括场地挖槽、排水、场地平整恢复及青苗补偿,按照工作内容并考虑市场价格,场地平整及恢复每次费用为 500 元;按照定额,样品采集和现场水样保存每次 15 元。综合采样时的工作内容,每测次采样费用为 935 元。考虑每年结合 1 次透水试验和监测井清淤洗井同时进行采样,国家地下水监测工程 10 298 个站点采样时,减少 1 次抽水费用。

1)部中心

部中心共样品采集跟随流域或省区共同开展,不计算采样中的抽水和场地平整及恢复费用。监测样品采集费用按照每测次 15 元计算。

2)流域中心

流域中心共 4 938 测次,每次需 935 元。由于 2 060 个监测井每年要进行 1 次透水试验,采样工作可结合进行,计算时每站要扣除 1 个测次 420 元的抽水费用。

3)省区监测中心

省区各监测中心共 19 740 测次,每次需 935 元。由于 8 238 个监测井每年要进行 1 次透水试验,采样工作可结合进行,计算时每站要扣除 1 个测次 420 元的抽水费用。

2.样品运输费

根据监测井的位置逐站距离测算结果,按照水质定额,样品运输成本 4.4 元/km,考虑目前高速公路和 1、2 级公路已覆盖我国大部分地区,仅考虑海拔因素,不考虑交通条件。按照定额其中位于西藏的站点海拔为Ⅲ类(平均海拔 3 000 m 以上),乘以系数 1.2;位于青海、云南的站点海拔为Ⅱ类(平均海拔 2 000~3 000 m),乘以系数 1.1;其余省区海拔为Ⅰ类(平均海拔 2 000 m 以下),系数为 1。

按照《水环境监测规范》(SL 219—2013)等标准规范要求,样品采集工作尽可能由各承担任务的监测中心完成,且水质样品检测因要考虑易变参数,一般要在 48 h 内送回实验室检测,对于48 h以外的样品也要冷藏保存。根据目前各单位开展监测工作的实际情况,按照采送样往返里程数将各站分成了三类,单站采送样往返距离在0~400 km的为Ⅰ类;距离在400~800 km的为Ⅱ类;大于800 km的为Ⅲ类。地下水采样比较耗时,有的需要抽水四个小时以上,按一天采集2个样品计算,其中Ⅰ类站基本能当天往返,流域中心、省级中心、地市中心负责的站点均自行到站采样。按照规范要求,流域中心、省级中心、地市中心Ⅱ类站也应自行到站采样,但当天不回实验室,需要在外住宿,在计算费用时需考虑采样运输作业人员1晚的住宿费用。流域中心、省级中心Ⅲ类站路程较远,自行采样的话往返时间较长,费用较高,而相比之下,地市中心有距离站点近的优势,流域中心、省级中心Ⅲ类站样品采集都交由最近的地市中心完成,再由地市中心将样品以加冰冷藏快递方式寄送到流域或省中心,能节省一定的样品运输费用,这部分站点计算时采用最近的地市中心到这些站的往返距离,再加上相应的样品寄送和住宿等费用。地市中心自身的Ⅲ类站一般很难在2 d内返回,要计算2晚的住宿费用。测算时考虑每天采2个样,单次里程统一乘以系数3/4。

人员作业费根据实际工作情况测算,地下水样品每批次需3人同时作业,每天最多采集2个样品,考虑地下水站点多处偏远地区,按照财政部差旅费规定,每人每天餐费等补助100元。住宿费依据财政部《关于调整中央和国家机关差旅住宿费标准等有关问题的通知》(财行〔2015〕497号)公布的各省及地市住宿费标准调整表逐站进行计算,本着节约的原则,住宿3人中2个可合住1间,每次只计算2间房费。

流域中心和省中心Ⅲ类站点的样品由地市中心采样并以快递方式寄送,单个样品量达16 L,还要加上用以保持冷藏的冰块。因为要以最快的速度寄送到实验室,通过快递公司询价,并考虑西藏、新疆等偏远地区寄送费用较高,单个样品的平均寄送费以200元测算。

3. 样品检测分析费

《地下水质量标准》共93项检测指标,按照水质定额标准测算,常规39项指标实验室检测消耗成本为3 012元,常规指标中20项感官性状及一般化学指标等常用指标实验室检测消耗成本1 129元;54项非常规指标检测费用9 947元;全部93项指标检测成本为12 961元。地下水样品因站点分散,每次采样当天来回最多采集2个左右样品,而又考虑样品各指标存放时效性问题,标准要求有的常规指标在采样后24 h内检测,常规指标检测很难做到批量检测($N>10$)。集中在省区检测的大部分非常规指标可以按要求添加试剂,集中冷藏储存后检测,可以批量将样品统一存放后由实验室检测,按照定额,非常规指标的检测分析费可考虑批量样品($10<N<50$)处理统一乘以系数0. 8。

例如,部中心监督性监测和同步监测因样品可以集中安排检测,计算时常规监测和非常规监测均乘以系数0. 8,其中常规监测1 662测次×3 012×0. 8/10 000=400. 5(万元)。非常规监测因对采样过程要求较高,只考虑对监督性监测站点每年按1/4的比例开展,554×2×0. 25×9 947×0. 8/10 000=220. 4(万元)。共需要620. 9万元。

4. 资料整编与质量保障等其他费用(355.4 万元)

根据水质监测定额和实际工作开展情况,在地下水水质监测过程中还将产生数据校核、测试报告编制、资料整理、资料汇编、资料刊印、信息编报、质量保障、实验室安全防护等其他费用。按照《水环境监测规范》(SL 219—2013)、水质监测“七项制度”等要求,各级监测中心要及时对检测数据进行校核、整理,编制各类报告,同时要通过质量控制与管理等措施以保障监测质量。流域中心要对流域范围内本级和省区全部站点的监测资料进行整理汇总编制流域成果报告,并将流域内的资料及时上报部水文局,流域中心还要对流域分中心及省级中心地下水水质监测工作开展质量监督和管理。省级中心要对全省范围内的站点资料进行整理汇总形成省级成果,并将省区资料上报流域和水利部,省级中心要对地市级中心地下水水质监测工作开展质量监督和管理。因考虑部分经费可以与目前各级中心开展的地表水监测等工作统筹开展,为保障这部分新增任务的基本经费需求,以任务量最少的流域监测机构(珠江)和省区水文部门(福建)测算结果分别作为流域和省区的平均经费。

1) 部中心

部中心此部分费用纳入国家中心运行与维护费中,不重复计算。

2) 流域中心

流域机构以任务量最少的珠江为例,共 176 个监测井,其中测 4 次的 35 个站,每次 39 项指标,测 2 次的 141 个站,每次 20 项指标。176 个站每年数据量均小于 200 个,属于Ⅰ类断面。

数据校核费用:(35×4×39+141×2×20)×1(定额 1 元/个)= 11 100(元);

测试报告编制费:(35×4+141×2)×25(定额 25 元/个)= 10 550(元)。

资料整理费:

整编费初始测算为 176×2 000(Ⅰ级断面整编单价为 2 000 元)= 352 000(元);调整系数(10×1+40×0.8+126×0.6)/176=0.668 2;资料整理费=352 000×0.668 2=235 200(元)。

实验室废弃物处置费:(35×4×39+141×2×20)×0.8(0.8 为废弃物处置参数单价)= 8 880(元)。

资料汇编费、资料刊印费、信息编制与报送费、质量控制费用、计量认证费用、试剂销毁费、人员防护费等与地表水监测等其他工作统筹,不计算;信息收集与处理费在工程建设期完成,不计算。

按定额测算,珠江流域中心共需要资料整编与质量保障等其他费用为 11 100+10 550+235 200+8 880=265 730(元);

各流域中心共需要资料整编与质量保障等其他费用 27×7=189(万元)。

3) 省区水文部门

以任务量最少的福建省为例,共 27 个监测井,其中省中心监测 5 个,每年监测 4 次,每次监测 39 项常规指标;地市监测 22 个,每年监测 2 次,每次监测 20 项常规指标,每个断面年数据量均小于 200 个,属于Ⅰ类断面。

数据校核费:(5×4×39+22×2×20)×1(定额1元/个)=1 660(元);

测试报告编制费:(5×4+22×2)×25(定额25元/个)=1 600(元);

资料整理费:

整编费初始测算为27×2 000(Ⅰ级断面整编单价为2 000元)=54 000(元);调整系数(10×1+17×0.8)/27=0.87;资料整理费=54 000×0.87=46 980(元);

实验室废弃物处置费:(5×4×39+22×2×20)×0.8(0.8为废弃物处置参数单价)=1 328(元)。

资料汇编费、资料刊印费、信息编制与报送费、质量控制费用、计量认证费用、试剂销毁费、人员防护费等与地表水监测等其他工作统筹,不计算;信息收集与处理费在工程建设期完成,不计算。

按定额测算,福建省共需要资料整编与质量保障等其他费用1 660+1 600+46 980+1 328=51 788(元)。

9.11.2.4 经费合理性分析

依据水质监测定额,本次测算采用的93项指标的实验室检测费用,与国土部(国家地质实验测试中心)、农业部(中国农业科学研究院)等相关监测机构的分析测试报价,根据江苏省物价局财政厅环境保护厅关于印发《江苏省环境监测专业服务收费管理办法》和《江苏省环境监测专业服务收费标准》的通知(苏价费〔2006〕397号、苏财综〔2006〕80号、苏环计〔2006〕30号)、辽宁省物价局关于取消环境监测服务部分项目和降低收费标准的通知(辽价函〔2014〕160号)、湖北省物价局财政厅关于核定环境监测服务收费标准的通知(鄂价环资规〔2013〕223号)、四川省物价局四川省财政厅关于调整环境监测服务收费标准的函(川价函〔2007〕6号)等提供的江苏、辽宁、湖北、四川等部分省份环境监测服务收费标准,以及社会第三方检测机构(谱尼测试集团股份有限公司)分析检测报价(其中有的指标没有给出报价,用提供的同类型指标报价补齐)进行了对比。本工程水质实验室检测费基本低于各监测机构报价和相关省份标准(见表9-12)。

针对20项一般监测指标,定额标准所需费用(1 129元)基本低于各部、省及市场报价(1 199~3 350元),其中除个别指标略高外,如色的检测费用(10元)高于部分省份监测服务平均报价(3.4元),其余大部分监测指标所需费用均低于或接近各部、省及市场报价,如金属锰的检测费用(80元)明显低于不同分析监测机构平均报价(129元)。

针对39项常规监测指标,定额标准所需费用(3 012元)基本低于各部、省及市场报价(3 793.5~9 825元),如硝酸盐、亚硝酸盐等监测指标所需费用(55元)明显低于各部、省级监测机构及市场平均报价(86.8元)。

针对54项非常规监测指标,定额标准(乘以系数0.8)所需费用(7 957.6元)基本低于各部、省及市场报价(12 231~41 700元),如指标萘报价(158元)明显低于各省监测机构平均报价(263元),达到各部及市场平均报价(300元)近一半。

针对93项全指标,定额标准(非常规指标乘以系数0.8)所需费用(10 969.6元)基本低于各部、省及市场报价(16 024.5~51 525元)。

表 9-12 不同监测机构地下水各指标水质监测服务费用统计表

序号	指标	测试消耗费用定额	本工程项目(非常规指标乘以系数 0.8)	中国农科院	国家地质实验测试中心	江苏(2014 年)	辽宁(2014 年)	湖北(2013 年)	四川(2007 年)	谱尼测试集团股份有限公司
	一、地下水质量常规指标									
	(一)感官性状及一般化学指标									
1	色(铂钴色度单位)	10	10	50	50	3	2.4	5	3	10
2	嗅和味	5	5	50	50	3	2.4	5	3	10
3	浑浊度/NTU	13	13	50	50	15	12.2	15	10	20
4	肉眼可见物	5	5	50	50	3	2.4	5	3	20
5	pH	10	10	50	20	15	16.2	15	10	20
6	总硬度(以 $CaCO_3$ 计,mg/L)	17	17	150	100	60	40	60	50	70
7	溶解性总固体(mg/L)	20	20	150	100	60	48.6	60	50	100
8	硫酸盐(mg/L)	55	55	150	90	60	81	100	50	50
9	氯化物(mg/L)	55	55	150	90	80	81	100	80	50
10	铁 (mg/L)	80	80	300	90	100	81	100	200	70
11	锰 (mg/L)	80	80	300	90	100	81	100	200	70
12	铜 (mg/L)	80	80	300	90	100	81	100	200	70
13	锌 (mg/L)	80	80	300	60	100	81	100	200	70
14	铝 (mg/L)	100	100	100	100	100	162	100	200	70
15	挥发性酚类(以苯酚计)(mg/L)	100	100	100	100	60	81	60	50	100
16	阴离子表面活性剂(mg/L)	58	58	200	200	60	81	60	50	200
17	耗氧量(COD_{Mn} 法,以 O_2 计,mg/L)	63	63	200	100	60	81	60	50	100

续表 9-12

序号	指标	测试消耗费用定额	本工程项目(非常规指标乘以系数 0.8)	中国农科院	国家地质实验测试中心	江苏(2014 年)	辽宁(2014 年)	湖北(2013 年)	四川(2007 年)	谱尼测试集团股份有限公司
18	氨氮(以 N 计,mg/L)	58	58	200	90	60	81	60	50	70
19	硫化物(mg/L)	100	100	200	120	60	81	60	50	120
20	钠(mg/L)	140	140	300	90	100	162	100	200	70
(二)微生物指标										
21	总大肠菌群/(MPN[b]/100 mL 或 CFU[c]/100 mL)	60	60	100	150	70	64.8	100	60	150
22	菌落总数/(CFU/mL)	60	60	100	100	40	40.5	100	40	100
(三)毒理学指标										
23	亚硝酸盐(以 N 计,mg/L)	55	55	100	100	60	81	60	50	90
24	硝酸盐(以 N 计,mg/L)	55	55	100	90	80	81	100	80	70
25	氰化物(mg/L)	100	100	100	100	60	81	60	50	100
26	氟化物(mg/L)	55	55	240	70	70	81	100	80	90
27	碘化物(mg/L)	55	55	300	150	80	81	100	50	150
28	汞(mg/ L)	63	63	360	90	100	81	300	60	70
29	砷(mg/L)	63	63	360	90	60	81	300	60	70
30	硒(mg/L)	63	63	300	90	60	81	300	60	70
31	镉(mg/L)	100	100	400	90	100	81	300	80	70
32	铬(六价)(mg/L)	50	50	400	90	60	81	300	50	100
33	铅(mg/L)	100	100	400	100	100	81	300	80	70
34	三氯甲烷(μg/L)	198	198	200	150	260	243	1 500	250	150

续表 9-12

序号	指标	测试消耗费用定额	本工程项目(非常规指标乘以系数0.8)	中国农科院	国家地质实验测试中心	江苏(2014年)	辽宁(2014年)	湖北(2013年)	四川(2007年)	谱尼测试集团股份有限公司
35	四氯化碳(μg/L)	210	210	200	150	260	243	1 500	250	150
36	苯(μg/L)	198	198	200	200	260	243	1 500	250	150
37	甲苯(μg/L)	198	198	200	200	260	243	1 500	250	150
	(四)放射性指标									
38	总α放射性(Bq/L)	100	100	320	320	400	243	70	250	320
39	总β放射性(Bq/L)	100	100	320	320	400	243	70	250	320
	常规指标消耗费用合计	3 012	3 012	8 050	4 380	3 979	3 793.5	9 825	4 009	3 800
	二、地下水质量非常规指标									
	(一)毒理学指标									
1	铍(mg/L)	100	80	100	90	180	81	300	50	70
2	硼(mg/L)	30	24	100	100	180	81	300	50	70
3	锑(mg/L)	100	80	100	100	180	162	300	400	70
4	钡(mg/L)	55	44	100	100	180	162	300	200	70
5	镍(mg/L)	100	80	300	100	180	162	300	200	70
6	钴(mg/L)	100	80	300	90	180	162	300	200	70
7	钼(mg/L)	140	112	300	150	180	162	300	200	100
8	银(mg/L)	140	112	300	100	180	162	300	400	70
9	铊(mg/L)	80	64	300	120	180	162	300	400	70
10	二氯甲烷(μg/L)	210	168	300	200	260	243	300	250	200

续表 9-12

序号	指标	测试消耗费用定额	本工程项目(非常规指标乘以系数 0.8)	中国农科院	国家地质实验测试中心	江苏(2014 年)	辽宁(2014 年)	湖北(2013 年)	四川(2007 年)	谱尼测试集团股份有限公司
11	1,2-二氯乙烷(μg/L)	210	168	300	200	260	243	1 500	250	200
12	1,1,1-三氯乙烷(μg/L)	210	168	300	200	260	243	1 500	250	150
13	1,1,2-三氯乙烷(μg/L)	210	168	300	200	260	243	1 500	250	150
14	1,2-二氯丙烷(μg/L)	210	168	300	200	260	243	1 500	250	150
15	三溴甲烷(μg/L)	210	168	300	200	260	243	1 500	250	200
16	氯乙烯(μg/L)	198	158.4	300	200	260	243	1 500	250	200
17	1,1-二氯乙烯(μg/L)	198	158.4	300	200	260	243	1 500	250	150
18	1,2-二氯乙烯(μg/L)	198	158.4	300	200	260	243	1 500	250	150
19	三氯乙烯(μg/L)	198	158.4	300	200	260	243	1 500	250	200
20	四氯乙烯(μg/L)	198	158.4	300	200	260	243	1 500	250	200
21	氯苯(μg/L)	210	168	300	200	260	243	1 500	250	200
22	邻二氯苯(μg/L)	210	168	300	200	260	243	1 500	250	200
23	对二氯苯(μg/L)	210	168	300	200	260	243	1 500	250	200
24	三氯苯(总量)(μg/L)	198	158.4	300	200	260	243	1 500	250	200
25	乙苯(μg/L)	198	158.4	300	200	260	243	1 500	250	150
26	二甲苯(总量)(μg/L)	198	158.4	300	200	260	243	1 500	250	150
27	苯乙烯(μg/L)	198	158.4	300	200	260	243	1 500	250	200
28	2,4-二硝基甲苯/(μg/L)	198	158.4	300	200	260	243	300	250	300
29	2,6-二硝基甲苯/(μg/L)	198	158.4	300	200	260	243	300	250	300
30	萘 (μg/L)	198	158.4	300	300	260	243	300	250	300

续表 9-12

序号	指标	测试消耗费用定额	本工程项目(非常规指标乘以系数0.8)	中国农科院	国家地质实验测试中心	江苏(2014年)	辽宁(2014年)	湖北(2013年)	四川(2007年)	谱尼测试集团股份有限公司
31	蒽(μg/L)	198	158.4	300	300	260	243	300	250	300
32	荧蒽(μg/L)	198	158.4	300	300	260	243	300	250	300
33	苯并(b)荧蒽(μg/L)	210	168	300	300	260	243	300	250	300
34	苯并(a)芘(μg/L)	210	168	300	300	260	243	300	250	240
35	多氯联苯(总量)(μg/L)	210	168	300	300	260	243	300	250	1 200
36	邻苯二甲酸二(2-乙基己基)酯(μg/L)	198	158.4	300	300	260	243	300	250	300
37	2,4,6-三氯酚(μg/L)	198	158.4	300	300	260	243	300	250	300
38	五氯酚(μg/L)	210	168	300	300	260	243	300	250	300
39	六六六(总量)(μg/L)	198	158.4	360	150	260	243	300	250	150
40	γ-六六六(林丹)(μg/L)	198	158.4	300	300	260	243	300	250	300
41	滴滴涕(总量)(μg/L)	198	158.4	300	300	260	243	300	250	150
42	六氯苯(μg/L)	210	168	300	300	260	243	300	250	240
43	七氯(μg/L)	210	168	300	300	260	243	300	250	300
44	2,4-滴(μg/L)	198	158.4	300	300	260	243	300	250	300
45	克百威(μg/L)	198	158.4	300	300	250	243	2 000	350	300
46	涕灭威(μg/L)	198	158.4	300	300	250	243	2 000	350	300
47	敌敌畏(μg/L)	198	158.4	300	300	260	243	300	250	300
48	甲基对硫磷(μg/L)	198	158.4	300	300	260	243	300	250	300
49	马拉硫磷(μg/L)	198	158.4	300	300	260	243	300	250	300

续表 9-12

序号	指标	测试消耗费用定额	本工程项目(非常规指标乘以系数 0.8)	中国农科院	国家地质实验测试中心	江苏(2014 年)	辽宁(2014 年)	湖北(2013 年)	四川(2007 年)	谱尼测试集团股份有限公司
50	乐果(μg/L)	198	158.4	300	300	260	243	300	250	300
51	毒死蜱(μg/L)	198	158.4	300	300	260	243	300	250	300
52	百菌清(μg/L)	210	168	300	300	260	243	300	250	300
53	莠去津(μg/L)	198	158.4	300	300	260	243	300	250	300
54	草甘膦(μg/L)	198	158.4	300	300	250	243	2 000	350	300
非常规指标消耗费用合计		9 947	7 957.6	15 460	12 300	13 290	12 231	41 700	13 650	12 490
地下水质量各指标测试消耗费用总计		12 959	10 969.6	23 510	16 680	17 269	16 024.5	51 525	17 659	16 290

注:表中各单位的监测费用单位为“元”。

9.11.2.5　经费测算结果

国家地下水监测工程的实施,将实现对全国主要平原、盆地地下水动态监测,控制面积 350 万 km^2,为水资源统一管理、防汛抗旱、地质灾害防治和地质环境保护提供技术支撑,为水资源利用与保护、生态文明建设和国家重大战略决策提供服务,为地下水资源量评价、水文地质调查评价和地下水演化规律研究提供可靠的基础数据。

为使地下水监测工程发挥最大效益,确保地下水监测站、数据自动采集与传输系统、信息服务系统长期良性运行,必须形成一套科学完善的运行维护机制。

根据国家地下水监测工程(水利部分)监测系统运行维护及地下水水质监测工作内容,依据规范、定额等有关标准规定,对监测系统运行维护及地下水水质监测工作经费进行系统、完整测算,本着厉行节约、实事求是,得到经费测算结果。

案例:按照上述原则和方法,本工程 2018~2021 年各年度经费测算大致结果如下:

2018 年,总经费约 18 300 万元。其中,监测系统运行维护经费约 3 500 万元,地下水水质监测经费约 14 800 万元。

2019 年,总经费约 19 300 万元。其中,监测系统运行维护经费 4 500 万元,地下水水质监测经费约 14 800 万元。

2020 年的经费情况同 2019 年一样。

正常年份,2021 年至以后,每年的总经费约为 26 200 万元。其中,监测系统运行维护经费约 11 400 万元,地下水水质监测经费约 14 800 万元。

在保障上述经费额度情况下,国家地下水监测工程(水利部分)监测系统和地下水水质监测工作能够顺利开展,维持工程长期、有效和正常运行。

9.12　经验小结

9.12.1　制度先行

国家地下水监测工程(水利部分)项目涉及国家地下水监测中心 1 个,流域监测中心 7 个,省级(含新疆生产建设兵团)监测中心 32 个,地市级分中心 280 个,国家级地下水监测站 10 298 个,点多面广,建设周期长,管理环节多、层次多。在工程财务管理工作中,项目法人结合《中华人民共和国会计法》《基本建设财务规则》《基本建设项目建设成本管理规定》等我国现行的法律法规政策和实际情况,制定了一套科学完善的管理制度,建立集中统一的资金支付原则,划分资金任务,明确责任主体,实现资金流转各环节财务监督,将财务管理工作落到实处,保证各项财务活动落入规范化、制度化的轨道,充分发挥其真正的价值。

9.12.2　根据初步设计概算设置财务核算体系

由于现行政府会计制度财务核算科目与初步设计概算项目不一致,导致在会计核算时会出现人为划分科目以保证与概算项目尽量一致的情况，同样的问题也出现在编制工程竣工财务决算上。工程竣工财务决算中的项目投资分析表是按照概算项目进行编制的，剩余的表格是按照会计科目核算的数据进行归集汇总的，一套表中填报的口径也不尽相同。上述情况既不利于工程财务管理，又不利于概算执行的考核与统计。本工程通过两种措施加以避免，一是财务部门全过程参与项目的立项、可行性研究、初步设计编制等前期规划认证工作，项目建设过程中参与项目的招标投标及合同签订等工作，了解项目具体投资情况，为后期有的放矢地进行项目财务核算奠定基础。二是在进行财务核算时根据初步设计概算项目设置辅助核算科目，将涉及的单项工程（属地及管理权限原则）作为辅助核算中的部门，将概算项目作为辅助核算中的项目，确保在工程资金支付、进行财务核算的同时，又对应了概算项目，保证项目在实施过程中按计划顺利进行。

9.12.3　财务决算编制先分后汇总

国家地下水监测工程（水利部分）项目涉及全国，点多面广，建设周期长，管理环节多，层次多。可根据属地及管理权限将国家地下水监测中心、流域机构、各省（自治区、直辖市）和新疆生产建设兵团承担的本级工程设为单项工程，分别编制单项工程竣工财务决算，由项目法人汇总编制工程竣工财务决算。在项目的实施过程中，考虑到全国一盘棋，统一标准，采购资源整合，节约采购成本，规范政府采购行为，提高采购透明度等因素，多项建设内容是统一招标投标，而初步设计概算针对的是整体工程，这就需要在编制单项工程竣工财务决算前，将统一招标的合同及工程管理等费用明细对应初步设计概算子项目，确保单项及汇总竣工财务决算科学、合理、准确。

9.12.4　在建工程及建成后资产管理

国家地下水监测工程（水利部分）项目建设范围包括全国（除台湾、香港、澳门）31个省（自治区、直辖市）及新疆生产建设兵团，涉及7个流域片和16个水文地质分区，在工程的建设过程中会形成大量的监测站点、设施设备等固定资产或无形资产，资产品目多项，规格、型号、坐落位置等有所不同。

在工程建设初期，项目法人根据初步设计报告具体建设内容，与建设管理部门做好沟通衔接，明确工程资产管理的颗粒度，并以此为依据，制定对应初步设计概算、合同明细内容的，涉及资产名称、分类、规格型号、坐落位置、计量单位、单位价值、数量、金额、保管单位、保管部门、保管人、维护单位、合同编号、合同名称、合同金额、测站编码等信息的资产管理台账。该台账根据由单项工程管理部门填写，项目法人建设管理部门指导与审核，财务部门汇总，较为完整、全面地记录工程建设期资产形成链条。

财务部门在资产台账的基础上，根据《水利基本建设项目竣工财务决算编制规程》（SL 19—2014）的规定进行相关费用的分摊，形成资产的最终价值。结合工程实际，按照水利行业固定资产分类与代码对资产进行分类与归集，明确资产的折旧年限，以此为依据衔接财政部资产管理信息系统，建立资产卡片，完成资产交付。

由于数量繁多,规格不一,形态各异,存放地点远近不同,实际拥有所有权的项目法人与代为管理与使用的单位也不一致,实现工程资产高效管理困难重重。为此项目法人组织研发了一套完整、细致、高效的资产管理信息系统,内容涵盖在建工程资产管理、工程资产管理、运行维护与处置等多个模块,系统应用涉及各级中心共计 320 个用户。通过对关键运行数据监控资产的管理运行状况,确定资产有效利用情况,对维护及资产的处置过程进行有效管理,从而实现资产生命周期全过程动态管理。

9.12.5 审计风险与防范

国家地下水监测工程(水利部分)从合同、票据、施工、监理、财务核算等方面进行规范,降低审计风险,提高项目实施质量。一是项目法人应对合同认真梳理,签订时应充分考虑可能发生的重大事项对履约的影响,对已签订的合同,严格按照合同约定履行,避免造成不必要的损失。二是严格按照《建设工程价款结算暂行办法》进行工程价款结算,以核实的工程量作为工程价款支付的依据,提高财政资金的使用效益。三是严格按照《行政事业单位资金往来结算票据使用管理暂行办法》,加强对结算票据的审核力度,规范结算票据的使用。四是项目法人应加强施工管理,督促现场监理对施工人员的监督检查,防止施工单位人员资质不够或转包带来的工程质量风险。五是项目法人在合同或单项工程验收前对资料应进行核实与梳理,补充完善相关资料,并及时整理归档。六是项目法人应加强对监理单位及个人的检查和督导,切实有效履行监理职责,严格按照规范填写监理日志、旁站记录等,确保项目建设质量、安全、投资、进度控制等。七是项目法人应加大对招标投标各环节的监管力度,对委托的招标代理机构提出质量要求,严格遵守公开、公平、公正的原则,规范招标投标活动,提高经济效益,保证工程建设质量。八是规范资金核算,严格执行国家法律法规相关规定,提高财政资金使用效益,避免财政资金沉淀,确保会计信息真实完整。

第10章 安全管理和廉政建设

10.1 安全管理

安全管理是施工生产管理的大事,由于我国安全生产基础薄弱,保障体系和机制不健全,安全生产监督管理人员不足,部分施工企业安全意识不强、责任不落实、投入不足,导致工程安全事故频繁发生。因此,在工程建设过程中,要确保工程施工安全,就必须建立完善的工程安全管理体系,提高管理人员和操作人员的安全意识和素质,从上至下各级管理、施工人员对安全生产高度重视,克服"重生产、轻安全"的思想,始终把安全工作放在首位,坚持"安全第一、预防为主"的方针。

10.1.1 工程安全概述

安全管理是国家或企事业单位安全部门的基本职能。它运用行政、法律、经济、教育和科学技术手段等,协调社会经济发展与安全生产的关系,处理国民经济各部门、各社会集团和个人有关安全问题的相互关系,使社会经济发展在满足人们的物质和文化生活需要的同时,满足社会和个人的安全方面的要求,保证社会经济活动和生产、科研活动顺利进行、有效发展。

安全管理是企业生产管理的一个重要组成部分,它是以安全为目的,进行有关安全工作的方针、决策、计划、组织、指挥、协调、控制等职能,合理有效地使用人力、财力、物力、时间和信息,为达到预定的安全防范而进行的各种活动的总和。安全管理包括从战略到战术、从宏观到微观、从全局到局部,做出周密的规划协调和控制,以及安全管理的指导方针、规章制度、组织机构,对职工的安全要求、作业环境、教育和训练、年度安全工作目标、阶段工作重点、安全措施项目、危险分析、不安全行为、不安全状态、防护措施与用具、事故灾害的预防等。

安全管理是一门综合性的系统科学。安全管理的对象是生产中一切人、物、环境的状态管理与控制,安全管理是一种动态管理。安全管理,主要是组织实施企业安全管理规划、指导、检查和决策,同时,又是保证生产处于最佳安全状态的根本环节。施工现场安全管理的内容,大体可归纳为安全组织管理、场地与设施管理、行为控制和安全技术管理四个方面,分别对生产中的人、物、环境的行为与状态,进行具体的管理与控制。为有效地将生产因素的状态控制好,在安全管理过程中,必须正确处理好五种关系,坚持六项基本管理原则。

10.1.1.1　安全管理过程中的五种关系

1. 安全与危险并存

安全与危险在同一事物的运动中是相互对立、相互依赖而存在的。因为有危险,才要进行安全管理,以防止危险。安全与危险并非是等量并存、平静相处的。随着事物的运动变化,安全与危险每时每刻都在变化着,进行着此消彼长的斗争。事物的状态将向斗争的胜方倾斜。可见,在事物的运动中,都不会存在绝对的安全或危险。

保持生产的安全状态,必须采取多种措施,以预防为主,危险因素是完全可以控制的。

危险因素是客观存在于事物运动之中的,自然是可知的,也是可控的。

2. 安全与生产的统一

生产是人类社会存在和发展的基础。如果生产中人、物、环境都处于危险状态,则生产无法顺利进行。因此,安全是生产的客观要求,自然,当生产完全停止,安全也就失去意义。就生产的目的性来说,组织好安全生产就是对国家、人民和社会最大的负责。

生产有了安全保障,才能持续、稳定发展。生产活动中事故层出不穷,生产势必陷于混乱,甚至瘫痪状态。当生产与安全发生矛盾、危及职工生命或国家财产时,生产活动停下来整治、消除危险因素以后,生产形势会变得更好。“安全第一”的提法,决非把安全摆到生产之上;忽视安全自然是一种错误。

3. 安全与质量的包涵

从广义上看,质量包涵安全工作质量,安全概念也内含着质量,二者交互作用,互为因果。安全第一,质量第一,两个第一辩证统一。安全第一是从保护生产因素的角度提出的,而质量第一则是从关心产品成果的角度强调的。安全为质量服务,质量需要安全保证。生产过程丢掉哪一个,都会陷于失控状态。

4. 安全与速度互保

生产的蛮干、乱干,在侥幸中求得的快,缺乏真实与可靠,一旦有差错,非但无速度可言,反而会延误时间。速度应以安全做保障,安全就是速度。我们应追求安全加速度,竭力避免安全减速度。

安全与速度成正比例关系。一味强调速度,置安全于不顾的做法是极其有害的。当速度与安全发生矛盾时,暂时减缓速度,保证安全才是正确的做法。

5. 安全与效益的兼顾

安全技术措施的实施,定会改善劳动条件,调动职工的积极性,焕发劳动热性,带来经济效益,足以使原来的投入得以补偿。从这个意义上说,安全与效益完全是一致的,安全促进了效益的增长。

在安全管理中,投入要适度、适当,精打细算,统筹安排。既要保证安全生产,又要经济合理,还要考虑力所能及。单纯为了省钱而忽视安全生产,或单纯追求高标准而不惜资金投入,都不可取。

10.1.1.2　安全管理六项基本原则

1. 管生产同时管安全

安全寓于生产之中，并对生产发挥促进与保证作用。因此，安全与生产虽有时会出现矛盾，但从安全、生产管理的目标、目的，表现出高度的一致和完全的统一。

安全管理是生产管理的重要组成部分，安全与生产在实施过程中存在着密切的联系，存在着进行共同管理的基础。

国务院在《关于加强企业生产中安全工作的几项规定》中明确指出："各级领导人员在管理生产的同时，必须负责管理安全工作""企业中备有关专职机构，都应该在各自业务范围内，对实现安全生产的要求负责。"

管生产同时管安全，不仅是对各级领导人员明确安全管理责任，同时，也向一切与生产有关的机构、人员，明确了业务范围内的安全管理责任。由此可见，一切与生产有关的机构、人员，都必须参与安全管理并在管理中承担责任。认为安全管理只是安全部门的事，是一种片面的、错误的认识。

各级人员安全生产责任制度的建立、管理责任的落实，体现了管生产同时管安全。

2. 坚持安全管理的目的性

安全管理的内容是对生产中的人、物、环境因素状态的管理，有效地控制人的不安全行为和物的不安全状态，消除或避免事故。达到保护劳动者的安全与健康的目的。

没有明确目的的安全管理是一种盲目行为。盲目的安全管理，充其量只能算作花架子，劳民伤财，危险因素依然存在。在一定意义上，盲目的安全管理，只能纵容威胁人的安全与健康的状态，向更为严重的方向发展或转化。

3. 贯彻预防为主的方针

安全生产的方针是"安全第一、预防为主"。安全第一是从保护生产力的角度和高度，表明在生产范围内，安全与生产的关系，肯定安全在生产活动中的位置和重要性。

进行安全管理不是处理事故，而是在生产活动中，针对生产的特点，对生产因素采取管理措施，有效地控制不安全因素的发展与扩大，把可能发生的事故消灭在萌芽状态，以保证生产活动中，人的安全与健康。

贯彻预防为主，首先要端正对生产中不安全因素的认识，端正消除不安全因素的态度，选准消除不安全因素的时机。在安排与布置生产内容时，针对施工生产中可能出现的危险因素。采取措施予以消除是最佳选择。在生产活动过程中，经常检查、及时发现不安全因素，采取措施，明确责任，尽快地、坚决地予以消除，是安全管理应有的鲜明态度。

4. 坚持"四全"动态管理

安全管理不是少数人和安全机构的事，而是一切与生产有关的人共同的事。安全管理涉及生产活动的方方面面，涉及从开工到竣工交付的全部生产过程，涉及全部的生产时间，涉及一切变化着的生产因素。因此，生产活动中必须坚持全员、全过程、全方位、全天候的动态安全管理。只抓住一时一事、一点一滴，简单草率、一阵风式的安全管理，是走过场、形式主义，不是生产活动中提倡的安全管理作风。

5. 安全管理重在控制

进行安全管理的目的是预防、消灭事故,防止或消除事故伤害,保护劳动者的安全与健康。在安全管理的四项主要内容中,虽然都是为了达到安全管理的目的,但是对生产因素状态的控制,与安全管理目的关系更直接,显得更为突出。因此,对生产中人的不安全行为和物的不安全状态的控制,必须看作动态的安全管理的重点。事故的发生,是由于人的不安全行为运动轨迹与物的不安全状态运动轨迹的交叉。事故发生的原理,也说明了对生产因素状态的控制,应该当作安全管理的重点,而不能把约束当作安全管理的重点,是因为约束缺乏带有强制性的手段。

6. 在管理中发展、提高

既然安全管理是在变化着的生产活动中的管理,是一种动态。其管理就意味着是不断发展的、不断变化的,以适应变化的生产活动,消除新的危险因素。然而更为需要的是不间断地摸索新的规律,总结管理、控制的办法与经验,指导新的变化后的管理,从而使安全管理不断地上升到新的高度。

10.1.1.3　安全管理的核心工作

1. 风险评价抓源头控制

风险评价是企业安全管理中采用的一种技术手段,通过危险源的划分和预评价,找出各单位中存在的危险因素,然后有的放矢,采取必要的安全对策加以解决,从危险源源头上予以控制,来达到安全生产目标。

2. 加强监督抓隐患整改

监督检查是安全生产管理工作的一项保证措施,是安全管理网络里的一个双向载体,通过它可以对公司的安全决策监督实施,又能快速向公司决策层,反馈最新的安全信息,并根据这些信息做出决断,其目的就是及时发现危害因素,快速消除安全隐患。

3. 总结工作抓整改提高

通过阶段性的总结和评比找出差距,找出安全管理中的漏洞,作为下一阶段应解决的问题,达到提高整体安全管理水平的目的,这个提高包括言论理念和行为意识、客观环境和管理技术,这方面工作的开展,是全方位的,更注重强调各二级生产单位的开展,充分调动和发挥各二级生产单位一线员工的积极作用,真正实现一个全方位的安全群防体系。

4. 更新理念抓积极因素

“以人为本”找准切入点,开展具有针对性的长期细致的工作,从根本上改变“要我安全”到“我要安全”思想的彻底转变,将安全预防工作的重点前移到加强安全教育,提高全员安全素质的环节上来。

5. 落实责任抓网络建设

安全生产责任制的落实,是有效控制安全生产事故的中心工作,而落实的途径,则是依靠合理的安全管理网络,采取安全生产责任横向划分,落实到边,和安全生产目标逐层分解鉴定到底的方法,使个体单位安全目标实现,便能确保安全生产总目标的实现。

10.1.2　安全生产管理规定

为了加强水利工程建设安全生产监督管理,明确安全生产责任,防止和减少安全生产事故,保障人民群众生命和财产安全,根据《中华人民共和国安全生产法》《建设工程安全生产管理条例》等法律、法规,结合水利工程的特点,水利部制定了《水利工程建设安全生产管理规定》(简称《规定》)。该《规定》分为 7 章四十二条,主要包括适用范围、指导方针、项目法人的安全责任、勘察(测)、设计、建设监理及其他有关单位的安全责任、施工单位的安全责任、监督管理、生产安全事故的应急救援和调查处理等。主要内容如下。

10.1.2.1　适用范围和指导方针

该《规定》适用于水利工程的新建、扩建、改建、加固和拆除等活动及水利工程建设安全生产的监督管理。水利工程是指防洪、除涝、灌溉、水力发电、供水、围垦等(包括配套与附属工程)各类水利工程。

水利工程建设安全生产管理,坚持安全第一、预防为主的方针。

10.1.2.2　项目法人的安全责任

(1)负责人以及专职安全生产管理人员是否经水行政主管部门安全生产考核合格进行审查。有关人员未经考核合格的,不得认定投标单位的投标资格。

(2)项目法人应当向施工单位提供施工现场及施工可能影响的毗邻区域内供水、排水、供电、供气、供热、通信、广播电视等地下管线资料,气象和水文观测资料,拟建工程可能影响的相邻建筑物和构筑物、地下工程的有关资料,并保证有关资料的真实、准确、完整,满足有关技术规范的要求。对可能影响施工报价的资料,应当在招标时提供。

(3)项目法人不得调减或挪用批准概算中所确定的水利工程建设有关安全作业环境及安全施工措施等所需费用。工程承包合同中应当明确安全作业环境及安全施工措施所需费用。

(4)项目法人应当组织编制保证安全生产的措施方案,并自工程开工之日起 15 个工作日内报有管辖权的水行政主管部门、流域管理机构或者其委托的水利工程建设安全生产监督机构(简称安全生产监督机构)备案。建设过程中安全生产的情况发生变化时,应当及时对保证安全生产的措施方案进行调整,并报原备案机关。

保证安全生产的措施方案应当根据有关法律法规、强制性标准和技术规范的要求并结合工程的具体情况编制,编制内容包括:项目概况;编制依据;安全生产管理机构及相关负责人;安全生产的有关规章制度制定情况;安全生产管理人员及特种作业人员持证上岗情况等;生产安全事故的应急救援预案;工程度汛方案、措施;其他有关事项。

(5)项目法人在水利工程开工前,应当就落实保证安全生产的措施进行全面系统的布置,明确施工单位的安全生产责任。

(6)项目法人应当将水利工程中的拆除工程和爆破工程发包给具有相应水利水电工程施工资质等级的施工单位。

项目法人应当在拆除工程或者爆破工程施工 15 日前,将下列资料报送水行政主管部

门、流域管理机构或者其委托的安全生产监督机构备案:

①拟拆除或拟爆破的工程及可能危及毗邻建筑物的说明。

②施工组织方案。

③堆放、清除废弃物的措施。

④生产安全事故的应急救援预案。

10.1.2.3　勘察(测)、设计、建设监理及其他有关单位的安全责任

(1)勘察(测)单位应当按照法律、法规和工程建设强制性标准进行勘察(测),提供的勘察(测)文件必须真实、准确,满足水利工程建设安全生产的需要。

勘察(测)单位在勘察(测)作业时,应当严格执行操作规程,采取措施保证各类管线、设施和周边建筑物、构筑物的安全。

勘察(测)单位和有关勘察(测)人员应当对其勘察(测)成果负责。

(2)设计单位应当按照法律、法规和工程建设强制性标准进行设计,并考虑项目周边环境对施工安全的影响,防止因设计不合理导致生产安全事故的发生。

设计单位应当考虑施工安全操作和防护的需要,对涉及施工安全的重点部位和环节在设计文件中注明,并对防范生产安全事故提出指导意见。

采用新结构、新材料、新工艺以及特殊结构的水利工程,设计单位应当在设计中提出保障施工作业人员安全和预防生产安全事故的措施建议。

设计单位和有关设计人员应当对其设计成果负责。

设计单位应当参与与设计有关的生产安全事故分析,并承担相应的责任。

(3)建设监理单位和监理人员应当按照法律、法规和工程建设强制性标准实施监理,并对水利工程建设安全生产承担监理责任。

建设监理单位应当审查施工组织设计中的安全技术措施或者专项施工方案是否符合工程建设强制性标准。

建设监理单位在实施监理过程中,发现存在生产安全事故隐患的,应当要求施工单位整改;对情况严重的,应当要求施工单位暂时停止施工,并及时向水行政主管部门、流域管理机构或者其委托的安全生产监督机构以及项目法人报告。

(4)为水利工程提供机械设备和配件的单位,应当按照安全施工的要求提供机械设备和配件,配备齐全有效的保险、限位等安全设施和装置,提供有关安全操作的说明,保证其提供的机械设备和配件等产品的质量及安全性能达到国家有关技术标准。

10.1.2.4　施工单位的安全责任

(1)施工单位从事水利工程的新建、扩建、改建、加固和拆除等活动,应当具备国家规定的注册资本、专业技术人员、技术装备和安全生产等条件,依法取得相应等级的资质证书,并在其资质等级许可的范围内承揽工程。

(2)施工单位应当依法取得安全生产许可证后,方可从事水利工程施工活动。

(3)施工单位主要负责人依法对本单位的安全生产工作全面负责。施工单位应当建立健全安全生产责任制度和安全生产教育培训制度,制定安全生产规章制度和操作规程,

保证本单位建立和完善安全生产条件所需资金的投入,对所承担的水利工程进行定期和专项安全检查,并做好安全检查记录。

施工单位的项目负责人应当由取得相应执业资格的人员担任,对水利工程建设项目的安全施工负责,落实安全生产责任制度、安全生产规章制度和操作规程,确保安全生产费用的有效使用,并根据工程的特点组织制定安全施工措施,消除安全事故隐患,及时、如实报告生产安全事故。

(4)施工单位在工程报价中应当包含工程施工的安全作业环境及安全施工措施所需费用。对列入建设工程概算的上述费用,应当用于施工安全防护用具及设施的采购和更新、安全施工措施的落实、安全生产条件的改善,不得挪作他用。

(5)施工单位应当设立安全生产管理机构,按照国家有关规定配备专职安全生产管理人员。施工现场必须有专职安全生产管理人员。

专职安全生产管理人员负责对安全生产进行现场监督检查。发现生产安全事故隐患,应当及时向项目负责人和安全生产管理机构报告;对违章指挥、违章操作的,应当立即制止。

(6)施工单位在建设有度汛要求的水利工程时,应当根据项目法人编制的工程度汛方案、措施制订相应的度汛方案,报项目法人批准;涉及防汛调度或者影响其他工程、设施度汛安全的,由项目法人报有管辖权的防汛指挥机构批准。

(7)垂直运输机械作业人员、安装拆卸工、爆破作业人员、起重信号工、登高架设作业人员等特种作业人员,必须按照国家有关规定经过专门的安全作业培训,并取得特种作业操作资格证书后,方可上岗作业。

(8)施工单位应当在施工组织设计中编制安全技术措施和施工现场临时用电方案,对达到一定规模的危险性较大的工程应当编制专项施工方案,并附具安全验算结果,经施工单位技术负责人签字以及总监理工程师核签后实施,由专职安全生产管理人员进行现场监督,具体包括:基坑支护与降水工程;土方和石方开挖工程;模板工程;起重吊装工程;脚手架工程;拆除、爆破工程;围堰工程;其他危险性较大的工程。

对所列工程中涉及高边坡、深基坑、地下暗挖工程、高大模板工程的专项施工方案,施工单位还应当组织专家进行论证、审查。

(9)施工单位在使用施工起重机械和整体提升脚手架、模板等自升式架设设施前,应当组织有关单位进行验收,也可以委托具有相应资质的检验检测机构进行验收;使用承租的机械设备和施工机具及配件的,由施工总承包单位、分包单位、出租单位和安装单位共同进行验收。验收合格的方可使用。

(10)施工单位的主要负责人、项目负责人、专职安全生产管理人员应当经水行政主管部门对其安全生产知识和管理能力考核合格。

施工单位应当对管理人员和作业人员每年至少进行一次安全生产教育培训,其教育培训情况记入个人工作档案。安全生产教育培训考核不合格的人员,不得上岗。

施工单位在采用新技术、新工艺、新设备、新材料时,应当对作业人员进行相应的安全生产教育培训。

10.1.2.5 监督管理

(1)水行政主管部门和流域管理机构按照分级管理权限,负责水利工程建设安全生产的监督管理。水行政主管部门或者流域管理机构委托的安全生产监督机构,负责水利工程施工现场的具体监督检查工作。

(2)水利部负责全国水利工程建设安全生产的监督管理工作,其主要职责是:贯彻、执行国家有关安全生产的法律、法规和政策,制定有关水利工程建设安全生产的规章、规范性文件和技术标准;监督、指导全国水利工程建设安全生产工作,组织开展对全国水利工程建设安全生产情况的监督检查;组织、指导全国水利工程建设安全生产监督机构的建设、管理以及水利水电工程施工单位的主要负责人、项目负责人和专职安全生产管理人员的安全生产考核工作。

(3)流域管理机构负责所管辖的水利工程建设项目的安全生产监督工作。

(4)省、自治区、直辖市人民政府水行政主管部门负责本行政区域内所管辖的水利工程建设安全生产的监督管理工作,其主要职责是:贯彻、执行有关安全生产的法律、法规、规章、政策和技术标准,制定地方有关水利工程建设安全生产的规范性文件;监督、指导本行政区域内所管辖的水利工程建设安全生产工作,组织开展对本行政区域内所管辖的水利工程建设安全生产情况的监督检查;组织、指导本行政区域内水利工程建设安全生产监督机构的建设工作以及有关的水利水电工程施工单位的主要负责人、项目负责人和专职安全生产管理人员的安全生产考核工作。

市、县级人民政府水行政主管部门水利工程建设安全生产的监督管理职责,由省、自治区、直辖市人民政府水行政主管部门规定。

(5)水行政主管部门或者流域管理机构委托的安全生产监督机构,应当严格按照有关安全生产的法律、法规、规章和技术标准,对水利工程施工现场实施监督检查。

安全生产监督机构应当配备一定数量的专职安全生产监督人员。

(6)水行政主管部门或者其委托的安全生产监督机构应当自收到本规定第九条和第十一条规定的有关备案资料后20日内,将有关备案资料抄送同级安全生产监督管理部门。流域管理机构抄送项目所在地省级安全生产监督管理部门,并报水利部备案。

(7)水行政主管部门、流域管理机构或者其委托的安全生产监督机构依法履行安全生产监督检查职责时,有权采取下列措施:要求被检查单位提供有关安全生产的文件和资料;进入被检查单位施工现场进行检查;纠正施工中违反安全生产要求的行为;对检查中发现的安全事故隐患,责令立即排除;重大安全事故隐患排除前或者排除过程中无法保证安全的,责令从危险区域内撤出作业人员或者暂时停止施工。

(8)各级水行政主管部门和流域管理机构应当建立举报制度,及时受理对水利工程建设生产安全事故及安全事故隐患的检举、控告和投诉;对超出管理权限的,应当及时转送有管理权限的部门。举报制度应当包括:公布举报电话、信箱或者电子邮件地址,受理对水利工程建设安全生产的举报;对举报事项进行调查核实,并形成书面材料;督促落实整顿措施,依法做出处理。

10.1.2.6　生产安全事故的应急救援和调查处理

(1)各级地方人民政府水行政主管部门应当根据本级人民政府的要求,制定本行政区域内水利工程建设特大生产安全事故应急救援预案,并报上一级人民政府水行政主管部门备案。流域管理机构应当编制所管辖的水利工程建设特大生产安全事故应急救援预案,并报水利部备案。

(2)项目法人应当组织制定本建设项目的生产安全事故应急救援预案,并定期组织演练。应急救援预案应当包括紧急救援的组织机构、人员配备、物资准备、人员财产救援措施、事故分析与报告等方面的方案。

(3)施工单位应当根据水利工程施工的特点和范围,对施工现场易发生重大事故的部位、环节进行监控,制定施工现场生产安全事故应急救援预案。实行施工总承包的,由总承包单位统一组织编制水利工程建设生产安全事故应急救援预案,工程总承包单位和分包单位按照应急救援预案,各自建立应急救援组织或者配备应急救援人员,配备救援器材、设备,并定期组织演练。

(4)施工单位发生生产安全事故,应当按照国家有关伤亡事故报告和调查处理的规定,及时、如实地向负责安全生产监督管理的部门以及水行政主管部门或者流域管理机构报告;特种设备发生事故的,还应当同时向特种设备安全监督管理部门报告。接到报告的部门应当按照国家有关规定,如实上报。

实行施工总承包的建设工程,由总承包单位负责上报事故。

发生生产安全事故,项目法人及其他有关单位应当及时、如实地向负责安全生产监督管理的部门以及水行政主管部门或者流域管理机构报告。

(5)发生生产安全事故后,有关单位应当采取措施防止事故扩大,保护事故现场。需要移动现场物品时,应当做出标记和书面记录,妥善保管有关证物。

(6)水利工程建设生产安全事故的调查、对事故责任单位和责任人的处罚与处理,按照有关法律、法规的规定执行。

10.1.3　国家地下水监测工程安全管理

10.1.3.1　安全管理措施

水利部高度重视国家地下水监测工程(水利部分)项目安全生产工作,为规范国家地下水监测工程(水利部分)建设管理工作,加强监测站施工质量和安全生产管理,根据国家有关法律、法规和部门规章,结合本工程实际,在工程开工前,部项目办编制印发了《国家地下水监测工程(水利部分)监测站施工质量和安全监督检查手册(试行)》(简称《手册》),该《手册》对监测站土建施工准备质量和安全控制、监测井建设关键工序施工及其质量控制、流量站施工过程检查、水样采集与检测、附属设施建设检查、自动监测设备安装与调试,以及施工现场材料、设备、人员的安全措施;监理现场安全检查情况;出现不符合安全生产情况是否及时整改等方面做出了详细的说明。

各级水文部门严格按照《手册》,督促各承建单位健全安全生产方案、完善安全生产组织机构,并签订安全责任承诺书,责令施工单位必须在施工现场布设安全标识、警示语、配套安全护具等安全防护措施,对各承建单位开展检查和抽查,严格安全生产管理,落实现场监管。对检查中发现的问题,要求施工单位限期整改,确保工程质量安全、人员安全。

针对天气原因和节假日,部项目办为了有效防范和处置恶劣天气引发的施工安全事故和安全隐患,分别印发了《关于加强国家地下水监测工程建设管理冬春安全生产工作的通知》(地下水〔2016〕237号)和《关于加强国家地下水监测工程冬春季及双节期间安全生产工作的通知》(地下水〔2017〕257号)的通知,从深刻认识安全生产严峻形势,全面加强安全防范意识;强化安全生产责任制,严格落实安全防范措施;强化安全宣传和应急管理,有效提升事故防控水平;加强值班值守,强化安全管理等四个方面,要求各单位重视施工生产安全,强化措施、狠抓落实,全面做好安全生产工作。

10.1.3.2 工程安全管理手段

项目法人、部项目办为了从源头上抓好工程施工安全,在每一个标段的招标文件中和每一份签订的建设合同里,都明确了工程安全管理要求,并与合同中标单位签订安全管理责任书,同时参加建设管理的流域水文部门、省级水文部门也和合同中标单位签订安全管理责任书,安全管理责任书中明确规定了合同工程安全管理的目标和甲乙双方安全管理的责任。

监理单位全程跟踪工程实施过程,针对施工安全的每一项工作进行安全监督,保障工程质量安全和人员安全。

工程开工前,监理单位监督施工单位设置安全管理部门,配备安全管理人员,建立施工安全保证体系、安全管理规章制度和安全生产责任制,对工作人员进行施工安全教育和培训。审查施工组织设计中的安全技术措施或者专项施工方案是否符合工程建设强制性标准。审核未通过的,安全技术措施及专项施工方案不得实施。如需补充完善或修改,督促施工单位修改、补充或完善。

工程建设贯彻执行"安全第一,预防为主"的方针,督促施工单位按照施工组织设计中的安全技术措施和专项方案组织施工,监督施工单位认真执行国家现行有关安全生产的法律、法规和建设行政主管部门有关安全生产的规章、标准、技术操作规程,全面落实安全防护措施,确保人员、机械设备及工程安全。

在施工过程中,监督施工单位发现不安全因素和安全隐患时,立即要求施工单位采取有效措施予以整改。施工单位按照整改要求按期整改,整改完成自检合格后,通知监理予以复查,复查合格后方可进行后续施工。若施工单位延误或拒绝整改时,监理部责令其停工;如果发现存在重大安全隐患时,立即要求施工单位停工,做好防患措施,并及时向建设单位和相关部门报告,安全隐患现场处理、整改、检查、复查等情况记载在监理日志、监理月报中。

施工现场安全管理中,重点检查施工现场总体布置是否符合要求,是否合理,是否存在相互干扰影响的地方;是否达到施工条件;是否设置安全警示牌;供电设备是否符合安全要求;是否配备消防用具;若有夜间施工,是否配备相应照明设施;施工人员是否按要求佩戴安全帽等防护用具;泥浆槽、沉砂池周边是否采取防护措施;供排水系统设置是否符合有关规定、安全合理等。发现不安全因素和安全隐患,指示承包人采取有限措施予以整改。要求承包人泥浆池四周设置安全防护,成井后原状恢复。每日对施工现场进行安全巡视检查,确保该工程的施工安全。

要求施工单位制定文明工地建设管理制度,施工期做好文明工地宣传、文明施工及治安综合治理等工作。同时督促施工单位做好外包队伍的管理,加强对其人员进行法制、规章制度、消防知识、文明施工等教育。

国家地下水监测工程(水利部分)利用防汛抗旱指挥系统骨干网进行数据传输及建设。为了保障网络安全,国家地下水监测中心根据业务的需要,利用交换机的 VLAN 功能,将各业务部门网段进行了隔离,保证局域网安全。同时配置上网行为管理、安全审计以及入侵检测等服务器和设备进行网络安全防护;在各级网络中心配置一套漏洞扫描系统,保证这些设备的安全隐患降至最低;定时检查、及时更新数据库,降低数据丢失的安全隐患。国家地下水信息系统建成后立即开展等级保护测评(三级)及整改工作,在水利部、各流域机构、省(区、市)监测中心的相关设备中安装网络版防病毒软件,并定期更新反病毒引擎和病毒代码,增强服务器的反病毒能力。通过以上措施,为国家地下水监测工程信息网络安全奠定了良好的基础。

正是水利部、项目法人单位、各流域和各省级水文部门和各承建单位的高度重视和共同努力,保证了国家地下水监测工程项目建设期间,各地能够文明施工、安全生产,未发生任何安全责任事故。

10.2　廉政建设

10.2.1　廉政概述

10.2.1.1　廉政与腐败的关系

2014 年 5 月 4 日,习近平总书记在北京大学师生座谈会上的讲话中指出:“每个时代都有每个时代的精神,每个时代都有每个时代的价值观念。‘国有四维,礼义廉耻,四维不张,国乃灭亡。’这是中国先人对当时核心价值观的认识。”“四维”之说最早由两千多年前齐国国相管仲提出“国有四维,……一曰礼,二曰义,三曰廉,四曰耻。”其中“廉”指廉洁方正;有廉,就不会掩饰恶行。“廉政”一词最早出现在《晏子春秋 · 问下四》:“廉政而长久,其行何也?”其反义词为“腐败”。廉政即廉洁政治,是一种与贪污腐败直接对立的政治现象,主要指政府工作人员在履行其职能时不以权谋私,办事公正廉洁。

廉,是中华优秀廉政文化的重要组成部分,也是历朝历代为官为政必备的素养。古人曾把清、慎、勤作为官员从政的三大法宝,认为拥有了清廉、慎权、勤政这三大法宝,方能在从政路上行稳致远。而清廉之所以成为三大法宝之首,就在于“说”清廉容易,“保”清廉难。

腐败,作为廉洁的对立面,千百年来始终如幽灵般伴着各朝各代的政权,也是各政权执政者最头疼的事。腐败,一般指由经济社会发展而引起的公职人员在职位上作风不正、行为不正而引起的政治和社会问题。腐败会严重破坏国防安全,导致社会坏人四处横行、社会风气腐化、人际关系冷漠,导致官场产生官官相护、官僚主义、浮夸风气等现象。社会层面上,腐败会导致社会矛盾激化,贫富悬殊,社会问题暴露。腐败会孕育由作风不正经而产生的结党营私、徇私枉法、颠倒黑白等各种犯罪,也可使官员利用出身背景、政治地位、经济权力、熟人关系进行贪污枉法,吃喝享乐。腐败会严重侵蚀国家和人民的利益、危害国家政治安全、破坏党的声誉、影响社会稳定,并最终导致社会退化。腐败是社会毒瘤。如果任凭腐败问题愈演愈烈,最终必然亡党亡国。中国历史上因为统治集团严重腐败导致人亡政息的例子比比皆是,当今世界上由于执政党腐化堕落、严重脱离群众导致失去政权的例子也不胜枚举。

马克思、恩格斯在创立和发展无产阶级解放学说,构想人类美好理想社会的过程中,对廉政问题做了深刻论述,形成了廉政的基本思想:廉政的根基是公有制度,政治保障是民主政治,表现形式是公平正义,基本措施是建立廉价政府,基本方法是政治公开。十月革命后,列宁强调必须把"反官僚主义的斗争进行到底",通过采取统一法制根除地方主义和官僚主义、完善国家监督机构约束权力、多方面提升党员干部廉政素养等措施来加强国家廉政建设,增强党的号召力和凝聚力。

10.2.1.2 新中国廉政建设

从严治党、廉洁清正始终是中国共产党思想建设、政权建设的基本方针。我们党之所以把党风廉政建设和反腐败斗争提到关系党和国家生死存亡的高度来认识,是深刻总结了古今中外的历史教训的。

中华人民共和国成立70年来,中国共产党人始终坚持党风廉政建设和反腐败斗争,取得了重大成果,积累了宝贵经验。特别是党的十八大以来,我们党以猛药去疴、重典治乱的决心,以刮骨疗毒、壮士断腕的勇气,以零容忍的态度反对腐败,深化运用监督执纪"四种形态",完善党和国家监督体系,取得了新的重大成果,夺取反腐败斗争压倒性胜利,为实现党和国家事业新发展提供了坚强保障。

中华人民共和国成立伊始,毛泽东对党内腐败的危害始终保持高度警觉,在不同场合、不同历史时期,他多次告诫全党要警惕党内腐败、政权腐败,防止和平演变,要强化为人民服务的宗旨意识,加强廉政建设,"拒腐蚀、永不沾"。中华人民共和国成立不久,党中央发现党内出现了贪污腐败现象,立即发动"三反",挽救了许多干部,保持了党和政府清正廉洁的形象。

改革开放以来,党中央对保持党的纯洁性高度重视,突出党的制度建设的重要性,围绕提高党的领导水平和执政水平、提高拒腐防变和抵御风险的能力,重点从党风廉政建设和反腐败层面加强保持纯洁性的制度建设,始终把党风廉政建设和反腐败斗争作为重要任务来抓。

邓小平同志认为:不惩治腐败,特别是党内的高层的腐败现象,确实有失败的危险。

江泽民指出:关键要加强对领导干部的监督,保证他们正确运用手中的权力。全体党员特别是领导干部,都必须始终坚持清正廉洁,一身正气,经得起改革开放和执政的考验,经得起权力、金钱、美色的考验,绝不允许以权谋私、贪赃枉法。各级党组织和领导干部都要旗帜鲜明地反对腐败。对任何腐败行为和腐败分子,都必须一查到底,决不姑息,决不手软。党内不允许有腐败分子的藏身之地。我们一定要以党风廉政建设的实际成果取信于人民。胡锦涛强调,要坚持标本兼治、综合治理、惩防并举、注重预防的方针,建立健全教育、制度、监督并重的惩治和预防腐败体系,切实解决损害群众利益的突出问题,严格要求领导干部廉洁从政,特别是要依纪依法严肃查办领导干部滥用权力、谋取私利、贪污贿赂、腐化堕落、失职渎职等方面的案件,决不能手软。党的十七大报告更是首次提出"清正廉洁"作为促进党的执政能力建设、先进性建设的重要抓手、现实动力。

十八大报告中指出,要坚定不移反对腐败,永葆共产党人清正廉洁的政治本色。党的十八大以来,党中央从抓作风建设入手,制定并带头执行中央八项规定,集中解决"四风"问题,以零容忍的态度反对腐败,深化运用监督执纪"四种形态",完善党和国家监督体系,夺取反腐败斗争压倒性胜利,为实现党和国家事业新发展提供坚强保障。

2013 年 6 月至 2014 年 7 月,党中央在全党深入开展党的群众路线教育实践活动。教育实践活动以为民、务实、清廉为主要内容,贯彻"照镜子、正衣冠、洗洗澡、治治病"的总要求;活动自上而下分两批在全体党员中开展,重点是县处级以上领导机关、领导班子和领导干部。

2015 年,王岐山同志在福建调研时提出监督执纪"四种形态",着眼全面从严治党、把纪律挺在前面的具体体现,是深刻把握党风廉政建设规律、提升反腐败精准度的主动选择,是坚持纪严于法、做好监督执纪问责工作的行动指南。"四种形态"是对党的十八大以来党风廉政建设实践经验的科学总结,反映了以习近平同志为核心的党中央对管党治党规律的深刻把握。以批评教育为重点强化常态规诫,经常开展批评和自我批评、约谈函询,发挥"红红脸、出出汗"的提示和内省作用。对苗头性、倾向性问题早发现、早提醒、早纠正、早查处,对违纪迹象或轻微违纪行为扭住不放,防止"小毛病"向"大问题"转化。以纪律处分为保障,强化惩戒的警示作用,加大纪律审查力度,在突出查处不收敛不收手的严重违纪违法行为的同时,重视审查轻微违纪行为,逐步加大轻处分和组织处理的比重,让戒尺高悬、警钟长鸣。

党的十八大后,习总书记提出加强反腐倡廉工作,反腐倡廉工作是我党立党之本、执政之基。对于腐败这一党的"最大威胁",以习近平同志为核心的党中央准确研判形势,确立了惩防并举、标本兼治的方针,提出了着力构建"不敢腐、不能腐、不想腐"体制机制目标,以严惩党内腐败行为为抓手,政治震慑取得压倒性胜利。聚焦这一目标,习近平总书记郑重告诫全党同志要"以刮骨疗毒、壮士断腕的勇气,深入推进党风廉政建设和反腐败斗争"。惩治党内腐败的高压态势形成了强大的政治震慑,不敢腐的目标初步实现,不能腐的笼子越扎越牢,不想腐的堤坝正在构筑,反腐败斗争压倒性态势已经形成并巩固发展。

10.2.2 廉政建设规定

十八大以来,关于反腐廉政建设的一系列重要党内规定陆续出台,包括党的纪律、廉政建设、厉行节约、干部监督等,逐步形成内容科学、程序严密、配套完备的反腐败和廉政建设党内法规体系。

10.2.2.1 党的纪律

1.《中国共产党纪律处分条例》相关规定

该法规根据《中国共产党章程》制定,旨在维护党的章程和其他党内法规,严肃党的纪律,纯洁党的组织,保障党员民主权利,教育党员遵纪守法,维护党的团结统一,保证党的路线、方针、政策、决议和国家法律法规的贯彻执行。2003 年 12 月,中共中央印发的《中国共产党纪律处分条例》(简称《条例》),对维护党的章程和其他党内法规,严肃党的纪律等发挥了重要作用。2015 年 10 月修订版正式印发。新修订的《条例》坚持依规治党与以德治党相结合,围绕党纪戒尺要求,明确违反政治纪律、组织纪律、廉洁纪律、群众纪律、工作纪律和生活纪律等六类违纪行为,开列负面清单,重在立规,将党的十八大以来严明政治纪律和政治规矩、组织纪律、落实八项规定、反对“四风”等从严治党的实践成果制度化、常态化,划出了党组织和党员不可触碰的底线。2018 年 8 月 26 日,再次修订的《条例》公布,其中廉政建设相关要求如下:

第八章 对违反廉洁纪律行为的处分。

第八十五条 党员干部必须正确行使人民赋予的权力,清正廉洁,反对任何滥用职权、谋求私利的行为。

利用职权或者职务上的影响为他人谋取利益,本人的配偶、子女及其配偶等亲属和其他特定关系人收受对方财物,情节较重的,给予警告或者严重警告处分;情节严重的,给予撤销党内职务、留党察看或者开除党籍处分。

第八十六条 相互利用职权或者职务上的影响为对方及其配偶、子女及其配偶等亲属、身边工作人员和其他特定关系人谋取利益搞权权交易的,给予警告或者严重警告处分;情节较重的,给予撤销党内职务或者留党察看处分;情节严重的,给予开除党籍处分。

第八十七条 纵容、默许配偶、子女及其配偶等亲属、身边工作人员和其他特定关系人利用党员干部本人职权或者职务上的影响谋取私利,情节较轻的,给予警告或者严重警告处分;情节较重的,给予撤销党内职务或者留党察看处分;情节严重的,给予开除党籍处分。

党员干部的配偶、子女及其配偶等亲属和其他特定关系人不实际工作而获取薪酬或者虽实际工作但领取明显超出同职级标准薪酬,党员干部知情未予纠正的,依照前款规定处理。

第八十八条 收受可能影响公正执行公务的礼品、礼金、消费卡和有价证券、股权、其他金融产品等财物,情节较轻的,给予警告或者严重警告处分;情节较重的,给予撤销党内职务或者留党察看处分;情节严重的,给予开除党籍处分。

收受其他明显超出正常礼尚往来的财物的,依照前款规定处理。

第八十九条　向从事公务的人员及其配偶、子女及其配偶等亲属和其他特定关系人赠送明显超出正常礼尚往来的礼品、礼金、消费卡和有价证券、股权、其他金融产品等财物,情节较重的,给予警告或者严重警告处分;情节严重的,给予撤销党内职务或者留党察看处分。

第九十条　借用管理和服务对象的钱款、住房、车辆等,影响公正执行公务,情节较重的,给予警告或者严重警告处分;情节严重的,给予撤销党内职务、留党察看或者开除党籍处分。

通过民间借贷等金融活动获取大额回报,影响公正执行公务的,依照前款规定处理。

第九十一条　利用职权或者职务上的影响操办婚丧喜庆事宜,在社会上造成不良影响的,给予警告或者严重警告处分;情节严重的,给予撤销党内职务处分;借机敛财或者有其他侵犯国家、集体和人民利益行为的,从重或者加重处分,直至开除党籍。

第九十二条　接受、提供可能影响公正执行公务的宴请或者旅游、健身、娱乐等活动安排,情节较重的,给予警告或者严重警告处分;情节严重的,给予撤销党内职务或者留党察看处分。

第九十三条　违反有关规定取得、持有、实际使用运动健身卡、会所和俱乐部会员卡、高尔夫球卡等各种消费卡,或者违反有关规定出入私人会所,情节较重的,给予警告或者严重警告处分;情节严重的,给予撤销党内职务或者留党察看处分。

第九十四条　违反有关规定从事营利活动,有下列行为之一,情节较轻的,给予警告或者严重警告处分;情节较重的,给予撤销党内职务或者留党察看处分;情节严重的,给予开除党籍处分:

(一)经商办企业的;

(二)拥有非上市公司(企业)的股份或者证券的;

(三)买卖股票或者进行其他证券投资的;

(四)从事有偿中介活动的;

(五)在国(境)外注册公司或者投资入股的;

(六)有其他违反有关规定从事营利活动的。

利用参与企业重组改制、定向增发、兼并投资、土地使用权出让等决策、审批过程中掌握的信息买卖股票,利用职权或者职务上的影响通过购买信托产品、基金等方式非正常获利的,依照前款规定处理。

违反有关规定在经济组织、社会组织等单位中兼职,或者经批准兼职但获取薪酬、奖金、津贴等额外利益的,依照第一款规定处理。

第九十五条　利用职权或者职务上的影响,为配偶、子女及其配偶等亲属和其他特定关系人在审批监管、资源开发、金融信贷、大宗采购、土地使用权出让、房地产开发、工程招标投标以及公共财政支出等方面谋取利益,情节较轻的,给予警告或者严重警告处分;情节较重的,给予撤销党内职务或者留党察看处分;情节严重的,给予开除党籍处分。

利用职权或者职务上的影响,为配偶、子女及其配偶等亲属和其他特定关系人吸收存款、推销金融产品等提供帮助谋取利益的,依照前款规定处理。

第九十六条　党员领导干部离职或者退(离)休后违反有关规定接受原任职务管辖的地区和业务范围内的企业和中介机构的聘任,或者个人从事与原任职务管辖业务相关的营利活动,情节较轻的,给予警告或者严重警告处分;情节较重的,给予撤销党内职务处分;情节严重的,给予留党察看处分。

党员领导干部离职或者退(离)休后违反有关规定担任上市公司、基金管理公司独立董事、独立监事等职务,情节较轻的,给予警告或者严重警告处分;情节较重的,给予撤销党内职务处分;情节严重的,给予留党察看处分。

第九十七条　党员领导干部的配偶、子女及其配偶,违反有关规定在该党员领导干部管辖的地区和业务范围内从事可能影响其公正执行公务的经营活动,或者在该党员领导干部管辖的地区和业务范围内的外商独资企业、中外合资企业中担任由外方委派、聘任的高级职务或者违规任职、兼职取酬的,该党员领导干部应当按照规定予以纠正;拒不纠正的,其本人应当辞去现任职务或者由组织予以调整职务;不辞去现任职务或者不服从组织调整职务的,给予撤销党内职务处分。

第九十八条　党和国家机关违反有关规定经商办企业的,对直接责任者和领导责任者,给予警告或者严重警告处分;情节严重的,给予撤销党内职务处分。

第九十九条　党员领导干部违反工作、生活保障制度,在交通、医疗、警卫等方面为本人、配偶、子女及其配偶等亲属和其他特定关系人谋求特殊待遇,情节较重的,给予警告或者严重警告处分;情节严重的,给予撤销党内职务或者留党察看处分。

第一百条　在分配、购买住房中侵犯国家、集体利益,情节较轻的,给予警告或者严重警告处分;情节较重的,给予撤销党内职务或者留党察看处分;情节严重的,给予开除党籍处分。

第一百零一条　利用职权或者职务上的影响,侵占非本人经管的公私财物,或者以象征性地支付钱款等方式侵占公私财物,或者无偿、象征性地支付报酬接受服务、使用劳务,情节较轻的,给予警告或者严重警告处分;情节较重的,给予撤销党内职务或者留党察看处分;情节严重的,给予开除党籍处分。

利用职权或者职务上的影响,将本人、配偶、子女及其配偶等亲属应当由个人支付的费用,由下属单位、其他单位或者他人支付、报销的,依照前款规定处理。

第一百零二条　利用职权或者职务上的影响,违反有关规定占用公物归个人使用,时间超过六个月,情节较重的,给予警告或者严重警告处分;情节严重的,给予撤销党内职务处分。

占用公物进行营利活动的,给予警告或者严重警告处分;情节较重的,给予撤销党内职务或者留党察看处分;情节严重的,给予开除党籍处分。

将公物借给他人进行营利活动的,依照前款规定处理。

第一百零三条　违反有关规定组织、参加用公款支付的宴请、高消费娱乐、健身活动,或者用公款购买赠送或者发放礼品、消费卡(券)等,对直接责任者和领导责任者,情节较轻的,给予警告或者严重警告处分;情节较重的,给予撤销党内职务或者留党察看处分;情节严重的,给予开除党籍处分。

第一百零四条　违反有关规定自定薪酬或者滥发津贴、补贴、奖金等,对直接责任者和领导责任者,情节较轻的,给予警告或者严重警告处分;情节较重的,给予撤销党内职务或者留党察看处分;情节严重的,给予开除党籍处分。

第一百零五条　有下列行为之一,对直接责任者和领导责任者,情节较轻的,给予警告或者严重警告处分;情节较重的,给予撤销党内职务或者留党察看处分;情节严重的,给予开除党籍处分:

(一)公款旅游或者以学习培训、考察调研、职工疗养等为名变相公款旅游的;

(二)改变公务行程,借机旅游的;

(三)参加所管理企业、下属单位组织的考察活动,借机旅游的。

以考察、学习、培训、研讨、招商、参展等名义变相用公款出国(境)旅游的,依照前款规定处理。

第一百零六条　违反公务接待管理规定,超标准、超范围接待或者借机大吃大喝,对直接责任者和领导责任者,情节较重的,给予警告或者严重警告处分;情节严重的,给予撤销党内职务处分。

第一百零七条　违反有关规定配备、购买、更换、装饰、使用公务交通工具或者有其他违反公务交通工具管理规定的行为,对直接责任者和领导责任者,情节较重的,给予警告或者严重警告处分;情节严重的,给予撤销党内职务或者留党察看处分。

第一百零八条　违反会议活动管理规定,有下列行为之一,对直接责任者和领导责任者,情节较重的,给予警告或者严重警告处分;情节严重的,给予撤销党内职务处分:

(一)到禁止召开会议的风景名胜区开会的;

(二)决定或者批准举办各类节会、庆典活动的。

擅自举办评比达标表彰活动或者借评比达标表彰活动收取费用的,依照前款规定处理。

第一百零九条　违反办公用房管理等规定,有下列行为之一,对直接责任者和领导责任者,情节较重的,给予警告或者严重警告处分;情节严重的,给予撤销党内职务处分:

(一)决定或者批准兴建、装修办公楼、培训中心等楼堂馆所的;

(二)超标准配备、使用办公用房的;

(三)用公款包租、占用客房或者其他场所供个人使用的。

第一百一十条　搞权色交易或者给予财物搞权色交易的,给予警告或者严重警告处分;情节较重的,给予撤销党内职务或者留党察看处分;情节严重的,给予开除党籍处分。

第一百一十一条　有其他违反廉洁纪律规定行为的,应当视具体情节给予警告直至开除党籍处分。

2. 其他党纪相关规定

(1)违反《国有企业领导人员廉洁从业若干规定》行为适用《中国共产党纪律处分条例》的解释。

(2)违规发放津贴补贴行为适用《中国共产党纪律处分条例》若干问题的解释。

(3)用公款出国(境)旅游及相关违纪行为适用《中国共产党纪律处分条例》若干问题的解释。

(4)党员领导干部违反规定插手干预工程建设领域行为适用《中国共产党纪律处分条例》若干问题的解释。

(5)关于设立"小金库"和使用"小金库"款项违纪行为适用《中国共产党纪律处分条例》若干问题的解释。

(6)机构编制违纪行为适用《中国共产党纪律处分条例》若干问题的解释。

(7)关于违反信访工作纪律适用《中国共产党纪律处分条例》若干问题的解释。

(8)国有企业领导人员违反廉洁自律"七项要求"适用《中国共产党纪律处分条例》若干问题的解释。

(9)安全生产领域违纪行为适用《中国共产党纪律处分条例》若干问题的解释。

(10)十八届中央政治局关于改进工作作风、密切联系群众的八项规定。

要厉行勤俭节约,严格遵守廉洁从政有关规定,严格执行住房、车辆配备等有关工作和生活待遇的规定。

(11)关于落实中央八项规定精神坚决刹住中秋、国庆期间公款送礼等不正之风的通知。

节日期间,严禁用公款送月饼、送节礼;严禁用公款大吃大喝或安排与公务无关的宴请;严禁用公款安排旅游、健身和高消费娱乐活动;严禁以各种名义突击花钱和滥发津贴、补贴、奖金、实物。

(12)关于在全国纪检监察系统开展会员卡专项清退活动的通知。

(13)关于党员干部带头推动殡葬改革的意见。

(14)关于领导干部带头在公共场所禁烟有关事项的通知。

(15)关于严禁公款购买印制寄送贺年卡等物品的通知。

(16)关于严禁元旦春节期间公款购买赠送烟花爆竹等年货节礼的通知。

确保本单位及所属企事业单位不购买、不印制、不寄送贺年卡等物品。

广大党员干部特别是党员领导干部要继续严格执行廉政准则的各项要求,以改进作风的实际行动,不断深化和巩固落实中央八项规定的成果,不断深化和巩固党的群众路线教育实践活动成果。

10.2.2.2 《中华人民共和国监察法》相关规定

《中华人民共和国监察法》是为了推进全面依法治国,实现国家监察全面覆盖,深入开展反腐败工作而制定的法律。2018 年 3 月 20 日,第十三届全国人大一次会议表决通过。其中,廉政建设相关要求如下:

第一条 为了深化国家监察体制改革,加强对所有行使公权力的公职人员的监督,实现国家监察全面覆盖,深入开展反腐败工作,推进国家治理体系和治理能力现代化,根据宪法,制定本法。

第六条　国家监察工作坚持标本兼治、综合治理，强化监督问责，严厉惩治腐败；深化改革、健全法制，有效制约和监督权力；加强法治教育和道德教育，弘扬中华优秀传统文化，构建不敢腐、不能腐、不想腐的长效机制。

第十一条　监察委员会依照本法和有关法律规定履行监督、调查、处置职责：

（一）对公职人员开展廉政教育，对其依法履职、秉公用权、廉洁从政从业以及道德操守情况进行监督检查；

（二）对涉嫌贪污贿赂、滥用职权、玩忽职守、权力寻租、利益输送、徇私舞弊以及浪费国家资财等职务违法和职务犯罪进行调查；

（三）对违法的公职人员依法做出政务处分决定；对履行职责不力、失职失责的领导人员进行问责；对涉嫌职务犯罪的，将调查结果移送人民检察院依法审查、提起公诉；向监察对象所在单位提出监察建议。

10.2.2.3　廉政建设

1.《中国共产党廉洁自律准则》相关规定

中国共产党全体党员和各级党员领导干部必须坚定共产主义理想和中国特色社会主义信念，必须坚持全心全意为人民服务根本宗旨，必须继承发扬党的优良传统和作风，必须自觉培养高尚道德情操，努力弘扬中华民族传统美德，廉洁自律，接受监督，永葆党的先进性和纯洁性。

党员廉洁自律规范：

第一条　坚持公私分明，先公后私，克己奉公。

第二条　坚持崇廉拒腐，清白做人，干净做事。

第三条　坚持尚俭戒奢，艰苦朴素，勤俭节约。

第四条　坚持吃苦在前，享受在后，甘于奉献。

党员领导干部廉洁自律规范：

第五条　廉洁从政，自觉保持人民公仆本色。

第六条　廉洁用权，自觉维护人民根本利益。

第七条　廉洁修身，自觉提升思想道德境界。

第八条　廉洁齐家，自觉带头树立良好家风。

2.《关于实行党风廉政建设责任制的规定》

第十九条　领导班子、领导干部违反或者未能正确履行本规定第七条规定的职责，有下列情形之一的，应当追究责任：

（1）对党风廉政建设工作领导不力，以致职责范围内明令禁止的不正之风得不到有效治理，造成不良影响的；

（2）对上级领导机关交办的党风廉政建设责任范围内的事项不传达贯彻、不安排部署、不督促落实，或者拒不办理的；

（3）对本地区、本部门、本系统发现的严重违纪违法行为隐瞒不报、压案不查的；

（4）疏于监督管理，致使领导班子成员或者直接管辖的下属发生严重违纪违法问题

的;

(5)违反规定选拔任用干部,或者用人失察、失误造成恶劣影响的;

(6)放任、包庇、纵容下属人员违反财政、金融、税务、审计、统计等法律法规,弄虚作假的;

(7)有其他违反党风廉政建设责任制行为的。

3. 关于严格禁止利用职务上的便利谋取不正当利益的若干规定

根据中央纪委第七次全会精神,为贯彻落实标本兼治、综合治理、惩防并举、注重预防的反腐倡廉方针,针对当前查办违纪案件工作中发现的新情况、新问题,特对国家工作人员中的共产党员提出并重申以下纪律要求:

(1)严格禁止利用职务上的便利为请托人谋取利益,以下列交易形式收受请托人财物:

以明显低于市场的价格向请托人购买房屋、汽车等物品;

以明显高于市场的价格向请托人出售房屋、汽车等物品;

以其他交易形式非法收受请托人财物。

(2)严格禁止利用职务上的便利为请托人谋取利益,收受请托人提供的干股。

(3)严格禁止利用职务上的便利为请托人谋取利益,由请托人出资,"合作"开办公司或者进行其他"合作"投资。

(4)严格禁止利用职务上的便利为请托人谋取利益,以委托请托人投资证券、期货或者其他委托理财的名义,未实际出资而获取"收益",或者虽然实际出资,但获取"收益"明显高于出资应得收益。

(5)严格禁止利用职务上的便利为请托人谋取利益,通过赌博方式收受请托人财物。

(6)严格禁止利用职务上的便利为请托人谋取利益,要求或者接受请托人以给特定关系人安排工作为名,使特定关系人不实际工作却获取所谓薪酬。

(7)严格禁止利用职务上的便利为请托人谋取利益,授意请托人以本规定所列形式,将有关财物给予特定关系人。

(8)严格禁止利用职务上的便利为请托人谋取利益之前或者之后,约定在其离职后收受请托人财物,并在离职后收受。

(9)利用职务上的便利为请托人谋取利益,收受请托人房屋、汽车等物品,未变更权属登记或者借用他人名义办理权属变更登记的,不影响违纪的认定。

4. 其他廉政建设相关规定

(1)《国有企业领导人员廉洁从业若干规定》;

(2)《农村基层干部廉洁履行职责若干规定(试行)》。

10.2.2.4 厉行节约

1.《党政机关厉行节约反对浪费条例》相关规定

第三条 本条例所称浪费,是指党政机关及其工作人员违反规定进行不必要的公务活动,或者在履行公务中超出规定范围、标准和要求,不当使用公共资金、资产和资源,给国家和社会造成损失的行为。

第四条　党政机关厉行节约反对浪费,应当遵循下列原则:坚持从严从简,勤俭办一切事业,降低公务活动成本;坚持依法依规,遵守国家法律法规和党内法规制度的相关规定,严格按程序办事;坚持总量控制,科学设定相关标准,严格控制经费支出总额,加强厉行节约绩效考评;坚持实事求是,从实际出发安排公务活动,取消不必要的公务活动,保证正常公务活动;坚持公开透明,除涉及国家秘密事项外,公务活动中的资金、资产、资源使用等情况应予公开,接受各方面监督;坚持深化改革,通过改革创新破解体制机制障碍,建立健全厉行节约反对浪费工作长效机制。

第八条　党政机关应当遵循先有预算、后有支出的原则,严格执行预算,严禁超预算或者无预算安排支出,严禁虚列支出、转移或者套取预算资金。

严格控制国内差旅费、因公临时出国(境)费、公务接待费、公务用车购置及运行费、会议费、培训费等支出。年度预算执行中不予追加,因特殊需要确需追加的,由财政部门审核后按程序报批。

建立预算执行全过程动态监控机制,完善预算执行管理办法,建立健全预算绩效管理体系,增强预算执行的严肃性,提高预算执行的准确率,防止年底突击花钱等现象发生。

第十条　财政部门应当会同有关部门,根据国内差旅、因公临时出国(境)、公务接待、会议、培训等工作特点,综合考虑经济发展水平、有关货物和服务的市场价格水平,制定分地区的公务活动经费开支范围和开支标准。

加强相关开支标准之间的衔接,建立开支标准调整机制,定期根据有关货物和服务的市场价格变动情况调整相关开支标准,增强开支标准的协调性、规范性、科学性。

严格开支范围和标准,严格支出报销审核,不得报销任何超范围、超标准以及与相关公务活动无关的费用。

第十一条　全面实行公务卡制度。健全公务卡强制结算目录,党政机关国内发生的公务差旅费、公务接待费、公务用车购置及运行费、会议费、培训费等经费支出,除按规定实行财政直接支付或者银行转账外,应当使用公务卡结算。

第十二条　党政机关采购货物、工程和服务,应当遵循公开透明、公平竞争、诚实信用原则。政府采购应当依法完整编制采购预算,严格执行经费预算和资产配置标准,合理确定采购需求,不得超标准采购,不得超出办公需要采购服务。

严格执行政府采购程序,不得违反规定以任何方式和理由指定或者变相指定品牌、型号、产地。采购公开招标数额标准以上的货物、工程和服务,应当进行公开招标,确需改变采购方式的,应当严格执行有关公示和审批程序。列入政府集中采购目录范围的,应当委托集中采购机构代理采购,并逐步实行批量集中采购。

严格控制协议供货采购的数量和规模,不得以协议供货拆分项目的方式规避公开招标。党政机关应当按照政府采购合同规定的采购需求组织验收。政府采购监督管理部门应当逐步建立政府采购结果评价制度,对政府采购的资金节约、政策效能、透明程度以及专业化水平进行综合、客观评价。

加快政府采购管理交易平台建设,推进电子化政府采购。

2.《党政机关国内公务接待管理相关规定》

第五条 各级党政机关应当加强公务外出计划管理,科学安排和严格控制外出的时间、内容、路线、频率、人员数量,禁止异地部门间没有特别需要的一般性学习交流、考察调研,禁止重复性考察,禁止以各种名义和方式变相旅游,禁止违反规定到风景名胜区举办会议和活动。

公务外出确需接待的,派出单位应当向接待单位发出公函,告知内容、行程和人员。

第六条 接待单位应当严格控制国内公务接待范围,不得用公款报销或者支付应由个人负担的费用。

第七条 接待单位应当根据规定的接待范围,严格接待审批控制,对能够合并的公务接待统筹安排。无公函的公务活动和来访人员一律不予接待。

第九条 接待住宿应当严格执行差旅、会议管理的有关规定,在定点饭店或者机关内部接待场所安排,执行协议价格。出差人员住宿费应当回本单位凭据报销,与会人员住宿费按会议费管理有关规定执行。

3. 其他厉行节约规定

《关于厉行节约反对食品浪费的意见》;

《关于党政机关厉行节约若干问题的通知》;

《关于党政机关停止新建楼堂馆所和清理办公用房的通知》。

10.2.2.5 干部监督

1.《中国共产党党内监督条例(试行)》相关规定

第五条 党内监督的任务是确保党章党规党纪在全党有效执行,维护党的团结统一,重点解决当地领导弱化、党的建设缺失、全面从严治党不力,党的观念淡漠、组织涣散、纪律松弛,管党治党宽松松软问题,保证党的组织充分履行智能、发挥核心作用,保证全体党员发挥先锋模范作用,保证党的领导干部忠诚干净担当。党内监督的主要内容包括:

(1)遵守党章党规,坚定理想信念,践行党的宗旨,模范遵守宪法法律情况。

(2)维护党中央集中统一领导,牢固树立政治意识、大局意识、核心意识、看齐意识,贯彻落实党的理论和路线方针政策,确保全党令行禁止情况。

(3)坚持民主集中制,严肃党内政治生活,贯彻党员个人服从党组织,少数服从多数,下级组织服从上级组织,全党各个组织和全体党员服从党的全国代表大会和中央委员会原则情况。

(4)落实全面从严治党责任,严明党的纪律特别是政治纪律和政治规矩,推进党风廉政建设和反腐败工作情况。

(5)落实中央八项规定精神,加强作风建设,密切联系群众,巩固党的执政基础情况。

(6)坚持党的干部标准,树立正确选人用人导向,执行干部选拔任用工作规定情况。

(7)廉洁自律、秉公用权情况。

(8)完成党中央和上级党组织部署的任务情况。

2. 其他关于干部监督的规定

(1)《关于在干部教育培训中进一步加强学员管理的规定》；

(2)《关于进一步规范党政领导干部在企业兼职(任职)问题的意见》；

(3)《关于党员领导干部报告个人有关事项的规定》；

(4)《关于实行党政领导干部问责的暂行规定》；

(5)《关于对配偶子女均已移居国(境)外的国家工作人员加强管理的暂行规定》；

(6)《关于省、地两级党委、政府主要领导干部配偶、子女个人经商办企业的具体规定(试行)》；

(7)《关于各级领导干部接受和赠送现金、有价证券和支付凭证的处分规定》；

(8)《关于党政机关工作人员个人证券投资行为若干规定》；

(9)《党政领导干部选拔任用工作条例》；

(10)《关于加强干部选拔任用工作监督的意见》。

10.2.3　工程领域廉政建设

“大楼树起来，干部倒下去”“工程上马，干部下马”，这一直是工程建设领域腐败现象的一种代名词和一个缩影。而且工程建设领域腐败已经成了官场的一大顽疾，屡屡发生且久治不愈。工程项目中的审批、规划、招标投标、施工、采购、质量监理、验收评估等诸多环节中，权力寻租现象层出不穷，是经济社会发展中必须铲除的“毒瘤”。2019 年，十九届中央纪委三次全会公报指出，“紧盯重大工程、重点领域、关键岗位，强化对权力集中、资金密集、资源富集部门和行业的监督”。工程建设事关广大人民群众的生命财产安全，事关改革发展稳定大局，与百姓福祉休戚相关。毫无疑问，一个优质的工程首先应当是个廉洁的工程，一个廉洁勤政的建设单位，不仅能有效确保干部安全、资金安全，也是工程保质保量顺利推进的有力保障。

工程建设领域具有“两集中、一封闭、一分散”的特点，即资源和权力相对集中，管理相对封闭，项目相对分散。这几大特点均有助于滋生腐败行为。首先，从资源条件来看，工程建设领域资源高度集中。工程建设领域不仅资源集中，而且由于专业性强、技术含量高，所以其决策权和管理权也十分集中。由于工程建设专业性强、技术含量高、安全要求高，所以其管理又有一定的相对封闭性，并直接导致了外部监督的缺失与乏力。在资源和权力相对集中的同时，工程建设项目又呈现相对分散的特点。各地公共工程和楼堂馆所遍地开花，显然提高了有关部门监督的难度。从已曝光的案件可以发现，工程违规和腐败行为几乎渗透到工程建设的所有环节，包括企业资质管理、设计、发包、监理、验收等，这就进一步提高了有关部门监督和治理的难度。因此，预防工程腐败是一项极为复杂的系统工程，需要全过程、全方位推进。

大的工程建设项目少则几个月，多则几年。工期长，投资大，每个环节都存在廉政风险，极易诱发职务犯罪。不仅如此，工程建设涉及部门、环节众多，几乎工程建设的每个环节都存在腐败“潜规则”，项目招标投标、规划审批、配套设施、检查验收、工程款结付五大环节尤为突出。

建设工程环节多,监督管理对象广,从业人员成分杂,有的放矢地预防不廉洁现象的发生任重道远。在工程项目实体建设中加强廉政建设工作永远在路上。不光是建设(业主)单位,还是施工单位、监理单位,一定要以案为鉴,牢固树立工程质量、廉政建设“双安全”意识,并自觉付诸行动,以对历史、对人民、对工程高度负责的使命感、责任心,从廉政建设入手,以廉保质、以廉促建、以廉促优。

10.2.3.1 工程廉政风险点

(1)工程招标投标:量身订制。依据《中华人民共和国招标投标法》规定,重大工程项目必须进行招标投标。但由于市场竞争激烈,一些施工单位为了能承接到工程,往往私下向工程负责人等行贿,结果是招标投标走过场、明招暗定,以至于招标投标成为工程建设领域腐败的首要环节。当前招标投标中存在着诸如:招标人搞假招标和规避招标;投标人弄虚作假骗取中标;一些招标代理机构政企不分,对招标投标活动的行政干预过多;地方保护主义和部门保护主义严重;招标投标程序不规范,暗箱操作现象比较突出等一些问题。

(2)项目规划审批:盖章收费。一个工程项目从立项到开工建设,需要经过发改委、国土局、规划局、环保局等十几个部门几十项审批,要盖几十个公章。审批人员利用手中的公章以权谋私,违规办理手续,收取好处费。

(3)配套设施垄断:回扣盛行。与工程建设密切相关的自来水、电力、煤气等配套设施,从工程施工到设备采购,安装都必须经职能部门审批、验收,由此带来的腐败也不容忽视。

(4)检查验收:走走过场。检查验收是确保工程质量和工程安全的“生命线”,一些施工单位却视质量和安全为儿戏,为顺利通过验收,大肆行贿检查人员和施工单位管理人员。

(5)工程款结付:雁过拔毛。为了能尽快拿到工程款,一些施工单位和建设单位管理人员常常在此环节大做文章,工程款结付也成为工程建设领域职务犯罪涉及最多的一个环节。

廉政建设是强化管理、改进作风、反对腐败和打击违法犯罪活动的有效手段。开展好工程项目的廉政建设,对正在建设及将要投入建设的工程建设项目来说,具有指导和实践意义,这关系到工程项目建设的安全和质量,关系到国有资产的保值增值责任的落实,关系到社会和民生的方方面面,因此做好工程项目的廉政建设,意义深远,责任重大。

治愈工程建设领域的腐败“顽疾”,既要从教育、制度、监督、惩处上构筑“防火墙”,也要从思想、道德、意识上架设“高压线”,在关键环节、重点部位铺设“护廉网”,多措并举,一天也不放松地抓好党风廉政建设,加快制度、体制、机制等方面的改革创新,使其“主观上不想犯罪、客观上不能犯罪、监督上不让犯罪”。这样,才能逐步铲除腐败滋生的土壤和条件,有效遏制此类犯罪的发生,实现建设工程“操作程序规范,工程质量优质,工程时间按期,资金使用节约,工程管理廉洁”,工程实体建设与廉政建设同步推进,促进实体、廉政“双工程”保质保优。

10.2.3.2 工程廉政建设的规定

为进一步促进党员领导干部廉洁从政,规范工程建设秩序,惩处党员领导干部违反规定插手干预工程建设领域行为,确保工程建设项目安全、廉洁、高效运行,现对党员领导干部违反规定插手干预工程建设领域行为适用《中国共产党纪律处分条例》若干问题解释如下:

一、党和国家机关中副科级以上党员领导干部,有违反规定插手干预工程建设领域行为的,依照本解释处理。

人民团体、事业单位中相当于副科级以上党员领导干部,国有和国有控股企业(含国有和国有控股金融企业)及其分支机构领导人员中的党员,有违反规定插手干预工程建设领域行为的,适用本解释。

二、本解释所称违反规定插手干预工程建设领域行为,是指党员领导干部违反法律、法规、规章、政策性规定或者议事规则,利用职权或者职务上的影响,向相关部门、单位或者有关人员以指定、授意、暗示等方式提出要求,影响工程建设正常开展或者干扰正常监管、执法活动的行为。

三、违反规定插手干预工程建设项目决策,有下列情形之一,谋取私利的,依照本解释第十二条处理:

(一)要求有关部门允许未经审批、核准或者备案的工程建设项目进行建设的;

(二)要求建设单位对未经审批、核准或者备案的工程建设项目进行建设的;

(三)要求有关部门审批或者核准违反产业政策、发展规划、市场准入标准以及未通过节能评估和审查、环境影响评价审批等不符合有关规定的工程建设项目的;

(四)要求有关部门或者单位违反技术标准和有关规定,规划、设计项目方案的;

(五)违反规定以会议或者集体讨论决定方式安排工程建设有关事项的;

(六)有其他违反规定插手干预工程建设项目决策行为的。

四、违反规定插手干预工程建设项目招标投标活动,有下列情形之一,谋取私利的,依照本解释第十二条处理:

(一)要求有关部门对依法应当招标的工程建设项目不招标,或者依法应当公开招标的工程建设项目实行邀请招标的;

(二)要求有关部门或者单位将依法必须进行招标的工程建设项目化整为零,或者假借保密工程、抢险救灾等特殊工程的名义规避招标的;

(三)为招标人指定招标代理机构并办理招标事宜的;

(四)影响工程建设项目投标人资格的确定或者评标、中标结果的;

(五)有其他违反规定插手干预工程建设项目招标投标活动行为的。

五、违反规定插手干预土地使用权、矿业权审批和出让,有下列情形之一,谋取私利的,依照本解释第十二条处理:

(一)要求有关部门对应当实行招标拍卖挂牌出让的土地使用权采用划拨、协议方式

供地的;

(二)要求有关部门或者单位采用合作开发、招商引资、历史遗留问题等名义或者使用先行立项、先行选址定点确定用地者等手段规避招标拍卖挂牌出让的;

(三)影响土地使用权招标拍卖挂牌出让活动中竞买人的确定或者招标拍卖挂牌出让结果的;

(四)土地使用权出让金确定后,要求有关部门违反规定批准减免、缓缴土地使用权出让金的;

(五)要求有关部门为不符合供地政策的工程建设项目批准土地,或者为不具备发放国有土地使用证书条件的工程建设项目发放国有土地使用证书的;

(六)要求有关部门违反规定审批或者出让探矿权、采矿权的;

(七)有其他违反规定插手干预土地使用权、矿业权审批和出让行为的。

六、违反规定插手干预城乡规划管理活动,有下列情形之一,谋取私利的,依照本解释第十二条处理:

(一)要求有关部门违反规定改变城乡规划的;

(二)要求有关部门违反规定批准调整土地用途、容积率等规划设计条件的;

(三)有其他违反规定插手干预城乡规划管理活动行为的。

七、违反规定插手干预房地产开发与经营活动,有下列情形之一,谋取私利的,依照本解释第十二条处理:

(一)要求有关部门同意不具备房地产开发资质或者资质等级不相符的企业从事房地产开发与经营活动的;

(二)要求有关部门为不符合商品房预售条件的开发项目发放商品房预售许可证的;

(三)对未经验收或者验收不合格的房地产开发项目,要求有关部门允许其交付使用的;

(四)有其他违反规定插手干预房地产开发用地、立项、规划、建设和销售等行为的。

八、违反规定插手干预工程建设实施和工程质量监督管理,有下列情形之一,谋取私利的,依照本解释第十二条处理:

(一)要求建设单位或者勘察、设计、施工等单位转包、违法分包工程建设项目,或者指定生产商、供应商、服务商的;

(二)要求试验检测单位弄虚作假的;

(三)要求项目单位违反规定压缩工期、赶进度,导致发生工程质量事故或者严重工程质量问题的;

(四)在对工程建设实施和工程质量进行监督管理过程中,对有关行政监管部门或者中介机构施加影响,导致发生工程质量事故或者严重工程质量问题的;

(五)有其他违反规定插手干预工程建设实施和工程质量监督管理行为的。

九、违反规定插手干预工程建设安全生产,有下列情形之一,谋取私利的,依照本解释第十二条处理:

(一)要求有关部门为不具备安全生产条件的单位发放安全生产许可证的;

(二)对有关行政监管部门进行的工程建设安全生产监督管理活动施加影响,导致发生生产安全事故的;

(三)有其他违反规定插手干预工程建设安全生产行为的。

十、违反规定插手干预工程建设环境保护工作,有下列情形之一,谋取私利的,依照本解释第十二条处理:

(一)要求有关部门降低建设项目环境影响评价等级、拆分审批、超越审批权限、审批环境影响评价文件的;

(二)对有关行政监管部门进行的环境保护监督检查活动施加影响,导致建设项目中防治污染或者防治生态破坏的设施不能与工程建设项目主体工程同时设计、同时施工、同时投产使用的;

(三)有其他违反规定插手干预工程建设环境保护工作行为的。

十一、违反规定插手干预工程建设项目物资采购和资金安排使用管理,有下列情形之一,谋取私利的,依照本解释第十二条处理:

(一)要求有关部门违反招标投标法和政府采购法的有关规定,进行物资采购的;

(二)要求有关部门对不符合预算要求、工程进度需要的工程建设项目支付资金,或者对符合预算要求、工程进度需要的工程建设项目不及时支付资金的;

(三)有其他违反规定插手干预物资采购和资金安排使用管理行为的。

十二、党员领导干部有本解释第三条至第十一条行为之一,本人索取他人财物,或者收受、变相收受他人财物的,依照《中国共产党纪律处分条例》第八十五条的规定处理。

党员领导干部有本解释第三条至第十一条行为之一,其父母、配偶、子女及其配偶以及其他特定关系人收受对方财物的,追究该党员领导干部的责任,依照《中国共产党纪律处分条例》第七十五条的规定处理。

十三、党员领导干部有本解释第三条至第十一条行为之一,未谋取私利,但给党、国家和人民利益以及公共财产造成较大损失的,依照《中国共产党纪律处分条例》第一百二十七条第二款的规定处理。

党员领导干部有本解释第三条至第十一条行为之一,未谋取私利,也未造成较大损失,但给本地区、本单位造成严重不良影响的,依照《中国共产党纪律处分条例》第一百三十九条的规定处理。

十四、党员领导干部利用职权或者职务上的影响,妨碍有关部门对工程建设领域违纪违法行为进行查处的,依照《中国共产党纪律处分条例》第一百六十三条的规定处理。

10.2.4　国家地下水监测工程廉政建设

10.2.4.1　**工程特点**

国家地下水监测工程投资超 22 亿,其中水利部分 11 亿,全部由中央预算内投资,水利部信息中心(原水利部水文局)为水利部分项目法人,各流域机构和省级水文部门参加工程建设管理。本建设任务包括监测站打井、仪器设备安装调试、信息系统建设、中心大楼购置与改造装修、水质实验室等,技术复杂,涉及专业多;且各级监测中心情况各异,合同招标程序复杂,合同签订、组织管理、监督检查、验收、资金支付等各个环节,项目法人责任重大,各地重视程度和管理水平差异较大,项目总体建管难度大。正是由于本工程投资规模大,工程工期长,管理难度大,建设内容涉及面广,标段众多,因此工程建设廉政风险巨大。

为保障本工程建设的顺利实施,防止违法违纪行为的发生,确保工程安全、资金安全、干部安全、生产安全,水利部、项目法人单位、部项目办、流域机构水文局、各省(自治区、直辖市)及新疆兵团水文部门和各承建单位高度重视工程廉政建设,从项目组织实施、制度体系建设、招标投标、资金使用、监督检查管理、工程验收等方面做了大量工作,实现了工程顺利验收、无廉政问题的目标。

10.2.4.2 项目组织机构

水利部重视工程建设,水利部领导多次听取项目法人工作汇报,对工程监理、监督检查、建设任务分解、概算控制、大楼购置与改造、运维管理等工作做出明确要求。同时,工程建设也得到水利部各相关部门的大力支持。项目法人成立水利部国家地下水监测工程项目建设办公室,具体负责国家地下水监测工程(水利部分)项目建设工作。

各流域机构水文局、各省水利厅也高度重视,将项目建设列入本单位重要工作日程,成立了流域项目办、省项目办、地市现场办等,明确职能分工,建立主要领导牵头抓、分管领导亲自抓、建管人员具体负责的工作机制,全力配合项目法人做好本级工程项目建设管理工作,确保项目按期保质高效完成。

项目法人全面负责本工程的建设管理,对工程的计划执行、项目实施、资金使用、质量控制、进度控制、安全生产等负总责,确保工程安全、资金安全、干部安全、生产安全。

各流域、各省级水文部门按照项目法人授权或委托,做好本级项目建设管理工作。各流域水文局成立相应的项目建设部配合做好本级工程项目的建设管理工作,协助部项目办监督检查流域片内省级项目的建设管理工作。

10.2.4.3 制度体系建设

针对工程各个环节,水利部、项目法人、项目办制定了一系列的办法制度,做到有章可依,从制度上进行廉政建设。

1. 建立廉政体系

(1)工程开工之前,水利部根据国家有关法律法规和部门规章印发了项目建设管理办法、资金使用管理办法和廉政建设管理办法。

(2)为规范项目建设程序和统一技术要求,先后制定并印发了项目招标投标管理实施办法、设计变更调整补充规定、监测井建设招标文件指导书、仪器设备购置招标文件指导书、部项目办内部工作管理制度、各类合同(监测井、仪器设备、信息化)验收规定(手册)、单项工程验收实施细则。

(3)在国家及水利部相关法律法规的基础上,项目法人印发了《关于进一步加强国家地下水监测工程(水利部分)项目经费使用管理工作的通知》和《项目资金报账管理暂行办法》等,为规范本工程资金管理提供了制度保障。

(4)为加强工程招标投标工作的管理,规范工程招标投标活动,项目法人印发了《国家地下水监测工程(水利部分)招标投标实施办法》(水文综〔2015〕127 号)。

(5)为加强本工程的验收管理,明确验收职责,规范验收行为,根据有关规定,结合本工程的特点,水利部印发《国家地下水监测工程(水利部分)验收管理办法》(水文〔2017〕190 号)。同时,部项目办也出台了合同验收、单项工程验收实施细则等相关规定。

2. 廉政建设管理办法主要内容

《国家地下水监测工程(水利部分)廉政建设管理办法》是为水利部保障国家地下水监测工程建设的顺利实施,防止违法违纪行为的发生,确保工程安全、资金安全、干部安全、生产安全,根据国家有关法律法规和部门规章,结合工程实际制定。主要内容如下:

第三条　项目法人单位党委对本工程建设全过程的廉政建设负总责,各流域机构水文局党委(党组)对本单位的工程建设过程中的廉政建设负责,参与本工程建设与管理的各单位党委(党组)对本单位的工程建设过程中的廉政建设负责,确保本工程建设管理过程中严格执行廉政建设有关法律法规,自觉接受有关部门的监督。

第四条　各级项目办(部)应建立健全岗位权力运行监督制约机制。(一)将廉政建设列入本工程建设管理全过程,逐级签订廉政建设责任书、承诺书,有关人员应将本人在工程建设管理过程中的廉政建设情况纳入年度考核述职。(二)建立工作人员职责档案,实行工程质量和廉政建设终身责任制。(三)定期开展廉政学习教育,提高工作人员廉政意识,防止贪污受贿、徇私舞弊及截留、挪用、转移建设资金、玩忽职守等违法违纪行为发生。

第五条　参与本工程建设与管理的各单位工作人员,应严格遵守廉洁自律有关规定,认真贯彻执行中央八项规定精神,坚决杜绝“四风”。(一)不准接受与本工程建设有关的任何单位和个人的宴请及娱乐活动;(二)不准接受与本工程建设有关的任何单位和个人赠送的礼品、礼金、有价证券、支付凭证和商业预付卡等;(三)不准利用知悉或掌握的内部信息为自己或特定关系人谋取利益;(四)不准在工程招标投标中有意偏袒某一投标人,确保招标投标工作公开、公平、公正。

第六条　参与本工程建设的各承建单位、供货商和监理单位均须与项目法人签订廉政建设承诺书,承诺不请客送礼、不围标串标、不转包、不违法分包、不弄虚作假,抵制各种商业贿赂行为,严格执行项目建设管理办法及有关规定,主动接受项目主管部门的监督检查,否则不予认可其投标资格。

第七条　项目法人单位每年组织 1~2 次对工程项目进行监督检查,及时发现问题,督促整改落实。各流域机构协助做好流域片区内工程项目的监督检查,确保工程安全、资金安全、生产安全、干部安全。

第八条　水利部建设与管理司、安全监督司和审计室按照各自职责,每年定期或不定期对工程的招标投标、工程监理、工程质量、安全生产、资金使用、竣工决算等重点环节进行专项检查和抽查,对发现的问题责令整改,对违规违纪问题要移交纪检监察部门。

第九条　水利系统各级纪检监察部门要加强对本工程廉政的监督，对存在问题整改不力，或因违规违纪行为影响工程建设或造成不良后果的，严肃追究相关责任人的责任，并按照干部管理权限移交相关部门追究领导责任。

10.2.4.4　参建人员廉政风险防范

部项目办严格遵守水利部印发的《国家地下水监测工程(水利部分)项目廉政建设办法》(简称《廉政办法》)，在项目招标时就将廉政责任写入招标文件，合同签订同时与施工单位签订《廉政责任书》。开展党风廉政教育，与部项目办工作人员签订《党风廉政责任书》，部项目办领导多次在不同场合(项目办周例会、党支部会、全国性会议和培训班等)要求工作人员，严格遵守中央八项规定精神，廉洁自律，严格要求自己，严禁违规插手项目招标投标工作，严禁收受礼金和吃请，防止违法违纪行为发生，强化人员管理和制度建设，严格落实责任制，进一步从源头上预防腐败，强化红线意识和忧患意识，把好项目建设廉政风险防控的重要关口。在此期间，部项目办还接受了水利部第四巡视组的检查。

在工程建设过程中，各级水文部门严格执行《廉政办法》的相关要求，项目法人单位与各流域机构水文局、各省(自治区、直辖市)及新疆生产建设兵团水文部门分别签订了廉政建设责任书；各流域机构水文局、各省(自治区、直辖市)及新疆生产建设兵团水文部门与中标单位签订了廉政责任书，使得各级项目办(部)建立健全了岗位权力运行监督制约机制；参与本工程建设与管理的各单位工作人员签订廉政建设承诺书，严格遵守了廉洁自律有关规定，认真贯彻执行了中央八项规定精神，在招标、评标过程中坚决不与投标单位接触，杜绝了“四风”问题；参与本工程建设的各承建单位、供货商和监理单位严格执行了项目建设管理办法及有关规定，主动接受了项目主管部门的监督检查。

项目法人单位、各流域机构水文局、各省(自治区、直辖市)及新疆生产建设兵团水文部门高度重视工程项目的廉政建设，通过召开工程项目廉政建设约谈会、廉政建设工作座谈会，举办廉政建设办法培训班，与项目领导小组和项目办工作人员签订《党风廉政责任书》，进一步落实廉政建设主体责任。

10.2.4.5　廉政建设培训

为保证各级项目办适应工程的建设管理工作，执行好招标投标制、工程监理制和合同管理制，确保工程的建设质量，防范工程安全风险和进行廉政建设，工程建设期间部项目办组织了多次国家地下水监测工程(水利部分)的项目建设管理培训。来自全国7大流域机构、31个省(自治区、直辖市)和新疆生产建设兵团的数百名学员参加了建设管理培训。

2015年，部项目办举办国家地下水监测工程建设管理办法培训班，来自全国各流域机构、省(自治区、直辖市)和新疆生产建设兵团项目办的业务骨干参加培训，学习项目建设管理办法、招标投标实施办法、财务和资金使用办法、廉政建设管理办法等方面的内容。

2016年，部项目办举办国家地下水监测工程信息系统等建设管理培训班，培训内容有工程建设、档案和财务管理等方面。

2017年，部项目办举办国家地下水监测工程项目档案等建设管理培训班，培训内容涉及监测井合同验收要求、仪器设备验收手册解读等相关内容。

10.2.4.6　工程监理控制

(1)进度控制:对进度滞后的合同工程,暂停进度款支付;对已完工合格工程及时进行工程量核实,签发工程进度款支付凭证,以保证承包人的后续施工费用。

(2)工程进度款支付:监理人员在收到施工单位的工程进度款申请后,按施工合同约定核查工程进度款的条件和金额,对施工单位申报工程量进行审核,并确认申报完工的工程质量是否验收合格,具备支付条件的,签发工程进度款支付证书,并上报建设方。

(3)变更管理:根据本工程变更需求,结合变更管理文件和变更管理流程,监理人收到工程变更申请时,第一时间联络发包人、设计人和承包人(简称四方)进行沟通协调。除重大变更外,一般由发包人、监理人和承包人三方(简称三方)进行现场确认,在三方达成一致意见后启动变更处理程序。

(4)合同管理:监理部根据合同工期审核进度计划、检查施工进度,按照合同文件和规范验收合同工程,按照合同条款签发工程预付款凭证、进行工程计量及签署工程进度款凭证。各省监理组人员,现场督促承包人落实合同承诺,投入足够人力和机械设备,基本如期完成了合同任务;以监理质量管理体系促进施工质量保证体系不断完善,保证了工程质量;严格审核工程计量,减少设计变更的事件发生,合同工程投资变化处在合理区间。

10.2.4.7　工程检查及验收管理

1. 日常检查监督

项目法人成立项目建设监管组,部项目办组建咨询专家委员会、建管专家组,并印发监测站施工质量和安全监督检查手册。按照监管办法的要求,项目法人、各流域机构、各省水文部门各司其职,对工程建设质量、安全生产、廉政建设等方面进行监督检查。

2015 年以来,水利部、项目法人多次开展工程监督检查、稽查、中期审计;依托流域机构组织了 16 个检查组,对各省工程建设管理情况进行监督检查,对发现的问题逐条整改落实,并提交整改报告。

国家地下水监测中心项目建设工程实施过程中,部项目办接受水利部、项目法人组织的纪检监察、检查、中期审计,针对检查中发现的问题,部项目办与施工单位、监理单位针对问题提出整改措施,及时督促有关单位实施整改,逐项落实整改意见。

2. 工程验收

工程验收是国家地下水监测工程(水利部分)的重要环节,也是工程移交的必备条件。为了从制度上避免人为干扰和问题的遗留,水利部印发《国家地下水监测工程(水利部分)验收管理办法》(水文〔2017〕190 号),之后部项目办根据本工程各个建设阶段的不同特点,有针对性地制定了一系列项目验收管理办法,进一步明确和细化了各种类型验收的内容和程序,包括:合同全部建设任务要求,单项工程承担初步设计和设计变更批复要求,达到了初步设计的建设数量与技术要求,历次检查与验收发现的问题已完成整改要求,项竣工财务决算及资产管理符合相关要求,单项工程质量评价合格条件等。项目验收时成立专家组,专家组成员听取汇报、现场抽查与检查工程进度、工程质量、历次检查问题的整改、档案整理、监测数据到报率等,只有各方面都达到要求后才能通过验收。

10.2.5 经验小结

一个优质的工程首先应当是个廉洁的工程,一个廉洁勤政的建设单位,不仅能有效确保干部安全、资金安全、施工安全,也是工程保质保量顺利推进的有力保障。国家地下水监测工程在安全管理和廉政管理方面积累了一些经验,整个建设过程未出现廉政问题和安全问题,这也为工程顺利推进提供了有力保障。本工程建设投资大、点多面广、专业众多、人员及技术复杂、建设周期较长、一般变更较多,建设者缺少相关建设管理经验,最终实现工程廉洁和安全施工,主要有以下几点经验。

10.2.5.1 建章立制

在工程开工之前,水利部印发了项目建设管理办法、资金使用管理办法、廉政建设管理办法,廉政建设4不准,以正式文件的方式,明确告知哪些工作应该做、怎么做,哪些事情不能做,做了有什么后果,这不仅有利于工程建设的顺利开展,也是对参加工程建设人员的一种关心和保护。

10.2.5.2 参建人员廉政管理

项目法人与各流域机构水文局、各省级水文部门及各参建单位签订廉政责任书和安全管理责任书,本工程建设与管理的各中标单位签订廉政建设承诺书和安全管理责任书,明确了廉政建设和安全管理的分工和内容,哪些必须做,哪些不能做。为规范工程项目建设程序和统一技术要求,项目法人先后制定并印发了项目招标投标管理实施办法、设计变更调整补充规定、各类招标文件指导书、质量手册、部项目办内部工作管理制度、各类合同验收规定(手册)、单项工程验收实施细则,保证相关各方有章可循,有规可依,给工程廉洁和安全加上了制度约束。

10.2.5.3 工程廉政过程管理

从施工单位、监理单位、设计单位、流域省市水文部门一直到部项目办、项目法人,在工程建设过程中,始终贯彻工程廉政建设和安全管理的相关要求,进行自我约束、检查、整改。水利部、项目法人、部项目办在不同场合多次强调廉政建设和安全管理的重要性,部、流域、省市级廉政责任部门通过召开工程项目建设约谈会、建设工作座谈会,举办工程建设办法培训班,让相关人员明白廉政建设和施工安全无盲区。通过参与培训人员的宣传和示范,做到廉政建设和安全管理利剑高悬、警钟长鸣。参与本工程建设的各承建单位、供货商和监理单位严格执行了项目建设管理办法及有关规定,主动接受了项目主管部门的监督检查。

10.2.5.4 强化监督,促进工程安全廉政建设

部项目办接受水利部、项目法人组织的纪检监察、检查、中期审计;水利部、项目法人多次开展工程监督检查、稽查、中期审计;依托流域机构组织检查组,对各省工程建设管理情况进行监督检查,对于历次检查发现的问题逐条整改落实。对于发现的问题及时通报,督促各方改进完善,通过层层监督确保,国家地下水监测工程是一个安全的工程、一个廉洁的工程。

第 11 章　工程验收

工程验收是项目建设管理的重要环节，也是工程正式运行和移交的必要条件。国家各部委、各行业主管部门都十分重视工程验收管理工作，颁布了工程项目验收相关规定。水利部为加强水利工程建设项目验收管理，明确验收责任，规范验收行为，制定了《水利工程建设项目验收管理规定》。为加强水文设施工程验收管理，根据《水利工程建设项目验收管理规定》和《水文基础设施项目建设管理办法》等有关规定，制定了《水文设施工程验收管理办法》，这些验收管理规定的出台，为国家地下水监测工程验收提供了重要支撑。

国家地下水监测工程是国家发展和改革委员会批复的重大基建项目，水利部高度重视工程验收管理工作，为加强工程验收管理，在上述工程验收规定的基础上，结合工程实际情况，制定了《国家地下水监测工程（水利部分）验收管理办法》。工程建设过程中，项目法人、部项目办也相继出台了合同验收规定、验收要求、实施细则等一系列相关规定。这些规定的颁布实施，为国家地下水监测工程的顺利验收提供了有力的制度保障。

11.1　水利工程建设项目验收管理规定

《水利工程建设项目验收管理规定》是为加强水利工程建设项目验收管理，明确验收责任，规范验收行为，结合水利工程建设项目的特点而制定的，是水利行业大中型水利工程建设项目验收的重要依据，全部内容分为五章五十二条，包括验收分类、验收依据、法人验收、政府验收、验收遗留问题处理与工程移交等。主要内容如下：

11.1.1　水利工程建设项目验收分类

按验收主持单位性质不同分为法人验收和政府验收两类。法人验收是指在项目建设过程中由项目法人组织进行的验收。政府验收是指由有关人民政府、水行政主管部门或者其他有关部门组织进行的验收，包括专项验收、阶段验收和竣工验收。法人验收是政府验收的前提和基础。

11.1.2　水利工程建设项目验收的依据

（1）国家有关法律、法规、规章和技术标准；

（2）有关主管部门的规定；

（3）经批准的工程立项文件、初步设计文件、调整概算文件；

（4）经批准的设计文件及相应的工程变更文件；

（5）施工图纸及主要设备技术说明书等。

11.1.3 法人验收

(1)工程建设完成分部工程、单位工程、单项合同工程,或者中间机组启动前,应当组织法人验收。项目法人可以根据工程建设的需要增设法人验收的环节。

(2)项目法人应当在开工报告批准后60个工作日内,制订法人验收工作计划,报法人验收监督管理机关和竣工验收主持单位备案。

(3)施工单位在完成相应工程后,应当向项目法人提出验收申请。项目法人经检查认为建设项目具备相应的验收条件的,应当及时组织验收。

(4)法人验收由项目法人主持。验收工作组由项目法人、设计、施工、监理等单位的代表组成;必要时可以邀请工程运行管理单位等参建单位以外的代表及专家参加。

项目法人可以委托监理单位主持分部工程验收,有关委托权限应当在监理合同或者委托书中明确。

(5)项目法人应当自法人验收通过之日起30个工作日内,制作法人验收鉴定书,发送参加验收单位并报送法人验收监督管理机关备案。法人验收鉴定书是政府验收的备查资料。

(6)单位工程投入使用验收和单项合同工程完工验收通过后,项目法人应当与施工单位办理工程的有关交接手续。工程保修期从通过单项合同工程完工验收之日算起,保修期限按合同约定执行。

11.1.4 政府验收

1.验收主持单位

阶段验收、竣工验收由竣工验收主持单位主持。竣工验收主持单位可以依据工作需要委托其他单位主持阶段验收。专项验收主持单位依照国家有关规定执行。

国家重点水利工程建设项目,竣工验收主持单位依照国家有关规定确定。国家确定的重要江河、湖泊建设的流域控制性工程、流域重大骨干工程建设项目,竣工验收主持单位为水利部。其他水利工程建设项目,竣工验收主持单位按照以下原则确定:

(1)水利部或者流域管理机构负责初步设计审批的中央项目,竣工验收主持单位为水利部或者流域管理机构;

(2)水利部负责初步设计审批的地方项目,以中央投资为主的,竣工验收主持单位为水利部或者流域管理机构,以地方投资为主的,竣工验收主持单位为省级人民政府(或者其委托的单位)或者省级人民政府水行政主管部门(或者其委托的单位);

(3)地方负责初步设计审批的项目,竣工验收主持单位为省级人民政府水行政主管部门(或者其委托的单位)。

竣工验收主持单位为水利部或者流域管理机构的,可以根据工程实际情况,会同省级人民政府或者有关部门共同主持。

2. 专项验收

枢纽工程导(截)流、水库下闸蓄水等阶段验收前,涉及移民安置的,应当完成相应的移民安置专项验收。

工程竣工验收前,应当按照国家有关规定,进行环境保护、水土保持、移民安置以及工程档案等专项验收。经有关部门同意,专项验收可以与竣工验收一并进行。

项目法人应当自收到专项验收成果文件之日起 10 个工作日内,将专项验收成果文件报送竣工验收主持单位备案。

专项验收成果文件是阶段验收或者竣工验收成果文件的组成部分。

3. 阶段验收

工程建设进入枢纽工程导(截)流、水库下闸蓄水、引(调)排水工程通水、首(末)台机组启动等关键阶段,应当组织进行阶段验收。

竣工验收主持单位根据工程建设的实际需要,可以增设阶段验收的环节。

阶段验收的验收委员会由验收主持单位、该项目的质量监督机构和安全监督机构、运行管理单位的代表以及有关专家组成;必要时,应当邀请项目所在地的地方人民政府以及有关部门参加。

工程参建单位是被验收单位,应当派代表参加阶段验收工作。

大型水利工程在进行阶段验收前,可以根据需要进行技术预验收。技术预验收参照竣工技术预验收的规定进行。

水库下闸蓄水验收前,项目法人应当按照有关规定完成蓄水安全鉴定。

验收主持单位应当自阶段验收通过之日起 30 个工作日内,制作阶段验收鉴定书,发送参加验收的单位并报送竣工验收主持单位备案。

阶段验收鉴定书是竣工验收的备查资料。

4. 竣工验收

竣工验收应当在工程建设项目全部完成并满足一定运行条件后 1 年内进行。不能按期进行竣工验收的,经竣工验收主持单位同意,可以适当延长期限,但最长不得超过 6 个月。逾期仍不能进行竣工验收的,项目法人应当向竣工验收主持单位做出专题报告。

竣工财务决算应当由竣工验收主持单位组织审查和审计。竣工财务决算审计通过 15 日后,方可进行竣工验收。

工程具备竣工验收条件的,项目法人应当提出竣工验收申请,经法人验收监督管理机关审查后报竣工验收主持单位。竣工验收主持单位应当自收到竣工验收申请之日起 20 个工作日内决定是否同意进行竣工验收。

竣工验收原则上按照经批准的初步设计所确定的标准和内容进行。

(1)项目有总体初步设计又有单项工程初步设计的,原则上按照总体初步设计的标准和内容进行,也可以先进行单项工程竣工验收,最后按照总体初步设计进行总体竣工验收。

(2)项目有总体可行性研究但没有总体初步设计而有单项工程初步设计的,原则上按照单项工程初步设计的标准和内容进行竣工验收。

(3)建设周期长或者因故无法继续实施的项目,对已完成的部分工程可以按单项工程或者分期进行竣工验收。

竣工验收分为竣工技术预验收和竣工验收两个阶段。

大型水利工程在竣工技术预验收前,项目法人应当按照有关规定对工程建设情况进行竣工验收技术鉴定。中型水利工程在竣工技术预验收前,竣工验收主持单位可以根据需要决定是否进行竣工验收技术鉴定。

竣工技术预验收由竣工验收主持单位以及有关专家组成的技术预验收专家组负责。

工程参建单位的代表应当参加技术预验收,汇报并解答有关问题。

竣工验收的验收委员会由竣工验收主持单位、有关水行政主管部门和流域管理机构、有关地方人民政府和部门、该项目的质量监督机构和安全监督机构、工程运行管理单位的代表以及有关专家组成。工程投资方代表可以参加竣工验收委员会。

竣工验收主持单位可以根据竣工验收的需要,委托具有相应资质的工程质量检测机构对工程质量进行检测。

项目法人全面负责竣工验收前的各项准备工作,设计、施工、监理等工程参建单位应当做好有关验收准备和配合工作,派代表出席竣工验收会议,负责解答验收委员会提出的问题,并作为被验收单位在竣工验收鉴定书上签字。

竣工验收主持单位应当自竣工验收通过之日起30个工作日内,制作竣工验收鉴定书,并发送有关单位。竣工验收鉴定书是项目法人完成工程建设任务的凭据。

11.1.5 验收遗留问题处理与工程移交

项目法人和其他有关单位应当按照竣工验收鉴定书的要求妥善处理竣工验收遗留问题和完成尾工。验收遗留问题处理完毕和尾工完成并通过验收后,项目法人应当将处理情况和验收成果报送竣工验收主持单位。

项目法人与工程运行管理单位不同的,工程通过竣工验收后,应当及时办理移交手续。工程移交后,项目法人以及其他参建单位应当按照法律法规的规定和合同约定,承担后续的相关质量责任。项目法人已经撤销的,由撤销该项目法人的部门承接相关的责任。

11.2 水文设施工程验收管理办法

《水文设施工程验收管理办法》是为加强水文设施工程验收管理,明确验收责任,规范验收行为,根据《水利工程建设项目验收管理规定》和《水文基础设施项目建设管理办法》等有关规定,结合水文设施工程的特点而制定的,是水文设施工程验收的重要依据。适用于全部或部分由中央投资建设的水文设施工程的验收工作,内容分为五章三十五节,包括验收分类、验收依据、合同工程完工验收、工程完工验收、竣工验收等。主要内容如下:

11.2.1　验收分类

水文设施工程验收分为合同工程完工验收、工程完工验收和竣工验收。如果工程只有一个合同,则合同工程完工验收和工程完工验收可以合并。

11.2.2　水文设施验收工作的依据

(1)国家有关法律法规、规章和技术标准;

(2)有关主管部门的规定和文件;

(3)经批准的工程立项文件、工程设计文件、调整概算文件;

(4)经批准的设计变更文件;

(5)工程建设有关合同;

(6)施工图纸及主要设备技术说明书等。

11.2.3　合同工程完工验收

(1)合同工程完工并具备验收条件时,施工单位应及时向项目法人提出验收申请。项目法人应在收到验收申请报告之日起 20 个工作日内决定是否同意进行合同工程完工验收。

(2)合同工程完工验收应具备以下条件:①合同范围内的工程已按合同约定完成;②工程质量缺陷已按要求处理;③合同争议已解决;④合同结算已完成;⑤施工现场已清理;⑥需已交项目法人的档案资料已按要求整理完毕;⑦合同约定的其他条件。

(3)合同工程完工验收由项目法人或项目法人委托的单位主持,验收工作组由项目法人、设计、监理、施工、运行管理等单位的代表组成。必要时可邀请有关部门的代表和有关专家参加。

(4)合同工程完工验收包括以下主要内容:①检查合同范围内的工程和工作完成情况;②检查已投入使用工程运行情况;③检查验收资料整改情况;④评定合同工程质量;⑤检查合同完工结算情况;⑥检查施工现场清理情况;⑦对验收中发现的问题提出处理意见;⑧确定合同工程完工日期;⑨讨论并通过《合同工程完工验收鉴定书》。

(5)合同工程完工验收的成果是《合同工程完工验收鉴定书》。自鉴定书通过之日起 20 个工作日内,由项目法人分送有关单位。

11.2.4　工程完工验收

(1)工程完工后,应在 2 个月内组织工程完工验收。

(2)工程完工验收应具备以下条件:①工程主要内容已按批准的设计全部完成,并通过合同工程完工验收;②设施设备运行正常;③工程完工验收有关报告已准备就绪。

(3)工程完工验收由项目法人主持,验收工作组由项目法人、设计、监理、施工、质量监督、运行管理等单位的代表组成。必要时可邀请有关部门的代表和有关专家参加。

(4)工程完工验收包括以下主要内容:①检查工程是否按批准的设计全部完成;②检查工程建设情况,评定工程质量;③检查工程是否正常运行;④对验收遗留问题提出处理意见;⑤确定工程完工日期;⑥讨论并通过《工程完工验收鉴定书》。

11.2.5 工程完工验收的成果

工程完工验收的成果是《工程完工验收鉴定书》。自鉴定书通过之日起30个工作日内,由项目法人分送有关单位。

11.2.6 竣工验收

(1)竣工验收应在工程完工并运行1个汛期后进行。不能按时验收的,经竣工验收主持单位同意,可以适当延长期限,但最长不得超过6个月。逾期仍不能进行验收的,项目法人应当向竣工验收主持单位做出专题报告。

(2)竣工验收主持单位按照以下原则确定:①中央直属项目中,流域机构项目总投资在1 000(含)万元以上的,由水利部或其指定、委托的水利部水文局、流域机构主持;总投资在1 000万元以下的,由流域机构或其指定、委托的流域水文机构主持。水利部其他直属单位项目由水利部或其指定、委托的单位主持。②地方项目总投资在1 000(含)万元以上的,由省级水行政主管部门主持;总投资在1 000万元以下的,由省级水行政主管部门或其指定、委托的省级水文机构主持。中央直属项目是指由流域机构等水利部直属单位负责组织实施的水文设施工程,地方项目是指由省级水行政主管部门负责组织实施的水文设施工程。对于涉及多个项目法人的水文设施工程,应以项目法人为单元组织验收。

(3)竣工验收委员会由建设管理、计划、财务、审计、档案、质量监督、运行管理等方面的代表和有关专家组成。专家人数应根据被验项目的技术特点合理确定。项目法人、设计、监理、施工、主要设备供应等单位作为被验收单位列席竣工验收会议,负责解答验收委员会提出的问题。

(4)竣工财务决算审查和审计工作由竣工验收主持单位的同级水利财务部门和审计部门负责。竣工财务决算审计通过后,方可进行竣工验收。

(5)工程进行竣工验收前,应按照国家或行业有关规定、标准进行专业(专项)验收。经有关部门同意,专业(专项)验收也可与竣工验收一并进行。

(6)工程具备竣工验收条件的,项目法人应当及时提出竣工验收申请。竣工验收主持单位应当自收到竣工验收申请报告之日起20个工作日内决定是否同意进行竣工验收。

(7)竣工验收应具备以下条件:①工程已按批准的设计全部完成,运行正常;②固定资产核查工作已完成;③管理人员已落实到位,管理制度已建立;④工程质量已评定为合格;⑤竣工验收所需有关报告已准备就绪;⑥工程投资已全部到位;⑦合同工程完工验收、工程完工验收已通过,验收所发现的问题已处理完毕;⑧竣工财务决算已通过竣工审计,审计意见中提出的问题已整改并提交了整改报告。

(8)工程按批准的设计基本完成,属下列情况者可进行竣工验收:①个别单项工程尚未建成,但不影响主体工程正常运行和效益发挥,并符合财务规定。②由于特殊原因致使少量尾工不能完成,但不影响工程正常运行和效益发挥,并符合财务规定。竣工验收时应对上述单项工程和尾工进行审核,责成有关单位限期完成。

(9)竣工验收包括以下主要内容:①检查项目是否已按批准的设计全部完成;②检查工程建设和运行情况,并鉴定工程质量;③检查历次验收情况及其遗留问题和已投入使用工程在运行中所发现问题的处理情况;④检查尾工安排情况;⑤审查资金使用和固定资产登记情况;⑥研究验收中发现的问题,并提出处理意见。

(10)竣工验收会议主要程序:①现场检查工程建设情况;②查阅工程建设有关资料;③听取有关单位的报告:工程建设管理工作报告、工程设计工作报告、工程建设监理工作报告、工程施工管理工作报告、工程质量评定报告、工程运行管理准备工作报告;④讨论通过《竣工验收鉴定书》;⑤验收委员会成员和被验收单位代表在《竣工验收鉴定书》上签字。

(11)竣工验收委员会应根据工程质量评定报告,结合竣工验收情况,做出工程质量是否合格的结论。

(12)竣工验收的成果是《竣工验收鉴定书》。自鉴定书通过之日起30个工作日内,由竣工验收主持单位分送有关单位,并抄送水利部水文局备案。

(13)项目法人与工程运行管理单位不同的是,工程通过竣工验收后,应及时办理工程移交手续。

11.3　国家地下水监测工程验收管理

工程验收是国家地下水监测工程(水利部分)建设管理的一个重要环节,为加强本工程的验收管理,明确验收职责,规范验收行为,水利部根据有关规定,颁布了《国家地下水监测工程(水利部分)验收管理办法》。工程建设工程中,部项目办结合工程实际情况,制定了《国家地下水监测工程(水利部分)监测站建设合同工程完工验收规定》《国家地下水监测工程(水利部分)监测井合同验收要求》《国家地下水监测工程(水利部分)仪器设备验收手册(试行)》《国家地下水监测工程(水利部分)单项工程完工验收实施细则(试行)》等一系列工程验收相关规定。

国家地下水监测工程验收包括:合同工程完工验收、单项工程完工验收、整体工程竣工验收,以及档案验收、财务审计、消防验收、信息系统安全等级保护测评、工程技术鉴定等专项验收。

《国家地下水监测工程(水利部分)验收管理办法》适用于国家地下水监测工程所有验收活动,分为五章三十六条,包括验收分类、验收依据、合同工程完工验收、单项工程完工验收、整体工程竣工验收等。主要内容如下:

11.3.1 工程验收分类

按照《国家地下水监测工程(水利部分)验收管理办法》,工程验收分为合同工程完工验收、单项工程完工验收和整体工程竣工验收。以上验收内容均应包含档案验收。

(1)合同工程是指地下水监测井建设、地下水监测井仪器设备购置安装、国家地下水监测中心装修等合同约定的所有建设任务。

(2)单项工程是指国家地下水监测中心建设项目和各流域机构、各省(自治区、直辖市)、新疆生产建设兵团分别承担的本级工程所有建设任务。

(3)整体工程是指国家地下水监测工程(水利部分)所包含的全部建设任务。

(4)档案验收是合同工程完工验收、单项工程验收和整体工程竣工验收的重要内容,应按《国家地下水监测工程(水利部分)档案管理办法》要求,采用同步验收或专项验收方式进行。

11.3.2 工程验收工作依据

(1)国家有关法律、法规、规章和技术标准。

(2)本工程初步设计报告、分省初步设计报告和经批准的设计变更文件。

(3)本工程建设有关合同及其补充协议。

11.3.3 工程验收资料制备

项目法人负责组织整体工程竣工验收的资料制备,部项目办、流域水文局、省级水文部门负责组织本级相应的单项工程和合同工程完工验收资料制备,有关单位应按要求及时完成并提交。资料提交单位应对所提交资料的真实性、完整性负责。

11.3.4 工程质量评价

本工程所有工程质量评价分为“合格”“不合格”。评价为“不合格”的工程不予通过验收,应限期整改并重新组织验收。

11.3.5 合同工程完工验收

(1)部项目办承办本级工程及统一采购的合同工程完工验收,指导检查流域和省级合同工程完工验收工作。流域水文局和省级水文部门组织本级工程合同工程完工验收工作。

(2)合同工程完工并具备验收条件时,合同承担单位应及时向部项目办或流域水文局、省级水文部门提交合同工程完工验收申请报告。部项目办及流域水文局、省级水文部门应在收到合同工程完工验收申请报告之日起 20 个工作日内决定是否同意进行合同工程完工验收。必要时成立专家组对合同工程进行预验收。预验收由本级项目管理单位(部项目办或流域水文局、省级水文部门)主持,监理单位具体负责,预验收专家组应由项目管理单位、邀请的有关部门的代表和有关专家 5 人以上单数组成。

(3)合同工程完工验收组由部项目办(或流域水文局、省级水文部门)、设计、监理、合同承担等单位的 5 人以上单数代表组成。必要时可邀请有关部门的代表和有关专家参加。

(4) 合同工程完工验收应具备以下条件:①合同范围内的建设任务已按合同约定完成;②工程质量缺陷已按要求处理;③合同争议已解决;④合同结算资料已编制完成并获得确认;⑤施工现场已清理;⑥合同工程已完成应归档文件材料的收集、整理,并满足完整、准确、系统要求;⑦已完成必要的预验收;⑧合同约定的其他条件。

(5)合同工程完工验收前合同承担单位应提交成果报告(含质量评价)、设计单位应出具意见、监理单位应出具监理报告(含质量评价)。

(6)合同工程完工验收包括以下主要内容:①检查合同范围内所有建设任务的完成情况;②检(抽)查合同工程质量和已投入使用工程运行情况;③对合同工程档案进行同步验收;④评价合同工程质量为“合格”或“不合格”;⑤检查合同完工结算情况;⑥检查施工现场清理情况;⑦对验收中发现的问题提出处理意见;⑧确定合同工程完工日期;⑨讨论并通过合同工程完工验收鉴定书或验收意见。

(7)合同工程完工验收的成果是合同工程完工验收鉴定书或验收意见,自通过之日起 20 个工作日内,流域水文局或省级水文部门应将鉴定书或验收意见报部项目办备案。

(8)合同工程完工验收后应将资产移交部项目办或流域水文局、省级水文部门。办理项目工程保修书,项目进入质保期。

(9)国家地下水监测中心楼房、服务器、巡测设备、实验室设备等采购合同的验收,由监理单位出具验收意见。服务类合同的验收由部项目办组织并出具验收意见。国家地下水监测中心大楼装修合同验收需通过消防验收。

11.3.6　单项工程完工验收

(1)项目法人负责组织各单项工程完工验收工作,部项目办承办本级单项工程完工验收工作。

各流域水文局和省级水文部门配合项目法人做好单项工程完工验收工作。

(2)工程完工验收前,应进行技术预验收。成立技术专家组,通过查阅资料、检查工程完成情况、抽查监测信息报送情况等方式,对单项工程建设内容、质量、效益进行评价,提出技术预验收意见。

(3)工程完工验收的验收组成员由项目法人、设计、监理、流域水文局或省级水文部门等单位的代表组成。必要时可邀请有关部门的代表和有关专家参加。单项工程完工后,应在 2 个月内组织单项工程完工验收。

(4)单项工程完工验收应具备以下条件:①单项工程主要建设任务已按批准的设计全部完成;②全部合同工程质量评价为合格且通过合同工程完工验收;③设施设备运行正常;④合同工程完工验收中发现的问题已经处理完毕;⑤单项工程财务决算已按规定编制完成;⑥单项工程确定进行档案专项验收的已通过档案专项验收;⑦资产核查工作已完成;⑧单项工程已通过技术预验收,完工验收有关报告已准备就绪。

(5)验收前流域水文局或省级水文部门应提交本级单项工程完工报告(含质量评价)、设计单位应出具工作报告、监理单位应出具监理报告(含质量评价)。

(6) 单项工程完工验收包括以下主要内容:①检查单项工程是否按批准的设计全部完成;②检查单项工程建设情况,评价工程质量为“合格”或“不合格”;③检查单项工程是否正常运行;④检查单项工程价款结算情况和竣工财务决算编制情况;⑤检查单项工程档案专项验收发现问题的整改情况,或对确定同步验收的单项工程档案进行同步验收;⑥检查固定资产登记与实物管理情况;⑦对验收遗留问题提出处理意见;⑧确定单项工程完工日期;⑨讨论并通过单项工程完工验收鉴定书。

(7)单项工程完工验收的成果是单项工程完工验收鉴定书。自鉴定书通过之日起30个工作日内,由部项目办报项目法人备案并印发有关单位。

(8)单项工程完工验收后应及时办理资产交付手续。

11.3.7 整体工程竣工验收

(1)整体工程竣工验收由水利部主持,项目法人具体负责整体工程竣工验收准备工作。整体工程竣工验收应在整体工程完工并试运行3个月以上进行。

(2)整体工程竣工正式验收前,应进行技术预验收。成立技术专家组,通过查阅资料、检查工程完成情况、抽查监测信息报送情况等方式,对工程建设内容、质量、效益进行评价,提出技术预验收意见。

(3)整体工程竣工验收委员会由建设管理、水资源、计划、财务、审计、档案等方面的代表和有关专家组成。部水文局、设计、监理、合同承担等单位作为被验收单位列席竣工验收会议,负责解答验收委员会提出的问题。

(4)整体工程竣工验收委员会由建设管理、水资源、计划、财务、审计、档案等方面的代表和有关专家组成。部水文局、设计、监理、合同承担等单位作为被验收单位列席竣工验收会议,负责解答验收委员会提出的问题。

(5)项目法人按规定编制汇总整体工程竣工财务决算,水利部组织财务审查、审计。整体工程竣工财务决算审查、审计通过后方可进行整体工程竣工验收。

(6) 具备整体工程竣工验收条件时,部水文局应当及时提出整体工程竣工验收申请报告。

(7)整体工程竣工验收应具备以下条件:①工程已按批准的设计全部完成,运行正常。或工程按批准的设计基本完成,但由于特殊原因致使少量尾工不能完成,且不影响本工程正常运行和效益发挥,已责成有关单位限期完成,并符合财务规定;②固定资产核查工作已完成;③管理人员已落实到位,管理制度已建立;④预验收整体工程质量评价为合格;⑤整体工程竣工验收所需有关报告已准备就绪;⑥投资已全部到位;⑦单项工程完工验收已通过,且验收所发现的问题已处理完毕;⑧整体工程竣工财务决算已通过审查、审计,审查、审计意见中提出的问题已整改完毕并提交了整改报告;⑨已通过整体工程档案专项验收。

(8)整体竣工验收包括以下主要内容:①核查项目是否已按批准的设计全部完成;②核查工程建设和运行情况,并鉴定整体工程质量;③核查历次验收情况及其遗留问题和已投入使用工程在运行中所发现问题的处理情况;④核查档案专项验收发现问题的整改情况;⑤核查资金使用和固定资产登记情况;⑥研究验收中发现的问题,并提出处理意见。

(9)整体工程竣工验收主要程序。①听取技术预验收专家组情况汇报;②核查工程建设情况;③查阅本工程建设有关资料;④审阅有关单位的报告。包括:工程建设管理工作报告(含资金管理使用情况报告)、工程设计工作报告、工程监理工作报告(含质量评价)、工程运行管理准备工作报告;⑤讨论通过整体工程竣工验收鉴定书;⑥验收委员会成员和被验收单位代表在整体工程竣工验收鉴定书上签字。

(10)整体工程竣工验收的成果是整体工程竣工验收鉴定书。自鉴定书通过之日起30个工作日内,由整体工程竣工验收主持单位分送有关单位。

11.4　试运行工作

试运行是指工程建设完成后,正式验收之前的测试工作阶段。其目的是对项目或系统进行全面的校验和测试,通过试运行发现问题,及时处理问题,确保工程项目质量合格,也是工程验收的重要前提。

由于国家地下水监测工程(水利部分)建设涉及中央(水利部本级)、流域机构和各省(自治区、直辖市)等不同的管理单位和不同的专业领域,为确保工程能够正常运行,顺利通过验收,按照水利工程建设质量控制等规范要求,并结合本工程特点,由部项目办组织开展各级水文部门、监理单位、设计单位、中标单位工程试运行工作,并负责水利部本级合同标段、单项工程和整体工程试运行工作;各流域和省级水文部门负责本级合同标段和单项工程试运行工作,并配合部项目办开展整体工程试运行工作。主要包括监测设备、硬件和网络设备、业务软件、系统总集成等方面的试运行工作。

部项目办和各级水文部门根据建设内容,制订有针对性的试运行工作方案,明确试运行工作责任和任务,对试运行期间出现的问题进行逐项整改,做到了组织机构落实、工作方案可行、工作责任具体、工作任务落地、整改问题到位,切实保障了国家地下水监测工程仪器设备、信息采集的时效性、信息传输的可靠性,稳定了监测站的到报率,确保建设成果满足设计要求,工程建设能够顺利通过验收,建成后工程能正常运行。

11.4.1　监测设备试运行

工程建设期间,部项目办制定了《国家地下水监测工程(水利部分)仪器设备验收手册(试行)》,规定各中标单位在仪器设备安装期(施工期)和试运行期必须开展专项比测工作。在仪器设备安装期(施工期)主要对监测站点初始值获取、比测误差等做出了具体的规定,使各省仪器设备安装工作有统一的标准和规范的操作流程,为工程仪器设备试运行工作奠定了基础。

国家地下水监测工程(水利部分)建设地下监测站 10 298 个,其中,水位监测站 10 256 个,流量监测站 42 个。从 10 256 个水位监测站中选取 100 个有代表性的监测站开展自动水质监测,其中,一般自动水质监测站 83 个,重点自动水质监测站 17 个。

11.4.1.1 水位自动监测设备试运行

2017 年,各省水文部门陆续开展水位自动监测设备试运行工作,试运行时间 1~6 个月不等,按照设备安装时比测一次,试运行期间至少比测一次的要求进行。试运行期间,每一个监测站的水位监测设备都进行比测,做到全覆盖,有完整记录,并逐站汇总;由专人负责,对系统每日到报率进行记录,有完整的故障和处理记录。试运行期间,对误差超限的站点及时查明原因,进行整改,保证监测数据的准确性。通过地下水信息接收、查询系统对监测站点信息采集、传输等状况进行实时监控,查找监测站点的工况、信息采集、传输等环节的问题。督促中标单位对存在问题的站点及时进行整改,进一步保证监测站点的到报率和准确率。根据各省各仪器设备标段试运行报告,国家地下水监测工程试运行期间,水位自动监测设备标段到报率均到达了 95%,单站比测误差不超过 2 cm,到报率和精度满足试运行规定。

据统计,2018 年度,国家地下水监测中心收到监测站水位/埋深、水温、泉流量、水质实时信息 4 000 余万条,站点到报率 99.95%,满足"自动监测信息汇集到中央节点的到报率达到 95%以上"的要求;2019 年 6~7 月,本工程监测站整体到报率为 98%。工程试运行期间,向水利部、自然资源部、生态环境部提供相关成果资料和报告 10 余份,为最严格水资源管理、抗旱减灾、地质环境保护、生态环境修复等提供有力支撑。

11.4.1.2 水质自动监测仪试运行

本工程从 10 256 个水位监测站中选取 100 个站开展水质自动监测,配置 100 套五参数电极法水质监测设备(pH、氯离子、DO、电导率以及浊度等参数)和 17 套八参数 UV 探头(COD、TOC、DOC、硝酸盐氮、亚硝酸盐氮、BOD、苯类、UV254)。试运行期间开展水质自动监测数据比测工作,对于超出误差的水质设备进行重新调试,直至满足误差要求。通过信息接收处理系统和水质分析系统对监测站点信息采集、传输等情况进行实时监控,查找监测站点的工况、信息采集、传输等环节的问题,强化中标单位对存在问题的站点及时整改,保证监测站点的运行工况正常。据统计,本工程对地下水水质自动监测设备到报率接近 100%,到报率达到《国家地下水监测工程(水利部分)仪器设备验收手册(试行)》规定系统到报率需≥95%的要求。

11.4.1.3 测井维护、巡测设备试运行

本工程为 280 个地市级分中心配发了测井维护设备、巡测设备和水质取样设备,测井维护设备包括:空气压缩机、发电机组、洗井泵;巡测设备包括:水位测尺校准钢尺、悬锤式水位计、地下水水温计、数据移动传输设备;水质取样设备包括:地下水击式采样器、地下水采样器(贝勒管)、地下水专业取样瓶。2018 年,随着地下水监测运行维护工作的开展,配发的发电机、洗井泵在洗井和采样过程中能够正常使用发挥作用;配发的地下水采样器(贝勒管)在地下水水质监测过程中能够正常使用,保障了地下水取样任务的完成;巡测

设备在运维工作中经过实践的检验,运行使用正常。实际使用证明,这些设备等能够满足地下水监测运行维护日常工作的需要,符合设计和实际工作使用需求,使用正常。

11.4.1.4　监测站设备试运行结论

经过试运行,本工程一体化遥测设备整体运行正常、准确、稳定,并且接收了大量的遥测水位、水温数据。试运行期间对试运行过程中发生的问题进行了应对和解决。各省仪器中标单位承建的一体化遥测水位计项目设计先进、质量可靠,准确性、安全性、稳定性等均满足初步设计和设计变更的要求,可申请竣工验收。在监测设备试运行过程中,典型问题、处理方法和主要技术指标汇总见表 11-1、表 11-2。

表 11-1　监测设备试运行典型问题和处理方法

序号	典型问题	处理方法
1	站点 GPRS 信号不稳定	升级自动补报程序;更换设备天线
2	设备屏幕不亮	更换设备
3	SIM 卡槽松动	焊接卡槽
4	接线松动	拧紧线头
5	SIM 卡损坏	更换 SIM 卡
6	数据发送模块故障	更换 RTU 设备
7	站号设置错误	重新设置站号
8	时钟错乱/纽扣电池脱落	更换 RTU 设备
9	传感器悬空/线缆脱落	加长线缆或重新制作线缆接头
10	电池电压低	更换电池

表 11-2　监测设备试运行主要技术指标

序号	项目	执行指标
1	水位设备比测及校验(精度)	水位测量误差需在±2 cm 内,如超过 2 cm,需对仪器进行重新调试校准,直至误差满足要求
2	水质设备比测及校验(精度)	按国家水质设备精度要求执行
3	系统到报率	试运行阶段系统到报率≥95%
4	系统(站群)完好率	试运行阶段系统(站群)运行完好率≥97%
5	巡测设备	符合初步设计要求

11.4.2　硬件和网络设备试运行

国家地下水监测工程(水利部分)建设 1 个国家地下水监测中心(联合自然资源部共同建设)、7 个流域监测中心、32 个省级监测中心和 280 个地市级分中心。为实现地下水监测数据的接收、存储、统计分析等功能,各级监测中心配置了服务器、交换机、数据库等信息系统软硬件及网络设备,国家地下水监测中心还另外配置了水质分析、大屏展示等设备。为使各级监测中心能正常运行,发挥其功能,按照国家中心、流域中心和省级中心(含地市)三个层次,对各级监测中心的硬件及网络设备开展试运行工作。试运行工作主要包括国家中心硬件设备、网络设备及水质实验室设备试运行,流域中心硬件及网络设备试运行,省级中心硬件及网络设备试运行。

11.4.2.1　国家中心硬件设备、网络设备及水质实验室设备试运行

国家中心硬件及网络设备的试运行工作由部项目办组织,承建单位、系统总集成单位及监理单位共同完成。国家地下水监测中心硬件及网络设备主要包括:服务器及交换机设备、路由器、交换机、网络专线、精密空调和UPS等硬件设备,国家中心信息查询与显示系统等内容,试运行时间不少于3个月。每项工作内容均需编制试运行方案,开展1~3个月的试运行工作,编写试运行报告。

(1)服务器和交换机等硬件设备试运行。试运行期间主要对部署于国家中心机房内的数据库服务器、应用服务器、交换服务器、磁盘阵列、KVM切换器、交换机、路由器、入侵检测设备、安全审计设备、上网行为管理、安全隔离设备、4M专线,以及大屏显示设备、集中控制系统、图像采集与切换系统、数字会议系统、音响扩声系统等主要设备进行加电连续运行,对机房环境(温度、湿度、洁净)、安装情况(零地电压、双电源、地端子、标签、通风、固定、防尘)、运行状态(温度、时钟、日志、启动信息、Debug状态、路由信息)、运行文件(软件版本、配置文件)、设备负载(CPU利用率、内存利用率、ACL和NAT数量、进程)、板卡运行状态(电源模块、单板运行、风扇状态、指示灯)、接口状态(端口工作状态、端口收发数据、三层接口)进行检查。通过3个月以上的连续运行和日常运行记录,检测硬件设备是否运行正常,相关指标是否满足设计要求,以及硬件设备运行环境、安全防护措施等是否满足设计要求,保障硬件设备运行正常。主要检查内容见表11-3。

表11-3　服务器和交换机等硬件设备试运行主要检查内容

序号	试运行类型	检查内容
1	机房环境	温度、湿度、洁净
2	安装情况	零地电压、双电源、地端子、标签、通风、固定、防尘
3	运行状态	温度、时钟、日志、启动信息、Debug状态、路由信息
4	运行文件	软件版本、配置文件
5	设备负载	CPU利用率、内存利用率、ACL和NAT数量、进程
6	板卡运行状态	电源模块、单板运行、风扇状态、指示灯
7	接口状态	端口工作状态、端口收发数据、三层接口

(2)配套精密空调、UPS 不间断电源试运行。通过 3 个月以上的连续运行和日常运行记录,主要是对机房环境(温度、湿度、洁净)、安装情况(零地电压、双电源、地端子、标签、通风、固定、防尘)、运行状态(温度、时钟、日志、启动信息、Debug 状态、路由信息)进行检查,检测相关设备是否运行正常,指标是否满足设计要求。主要检查内容见表 11-4。

表 11-4　精密空调和 UPS 等设备试运行主要检查内容

序号	试运行类型	检查内容
1	机房环境	温度、湿度、洁净、布线、零地电压
2	安装情况	供电可靠性、安全地段子、标签、通风、固定防尘
3	运行状态	温度、时钟、日志、启动信息、Debug 状态
4	运行文件	软件版本、配置文件

(3)国家中心水质实验室设备试运行。国家地下水监测中心水质实验室建设根据功能和任务需求,目前已配备了前处理设备、常规和非常规水质参数检测设备共 3 大类,171 台(套)。本项目涉及设备主要包括:总 α、β 测定仪,TOC 测定仪,BOD 测定仪,电位滴定仪,红外测油仪,大肠菌快速测定仪,溶解氧测定仪,酸度计,原子荧光分光光度计,浊度仪,紫外-可见分光光度计,超高效液相色谱-串联四极杆质谱仪,超高效液相色谱仪,顶空-气相色谱-质谱仪,气相色谱仪,卡尔费休水分测定仪,同位素仪,连续流动分析仪等 171 台水质设备。基本具备了《地下水质量标准》(GB/T 14848—2017)93 项监测指标的检测分析能力。随着实验室质量管理体系的建立,基本检测人员的到位和认证许可,可以实现对水利部门管辖的 10 298 站的监督性监测和同步比测工作。随着水质设备陆续安装和调试完成,对每一台(种)水质设备开展不少于 3 个月的运行工作,通过连续加电测试或检测结果是否达到国家相关要求,确认设备是否运行正常,是否达到设计要求和实际工作需要。

11.4.2.2　流域中心、省级、地市分中心硬件设备试运行

流域和省级中心硬件及网络设备的试运行工作由各流域或省级水文部门组织,承建单位、系统总集成单位以及监理单位共同完成。试运行期间主要对部署于流域或省级中心的应用服务器、数据库服务器、数据接收工作站、数据处理工作站和地市级分中心应用服务器,从开关机情况、运行情况、故障处理情况等方面开展试运行工作,试运行时间不少于 1 个月,通过连续加电测试确认设备是否运行正常,达到设计要求和需要实际工作。

11.4.3　业务软件试运行

业务应用软件开发是本工程的重要建设内容,是国家、流域、省、地市各级中心开展地下水监测工作的主要工作平台,是国家地下水监测工程发挥效益的重要支撑。地下水监测和运行管理涉及四个不同层级,各层级的工作重点和要求既有区别又有联系。因此,各层级业务应用软件配置有所差别。为了确保相应业务应用软件试运行质量控制得到有效

保障,试运行期间,部项目办明确其组织形式和各管理层级的工作职责,编制印发《国家地下水监测工程(水利部分)信息化验收手册(试行)》,明确信息化建设试运行工作的主要内容和具体要求,规范业务应用软件试运行工作。

部项目办负责统一开发的业务应用软件试运行组织领导与协调,流域机构负责本级中心基础软硬件和业务软件试运行工作,省级水文部门负责协调和组织监测站水位仪器设备、基础软硬件和业务软件试运行工作,监理单位配合部项目办确认试运行方案,监督试运行过程,审核记录材料,协调试运行相关工作。承建单位负责编制试运行方案,并根据签订的合同和部项目办及水文部门意见进行整改;提供技术支持、系统维护和业务操作指导服务工作;处理和解决用户遇到的软件运行问题,确保软件稳定、高效运行;配合各级水文部门编制试运行报告。

国家地下水监测工程(水利部分)业务软件试运行包括:统一开发的地下水信息接收处理软件、地下水监测信息查询与维护软件、地下水监测信息整编系统、地下水资源业务应用软件、地下水信息交换共享软件、地下水资源信息发布系统、地下水资源信息发布系统移动客户端、地下水水质分析系统、地下水监测综合成果分析应用系统、地下水监测综合运维及绩效考核管理保障系统、资产管理系统、档案管理系统等业务软件的试运行,以及典型区地下水预测分析模型、各流域/省分别开发的信息源建设和业务软件本地化定制软件试运行。各级水文部门完成业务应用软件安装调试后,按照部项目办要求,编制软件试运行方案,明确具体的工作任务,在既定的试运行期开展业务应用软件的试运行工作。通过既定时间段的试运行,及时发现各业务应用软件的有关问题,各软件开发单位对存在的问题进行修改,保证各项业务应用软件的正常运行和相关功能的实现。根据实际情况,各业务软件试运行时间1~3个月不等,通过试运行发现问题、解决问题,完善软件功能,满足用户需求。

(1)地下水信息接收处理软件试运行内容主要包含验证接收、存储、阈值设置、报警处理等功能。省级中心的接收软件包括通信端、客户端。监测信息接收处理软件的试运行采用逐日记录方式进行。各级中心通过参与试运行相关责任人员登录软件对软件设定的"应报站点数、实际上报数据、原始报文解码、缺漏报统计、异常数据预警、定时取数、人工录入、异常情况"等功能模块及其相关数据进行逐日连续检查、在线登记统计的方式展开。试运行重点解决监测站基础数据不全导致存储数据失败、RTU上传数据丢失、水质站数据上报缺失、缺报漏报模块功能不完善、用户管理模块优化等问题。

(2)地下水监测信息查询与维护软件试运行内容主要包含验证接收、存储、阈值设置、报警处理等功能。省级中心的接收软件包括通信端、客户端,通过测试站网分布、监测信息、单站统计、区域统计、整编信息、基础信息、运行工况、信息维护、系统管理功能模块及其相关数据进行连续检查,重点解决流域和省级共享数据的完整性和准确性、工况查询中的到报率统计和埋深等值线面图显示模块优化、数据更新,以及解决统一登录、数据源未及时上传、基础数据不完整、登录超时退出、共享软件多用户、安全限制以及软件系统功能完善等问题。

(3)地下水监测信息整编软件试运行内容主要包含系统内部和外部基本信息、原始监测数据管理、资料整编、成果表输出、系统管理、系统帮助等各功能模块和子模块功能实现，数据格式、成果质量是否符合相关规范要求进行实际应用和检查。重点解决监测站点基础信息不准确、登录数据加载过慢、过程线的纵坐标设计不合理，以及统一登录、基本信息查询、数据批量导入、同步数据、服务器软件异常、软件运行异常、软件兼容性等问题。

(4)地下水资源业务应用软件试运行内容主要包含检验地下水资源信息查询与维护系统、业务应用系统两个主要业务软件在正式部署环境下运行是否达到合同技术要求和实际业务需求，重点对地下水资源信息查询与维护系统设定的站网分布、监测信息、单站统计、区域统计、整编信息、基础信息、运行工况、信息维护、系统管理功能模块及其相关数据进行连续检查，重点解决流域和省级共享数据的完整性和准确性、工况查询中的到报率统计和埋深等值线面图显示模块优化、数据更新，以及软件设定的空间分布插值算法、区域分析、特殊类型分析、水资源量变化计算、系统管理功能模块及其相关数据进行连续检查，解决系统登录、插值功能、埋深等值线面图显示模块优化和数据实时更新等问题。

(5)地下水信息交换共享软件作为各级地下水监测中心之间、国家中心水利部与自然资源部之间、与其他系统之间提供信息交换共享，向社会和其他不同部门提供地下水信息服务提供通道。试运行内容主要包含通过逐日查看地下水数据交换适配器软件和数据交换共享软件横向数据交换、纵向数据交换过程中异常条数，对异常情况进行记录，对问题解决情况进行记录。重点解决数据交换任务配置、数据交换任务维护、共享软件及适配器软件的多用户问题、数据库异常恢复后数据不交换，和上层交换平台关联，以及软件功能完善等问题。

(6)地下水资源信息发布系统试运行内容主要包含综合信息展现子系统中的行政公示、分析成果、基础信息、监测信息等展现功能模块的集中展现功能；信息发布管理子系统中的地下水基础信息发布、动态监测信息发布、分析成果信息发布、工作动态信息发布、通知公告信息发布、行业标准规范发布、发布信息查询等发布功能模块发布功能；以及系统管理子系统中的用户管理、授权管理、日志管理等管理模块的各项功能实现情况。通过既定时间的试运行，重点解决降水信息显示不全、监测站点位错位、展示图层不全，以及测站点显示位置不准确、信息展示模块部分内容为空、角色管理中缺少默认值、子系统退出后无法登陆、站网浏览模块查询功能缺失、站网发布模块缺少批量发布、站网浏览统计不全、专题地图中监测站缺漏、软件打开地图的速度、市分中心登录异常，以及软件功能完善等问题。

(7)地下水资源信息发布系统移动客户端试运行内容主要包含综合信息查询、测站基础信息查询、测站监测信息查询、客户端登录、地图切换定位、点位导航、通知公告展示、地下水监测信息展现以及相关功能跳转等。重点解决登录异常、测站点显示位置不准确、分析成果各界面为空、展示系统功能不足、个别移动设备无法使用、地图不能自动加载、使用中闪退、打开地图的速度慢、图层少等问题。

(8)地下水水质分析系统试运行内容主要包含数据维护、数据查询、评价结果、信息服务、系统对接等功能模块及其相关数据进行连续检查，重点解决功能模块不完善、基础数据不准确、中间件服务无法启动、特征表类型不足、启动速度慢、运行中的卡顿、数据无法导入等问题。

(9)地下水监测综合成果分析应用系统试运行内容主要包含系统站网查询、水文信息、水位信息、埋深信息、埋深预警、蓄变量、漏斗区、水质信息、水文信息、工况信息和区域分析等各主要功能模块及其子模块的各功能实现情况进行检验和问题处理,重点解决用户登录、站网查询定位、水位变幅、埋深变幅和预警、漏斗区展示以及区域分析等功能模块完善和优化问题。

(10)地下水监测综合运维及绩效考核管理保障系统试运行内容主要包含综合监视、单项监视、运维任务、统计分析、监控报告、绩效考核、合同管理、系统管理等主要功能模块的各功能实现情况进行检验和问题处理,重点解决了综合监视、单项监视、产品生成监视、测站监视、数据交换监视等功能完善和优化问题。

(11)海河流域典型平原区地下水预测模型试运行内容主要包含海河流域典型平原区地质结构管理的三维可视化功能模块及其钻孔信息查询、剖面信息查询和地层空间分析子功能;地下水位管理模块的历史地下水监测井数据的查询和展示、地下水实时监测数据库调用以及实时监测数据的查询、展示和统计分析子功能;地下水模拟预测模块的统计模型和数值模型建设、不同方案条件下地下水状态变化趋势预报以及基础数据维护、预测方案管理和成果展示分析等功能检测。重点解决了数据入库不全、数据库服务不稳定等问题。

(12)陕西省关中平原典型区地下水资源模型试运行内容主要包含模型所需的水文气象资料、水文地质资料、地下水动态观测资料、地下水开采量等基本数据库完整性、合理性进行检查,模型开发的水文信息、地下水动态、水文地质、地下水开采、灌区信息展示等功能检测。重点解决对模型显示界面、功能优化、实时信息、信息数据推送或读取、异常情况快速恢复等问题。

(13)各流域/省信息源建设和业务软件本地化定制试运行内容主要包含岩土样资料、抽水试验资料、监测站信息、历史地下水监测资料入库处理,区域水资源管理特征、地下水动态变化特性补充完善等功能的检测,以及降水入渗系数、浅层地下水蒸发系数、给水度、井灌渠灌的地下水补给系数的分区图和表成图实现情况,行政分区图、水资源分区图、河流水系图、地下水功能区、超采区分布图、地面高程图、水文地质分区图、水源地分布图等底图细化实现情况,部分省区已建地下水系统与本工程地下水系统的兼容对接实现情况。重点解决入库的监测站基本信息有误、站点数据导出错误、软件界面展示风格不一致等问题。

11.4.4　系统集成试运行

国家地下水监测工程地下水信息系统总集成试运行内容包括:基础硬件设备试运行、基础软件试运行、信息交换与共享软件试运行等三部分。

(1)基础硬件设备试运行。基础软件设备的试运行范围包括省级中心及所辖地市级分中心。省级中心的基础硬件设备包括应用服务器、数据库服务器、数据接收工作站、数据处理工作站,地市级分中心基础硬件设备包括系统服务器。

(2)基础软件试运行。基础软件设备的试运行范围包括省级中心及所辖地市级分中心。省级中心的基础软件包括数据库管理软件、应用服务器中间件、地理信息系统软件(服务版+桌面版)、操作系统,地市级分中心的基础软件包括数据库管理软件、操作系统。

(3)地下水信息交换与共享软件试运行。信息交换与共享软件包括的数据交换适配器及省级与地市级信息交换共享软件试运行。

国家地下水监测工程(水利部分)信息系统总集成试运行人员由部项目办、流域、省级、地市水文部门、监理单位和总集成单位组成。试运行主要内容包含 1 个国家中心、7 个流域中心、32 个省级中心及 270 个地市分中心的正式部署环境,国家中心、流域中心、省级中心政务外网和互联网(DMZ)平台公众服务区上信息发布系统的部署,核心应用区的数据库、GIS、各个专项业务应用系统、信息共享软件、应用集成支撑软件的部署,地市级分中心政务外网和互联网(DMZ)平台核心应用区数据库和信息查询与维护系统的部署情况测试。重点解决服务器硬盘、内存、电源损坏,数据库不能正常启动、中间件启动异常、系统或网络导致数据连接池满和数据库用户过期等问题。

11.5　合同工程完工验收

国家地下水监测工程中的合同工程是指单个合同约定的所有建设任务,包括:地下水监测井建设、地下水监测井仪器设备购置安装、业务软件开发、软硬件购置、国家地下水监测中心购置改造、高程引测与坐标测量等合同约定的所有建设任务。该工程共 236 个合同工程标段,其中监测井土建 111 个、监测站水位监测仪器设备购置与安装 48 个、业务软件开发 35 个、基础软硬件和水质设备购置 22 个、国家地下水监测中心购置改造 7 个,其他 13 个。另外,还有财政部批复单一来源高程引测及坐标测量任务 31 个。

工程建设中,部项目办、各流域机构水文局、各省级水文部门负责组织本级监测站建设工程合同工程完工验收工作。合同工程完工档案验收按照《国家地下水监测工程(水利部分)档案管理办法》要求,采用“同步验收”方式进行。合同工程质量评价分为“合格”“不合格”。

11.5.1　监测井合同验收

11.5.1.1　相关规定

监测井合同工程完工验收包括单井验收、合同验收预审(预验收)、合同完工验收三个阶段。

1. 监测井合同工程一般验收程序

(1)合同承担单位在合同建设任务全部完成、档案资料完备、各单站验收合格且整改任务完成后,向省级水文部门提交《合同工程完工验收申请报告》(格式附后)。

(2)省级水文部门在收到《合同工程完工验收申请报告》后通知现场管理部门、合同承担单位、设计和监理单位准备预审材料之日起并在 7 个工作日内负责组织完成预审工作。预审工作由监理单位具体负责,并向省级水文部门提交预审报告。

预审工作应全面审查合同工程的完成情况,并侧重监理、合同承担单位档案资料的真实性和完整性审查。

预审报告应包括单站验收时间、结论和存在主要问题、合同工程存在的主要问题和整改建议、资料补充意见、合同工程资料目录、预审结论等主要内容。预审报告应在预审结束后5个工作日内完成,上报省级水文部门并送合同承担单位。合同承担单位应在正式验收前完成整改、资料补充等工作。

(3)省级水文部门在收到监理单位提交的预审报告后,根据预审结论,检查参建单位资料是否符合要求,复核预审报告,在5个工作日内完成对《合同工程完工验收申请报告》的批复,同意验收则发出合同验收会议通知。

(4)合同工程完工验收组由省级水文部门(含档案人员、设计、监理、合同承担单位等单位的单数代表组成。合同工程完工验收结论应当经三分之二以上验收组成员同意。验收组成员应当在验收鉴定书上签字,对验收结论持有异议的,应当将保留意见在验收鉴定书上明确记载并签字。验收组对合同工程完工验收不予通过的,应当明确不予通过的理由并提出整改意见。

2. 合同工程完工验收条件

(1)合同范围内的建设任务已按合同约定完成。

(2)预审阶段发现的问题已经整改完成。

(3)工程质量缺陷已按要求处理。

(4)合同争议已解决。

(5)合同结算资料已编制完成并获得确认。

(6)施工现场已清理。

(7)合同工程已完成应归档文件材料的收集、整理,并满足完整、准确、系统的要求。

(8)合同约定的其他条件。

3. 合同工程完工验收成果材料

(1)合同承担单位提交成果报告,除一般合同完成情况外,还应包括档案整理、合同工程质量自评价等专门章节。

(2)设计单位提交验收意见,内容应包括设计变更情况,是否符合设计要求等。

(3)监理单位提交监理工作报告,内容应除一般监理工作外,还应包括单站验收结论、材料质检抽样检测资料、施工单位及监理档案整理情况、合同工程质量评价等。

(4)省级水文部门提出建设管理工作报告,内容应包括建管组织、监督检查、问题整改情况等。

4. 合同工程完工验收主要内容

(1)检查合同范围内所有建设任务的完成情况。

(2)检查合同工程质量,按一定比例检(抽)查单站验收成果,检(核)查施工现场清理情况。

(3)对合同工程档案进行同步验收。

(4)评价合同工程质量。

(5)检查合同价款结算情况。

(6)对验收中发现的问题提出处理意见。

(7)确定合同工程完工日期。

(8)讨论并通过《合同工程完工验收鉴定书》(格式附后)。

11.5.1.2　合同验收

按《国家地下水监测工程监测站建设合同工程完工验收规定》和《国家地下水监测工程(水利部分)监测井合同验收要求》相关规定要求,国家地下水监测工程监测井合同验收按照单井验收、合同预验收和合同完工验收三个阶段进行。

(1)单井验收。监理单位负责组织单井验收工作,施工单位、省级水文部门、设计单位派代表参加。施工单位按照合同规定的工作内容和技术要求,完成监测井(含流量站)及附属设施建设(部分省含在设备标段,包括井口保护设施/站房、水准点、标示牌)任务,且施工档案资料齐全,具备验收条件后,施工单位提出单井验收申请。单井验收包括:施工技术资料检查、现场检查以及验收成果。施工技术资料检查新建井主要涉及成井关键工序和井口附属设施安装,比如新建井的钻探记录、岩土样采集记录、孔深孔斜记录、电测井记录、下管和排管记录、填砾(止水)记录、抽水试验记录、井口附属设施安装记录、施工日志以及现场联合签认单等。改建井主要检查井口恢复记录、洗井记录、抽水试验记录、井口附属设施安装记录以及关键工序的影像资料等。流量站是检查施工过程中的所有资料,有基础处理记录、堰槽浇筑记录或堰板安装记录等。检查成井报告、抽水试验报告以及质量验收图表;现场检查主要包括用校准后的测量工具测量新建井的井深、埋深,查看井管材质和规格、场地恢复情况等,检查改建井井口恢复情况,是否具备井口设备安装条件;单井验收成果主要是填写单井成井质量验收单,参建单位和代表评定单井验收是否合格,合格即签字。若不合格,监理给出整改意见,责成承建单位限期整改,复验合格后签字。

(2)合同预验收。合同工程完工预验收工作由监理单位负责。单井验收合格后,由施工单位向省级水文部门提交《合同工程完工验收申请报告》,进行合同预验收。省级水文部门收到《合同工程完工验收申请报告》后,通知现场管理部门、施工单位、设计单位和监理单位准备合同工程完工预验收材料,对合同工程完成情况、工程档案资料的完整性和真实性进行全面审查,并在 7 日内完成预验收工作。监理单位在预验收工作结束 5 日内编制完成预审报告,上报省级水文部门并送合同承担单位。合同承担单位根据预验收报告提出的问题及整改意见进行整改、资料补充工作。限期整改且经监理单位复核后,提交整改报告并上报省水文部门,省水文部门自收到报告 5 日内完成对《合同工程完工验收申请报告》的批复。

(3)合同完工验收。各省水文部门负责合同完工验收,并按照合同约定或部地下水项目办〔2016〕155 号文件有关规定和程序执行。各省项目办成立了验收专家组,对项目进行外业和内业检查。验收专家在外业检查中重点抽查了预验收中发现问题的井,现场测量了井深、埋深,查看了井管材质和规格、场地恢复情况等,抽水检查是否水清砂净,将抽查结果与单井材料进行比对,检查是否一致等。内业检查主要根据《档案资料收集整理指导书》,检查各参建单位档案资料收集、整理、归档是否合理,是否有缺失,重点抽查与检查预验收发现的问题及整改的情况。外业和内业检查结束后,验收组听取了有关单位报告,审核了文档资料,对有关问题进行了质询与讨论,最后出具《合同工程完工验收鉴定书》。全部工程质量合格,档案资料完整、规范的,合同完工验收结论评定为合格;发现施工质量存在有严重问题或参建方档案资料有严重缺陷的,原则上不予通过,并限时整改。

2016 年 5 月至 2018 年 12 月,省级水文部门先后对 111 个监测井建设合同工程进行了验收工作,综合各合同工程完工验收鉴定书认为:验收组按照相关规范规程与具体技术要求,对工程完成情况和工程质量进行了现场检查,听取了施工单位、监理单位和现场管理单位的汇报,查阅了工程档案资料,经验收组现场检查工程实体质量和会议质询、讨论,本合同工程已按合同要求全部完建,工程质量符合设计及相关规范、规程要求,工程档案资料齐全,未发生工程质量和安全事故。验收组同意通过验收。合同工程完工验收申请报告(格式)、合同工程完工验收鉴定书(格式)如表 11-5、表 11-6 所示。

表 11-5 合同工程完工验收申请报告(格式)

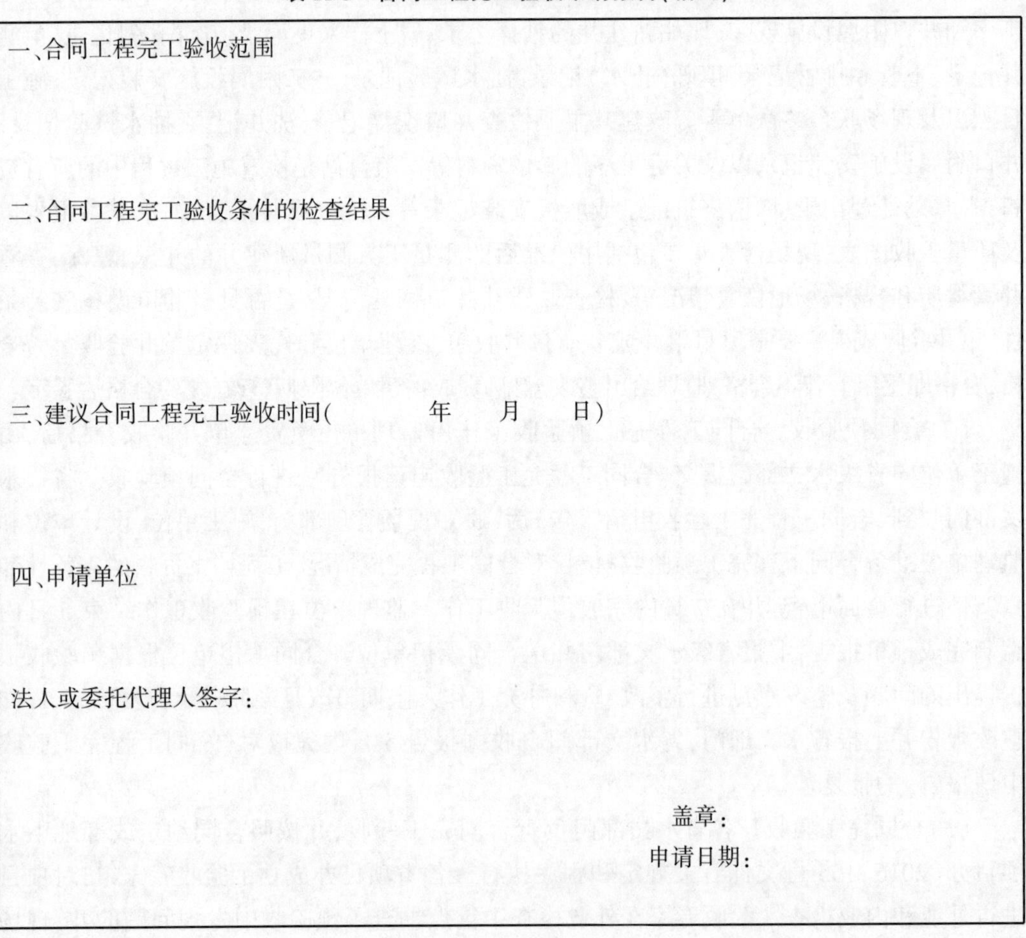

一、合同工程完工验收范围

二、合同工程完工验收条件的检查结果

三、建议合同工程完工验收时间(　　　　年　　月　　日)

四、申请单位

法人或委托代理人签字:

盖章:

申请日期:

注:一式两份,部项目办、省级水文部门各留存一份。

表 11-6　合同工程完工验收鉴定书(格式)

编号:

×××合同工程完工验收鉴定书

合同名称:

合同编号:

×××合同工程完工验收组

年　　月　　日

注:一式五份,部项目办、省级水文部门、设计、监理、合同承担单位各存一份。

续表 11-6

合同工程概况:

开完工日期:

主要工程量:

工程内容及施工过程:

主要工程施工过程表

序号	编码	名称	井深(m)	监测层位	开工时间(年-月-日)	成井完成时间(年-月-日)	抽水试验完成时间(年-月-日)	单井验收时间(年-月-日)

质量事故及缺陷处理:

主要工程质量评价:

1. 监测井成井:

续表 11-6

2. 岩土样采集： 3. 抽水试验： 4. 电测井： 5. 其他： 6. 综合质量评价：   档案资料管理：   质量评价：   存在问题及处理意见：   保留意见：   保留意见人签字： 参验单位(全称)：

续表 11-6

<table>
<tr><td colspan="5">合同工程完工验收结论：</td></tr>
<tr><td colspan="5">验收组成员名单</td></tr>
<tr><td>成员</td><td>姓名</td><td>单位</td><td>职务/职称</td><td>签字</td></tr>
<tr><td>组长</td><td></td><td></td><td></td><td></td></tr>
<tr><td>组员</td><td></td><td></td><td></td><td></td></tr>
<tr><td>组员</td><td></td><td></td><td></td><td></td></tr>
<tr><td>...</td><td></td><td></td><td></td><td></td></tr>
<tr><td>组员</td><td></td><td></td><td></td><td></td></tr>
</table>

11.5.2 监测仪器设备合同验收

11.5.2.1 相关规定

按国家地下水监测工程(水利部分)仪器设备验收手册(试行)(地下水〔2017〕71 号)相关规定,国家地下水监测工程水位监测仪器设备购置与安装合同工程完工验收包括验收预审(预验收)、完工验收两个阶段。

1. 验收预审(预验收)

1)应具备的条件

(1)合同建设任务全部完成。合同约定的全部建设工程量完成,技术要求提出需完成的工序全部完成。对于只有仪器设备安装与调试的标段,需完成合同约定的所有自动监测仪器设备的全部工程量;对于除仪器设备安装与调试外,还有井口保护设施/站房、水准点、标示(志/识)牌建设任务的标段,所有工程量均应建设完成。

(2)档案资料完备。合同承担单位已按照《档案资料收集整理指导书》的要求,将应收集的档案资料整理齐全并提交。

(3)单站施工质量及安装调试检查合格。施工单位对单站施工附属(辅助)设施建设、监测仪器设备安装与调试等质量自检合格,且由监理单位复核合格,并对于有问题站点整改后复核合格。

(4)系统完成试运行考核。仪器设备安装调试完成后,施工单位对系统进行为期 2~3 个月的试运行考核,编制试运行报告,并提出试运行评价结果。

(5)合同承担单位参照《国家地下水监测工程(水利部分)监测站建设合同工程完工验收规定》要求,已向省级水文部门提交《合同工程完工验收申请报告》。

2)组织程序

国家地下水监测工程(水利部分)监测站水位监测仪器设备合同预审工作由省级水文部门组织,监理单位具体负责实施。

(1)省级水文部门在收到《合同工程完工验收申请报告》后通知现场管理部门、合同承担单位、设计和监理单位准备验收预审(预验收)材料之日起并在 7 个工作日内负责组织完成验收预审(预验收)工作。

(2)预审(预验收)工作全面审查合同工程的完成情况,以及监理、合同承担单位档案资料的真实性和完整性审查。监理单位在预审工作结束 5 个工作日内完成预审(预验收)报告编制,上报省级水文部门并送合同承担单位。合同承担单位根据预审(预验收)报告中提出的主要问题和整改意见进行整改、资料补充等工作。

(3)省级水文部门在收到监理单位提交的预审(预验收)报告后,根据预审(预验收)结论,检查参建单位资料是否符合要求,复核预审(预验收)报告。若预审(预验收)结论中存在问题需整改,合同承担单位限期完成整改,经监理单位复核后,提交整改报告。省级水文部门自收到预审(预验收)报告(和整改报告)起 5 个工作日内完成对《合同工程完工验收申请报告》的批复。

2. 完工验收

1)应具备的条件

(1)合同范围内的建设任务已按合同约定完成。

(2)预审(预验收)阶段发现的问题已经整改完成。

(3)工程质量缺陷已按要求处理。

(4)合同争议已解决。

(5)合同结算资料已编制。

(6)施工现场已清理。

(7)合同工程已完成应归档文件材料的收集、整理,并满足完整、准确、系统的要求。

(8)有合同完工站点汇总表、标段设计变更统计表。

(9)合同约定的其他条件。

2)组织程序

由省级水文部门负责合同完工验收,按照《国家地下水监测工程监测站建设合同工程完工验收规定》和合同约定程序执行。具体程序如下:

(1)确定验收组组长,进一步明确工作要求。

(2)外业和内业检查,可按先后顺序进行,也可分两组进行。

(3)验收组听取建管、设计、监理、施工各参建单位工作报告。

(4)验收组质询并与相关单位交换意见。

(5)讨论《合同工程完工验收鉴定书》,验收结论应当经三分之二以上验收组成员同意。验收组成员应当在验收鉴定书上签字,对验收结论持有异议的,应当将保留意见在验收鉴定书上明确记载并签字。验收组对合同工程完工验收不予通过的,应当明确不予通过的理由并提出整改意见。

11.5.2.2 合同验收

按相关规定要求,国家地下水监测工程水位监测仪器设备购置与安装合同工程完工验收包括验收预审(预验收)、完工验收两个阶段。

1.验收预审(预验收)阶段

监测站水位监测仪器设备施工单位按照合同约定,完成全部建设工程量,全部单站施工质量施工单位自检合格,监理单位复核合格,档案资料按要求收集、整理,仪器设备安装完成1~3个月的试运行,编制试运行报告,并通过试运行考核后,施工单位向各省级水文部门提交《合同工程完工验收申请报告》。之后,省级水文部门收到验收申请后,通知现场管理部门、合同承担单位、设计和监理单位准备验收预审(预验收)材料,监理单位具体负责验收预审(预验收)工作,进行现场抽查、档案资料审查。省级水文部门组织审查合同工程的完成情况,重点审查现场管理、施工及监理单位资料的完整性;监理单位重点审查施工单位资料的真实性和完整性;设计单位重点审查设计变更是否均已批复,设计变更后能否达到设计要求。监理单位负责在汇总各方面的意见的基础上,编制合同工程完工验收预审(预验收)报告。2017年6月至2018年9月,各省级水文部门、监理单位、设计单位先后对48个监测站水位监测仪器设备合同工程进行了预审(预验收)。

(1)现场抽查。工程中按照合同标段内总站数,按比例抽查单站建设成果,抽查比例一般按照,标段内总站数200站(含)以下原则上按5%比例抽检,超过200站部分按1%~3%比例适当增加,同时抽检的站点不能集中在同一个地市。

现场检查单站施工及安装调试质量及整改情况。①检查水位监测设备,包括:自动监测设备型号、规格是否符合合同要求；自动监测设备安装质量是否符合要求；自动监测设备是否完成通信调试，并能实现正常数据传输；自动监测设备测量精度是否符合设计要求；②检查附属（辅助）设施井口保护设施/站房、水准点、标示（志/识）牌的施工质量是否符合设计要求；③如果是流量站监测仪器，则检查水位计（量水堰计）、RTU、电源、避雷器等设备是否符合合同要求，安装质量是否符合技术要求，水位计测量精度是否达标，水位—流量关系曲线率定情况；④如果是水质自动监测仪器，则检查仪器设备是否符合合同要求，安装质量是否符合技术要求，各监测站安装设备清单及软件版本；设备到货、安装记录，设备联调记录，调试方法及过程，调试后的技术指标等。

（2）档案资料抽查。对照合同检查所有建设任务的完成情况；对照《档案资料收集整理指导书》检查施工资料的真实性和完整性；检查监理工作报告是否完整，监理日志和旁站记录是否齐全，是否有与施工进度不一致或其他存在矛盾的情况，检查监理单位提交资料的真实性和完整性；施工单位负责，监理单位监督并协助，省级水文部门配合，对系统设备按各项技术指标、设备功能等进行全面系统试运行检验。

（3）监理单位编制预审（预验收）报告。预审（预验收）报告应包括单站验收时间、结论和存在主要问题、合同工程存在的主要问题和整改建议、资料补充意见、合同工程资料目录、预审（预验收）结论等主要内容。国家地下水监测工程（水利部分）监测站水位仪器设备预审（预验收）报告格式和提纲如表 11-7。

表 11-7　国家地下水监测工程（水利部分）监测站水位仪器设备预审（预验收）报告格式和提纲

1. 合同工程概况 合同名称、范围、参建单位、建设任务及实际完成情况、工期控制和质量控制、合同管理和资金支付、安全生产和文明施工等。 2. 单站施工质量及安装调试检查结果 施工单位对单站施工质量及安装调试的自检结果及监理复核情况，对存在主要问题的整改及复核情况，编制标段合同内所有监测站仪器设备安装质量检查结果统计表。 3. 试运行报告及评价结果 施工单位对试运行期间系统运行情况进行统计分析与评判，编制试运行报告，提出评价结果，并进行必要的整改与消缺，由监理单位进行复核确认。 4. 合同工程目录 （1）监理单位资料目录。 （2）施工单位资料目录。 5. 预审结论 合同工程总体完成情况，是否具备合同完工验收条件。 6. 预审发现的问题，整改意见及资料补充意见 7. 相关附件（表）

2. 完工验收阶段

2017 年 9 月至 2018 年 10 月,省级水文部门先后对 48 个监测站水位监测仪器设备合同工程进行了验收。验收工作分为 3 个部分(阶段),包括:外业抽查、内业检查和会议审议。

(1)外业抽查。为了检查合同工程验收预审的情况,可采用抽查的方式进行,按一定比例检(抽)查单站建设质量,检查内容包括监测仪器安装质量检查和附属(辅助)设施建设质量检查,将检(抽)查结果与单站资料进行比对,检查结果是否一致。同时针对合同验收预审时发现的问题,检查是否整改完成,是否具有复核记录。

(2)内业检查。根据《档案资料收集整理指导书》,检查各参建单位档案资料收集、整理、归档、立卷是否合理,是否有缺失,重点抽查与检查预审(预验收)中发现问题的资料。

(3)会议审议。验收会上对外业抽查和内业检查结果进行评价,对各参建单位工作报告进行审议,最后讨论并出具《合同工程完工验收鉴定书》。综合各合同工程完工验收鉴定书认为:验收组按照相关规范规程与具体技术要求,对工程完成情况和工程质量进行了现场检查,听取了施工单位、监理单位和现场管理单位的汇报,查阅了工程档案资料,经验收组现场检查工程实体质量和会议质询、讨论,本合同工程已按合同要求全部完建,工程质量符合设计及相关规范、规程要求,工程档案资料齐全,未发生工程质量和安全事故。验收组同意通过验收。

11.5.3　软件开发合同验收

本工程软件开发主要包括部项目办统一开发的业务应用软件和流域水文局、省级水文部门分别开发的信息源建设及业务软件本地化定制。

11.5.3.1　统一开发软件验收

国家地下水监测工程(水利部分)统一开发的业务应用软件包括地下水信息接收处理、地下水监测信息查询与维护、地下水监测信息整编、地下水资源业务应用、地下水信息交换共享、地下水资源信息发布、移动客户端、地下水水质分析、地下水监测综合成果分析应用、地下水监测综合运维及绩效考核管理保障、资产管理、档案管理等 12 套,并由部项目办负责组织软件开发管理和第三方测试工作,具体使用部门(流域及省级水文部门)负责试运行,由部项目办统一组织合同完工验收工作。

2017 年底,部项目办陆续组织召开了业务软件的合同验收会,验收意见总结如下:软件开发单位完成了相关商业软件购置、业务软件设计及实施,达到了合同及招标文件的要求;软件功能完善,性能满足设计要求,易用性强,并通过了第三方软件测评;完成了水利部、7 个流域、31 个省(自治区、直辖市)和新疆生产建设兵团以及地市等监测中心的集成实施和业务软件部署,系统运行稳定可靠;完成了相关的技术培训,自投入试运行以来,系统运行正常;提交的项目实施各阶段文档资料齐全,符合合同验收相关规定。专家组同意该项目通过合同验收。

11.5.3.2　信息源建设及业务软件本地化定制验收

本工程信息源建设及业务软件本地化定制合同工程，采用由各省水文部门单独招标开发或由各流域水文局联合相关省水文部门共同招标开发两种方式进行。2017 年 12 月至 2018 年 12 月，各相关单位陆续开展了信息源建设及业务软件本地化定制合同验收工作。合同工程完工验收意见总结为：国家地下水监测工程（水利部分）信息源及业务软件本地化定制项目已按合同要求全部建设完成，软件功能定制化建设符合设计及相关规范要求，提交文档基本齐全，符合设计及相关规范要求，经验收组一致同意通过本项目合同完工验收。

11.5.4　高程引测和坐标测量合同验收

2014 年底，财政部批复同意国家地下水监测工程高程引测及坐标测量项目采用单一来源方式采购。受项目法人委托，部项目办按照《政府采购法》和《政府采购非招标采购方式管理办法》的有关规定，对高程引测及坐标测量项目采用单一来源方式采购，31 个省（自治区、直辖市）和新疆生产建设兵团水文部门承担各自省级单项工程高程引测及坐标测量工作任务。2017~2018 年，各省水文部门相继完成监测站高程引测及坐标测量任务，向项目法人提出合同验收申请和项目成果资料。获批后，部项目办组织召开合同验收，会议成立验收专家组，专家听取了各省水文部门项目完成情况的汇报、查阅了相关资料，讨论质询并形成验收意见。

综合各省高程引测及坐标测量合同验收报告的专家验收意见：各省提交的文档资料齐全，符合合同验收要求。工作与技术方案合理，采用的技术路线及技术方法正确。承担单位（省级水文部门）能按照合同要求以及有关技术规范、规定开展工作。高程测量平原区成果达到四等水准精度要求，丘陵区和山区达到五等水准精度要求，平面坐标测量精度均符合合同要求。承担单位已完成合同约定所有监测站的水准点、井口固定点高程、井口附近地面高程引测及井口中心点坐标测量。各省经费符合有关财务规定。专家组一致同意合同通过验收。

11.5.5　其他合同验收

（1）物探验收。为了更好地确定岩石监测井井位和区域地下水富水程度，判定岩石井附近地层岩性、含水层厚度、地下水水位或埋深，为初步设计和分省设计提供依据，优化施工方案，做好钻探设备选型、施工方法选择和工期控制，减少盲目施工的损失，提高岩石监测井的成井率，2014 年，项目法人开展了国家地下水监测工程物探工作。2016 年，受项目法人委托，部项目办组织召开了《国家地下水监测工程（水利部分）岩石监测井物探勘察》项目合同验收会，同时对物探工程项目档案进行了同步验收，验收内容包括：岩石监测井物探勘察工作方案、技术方案、井位布设合理性分析及调整意见报告、物探勘察分省报告及附图附表、物探勘察总报告及附图附表、部分岩石监测井井位调整监测井物探勘察补充报告及图表。验收专家组听取了项目承担单位的汇报,经过讨论、质询和评议,形成验收意见如下:可行性研究报告提出的全国岩石监测井数量,经初步设计调整、复核并经审查确认,实际完成了应开展物探工作量的102.4%;本次物探勘察采用的方法符合有关技术要求;编制完成并按时提交了一系列物探勘察工作方案、技术方案、合理性分析及调整意见报告、21个省(市、区)物探勘察分省报告及有关附图附表、物探勘察报告及附表附图、井位调整监测井物探勘察补充报告及有关图表;项目经费使用符合有关财务规定;项目成果已在国家地下水监测工程(水利部分)中得到应用,为岩石监测井设计和施工提供了有力的技术支撑。承担单位完成了项目合同规定的全部任务,技术路线和方法合理,收集的资料广泛、翔实,提供的成果及文档材料齐全,内容全面,专家组同意通过评审验收。

(2)设计合同验收。2015年初,《国家地下水监测工程初步设计报告》通过了水利部和原国土资源部委托的中国国际工程咨询公司的审查。2015年6月,国家发展和改革委员会下发《国家发展和改革委员会关于国家地下水监测工程初步设计概算的批复》,核定工程初步设计概算。随后,水利部和原国土资源部联合下发《水利部 国土资源部关于国家地下水监测工程初步设计报告的批复》,同意国家地下水监测工程初步设计建设任务、规模、设计方案,要求两部法人单位按照国家基本建设程序和审查意见要求,严格按照"四制"及批复的设计文件,组织项目实施。之后,部项目办分两批对各流域、各省初步设计报告进行了审查。工程建设过程中,设计单位按照合同参加了所有合同工程的设计交底、设计变更、合同验收、单项工程验收等设代工作。竣工验收时提交了国家地下水监测工程(水利部分)设计工作报告,顺利通过工程竣工验收会验收。

(3)监理合同验收。按照工程建设监理制的要求,国家地下水监测工程(水利部分)开展了工程监理招标工作,根据工程点多、面广、布点较分散,参与单位众多的特点,将工程监理划分为两个标段,公开招标后,项目法人和两家监理单位签订了国家地下水监测工程(水利部分)监理合同。工程建设期间,为保障工程建设需要,监理单位成立监理部及监理组派遣监理人员。结合工程初步设计报告,地下水有关技术规范编制监理规划、细则,审核施工组织设计、施工技术方案。通过现场巡视检查、旁站、复核及平行检测、现场验收等手段进行质量、进度、投资和安全等控制和管理,形成旁站记录、监理日志、影像资料、监理见证取样、抽检记录,召开监理例会、巡视检查以及单井验收工作。参加国家地下水监测工程全部40个单项工程验收和负责档案专项验收,出具监理专项审核意见。工程竣工验收时,提交国家地下水监测工程(水利部分)监理工作报告,顺利通过工程竣工验收会验收。

11.6 单项工程完工验收

国家地下水监测工程(水利部分)共40个单项工程,包括:1个国家地下水监测中心建设项目、7个流域级建设项目、32个省级建设项目(含新疆生产建设兵团),所有单项工程都按照《国家地下水监测工程(水利部分)项目建设管理办法》《国家地下水监测工程

(水利部分)验收管理办法》《国家地下水监测工程(水利部分)单项工程完工验收实施细则》的要求,进行了单项工程技术预验收、档案验收和完工验收,所有单项工程都通过了项目法人或部项目办组织的完工验收。

国家地下水监测工程(水利部分)单项工程完工验收由项目法人负责,部项目办具体承办国家地下水监测中心本级单项工程完工验收工作,组织各流域、各省级单项工程完工验收工作,各流域水文局和省级水文部门配合部项目办,进行单项工程完工验收工作。在单项工程完工验收之前,部项目办成立技术专家组,技术预验收专家组成员一般由部项目办、水文行业专家组成,负责单项工程的技术预验收,提出技术预验收报告。而单项工程档案验收原则上采用同步验收方式,在完工验收前1~2 d,部项目办成立档案验收组,档案验收组成员一般由项目法人单位或部项目办、流域或省档案管理部门、水利行业档案专家和技术专家组成,负责档案验收,形成档案验收意见。单项工程完工验收的验收组成员一般由项目法人、设计、监理、流域水文局或省级水文部门等单位的代表组成,并尽可能邀请有关部门的代表和有关专家参加。一般来说,单项工程完工并提出验收申请后,项目法人在2个月内组织单项工程完工验收工作。

11.6.1　单项工程技术预验收

11.6.1.1　技术预验收相关规定

1. 技术预验收基本条件

(1)单项工程主要建设任务已按批准的设计全部完成。

(2)流域、省级水文部门招标项目:监测井、仪器设备、信息源建设和软件本地化定制等标段已通过合同验收;海河流域软件定制和模型开发,吉林、陕西省级网络中心建设,陕西关中平原模型开发应分别纳入本级单项工程建设任务中,均已通过合同验收;以流域水文局为单元(含流域内有关省)进行招标的信息源建设标段,有关省通过试运行,并完成相应的试运行报告。

(3)部项目办统一招标或委托项目:高程引测已完成合同验收;成井已完成水质采样;水质自动监测站仪器设备已完成安装、调试;巡测和测井维护设备,包括悬垂式水位计、发电机、水泵等设备按照设计要求已配备到各地市分中心,省级水文部门提供确认单;基础软硬件,包括操作系统、数据库、服务器、工作站等基础软硬件按照设计要求已部署到省级和地市分中心;统一开发业务软件,包括地下水监测信息接收处理、地下水信息查询维护、地下水监测资料整编、地下水信息交换共享、地下水资源业务应用、地下水资源信息发布、地下水水质分析、移动客户端等业务软件,按照设计要求已部署到省级和地市分中心,省级水文部门完成相应的试运行报告编制。

2. 技术预验收主要内容

1)检查监测站

重点检查合同验收遗留问题整改情况,抽查监测站建设质量,包括单井、附属设施和仪器设备等。原则上,抽查站数不少于2个,分布不少于2个地市,500站以上的省(自治区、直辖市)可适度增加抽查站数和地市数。抽查的监测站原则上有新建站和改建站;优先选择水位/水质、流量站。

抽查内容应至少包括:监测井、附属设施、仪器设备。其中,监测井抽查应包括:井深(新建井),井管材质、规格(新建井),抽水检查(根据需要进行抽检);附属设施抽查应包括:水准点及标识,保护筒及标识牌;仪器设备抽查应包括:安装情况,电池电压,设备自动采集水位(埋深),以及与人工测量水位(埋深)对比等。填写单项工程技术预验收现场检查情况表。

2)检查地市分中心

主要是抽查地市分中心功能实现和运行情况。原则上,10个分中心以上(含)的,抽查不少于3个分中心;10个分中心以下的,抽查1~2个分中心。检查地市分中心主要检查内容包括:基础软硬件、业务软件配置及运行情况,巡测及测井维护设备配备情况等。

3)检查流域/省级中心

检查流域/省级中心基础软硬件、业务软件配置情况,查看系统功能实现程度、运行稳定性,抽查信息源数据总量与质量。

4)检查技术资料

抽查工程技术资料,检查工程技术资料的真实性、准确性、完整性;检查监理、施工、管理等资料的系统性和逻辑性。

3. 被验单位提交的材料

验收前,国家地下水监测中心、流域水文局或省级水文部门向项目法人或部项目办提交本级单项工程技术预验收申请,需要准备相关技术资料如下:

(1)省级水文部门需要提供能测量井深的仪器:悬锤式水位计、可查阅仪器读数的设备、水泵、发电机等。

(2)准备单项工程建设有关汇报材料:建设任务、设计变更批复情况,各标段合同验收及整改情况,建设管理有关情况等。

(3)提供有关资料:流域/分省初步设计报告,监测井、仪器设备、信息源、高程引测等所有标段合同、合同完工鉴定书或合同验收报告,验收遗留问题及整改情况或报告,仪器设备、信息化等标段试运行报告等,设计变更批复文件,单项工程建设情况有关统计表(格式附后)。对于被抽查的监测站,应提供监测井、仪器设备、高程引测等单站资料。

4. 技术预验收后相关事项

验收专家组出具《单项工程技术预验收报告》(格式附后),对单项工程建设内容、质量和效益进行评价。

(1)专家组认为所检项目完全符合技术要求,无须整改的,通过验收。

(2)存在问题但不直接影响工程质量的,原则上验收通过,应列出整改清单,整改完成后出具《单项工程技术预验收报告》。

(3)存在以下情况之一的,视为工程质量存在严重问题,原则上不予通过,应限时整改。在完成相关整改工作后,重新申请技术预验收。

①监测井:淤积严重,成井工艺和管材与设计明显不符(未报设计变更)。

②仪器设备:运行不正常,到报率低于 95%,仪器自动监测值与人工测量值误差超过 ±2 cm。

③信息系统:功能严重缺陷,达不到设计要求,系统不稳定,信息源数量、质量明显达不到要求。

④技术资料存在数据明显错误,逻辑性、系统性较差。

11.6.1.2　单项工程技术预验收

1. 国家地下水监测中心单项工程技术预验收

2019 年 9 月,部项目办按照《国家地下水监测工程(水利部分)验收管理办法》的通知》和《国家地下水监测工程(水利部分)单项工程完工验收实施细则(试行)》第一条总体要求,向项目法人提交了国家地下水监测中心技术预验收申请。2019 年 9 月底,项目法人在北京组织召开了国家地下水监测工程(水利部分)国家地下水监测中心单项工程技术预验收会,会议成立专家组,专家组听取了部项目办有关建设情况汇报,现场查看了国家地下水监测中心建设情况,观看了软件系统演示,查阅了有关技术资料,经专家质询和讨论,形成技术预验收报告。技术预工验收报告主要内容包括:

(1)部项目办已按照初步设计和设计变更批复要求,完成了国家地下水监测工程(水利部分)国家地下水监测中心全部建设任务。

(2)完成了国家地下水监测中心大楼购置、加固装修改造、电力增容,完成了水质实验室、机房、档案室、会商室、展览室建设;由部项目办统一招标并配置给各流域、各省(市、区)基础软硬件、巡测设备、测井维护设备,数量和功能满足初步设计和设计变更要求。

(3)完成了业务应用软件开发与部署,软件功能较齐全,运行稳定,界面友好,基本满足当前的业务与管理需求,其功能符合初步设计和设计变更要求。

(4)由部地下水项目办统一招标的水质自动监测站、成井水质检测、工程物探等,均已通过合同验收,达到技术要求。

综上,专家组同意通过技术预验收。

2. 流域单项工程技术预验收

由于流域单项工程建设项目内容较少,按照《国家地下水监测工程(水利部分)单项工程完工验收实施细则(试行)》第六条一般规定,工程建设中,各流域单项工程技术预验收与完工验收同步进行。技术预验收主要是检查流域中心基础软硬件、业务软件配置情况,查看开发的业务软件系统功能实现程度、运行稳定性,抽查信息源数据总量与质量。

3. 省级单项工程技术预验收

2018 年,各省级水文部门按照《国家地下水监测工程(水利部分)单项工程完工验收实施细则(试行)》第一条总体要求规定,在完成了批准的单项工程建设任务,监测井、仪器设备、信息源建设和软件本地化定制标段通过合同验收;吉林、陕西省网络中心建设、陕西关中平原模型开发等通过合同验收;部项目办统一招标或委托各省完成的高程引测及坐标测量通过合同验收;成井已完成水质采样,水质自动监测站仪器设备已完成安装、调试、合同验收;巡测和测井维护设备已配备到各地市中心,基础软硬件和业务软件已部署到省级和地市分中心,完成相应的试运行报告编制工作,在单项工程完工验收之前,32 个省级水文部门向项目法人和部项目办提交了单项工程技术预验收申请。

2018 年,部项目办组织了各省级单项工程技术预验收工作。验收会议成立了技术专家组,按照完工验收实施细则规定,专家组抽查了不少于 2 个监测站,分布不少于 2 个地市,500 站以上省还增加了抽查站数和地市数。重点检查了合同验收遗留问题整改情况,抽查监测井的成井质量,人工测量水位(埋深)与设备自动采集水位(埋深)对比,检查了地市分中心基础软硬件、业务软件配置功能实现和运行情况以及巡测设备及测井维护设备配备情况。

现场检查后,专家组听取了省级水文部门工程建设情况汇报,检查了省级软硬件中心部署、有关业务软件功能和数据质量,重点检查了入库监测数据质量和有关成果质量,观看了系统平台的演示,查看了数据接收处理软件是否实现了对异常数据的自检和预警功能。此外,验收组还检查了技术工程资料的真实性、准确性、完整性,以及监理、施工、管理等资料的系统性和逻辑性。最后,对单项工程建设内容、质量效益进行评价,提出预验收技术报告。

单项工程预验收报告主要内容包括:①省级水文部门已全部完成了初步设计和设计变更批复的建设任务;②完成了全部合同招标、施工、验收工作,巡测及测井维护仪器设备、基础软硬件接收调试合格,有关业务应用软件试运行正常,监测站信息到报率达到 95%,监测精度符合要求;③统一配置和部署的硬件与业务应用软件,数量及总体功能满足设计要求,系统运行正常;④成立了工程建设管理部门,承担国家地下水监测工程前期工作及建设管理工作。明确了技术、建管、档案、质量、财务等各项工作的具体负责人及各自责任;⑤工程建设过程中,制定了质量监督和巡查制度,年度计划安排、标段划分、招标文件编制、设备的选型、招标评标结果、合同签订、设计变更等所有环节均按要求上报部项目办进行审批或备案。⑥严格按照《国家地下水监测工程(水利部分)档案管理办法》(办档〔2015〕186 号)等文件要求,进行档案的收集、整理、分类、组卷、装盒和归档的检查和监督,以确保档案资料收集齐全、规范;⑦资金使用按照《进一步加强项目经费使用管理工作的通知》(地下水〔2016〕121 号和《项目资金支付管理有关规定的调整说明》(水文财〔2016〕105 号)等文件的要求,单独核算、专款专用、财务报销手续齐全;⑧针对督查和稽查检查中发现的问题,省级水文部门及时督促及组织各相关单位针对自身问题,实施整改,逐项落实整改意见。专家组同意通过各省级单项工程技术预验收。

单项工程技术预验收申请单(格式)、××流域/省(区、市)单项工程建设情况汇总表(格式)、××省(区、市)监测站建设一览表(格式)、××流域/省(区、市)基础硬件设备配置情况表(格式)、××省(区、市)统一开发业务软件部署情况表(格式)、××省(区、市)巡测及测井维护设备配置统计表、单项工程技术预验收现场抽查记录表(格式)、单项工程技术预验收报告(格式)如表 11-8~表 11-15 所示。

表 11-8 单项工程技术预验收申请单(格式)

项目名称:国家地下水监测工程(水利部分)××流域/省(区、市)单项工程

<table>
<tr><td>致:水利部国家地下水监测工程项目建设办公室
我单位已完成国家地下水监测工程(水利部分)××流域/省(区、市)单项工程建设,具备单项工程技术预验收条件。依据有关规定,现申请技术预验收,请审核。

申请单位(盖章):
负责人:(签名)
日　期:　　年　月　日</td></tr>
<tr><td>审核意见:

批准单位(盖章):水利部国家地下水监测工程项目建设办公室
负责人:(签名)
日 期:　　年　月　日</td></tr>
</table>

说明:本申请单一式两份,被验收单位和部项目办各留一份。

表 11-9　××流域/省(区、市)单项工程建设情况汇总表(格式)

序号	项目名称		单位	设计数	设计变更数	完成数	备注
一	土建工程						
(一)	监测站						
1	建设	新建	个				
2		改建	个				
3	站类	水位站点	个				
4		流量站	个				
5		水质站	个				
6		(水质自动站)					
7	钻探	总进尺	m				
(二)	附属设施	站房	座				
		井口保护设施	处				
		水准点	个				
(三)	测流设施		处				
二	仪器设备						
	监测站	压力式水位计	个				
		浮子式水位计	个				
		水质自动监测设备	个				
		其他	个				
三	省、地市中心						
(一)	省中心	信息系统软硬件设备	套				
		高程引测	个				
		岩土芯样数据量	个				
		抽水试验数据量	个				
		监测站信息数据量	个				
		历史地下水监测资料整理入库数据量	个				
(二)	地市分中心	信息系统软硬件设备	套				
		巡测及测井维护设备	套				

表 11-10　××省（区、市）监测站建设一览表（格式）

序号	测站编码	测站名称	测站位置	经度	纬度	建设类型	站点类型	设计井深（m）	成井深度（m）	水文地质单元	地貌类型	地下水类型	监测层位	管材	管径（mm）	站房	保护装置类型	水准点类型	水准点高程（m）	固定点高程（m）	井口地面高程（m）	仪器设备类型	是否下泵	备注

填表说明：1. 测站编码：核定后的 8 位数字编码。如有井位调整和测站编码变动，以设计变更批复文件为准。

2. 监测站位置：省、市、县、乡/镇、村具体名称。

3. 经纬度：以度为单位，保留 7 位小数，采用高程引测成果。

4. 建设类型：新建、改建。如有变动，以设计变更批复文件为准。

5. 站点类型：水位站，流量站，水质自动监测站。

6. 成井深度：以实际成井深度为准，保留 1 位小数，单位为 m。

7. 地下水类型：孔隙水、裂隙水或岩溶水。

8. 监测层位：潜水、承压水或混合水。

9. 管材：钢管、PVC-U 或其他（钢混、水泥等）。

10. 管径：管材外径，单位为 mm，如 146、168 等。

11. 有站房，请打“√”。

12. 保护装置类型：保护筒、保护箱、壁挂分体式或其他。

13. 水准点类型：明式、暗式。

14. 水准点高程，固定点高程，地面高程：采用高程引测成果。

15. 仪器设备类型：压力式、浮子式。

16. 下泵，请打“√”。

17. 备注：自流井请在此栏中说明。

表 11-11 ××流域/省(区、市)基础硬件设备配置情况表(格式)

序号	硬件设备	是否配置	软件	是否安装	软件安装路径	备注
			流域/省级中心			
1	图腾 K3 机柜		—	—	—	
2	华为 RH5885H V3 数据库服务器		Windows Server2012R2-64 位操作系统		—	
			Oracle12C 数据库			
3	华为 RH5885H V3 应用服务器		Windows Server2012R2-64 位操作系统		—	
			Weblogic12C			
			地理信息系统软件(服务版) SuperMap iServer 8C 标准版			
			地理信息系统软件(桌面版) SuperMap iDesktop 8C 标准版			
4	联想 ThinkCentreM8600 数据接收工作站		Windows Server2012R2-64 位操作系统		—	
			Oracle12C 数据库			
5	联想 ThinkCentreM8600 数据处理工作站		Windows Server2012R2-64 位操作系统		—	
			地市分中心			
1	华为 RH2288 V3 系统服务器		Windows Server2012R2-64 位操作系统		—	
			Oracle12C 数据库			

填表说明:1. 工作站仅省级中心配置。

2. 已配置请打"√",已安装请打"√"。

表 11-12　××省(区、市)统一开发业务软件部署情况表(格式)

合同名称	相关软件名称		是否部署	运行是否正常
省级中心				
地下水信息接收处理软件开发项目	开发软件	监测信息接收与处理软件		
信息系统总集成项目	开发软件	地下水信息交换共享软件		
地下水资源信息发布系统项目(一标)	开发软件	信息发布软件		
		移动客户端软件		
	基础软件	Windows 操作系统		
		应用服务器中间件		
		地理信息系统软件		
地下水资源业务处理系统项目(二标)	开发软件	地下水监测信息查询与维护软件		
		地下水资源业务应用软件		
	基础软件	Oracle 数据库(企业版)		
地下水监测信息整编系统项目(三标)	开发软件	地下水监测信息整编系统		
地下水水质分析系统项目(四标)	开发软件	地下水水质分析软件		
地市分中心				
地下水资源信息发布系统项目(一标)	开发软件	移动客户端软件		
	基础软件	Windows 操作系统		
地下水资源业务处理系统项目(二标)	开发软件	地下水监测信息查询与维护软件		
	基础软件	Oracle 数据库(专业版)		
地下水监测信息整编系统项目(三标)	开发软件	地下水监测信息整编系统		
信息系统总集成项目	开发软件	地下水信息交换共享软件		

填表说明:已部署请打“√”,运行正常请打“√”。

表 11-13　××省(区、市)巡测及测井维护设备配置统计表

设备名称	单位	应配置数	实际数	备注
巡测设备				
水位测尺校准钢尺	根			
悬锤式水位计	台			
地下水水温计	个			
地下水采样器(贝勒管)	个			
数据移动传输设备	套			
便携式水质分析仪	台			
测井维护设备				
移动式柴油(汽油)发电机组	台			
洗井泵	台			

表 11-14　单项工程技术预验收现场抽查记录表(格式)

<table>
<tr><td colspan="2">测站名称</td><td colspan="2"></td><td colspan="2">测站编码</td><td></td></tr>
<tr><td colspan="2">测站位置
(经度、纬度)</td><td colspan="5"></td></tr>
<tr><td colspan="2">检查项目</td><td colspan="5">检查结果</td></tr>
<tr><td rowspan="6">监测井</td><td>井管</td><td>材质、规格</td><td colspan="4"></td></tr>
<tr><td rowspan="3">井深(m)</td><td>设计井深</td><td colspan="4"></td></tr>
<tr><td>成井深度</td><td colspan="4"></td></tr>
<tr><td>实测井深</td><td colspan="4"></td></tr>
<tr><td>埋深(m)</td><td>抽水前</td><td></td><td>抽水后</td><td colspan="2"></td></tr>
<tr><td>洗井效果</td><td colspan="2">水清砂净</td><td colspan="2">□是</td><td>□否</td></tr>
</table>

续表 11-14

<table>
<tr><td rowspan="11">附属设施</td><td rowspan="2">水准点</td><td colspan="3">位置合理</td><td colspan="2">□是</td><td>□否</td></tr>
<tr><td colspan="3">指示便于定位</td><td colspan="2">□是</td><td>□否</td></tr>
<tr><td rowspan="6">保护筒</td><td colspan="3">尺寸与设计相符</td><td colspan="2">□是</td><td>□否</td></tr>
<tr><td colspan="3">锁具与设计相符</td><td colspan="2">□是</td><td>□否</td></tr>
<tr><td colspan="3">通信盖板与设计相符</td><td colspan="2">□是</td><td>□否</td></tr>
<tr><td colspan="3">通气孔与设计相符</td><td colspan="2">□是</td><td>□否</td></tr>
<tr><td colspan="3">安装垂直</td><td colspan="2">□是</td><td>□否</td></tr>
<tr><td colspan="3">标记井口固定点</td><td colspan="2">□是</td><td>□否</td></tr>
<tr><td rowspan="3">标志牌</td><td colspan="3">信息清晰</td><td colspan="2">□是</td><td>□否</td></tr>
<tr><td colspan="3">与保护设施相适应</td><td colspan="2">□是</td><td>□否</td></tr>
<tr><td colspan="3">铆固牢固</td><td colspan="2">□是</td><td>□否</td></tr>
<tr><td rowspan="4">仪器设备</td><td>仪器设备安装</td><td colspan="3">安装与设计相符</td><td colspan="2">□是</td><td>□否</td></tr>
<tr><td>设备电池电压</td><td colspan="3">是否在允许范围</td><td colspan="2">□是</td><td>□否</td></tr>
<tr><td>人工观测水位/埋深(m)</td><td>第一次</td><td></td><td>第二次</td><td></td><td>平均值</td><td></td></tr>
<tr><td>设备采集水位/埋深值(m)</td><td colspan="2"></td><td colspan="3">省级中心接收水位/埋深值(m)</td><td></td></tr>
<tr><td></td><td>比测误差(m)</td><td colspan="6"></td></tr>
<tr><td colspan="2">抽查结果总体评价</td><td colspan="6"></td></tr>
<tr><td colspan="2">抽查人员签字</td><td colspan="6">日期：</td></tr>
</table>

表 11-15　单项工程技术预验收报告(格式)

一、基本情况(批复建设任务、规模、投资概算,设计变更等)

2015 年 6 月,国家发展和改革委员会、水利部和原国土资源部正式批复国家地下水监测工程初步设计。流域/省初步设计批复和设计变更批复情况。

1. 建设任务、规模、投资概算

建设任务:国家地下水监测工程(水利部分)××省建设任务包括:建设××个省级监测中心、××个地市级分中心,建设地下水监测站××个,其中新建××个,改建××个,监测数据全部实现自动采集与传输,选取××个开展水质监测等。

建设规模:

(1)新建省级地下水监测中心××个,配备应用系统设备×台,购置系统软件×套,配套全国统一开发的业务软件×套,本地化业务软件定制×项,信息源建设×项,系统集成×项,网络环境硬软件配置×项,网络管理和安全配置×项。

(2)建设地市级分中心××个,每个地市级分中心分别配置服务器 1 台,购置系统系统软件 2 套,配备全国统一开发业务软件 4 套,配备悬锤式水位计、发电机、水泵等巡测和测井维护设备×台(套)。

(3)建设地下水监测站××个,其中新建××个(钻井总进尺×× m),改建××个,配套水位、水温自动监测仪器设备××台(套)。××个监测站中××个站兼水质监测,从中选取××个开展一般(五参数)水质自动监测,选取××个开展重点(五参数以上)水质自动监测。完成高程与坐标测量××个站,工程物探××个站(其中外业物探××个,内业物探××个)。

(4)其他。

投资概算:

2. 设计变更批复情况

二、项目组织实施

三、招标投标情况、施工组织、建设管理、整改情况等

四、现场抽查情况

五、主要工程量及质量评价

1. 监测站建设

1) 监测井

续表 11-15

完成情况及质量评价。

2)辅助设施

井口基础处理、保护设施、水准点、标示牌等完成情况及质量评价。

3)仪器设备

完成情况及质量评价(到报率达到规范要求,仪器自动采集值与人工测量值误差达到要求)。

4)其他

自动水质监测站等完成情况及质量评价。

2. 省级监测中心建设

1)基础软硬件,统一开发业务软件

基础软硬件各级中心部署完成情况。

统一开发业务软件(地下水监测信息接收处理、地下水信息查询维护、地下水监测资料整编、地下水信息交换共享、地下水资源业务应用、地下水资源信息发布、地下水水质分析、移动客户端)各中心部署完成情况。

质量评价:系统功能达到设计要求,系统稳定。

2)信息源建设及本地化定制

完成情况及质量评价。

3)高程引测和坐标测量

完成情况及质量评价。

4)其他(水质)

完成情况及质量评价。

3. 地市分中心建设

1)基础软硬件,统一开发业务软件

基础软硬件部署完成情况,满足设计要求。

统一开发业务软件(地下水信息交换共享、地下水信息查询维护、地下水监测资料整编、移动客户端)部署完成情况。

续表 11-15

质量评价:功能达到设计要求,系统稳定。

2)巡测及测井维护设备配备

配备情况及质量评价。

4. 技术资料质量评价(真实性、准确性、系统性等)

六、效益评价

七、存在问题及整改意见

八、验收结论

技术专家组成员签字表

成员	姓名	单位	职务/职称	签字
组长				
副组长				
组员				
组员				
组员				

11.6.2　单项工程档案验收

11.6.2.1　单项工程档案验收相关规定

1. 单项工程档案验收基本条件

(1)单项工程全部建设任务已按批准的设计全部完成。

(2)已基本完成应归档文件材料的收集、整理、立卷归档、装订、装盒工作。

(3)监理单位对施工单位提交的工程档案的整理与内在质量进行了审核,认为已达到验收标准,并提交了专题审核报告。

(4)按照《单项工程建设项目档案验收评分标准》(样表附后)完成档案自检工作,达到合格以上分数。

2. 档案自检报告内容

档案验收前,流域、省级水文部门要开展档案自检工作并形成档案自检报告。

档案自检报告的主要内容:工程概况,工程档案管理情况,文件材料收集、整理、归档与保管情况,竣工图编制与整理情况,档案自检工作的组织情况,对自检或以往阶段验收发现问题的整改情况,按《单项工程建设项目档案验收评分标准》自检得分与扣分情况,目前仍存在的问题,对工程档案完整、准确、系统性的自我评价等内容。

3. 档案专题审核报告内容

档案验收前,监理单位需提交档案专题审核报告。报告的主要内容:监理单位履行审核责任的组织情况,对监理和施工单位提交的项目档案审核、把关情况,审核档案的范围、数量,审核中发现的主要问题与整改情况,对档案内容与整理质量的综合评价,目前仍存在的问题,审核结果等内容。

4. 验收后相关事项

(1)对档案验收意见中提出的问题和整改要求,流域或省级水文部门应加强整改落实,并在单项工程验收通过后3个月内将档案提交部项目办。

(2)对未通过档案验收的,单项工程验收不得通过。流域或省级水文部门应在完成相关整改工作后,重新申请验收。

11.6.2.2　单项工程档案验收

按照单项工程完工验收实施细则的要求,在档案验收前,各建设管理单位首先开展档案自检工作,编制档案自检报告,监理单位提交档案专题审核报告,单项工程档案验收采用同步验收方式,由单项工程档案验收会议成立档案验收组,档案验收专家组一般由水利部办公厅、各流域机构、各省水利厅档案馆(处)专家担任组长,档案专家和工程技术专家作为成员。单项工程验收申请批准同意后,在项目法人和部项目办的统一安排下,档案验收组分赴各流域、省开展单项工程档案同步验收工作。档案验收组按不少于8%比例抽查已归档文件资料,其中每类别的档案抽查数量不少于2卷,按照《单项工程建设项目档案验收评分标准》(表格附后)逐项核查、赋分,经专家讨论、质疑,进行综合评议,形成单项工程档案验收意见(格式附后)。

全国 40 个单项工程顺利通过档案同步验收,28 个单项工程评定为优良,其中 7 个流域均为优良,21 个省份为优良,优良率为 70%;12 个单项工程评定为合格。

1. 国家地下水监测中心单项工程档案验收

2019 年,项目法人组织召开了国家地下水监测中心单项工程档案验收会,会议成立了档案验收组,验收组听取了部项目办关于单项工程管理情况汇报和监理单位的档案审核报告,按验收规定检查了部分工程档案整理情况,经讨论形成验收意见。

验收意见主要内容为:①部项目办制定印发了单项工程档案管理细则、指导书等,明确了档案收集整理的有关要求,配备了专职档案员,建立了由各参建单位档案员参与的档案管理网络体系;建设了专门档案库房和相应设施,开发了档案管理系统,为项目的档案管理工作提供了保障。项目建设过程中,按照科技档案归档有关规范要求,完成了项目前期准备、施工建设、合同完工验收等阶段文件材料的整理归档工作;②部项目办对项目建设过程中产生的各类应归档文件材料进行了收集、整理,统一分类编号,编制档案案卷目录、卷内文件目录和卷内备考表;③归档文件材料基本齐全,案卷题名较为准确,卷内文件材料字迹清晰、图表整洁,审核签字手续完备;案卷装订整齐牢固、排列有序,案卷与卷内整理质量总体满足规范要求,能够反映工程项目建设管理全过程的实际情况。④对于个别文件材料归档不全,立卷单位填写不准确,以及部分竣工图缺少监理审核签字的情况,建议及时对后续工作中形成的文件材料进行收集整理和归档。

按照《国家地下水监测工程(水利部分)单项工程完工验收实施细则(试行)》,并依据《单项工程建设项目档案验收评分标准》,经验收组专家讨论,国家地下水监测中心单项工程档案验收评定为优良,同意通过验收。

2. 流域单项工程档案验收

2018 年底,部项目办组织有关专家组成档案验收组,在各流域单项工程完工验收的同时,分别开展了流域单项工程档案同步验收工作。验收组听取了流域水文局关于单项工程档案管理工作和监理单位的档案审核情况汇报,检查了工程档案整理情况,经讨论形成验收意见。

流域单项工程档案验收意见主要内容为:①流域水文局重视项目档案管理工作,成立了档案领导小组,明确了档案专员和档案工作职责,配备了专用档案柜、协调相关档案整理办公设备,为项目的档案管理工作提供了保障。项目建设过程中,按照科技档案归档有关规范要求,能够认真做好项目开工准备、施工建设、合同完工验收等各阶段相关文件材料和资料的整理归档工作;②流域水文局和参建单位能够按照《国家地下水监测工程(水利部分)项目档案管理办法》,对项目建设过程中产生的各类应归档文件材料进行了收集、整理,统一分类编号,编制档案案卷目录、卷内文件目录和卷内备考表;③流域单项工程档案中应归档文件材料齐全完整,案卷题名准确,卷内文件材料字迹清晰、图表整洁,审核签字手续完备;案卷装订整齐牢固、排列有序,案卷与卷内整理质量总体满足规范要求,能够反映工程项目建设管理全过程的实际情况;④建议对验收检查中发现的问题及时进行整改,对单项工程技术预验收、单项工程完工验收等后续工作形成的文件材料及时按要求进行整理归档。

按照《国家地下水监测工程(水利部分)单项工程完工验收实施细则(试行)》,并依据《单项工程建设项目档案验收评分标准》,经验收组专家讨论,7 个流域单项工程档案验收评定均为优良,全部通过验收。

3. 省级单项工程档案验收

2018~2019 年,部项目办组织有关专家组成档案验收组,在各省级单项工程完工验收的同时,分别开展了省级单项工程档案同步验收工作。验收组听取了省级水文部门关于单项工程档案管理工作和监理单位的档案审核情况汇报,检查了工程档案整理情况,经讨论形成验收意见。

综合 32 个省级单项工程档案验收意见主要内容为:①省级水文部门重视项目档案管理工作,制定了档案管理细则,明确了专职档案员,建立了各参建单位档案员参加的档案管理网络,设有专门的档案室,配备了专用档案设备设施,为项目的档案管理工作提供了保障。项目建设过程中,按照科技档案归档有关规范要求,能够认真做好项目开工准备、施工建设、合同完工验收等各阶段相关文件材料和资料的整理归档工作;②省级水文部门和参建单位能够按照《国家地下水监测工程(水利部分)项目档案管理办法》,对项目建设过程中产生的各类应归档文件材料进行了收集、整理,统一分类编号,编制档案案卷目录、卷内文件目录和卷内备考表;③省级单项工程档案中应归档文件材料比较齐全完整,案卷题名准确,卷内文件材料字迹清晰、图表整洁,审核签字手续完备;案卷装订整齐牢固、排列有序,案卷与卷内整理质量总体满足规范要求,能够反映工程项目建设管理全过程的实际情况;④建议对于验收检查中发现的问题及时进行整改,对后续工作形成的文件材料及时按要求进行整理归档。

按照《国家地下水监测工程(水利部分)单项工程完工验收实施细则(试行)》,并依据《单项工程建设项目档案验收评分标准》,经验收组专家讨论,32 个省级单项工程档案验收全部通过验收,21 个省份评定为优良(北京、天津、甘肃、新疆、广东、云南均为 96 分,并列省级第一),优良率为 70%;11 个省级单项工程档案验收评定为合格单项工程建设项目档案验收评分标准见表 11-16,单项工程档案验收意见(格式)见表 11-17。

表 11-16　单项工程建设项目档案验收评分标准

序号	验收项目	验收内容	验收备查材料	评分标准	标准分值	自检得分	验收赋分
1	档案工作保障体系(10分)	流域或省级水文部门在管理机构、人员配备、制度建设、设备设施配备等方面,为项目档案工作的开展创造了较好的条件,保障了项目档案工作的顺利进行		详见以下各小项内容	10分		
1.1	组织保障(3分)	(1)明确有分管档案工作的领导	有关文件或岗位职责	达不到要求的不得分	1分		
		(2)明确有档案工作部门,并配有专职/兼职档案管理人员	机构设置文件及部门、人员岗位职责和培训证明	达不到要求的不得分	1分		
		(3)建立了由流域或省级水文部门负责,各参建单位组成的档案管理网络,并明确了相关责任人	各参建单位落实相关人员责任制的文件或依据	达不到要求的,酌扣0.5~1分	1分		
1.2	设备设施保障(1分)	有符合安全保管条件的档案柜	实地检查	无档案柜的不得分;存在一定差距的,酌扣0.2~0.8分	1分		

续表 11-16

序号	验收项目	验收内容	验收备查材料	评分标准	标准分值	自检得分	验收赋分
1.3	各项管理制度或措施的贯彻落实与实施情况（6 分）	（1）签订有关合同协议时，同时提出归档要求	相关合同协议	不符合要求不得分；存在一定问题酌扣 0.2~0.8 分	1 分		
		（2）检查工程进度、质量时，同时检查工程档案资料的收集、整理情况	检查工作文件或记录	不符合要求的不得分，存在一定差距的，酌扣 1.0~1.5 分	2 分		
		（3）项目成果评审、鉴定或项目阶段与完工验收，同时检查或验收相关档案	验收文件	不符合要求的不得分，有一定差距的，酌扣 0.2~0.8 分	1 分		
		（4）对设计、施工、监理等参建单位的档案收集、整理工作进行监督指导	有关证明材料	不符合要求的不得分，存在一定差距的，酌扣 1.0~1.5 分	2 分		
2	应归档文件材料质量与移交归档（85 分）	应归档文件材料的内容已达到完整、准确、系统；形式已满足字迹清楚、图样清晰、图表整洁、标注清楚、图纸折叠规范、签字手续完备；归档手续、时间与档案移交符合要求		详见以下各小项内容	85 分		

续表 11-16

序号	验收项目	验收内容	验收备查材料	评分标准	标准分值	自检得分	验收赋分
2.1	文件材料完整性(28分)	(1)建设前期工作文件材料(含设计及招标投标等文件材料)	归档范围与归档目录和档案实体	《国家地下水监测工程(水利部分)项目档案管理办法》(办档〔2015〕186号)所附的“项目文件材料归档范围与保管期限表”的内容和《国家地下水监测工程省级建设管理档案资料收集整理指导书》(地下水〔2016〕145号)进行检查,存在缺项的,所缺项不得分;各项内存在不完整现象的,每发现一处,酌扣0.5~1.0分;重要阶段、关键工序、重大事件,必须要有完整的声像材料,无声像材料的,相关项不得分;重要声像材料不齐全的,酌扣0.5~1.0分	2分		
		(2)建设管理文件材料			2分		
		(3)监测井施工文件材料			3分		
		(4)监理文件材料			2分		
		(5)仪器设备文件材料			3分		
		(6)信息化建设文件材料			3分		
		(7)高程引测文件材料			3分		
		(8)验收文件材料(含阶段、专项)			2分		
		(9)按规定完成竣工图的编制工作			1分		
		(10)声像材料			3分		
		(11)监理单位对施工单位提交的工程档案内容与质量提交专题审核报告	相关材料	无专题审核报告不得分,内容不全的,酌扣0.5~0.8分	1分		
		(12)电子文件材料	电子档案数据与相关文件材料	无电子文件材料归档的,不得分;缺少重要电子文件材料的,酌扣1.5~2.5分	3分		

续表 11-16

序号	验收项目	验收内容	验收备查材料	评分标准	标准分值	自检得分	验收赋分
2.2	文件材料的准确性(40分)	(1)反映同一问题的不同文件材料内容应一致	已归档文件材料	如发现存在不一致现象的,每发现一处,酌扣 1.0~2.0 分	10 分		
		(2)竣工图编制规范,能清晰、准确地反映工程建设的实际。竣工图图章签字手续完备;监理单位按规定履行了审核手续	检查竣工图	竣工图如有模糊不清、不准确,未标注变更说明、审核签字手续不全等现象,每发现一处,酌扣 0.5~1.0 分;如发生结构形式、工艺、平面布置等重大变化,未重新绘制竣工图或有较大变化未能如实反映的,每项酌扣 0.5~1.0 分	2 分		
		(3)归档材料应字迹清晰,图表整洁,审核签字手续完备,书写材料符合规范要求	检查卷内已归档的文件材料	归档材料存在字迹不清、破损、污渍、缺少审核签字等不能准确反映其具体内容的,每发现一处,扣 0.5 分	4 分		
		(4)声像与电子等非纸质文件材料应逐张、逐盒(盘)标注事由、时间、地点、人物、作者等内容	检查实体档案整编情况	归档材料存在标注不符合要求的,每发现一处,酌扣 0.5~1.0 分	3 分		
		(5)案卷题名简明、准确;案卷目录编制规范,著录内容翔实	检查案卷标题与案卷目录的编制情况	无案卷目录的,不得分;案卷目录编制存在一定问题的,酌扣 1.0~3.0 分	5 分		
		(6)卷内目录著录清楚、准确;页码编写准确、规范	检查卷内目录	案卷内无卷内目录的,不得分;卷内目录编制存在一定问题的,酌扣 1.0~3.0 分	5 分		
		(7)备考表填写规范;案卷中需说明的内容均在案卷备考表中清楚注释,并履行了签字手续	检查备考表	案卷内无备考表的,不得分;备考表中存在一定问题的,酌扣 1.0~3.0 分	5 分		
		(8)图纸折叠符合要求,对不符合要求的归档材料采取了必要的修复、复制等补救措施	检查案卷文件材料	有不符合要求的,每发现一处,酌扣 0.5 分	2 分		
		(9)案卷装订牢固、整齐、美观,装订线不压内容;单分文件归档时,应在每份文件首页右上方加盖、填写档号章;案卷中均是图纸的可不装订,但应逐张填写档号章	检查案卷	案卷装订存在一定问题,或未装订文件缺少档号章的,每发现一处,酌扣 0.5 分	4 分		

续表 11-16

序号	验收项目	验收内容	验收备查材料	评分标准	标准分值	自检得分	验收赋分
2.3	文件材料的系统性(10分)	(1)分类准确。依据项目档案分类方案,归类准确,每类文件材料的脉络清晰,各类文件材料之间的关系明确	分类方案与案卷分类情况	无档案分类方案的,不得分;分类方案存在一定问题的,酌扣0.5~1分	2分		
		(2)组卷合理。遵循文件材料的形成规律,保持文件之间的有机联系,组成的案卷能反映相应的主题,且薄厚适中、便于保管和利用	检查案卷组织情况	未按要求进行组卷的,不得分;存在一定问题的,酌扣2.0~4.0分	4分		
		(3)排列有序。相同内容或关系密切的文件按重要程度或时间循序排列在相关案卷中;反映同一主题或专题的案卷相对集中排列	检查案卷与卷内文件的排列情况	案卷无序排列的,不得分;排列中存在不规范现象的,酌扣2.0~4.0分	4分		
2.4	归档与移交(7分)	(1)归档。各职能部门和相关工程技术人员能按要求将其经办的应归档的文件材料进行整理、归档	各类档案归档情况目录	法人各职能部门按年度或阶段归档情况;如有延误或未归档现象的,酌扣0.5~2.0分	2分		
		(2)移交。各参建单位已向省级水文部门移交了相关工程档案,并认真履行了交接手续	移交目录	尚未接收各参建单位移交档案的,不得分;存在档案移交不全或缺少移交手续的,酌扣1.0~3分	3分		
		(3)对归档的电子文件材料,进行了有效的管理	电子文件材料的管理	电子文件与纸质文件材料的对应关系清楚、查找方便,有差距的可酌扣0.5~2.0分	2分		

续表 11-16

序号	验收项目	验收内容	验收备查材料	评分标准	标准分值	自检得分	验收赋分
3	档案接收后的管理(5分)	档案管理工作有序,并开展了档案数字化工作,且取得一定成效;为工程建设与管理工作提供了较好的服务			5 分		
3.1	档案保管(1分)	档案柜标识清楚、排列整齐、间距合理	实地检查	1. 无档案柜架标识或档案数量统计不得分; 2. 在档案柜架摆放、标识或档案统计等方面存在一定问题的,酌扣 0.2~0.6 分	1 分		
3.2	档案信息化(4分)	利用有档案管理软件,建有档案案卷级目录、文件级目录数据库,开展了档案全文数字化工作,并已在档案统计、提供利用等工作中发挥重要作用	软件使用及数据库运行情况	利用档案管理软件,通过软件已对案卷目录、文件目录和全文等数据进行有效管理的,可得 4 分;如存在一定差距的,可酌扣 2~4 分	4 分		
评定等级:				合计得分或赋分分数:			

注:流域单项工程进行档案验收评分时,针对其中没有的建设项目档案评分项(例:监测井施工文件材料、高程引测文件材料),给予满分。

表 11-17 单项工程档案验收意见(格式)

前言(验收会议的依据、时间、地点及验收组组成情况,工程概况,验收工作的步骤、方法与内容简述)

(一)档案工作基本情况:工程档案工作管理体制与管理状况

(二)文件材料的收集、整理质量,竣工图的编制质量与整理情况,已归档文件材料的种类与数量

(三)工程档案的完整、准确、系统性评价

(四)存在问题及整改要求

(五)得分情况及验收结论

(六)附件:档案验收组成员签字表

档案验收组成员签字表

姓名	单位	职务/职称	签字

11.6.3　单项工程完工验收

11.6.3.1　单项工程完工验收相关规定

1. 单项工程完工验收基本条件

(1)单项工程主要建设任务已按批准的设计全部完成。

(2)全部合同工程质量评价为合格且通过合同工程完工验收。

(3)设施设备运行正常。

(4)合同工程完工验收中发现的问题已经处理完毕。

(5)工程价款财务结算表已按规定编制完成。

(6)单项工程如确定进行档案专项验收的,已通过档案专项验收。

(7)资产核查工作已完成(格式见省级单项工程完工验收资产统计表)。

(8)单项工程已通过技术预验收,完工验收有关报告已准备就绪。

2. 单项工程完工验收主要内容

(1)检查单项工程是否按批准的设计全部完成。

(2)检查单项工程建设情况,评价工程质量为“合格”或“不合格”。

(3)检查单项工程是否正常运行。

(4)检查单项工程价款财务结算情况。

(5)检查单项工程档案专项验收发现问题的整改情况,或对确定同步验收的单项工程档案进行同步验收。

(6)检查固定资产登记与实物管理情况。

(7)对验收遗留问题提出处理意见。

(8)确定单项工程完工日期。

3. 被验单位提交的材料

验收前,国家地下水监测中心、流域水文局或省级水文部门向项目法人或部项目办提交本级单项工程完工验收申请、本级单项工程完工报告(含质量评价)、设计单位编写的工作报告、监理单位编写的监理报告(含质量评价),以及工程档案自检报告、技术预验收整改报告。

4. 验收后相关事项

(1)单项工程完工验收的成果是单项工程完工验收鉴定书。自鉴定书通过之日起 30 个工作日内,由部项目办报部信息中心备案并印发有关单位。

(2)单项工程完工验收后应根据国家地下水工程(水利部分)有关资产管理办法办理资产交付手续。

(3)流域、省级水文部门应在单项工程验收合格后 3 个月内,将单项工程档案提交给部项目办,并按规定办理交接手续。档案交接时应同时提交电子版。

11.6.3.2　单项工程完工验收

1. 国家地下水监测中心单项工程完工验收

2019 年 9 月,部项目办按照《国家地下水监测工程(水利部分)验收管理办法》的通知》和《国家地下水监测工程(水利部分)单项工程完工验收实施细则(试行)》第二条完工验收要求,向项目法人提交了国家地下水监测中心完工验收申请,项目法人同意后,于 2019 年 9 月 30 日,项目法人在北京组织召开了国家地下水监测工程(水利部分)国家地下水监测中心单项工程完工验收会,会议成立专家组,会议听取了部项目办、设计、监理、财务决算、档案验收和技术预验收情况汇报。经质询与讨论,验收结论如下:

(1)按照初步设计和设计变更批复要求,完成了国家地下水监测中心(水利部分)全部建设任务,通过了档案验收和技术预验收。

(2)完成了国家地下水监测中心大楼购置和加固装修改造、电力增容,水质实验室、机房、档案室、会商室、展览室;统一招标并配置给各流域、各省(区、市)的基础软硬件、巡测设备、测井维护设备,数量和功能满足初步设计和设计变更要求。

(3)完成了业务应用软件开发与部署,软件功能较齐全,运行稳定,界面友好,基本满足当前的业务与管理需求,其功能符合初步设计和设计变更要求。

(4)统一招标的水质自动监测站、成井水质检测、工程物探等,均已通过合同验收,达到技术要求。

(5)档案验收等级为优良。

(6)项目竣工财务决算及资产管理符合相关要求。

(7)单项工程质量评定为合格。

综上,专家组同意通过国家地下水监测中心单项工程完工验收。

2. 流域单项工程完工验收

2018 年 10~12 月,各流域机构水文局先后按照《国家地下水监测工程(水利部分)验收管理办法》的通知》和《国家地下水监测工程(水利部分)单项工程完工验收实施细则(试行)》第二条完工验收要求,后按照批准的设计全部完成主要建设任务,所有合同工程质量合格并通过合同工程完工验收,设施设备运行正常,按规定编制完成工程价款财务结算,完成资产核查和预验收问题整改,且档案整理满足档案验收条件的要求,向项目法人提交单项工程完工验收申请,部项目办和项目法人同意后,由部地下水项目办成立了专家组,具体组织开展验收。

综合七个流域单项工程完工验收鉴定书的验收结论认为:各流域水文局已按照初步设计批复要求,完成了全部建设任务,通过了技术预验收;各流域地下水监测中心所配置和部署的基础软硬件与有关业务应用软件,数量和功能满足设计要求,系统运行正常;本地化软件定制的功能符合本地使用需求，系统运行稳定；档案验收等级为优良；项目竣工财务决算及资产管理符合相关要求；单项工程质量评价合格，专家组同意国家地下水监测工程（水利部分）各流域单项工程通过完工验收。

3. 省级单项工程完工验收

2018 年 9 月至 2019 年 4 月底，各省水文部门先后按照《国家地下水监测工程（水利部分）验收管理办法》的通知和《国家地下水监测工程（水利部分）单项工程完工验收实施细则（试行）》第二条完工验收要求，后按照批准的设计全部完成主要建设任务，所有合同工程质量合格并通过合同工程完工验收，设施设备运行正常，按规定编制完成工程价款财务结算，完成资产核查和预验收问题整改，且档案整理满足档案验收条件的要求，向项目法人提交单项工程完工验收申请，部项目办和项目法人同意后，部项目办成立了专家组，具体组织开展验收工作。

各省单项完工验收时档案进行了同步验收。各省成立档案验收专家组，负责档案验收，形成了档案验收意见。若档案验收意见为不通过的，依据文件规定，该省级单项工程完工验收直接给予不通过。完工验收组成员由部信息中心、部项目办、监理、流域水文局或本省水文部门等单位的代表组成，部分省还邀请了有关部门的代表和有关专家参加。验收组听取了省级水文部门、设计单位、监理单位工作报告，检查了单项工程是否按批准的设计全部完成，查看了系统平台演示，检查了工程财务结算、资产管理情况以及预验收问题的整改情况，专家讨论并质询，形成单项工程完工验收质量鉴定书。

综合 32 个省级单项工程完工验收结论：省级水文部门已按照初步设计和设计变更批复要求，完成了全部建设任务，技术预验收发现的问题已完成整改。监测站建设达到了初步设计的建设数量与技术要求，监测数据到报率超过 95%，监测精度符合要求。在省级中心和地市分中心所配置和部署的硬件与有关业务应用软件，符合设计数量要求，其功能总体满足设计要求，系统运行正常。档案验收等级为优良或合格。项竣工财务决算及资产管理符合相关要求。单项工程质量评价合格。专家组同意国家地下水监测工程（水利部分）各省级单项工程通过完工验收。

省级单项工程完工验收资产统计表（格式）见表 11-18，××流域/省（区、市）单项工程建设情况汇总表见表 11-19。

表 11-18 省级单项工程完工验收资产统计表(格式)

序号	资产项目名称	规格型号特征	坐落位置	计量单位	单位价值	数量	资产金额(元)	保管单位	保管人	维护单位	合同名称	合同编号	备注
1	××流域/省级中心												
1)	数据库服务器												
2)	应用服务器												
3)	工作站												
4)	操作系统												
5)	业务软件												
6)	数据库管理软件												
7)	…												
2	××地市分中心												
1)	数据库服务器												
2)	操作系统												
3)	数据库管理软件												
4)	业务软件												
5)	测井维护设备												
6)	巡测设备												
7)	…												
3	××监测站												
1)	监测井												
2)	水位仪器设备												
3)	水质自动监测设备												
4)	站房/保护筒(箱)												
5)	水准点												
6)	标示牌												
7)	…												

注:1. 资产包括实物资产和无形资产两大类,实物资产包括监测井、站房/保护筒(箱)、水准点和标识牌等附属设施,水位监测仪器设备,水质自动检测设备,测井维护设备,巡测设备,信息化基础硬件;无形资产包括信息化基础软件,业务开发软件等。

2. 按省级中心、各地市分中心、各监测站次序填写;流域仅需填写流域中心。

3. 流量站、自流井等设施设备根据实际情况,资产名称自列。

表 11-19　××流域/省(区、市)单项工程建设情况汇总表

序号	项目名称		单位	设计数	设计变更数	完成数	备注
一	土建工程						
(一)	监测站						
1	建设	新建	个				
2		改建	个				
3	站类	水位站点	个				
4		流量站	个				
5		水质站	个				
6		(水质自动站)					
7	钻探	总进尺	m				
(二)	附属设施	站房	座				
		井口保护设施	处				
		水准点	个				
(三)	测流设施		处				
二	仪器设备						
	监测站	压力式水位计	个				
		浮子式水位计	个				
		水质自动监测设备	个				
		其他	个				
三	省、地市中心						
(一)	省中心	信息系统软硬件设备	套				
		高程引测	个				
		岩土芯样数据量	个				
		抽水试验数据量	个				
		监测站信息数据量	个				
		历史地下水监测资料整理入库数据量	个				
(二)	地市分中心	信息系统软硬件设备	套				
		巡测及测井维护设备	套				

11.7　专项验收

国家地下水监测工程(水利部分)专项验收包括:档案专项验收、消防专项验收、信息系统安全等级保护测评等。

11.7.1　档案专项验收

11.7.1.1　档案专项验收规定

为规范国家地下水监测工程档案管理工作,根据《中华人民共和国档案法》《国家电子政务工程建设项目档案管理暂行办法》《水利工程建设项目档案管理规定》《国家地下水监测工程(水利部分)项目建设管理办法》等法规制度,结合工程实际,2015 年 9 月,水利部办公厅印发了《国家地下水监测工程(水利部分)项目档案管理办法》。

按照《国家地下水监测工程(水利部分)项目档案管理办法》第十九条规定,档案验收是本工程各阶段(包括合同完工验收、单项工程验收和整体工程竣工验收)的重要内容,各阶段验收时应同步或提前进行档案验收;第二十条的规定,本工程档案验收分为"同步验收"和"专项验收"两种形式。专项验收是专门对相关工程档案进行的验收,整体工程档案验收是有由水利部档案主管部门负责组织专项验收。二十六条的规定,本工程档案专项验收标准与具体方法按照《水利工程建设项目档案验收管理办法》(水办〔2008〕366 号)执行。

1. 档案专项验收应具备的条件

(1)项目主体工程、辅助工程和公用设施,已按批准的设计文件要求建成,各项指标已达到设计能力并满足一定运行条件。

(2)项目法人与各参建单位已基本完成应归档文件材料的收集、整理、归档与移交工作。监理单位对主要施工单位提交的工程档案的整理与内在质量进行了审核,认为已达到验收标准,并提交了专项审核报告。

(3)项目法人基本实现了对项目档案的集中统一管理,且按要求完成了自检工作,并达到评分标准规定的合格以上分数。

2. 档案专项验收申请

(1)项目法人在确认已达到档案专项验收应具备的条件后,应早于工程计划竣工验收的 3 个月前,按以下原则向项目竣工验收主持单位提出档案验收申请:主持单位是水利部的,应按归口管理关系通过流域机构或省级水行政主管部门申请;主持单位是流域机构的,直属项目可直接申请,地方项目应经省级水行政主管部门申请;主持单位是省级水行政主管部门的,可直接申请。

(2)档案验收申请内容包括项目法人开展档案自检工作的情况说明、自检得分数、自检结论等,并将项目法人的档案自检工作报告和监理单位专项审核报告附后。

(3)档案自检工作报告的主要内容:工程概况,工程档案管理情况,文件材料收集、整理、归档与保管情况,竣工图编制与整理情况,档案自检工作的组织情况,对自检或以往阶段验收发现问题的整改情况,按评分标准自检得分与扣分情况,目前仍存在的问题,对工程档案完整、准确、系统性的自我评价等。

(4)专项审核报告的主要内容:监理单位履行审核责任的组织情况,对监理和施工单位提交的项目档案审核、把关情况,审核档案的范围、数量,审核中发现的主要问题与整改情况,对档案内容与整理质量的综合评价,目前仍存在的问题,审核结果等。

3. 档案专项验收程序

档案验收通过召开验收会议的方式进行。验收会议由验收组组长主持,验收组成员及项目法人、各参建单位和运行管理等单位的代表参加。会议主要议程如下:

(1)验收组组长宣布验收会议文件及验收组组成人员名单;

(2)项目法人汇报工程概况和档案管理与自检情况;

(3)监理单位汇报工程档案审核情况;

(4)已进行预验收的,由预验收组织单位汇报预验收意见及有关情况;

(5)验收组对汇报有关情况提出质询,并察看工程建设现场;

(6)验收组检查工程档案管理情况,并按比例抽查已归档文件材料;

(7)验收组结合检查情况按验收标准逐项赋分,并进行综合评议,讨论、形成档案验收意见;

(8)验收组与项目法人交换意见,通报验收情况;

(9)验收组组长宣读验收意见。

验收意见须经验收组三分之二以上成员同意,并履行签字手续,注明单位、职务、专业技术职称。验收组成员对验收意见有异议的,可在验收意见中注明个人意见并签字确认。验收意见应由档案验收组织单位印发给申请验收单位,并报国家或省级档案行政管理部门备案。

11.7.1.2　档案专项验收

2019 年 9 月 30 日,随着国家地下水监测中心单项工程通过完工验收,国家地下水监测工程(水利部分)全国 40 个单项工程全部顺利通过完工验收,各单项工程同步完成了对应归档文件材料的收集、整理、归档与移交工作。项目法人也成立了档案验收自检验收组,对工程档案开展了自检工作,完成自检中发现问题的整改。监理单位也对整体工程档案质量进行了审核。

1. 档案自检工作

按照《水利工程建设项目档案验收管理办法》(水办〔2008〕366 号)的要求,为了做好档案管理工作,部项目办在工程档案专项验收前,成立档案检查指导小组,多次组织指导各参建单位对归档的文件材料进行检查,检查是否按照规范要求进行工程质量检查、记录和评定;跟踪监督工程资料的归档情况,对归档工作中出现的分类、组卷错误、归档不规范等,要求参建单位整改,整改后再次复核;各流域机构、省级水文部门相应成立单项工程档案自检组,对各自负责的单项工程档案进行多次检查,对发现问题督促整改到位。部项目办通过严把档案移交环节、严格本级档案管理、多次开展档案自检工作,确保工程档案的完整性、准确性、系统性。

1)严把档案移交环节

各流域、省单项工程档案向部项目办档案移交前,各单位按单项工程档案验收意见进行整改和核查,部项目办档案人员通过档案管理系统进行远程档案文件核查,通过核查后,单项工程纸质档案移交部项目办,项目办对收到的档案数量、质量等进行检查,如果有问题,则列出问题清单,要求再次整改,整改到位后办理移交手续。

2)严格本级档案管理

部项目办组织本级档案自检小组,对本级单项工程约 1 000 卷档案进行自检,通过自检发现个别档案资料签章手续不全、照片档案档号编写错误、案卷题名和备考表填写不准确、个别目录页有误等问题。自检结束后,进行问题梳理、列表,对应相关责任单位要求整改。针对照片档案档号编写错误、案卷题名和备考表填写不准确、个别目录页有误等问题由档案人员逐卷改正;个别档案资料签章手续不全等其余问题,要求监理单位督促参建单位整改。

3)多次开展档案自检

2019 年 10 月,部项目办再次开展档案自检级检查工作,根据本级单项工程档案验收组专家的意见,检查案卷是否存在文件不完整、签章手续不全、复印件、正文附件分离、保管期限等问题,梳理出问题清单,逐项解决。要求对有欠缺资料的参建单位重新尽快补充,确保整改到位,档案整理符合规范要求;2019 年 12 月中旬,部项目办再次进行档案自检工作,对本级、流域和省级单项工程的归档数量进行核查,对发现的问题逐一整改;2019 年 12 月底,工程档案专项验收前,部项目办再次对工程档案进行细致检查,要求梳理问题,整改到位。

4)自我评价

国家地下水监测项目各单项工程均通过工程档案同步验收,满足档案完整性、准确性、系统性、安全性要求。

(1)完整性。国家地下水监测项目档案能够完整反映工程活动的全部内容和工程全貌,工程项目前期依据材料、施工过程技术文件、工程竣工文件收集齐全,内容完整不缺项,归档范围满足档案的完整性要求。

(2)准确性。国家地下水监测项目档案真实、客观地反映工程建设全貌,内容与应反映的工程对象、工程建设过程、同一工程项目相关技术文件相一致。档案符合工程建设过程中文件资料生成的实际情况,反映同一问题的不同载体的文件材料内容一致,竣工图编制能够反映工程实际内容,归档文件材料字迹清晰、图表整洁、审核签字手续完备、图纸折叠规范、音像档案标注清晰明确,案卷题名简明、准确、概括完整,卷内著录清楚、准确,备考表注释清楚,满足档案的准确性要求。

(3)系统性。国家地下水监测项目档案组卷合理,能够保持文件之间的有机联系,主题明确,案卷排列有序,前后关联密切,同一主题集中排列,能够反映档案形成的固有规律和工程建设实际情况,满足档案的系统性要求。

(4)安全性。国家地下水监测项目实体档案保管条件符合档案管理的安全要求,有符合档案安全保管要求的专用档案库房,配备有防火、防盗、防尘、防虫、防光、防潮等设施设备,制定了档案库房管理制度,符合档案库房“十防”要求,能够确保实体档案安全保管。项目电子档案实现即时异地备份、定期异质备份,能够确保系统内电子档案的安全保管。项目实体档案、电子档案满足档案、安全性要求。

5)自评结论

国家地下水监测工程(水利部分)项目档案工作全面完成,按照国家地下水监测工程(水利部分)档案验收评分标准的要求,自检评定等级优良。

2. 监理专项审核

1)专项审核过程

针对整体工程档案整体专项审核工作,力求做到:分类科学、组卷合理、排列有序。严格落实档案归档相关文件要求,对整理好的工程档案编制案卷目录,著录内容翔实;卷内目录著录清楚、准确;页码编写清晰、准确、规范;备考表填写规范;案卷中需文字署名的内容均在案卷备考表中清楚注释,并履行签字手续。

两家监理单位成立了专项审核组,两个项目总监作为主要负责人,监理驻部办及现场抽调监理人员进行配合,对部本级项目和流域、省级单项工程全部已移交工程档案,进行专项审查。在确保全局档案资料检查无遗漏的基础上,着重对各级档案验收提出的问题整改情况进行核查,进一步保证工程档案真实、完整、准确。

工程档案资料审查完成后,两家监理单位相关人员对所有档案又进行了进一步梳理完善,针对存在的问题,确定责任单位,逐项落实整改,确保整改后档案资料规范、完整、系统,满足归档要求。

2)专项审核评价

监理公司审核后,分别从完整性、准确性、系统性三个方面,对国家地下水监测工程(水利部分)档单工作进行了评价:

(1)完整性。工程档案管理有序,整编规范,案卷题名表述恰当、完整,标段主要工程内容表述清楚;竣工图在原施工蓝图上进行打划、修正、进行说明,盖档号章逐张编码;卷内目录,备考表填写说明清楚。

(2)准确性。工程档案分类及编目准确,记录与所述对象保持一致,记录准确。

(3)系统性。工程项目各参建单位档案管理体制健全、档案形成过程管控有力、安全设施设备和防护措施、档案编制符合《科学技术档案案卷构成的一般要求》,完成了项目档案的分类、组卷、编目等整理工作,且案卷整齐划一、排架合理;有专用电脑进行管理档案资料;照片档案符合《照片档案管理规范》要求;部分实现了档案信息化管理。

综上所述,经监理单位审核,国家地下水监测项目整体工程档案收集齐全、内容完整真实、签章手续完备、图纸折叠规范、各项内容标准清晰、案卷排列有序,满足档案完整性、准确性、系统性要求,符合竣工验收及归档条件,同意进行最终档案验收。

3. 档案专项验收

2019 年 12 月底,项目法人向水利部提出国家地下水监测工程(水利部分)项目档案专项验收申请。2020 年 1 月中旬,根据《水利部办公厅关于开展国家地下水监测工程(水利部分)项目档案专项验收的通知》,水利部办公厅会同有关单位对国家地下水监测工程(水利部分)项目档案进行了专项验收工作,会议成立了档案验收组,验收组成员包括:水利部、自然资源部、国家档案局,以及省水文局等相关部门,项目法人和有关施工单位、监理单位代表参加验收会议。验收组依据《水利工程建设项目档案验收管理办法》,实地查看工程现场,观看工程建设专题片,听取项目法人关于项目档案管理及自检情况汇报、监理单位对项目档案审核情况的汇报,对档案有关情况进行质询,抽查了档案收集、治理与管理情况,按照《国家地下水监测工程(水利部分)项目档案专项验收评分标准》进行了量化赋分,经讨论形成验收意见。工程档案专项验收意见主要内容包括:

(1)项目法人根据《国家地下水监测工程(水利部分)项目档案管理办法》,针对本工程点多面广、管理分散等情况,制定了多项档案管理制度,明确了档案收集整理要求。成立了项目档案管理机构,配备专职档案员,建立了由各参建单位档案员参与的档案管理网络体系。建设了专用档案库房,配备相应设施设备,为项目档案保管提供了保障。开发了档案管理系统并全过程开展档案信息化管理,建设过程中利用档案管理系统进行远程检查与指导,完成了纸质档案数字化,实现了信息服务主动化、工作手段智能化,有力提升了档案管理的工作效率和水平。本工程创新了水文基础设施项目档案管理模式,具有一定的先进性。

(2)项目法人按照有关规范制度要求,完成了项目前期准备、工程建设实施、工程验收等阶段形成的各类应归档文件材料的收集、整理工作,规范编制案卷目录、卷内文件目录和卷内备考表。

(3)项目档案中应归档文件材料齐全完整;卷内文件材料字迹清晰、图标整洁,审核签字手续完备,案卷题名较为准确;案卷装订整齐牢固、排列有序,案卷与卷内整理质量总体符合相关标准规范要求,能够反映工程建设管理全过程的实际情况。

(4)建议对存在的问题进行整改,并加强后续相关工作中形成文件材料的收集整理和归档。

工程档案专项验收结论:验收组按照《国家地下水监测工程(水利部分)项目档案专项验收评分标准》,经过讨论赋分,国家地下水监测工程(水利部分)项目档案验收评定为优良,同意通过验收。

11.7.2 消防专项验收

消防验收是指消防部门对企事业单位竣工运营时进行消防检测的合格调查,施工单位进行消防验收时需要消防局进行安全检测排查,同时需要出具电气防火检查合格证明文件,电气消防检测已被国家公安部列入消防验收强制检查的项目。

2020年5月,公安部发布了关于废止《建设工程消防监督管理规定》的决定(公安部令第158号),消防验收由公安部负责改为住房和城乡建设部负责。

为了加强建设工程消防设计审查验收管理,保证建设工程消防设计、施工质量,根据《中华人民共和国建筑法》《中华人民共和国消防法》《建设工程质量管理条例》等法律、行政法规,住房和城乡建设部制定了《建设工程消防设计审查验收管理暂行规定》(中华人民共和国住房和城乡建设部令第51号),自2020年6月1日起施行。

11.7.2.1 消防验收规定

(1)建设工程实行消防验收制度。

建设工程竣工验收后,建设单位应当向消防设计审查验收主管部门申请消防验收;未经消防验收或消防验收不合格的,禁止投入使用。

(2)建设单位组织竣工验收时,应当对建设工程是否符合下列要求进行查验:

①完成工程消防设计和合同约定的消防各项内容。

②有完整的工程消防技术档案和施工管理资料(含涉及消防的建筑材料、建筑构配件和设备的进场试验报告)。

③建设单位对工程涉及消防的各分部分项工程验收合格;施工、设计、工程监理、技术服务等单位确认工程消防质量符合有关标准。

④消防设施性能、系统功能联调联试等内容检测合格。

经查验不符合前款规定的建设工程,建设单位不得编制工程竣工验收报告。

(3)建设单位申请消防验收,应当提交下列材料:

①消防验收申请表。

②工程竣工验收报告。

③涉及消防的建设工程竣工图纸。消防设计审查验收主管部门收到建设单位提交的消防验收申请后,对申请材料齐全的,应当出具受理凭证;申请材料不齐全的,应当一次性告知需要补正的全部内容。

(4)消防设计审查验收主管部门受理消防验收申请后,应当按照国家有关规定,对特殊建设工程进行现场评定。现场评定包括对建筑物防(灭)火设施的外观进行现场抽样查看;通过专业仪器设备对涉及距离、高度、宽度、长度、面积、厚度等可测量的指标进行现场抽样测量;对消防设施的功能进行抽样测试、联调联试消防设施的系统功能等内容。

(5)消防设计审查验收主管部门自受理消防验收申请之日起 15 日内出具消防验收意见。对符合下列条件的,出具消防验收合格意见:

①申请材料齐全、符合法定形式。

②工程竣工验收报告内容完备。

③设计消防的建设工程竣工图纸与经审查合格的消防设计文件相符。

④现场评定结论合格。

对不符合上述条件的,消防设计审查验收主管部门出具消防验收不合格意见。

(6)实行规划、土地、消防、人防、档案等事项联合验收的建设工程,消防验收意见由地方人民政府指定的部门统一出具。

11.7.2.2　国家中心消防验收

1. 消防预验收

国家地下水监测中心大楼消防改造是在已有大楼消防设施的基础上,根据实际需要,对部分消防设施进行升级改造,主要包括:高压细水雾和气体灭火系统两个部分,在消防施工完成后,正式消防验收之前,项目法人和监理单位对这两个消防升级改造系统进行了预验收。

(1)高压细水雾水系统主要包括消防设备安装、消防管道安装。消防设备包含高压泵组、高压分区电磁阀、细水雾喷头等设备的安装、调试。高压泵组由主泵、增压泵、泵组控制柜、水箱、机架及连接管道等组成;消防管道安装包含管道及管道附件的安装、管路系统的水压强度试验。预验收前,施工单位对整个系统进行单机调试(试运转),而后进行系统联合调试,试运行和系统自检合格后,向项目法人和监理单位提出验收申请,而后项目法人和监理单位对进行高压细水雾水系统预验收,预验收结果符合设计规范及验收规范要求。

(2)气体灭火系统主要设备为灭火剂储存容器及系统组件,包括单向阀、容器阀、选择阀、阀驱动装置和喷嘴等。施工单位在设备安装完毕,预验收前,施工单位进行系统调试及功能验收,系统管道压力试验自检合格后,向项目法人和监理单位提出验收申请,而后项目法人和监理共同进行气体灭火系统预验收,验收结果符合设计规范及验收规范要求。

2. 消防专项验收

2018 年底,北京市消防部门对国家地下水监测中心进行消防专项验收,并出具《建设工程消防验收意见书》,综合评定消防验收结论为合格。

11.7.3 信息系统安全等级保护测评

国家地下水监测工程(水利部分)建设的国家地下水信息系统覆盖全国 1 个国家中心、7 个流域、31 个省(自治区、直辖市)及新疆生产建设兵团、260 个地市,主要内容包括:信息采集传输、计算机网络、硬件设备、数据资源、应用支撑、业务应用和应用交互及安全保障体系和标准规范体系、系统集成等。国家地下水信息系统经水利部专家论证确定安全保护等级为“三级”。之后,取得公安部信息系统安全等级保护备案证明,并通过第三方测评机构的三级等保测评。

11.7.3.1 等保测评规定

为规范信息安全等级保护管理,提高信息安全保障能力和水平,维护国家安全、社会稳定和公共利益,保障和促进信息化建设,根据《中华人民共和国计算机信息系统安全保护条例》等有关法律法规,2007 年,公安部、国家保密局、国家密码管理局、国务院信息化工作办公室制定了《信息安全等级保护管理办法》。该办法分为总则、等级划分与保护、等级保护的实施与管理、涉密信息系统的分级保护管理、信息安全等级保护的密码管理、法律责任、附则,共 7 章 44 条。

1. 等级划分

国家信息安全等级保护坚持自主定级、自主保护的原则。信息系统的安全保护等级应当根据信息系统在国家安全、经济建设、社会生活中的重要程度,信息系统遭到破坏后对国家安全、社会秩序、公共利益以及公民、法人和其他组织的合法权益的危害程度等因素确定。

信息系统的安全保护等级分为五级:

第一级,信息系统受到破坏后,会对公民、法人和其他组织的合法权益造成损害,但不损害国家安全、社会秩序和公共利益。

第二级,信息系统受到破坏后,会对公民、法人和其他组织的合法权益产生严重损害,或者对社会秩序和公共利益造成损害,但不损害国家安全。

第三级,信息系统受到破坏后,会对社会秩序和公共利益造成严重损害,或者对国家安全造成损害。

第四级,信息系统受到破坏后,会对社会秩序和公共利益造成特别严重损害,或者对国家安全造成严重损害。

第五级,信息系统受到破坏后,会对国家安全造成特别严重损害。

2. 等级保护

信息系统运营、使用单位依据《信息安全等级保护管理办法》和相关技术标准对信息系统进行保护，国家有关信息安全监管部门对其信息安全等级保护工作进行监督管理。

第一级信息系统运营、使用单位应当依据国家有关管理规范和技术标准进行保护。

第二级信息系统运营、使用单位应当依据国家有关管理规范和技术标准进行保护。国家信息安全监管部门对该级信息系统信息安全等级保护工作进行指导。

第三级信息系统运营、使用单位应当依据国家有关管理规范和技术标准进行保护。国家信息安全监管部门对该级信息系统信息安全等级保护工作进行监督、检查。

第四级信息系统运营、使用单位应当依据国家有关管理规范、技术标准和业务专门需求进行保护。国家信息安全监管部门对该级信息系统信息安全等级保护工作进行强制监督、检查。

第五级信息系统运营、使用单位应当依据国家管理规范、技术标准和业务特殊安全需求进行保护。国家指定专门部门对该级信息系统信息安全等级保护工作进行专门监督、检查。

3. 等级保护的实施

信息系统运营、使用单位应当按照《信息系统安全等级保护实施指南》具体实施等级保护工作。

在信息系统建设过程中，运营、使用单位应当按照《计算机信息系统安全保护等级划分准则》《信息系统安全等级保护基本要求》等技术标准，参照《信息安全技术　信息系统通用安全技术要求》《信息安全技术　网络基础安全技术要求》《信息安全技术　操作系统安全技术要求》《信息安全技术　数据库管理系统安全技术要求》《信息安全技术　服务器技术要求》《信息安全技术　终端计算机系统安全等级技术要求》等技术标准同步建设符合该等级要求的信息安全设施。

运营、使用单位应当参照《信息安全技术　信息系统安全管理要求》(GB/T 20269—2006)、《信息安全技术　信息系统安全工程管理要求》(GB/T 20282—2006)、《信息系统安全等级保护基本要求》等管理规范，制定并落实符合本系统安全保护等级要求的安全管理制度。

信息系统建设完成后，运营、使用单位或者其主管部门应当选择符合本办法规定条件的测评机构，依据《信息系统安全等级保护测评要求》等技术标准，定期对信息系统安全等级状况开展等级测评。第三级信息系统应当每年至少进行一次等级测评，第四级信息系统应当每半年至少进行一次等级测评，第五级信息系统应当依据特殊安全需求进行等级测评。

信息系统运营、使用单位及其主管部门应当定期对信息系统安全状况、安全保护制度及措施的落实情况进行自查。第三级信息系统应当每年至少进行一次自查，第四级信息系统应当每半年至少进行一次自查，第五级信息系统应当依据特殊安全需求进行自查。

隶属于中央的在京单位，其跨省或者全国统一联网运行并由主管部门统一定级的信息系统，由主管部门向公安部办理备案手续。跨省或者全国统一联网运行的信息系统在各地运行、应用的分支系统，应当向当地设区的市级以上公安机关备案。

4. 系统安全保护等级备案

办理信息系统安全保护等级备案手续时,需填写《信息系统安全等级保护备案表》,第三级以上信息系统应当同时提供以下材料:

(1)系统拓扑结构及说明;

(2)系统安全组织机构和管理制度;

(3)系统安全保护设施设计实施方案或者改建实施方案;

(4)系统使用的信息安全产品清单及其认证、销售许可证明;

(5)测评后符合系统安全保护等级的技术检测评估报告;

(6)信息系统安全保护等级专家评审意见;

(7)主管部门审核批准信息系统安全保护等级的意见。

11.7.3.2 信息系统安全等保测评

国家地下水信息系统是国家地下水监测工程(水利部分)的重要建设内容,该系统主要面向各级水行政主管部门对地下水监测信息的需求,在监测站信息采集传输的基础上,建立覆盖全国7大流域、31个省(自治区、直辖市)及新疆生产建设兵团、280个地市的分布式信息服务系统。按照统一的技术标准,开发业务应用软件,实现地下水信息的自动接收、交换共享和基本应用服务。其核心内容主要包括:建设覆盖全国7大流域机构、31个省(自治区、直辖市)和新疆生产建设兵团的地下水资源数据库,包括所涉及对象的空间数据库和属性数据库;构建包括公共服务、通用工具、业务工具的应用支撑平台;开发主要包括地下水监测信息接收处理、地下水信息查询维护、地下水监测资料整编、地下水资源业务应用、地下水信息交换共享、地下水资源信息发布软件,以及移动客户应用等地下水业务应用软件;制定地下水资源信息系统建设的相关规范标准。

根据《信息安全等级保护管理办法》的规定和要求,2019年,项目法人启动了国家地下水信息系统安全等保测评工作。之后,取得公安部信息系统安全等级保护备案证明并通过第三方测评机构的三级等保测评。

1. 测评流程

按照《信息安全等级保护管理办法》,国家地下水信息系统信息安全等级保护测评工作分为五个阶段,包括:定级、备案、安全建设和整改、信息安全等级测评、信息安全检查。安全等级保护测评流程图如图11-1所示。

2. 系统定级

2019年4月,水利部信息中心在北京主持召开国家地下水信息系统等五个信息系统安全等级保护等级专家评审会。会议成立了专家组,专家组成员分别来自国家信息中心、国家工业信息安全发展研究中心保障技术所、自然资源部信息中心、海关总署科技司、电子水务管理中心,与会专家听取了定级系统定级报告的情况介绍,结果质询和讨论,形成意见如下:

(1)根据国家网络安全等级保护制度相关要求,结合定级系统的业务信息和系统服务的重要程度,国家地下水信息系统安全保护等级为"三级"。

(2)系统定级依据充分、定级合理,专家组同意通过评审。

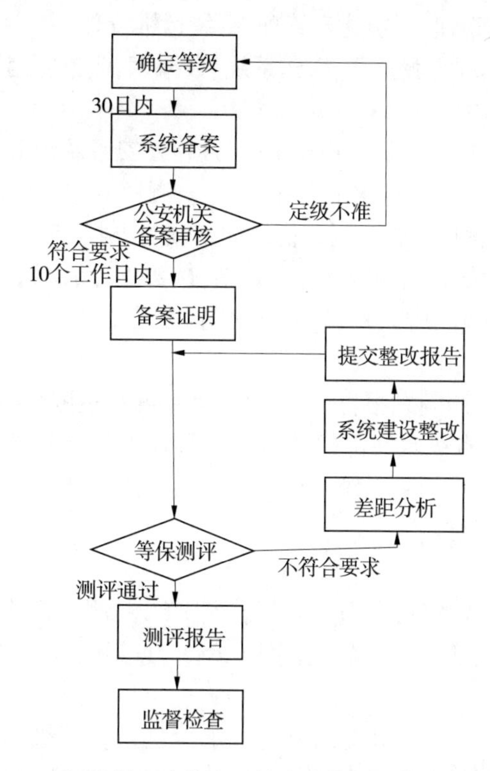

图 11-1　国家地下水信息系统安全等级保护测评流程图

3. 系统报备

2019 年 5 月,项目法人以《关于报送〈国家地下水信息系统安全等级保护定级报告〉的函》将经专家论证的定级材料上报水利部网络安全与信息化领导小组办公室审批,随后到公安机关进行备案。2019 年 8 月,取得公安部信息系统安全等级保护备案证明。

4. 系统测评和整改

1)确定测评机构

国家地下水信息系统安全等级保护测评按照国家网络安全等级保护相关规定,测评机构必须从"全国信息安全等级保护测评机构推荐目录"中选择,部项目办按照规定在目录中选取 3 家单位,与各家进行了沟通和询价,综合考虑业务熟悉度和报价,2019 年 5 月,经会议确认,选择中国软件评测中心承担国家地下水信息系统安全等级保护测评工作。

2)测评内容

由于国家地下水监测系统涉及 1 个国家中心、7 个流域机构、32 个省级水文部门、280 个地市中心、10 298 个地下水监测站,测评机构根据国家地下水信息系统的特点和《信息安全技术信息系统安全等级保护基本要求》(GB/T 22239—2008)第三级的要求,对水利部国家地下水监测中心节点和 2 个流域、4 个省级节点进行测评抽查,开展国家地下水信息系统等级保护评测工作。

测评工作内容包括:

(1)水利部国家中心节点:机房环境,水利部本级电子政务外网及互联网(DMZ)2 个网络域的网络设备和安全设备,服务器、操作系统、数据库,业务应用软件,安全管理制度、安全管理机构、人员安全管理、系统建设管理、系统运维管理。

(2)流域、省级中心节点:服务器、操作系统、数据库、业务应用软件。

3)测评机构差距测评

在差距测评前,测评机构首先根据备案证明,到公安系统里做入场登记,入场登记通过后,部项目办按照测评机构的要求准备测试环境,测评机构入场进行差距测评。

2019年8月底,差距测试结束,测评机构向部项目办提交安全评测问题报告,详细描述了系统物理安全、网络安全、主机安全、操作系统、数据库、应用安全、数据安全、安全管理制度等方面存在的高风险、中风险、低风险问题。

4)组织整改

测评机构提交安全评测问题报告后,项目法人高度重视测评中存在的问题,部项目办联合7个流域机构、32个省级水文部门项目建设管理人员和软件开发单位,针对发现的安全问题开展了国家地下水信息系统安全问题整改工作,提出了高风险问题清零、中风险问题个别、低分险少量的目标。

5)等保测评

整改结束后,部项目办通知测评机构进行等保测评,测评机构复测整改项目。之后,测评机构根据等保测评复测结果,编制国家地下水信息系统等级测评报告。

6)总体评价

2019年9月,测评机构正式提交国家地下水信息系统等级测评报告。报告认为,通过对信息系统基本安全保护状态的分析,系统运营单位针对国家地下水信息系统面临的主要安全威胁采取了相应的安全机制,基本达到保护信息系统重要资产的作用。总体评价结论如下:

(1)安全责任制方面:安全管理机构较为完善,责任明确。全管理机构较为完善,责任明确。成立了指导和管理信息安全工作的领导小组,其最高领导由单位主管领导委任,并配备了一定数量的系统管理员、网络管理员及专职的安全管理员。

(2)管理制度体系方面:已建立较为完整的信息安全保障制度体系。具有安全策略、管理制度、操作规程等构成的信息安全管理制度体系,并定期对安全管理制度进行检查和审定,对存在不足或需要改进的安全管理制度进行修订。

(3)基础设施与网络环境方面:网络、主机层面采取充分的冗余措施并实施安全加固。

(4)安全控制措施方面:在防攻击、防病毒、身份认证、审计方面措施较为完备。网络边界处部署防护墙和防毒墙可防范病毒、攻击;对设备IP/MAC地址进行绑定;网络设备、安全设备和服务器用户口令复杂度符合要求,对用户权限进行划分,并开启了日志审计功能。

(5)应用安全方面:通过单点系统进行登录管理,启用了用户身份标识唯一性检查功能;访问控制功能有效,不能越权访问未授权功能,实现了管理用户的权限分离;应用系统提供了覆盖到每个用户的安全审计功能,对应用系统重要安全事件进行审计;用户口令采用AES加密传输。

(6)数据保护方面:敏感数据加密存储保证存储过程中数据的保密性。

(7)系统规划与建设方面:结合系统的安全需求设计方案,在定级、备案、测评、整改等方面严格按照等级保护的工作要求。

(8)系统运维管理方面:已建立包括基础设施、应用、安全等各个层次的运维保障和监控体系。

通过对国家地下水信息系统基本安全保护状态的分析,国家地下水信息系统等级测评结论为基本符合。

11.8　整体工程竣工验收

按照《水利工程建设项目验收管理规定》《水文设施工程验收管理办法》《国家地下水监测工程(水利部分)验收管理办法》的要求,整体工程竣工验收由水利部主持,项目法人具体负责整体工程竣工验收准备工作。2019 年 9 月底,项目法人单位在全部单项工程通过完工验收后,项目法人按照规定进行了工程技术鉴定,编制了整体工程竣工财务决算和财务决算审查、审计工作,并通过了档案专项验收、整体工程技术预验收。2020 年 1 月 16 日,水利部组织了国家地下水监测工程(水利部分)整体工程竣工验收。

11.8.1　技术鉴定

根据《国家地下水监测工程(水利部分)项目验收管理办法》(水利部水文〔2017〕190 号)、《水利工程建设项目验收管理规定》(水利部第 30 号令)等相关文件要求,受项目法人委托,2019 年底,国家地下水监测工程(水利部分)接受了第三方技术鉴定工作。

11.8.1.1　鉴定内容

1. 监测站网布设技术鉴定

对国家地下水监测工程(水利部分)共布设建成的监测站网完成情况进行技术鉴定。整理全国、流域、各省级单位和特殊类型区地下水监测站网整体建设目标和任务;鉴定地下水监测站建设是否符合测站设计规范和标准;总结全国、各流域机构和特殊类型区建设成果;对地下水监测站点变更情况进行分析归纳;评估所完成的监测站网建设规模、密度、合理性等方面是否达到设计要求。

2. 监测站建设技术鉴定

以初设报告及各单项工程的初设文件为依据,整理监测站建设的目标和任务;查阅各单项工程的技术预验收报告及完工鉴定书等项目相关资料,对照监测站建设目标和任务,鉴定总体建设情况,统计监测站的设计变更情况,评价监测站建设的完成情况;同时选取黑龙江、陕西、河北、天津、广西等 6 省的 16 个监测站进行现场抽查,对监测井抽查包括核对编码及位置,井深、井管材料、规格等是否符合设计要求;附属设施抽查内容主要包括水准点及标识、保护桶、标识牌等是否已安装,安装是否符合设计标准;仪器设备抽查主要包括是否正确安装、设备仪器的电池电压是否正常、自动采集数值是否符合误差范围要求等。

3. 各级监测中心建设技术鉴定

对地下水监测工程(水利部分)中国家地下水监测中心 1 个、流域监测中心 7 个、省级监测中心 32 个、地市级分中心 280 个的建设情况进行技术鉴定。国家地下水监测中心的鉴定任务包括:生产业务用房购置和室内环境;信息接收、传输、存储、分析、服务等系统软硬件;地下水常规和应急水质分析实验等仪器设备;监测数据的完整率、准确率、及时率和交换率。流域地下水监测中心待鉴定的建设任务包括:服务器等硬件设备;数据库管理、地理信息等系统软件;业务应用软件;流域监测中心数据交换率。省级地下水监测中心的鉴定任务包括:服务器等硬件设备;数据库管理、地理信息等系统软件;省级地下水监测中心数据到报率;业务应用软件。陕西省监测中心网络环境。地市级分中心的鉴定任务包括:服务器等硬件设备;数据库管理、地理信息等系统软件;业务应用软件;地市级分中心数据交换率;巡测维护设备。

4. 应用软件技术鉴定

通过查阅设计文档,明确各业务应用软件技术设计要求,查看软件系统、成果报告,对照要求梳理建设完成情况。整理各级监测中心业务应用软件配置和定制目标,查看业务应用软件试运行报告、技术预验收报告和完工验收报告等,对照目标梳理建设完成情况。测试国家地下水监测中心各软件模块功能完整性,测试系统性能及标准数据库结构规范性。抽查1个流域中心,检查业务应用软件定制情况,抽查业务应用软件部分功能;开展标准数据库结构规范性抽查工作。抽查6个省级中心的业务应用软件部分功能及标准数据库结构规范性;抽查信息源建设情况。抽查若干个地市级分中心的业务应用软件及标准数据库结构的规范性。

5. 典型区地下水模型技术鉴定

通过查阅设计文档,明确典型区地下水模型的技术设计要求;整理典型区地下水模型建设目标和任务,检查相关数据库建设、地下水模型建设、系统开发及系统集成等任务完成情况;查看软件系统、成果报告,对典型区地下水模型的功能及性能进行测试。

6. 信息总集成技术鉴定

查阅设计文档、项目管理办法、信息共享办法等资料,厘清本工程信息集成所需达成的各目标、建设内容,以及对应建设成果;查阅项目所建设的各标准规范文档、技术审查报告、发布实施办法等资料,确定标准规范建设完成情况;抽查1个流域中心、6个省级中心、若干地市级分中心的标准规范应用情况;查阅相关设计文档等保安全评测文档等资料,现场查看国家地下水监测中心网络环境及安全设备设施配置情况,分析地市、省、流域、水利部四个层级之间数据传输交换建设完成情况,全面测试国家地下水监测中心数据交换率,抽查1个流域中心、6个省级中心、若干地市级分中心等数据交换率;查阅数据交换管理办法、网络建设方案、系统测试报告等资料,抽查若干时段所交换的数据,现场检测数据交换功能与性能。

7. 工程总体建设完成情况及试运行技术鉴定

以《国家地下水监测工程初步设计报告》、《国家地下水监测工程(水利部分)验收管理办法》、《水利工程建设项目验收管理规定》(水利部令第49号)、《国家地下水监测工程(水利部分)单项工程完工验收实施细则(试行)》等文件,对比工程完成情况,找出设计变更内容,分析工程试运行期的试验和观测成果,评估工程整体完成情况,同时核对工程试运行情况。整理建设任务整体完成情况;整理建设成果与初步设计的对比情况;检查系统的整体试运行情况,提出评价与建议。

11.8.1.2 鉴定结论

国家地下水监测工程技术鉴定项目组全面收集了本工程的设计、建设、试运行和单项工程验收等相关资料；现场抽查了国家地下水监测中心、1 个流域中心、6 个省级监测中心、9 个地市分中心的建设运行和软硬件配置等情况，以及 16 处地下水监测站的建设运行及仪器设备配置使用等情况；抽查了 2019 年 7~11 月监测数据的到报率、完整率、交换率和及时率等指标，初步分析了异常水位数据情况；对数据库、应用软件、标准规范、网络安全、水利部与自然资源部地下水监测数据共享交换等建设情况进行了抽查和分析。形成主要技术鉴定结论如下：

(1)本工程全面完成了批复的《国家地下水监测工程初步设计报告》(水利部分)及设计变更的建设任务，建设完成地下水监测站点 10 298 个(新建 7 757 个、改建 2 541 个)、国家中心 1 个、流域中心 7 个、省级监测中心 32 个、地市分中心 280 个，开发完成国家地下水监测信息应用服务系统 1 套，包括应用软件 12 个和关中平原典型区、海河流域典型平原区地下水模拟与应用平台 2 套。

(2)本工程建设技术指标与功能要求符合相关技术规范。本工程建设完成覆盖全国主要平原区、盆地和岩溶山区约 350 万 km^2 的地下水自动监测站网，自动监测站密度达到 5.8 个/千 km^2(2 部)，站点布局较为完整、合理；新建站和改建站质量验收合格；10 298 个监测站全部实现了数据自动采集与传输，监测仪器设备运行正常；21 部项目标准规范符合设计要求，有效地指导和保障了项目的顺利完成；各级监测中心软硬件设施配置与设计数量和技术要求相符，硬件设备质量合格；国家中心建设的水质实验室、档案室、机房等符合初步设计和设计变更的技术与功能要求；各级中心数据库建设及应用软件的开发和运行符合设计要求，运行情况良好，实现了各级中心地下水监测信息的接收、处理、存储、交换共享和应用服务等功能；信息系统通过了三级安全等级保护测评，符合核定要求；2 套地下水模拟与应用平台功能符合设计要求，运行基本正常；制定了运行维护制度，落实了运行维护单位及经费。

(3)经抽查 2019 年 7~10 月数据，国家地下水监测中心总体评价得分达到优秀(97.81)。2019 年 7~10 月，国家地下水监测中心水位月到报率 97.73%，其中 25 个省为优秀(95%以上)，6 个为良好(85%~95%)，1 个为合格(75%~85%)；水位数据月内日均到报率 94.61%，其中 25 个省为优秀(90%以上)，4 个为良好(80%~90%)，1 个合格(70%~80%)，2 个不合格(70%以下)；水位数据完整率 93.96%，其中 25 个省为优秀(90%以上)，4 个为良好(80%~90%)，1 个合格(70%~80%)，2 个不合格(低于 70%)；省级中心与国家中心水位数据交换率 99.47%；32 个省级中心均达到优秀水平(95%以上)。地下水水位异常数据(埋深大于井深或埋深小于 2 m)比率小于 0.03%，数据质量好。2019 年 11 月 16~20 日，全国水位监测数据 24 h 内到国家中心的及时率为 83.11%，及时性良好。

(4)本工程建立了水利部、自然资源部国家地下水监测工程信息共享管理办法和机制，实现了两部之间监测数据的交换和共享。经抽查，2019 年 10 月 1~31 日，自然资源部交换到水利部的监测数据水位 491 万余条、水温 495 万余条。

(5)本工程设计理念先进，采用了低功耗、易维护、集成化程度高的先进信息采集传输一体化技术，推进了我国地下水监测技术发展，解决了征地难、野外站点易被破坏等问题；设计开发的应用软件稳定性好、操作便利、实用性较强；解决了原来人工收集、报送、处理数据时效性差、信息服务不及时等问题。本工程的实施大幅度提高了地下水信息采集、传输和应用的现代化水平,有力促进了水文行业信息化发展,为华北地区地下水超采综合治理行动实施、水资源科学调度与优化配置、农业结构调整、工业发展布局和城市发展规划提供重要依据,对土地沙化盐渍化、湿地退化、地面沉降、岩溶塌陷和海水入侵等生态环境问题治理与保护具有重要意义。

工程竣工技术鉴定结论:国家地下水监测工程全面完成了批复的初步设计及设计变更的建设任务,工程质量合格,满足建设要求及相关标准规范;地下水监测系统运行正常,实现了监测数据自动采集传输,建设成效显著,达到工程建设目标要求,在经济社会、生态环境等领域能够发挥重大效益。

11.8.2 财务决算审计

根据《关于国家地下水监测工程(水利部分)项目竣工决算审计的请示》,水利部审计室委托会计师事务所对国家地下水监测工程(水利部分)项目竣工决算进行了审计。

11.8.2.1 审计过程

竣工决算审计依据《基本建设财务规划》《基本建设项目建设成本管理规定》《水利部基本建设项目竣工决算审计暂行办法》等规定进行。

审计过程中,审计组查阅了有关项目批准文件,会计凭证、账簿、报表等财务资料,招标投标、合同(协议)、工程结算等相关资料,采用审查、分析、比较、核对、抽查和分析性复核等方法,重点对工程建设管理、资金管理和使用、概算执行、基本建设支出、交付使用资产、未完工程投资及预留费用等真实性、合法性及竣工财务决算编制的规范性进行了审计,延伸审计了9个省级项目单位、3个流域机构及1个国家地下水监测中心,共13个项目单位。

11.8.2.2 审计结论

2020年1月初,水利部审计室出具了《水利部审计室关于对国家地下水监测工程(水利部分)项目竣工财务决算的审计意见》。财务决算审计意见主要内容包括:

(1)工程完成情况。工程已按初步设计和设计变更完成了全部建设任务。

(2)验收情况。①工程划分为7个流域监测中心、32个省级(含新疆生产建设兵团)监测中心和国家地下水监测中心40个单项工程。项目法人对上述单项工程进行了验收,验收全部通过,质量评价为合格;②2018年12月,北京市石景山区公安消防支队对国家地下水监测中心进行消防专项验收,并出具《建设工程消防验收意见书》(石公消验字〔2018〕第0118号),综合评定消防专项验收结论为合格;③项目法人组织对40个单项工程档案进行了验收,单项工程档案验收全部通过,合格率100%。

(3)建设管理机构。水利部与原国土资源部成立了两部项目协调领导小组,负责指导协调项目建设工作,研究解决涉及两部有关项目建设重大问题。领导小组下设办公室,分别设在两部项目法人单位,并由两部项目法人单位组建国家地下水监测中心管委会。项目法人组建了水利部国家地下水监测工程项目建设办公室,具体负责地下水项目建设管理等工作;各流域机构水文局成立相应的流域项目部,配合做好本级工程的建设管理工作,协助部项目办监督检查流域片内省级项目的建设管理工作;各省级水文部门成立了项目办,负责本级工程的建设管理工作。

(4)制度建设情况。为了规范和加强地下水项目管理,水利部印发了项目建设、资金使用、档案管理等办法;项目法人制定了招标投标实施办法、设计变更调整补充规定、项目资金报账管理暂行办法等制度;部项目办制定了内部财务管理办法、合同管理办法、监测站施工质量和安全监督检查手册等内控制度,为地下水项目顺利实施提供了制度保障。

(5)招标投标情况。项目法人采用授权各流域机构、委托各省级水文部门负责本级工程建设任务的招标管理工作;国家监测中心,全国信息服务基础软硬件、巡测和采样设备、业务应用软件、设计和监理等由项目法人统一招标。招标委托具有甲级资质的招标代理机构进行,并在中国采购与招标网、中国政府采购网、水利部网站等媒体发布招标公告,严格按相关规定和程序进行评标,确定中标单位。

(6)建设监理情况。项目法人以公开招标的方式确定,第1标段中标单位为北京燕波工程管理有限公司,负责北京、天津、河北及新疆生产建设兵团等15个单项工程的监理工作;第2标段中标单位为长江工程监理咨询有限公司(湖北),负责国家地下水监测中心、各流域监测中心,以及安徽、江苏、山东等25个单项工程的监理工作。监理单位在部项目办设立监理部,在省级水文部门设项目办,地市水文部门设立项目组,制订了年度监理工作计划和实施细则,通过加强合同管理与组织协调,对工程投资、进度和质量等跟进控制。

(7)合同管理情况。项目法人根据《合同管理办法》等相关规定,加强合同管理,明确了相应职责,按照分工对合同实施管理。审计未见合同纠纷。

(8)资金到位情况。截至审计基准日,工程项目资金全部到位,全部为中央财政预算内投资。

(9)概算执行情况。工程项目概算投资、送审完成投资数、审定完成投资数一致。

(10)设计变更及预备费动用情况。该工程无重大设计变更,设计变更由项目实施单位提出申请、监理审核、部项目办委托设计院复核、部项目办审查或审定,项目法人批复同意,项目法人集中报水利部备案。2016年9月,项目法人以《关于动用国家地下水监测工程(水利部分)基本预备费的批复》批准动用全部预备费。

(11)财务管理及竣工财务决算编制情况。地下水项目资金由项目法人集中管理,统一支付,单账核算,专款专用。项目法人根据招标结果与中标单位签订合同,按照合同约定,办理国库集中支付手续完成工程价款结算,会计核算较为清晰,财务管理基本规范。项目法人开展资产及债权债务清理,收集整理工程和财务资料,测算未完工程投资及预留费用等,按照《水利基本建设项目竣工财务决算编制规程》(SL 19— 2014)的要求编制完成40个单项工程竣工财务决算,并在此基础上汇总编制了地下水项目竣工财务决算。地下水项目竣工财务决算编制基准日为2019年10月31日。

(12)历次稽查、审计等发现问题及整改落实情况。2017年1~4月,水利部审计室对地下水项目进行了中期审计,提出了部分合同管理不规范、票据使用不合规、工程资料不够规范、个别投标文件资质审查不严等问题。2017年7月,项目法人以《关于报送国家地下水监测工程(水利部分)的中期审计意见整改情况报告》将整改落实情况上报水利部审计室。

(13)审计建议。①建议项目法人进一步强化合同管理,提高风险防范意识,加强对合同签订环节的监管力度,确保合同有效履行;②建议项目法人督促项目施工单位,查找原因并积极整改,严格按照设计文件和施工合同的要求进行施工,并对其施工的工程质量负责;③建议项目法人加强对监理工作的规范管理,督促监理单位严格按照相关规定及监理合同全面履行职责,确保达到项目规定的工期目标和工程质量,控制合理的工程投资;④建议项目法人加强对施工单位的规范管理,督促施工单位严格按照相关规定及施工合同全面履行职责,确保工程达到设计要求。

(14)审计评价。该工程项目已按批准的初步设计内容建设完成,投资控制有效。项目法人基本落实了项目法人责任制、招标投标制、建设监理制和合同管理制,内部控制制度基本健全,财务管理较规范,会计核算较清晰。

工程竣工财务决算的审计结论:项目法人组织编制的地下水项目竣工财务决算基本符合《基本建设财务规则》和《水利基本建设项目竣工财务决算编制规程》(SL 19—2014)的有关要求,客观反映了地下水项目投资完成情况,问题整改落实后,可以作为竣工验收的依据。

11.8.3 竣工技术预验收

根据水利部《水利工程建设项目验收管理规定》和《国家地下水监测工程(水利部分)验收管理办法》规定,国家地下水监测工程竣工验收分为技术预验收和竣工验收两个阶段进行,整体工程竣工正式验收前,应进行技术预验收。

按照水利部办公厅《关于召开国家地下水监测工程竣工验收会议的通知》, 2020 年 1 月 15~16 日,水利部组织了国家地下水监测工程竣工技术预验收,会议成立了专家组,专家组由 16 位专家组成,专家组现场考察了国家地下水监测中心、北京市地下水监测站等,听取了项目法人及相关单位关于工程建设管理、设计、监理、运行管理准备、技术鉴定及系统功能的汇报,查阅了有关资料,进行了认真讨论,形成了《国家地下水监测工程(水利部分)竣工技术预验收意见》。技术预验收主要结论包括:

(1)工程完成情况。本工程已按批复的初步设计内容和设计变更内容全部建设完成;所有工程建设内容变化均已履行设计变更手续。

(2)工程验收。单井验收由监理单位组织业主委托的现场管理单位、设计单位、施工单位进行。10 143 个单井全部通过验收,单井质量评价为合格;合同工程完工验收部本级工程及部项目办统一招标的合同,由部项目办主持验收;流域管理机构或省级水文部门招标的本级工程合同,由流域管理机构或省级水文部门主持验收。合同工程全部通过验收,合同工程质量评价为合格; 40 个单项工程包括:国家地下水中心 1 个,流域管理机构 7 个,省(自治区、直辖市)和新疆生产建设兵团 32 个。单项工程完工验收由项目法人主持,受项目法人委托,部项目办承办本级及流域和省级单项工程完工验收。项目法人和部项目办组织设计、监理、流域水文局或省级水文部门对 40 个单项工程进行完工验收,全部通过验收,工程质量评价为合格。

(3)消防专项验收。2018 年 12 月 6 日,北京市石景山区公安消防支队对国家地下水监测中心进行消防专项验收,于 12 月 11 日出具《建设工程消防验收意见书》(石公消验字〔2018〕第 0118 号),综合评定消防验收结论为合格。

(4)档案专项验收。2020 年 1 月 13~14 日,水利部对本工程项目档案进行专项验收,验收结论为:项目档案中应归档文件材料齐全完整,案卷整理质量总体符合相关标准规范要求,项目档案评定为优良,同意通过验收。

(5)信息系统安全等级保护测评。2019 年 5~9 月,中国软件评测中心受项目法人委托,对国家地下水信息系统进行了三级等级保护测评,测评系统总得分 84.08 分,测评结论为基本符合,并已向公安部备案。

(6)软件测试。项目法人委托相关单位,对本工程统一开发部署的 10 套业务应用软件的功能性、稳定性、性能效率等质量特性进行了测试,测试中发现的问题已全部完成整改,软件全部通过测试。

(7)技术鉴定。2019 年 10~12 月,项目法人委托相关单位,按照国家和水利部的有关标准,对国家中心进行了系统和全国数据测试,对 1 个流域中心和 6 个省级中心应用系统和数据及 16 个监测站进行了抽查工作,完成了技术鉴定。

(8)工程质量。监理单位对工程各阶段进行了全程监理,对工程进行了质量控制,认为工程质量控制正常,无重大质量问题,工程质量合格。工程建设质量符合技术规定和相关标准规范要求,工程质量合格。

(9)工程运行管理。工程运行管理单位为水利部信息中心,其内设的水利部水文水资源监测评价中心(水利部国家地下水监测中心)负责具体运行管理工作,运行管理经费纳入中央财政预算。

(10)工程初期运行及效益。工程试运行期间工程运行正常,整体工程运行稳定、可靠,达到了初步设计要求,工程初期运行效益显著。

(11)遗留问题。工程各单项工程验收和竣工验收技术鉴定报告提出的问题均得到解决。

(12)财务审查情况。该项目竣工财务决算报送资料基本齐全,竣工财务决算内容基本完整,表间关系基本清晰准确,符合《水利部基本建设项目竣工财务决算管理暂行办法》等相关要求,同意通过审查,申请竣工决算审计、竣工验收。

(13)审计情况。历次审计发现问题及整改落实情况已上报水利部审计室。审计认为,本工程已按批准的初步设计内容建设完成,投资控制有效。项目法人组织编制的竣工财务决算基本符合《基本建设财务规则》和《水利基本建设项目竣工财务决算编制规程》的有关要求,客观反映了本工程投资完成情况,问题整改落实后,可以作为竣工验收的依据。

(14)意见和建议。工程验收投入运行后,各级运行管理单位要加强系统运行管理、监测和维护,保障系统的正常运行,充分发挥工程效益;鉴于工程在国家水安全战略中的重要作用,需进一步加强信息系统网络安全建设;进一步加强监测仪器设备研究,优化数据传输网络和业务应用软件功能,加快现有技术标准的修订。

工程竣工技术预验收结论:该工程已按批复完成了各项建设任务,建设管理规范,工程质量合格,系统运行可靠,达到了预期目标;财务管理较规范,会计核算清晰,投资控制有效,竣工财务决算已经过审查、审计;工程档案、消防、网络安全已通过专项验收;工程运行管理机构健全,运行管理经费已落实,工程经过试运行考验,运行正常,效益显著。专家组同意本工程通过竣工技术预验收。

11.8.4 竣工验收

2014年7月,国家发展和改革委员会批复《国家地下水监测工程可行性研究报告》(发改投资〔2014〕1660号),要求按照“联合规划、统一布局、分工协作、避免重复、信息共享”的原则,由水利部和自然资源部(原国土资源部)联合实施。2015年6月8日,发展和改革委批复《国家地下水监测工程初步设计概算》(发改投资〔2015〕1282号)。2015年6月10日,水利部和原国土资源部联合批复《国家地下水监测工程初步设计报告》(水总〔2015〕250号)。国家地下水监测工程(水利部分)于2015年9月开工,2019年9月全面完成工程建设任务。根据《国家地下水监测工程(水利部分)验收管理办法》(水文〔2017〕190号),项目法人组织完成了32个省级(含新疆生产建设兵团)、7个流域和1个国家监测中心共40个单项工程完工验收(含档案验收),通过了技术鉴定、竣工财务决算审查和审计、专项验收、竣工技术预验收等,具备了竣工验收条件。

2020年1月16日,水利部组织了国家地下水监测工程(水利部分)竣工验收会议,会议成立竣工验收委员会。竣工验收委员会听取了工程建设管理工作报告、竣工技术预验收意见汇报,查阅了有关工程资料,经过充分讨论,形成了《国家地下水监测工程(水利部分)竣工验收鉴定书》。竣工验收鉴定书主要内容包括:

(1)工程完成情况。本工程已按批复的初步设计内容和设计变更内容全部建设完成。

(2)工程验收。本工程10 143个单井全部通过验收,单井质量评价为合格。236个合同工程全部通过验收,合同工程质量评价为合格。40个单项工程全部通过验收,工程质量评价为合格。

(3)专项验收。①消防专项验收:2018年,北京市石景山区公安消防支队对国家地下水监测中心进行消防专项验收,出具《建设工程消防验收意见书》(石公消验字〔2018〕第0118号),综合评定消防验收结论为合格;②档案专项验收:工程整体竣工验收前,水利部档案管理部门对本工程档案进行专项验收,验收结论为:项目档案评定为优良,同意通过验收。

(4)信息系统网络安全等级保护评价。2019年5~9月,国家地下水信息系统通过了中国软件评测中心三级等级保护测评,测评结论为基本符合,并已向公安部备案。

(5)软件测试和技术鉴定。①统一开发的10套业务应用软件通过了中国软件评测中心的测试。②2019年12月,南京瑞迪水利信息科技有限公司完成了技术鉴定。技术鉴定认为:本工程全面完成了批复的初步设计及设计变更的建设任务,工程质量合格,满足建设要求及相关标准规范;地下水监测系统运行正常,实现了监测数据自动采集传输,建设成效显著,达到工程建设目标要求,在经济、社会、生态环境等领域能够发挥重大效益。

(6)工程质量。①监理质量评价:监理单位对本工程各个阶段施工过程进行了质量控制,认为本工程质量控制正常,无重大质量问题,工程质量合格;②技术鉴定对工程质量评价:技术鉴定认为工程建设质量符合技术规定和相关标准规范要求,工程质量合格。

(7)财务审查情况。2019年12月30日,《水利部办公厅关于印发国家地下水监测工程(水利部分)项目竣工财务决算审查意见的通知》(办财务〔2019〕271号),同意通过审查,申请竣工决算审计、竣工验收。

(8)审计情况。2019年11~12月,水利部审计室对工程经财务决算进行了审计,认为工程已按批准的初步设计内容建设完成,投资控制有效。问题整改落实后,可以作为竣工验收的依据。

(9)历次验收、财务审计及相关鉴定主要问题处理情况。工程各单项工程验收和竣工验收技术鉴定报告提出的问题均得到解决。

(10)工程运行管理情况。工程运行管理单位为水利部信息中心。信息中心内设水利部水文水资源监测评价中心(水利部国家地下水监测中心),负责具体运行管理工作,运行管理经费纳入中央财政预算。

(11)工程初期运行与效益。工程于2019年下半年投入试运行,目前工程运行稳定、可靠,达到了初步设计要求。工程数据已应用于并将持续服务于我国最严格的水资源管理、生态环境问题治理与保护、科学研究等。在华北地下水超采综合治理、河湖地下水回补试点、南水北调工程评价中发挥了重要作用。

(12)竣工技术预验收。2020年1月15~16日,水利部主持进行了国家地下水监测工程(水利部分)竣工技术预验收,竣工技术预验收专家组提交了《国家地下水监测工程(水利部分)竣工技术预验收意见》,同意工程通过竣工技术预验收。

(13)意见和建议。①工程验收投入运行后,各级运行管理单位要加强系统运行管理、监测和维护,保障系统的正常运行,充分发挥工程效益;②鉴于本工程在国家水安全战略中的重要作用,需进一步加强信息系统网络安全建设;③进一步加强监测仪器设备研究,优化数据传输网络和业务应用软件功能,加快现有技术标准规范的修订。

工程竣工验收结论:该工程已按批复完成了各项建设任务,建设管理规范,工程质量合格,系统运行可靠,达到了预期目标;财务管理较规范,会计核算清晰,投资控制有效,竣工财务决算已经过审查、审计;工程档案、消防、网络安全已通过专项验收;工程运行管理机构健全,运行管理经费已落实,工程经过试运行考验,运行正常,效益显著。竣工验收委员会同意国家地下水监测工程(水利部分)通过竣工验收。

11.9　经验小结

11.9.1　规章制度先行

国家地下水监测工程点多面广,涉及部中心、流域、省、地市,建设内容既包括水文地质勘察、土建钻探施工、大楼装修改造,也包括信息系统软件开发、信息采集仪器设备、信息存储、信息传输与交换、计算机网络;参建单位众多,在每个单位中,又涉及建设管理、信息管理、财务管理,以及运行管理等多个部门,建设管理情况复杂,难度协调难度大、管理难度大、技术复杂,是一个集传统行业和高科技于一体的复杂的工程建设项目。因此,在建设初期,部项目办就制定了《国家地下水监测工程(水利部分)验收管理办法》,之后又结合工程实际情况,印发了《国家地下水监测工程(水利部分)监测站建设合同工程完工验收规定》《国家地下水监测工程(水利部分)监测井合同验收要求》《国家地下水监测工程(水利部分)仪器设备验收手册(试行)》《国家地下水监测工程(水利部分)单项工程完工验收实施细则(试行)》等一系列工程验收规定、验收要求、验收细则,规范工程的验收工作,在工程建设过程中,提前规范建设行为。项目建设的实践证明,这一系列类似的规范和规程的制定,为项目建设的顺利实施奠定了良好基础,确保了项目实施和验收工作的成功进行,不仅为各地的地下水工程建设广泛采用,而且对其他行业也具有重要示范作用。

11.9.2　严把验收质量关

工程验收是由建设单位、施工单位和项目验收委员会,以项目批准的设计任务书和设计文件,以及国家或部门颁发的施工验收规范和质量检验标准为依据,按照一定的程序和手续,在项目建成并试生产合格后(工业生产性项目),对工程项目的总体进行检验和认证、综合评价和鉴定的活动。工程验收是对建设成果的全面考核,确保工程项目能够按设计指标和要求正常使用,是建设项目建设全过程的最后一个程序,是建设成果转入生产使用的标志,审查投资使用是否合理的重要环节,也是建设项目转入投产使用的必要环节。严把工程验收质量关为提高工程建设项目的经济效益和管理水平提供了重要依据。

11.9.3　档案质量体现工程质量和工程管理水平

建设工程档案的质量是建设工程质量的重要组成部分,表面上看,工程档案是一个静态的概念,而工程建设是一个动态的过程。但实际上,工程档案管理不是一个单独的、孤立的行为,而是工程建设管理的一部分。工程档案质量好,反映工程管理规范、工程管理人员素质高、工程质量好。据统计,所有获得"鲁班奖"的工程建设项目,对建设工程档案管理都是非常重视的,都非常重视档案的真实性、完整性,包括施工现场拍照、录像等方面,档案编制认真细致、精益求精。

工程档案对于工程质量评价还有一个非常重要的作用,就是在工程建设过程中,许多工序的内容是要被下一道工序所掩盖的,也就是隐蔽工程。对这一部分建设任务,在工程竣工时我们是看不到的,也难以检测得到,我们只能根据掩盖前的照片、录像、图纸以及各种现场记录对这一部分工程内容,对施工组织和施工现场的质量控制进行评价,工程档案在此的作用无可替代。国家地下水监测工程中的监测井建设就是一个典型的隐蔽工程,由于监测井主体工程深入地下,建成后很难进行直接检测,通过表面建筑很难判断实际建设质量情况,因此通过施工现场照片、录像、记录等,可以清晰地回顾工程建设情况,辅助判断监测井的工程质量。因此,工程档案验收环节是重要的,也是必不可少的。

11.9.4　提高验收意识

工程验收是对工程建设情况的全面检验,在建设过程中,不仅要严格遵守设计图纸和各项工程建设规范要求,还要有验收意识,工程建设的同时,要拿验收规范要求去指导建设工作,这样才能既确保工程建设有好的质量,也能更加适应验收的考验。国家地下水监测工程在建设过程中,水利部、项目法人、部项目办、流域和省级建设管理部门多次组织监督检查,不仅依据设计图纸和工程建设规范,而且以验收的视角去检查工程建设情况。监理单位在工程建设过程中,对每一个施工完成的地下水监测井,都要进行单井验收,确保了后期工程建设能够顺利通过验收。

第 12 章 运行维护管理

12.1 运维管理需求

国家地下水监测工程运行维护对象是为进行地下水监测而建设的监测站、自动监测系统、信息服务系统、监测中心设施、附属设施,以及国家地下水监测中心大楼、国家地下水监测中心水质化验仪器设备和实验室维护。运行维护管理是国家地下水监测工程能够持续发挥作用的关键,对于保障系统长期、稳定、有效运行,确保监测数据的及时性、准确性和可靠性,掌握我国地下水水位、水质、水温、水量情况,充分发挥工程效益,开展监测工程建设期(2017~2019 年)和建成后(2020 年以后年度)的运行维护工作是十分必要和迫切的。

12.1.1 运维工作的必要性

2015 年 10 月 29 日,十八届五中全会通过的“十三五”规划明确提出“实行最严格的水资源管理制度,建设国家地下水监测系统,开展地下水超采区综合治理”。国家地下水监测工程在现有地下水监测站网的基础上,统筹全国地下水监测能力,形成集地下水信息采集、传输、处理、分析及服务为一体的国家地下水监测系统。项目建成后,可实现对全国主要平原、盆地和岩溶山区 350 万 km^2 的地下水动态有效监控,实时掌握地下水动态情况,为地下水资源的及时分析评价、预警和科学管理提供技术支撑。因此,开展工程运行维护工作和工程建设工作,都是落实国家生态文明建设重大战略的重要举措和必然要求。避免“重建轻管”,管理好工程和建设好工程意义同样重大。

水利部党组高度重视国家地下水监测工程建设工作,历任部长、分管副部长在国家地下水监测工程建设的各个阶段,多次协调,亲自部署。工程立项以后,先后召开了水利部和国土部两部协调领导小组会议 5 次,部长专题办公会议 30 多次,就初步设计、建设管理办法、管理体制、工程招标、建设管理、运行机制、运维经费、两部信息共享等关键环节进行研究和部署。

2014 年 10 月,水利部召开部长专题办公会议,听取国家地下水监测工程项目情况汇报,做出“成立相应机构、搞好总体设计、落实各项责任、进行技术比选、搞好初步设计、出台管理办法、组建管理机构、加强监督管理、明确运行机制、形成工作合力”等十条指示,为项目建设指明了方向。2016 年,水利部部长在《关于国家地下水监测工程项目建设进展情况的汇报》上批示:“这项工作十分重要,意义重大,要抓实做好。水量、水质、水位变化要同步监测,建设与建后管护要一同考虑,相关机制要提前建立。”

在工程建设期间,部领导和有关司局多次赴财政部沟通协调,在全国财政预算压缩的情况下,新增运维经费,实现“边建设、边运行、边发挥工程效益”的目标,开创了水利工程项目的先例。

国家地下水监测工程运行维护工作对于保障工程长期、有效和正常运行起到非常重要的作用,为使国家地下水监测工程持续发挥效益,为社会经济可持续发展、生态文明建设、综合水资源管理提供有力支撑,应提前筹备项目运行管理、建立运行维护制度、测算运维经费等有关事宜。

12.1.2　运维工作主要内容

12.1.2.1　监测站运行维护

为确保监测站正常运行及监测信息可靠,需开展监测站及辅助设施委托看护,监测井井深测量、透水灵敏度试验及清淤洗井,监测井及辅助设施维修,监测设备维修及更换,监测数据采集传输与监测设备现场校测等工作。

1. 监测站委托看护

为确保监测站正常运行,避免遭到破坏,需委托专人对监测站进行看护。

监测站看护是防止监测井、辅助设施及监测设备免遭破坏的有效措施,此工作从监测站建成后立即开展。

2017 年,对 2015 年和 2016 年完成并通过验收的监测站进行委托看护。2018 年开始,所有监测站均已通过验收,需对全部监测站开展看护工作,其中,水位监测站 10 198 个,水位站兼水质自动监测站 100 个。

2. 监测井井深测量、透水灵敏度试验及清淤洗井

监测井使用过程中,由于沉积物附着使得过滤管区域的滤网和滤料出现堵塞现象,另外,由于地下水中极少量的泥沙进入监测井内,随着泥沙的不断沉淀,使得沉淀物厚度超过沉淀管长度,以至于淤堵过滤器,使得监测井内的水位难以真实反映地下水变化的实际情况。根据《地下水监测工程技术规范》(GB/T 51040—2014)和《地下水监测规范》(SL 183—2005),每年需进行一次井深测量和透水灵敏度试验,用以掌握井内淤积物变化情况和过滤管的透水性能,有针对性地开展测井清淤洗井。

井深测量是通过悬锤式水位计等水位/水深测量设备,人工测量监测井井深;透水灵敏度试验指的是向监测井内注入 1 m 井管容积的水量,水位恢复时间是否超过 15 min,如超过 15 min,则应进行洗井。井深测量和透水灵敏度试验现场一次完成。

定期对监测井进行井深测量、透水灵敏度试验及清淤洗井是确保监测井正常运行、监测数据准确可靠的重要保障。根据以往监测井运行情况,新建监测井前三年运行基本正常,因此监测井井深测量、透水灵敏度试验、清淤洗井等工作从 2021 年起开展。

根据以往工作经验并结合井深测量和透水灵敏度试验结果,平均每五年需对监测井进行一次清淤洗井,按照所有监测井五年清洗一遍的原则,每年清淤洗井的监测井数量为所有监测站数量的 20%;除了流量站不进行井深测量、透水灵敏度试验和洗井等工作,其他监测井每年开展井深测量和透水灵敏度试验。

监测井清淤洗井过程中,涉及监测井清淤洗井场地的平整及恢复,包括场地挖槽、排水、场地整理和青苗补偿等工作,在地下水水质采样时,也包括抽水时的场地平整及恢复工作。

3. 监测井及辅助设施维修

监测站看护虽能有效避免监测井及辅助设施免遭破坏,但经济和城镇化进程的快速发展及人为的故意破坏,还存在部分监测井和辅助设施遭到破坏的情况。根据以往测站运行情况,建成后前三年辅助设施基本不需要维修重建,故辅助设施维修重建工作从 2021 年开始。根据《水文基础设施及技术装备管理规范》(SL 415—2007),地下水位观测井的使用年限为 20 年,参考此标准,辅助设施的使用年限取 20 年,即每年需维修辅助设施的数量占所有监测站数量的 5%。监测井维修是对井内异物进行清理、对破损和锈蚀的井管进行修复并固井。根据以往监测井运行情况和监测井质量要求,建成后前三年监测井运行基本正常。监测站辅助设施包括水准点、标示牌、井口保护设施,监测井维修包括过滤器损坏修复和井管损坏修复。监测井维修后,要及时进行监测井固井。

4. 监测设备维修与更换

水位自动监测设备通过"锂电池或干电池"供电(水质自动监测设备一般通过"太阳能电池板"供电,维修标准参考水位站),完成信息采集与传输,随着监测设备的使用,电池电量将逐渐衰弱,为防止因电池电量减弱而引起数据漏测、数据传输不畅等问题,需定期对电池进行更换。根据监测设备信息采集、传输频次和设备厂家标注的电池使用年限,RTU 电池一般 2 年更换一次。综合考虑水位监测设备的使用年限及设备的质保期,对水位和水质监测设备进行必要的维修及更换。

5. 监测数据采集传输与监测设备现场校测

监测设备通过 RTU 和传感器自动采集和传输监测信息,利用 GPRS/SMS 将监测信息传输到各级省级监测中心,水位站和流量站每月传输 180 组数据,每组包括日埋深/泉水位、日水温/泉流量、电压、信号强度、RTU 工作温度、故障码 6 个数据;水质自动监测站每月发送 60 或 30 组数据(重点水质自动监测站,每月传输 60 组数据;一般水质自动监测站,每月传输 30 组数据),每组包括 pH、溶解氧、电导率、浊度、氨氮/氯离子等数据。地下水水位监测设备运行过程中,由于时间漂移和温度漂移等原因,使得自动监测数据产生系统偏离,造成监测数据不准确,根据《地下水监测工程技术规范》(GB/T 51040—2014),地下水水位、水温、水量等自动监测设备应每年校测 1 次,采用人工监测和自动监测比测的方式进行。

12.1.2.2　地市分中心运行维护

国家地下水监测工程(水利部分)建设有 280 个地市级分中心。通过数据库服务器、操作系统、数据库管理软件的配置,地下水信息交换共享、查询维护等业务软件的部署,建立地市级地下水信息系统平台,实现地市地下水监测信息的汇集、存储。

地市级分中心,每日接收、存储从所属省级监测中心传输的监测数据,包括水利部分的监测数据和国土部分的监测数据,对监测数据进行检查,对异常数据进行修改。

1. 基础运行环境

基础运行环境主要承担数据传输的运行管理维护等工作,实现地市级分中心与所属省级监测中心的互联互通,确保数据库服务器等网络硬件设备的稳定运行。

2. 业务应用系统

业务应用系统主要实现地下水监测数据的实时监控和资料整编,运行维护工作量主要包括业务应用软件和商业软件的运行、升级、修复与更新。

业务软件主要有:信息查询与维护、信息交换共享、资料整编和移动客户端;商业软件主要有:数据库管理软件、操作系统。业务软件的开发性维护在国家监测中心进行,地市级分中心进行软件运行性维护工作。

软件(含业务软件和商业软件)的质保期一般为3年,质保期内,软件开发公司负责软件的升级、功能完善及现场服务。质保期后,业务应用系统进入正常的运行维护,运行维护费用包括运行性经费和维护性经费两部分。

3. 巡测设备维修养护

为确保监测数据的准确性,需定期通过人工监测来校对自动监测数据;为确保水质分析样品的正确采集,需定期对水样采集设备进行维修养护。本工程为所有地市分中心配置了水位校准钢尺、悬锤式水位计、地下水水温计、地下水击式采样器、地下水采样器(贝勒管),以及地下水专业取样瓶。

12.1.2.3 省级监测中心运行维护

国家地下水监测工程(水利部分)在31个省(区、市)和新疆生产建设兵团水文部门各建设1个省级地下水监测中心,共32个省级监测中心。通过服务器、接收处理工作站、操作系统、地理信息系统、接收处理、交换共享、水质分析等软硬件配置,建设省级地下水信息系统平台,实现省内地下水监测信息的汇集、存储、分析、处理及发布。

1. 基础运行环境

基础运行环境主要承担数据传输及信息发布平台运行、管理维护等工作,包括保障监测站与省级监测中心连接的数据线路畅通及省级中心与国家中心、流域中心和地市分中心的互联互通,保障应用服务器、数据库服务器等网络硬件设备的稳定运行。

硬件设备主要有:每个省级监测中心各1台应用服务器和数据库服务器,各2台接收处理工作站,以及应用服务器和数据库服务器、接收处理工作站等。陕西省监测中心单独配置路由器、交换机、服务器等设备。

2. 业务应用系统

业务应用系统主要实现地下水监测数据的实时监控、集成应用、统计分析和成果发布,运行维护工作量主要包括业务应用软件和商业软件的运行、升级、修复与更新。

业务软件主要有:接收处理、信息查询与维护、信息交换共享、业务应用、信息发布、地下水水质分析、资料整编、地下水动态分析与评价及移动客户端;商业软件主要有:操作系统、地理信息系统。

3. 数据接收与处理

通过信息接收处理工作站、数据库管理软件及交换共享软件,每日一方面接收并存储从所辖监测站传输的监测数据,另一方面接收从国家中心交换过来的原国土资源部门的监测数据。省级监测中心将所接收到的监测数据(水利和国土),通过信息交换共享软件,将监测信息共享到国家中心、流域中心和地市级分中心。

2018年起工程进入全面试运行阶段,省级地下水监测中心开始接收、存储、传输和共享所辖监测站和国家中心交换过来的国土部门的监测数据。运行维护工作量主要包括水位、水温、泉流量和水质自动监测数据的整理与入库,保障数据库管理软件及中间件的稳定运行。

4. 资料整编

2018 年工程陆续进入试运行阶段,2019 年开始对地下水工程监测站的监测资料进行整编。水利部和自然资源部分别负责各自部门地下水监测资料的整编工作,两部共享整编成果。

资料整编中的集中审查和复审验收主要包括:审核监测资料,编制成果图、表,编写资料整编说明,整编成果的审查验收、存储与归档等。监测资料审查主要包括:监测数据日值计算方法合理性检查,单站监测资料合理性检查。其中,单站监测资料合理性检查主要包括:利用上年末水位、水温数据,审查本年初监测数据合理性、利用降水量审查单站水位动态合理性;对比审查同一含水层(组)各监测站之间的监测资料等。

地下水水位、水温和流量资料整编主要包括:缺测数据的插补,异常数据的挑选及修改,日平均值计算,统计年、月特征值,编制地下水水位逐日监测成果表、地下水水位年特征值统计表、地下水水温监测成果表和流量监测成果表,绘制水位、水温、流量过程线。编制整编说明,对图、表整编成果进行合理性分析和审查,合理性分析主要是针对同一水文地质单元、同一监测层位的省区边界、流域边界的地下水变化分析,地下水变化与开采量关系分析等。

5. 年鉴刊印

省级水文部门是地下水资料整编刊印的责任主体。国家级地下水监测站必须进行整编和刊印,省级地下水监测站原则上要求进行整编,并刊印在同卷册上。国家级和省级监测站编印说明需分别表述,测站一览表、水位/埋深、流量、水温等要素成果表按国家级和省级监测站分别编制;省级监测站按实际监测要素编制成果表,未监测要素无须编制成果表,如无高程引测资料,仅编制埋深成果表。国家级监测站水位/埋深等要素应全部插补和修正,并形成完整的日成果表。日均值原则上采用每日 6 个数的算术平均值,也可采用每日 8 时数据作为日均值。

12.1.2.4 流域监测中心运行维护

国家地下水监测工程(水利部分)分别在 7 个流域机构水文部门建设流域地下水监测中心,共 7 个。通过服务器、操作系统、数据库管理软件、地理信息系统等基础软硬件配置,地下水信息交换共享、水质分析等业务软件部署,建立流域地下水信息系统平台,实现流域内地下水监测信息的汇集、存储、分析、处理及发布。

1. 基础运行环境

基础运行环境主要承担数据传输及信息发布平台运行管理维护等工作,包括保障与所辖省级监测中心连接的数据线路的畅通,实现应用服务器、数据库服务器等网络硬件设备的稳定运行。硬件设备主要有:每个流域监测中心各 1 台应用服务器和数据库服务器。

2. 业务应用系统

业务应用系统主要实现地下水监测数据的查询维护、集成应用、统计分析和成果发布,运行维护工作量主要包括业务应用软件和商业软件的运行、升级、修复与更新。

业务软件主要有:信息查询与维护、信息交换共享、业务应用、信息发布和地下水水质分析;商业软件主要有:数据库管理软件及通用工具中间件、操作系统、地理信息系统。

3. 数据接收与处理

通过数据库管理软件和交换共享软件,每日接收从所辖省级监测中心传输的监测数据,包括水利部分的监测数据和国土部分的监测数据。

2018年起,流域地下水监测中心开始接收并存储所辖省级地下水监测中心传输的监测数据。运行维护工作量主要包括水位、水温、泉流量和水质自动监测数据的整理与入库,保障数据库管理软件及中间件的稳定运行。

12.1.2.5 国家监测中心运行维护

国家地下水监测中心(水利部分)通过服务器、数据库管理软件、操作系统、安全隔离设备、防火墙等基础软硬件配置,地下水信息查询维护、信息交换共享、信息发布等业务软件部署,建立国家地下水信息系统平台,汇集、存储全国地下水监测信息,共享自然资源部门监测信息,分析全国地下水监测变化,编制分析成果报告,同自然资源地下水监测中心联合发布地下水信息和分析成果。

1. 基础设施环境运维

主要包括国家中心的机房消防系统、档案消防系统、供电系统、门禁安防系统、新风与空调系统、大屏会议系统等。主要服务内容为现场巡检、故障处理、设备调试、设备档案管理、特殊时期(重要会议、活动)保障服务、技术咨询服务和设备耗材等。

2. 基础运行环境运维

基础运行环境主要承担数据传输、网络运行管理、信息发布平台运行管理维护等工作,包括国家地下水监测中心软硬件运行环境。运行维护工作主要包括保障数据传输线路的安全畅通,实现数据中心基础运行环境,以及路由器、交换机等网络硬件设备稳定运行。

硬件设备主要包括:路由器、交换机、接收处理工作站、数据库服务器、应用服务器等。

3. 业务与管理应用系统运维

业务应用系统主要包括信息集成、信息查询与维护、业务应用、信息发布、地下水水质分析等业务功能,实现地下水监测数据的查询维护、集成应用、统计分析和成果发布,运行维护工作量主要包括业务应用软件和商业软件的运行、升级、修复与更新,保障操作系统、系统安全软件等的稳定运行。

业务软件主要包括:接收处理、信息查询与维护、信息交换共享、业务应用、信息发布、地下水水质分析、资料整编、地下水动态分析与评价及移动客户端;商业软件主要有:操作系统、地理信息系统等。

4. 数据接收与处理

通过数据库管理软件和交换共享软件,每日一方面接收从32个省级监测中心传输的10 298个站的监测数据,另一方面通过和自然资源部间的交换共享软件,接收从自然资源地下水监测中心传来的10 171个站的监测数据,并通过国家防汛抗旱指挥系统网络将自然资源部的监测数据共享到32个省级监测中心,对所有站点的监测信息进行数据库管理和实时维护。

运行维护工作量主要包括水位、水温、泉流量和水质自动监测数据的整理与入库,保障数据库管理软件及中间件的稳定运行。

5. 信息安全体系

依据《信息安全等级保护管理办法》和实际工作需要,开展"国家地下水监测工程信息应用服务系统"安全巡检与整改,完成系统日常巡检、上网行为管理、安全漏洞修复等工作,保障网络防火墙、漏洞扫描、物理隔离设备、防入侵安全审计等网络安全设备的稳定运行。国家监测中心配置有防火墙、防入侵安全审计、安全隔离等安全防护设备。

国家监测中心信息系统从2018年起开始整体运行,每年聘请专业机构对地下水信息应用服务系统进行等级保护及日常巡检,并开展信息安全设备的日常维护工作。

6. 国家中心大楼水电、物业管理及空气净化系统维护

国家中心大楼日常运行工作主要体现在保障水电的正常供应,大楼环境的日常维护及大楼物业管理等方面。

国家中心大楼用电包括:大楼办公照明和精密空调用电。用水主要为实验室水质分析用水。

由于国家中心机房和实验室对环境的特殊要求,中心大楼原有的通风系统和温控系统(空调)不能满足要求,对原有通风系统和温控系统进行改造,为确保通风与温控系统正常运行,需定期进行维护,维护工作主要包括:系统维护保养和耗材更换。系统维护保养:实验室环境定期维护、系统设备设施的维护等。实验室环境维护每年进行2次,主要包括实验室PVC地面及试验设备的清洁等;系统设备设施的维护每月进行1次,每年12次。系统耗材更换:空气净化系统过滤器更换,送风系统送风机皮带更换,压力表、密封环、废气及废水处理设备等更换。

7. 国家中心地下水水质实验室质量保障

国家地下水监测中心地下水水质实验室建成后,根据实验室定位,主要负责全国范围内地下水水质的监督性检测和同步分析检测,为确保水质实验室的正常工作,每年需对实验室进行质量控制、计量认证、安全防护、技术装备检定。

按照《水质监测质量管理监督检查考核评定办法》等七项制度以及《水环境监测规范》(SL 219—2013)等要求,对实验室进行管理和开展工作,实验室具备《地下水质量标准》(DZ/T 14848—93)1993年颁布的39项以及国家正在修订的征求意见稿中新93项水质指标的测试能力。

实验室运行维护主要工作内容包括:质量控制、计量认证、安全防护、技术装备维修检定。

实验室质量控制是指为将分析测试结果的误差控制在允许限度内所采取的控制措施,包括质量监督检查、质量保证和业务培训。每年需对实验室进行一次质量监督和质量保证。2018年为实验室的试运行期,从2019年开展实验室质量控制工作。

实验室计量认证是指国家认证认可监督管理委员会和各省、自治区、直辖市人民政府质量技术监督部门对实验室的基本条件和能力是否符合法律、行政法规规定,以及相关技术规范或者标准实施的评价和承认活动。作为国家级地下水分析测试机构,监测中心实验室必须符合实验室质量控制规范,同时具备国家级认监委组织的计量认证,参与并通过行业组织的实验室能力验证,能独立承担第三方公正性检测。同时,由于实验室具备毒理分析能力,以及大量试剂具有毒性和易燃易爆性,必须对实验室安全防护工作进行监督和管理。每年进行一次实验室计量认证和安全防护。2018年为实验室的试运行期,从2019

年开展实验室计量认证和安全防护工作。

为完成水质分析任务,保证实验室设施和仪器的正常运转,每年需对实验室配备的酸度计、电子天平、普通显微镜等常规仪器,以及气相色谱仪、离子色谱仪、同位素仪等大型专业设备,以及通风系统、气路系统、污水处理系统等实验室的专业设备全面开展设备检定和必要的修护。

12.1.3 运维工作考核标准和特点

12.1.3.1 运维考核的指标/标准

运维工作主要包括信息报送,地下水监测站设施设备看护、现场校测,通信保障和故障处理,井口保护装置等附属设施养护维修,地下水资料整编和刊印,中央、省及地市分中心地下水信息系统运行维护管理,监测站自动监测设备故障处理技术支持,监测站和同步监测站水质采样前准备工作、采样、运输和检测工作,保障与自然资源部进行实时数据交换等,监测系统运行维护技术服务达到的要求及考核验收的指标具体如下:

(1)信息报送。全年开展水位、水温监测信息报送,均采用"采六发一"方式,每日8时、12时、16时、20时、24时、次日4时采集监测要素,次日8时发报一次;自动监测仪器从监测站到省级节点的全年到报率、省级节点到中央节点信息交换率和完整率原则上不低于95%;复核并及时更新监测站基础信息,确保高程等信息准确。

(2)地下水监测站设施设备看护:建立与看护人员沟通渠道,掌握监测站看护状况、资产损毁情况,并及时维修,保证监测站资产安全;及时给看护人员发放足额看护费用,并有看护人员签字确认。

(3)地下水监测站自动监测仪器现场校测:对437个地下水监测站自动监测仪器现场校测至少1次,通过对比现场人工实测水位数据与自动监测设备采集水位数据的方式对设备进行校测。校测前,对新建地下水监测站进行1次井深测量,采用经过国家计量鉴定的测绳或自动测井深设备进行测量,记录测量结果,需对比分析造成井深变化的可能原因。当井内有异物影响井深时,宜采用打捞工具捞取落物,再进行测量。

(4)水质自动监测站,全年进行1次自动监测仪器校测,执行《水环境检测仪器及设备校验方法》(SL 144.1~11—2008)有关技术要求。

(5)通信保障和故障处理:保证各监测站监测数据的正常采集和传输,对出现故障的监测仪器及时进行处理。

(6)井口保护装置等附属设施养护维修:对测站保护筒外表风化严重的需要进行刷漆处理,要求打磨除掉原有漆面及铁锈,防腐处理后喷漆,作业过程应在无风沙无雨天气条件下进行;对遭到破坏的水准点、指示桩、标示牌等辅助设施进行维修或重建。

(7)地下水资料整编和刊印,采用国家地下水监测工程(水利部分)统一开发的地下水监测信息整编系统完成资料整编工作;按照水利部办公厅下发的任务书时间节点要求,及时完成资料入库和信息交换工作;按照《全国地下水监测资料年鉴刊印大纲》要求,完成纸质年鉴刊印。

(8)省市地下水信息系统运行维护管理:包括数据接收与处理、数据交换、业务应用系统、网络与基础运行环境、信息安全体系等,监测站监测信息和设备工况、系统运行日常监控,提供每周7×24 h系统运行维护管理,保证系统正常运行。省级监测中心系统参照信息系统安全保护标准开展运维工作。

(9)监测站自动监测设备故障处理技术支持,负责对现场运维人员开展处理仪器设备故障等业务培训。

(10)监测站和同步监测站水质采样前准备工作:严格按照《地下水水质样品采集技术指南(试行)》(地下水〔2018〕91号)要求进行采样前准备和抽水工作,提供抽水现场照片。准备水泵和配套辅助设施等采样设备、便携式水质分析仪等现场监测仪器等。抽水前取出井内自动监测仪器,轻拿轻放,不得磕碰探头,并保持探头清洁。通信电缆杜绝对折及挤压,应有序缠绕,杜绝乱扔乱放,缠绕半径不小于0.60 m,确保自动监测仪器不受损坏。根据各监测井情况采用适宜型号的水泵进行抽水,抽取50%井内储水体积的水量后,或抽水过程中连续测定pH值、电导率和氧化还原电位,测定时间间隔至少1 min,测定结果连续3次以上满足其稳定标准的偏差范围满足《地下水水质样品采集技术指南(试行)》(地下水〔2018〕91号)中表3-1要求时,可以开始取样;抽取1.5倍井内储水体积的水量,达到水清沙净后,可以开始取样。完成采样前抽水并达到采样相关要求后,通知采样人员前来采样。工作过程中解决好临时占地、损毁青苗及排水等问题。

(11)监测站和同步监测站水样采集:提前准备水样容器,按照《地下水水质样品采集技术指南(试行)》(地下水〔2018〕91号)有关要求进行水质样品采集,现场填写《地下水采样记录表》和采样现场照片。采样前,水质检测人员应在现场确认水质样品达到《地下水水质样品采集技术指南(试行)》(地下水〔2018〕91号)要求,方可开始采样。采样结束后按原样回装自动监测仪器设备,保持井孔内电缆顺直,按原状锁紧固定电缆。做好现场水位仪器现场比测工作,确保仪器读数准确。撤离前进行安全检查,确保锁好保护装置。

(12)监测站和同步监测站样品运输:按照《地下水水质样品采集技术指南(试行)》(地下水〔2018〕91号)有关要求进行样品运输。应安全及时运送(寄送)所有样品到指定地点。如发生样品丢失或损毁,须重新进行采样和运输。

(13)监测站水质样品检测:应符合《地下水质量标准》(GB/T 14848—2017)中感官性状及一般化学指标(常规指标)的规范要求,出具水质评价报告、质控报告、检测报告,提交水质监测数据成果汇总表等。质控报告和水质监测数据成果应满足《水环境监测规范》(SL 219—2013)数据记录、处理、审核和实验室质量控制等要求。

(14)国家中心基础设施环境、基础运行环境和业务与管理应用系统运行维护:严格按照水利部《国家地下水监测工程(水利部分)运行维护管理办法》(水信息〔2018〕322号)、《水利部办公厅关于做好2020年国家地下水监测系统运行维护和地下水水质监测工作的通知》(办水文函〔2020〕203号)、《水利部水文司关于进一步加强国家地下水监测系统运行维护工作的通知》(水文地函〔2019〕35号)、《网络安全等级保护基本要求》(GB/T 22239—2019)开展工程运行维护。基础环境和软硬件出现故障次数与恢复时间,网络畅通率及安全事件数量,数据交换率及质量控制情况等方面符合上述文件及规范要求。按照信息系统安全三级保护标准,组织开展监测中心数据传输、服务器、工作站、网络设备、存储设备等基础运行环境,以及业务软件、操作系统、数据库及应用支撑软件等业务与管理应用系统的运行维护。

12.1.3.2 运维工作特点

运维的目标是在服务出现异常时尽可能快速恢复服务,从而保障服务的可用性;同时深入分析故障产生的原因;推动并修复服务存在的问题,同时设计并开发相关的预案以确保服务出现故障时可以高效止损。鉴于以上具体要求,本项目的运行和管理工作需以稳定、安全、高效为三个基本点,保证数据 24×7 安全传送,由于工程本身特点,运行维护管理工作具有以下特点:

一是统一组织,分级管理。系统运行中央级的运行依托水利部信息中心,流域及省级运行单位可分别依托现有业务单位或部门,如省(区、市)水文水资源(勘测、研究)局(总站、中心)等的技术力量,地市级的运行业务,具体分摊到各地市分中心,由其负责。

二是系统性强,牵一发而动全身。从传感器到 RTU 端,从系统传输到数据交换,一个环节出现问题,就可能造成整个系统瘫痪。运维工作必须制度化、流程化、规范化。国家地下水监测系统是一个覆盖全国的多层次分布式系统,由信息采集、传递、业务应用等多个子系统构成。子系统纵向分级设置,逐级各司其职,而子系统横向间又环环相扣,有着有机的联系,从信息的采集到信息的传输、信息的处理,再到展示发布,每个环节相互依存、缺一不可,形成一个完整的体系,具有很强的分级特征和完整特征。

三是技术复杂,需要融合多学科应用。工程建设项目集传统行业和高科技于一体,运维工作也需要传统行业和高科技产业双管齐下。系统本身涉及水文、气象、通信、网络、信息技术等多学科,要将各学科有机地融合,因此科技含量高,系统复杂,涉及的专业多,运行管理的难度较高。

四是涉及面广,协调工作多。本工程建设点多面广,参建单位众多,所需的运维人员和运维单位众多。运维过程中涉及监测站损毁,监测站迁移、换站等,需要做好详细记录工作。

五是需要不断升级换代。随着技术的快速发展,数据的采集、传输方式、数据应用、水样采集、监测井维护等方面都需要不断更新。

12.2 运维管理准备

12.2.1 运维准备的主要内容

国家地下水监测工程属于中央直属的国家基本建设项目,全部由中央投资。在水利部、原国土资源部协调领导小组第三次会议中明确项目建成后资产由国家统一管理,由建设单位水利部信息中心(原水利部水文局)、中国地质环境监测院分别运行管理。两部法人单位根据各自实际情况,建立运维制度,制定运维管理办法和资产管理办法;统一经费测算标准,联合开展经费的测算和报批工作。

12.2.1.1 制度准备

一是应制定运维管理办法。为切实加强国家地下水监测工程的运行维护管理,保障工程稳定、安全、高效运行,结合本工程实际,制定运行维护管理办法。办法中需明确在运行维护管理工作的组织机构、各级机构职责、任务、资金管理及监督与检查等内容。

二是应制定资产管理办法。为规范国家地下水监测工程(水利部分)资产管理,及时准确掌握固定资产现实动态,维护工程固定资产的安全完整,根据国家有关制度办法及工程项目建设管理办法等规定,结合工程实际,制定资产管理办法。办法中需明确管理机构及职责,以及固定资产登记、保管、处置(报废)、购置(维修、维护)程序等。

12.2.1.2　经费准备

2014年7月,国家发展和改革委员会批复《国家地下水监测工程(水利部分)可行性研究报告》(发改投资〔2014〕1660号),明确提出"落实工程管理管护责任和运行维护经费,确保工程良性运行和长期发挥效益"。2015年6月,国家发展和改革委员会批复《国家地下水监测工程初步设计》概算,明确提出"抓紧建立完善地下水监测设施设备运行管护体制机制"等有关要求。

2015年9月,国家地下水监测工程开始全面建设,2018年工程进入建设期运行阶段。考虑地下水监测工作的连续性和特殊性,工程采取"边建设,边投入运行,边见效益"的模式,使得工程尽早及最大程度地发挥效益。为确保工程长期、有效运行,需尽快开展工程的工作,并落实运行维护经费。主要工作为:

一是两部联合协调经费申报。国家地下水监测工程由水利部和自然资源部(原国土资源部)共同建设,两部联合开展经费报批工作,统一测算标准,各自与财政部分管领导、有关司局沟通协调。

二是提前开展经费测算。由于国家地下水监测工程总投资中不包括运行维护经费,而2018年工程项目进入建设期运维阶段,2019年工程整体投入试运行。针对地下水监测工作的特殊性,为及时发挥工程效益,按照"建成一批运行一批"的原则,在工程建设期间国家地下水监测中心运行维护及已建设完成的站点监测业务将并行开展。为此要提前测算地下水监测与运行维护费用。

12.2.2　运维准备的落实情况

12.2.2.1　完成经费测算

为使地下水监测工程发挥最大效益,确保地下水监测站、数据自动采集与传输系统、信息服务系统长期良性运行,必须形成一套科学完善的运行维护机制。根据国家地下水监测工程(水利部分)监测系统运行维护及地下水水质监测工作内容,依据规范、定额等有关标准规定,对监测系统运行维护及地下水水质监测工作经费进行系统、完整的测算,本着厉行节约、实事求是的原则,进行了经费测算。

为保证经费落实到位,资金使用安全合规,多次商财务司有关处,起草《国家地下水监测项目单一来源采购与中央财政资金专项转移支付执行方式利弊分析》,同时编制了《关于2020年国家地下水监测工程运行维护和地下水水质经费建议方案的请示》签报,经部领导同意后,形成《2020年国家地下水监测项目执行方案》,项目执行方式由单一来源转为招标、竞谈、询价等政采方式。

12.2.2.2　建立运维管理机制

编印了《国家地下水监测工程(水利部分)运行维护管理办法》(水信息〔2018〕322号)和《水利部办公厅关于做好2018年国家地下水监测系统运行维护和地下水水质监测

工作的通知》(办水文函〔2018〕518 号)、《水利部办公厅关于做好 2019 年国家地下水监测系统运行维护和地下水水质监测工作的通知》(办水文函〔2019〕422 号)、《水利部办公厅关于做好 2020 年国家地下水监测系统运行维护和地下水水质监测工作的通知》(办水文函〔2020〕203 号),遵循"统一组织、分级管理"原则,明确了国家地下水监测工程运行维护管理工作组织机构、各级管理内容、任务目标等。

12.2.2.3　明确行政管理职责

水利部水文司负责本工程运行维护管理任务的下达、检查、监督与协调等工作;会同水利部信息中心确定本工程预算资金使用原则,负责审定本工程预算资金实施方案,组织指导项目验收和绩效评价等工作。

水利部信息中心负责本工程运行维护管理工作,承担全国地下水的监测、分析和预测预报等相关技术工作;负责本级预算资金申报文本的编制、上报、实施、验收及绩效评价等工作,负责本级预算资金的使用与管理,检查、监督省(区、市)、新疆生产建设兵团水文部门及陕西省地下水管理监测局本项目经费使用。上述任务由水利部水文水资源监测评价中心具体承担。

流域机构负责本级预算资金申报文本的编制、上报、实施、验收及绩效评价等工作,负责本级预算资金的使用与管理;指导本流域本工程运行维护管理工作和水质监测工作,协调流域内省级水文部门地下水监测和本工程运行维护管理工作,协助部信息中心检查监督相关省的本工程运行维护管理工作;协调本流域相关部门向部信息中心汇交本工程水质监测分析数据。

省水行政主管部门指导辖区内本工程运行维护管理和地下水的监测、分析及预测预报等相关技术工作;协调解决辖区内本工程运行维护管理工作中的有关问题。

省级水文部门负责辖区内本工程运行维护管理和地下水的监测、分析及预测预报等相关技术工作;负责本级合同履约、验收和绩效评价等工作,及时向部信息中心和相关流域机构水文部门提交相应资料和成果,负责本级本项目经费的使用与管理。

12.2.2.4　明确各级中心运维管理

水利部水文水资源监测评价中心(国家地下水监测中心)运行维护管理主要包括:基础软硬件更新维修、业务应用系统升级维护、信息安全体系及中心大楼运维、监督性监测和同步监测、质量保证与质量控制、数据整(汇)编、实验室保障等。

流域水文部门(流域监测中心)运行维护管理主要包括:基础软硬件更新维修、业务应用系统升级维护及水质采送样和检测分析任务、资料汇编、实验室保障等。

省级水文部门(省级监测中心)运行维护管理主要包括:基础软硬件更新维修、业务应用系统升级维护、水质采送样和检测分析任务、资料整编、年鉴刊印及站点巡(抽)检等。

地市级水文部门(地市级监测分中心)运行维护管理主要包括:基础软硬件更新维修、业务应用系统升级维护及巡测设备维修养护、水质采送样和检测分析任务及站点巡检等。

地下水监测站运行维护管理主要包括:监测井委托看护、监测井清淤洗井、监测井及辅助设施维修、监测仪器设备维修更换、监测数据采集传输与设备现场校测及监测站周围环境处理等。

12.2.2.5　建立资产管理机制

为规范国家地下水监测工程(水利部分)资产管理,及时准确掌握工程资产现实动态,维护本工程资产的安全完整,根据《事业单位国有资产管理暂行办法》(财政部令第 36 号)、《中央级水利单位国有资产暂行办法》(水财务〔2009〕147 号)、《国家地下水监测工程(水利部分)运行维护管理办法》(水信息〔2018〕322 号)、《水利部信息中心(水利部水文水资源监测预报中心)固定资产管理办法(试行)》等有关规定,结合本工程实际,编制资产管理(暂行)办法,明确资产管理机构职责、资产的登记、使用、维修、维护、处置、监督、检查等管理程序。主要内容如下:

本工程资产由水利部信息中心负责管理,省级水文部门按照水利部信息中心委托,组织对本级资产使用、维护与管理。

水利部信息中心负责制定本工程资产管理规章制度,合理配置、有效使用和依法依规处置资产,资产管理信息系统的维护等日常管理工作。

省级水文部门负责本级资产使用、维护、监督检查及资产管理信息系统信息更新维护等,明确资产的管理部门和负责人、保管人。资产保管人发生变更,资产管理部门应及时清点、审核并办理相关手续。

水利部信息中心、省级水文部门定期或不定期地对本级资产登记、使用、维修、维护及处置等各个环节进行监督检查。

12.2.2.6　明确任务目标

根据国家地下水监测工作的要求,保障地下水监测工程所有基础设施的长期高效使用和仪器设备的安全稳定运行,确保监测数据的及时性、准确性和可靠性,定期了解地下水水质情况,提升地下水信息服务水平,服务于水资源、国土资源管理和地质环境保护、地质灾害防治、生态环境建设等目标,实现经济社会的可持续发展。

12.2.2.7　明确运维组织模式

各流域机构根据年度任务实施方案,其任务和经费由水利部直接下达。各省级水文部门运维和水质监测任务,因各地实施条件存在较大差异,具有多样性和复杂性的特点。因此,每年根据运维任务并结合各省实际情况,采取合同直接委托、单一来源、公开招标、报账制等多模式相结合的运维任务技术服务合同委托模式,以确保各单位按时保质保量完成运维任务。

12.2.3　技术培训

国家地下水监测工程(水利部分)涉及范围广,管理难度大,工程科技含量较高,而且随着信息技术的发展,相关知识更新较快。为保证工程运行维护管理的质量,部项目办高度重视人才队伍的建设和培养,在工程的不同阶段、不同层次、不同地域组织了全方位的培训。本工程的培训在运行维护阶段开展了多次技术培训及运行维护培训等。

12.2.3.1　技术培训

开展国家地下水监测工程(水利部分)技术培训,提高各流域机构和省级水文部门建管人员的技术水平,是稳步推进国家地下水监测工程(水利部分)项目顺利实施的重要举措。工程建设期间,部项目办多次在举办建设管理培训的同时进行技术培训,各流域、各省级水文部门也开展了监测井土建、仪器安装、信息源建设高程引测及坐标测量、业务系统应用等方面的技术培训。此外,根据合同要求,中标单位也开展了相应的技术培训。培训内容包括:业务软件培训、工程测井维护设备和信息化硬件设备培训、巡测仪器设备培训、水质监测设备培训、工程信息源建设及业务系统应用培训、资料整编系统培训等。

12.2.3.2 运行维护培训

为切实做好国家地下水监测工程(水利部分)系统运行维护和地下水监测工作,及时发挥工程效益,工程建设期间,部项目办组织了多次运行维护相关培训,培训学员超过200人,均达到预期效果。

国家地下水监测工程在多年的建设和运行管理过程中,培养了一大批高素质的工程设计、建设管理、开发维护的技术人才和管理骨干,为工程的设计、建设、运行、管理提供了人才保障,为水利信息化的发展做出了重要贡献。

12.3 工程运行维护

12.3.1 运维基本要求

监测系统运行维护是指为保障监测系统正常运行而进行定期巡检、维修、保养和更换、升级的工作过程。监测系统运行维护对象包括:地下水监测站、自动监测系统、信息服务系统、监测中心硬件设施和国家地下水监测中心大楼设备设施。

12.3.1.1 监测系统基本要求

地下水监测系统应有专门技术人员进行运行维护。

(1)每年应不少于两次对地下水监测站、自动监测系统进行巡检,并进行维护。

(2)自动监测系统发生故障时,应在3日内完成故障处置。

(3)自动监测系统设备达到使用年限后应对设备进行更换,设备未达到使用年限但因使用时间较长发生老化,修复后仍达不到精度或使用要求的,应对设备进行更换。人工监测设备若不能正常使用也应予以更换。

(4)运行维护过程中监测井、监测设备更换,设施损毁修复应按规定纳入固定资产管理。

(5)应定期对信息服务系统、监测中心进行系统脆弱性评估,安全威胁监测、安全攻击事件处置,分析系统存在的安全隐患,提出改进建议,确保系统达到国家信息安全等级保护三级要求,保证系统平台的安全运行。

(6)运行维护应建立绩效考核机制,地下水监测数据月站点到报率应不低于95%、信息完整率应不低于90%、交换率应不低于90%。

(7)运行维护任务完成后应进行分析总结,对地下水监测系统状况进行评估,提出优化完善建议,优化改进运行维护工作。

(8)运行维护工作产生的表格、维护手册、分析报告等应录入到国家地下水监测工程(水利部分)档案管理系统。

12.3.1.2 监测站维护要求

(1)监测站巡检宜分别安排在上半年和下半年进行,巡检时间应保持相对固定。

(2)监测站巡检应包括以下内容:

①外部环境检查,监测站周围环境变化,以及环境变化对监测站的影响。

②监测站设施检查,监测井、水准标石、保护桶(箱)、仪器房、保护标志等设施状况。

③对设施和现场环境进行清整,保持井台表面坚固、整洁,保护筒(箱)外观完好、整洁,监测站标示牌完整、字体标示清晰可辨,标示牌与保护筒外壁铆固结实,保持保护筒锁具安全。采用仪器站房应保持站房墙壁及门窗牢固、房内通风、房顶防渗,房内环境干净、整洁。

④开展必要的维护工作,对有破损的监测站设施应及时进行修复。

(3)监测井建成后 3 年内应每年测量 1 次井深,而后应每 3 年测量 1 次井深,当出现井深小于滤水管顶部 5 m 或井内水深小于 2 m 情况之一时,应通过洗井等方式进行清淤。清淤应至井底部,清淤后井内沉淀应不高于沉淀管顶部或最下端滤水管底部。

(4)宜每 5 年对监测井进行一次检查,监测井检查宜采用图像清晰、能下入井管的可视设备。

(5)对有水质采样任务的监测站,结合水质采样每年至少进行一次维护性洗井抽水;对无水质采样任务的监测站,宜每年安排一次透水灵敏度试验,透水灵敏度试验不合格应进行维护性洗井抽水,洗井抽水时间应避开每日监测数据采集时间。

(6)监测井井管严重损坏或因拆迁施工等原因导致损毁,不能修复或修复后仍达不到监测要求,应按规定进行报废和更换。更换监测井应在原监测井附近,结构、监测层位与原监测井一致。

(7)监测井报废后及时进行回填,回填应采用止水、无污染的材料,并将高出地表井管切除,井管口及周边地表夯实。

12.3.1.3　**自动监测系统维护要求**

(1)自动监测系统巡检宜分别安排在上半年和下半年进行,巡检时间保持相对固定。地下水自动监测系统巡检可与监测站巡检同时进行。

(2)自动监测系统巡检应包括以下内容:

①设备工况检查:检查设备工况是否正常。

②设备环境检查:设备固定是否牢固、仪器设备是否干净整洁、天线位置是否满足信号发射条件等。

③对运行状况异常的设备、有破损的附属设施进行修复,不能修复的进行更换。

(3)应建立自动监测系统备件库,库存不低于设备总数 10%备品备件,备品备件实行动态更新,低于 10%时应及时进行补充。

(4)巡检时应对自动监测水位数据进行比测。

(5)自动监测水温数据可采取随机比测,每年水温监测数据比测监测站不少于 20%。

(6)在进行自动监测水位、水温数据比测前,应对人工测具进行校验,校验合格后方可使用。

(7)水质自动监测数据比测应采用与实验室数据对比方法。

(8)自动监测数据比测结果超出规定误差时,应对监测设备进行校准。

(9)监测设施发生故障时,应及时对故障进行处理,修复时间不应超过 3 日。不能修复的故障,应及时更换设备。

(10)故障处置完成后应填写故障处置记录表,及时记录故障处理方法、做好故障处置总结,并定期进行统计分析,对发生频次较多的故障现象应进行重点分析,采取相应措施,降低故障发生率。

(11)应定期对巡测设备进行养护,巡测设备在使用前应进行检测,检测合格后方可使用。

(12)应定期对人工监测设备进行养护,人工监测设备在使用前应进行校验,校验合格后方可使用。

12.3.1.4　信息系统维护要求

(1)信息服务系统运行维护工作应包括以下内容:

①信息服务系统应由专门维护人员进行管理,备份、恢复,确保信息系统正常运行。

②定期对数据库进行备份。

③实现各级节点数据互联互通、共享和数据同步。

④应制定信息服务系统管理权限和安全管理制度,确保数据的完整性、连续性、安全性、准确性和实效性。

⑤应制定信息服务系统管理权限和安全管理制度,确保信息系统安全、可靠运行。

⑥信息服务系统应设定地下水位埋深、变幅,水温、水质等监测数据合理阈值范围,定期对数据进行率定,确保入库数据的准确性。

⑦应定期对信息系统运行状态评估,编制运行报告,针对运行维护问题制定相应措施。

(2)设有地市级监测中心应按如下内容开展维护工作:

①应每日开展信息系统业务软件检查,如有异常,应及时向上一级监测中心反映问题。

②应每个工作日 8:30 前检查监测数据到报、异常及设备工况等,做好信息检查记录。应每日检查信息系统业务软件,并形成检查日志,如有异常,应及时联系运维人员处理。

③应每个工作日通过地下水信息接收系统或查询与维护管理系统,检查各站点监测数据到报、缺失、异常、设备工况和数据共享情况,做好信息检查记录。

④应做好异常数据分析处理,确保上传、入库和交换的监测数据准确无误。

⑤监测站连续 3 天以上数据缺失,应及时分析原因,必要时运维人员应到监测站现场核查、处理;监测数据出现超阈值异常,应及时分析原因,必要时运维人员应到现场核查、处理;如不是设备故障引起的异常数据,经分析确认无误后入库,做好检查记录,载明超阈值原因。

⑥监测站设备、设施,自动监测仪器设备、设施等基础信息发生变化时应及时向管理部门上报信息变更情况报告。管理部门应及时复核和确认,并在信息系统中更新信息内容。

⑦人工监测获取的地下水监测数据应及时导入数据库。

⑧按要求做好地市级地下水监测数据整编。

(3)省级监测中心维护内容和要求:

①应每日开展信息系统业务软件检查,如有异常,应及时向国家监测中心反映问题。

②应每个工作日 9:00 前检查监测数据到报、异常及设备工况等,做好信息检查记录。

③应根据地下水水位动态变化特征定期对地下水监测数据阈值进行设定更新。

④数据出现超阈值异常,应及时分析原因,必要时应到现场做好核查、处理或协助下一级监测中心管理人员做好核查、处理。

⑤做好异常数据分析处理,确保上传国家监测中心数据准确无误。

⑥对下一级监测中心上报的监测设备、设施,传输设备、设施等基础信息变更应及时复核和确认,及时向国家监测中心上报信息变更情况报告,并在信息系统中更新信息内容。

⑦按要求做好省级地下水监测数据整编。

(4)流域监测中心维护内容和要求:

①应每日开展信息系统业务软件检查,如有异常,应及时向国家监测中心反映问题。

②应每个工作日 9:30 前检查监测数据共享到流域中心情况,做好信息检查记录。

③按要求做好流域地下水监测数据整编。

(5)国家监测中心运维内容和要求:

①定期对机房设备进行巡检工作,出现设备报警情况要联系厂商进行处理。

②应每日开展信息系统业务软件检查,如有异常,应及时联系运维人员处理。

③应每个工作日 10:00 前通过国家地下水信息接收系统或查询与维护管理系统,检查各站点监测数据共享情况,做好信息检查记录。

④做好数据复核检查工作,及时填写数据复核检查表,对有疑问的站点和数据要及时跟下一级监测中心沟通,确认数据的及时性及准确性。

⑤对下一级监测中心上报的监测设备、设施,传输设备、设施等基础信息发生变化时应及时复核和确认,及时向下一级监测中心反馈基础信息变更复核情况。

⑥每周要进行数据备份工作,存储到备份数据库中,做好备份登记工作。

12.3.1.5　监测中心硬件设施维护要求

(1)监测中心硬件设备一般使用年限为 5 年,超过使用年限应予以逐步更新或进行报废处理。

(2)定期对机房进行巡检,查看并记录监测中心机房环境及机房辅助设施等运行状况,参数变化及警告信息,关键设施宜定期进行全面检查,保证其有效性。

(3)应定期对通信系统进行巡检,查看并记录设备运行状况及警告信息,实时监控设备运行状况。确保远程监测点至信息存储中心,以及国家、流域(若有)、省(区、市)新疆建设兵团、地市(若有)各级节点之间的通信设施运行正常。

(4)定期对计算机网络设备进行巡检,查看并记录设备运行状况及警告信息,实时监控设备运行状况。确保网络路由设备、网络交换设备、数据传输设备、流量管理设备、综合布线系统等运行正常。

(5)定期对主机进行巡检,查看并记录设备运行状况及警告信息,实时监控设备运行状况。确保各类服务器及用户终端,主要包括小型计算机、服务器、虚拟服务器、台式计算机、便携式计算机、虚拟终端等运行正常。

(6)定期对存储备份巡检,查看并记录设备运行状况及警告信息,实时监控设备运行状况。确保存储、备份的各类硬件设备,以及管理软件,主要包括存储网络设备、磁盘阵列、磁带库等硬件设备,以及存储管理系统、备份管理系统等管理软件运行正常。

(7)定期对基础软件巡检,查看并记录设备运行状况及警告信息,实时监控设备运行状况。确保信息系统各类业务应用运行的支撑软件等运行正常。

(8)定期对安全设施巡检,查看并记录设备运行状况及警告信息,实时监控设备运行状况。确保信息系统安全防护的硬件设备及软件系统,包括安全防控设备、安全检测设备、用户认证设备等硬件设备,以及安全防控软件、安全检测软件、用户认证系统等软件运行正常。

12.3.1.6 国家地下水监测中心大楼维护要求

国家地下水监测中心大楼按楼内设备、设施组成参照国家、行业等相关规范开展运行维护。

12.3.1.7 国家地下水监测中心水质化验仪器设备及实验室维护要求

国家地下水监测中心水质化验仪器设备及实验室参照国家、行业等相关规范开展运行维护。

12.3.2 运维情况

国家地下水监测工程运行维护工作,2018 年、2019 年、2020 年按照实施方案完成了所有的工作任务,考核各项指标均达标,并向有关部委和管理职能部门提供了大量的监测数据和分析评价成果,为社会经济发展、生态环境保护等提供有力支撑。项目顺利通过验收,并获得验收专家组的好评。

12.3.2.1 组织实施情况

水利部水文司负责本工程运行维护管理任务的下达、检查、监督与协调等工作;会同水利部信息中心确定本项目预算资金使用原则,负责审定本项目预算资金实施方案,组织指导项目验收和绩效评价等工作。

部信息中心负责本工程运行维护管理工作,承担全国地下水的监测、分析和预测预报等相关技术工作;负责本级预算资金申报文本的编制、上报、实施、验收及绩效评价等工作,负责本级预算资金的使用与管理,检查、监督省(区、市)级部门经费使用。

省级水文部门负责辖区内本工程运行维护管理和地下水的监测、分析及预测预报等相关技术工作;负责本级合同履约、验收和绩效评价等工作,及时向部信息中心和相关流域机构水文部门提交相应资料和成果,负责本级本项目经费的使用与管理。

部信息中心统一组织实施并负责监督管理,由其下属的水利部水文水资源监测评价中心(水利部国家地下水监测中心)承担,组织各省(区、市)水文部门、水环境监测中心,以及部分科研院所、公司共同参与项目实施。在项目执行过程中,依据行业管理办法及相关财务制度,遵循地下水监测系统运行维护和水质监测国家和行业技术标准,经费使用统一管理办法,绩效考评统一要求的原则,积极开展项目进度管理与日常监督检查,各承担单位具体落实项目分管领导、项目负责人、财务负责人等责任主体,做到职责清晰、分工合理、方案科学,实现国家地下水监测系统正常运行,充分发挥工程效益。

12.3.2.2 完成情况

在水利部信息中心组织下,各级水文部门按年度任务方案,加强实时信息报送,抓紧水质采样检测,强化信息质量管理,为全面完成年度运行维护和地下水水质监测工作任务奠定了良好的基础。

12.3.3 运维成果效益

2018 年度完成了 10 298 个地下水监测站(含 100 个水质自动监测站)水位、水温(泉流量)监测及委托看护工作。完成了 3 433 个水位、水温(泉流量)监测站监测设备的校测,全部达标;完成了 100 个水质自动监测站监测设备的校测;完成了国家地下水监测工程 6 836 个站的水质监测,包括样品采集、运输及检测分析,全年一次,每次 20 项常用指标。完成了国家地下水监测中心大楼日常运行维护;组织开展了全国地下水监测系统运行维护监督性检查与技术培训;完成了 1 662 个监测站的水质监督性监测和同步对比监测。截至 2018 年底,国家地下水监测中心站点到报率 99.95%,满足"自动监测信息汇集到中央节点的到报率达到 95%以上"的要求,达到绩效指标的各项要求。

2019 年度完成了国家地下水监测工程 10 298 个监测站水位、水温、泉流量监测及委托看护,完成了 10 298 个自动监测站和 100 个水质自动监测站监测设备校测 1 次;完成了 10 298 个监测站通信保障和设备维护;完成了监测中心系统运行维护及资料整编和刊印;完成了 11 079 个监测站水质人工监测等任务。截至 2019 年底,国家地下水监测中心累计收到地下水水位/埋深、流量、水温等信息 4 278 万条,全国月均站点到报率 99.89%,信息完整率 97.71%,满足"月到报率达到 95%以上"的要求。向自然资源部、生态环境部以及水利部水资源司、水文司等职能部门提供相关成果资料和报告 10 余份,为最严格水资源管理、抗旱减灾、地质环境保护、生态环境修复等提供有力支撑。

2020 年度完成了国家地下水监测工程 10 298 个监测站水位、水温、泉流量监测及委托看护,完成了 10 298 个自动监测站和 100 个水质自动监测站监测设备校测 1 次。完成了 10 298 个监测站通信保障和设备维护。2020 年国家地下水监测工程(水利部分)收到数据超过 6 000 万条,全国月均站点到报率 99.89%,信息完整率 97.71%。超过 7 000 个站点完成 39 项常规指标 1 次,1 000 个站点全年监测常用指标 20 项 1 次,200 个站点开展同步对比监测 1 次 93 项指标,形成地下水水质状况报告,基本掌握全国地下水水质状况,为水资源保护与管理提供可靠数据。完成年度地下水监测分析及资料整编工作,为水资源管理提供可靠的技术支撑和信息服务。做好和自然资源部地下水监测工程信息共享工作。截至 2020 年底,国家地下水监测中心累计收到水利部、自然资源部地下水水位/埋深、流量、水温等信息近 10 亿条。

通过开展国家地下水监测工程试运行及运维工作,完成工程建设任务,达到了预期目标,用好数据,实现一系列成果转化应用,为各级职能机构提供了有效服务。通过编印《国家地下水监测工程(水利部分)运行维护管理办法》,健全了工程运行管理机制,明确了各级组织机构、部门职责,各流域管理机构和各级水行政主管部门、水文部门也相应建立了责任制度,为工程正常运转发挥效益提供制度保障。通过强化过程监管,定期通报地下水实时监测信息到报率、信息量、奇异值、完整率等情况,认真核查地下水假埋深、假水位及基础信息缺失问题,建立自动监测数据异常值的响应和数据整编机制,通过人工补录和整编对监测数据进行校核,使数据到报率和准确性得到进一步提高。

国家地下水监测工程的建设提高了信息采集的精度和传输的时效性,提高了工作效率和服务质量,提高了水文行业管理的水平,产生了巨大的经济效益和社会效益。工程建设之前,信息采集和传输基本上是人工监测,每月监测一次或每五日监测一次,时效性差,主要靠打电话进行数据上报。工程建成后,全部国家站站点实现自动采集、长期自记和固态存储、数字化自动传输,采用六采一发的监测和传输频次,大大提高了观测精度和时效性。同时,地下水监测信息数据量得到了爆炸式的增长,由每年几万条数据向每年数亿条数据增长。

系统的运行改变了以往手工登记地下水监测情况的落后面貌,建成了集地下水水位(埋深)、水温监测数据接收、处理、存储、交换共享和应用服务等功能的应用服务系统。实现了国家、流域、省级、地市各级中心信息交换和两部信息共享,显著提高了信息数据处理、分析评价、资料整编、共享和应用。工作人员通过对电脑的操作即可快速查询、计算分析地下水信息,快速得到区域地下水动态情况,拓展了地下水信息的服务面和服务范围,提高了服务质量。在地下水监测及资料整编这两个业务上,地下水监测系统不仅保证了地下水数据的及时、准确,而且为实时资料整编提供基础,极大地提高了生产效率,同时也为水文行业管理模式的根本改变提供了最基本条件。

两部共享数据已应用于华北地区地下水超采现状及超采评价、全国地下水水质状况分析评价研究、全国地下水超采区水位变化通报、地下水动态月报、年报编制等工作,实现了京津冀及全国范围分析评价和产品服务。

监测数据有力支撑了全国地下水超采区水位变化通报工作,完成 21 个省份、116 个城市的超采区的监测站分层分类统计,确定了 3 600 多个代表站,统一了计算方法和基准值,做到可测、可评、可比、可验。数据分析编制的全国地下水超采区水位变化季度通报,实现了该项业务常态化服务支撑,为地下水超采区强监管提供有力抓手。通报印发后,引起强烈反响,北京、江苏等 8 个省、市领导做出批示;水利部领导给予高度肯定,鄂竟平部长批示“此事做得好! 要提高专业水平,争取实效”。

数据有力支撑华北地区地下水超采综合治理评估工作,为水利部重点督办任务《华北地区地下水超采现状及超采评价》提供了数据、图件和分析产品,参与完成了成果报告。同时在华北地下水超采综合治理效果评估及 22 条河湖生态补水效果评估中,向水利部相关司局提供监测数据 1. 2 万站次、专题分析报告 10 份、专题图 54 幅,参与编制《华北地区地下水超采综合治理行动 2019 年度总结评估报告》;为全国地下水管控指标划定、重点区域地下水超采治理与保护总体方案编制等提供数据服务。在重点地区地下水水位变化专题分析中,应用工程数据完成察汗淖尔流域、内蒙古额济纳旗、雄安新区三个专题分析报告,回应了国务院领导和部领导关切。

工程建设和运维管理为《地下水监测工程技术规范》(GB/T 51040—2014)修订提供了大量的数据和实践经验。经过广泛征求意见,修订稿已通过专家审查,近期将正式发布实施。

数据有力支撑了华北地区地下水超采综合治理评估工作,为部重点督办任务《华北地区地下水超采现状及超采评价》提供了数据、图件和分析产品,参与完成了成果报告。华北地区地下水超采综合治理行动动态跟踪与效果评估中所需地下水水位数据采用国家地下水监测工程监测井与京津冀三省市自建地下水监测井,共计 3 665 眼,其中国家地下水监测工程监测井数 1 756 眼。监测分析表明,在降水偏枯的情况下,2019 年 12 月底京津冀平原区地下水位与去年同期相比总体仍在下降，但下降幅度与 2014 枯水年份相比明显减缓；部分地区水位止跌回升。

数据有力支撑了华北地下水超采综合治理效果评估及 22 条河湖生态补水效果评估工作，信息中心向规计司、水资源司、水文司等提供监测数据 1.2 万站次、专题分析报告 10 份、专题图 54 幅。2018 年，水利部、河北省人民政府联合印发了《华北地下水超采综合治理河湖地下水回补试点方案(2018—2019 年)》，选择滹沱河、滏阳河和南拒马河三条河流的典型河段，采取“清”“补”“管”“测”等措施，自 2018 年 8 月起，先行开展了河湖地下水回补试点工作。三条试点河段从 2018 年 9 月 13 日开始补水，最大补水流量达到 115 m^3/s，截至 2019 年 8 月 31 日，补水入试点河段水量共计 13.2 亿 m^3。为分析地下水水位动态变化评估，在试点河段 10 km 范围内，将 77 眼国家地下水监测工程监测井补充纳入监测井网，提高了试点河段补水效果监测精度。另外，在试点河段 10 km 以外，补充 258 眼地下水监测井(国家 124 眼、省级 134 眼)作为补水未影响区域监测井，同步开展动态监测，以对比分析补水效果。对于地下水水质变化评估，为了解补水对地下水水质影响，收集和筛选了试点河段 10 km 范围内 61 眼国家地下水监测工程监测井数据；针对中期评估时为劣Ⅴ类水质的莲花口断面，在其上游补充了 7 个地下水水质监测点，分析补水对地下水水质的影响。

数据为全国地下水管控指标划定、重点区域地下水超采治理与保护总体方案编制等提供数据服务。在重点地区地下水水位变化专题分析中，应用工程数据完成察汗淖尔流域、内蒙古额济纳旗、雄安新区三个专题分析报告，回应了国务院领导和部领导关切。

数据有力支撑了《地下水动态月报/年报》改版和编制有关工作，全面应用两部国家地下水监测工程自动监测数据完成《地下水动态月/年报》改版，组织有关省份完成新版月报水温、岩溶水、裂隙水、泉流量重点站选取、统计、核查工作，完成自动和人工监测数据融合分析。广泛征求有关流域和省级水文机构、行业内外专家意见，完善月报有关产品，组织支撑单位优化地下水埋深等值面插值算法，设计降水数据产品自动生成功能模块。新版月报自 2020 年第 7 期实现全新改版发布。

数据有力支撑了地方地下水管理。

(1)北京：应用于首都地下水实时信息服务。通过国家地下水监测工程(水利部分)开发的 App 软件功能，北京市水务部门工作人员通过手机可随时查看地下水实时监测信息，特别是在洪水预报等防汛抗旱工作中发挥了地下水实时监测信息的优势。

(2)天津：在开展地下水超采区评价工作过程中，天津市充分利用了国家地下水监测工程，根据国家地下水监测工程监测资料，分析了地下水水位动态变化情况，绘制了地下水水位动态变化图，在此基础上，结合地下水开采量、地面沉降情况，进一步确定了地下水超采区面积。

(3)辽宁：为辽宁省水利厅开展的《辽宁省浅层地下水超采区评价及地下水监测站网规划》项目提供了地下水监测数据，在辽宁省抗旱服务和水资源合理开发利用中发挥重要作用。对地下水超采区范围的分析确定和地下水超采区评价、全国第三次水资源调查评价，海水入侵区调查研究都起到了重要作用。每月为水利部信息中心提供地下水监测数据，通过《地下水动态月报》每月发布有关地下水监测评价成果。

(4)黑龙江:依托地下水监测数据,编制地下水动态月报、专报、年报,主动与政府和社会各界的需求对接,为推进黑龙江省地下水管理和保护提供技术支撑。一是每月按时向水利部、松辽委和黑龙江省水利厅报送地下水动态信息,并编制地下水动态月报 12 期、地下水动态专报 1 期;二是编制了《2018 年黑龙江省地下水监测年报》和《2018 年全省平原区浅层动态分析报告》,完成三江平原、松嫩平原、穆棱兴凯平原等 5 大平原区地下水动态分析工作;三是每年编制哈尔滨市、大庆市地下水超采区分析报告,内容纳入《黑龙江省水资源公报》对外发布,为加强地下水管理和保护提供依据。

12.3.4 经验小结

(1)领导重视提前谋划。水利部党组高度重视工程建成后的运维工作,从工程建设期就开始争取运维费用,多次做出指示并专题研究运维管理,部领导多次赴财政部协调运维经费事宜。在部领导的支持下,财务司等相关司局、水利部、原国土资源部项目法人与财政部积极沟通,商讨工程运维经费测算标准、工作内容。经过多方努力,在国家财政预算压缩的情况下,财政部落实了工程运维经费,为本工程运维工作的顺利实施提供了坚强保障。

(2)出台办法奠定基石。为切实做好监测系统运行维护和地下水水质监测工作,及时发挥工程效益,在广泛征求水利部相关各司局和各流域、省级水文部门意见,项目法人起草并以水利部文件正式印发《国家地下水监测工程(水利部分)运行维护管理办法》,明确工程运行维护管理组织机构、各级管理内容、任务目标等,保障了各级地下水监测中心和监测站运行维护和地下水水质监测工作。同时,项目法人编制《地下水水质监测技术指南》并下发各省级水文和水环境监测部门指导水质采样和监测工作。工程运行维护管理办法和水质监测技术指南的出台,为工程运行维护管理工作的顺利执行理顺了关系和奠定了基础。

(3)分年度实施,明确任务。项目法人严格执行有关规定及年度实施方案,对项目精心组织、强化管理,促进了项目工作全面扎实开展,有效保障了项目绩效指标达标。根据财政部要求,年初下达任务目标,明确当年运维管理任务实施。采用定期通报地下水实时监测信息到报率、信息量、奇异值、完整率情况,认真核查地下水假埋深、假水位及基础信息缺失问题,按照“一省一单”模式统计问题清单,落实专人定点跟踪整改,推动地下水监测信息报送质量提升;联合财政部组织对单一来源采购方式必要性专题调研;召开中期成果检查会,对照年度任务书或合同,就组织管理情况、任务落实情况、测站维护与校测、资料整编、省级信息平台维护、水质采样和检测等方面进行全面评估和监督管理,确保工程运行维护工作任务做好、做扎实。

(4)加强管理人员培养。通过组织实施国家地下水监测工程运行维护管理工作,加强了项目法人与各流域、省级水文部门的联系,以保障信息监测设备正常运行、水质样品采集标准化为目标,开展工程运维管理工作,锻炼和培养了一批覆盖全国、多层级、多专业技术维护队伍,为工程数据管理、数据挖掘、数据分析储备了一批高素质技术骨干,为水利行业和服务社会提供了优秀人才。

第 13 章　经验与建议

国家地下水监测工程是一项列入国家“十三五”规划纲要的国家级战略性工程。党的十八届五中全会明确提出“实行最严格的水资源管理制度,完善国家地下水监测系统,开展地下水超采区综合治理”。自 2014 年工程立项以来,在国家、水利部的高度重视和水文司等有关司局的指导和支持下,水利部信息中心(水文水资源监测预报中心)、部项目办及全国水文部门,经过 5 年的紧密合作、科学谋划、强化管理、攻坚克难、群策群力、尽职尽责,于 2020 年 1 月顺利通过验收,圆满完成了工程建设全部任务。

国家地下水监测工程的建设完成,标志着我国地下水监测工作迈上了一个新的台阶,解决了原来专用监测井少、人工监测为主、信息采集时效性差、服务能力低等突出问题,可以全面、及时地掌握全国地下水动态变化,对地下水资源进行更为科学的分析评价。国家地下水监测工程虽然已经建设完成,但工程建设过程中的经验和建议还需要全面地、真实地进行总结,既可以正确认识与评价工程(水利部分)建设工作的成效,也能够进一步提高工程建设者的管理水平,分享经验和建议供大家交流和借鉴。

13.1　建设经验

国家地下水监测工程是一项综合性较强的系统工程,具有实施面广、参与单位众多、地质情况复杂、占地协调难度大、多学科多专业的特点,对建设管理工作要求很高。之所以能够顺利完成建设任务,主要的经验有以下几点:

(1)各级领导的高度重视是国家地下水监测工程(水利部分)建设成功的关键。国家地下水监测工程(水利部分)建设是贯彻落实习近平总书记“十六字”治水思路,加强水生态文明建设、保障国家水安全的战略性、基础性、长期性工作。党的十八届五中全会通过“十三五”规划,明确提出“实行最严格的水资源管理制度,完善国家地下水监测系统,开展地下水超采区综合治理”,将建设国家地下水监测系统上升到国家战略高度。习近平总书记对地下水工作做出重要指示,强调确保地下水质量和可持续利用是重要的生态工程和民生工程,要遏制地下水污染加剧的趋势。水利部高度重视国家地下水监测工程的建设,多次召开专题部长办公会议,对工程项目建设管理做出重要指示,成立了由水利部副部长任组长,规计司、财务司、人事司、建管司、国家监察委员会驻水利部监察局、水文司及项目法人有关领导参加的水利部国家地下水监测工程建设项目领导小组,研究解决项目建设中的重大问题。水利部在项目法人单位组建了水利部国家地下水监测工程项目建设办公室(简称部地下水项目办),具体负责国家地下水监测工程(水利部分)项目建设工作。各流域机构、各省(区、市)、新疆建设兵团水利(水务)厅(局)高度重视,将项目建设列入本单位重要工作日程,成立了流域及省级(新疆生产建设兵团)项目办、地市现场办等,明确职能分工,建立主要领导牵头抓、分管领导亲自抓、建管人员具体负责的工作机制,全力抓好本级工程项目建设管理工作,确保项目按期保质高效完成。从部地下水项目办到各级项目办(现场办),从承建单位到监理单位,都充分认识到该项目的重要意义,做到思想统一,行动一致,这为项目的建设铺平了道路,成为项目成功的关键因素。

(2)建章立制是国家地下水监测工程成功的保证。国家地下水监测工程建设是一个规模庞大、技术复杂、设备种类众多、多方承建的项目,首先需要的是各类相关规程、规范和办法的统一制定,这样才能确保整个项目有法可依,有章可循。严格执行项目法人责任制、招标投标制、建设监理制和合同管理制,水利部制定了工程建设管理办法和工程验收管理办法,用部文下发各地执行。部地下水项目办在项目实施的准备阶段、施工阶段、验收阶段,先后制定了项目建设管理办法、资金使用管理办法、档案管理办法、招标投标实施办法、监理办法、验收管理办法、廉政建设办法,这些管理办法的颁布和执行,规范了国家地下水监测工程(水利部分)建设管理工作,保证了工程建设的顺利进行。

(3)高效有序的建设管理是完成国家地下水监测工程的前提。项目法人、部地下水项目办负责涉及工程全局项目的统一规划、统一招标、合同签订、合同验收,以及单项工程验收和工程竣工验收工作;各流域机构和各省级水文部门(项目办)负责各自承担项目的合同签订、建设管理、合同验收,配合项目法人、部地下水项目办进行单项工程验收和竣工验收工作。由于各单位分工明确,责任清楚,保证了项目的顺利进行,这样的项目机构设置被充分证明是一套快捷高效且行之有效的组织机构管理体系,为项目的最终建设成功提供了重要保障。

从标段划分、标书准备、招标投标、合同谈判,到实施方案制订,部项目办都做了精心准备。合同签订后,要求各承建单位立即展开项目实施的前期准备工作,这些充分的前期准备工作都为项目的顺利实施奠定了良好的前提和基础。同时,部项目办和监理单位联合积极认真做好水利部各有关部门和各地项目办和承建方的协调工作。项目法人、部项目办要求各流域机构、各省(区、市)、新疆建设兵团项目办,积极配合工程建设,认真做好项目准备工作。

项目建设过程中,部项目办通过采取各种措施确保项目按计划完成,如通过制订年度工作计划,将建设计划和任务分解到各流域和省(区、市)、新疆建设兵团,落实工程建设责任制;组织召开项目建设进度推进会、约谈会等,大力推进工程建设;严格设计变更审批,对重点、难点设计变更,专门召开专家论证会,确保工程建设方案更加科学合理;加强合同验收管理和监督检查,严格把关工程建设质量。这些都为工程建设的顺利进行创造了有利条件。

(4)运行管理单位全程配合与参与是做好国家地下水监测工程的重要保障。水利部召开专题会议研究确定,项目法人单位同时作为本工程运行管理单位。项目法人、部项目办从工程开始就参加了与中标公司的合同谈判和项目实施方案的技术论证工作,从项目建设实施方案制订,到项目建设过程的每一个重要阶段的建设协调会议都有运行管理单位参加,从运行管理角度对施工单位提出具体的要求。

由于项目建成后,各流域和省级水文部门作为地下水自动监测系统的省级运行管理单位负责维护管理工作。因此,在工程建设期间,各流域和省级水文部门都派出专业技术人员全程参与了项目实施。各省级运行管理单位根据委托任务,密切配合、精心组织,充分发挥各级水文部门作用,强化现场监管,加强对监理、设计、施工等单位的管理和协调,严格施工现场关键环节质量控制,推进各项建设任务顺利完成,有效地提升了项目的运行维护管理水平,还培养了一支地下水管理和建设技术人员队伍。运行管理单位参与项目建设的全过程,把建设和运行管理有机地结合起来,为做好国家地下水监测工程提供了重要保障,也为工程竣工后的运行维护工作打下了良好基础。

(5)充分发挥监理的作用是建设好国家地下水监测工程建设的重要环节。国家地下水监测工程(水利部分)主要为水资源的配置、节约、保护和抗旱决策提供科学依据。本工程是一项点性工程,具有实施面广,地质情况复杂,占地协调难度较大的特点。因此,要求监理单位在满足资质要求的前提下,还配备了具有相应专业知识及工作能力的综合型、复合型监理人员。

监理单位在本工程项目招标、实施方案确定、施工过程、设备安装调试、试运行及验收等过程中发挥了重要作用。为更好地提供监理服务,在工程建设开工前,监理单位对参加地下水监测工程(水利部分)的监理人员,进行了岗前培训,将该工程实施的重要性及在本工程中监理控制要点、关键工序质量控制措施等工程内容进行了详细的讲解;在工程建设过程中,根据本工程的特点,结合部项目办下发的相关文件,按照监理工作"三控制、两管理、一协调"的原则,对工程的进度、质量、投资进行控制,对合同、信息及安全进行管理,对参建各方进行协调工作。

监理单位根据本工程的特点,对关键工序采取现场记录、发布文件、旁站监理、巡视检查、平行检测及跟踪检测等方法,进行监理服务,督促承包人在保证安全施工的同时,保证档案资料同步收集、整理、归档。通过参建各方的相互配合及监理工作的有序开展,本工程的建筑位置和各项参数指标符合设计要求,施工程序符合合同和有关规程、规范及相关文件的规定,施工过程原始记录资料真实齐全,原材料和单井工程均经过检查检验合格。工程施工未发生质量事故,质量全部合格,未发生安全事故。工程建设中,工程监理代表业主对工程建设实施全面监控,保证了工程的顺利实施。

(6)进行仪器检测是国家地下水监测工程(水利部分)顺利进行的基础。为满足国家地下水监测工程的建设需要,保证监测仪器的准确性、可靠性,针对目前国内外地下水监测仪器产品质量参差不齐的现状,遴选出测量准确、稳定可靠的仪器,需要对监测仪器产品的各项技术指标进行必要的检测与质量评估。根据现行的相关仪器国家标准,部分技术指标及检测方法的实际执行并不能完全反映地下水监测仪器的真实水平。本工程针对现行标准中的问题,结合项目实际,以能够全面反映受检仪器关键性能质量为目的,改进了地下水位监测仪器技术指标要求,统一了仪器的数据传输规约,细化了准确度、稳定性(针对压力式水位计)、环境适应性、功耗等具体的技术指标要求,同时针对这些技术指标,研究了相应的检测方法与手段,为国家地下水监测工程(水利部分)设备选用提供了准确有效的质量控制。

检测机构按照《国家地下水监测工程(水利部分)地下水位监测仪器实验室检测及模拟野外比测实施办法》和《国家地下水监测工程(水利部分)地下水位监测仪器实验室检测及模拟野外比测技术方案》发布了仪器检测的通告,规定了统一的受理检测时间,公示了检测的标准,对进入地下水位监测仪器合格产品目录的产品进行了检测。本工程项目的合格产品目录检测工作是一项新的尝试,也是一次创新,通过检测,筛选出了一批质量合格的仪器。

为防止企业批量生产的仪器质量与送检产品不一致的情况,本工程根据实际需要,又增加了中标产品的抽样检测工作,进一步保证了项目所用仪器设备的质量。抽样检测工作由中标企业委托具有资质的质检部门实施,按照《国家地下水监测工程(水利部分)产品抽样检验测试实施办法》对监测仪器采用简单随机抽样法抽样检测,部项目办和各省级水文部门(项目办)负责督促、协调,监理对抽样的全过程进行见证。

本工程在仪器质量控制上的成功经验,为国家地下水监测工程顺利进行奠定了基础,同时也为水利和地下水行业其他项目建设提供了可以借鉴的模板。

(7)技术培训和人才培养是国家地下水监测工程(水利部分)建设成功的根本。技术培训是工程建设的重要组成部分和关键环节,优质的项目技术培训可以为项目单位培养出一批合格的技术人员,帮助运行管理单位更好地承担工程的日常维护和管理工作。因此,在招标文件中要对技术培训提出具体、严格的要求,各项目承建单位要以此为基础,并结合以往的经验和各自承担工程的特点,对项目的初级、中级、高级培训内容进行认真的设计和细致的规划;在培训工作中做到了精心准备、细致安排、积极实施、及时总结。部地下水项目办也多次组织工程管理、软件应用、财务档案管理等方面的培训,为各地培养了一批工程管理、业务应用、财务档案管理方面的复合型人才,不仅满足了国家地下水监测工程(水利部分)建设的需要,而且为其他工程建设项目提供了经验,培养锻炼了人才队伍。

(8)加强监督检查是国家地下水监测工程顺利进行的重要因素。项目法人十分重视国家地下水监测工程监督检查工作,明确了法人监督检查制度和工作职责,积极组织各类监督检查、专项稽查和审计工作,针对检查中发现的问题,部地下水项目办、各流域和各省级水文部门(项目办)与监理单位、施工单位共同提出整改措施,及时督促有关单位实施整改,逐项落实整改意见。部地下水项目办还通过召开监督检查情况汇报会,交流整改工作落实情况,相互借鉴、相互学习,对发现的新问题,逐一进行研究和讨论,提出解决办法和措施,督促相关单位落实整改。

13.2　建议和思考

(1)建设管理需要科学化和规范化。虽然水文部门在工程建设管理方面有一定基础,但大规模地下水工程建设还是第一次遇到,建设管理经验相对缺乏,各地各部门建设管理手段和方法各不相同,对于工程建设管理的理解也不尽相同,一切都在建设过程中摸索前行,尤其在工程建设前期,建设管理方面出现各种各样的问题。为了对国家地下水监测工程进行科学化和规范化的建设管理,项目法人制定了一系列的管理办法、规程、规范及指导书,通过文件印发、宣传培训、视音频解答等途径,确保各流域和各省级水文部门能够严格和统一执行。随着工程建设的进行,工程建管工作在磨合中不断前进并逐渐顺畅,项目建设管理工作在科学化和规范化方面取得长足进步,工程建设管理效率和建设效果也大幅提高。因此,在国家地下水监测工程(二期)建设之前,对原有管理办法、规程、规范进一步修订,以适应新情况,为下一步工程建设奠定良好的基础。

(2)健全运行维护管理机制、落实运维责任。虽然国家地下水监测工程在建设期就落实了运行维护经费,但地下水运行维护管理工作还是由各级水文业务部门承担,而全国各级水文部门职能管理划分不统一,部分省份水文部门参公,加之地下水专业技术人员明显不足,大多没有成立运行维护机构,落实专职运维管理人员,使得在运行维护任务下达、合同和资金管理、资产管理等方面存在较大的困难,不利于工程长期稳定、安全、高效运行。因此,为充分发挥国家地下水自动监测系统作用,满足今后全国地下水资源管理及其他业务工作的需要,需要项目法人单位、各流域和各省级水文部门成立专职地下水运行维护部门,依照《国家地下水监测工程(水利部分)运行维护管理办法》,合理调配技术管理人员,明确职责分工,强化人员管理和培训,由专职人员承担工程运行维护管理工作,这将对地下水监测工作的长期有序开展具有重要意义。

(3)加大地下水水质监测经费投入。国家高度重视工程建成后的运维工作,监测运行维护经费基本解决,随着国家和社会对地下水水质的日益重视和关心,地下水水质采样频率、检测数量、检测指标大幅增加,而现行水质监测业务经费定额标准偏低,造成地下水水质监测经费明显不足,需要国家进一步加大地下水水质监测经费投入或研究地下水水质市场化机制,拓展地下水水质监测经费的来源,确保工程地下水水质监测工作的可持续发展。

(4)加强技术培训,形成完整的人员队伍。国家地下水监测工程已建设完成,但在工程建设中暴露出各地水文部门地下水专业技术力量差异显著,仅有不到三分之一的部门设置了地下水处(科、室),特别是南方地区,长期以来不重视地下水监测工作,不多的地下水技术人员也分散于水资源、站网、监测和水质等处室。专业技术人员偏少,导致地下水工程建设中面临诸多困难,个别省份甚至不具备地下水监测运行维护能力,给工程运行维护的顺利开展带来不小压力。同时,现有水文技术人员的知识结构难以与现代化工程建设相匹配,地下水工程建设涉及专业类型较多,包括:水文地质、地下水、水质、仪器设备、计算机与信息化、通信工程等。因此,各级水文部门需要加强相关专业培训工作,定期和不定期组织各种层次和类型的培训、交流活动,以提高现有技术人员、管理人员的业务水平和应用技术水平,使得在二期工程建设中能够游刃有余,充分展现水文专业技术人员的水平和能力。

(5)加大技术研发力度,完善产品服务。随着国家地下水监测工程(水利部分)建成并投入使用,在我国水资源管理、水生态建设、华北超采区治理等工作中发挥作用,但随着各项业务工作的深入开展,也发现了一些不足,例如:面对 2G 信号将被淘汰的现实;软件系统生命周期缩短,软件系统需要不断升级;现有产品无法满足实际需求。因此,工程运行期也需要保持一定的技术研发力度,实现系统局部更新和升级改造,研究面向应用主体的产品服务,提高产品服务能力。只有在应用中不断总结和提高科研技术水平,完善和扩大信息服务系统的范围和功能,才能充分发挥工程的整体效益,延长工程的使用寿命。

(6)改进资金支付进度。工程资金支付管理是一项政策性、程序性、实务性都很强的基础性工作,在工程资金支付上要面向工程实际建设情况,减少为了完成支付进度而支付的行为,将年度支付进度和支付考核要求适当放宽,与工程进度、工程质量、资金到位时间相匹配,使资金支付更具弹性,更好地服务于工程建设。

(7)进一步完善监测站网体系。当前全国水利系统正在按照“水利工程补短板,水利行业强监管”的水利改革发展总基调,进行积极探索,找准目标,砥砺前行。二期工程建设要针对新的要求,进一步完善监测站网体系,在已建国家地下水监测工程的基础上,以“需求牵引、应用至上为导向,建成与新发展阶段相适应的国家地下水监测系统。实现县级行政区、地下水不同层位监测站网全覆盖,基本实现地下水监测评价预警业务流程的自动化、智能化和智慧化,全面提升支撑水资源管理、水资源调配、水生态修复的决策服务能力;为国家水网工程建设、国家节水行动、建立水资源刚性约束制度和水资源管理与调配系统等提供坚实支撑。

总之,国家地下水监测工程是地下水监测现代化、水文信息化建设的重大成果,是我国地下水监测工作的一次有益探索和成功实践,是我国地下水监测各领域创新的集中体现,促进了地下水监测信息化技术进步,提高了地下水监测的科学决策水平,全面提升了我国地下水监测服务能力,实现了我国地下水监测和水文信息化的跨越式发展,为我国地下水事业发展指明了方向。

附录1　国家地下水监测工程(水利部分)项目建设管理办法

第一章　总　则

第一条　为切实加强国家地下水监测工程(水利部分)(以下简称本工程)项目的建设和管理,规范建设程序,保证工程质量、进度和安全,提高管理效率,根据国家有关法律法规和政策,依据《水利工程建设项目管理规定》等有关规定,结合本工程实际,制定本办法。

第二条　本办法适用于本工程范围内所有项目的建设和管理工作。

第三条　本工程建设应严格执行国家有关法律、法规、政策和技术标准。

第四条　本工程为中央直属项目,应严格按照国家基本建设程序组织实施,执行项目法人责任制、招标投标制、建设监理制、合同管理制和竣工验收等制度。

第五条　本工程的单项工程为国家地下水监测中心建设项目和各流域机构、各省(自治区、直辖市)和新疆生产建设兵团分别承担的本级工程所有建设项目。

第二章　机构与职责

第六条　水利部成立水利部国家地下水监测工程项目建设领导小组(以下简称部领导小组),主要职责是指导、监督本工程的项目建设工作,协调国土资源部建立两部联席会议制度,研究解决项目建设中的重大问题。部领导小组办公室设在水利部水文局(以下简称部水文局),承担领导小组的日常工作。

第七条　部水文局为本工程项目法人,全面负责本工程的建设管理,对工程的计划执行、项目实施、资金使用、质量控制、进度控制、安全生产等负总责,确保工程安全、资金安全、干部安全、生产安全。并负责与国土资源部项目法人的协调。

第八条　在部水文局组建水利部国家地下水监测工程项目建设办公室(以下简称部项目办),按照项目法人的要求,具体负责本工程项目建设管理工作。部项目办可根据需要成立专家委员会。

第九条　各流域机构水文局(以下简称流域水文局)及各省、自治区、直辖市和新疆生产建设兵团水文部门(以下简称省级水文部门)按照项目法人授权或委托,做好项目建设管理工作。

第十条　各流域水文局成立相应的国家地下水监测工程(水利部分)项目建设部(以下简称流域项目部),配合做好本级工程项目的建设管理工作,协助部项目办监督检查流域片内省级项目的建设管理工作。

第三章　投资计划管理

第十一条　各流域水文局和省级水文部门在项目初步设计基础上编制本级工程的总

体和年度实施方案,由部项目办组织审查,项目法人批准实施。

第十二条 部项目办根据本工程建设任务和进度,组织各流域机构、各省编制本工程的年度投资建议计划,由项目法人报送水利部。

第十三条 项目法人根据水利部下达的年度投资计划,做好投资计划的分解,明确年度建设任务。

第十四条 项目法人要切实加强投资计划管理,确保投资计划执行的进度、质量和效益。流域水文局和省级水文部门协助做好本级工程建设的投资计划管理工作。

第十五条 流域水文局和省级水文部门根据相应年度建设任务及工程进展情况,组织编制本级工程的年度投资建议计划,按要求及时报送部项目办。同时,加强对本级项目建设年度计划执行进度的管理。

第十六条 项目建设应严格按照批准的初步设计进行,不得擅自改变建设规模、内容、标准和年度投资计划。因技术进步、建设条件变化、价格变化等因素确需要修订技术方案和设备选型等设计的,按以下要求办理:

(一)根据建设过程中出现的问题,施工单位、监理单位、省级水文部门、流域水文局及部项目办等单位可以提出变更设计建议。项目法人应当对变更设计建议和理由进行评估,必要时组织设计单位、施工单位、监理单位及有关专家对变更建设进行论证。

(二)建设规模、建设标准、技术方案等发生变化,对工程质量、安全、工期、投资、效益产生重大影响的设计变更,由部项目办报项目法人,项目法人按规定报原初步设计审批单位审批。

(三)站网局部调整、重要仪器设备和材料技术指标等一般设计变更,由相应的流域水文局、省级水文部门提出设计变更建议,经部项目办审查通过后,由项目法人批准实施并报水利部核备。

第四章 工程建设

第十七条 本工程具备开工条件后,由项目法人确定工程开工时间,报水利部备案。

第十八条 部项目办具体组织本工程的招标投标工作,项目法人审签合同。

第十九条 本工程招标投标应依照水利部《关于推进水利工程建设项目招标投标进入公共资源交易市场的指导意见》进入当地公共交易市场,进行交易。

第二十条 各流域水文局、省级水文部门按照项目法人授权或委托协助承办本级工程建设内容的招标投标有关工作,主要工作内容有:

(一)提出符合要求的招标代理机构,报部项目办审核,项目法人审批;

(二)组织编制招标文件,招标文件编制完成后,提交部项目办审核;

(三)协助项目法人在中国采购与招标网、中国政府采购网、中华人民共和国水利部等网站发布招标信息;

(四)协助组织招标的开标、评标工作;

(五)拟定中标合同并审核签字后,报部项目办审核,由项目法人审签。

第二十一条 本工程所需的通用软件开发等集中采购事项,根据需要由部项目办组织。

第二十二条 项目法人制定工程建设情况报告制度。部项目办、各流域项目部、各省级水文部门按照基建项目有关规定收集整理项目建设情况并及时上报。流域项目部协助做好流域片内省级项目进度控制管理。

第五章 质量控制与安全生产管理

第二十三条 水利部负责本工程质量监督管理工作,各流域机构和省级水行政主管部门组织开展本级工程的质量监督工作。

第二十四条 项目法人对本工程的质量控制、安全生产负总责,主动接受水利工程质量监督机构对本工程质量的监督检查。

第二十五条 部项目办定期对本工程质量和安全生产情况进行检查,并不定期进行抽查。

第二十六条 流域水文局按照项目法人的授权组织做好本级工程的质量控制、安全生产工作。流域项目部配合部项目办监督流域片内省级项目的质量控制、安全生产工作。

第二十七条 流域项目部定期对本级工程质量和安全生产情况进行检查,并配合部项目办进行检查、抽查等工作。

第二十八条 省级水文部门按照项目法人的委托组织做好本级工程的质量控制、安全生产工作,对本级工程施工期的各阶段定期进行质量和安全生产现场检查和不定期抽查,发现问题要及时处理、上报,并向流域项目部和部项目办报送有关情况。

第二十九条 项目的设计、施工、监理以及设备、材料供应等有关单位应按照国家有关规定和合同约定对所承担工作的质量和安全生产负责,实行质量责任终身制。

第三十条 本工程实行监理制。根据项目特点和建设内容,工程监理方式依照水利部《水文基础设施项目建设管理办法》(水文〔2014〕70号)相关规定执行。

第三十一条 参与建设的单位和个人有责任和义务向部项目办、流域项目部、省级水文部门或有关单位报告工程质量与安全生产问题。

第三十二条 质量管理应有专人负责,定期报告工程质量,质量管理责任人要签字负责。

第三十三条 工程建设实行质量一票否决制。质量不合格的工程必须返工,否则验收单位有权拒绝验收、项目法人有权拒付工程款。

第三十四条 工程涉及的材料、仪器、设备等,必须经过现场质量检验,不合格的不得用于工程建设。

第六章 资金管理

第三十五条 水利部负责本工程投资计划下达和预算拨付。

第三十六条 本工程资金由项目法人集中管理、统一支付。流域水文局和省级水文部门按照项目法人授权或委托协助对资金进行监督与管理。

第三十七条 项目法人根据下达的年度投资计划,组织编制年度预算上报水利部。项目预算一经审批下达,一般不得调整。确须调整的,应按有关程序报批。

第三十八条 项目法人、各流域水文局、各省级水文部门应于当年投资计划下达前,按照报送的项目实施方案,开展工程建设前期准备工作,保障工程资金支付进度。

第三十九条 项目建设要严格按照批准的建设规模、建设标准、建设内容和投资概算实施,不得随意调整概算和投资使用范围。本工程建设资金管理应严格按照基本建设程序、国家有关财务管理制度和合同条款规定执行。

第四十条 项目法人审核单项工程竣工财务决算,审核部项目办报送的报表、报告,组织本工程资金的使用与资产管理情况的自查工作,上报水利部审查、审计和审核本工程竣工财务决算。

第四十一条 部项目办负责编制单项工程的竣工财务决算,汇总、编制本工程竣工财务决算,具体实施本工程资金使用与资产管理的自查工作,并配合上级和有关部门的检查与审计。

第四十二条 流域水文局、省级水文部门按照项目法人授权或委托提出本级工程建设用款申请,组织编制并上报各类报表、报告,协助编制竣工财务决算,具体实施本级工程资金使用与资产管理的自查工作,并配合上级和有关部门的检查与审计。

第七章 项目验收

第四十三条 本工程项目验收按照《水利工程建设项目验收管理规定》《水文设施工程验收管理办法》等有关规定执行。

第四十四条 项目法人配合做好本工程的竣工验收工作,负责组织各单项工程验收工作。

流域水文局和省级水文部门按照项目法人授权或委托组织本级工程合同验收工作,配合项目法人做好单项工程验收。

第四十五条 部项目办承办本级工程合同验收和单项工程验收工作,指导检查流域和省级合同验收工作。

第四十六条 本项目的档案验收按照《水利工程建设项目档案验收管理办法》等有关规定执行。

第八章 监督与检查

第四十七条 水利部负责本工程的监督与检查工作,纪检、监察、审计、稽查、建管、安监等部门应提前介入、全程跟踪。

第四十八条 本工程招标采购活动应接受有关部门的监督。

第四十九条 项目法人、各流域水文局、各省级水文部门要组织力量定期深入现场对项目建设进度、质量控制和资金管理等情况进行监督检查。

第五十条 任何单位或个人不得截留、挪用、转移建设资金。违反规定的予以通报批评,情节严重的依法依纪追究有关责任人的责任,涉嫌犯罪的依照国家法律和纪律移交有关部门处理。

第九章 附 则

第五十一条 本办法由水利部水文局负责解释。

第五十二条 本办法自发布之日起施行。

附录2　国家地下水监测工程(水利部分)项目资金使用管理办法

第一章　总　则

第一条　为规范和加强国家地下水监测工程(水利部分)项目(以下简称本工程)资金使用管理,提高投资效益,根据《中华人民共和国预算法》《中华人民共和国会计法》、财政部《基本建设财务管理规定》(财建〔2002〕394号)和《水利基本建设项目竣工财务决算编制规程》(SL19—2014)等有关法律法规和部门规章,结合本工程实际,制定本办法。

第二条　本办法适用于本工程资金的使用和管理。

第三条　本办法所称本工程资金是指纳入中央水利建设投资计划,用于本工程建设的项目资金。

第四条　本工程资金使用管理的基本原则是:

(一)集中管理,统一支付原则。本工程资金由项目法人集中管理、统一支付。流域水文局和省级水文部门按照项目法人授权或委托协助对资金进行监督与管理。

(二)专款专用原则。本工程资金必须按规定用于经批准的工程项目,不得截留、挤占和挪用,做到专款专用。

(三)效益原则。本工程资金的使用和管理,必须厉行节约,降低工程成本,防止损失浪费,提高资金使用效益。

第五条　本工程资金使用管理的基本任务是:贯彻执行国家有关法律、法规及规章制度;依法合理使用项目建设资金,严格控制项目建设成本,做到会计资料真实、可靠;编制项目建设资金计划、预算、执行、控制情况;做好会计核算,正确、及时反映和监督项目建设资金收支情况;组织项目建设的招标投标,组织政府采购工作;依法履行合同,按照规定的程序支付资金;工程完工及时编制竣工财务决算,办理资产移交。

第二章　管理职责

第六条　水利部负责本工程资金的下达、检查、监督与协调工作,主要工作包括:

(一)组织制定本工程资金使用管理制度;

(二)审核项目法人申报的年度投资建议计划及预算;

(三)指导、检查、监督资金使用与管理;

(四)组织审查、审计与审核本工程竣工财务决算。

第七条　项目法人是资金使用管理的责任主体,主要职责包括:

(一)组织本工程年度投资计划及预算的申请;

(二)根据基本建设程序、年度投资计划、年度基本建设支出预算及工程进度,办理工程与设备价款结算,控制费用性支出,合理、有效使用资金;

(三)审核部项目办编制的单项工程竣工财务决算;

(四)审核本工程竣工财务决算,上报水利部;

(五)根据项目建设情况建立资产台账及资产登记卡片,办理资产交付使用手续;

(六)组织对本工程资金使用与管理的自查工作;

(七)按照政府采购和国库集中支付的有关规定,加强资金使用管理。

第八条 部项目办对本工程资金使用管理的主要职责包括:

(一)建立健全本工程资金内部管理制度并实施;

(二)承担本工程年度投资计划及预算的申请;

(三)开展资金使用和资产管理等培训工作;

(四)制定统一格式的财务报告和报表;

(五)编制单项工程竣工财务决算,汇总编制本工程竣工财务决算,报项目法人审核;

(六)管理本级工程建设过程中的资产,汇总本工程资产相关报表,报项目法人审核;

(七)指导、检查流域水文局和省级水文部门项目资产管理工作,审核流域、省级资产登记报表;

(八)具体承担对本工程资金使用与管理情况的自查工作;

(九)配合上级和有关部门的审计与检查;

(十)按照政府采购和国库集中支付的有关规定,加强资金使用管理。

第九条 流域水文局的主要工作包括:

(一)建立、健全本级工程资金内部管理制度,监督本级工程资金使用和资产管理;

(二)建立备查账簿,实行会计监督;

(三)按时完成各种报表、报告的编写工作,对发生合同纠纷、违规事件、经济索赔等情况,应及时处理并报告;

(四)协助部项目办编制本级单项工程竣工财务决算;

(五)建立相应的资产台账及资产登记卡片;

(六)配合上级和有关部门的审计与检查;

(七)配合部项目办监督检查流域片内单项工程资金使用与管理情况;

(八)按照政府采购和国库集中支付的有关规定,加强资金使用管理。

第十条 流域项目部的主要工作包括:

配合做好本级工程项目的建设管理工作,协助部项目办监督检查流域片内省级项目的资金使用与资产管理工作。

第十一条 省级水文部门的主要工作包括:

(一)建立健全本级工程资金内部管理制度,监督本级工程资金使用和资产管理;

(二)建立备查账簿,实行会计监督;

(三)按时完成各种报表、报告的编写工作,对发生合同纠纷、违规事件、经济索赔等情况,应及时处理并报告;

(四)协助部项目办编制本级单项工程竣工财务决算;

(五)建立相应的资产台账及资产登记卡片;

(六)配合上级和有关部门的审计与检查;

(七)按照政府采购和国库集中支付的有关规定,加强资金使用管理。

第十二条 项目法人、流域水文局、省级水文部门对项目建设过程中的材料、设备采购、存货、各项财产物资及时做好原始记录;及时掌握工程进度,定期进行财产物资清查。

第十三条　项目法人、流域水文局、省级水文部门按照归档的要求,对会计档案装订成册、整理立卷、妥善保管。

第三章　预算管理

第十四条　水利部按预算管理规定,负责审核批复本工程年度预算、预算调整、用款计划等申请;及时掌握本工程预算执行动态。

第十五条　项目法人组织编制本工程年度预算、用款计划和直接支付申请等工作,部项目办具体承办。

第十六条　本工程年度预算在执行中一般不予调整。确需调整的,项目法人应按规定上报水利部申请调整预算。

第十七条　项目法人、流域水文局、省级水文部门应于当年投资计划下达前,按照报送的年度工程实施方案,做好工程建设前期准备工作,预算一经下达,资金及时支付,保障预算执行进度。

第四章　资金使用

第十八条　本工程资金根据基本建设程序,按照国库集中支付程序进行支付。

第十九条　签订合同的项目按照合同要求支付和管理,其他的项目开支实行报账制。

(一)流域水文局、省级水文部门根据工程实际建设情况和合同支付条款要求,组织提交合同进度款支付申请表(见附件1)及相关原始单据,报部项目办审核,由项目法人按照国库集中支付制度等有关规定办理支付。

(二)实行报账制的项目工作经费,由流域水文局、省级水文部门于每季度初10个工作日内,提交专项支出用款申请书(见附件2)及相关原始单据,报部项目办审核,由项目法人按照国库集中支付制度等有关规定办理支付。

第二十条　凡存在下列情况之一的,财务部门不予支付资金:

(一)违反国家法律、法规和财经纪律的;

(二)不符合批准的建设内容的;

(三)不符合合同条款规定的;

(四)结算手续不完备,支付审批程序不规范的;

(五)发票查验不合格的;

(六)不合理的摊派等费用。

第二十一条　工程价款按照建设工程合同规定条款、实际完成的工程量及工程监理报告结算与支付,具体参照《建设工程价款结算暂行办法》(财建〔2014〕369号)执行。

第二十二条　设备、材料货款按采购合同规定的条款支付。

第五章　竣工财务决算

第二十三条　单项工程竣工具备交付使用条件的,应编制单项工程竣工财务决算。建设项目全部竣工后应编制竣工财务总决算。具体按照《水利部基本建设项目竣工财务决算管理暂行办法》(水财务〔2014〕73号)和《水利基本建设项目竣工财务决算编制规程》(SL19—2014)执行。

第二十四条　流域水文局、省级水文部门应协助部项目办在单项工程竣工后3个月内完成竣工财务决算的编制工作,报项目法人审核。

第二十五条 项目法人组织审计部项目办报送的单项工程竣工财务决算;审核部项目办编制的本工程竣工财务决算并上报;按照水利部审查、审计和验收意见进行整改,并调整本工程竣工财务决算。

第二十六条 水利部组织审查、审计与审核本工程竣工财务决算。

第二十七条 在编制基本建设项目竣工财务决算前,项目法人、流域水文局、省级水文部门要认真做好各项清理工作。清理工作主要包括基本建设项目档案资料的归集整理、账务处理、财产物资的盘点核实及债权债务的清偿,做到账账、账证、账实、账表相符。各种材料、设备、仪器等要逐项盘点核实、填列清单、妥善保管,或按照国家规定进行处理,不得任意侵占、挪用。

第六章 资产管理

第二十八条 水利部负责本工程资产的统一管理和产权登记工作,严格执行《事业单位国有资产管理暂行办法》和《水利国有资产监督管理暂行办法》的有关规定。

第二十九条 项目法人应建立资产台账及资产登记卡片,审核部项目办报送的资产管理报表及报告。

第三十条 项目法人、流域水文局、省级水文部门应建立本级资产台账及资产登记卡片,按规定填报资产登记的相关报表和报告。

第三十一条 部项目办汇总资产登记的相关报表和报告,报项目法人审核;不定期检查流域水文局和省级水文部门资产管理情况;配合水利部的检查与监督工作。

第三十二条 流域水文局应审核本级工程和流域片内的省级水文部门资产报表及报告并上报,至少每半年检查一次本级工程的资产管理情况,报部项目办备案。

第三十三条 项目法人、流域水文局、省级水文部门应确保账账、账证、账实、账表相符。

第七章 报告制度

第三十四条 项目法人、流域水文局、省级水文部门应重视和加强建设项目财务信息管理,建立信息反馈制度,指定专人负责信息收集、汇总及报送。报送的信息资料主要包括反映资金到位、使用情况的月报、季报、年报,工程进度报告、项目竣工财务决算等。

第三十五条 各种信息资料要求内容完整、数字真实准确、报送及时。

第三十六条 建立重大事项报告制度。工程建设过程中出现下列情况之一的,应按程序逐级上报:

(一)重大事故;

(二)较大金额索赔;

(三)审计发现重大违纪问题;

(四)工期延误时间较长;

(五)其他重大事项。

第八章 监督与检查

第三十七条 水利部、流域机构和省级水行政主管部门应加强对项目资金使用的监督与检查,及时了解掌握资金使用和工程建设进度情况,督促建设单位加强资金使用管理,发现问题及时处理或报告。

第三十八条　项目法人、流域水文局、省级水文部门应配合上级和有关部门的审计与检查,并做好自查工作。

第三十九条　监督检查的重点内容如下:

(一)有无截留、挤占和挪用;

(二)是否存在改变内容和标准的工程建设;

(三)建设单位管理费是否按规定开支;

(四)财务管理制度是否健全;

(五)应上缴的各种款项是否按规定上缴;

(六)是否建立并坚持重大事项报告制度;

(七)检查与审计整改落实情况;

(八)资产管理情况;

(九)政府采购法和招标投标法等法律法规执行情况。

第四十条　对违反国家规定使用本工程资金的,财务人员应及时向有关领导汇报。

第四十一条　对截留、挤占和挪用本工程资金,擅自变更投资计划和基本建设支出预算、改变建设内容和标准以及因工作失职造成资金损失浪费的,要追究当事人和有关领导的责任。涉嫌犯罪的,依照国家法律和纪律移交有关部门处理。

第九章　附　则

第四十二条　本办法由水利部水文局负责解释。

第四十三条　本办法自发布之日起施行。

附件 1

表 1　合同进度款支付申请表(流域)

合同名称			合同编号		
施工(供货)单位名称					
合同总价		已执行合同额		本期应付款额	
监理单位意见					
流域项目部意见					
流域水文局审核					
部项目办审核					
项目法人审定					
本次付款执行金额	人民币（大写）:		¥ :		

表2　合同进度款支付申请表(省级)

合同名称			合同编号		
施工(供货)单位名称					
合同总价		已执行合同额		本期应付款额	
监理单位意见					
项目承办部门意见					
省级水文局审核					
部项目办审核					
项目法人审定					
本次付款执行金额	人民币（大写）:		¥:		

附件 2

表 1 专项支出用款申请书(流域)

申请单位:　　　　　　申请日期:　　　　　　单位:元

序号	摘要	收款人			申请金额	核定金额
		全称	银行账号	开户银行		
				合　计:		

核定金额合计(大写):

申请单位(公章): 流域项目部负责人(签字): 流域水文局负责人(签字):	审核单位(公章): 单位负责人(签字): 部门负责人(签字): 财务负责人(签字):　　　　年　　月　　日

联系人:　　　　　　联系电话:

附录3　国家地下水监测工程(水利部分)项目廉政建设办法

第一条　为保障国家地下水监测工程(水利部分)项目(以下简称本工程)建设的顺利实施,防止违法违纪行为的发生,确保工程安全、资金安全、干部安全、生产安全,根据国家有关法律法规和部门规章,结合本工程实际,制定本办法。

第二条　本办法适用于参与本工程建设与管理的有关单位和工作人员。

第三条　水利部水文局党委对本工程建设全过程的廉政建设负总责,各流域机构水文局党委(党组)对本单位的工程建设过程中的廉政建设负责,参与本工程建设与管理的各单位党委(党组)对本单位的工程建设过程中的廉政建设负责,确保本工程建设管理过程中严格执行廉政建设有关法律法规,自觉接受有关部门的监督。

第四条　各级项目办(部)应建立健全岗位权力运行监督制约机制。

(一)将廉政建设列入本工程建设管理全过程,逐级签订廉政建设责任书、承诺书,有关人员应将本人在工程建设管理过程中的廉政建设情况纳入年度考核述职。

(二)建立工作人员职责档案,实行工程质量和廉政建设终身负责制。各级项目办(部)工作人员职责档案随工程文件一并归档保存。

(三)定期开展廉政学习教育,提高工作人员廉政意识,防止贪污受贿、徇私舞弊及截留、挪用、转移建设资金、玩忽职守等违法违纪行为发生。

(四)加强对工程设计及施工过程的监督检查,特别是加强对打井等重点环节和隐蔽工程建设过程的监管,以规范工程建设促进廉政建设。

(五)积极支持和配合建管、安监、审计等部门开展监督检查,自觉接受监察部门的监督,对工程建设中存在的问题要及时发现、认真整改。

第五条　参与本工程建设与管理的各单位工作人员,应严格遵守廉洁自律有关规定,认真贯彻执行中央八项规定精神,坚决杜绝"四风"。

(一)不准接受与本工程建设有关的任何单位和个人的宴请及娱乐活动等;

(二)不准收受与本工程建设有关的任何单位和个人赠送的礼品、礼金、有价证券、支付凭证和商业预付卡等;

(三)不准利用知悉或者掌握的内部信息为自己或特定关系人谋取利益;

(四)不准在工程招标投标中有意偏袒某一投标人,确保招标投标工作公开、公平、公正。

第六条　参与本工程建设的各承建单位、供货商和监理单位均须与项目法人签定廉政建设承诺书,承诺不请客送礼、不围标串标、不转包、不违法分包、不弄虚作假,抵制各种商业贿赂行为,严格执行项目建设管理办法及有关规定,主动接受项目主管部门的监督检查,否则不予认可其投标资格。

第七条　水利部水文局每年要组织1~2次对工程项目进行监督检查,及时发现问题,督促落实整改。流域机构要协助做好流域片区内工程项目的监督检查,确保工程安全、资金安全、生产安全、干部安全。

第八条 水利部建设与管理司、安全监督司和审计室要按照各自职责,每年定期或不定期对工程的招标投标、工程监理、工程质量、安全生产、资金使用、竣工决算等重点环节进行专项检查和抽查,对发现的问题要责令整改,对违规违纪问题线索要移交纪检监察部门。

第九条 水利系统各级纪检监察部门要加强对本工程廉政建设的监督,对存在问题整改不力,或因违规违纪行为影响工程建设或造成不良后果的,要严肃追究相关责任人的责任,并按照干部管理权限移交相关部门追究领导责任。

第十条 本办法由水利部水文局负责解释。

第十一条 本办法自颁布之日起施行。

附录4 国家地下水监测工程(水利部分)验收管理办法

第一章 总 则

第一条 为加强国家地下水监测工程(水利部分)(以下简称本工程)验收管理,明确验收责任,规范验收行为,根据《国家地下水监测工程(水利部分)项目建设管理办法》《水文设施工程验收管理办法》等有关规定,结合本工程特点,制定本办法。

第二条 本办法适用于本工程范围内所有验收活动。

第三条 本工程所有工程质量评价分为"合格""不合格"。评价为"不合格"的工程不予通过验收,应限期整改并重新组织验收。

第四条 本工程具备验收条件时,应及时组织验收。未经验收或验收不合格的不得进行后续工程施工或不得交付使用。

第五条 本工程验收分为合同工程完工验收、单项工程完工验收和整体工程竣工验收。以上验收内容均应包含档案验收。

(一)合同工程是指地下水监测井建设、地下水监测井仪器设备购置安装、国家地下水监测中心装修等合同约定的所有建设任务。

(二)单项工程是指国家地下水监测中心建设项目和各流域机构、各省(自治区、直辖市)、新疆生产建设兵团分别承担的本级工程所有建设任务。

(三)整体工程是指本工程所包含的全部建设任务。

(四)档案验收是本工程合同工程完工验收、单项工程验收和整体工程竣工验收的重要内容,应按《国家地下水监测工程(水利部分)档案管理办法》要求,采用同步验收或专项验收方式进行。

第六条 合同工程、单项工程、整体工程验收结论应当经三分之二以上验收委员会(验收组)成员同意。验收委员会(验收组)成员应当在验收鉴定书或验收意见上签字,对验收结论持有异议的,应当将保留意见在验收鉴定书或验收意见上明确记载并签字。

验收委员会(验收组)对工程验收不予通过的,应当明确不予通过的理由并提出整改意见。部水文局应当及时组织有关单位处理有关问题,整改完成后按照程序重新申请验收。

第七条 本工程验收工作的依据是:

(一)国家有关法律、法规、规章和技术标准。

(二)本工程初步设计报告、分省初步设计报告和经批准的设计变更文件。

(三)本工程建设有关合同及其补充协议。

第八条 验收资料制备:

部水文局负责组织整体工程竣工验收的资料制备,水利部国家地下水监测工程项目建设办公室(以下简称部项目办)、流域水文局、省级水文部门负责组织本级相应的单项工程和合同工程完工验收资料制备,有关单位应按要求及时完成并提交。资料提交单位应对所提交资料的真实性、完整性负责。

第二章 合同工程完工验收

第九条 部项目办承办本级工程及统一采购的合同工程完工验收,指导检查流域和省级合同工程完工验收工作。

流域水文局和省级水文部门组织本级工程合同工程完工验收工作。

第十条 合同工程完工并具备验收条件时,合同承担单位应及时向部项目办或流域水文局、省级水文部门提交合同工程完工验收申请报告。部项目办及流域水文局、省级水文部门应在收到合同工程完工验收申请报告之日起20个工作日内决定是否同意进行合同工程完工验收。必要时成立专家组对合同工程进行预验收。预验收由本级项目管理单位(部项目办或流域水文局、省级水文部门)主持,监理单位具体负责,预验收专家组应由项目管理单位、邀请的有关部门的代表和有关专家5人以上单数组成。

第十一条 合同工程完工验收组由部项目办(或流域水文局、省级水文部门)、设计、监理、合同承担等单位的5人以上单数代表组成。必要时可邀请有关部门的代表和有关专家参加。

第十二条 合同工程完工验收应具备以下条件:

(一)合同范围内的建设任务已按合同约定完成。

(二)工程质量缺陷已按要求处理。

(三)合同争议已解决。

(四)合同结算资料已编制完成并获得确认。

(五)施工现场已清理。

(六)合同工程已完成应归档文件材料的收集、整理,并满足完整、准确、系统要求。

(七)已完成必要的预验收。

(八)合同约定的其他条件。

第十三条 合同工程完工验收前合同承担单位应提交成果报告(含质量评价)、设计单位应出具意见、监理单位应出具监理报告(含质量评价)。

第十四条 合同工程完工验收包括以下主要内容:

(一)检查合同范围内所有建设任务的完成情况。

(二)检(抽)查合同工程质量和已投入使用工程运行情况。

(三)对合同工程档案进行同步验收。

(四)评价合同工程质量为“合格”或“不合格”。

(五)检查合同完工结算情况。

(六)检查施工现场清理情况。

(七)对验收中发现的问题提出处理意见。

(八)确定合同工程完工日期。

(九)讨论并通过合同工程完工验收鉴定书或验收意见。

第十五条 合同工程完工验收的成果是合同工程完工验收鉴定书或验收意见,自通过之日起20个工作日内,流域水文局或省级水文部门应将鉴定书或验收意见报部项目办备案。

第十六条　合同工程完工验收后应将资产移交部项目办或流域水文局、省级水文部门。办理项目工程保修书,项目进入质保期。

第十七条　国家地下水监测中心楼房、服务器、巡测设备、实验室设备等采购合同的验收,由监理单位出具验收意见。服务类合同的验收由部项目办组织并出具验收意见。

国家地下水监测中心大楼装修合同验收需通过消防验收。

第三章　单项工程完工验收

第十八条　部水文局负责组织各单项工程完工验收工作,部项目办承办本级单项工程完工验收工作。

各流域水文局和省级水文部门配合部水文局做好单项工程完工验收工作。

第十九条　单项工程完工验收前,应进行技术预验收。成立技术专家组,通过查阅资料、检查工程完成情况、抽查监测信息报送情况等方式,对单项工程建设内容、质量、效益进行评价,提出技术预验收意见。

第二十条　单项工程完工验收的验收组成员由部水文局、设计、监理、流域水文局或省级水文部门等单位的代表组成。必要时可邀请有关部门的代表和有关专家参加。单项工程完工后,应在2个月内组织单项工程完工验收。

第二十一条　单项工程完工验收应具备以下条件:

(一)单项工程主要建设任务已按批准的设计全部完成。

(二)全部合同工程质量评价为合格且通过合同工程完工验收。

(三)设施设备运行正常。

(四)合同工程完工验收中发现的问题已经处理完毕。

(五)单项工程财务决算已按规定编制完成。

(六)单项工程确定进行档案专项验收的已通过档案专项验收。

(七)资产核查工作已完成。

(八)单项工程已通过技术预验收,完工验收有关报告已准备就绪。

第二十二条　验收前流域水文局或省级水文部门应提交本级单项工程完工报告(含质量评价)、设计单位应出具工作报告、监理单位应出具监理报告(含质量评价)。

第二十三条　单项工程完工验收包括以下主要内容:

(一)检查单项工程是否按批准的设计全部完成。

(二)检查单项工程建设情况,评价工程质量为“合格”或“不合格”。

(三)检查单项工程是否正常运行。

(四)检查单项工程价款结算情况和竣工财务决算编制情况。

(五)检查单项工程档案专项验收发现问题的整改情况,或对确定同步验收的单项工程档案进行同步验收。

(六)检查固定资产登记与实物管理情况。

(七)对验收遗留问题提出处理意见。

(八)确定单项工程完工日期。

(九)讨论并通过单项工程完工验收鉴定书。

第二十四条　单项工程完工验收的成果是单项工程完工验收鉴定书。自鉴定书通过之日起30个工作日内,由部项目办报部水文局备案并印发有关单位。

第二十五条 单项工程完工验收后应及时办理资产交付手续。

第四章 整体工程竣工验收

第二十六条 整体工程竣工验收由水利部主持,部水文局具体负责整体工程竣工验收准备工作。整体工程竣工验收应在整体工程完工并试运行3个月以上进行。

第二十七条 整体工程竣工正式验收前,应进行技术预验收。成立技术专家组,通过查阅资料、检查工程完成情况、抽查监测信息报送情况等方式,对工程建设内容、质量、效益进行评价,提出技术预验收意见。

第二十八条 整体工程竣工验收委员会由建设管理、水资源、计划、财务、审计、档案等方面的代表和有关专家组成。部水文局、设计、监理、合同承担等单位作为被验收单位列席竣工验收会议,负责解答验收委员会提出的问题。

第二十九条 部水文局按规定编制汇总整体工程竣工财务决算,水利部组织财务审查、审计。整体工程竣工财务决算审查、审计通过后方可进行整体工程竣工验收。

第三十条 具备整体工程竣工验收条件时,部水文局应当及时提出整体工程竣工验收申请报告。

第三十一条 整体工程竣工验收应具备以下条件:

(一)工程已按批准的设计全部完成,运行正常。或工程按批准的设计基本完成,但由于特殊原因致使少量尾工不能完成,且不影响本工程正常运行和效益发挥,已责成有关单位限期完成,并符合财务规定。

(二)固定资产核查工作已完成。

(三)管理人员已落实到位,管理制度已建立。

(四)预验收整体工程质量评价为合格。

(五)整体工程竣工验收所需有关报告已准备就绪。

(六)投资已全部到位。

(七)单项工程完工验收已通过,且验收所发现的问题已处理完毕。

(八)整体工程竣工财务决算已通过审查、审计,审查、审计意见中提出的问题已整改完毕并提交了整改报告。

(九)已通过整体工程档案专项验收。

第三十二条 整体竣工验收包括以下主要内容:

(一)核查项目是否已按批准的设计全部完成。

(二)核查工程建设和运行情况,并鉴定整体工程质量。

(三)核查历次验收情况及其遗留问题和已投入使用工程在运行中所发现问题的处理情况。

(四)核查档案专项验收发现问题的整改情况。

(五)核查资金使用和固定资产登记情况。

(六)研究验收中发现的问题,并提出处理意见。

第三十三条 整体工程竣工验收主要程序。

(一)听取技术专家组预验收情况汇报。

(二)核查工程建设情况。

(三)查阅本工程建设有关资料。

(四)审阅有关单位的报告。

1. 本工程建设管理工作报告(含资金管理使用情况报告)。

2. 本工程设计工作报告。

3. 本工程监理工作报告(含质量评价)。

4. 本工程运行管理准备工作报告。

(五)讨论通过整体工程竣工验收鉴定书。

(六)验收委员会成员和被验收单位代表在整体工程竣工验收鉴定书上签字。

第三十四条　整体工程竣工验收的成果是整体工程竣工验收鉴定书。自鉴定书通过之日起30个工作日内,由整体工程竣工验收主持单位分送有关单位。

第五章　附　则

第三十五条　本办法由水利部水文局负责解释。

第三十六条　本办法自印发之日起实施。

附录5　国家地下水监测工程(水利部分)项目档案管理办法

第一章　总　则

第一条　为规范国家地下水监测工程(水利部分)项目(以下简称本工程)档案管理工作,根据《中华人民共和国档案法》《国家电子政务工程建设项目档案管理暂行办法》《水利工程建设项目档案管理规定》《国家地下水监测工程(水利部分)项目建设管理办法》等法规制度,结合本工程实际,制定本办法。

第二条　本工程档案是指在本工程项目前期、实施、验收等建设阶段过程中形成的,具有保存价值的文字、图表、声像等不同形式与载体的历史记录。

第三条　本工程档案工作是项目建设与管理工作的重要组成部分。各级项目建设与管理单位应加强领导,将档案管理工作纳入项目建设与管理工作程序,明确档案管理负责部门与人员的岗位职责,建立、健全管理制度,确保本工程档案工作正常开展。

第四条　本工程档案工作遵循"统一领导、分级负责、同步管理"原则,通过加强领导、强化监督、明确责任等措施,落实工程档案与工程建设进程同步管理规定,确保整体工程完成时,本工程档案达到完整、准确、系统与安全的工作目标。

第二章　职责与任务

第五条　本工程档案工作由项目法人单位水利部水文局负总责,由各流域机构水文局及各省、自治区、直辖市、新疆生产建设兵团水文部门,陕西地下水管理监测局(以下简称流域及省级水文部门)分级负责,按照项目法人的工作部署与要求,做好本级项目档案管理工作,并接受水利部档案业务主管部门监督指导。

第六条　水利部国家地下水监测工程项目建设办公室(以下简称部项目办)按照项目法人要求,负责建立、完善本工程档案管理制度,并履行如下职责:对流域及省级水文部门贯彻落实本办法情况进行监督、检查;承担部项目办和国家地下水监测中心应归档的文件材料收集、整理与归档工作;接收流域及省级水文部门提交的工程档案。

第七条　流域及省级水文部门是本级工程档案管理工作的责任主体。具体职责如下:认真落实本办法的各项要求;负责本级工程应归档文件材料的收集、整理、归档和上报工作;对各承建单位应归档材料的收集、整理工作进行监督、指导;运用部项目办提供的档案管理系统做好已归档文件材料信息的著录和项目实施过程中电子文件信息的管理,并接受部项目办和同级档案主管部门的监督指导。

第八条　档案管理应按同步管理要求贯穿本工程建设管理各阶段。即从前期准备阶段就应开展文件材料的收集、整理;在签订有关合同、协议时,应对工程档案的收集、整理、归档或移交提出明确要求;在检查工程进度和质量时,应同时检查档案收集、整理情况;在工程重要阶段验收和竣工验收时,应同时审查、验收工程档案的内容和质量,并作出相应的鉴定评语。

第九条　项目法人、流域及省级水文部门应采取有效措施切实加强项目建设过程中文件材料收集、整理工作的监管,发现不符合要求的,要及时提出整改要求;对限期未改或造成档案损毁、丢失等后果的,要依法追究有关单位领导和相关人员的责任。

第十条　项目法人、流域及省级水文部门和各承建单位应明确相关部门和人员的归档责任,随时做好职责范围内应归档文件材料的管理,确保各类归档文件材料完整、准确、系统与安全。在完成相关文件材料收集、整理、审核工作后,及时交有关档案管理部门。

第十一条　监理单位负责监理工作中应归档文件材料的收集、整理、归档工作;对被监理单位提交的归档文件材料收集、整理质量进行把关,并提出审核意见。

第十二条　本工程档案管理应严格执行国家有关保密制度规定,确保档案信息安全。

第三章　整理与归档

第十三条　本工程档案应能真实、准确、全面、系统地反映工程建设过程与结果。部项目办、流域及省级水文部门应根据本工程《归档范围与保管期限表》(详见附件1)的内容,加强对本工程各类应归档文件材料的收集,并可结合实际补充相关应归档文件材料范围,并注明相应保管期限。

第十四条　本工程档案编号统一采用"四段"档号编制方法。其具体编制形式为:"DJ —XX—YYY—ZZZ"。其中DJ是本工程代码,XX是各归档单位代码(见附件2),YYY是项目类别代码(见附件3),ZZZ是案卷流水号。

第十五条　本工程归档文件材料均应按要求进行组卷整理。组卷的原则要求是:应遵循文件材料形成规律,保持文件材料的有机联系(注意其成套性特点),便于保管和利用。组卷形成的案卷,应能反映一定主题,并按要求拟写案卷题名。案卷题名要能概括卷内文件材料的主要内容。

第十六条　归档文件材料应按要求编制案卷目录(见附件4)、卷内目录(见附件5)和卷内备考表(见附件6)。所有案卷均应由立卷人、检查人(整理归档部门负责人)在卷内备考表中履行签字手续。

第十七条　本工程归档的文件材料一般应为复印件;属于本单位产生的文件材料,还应有相应责任人的审签过程材料。不同材质归档文件材料的具体整理方法,应参照如下标准:

(一)纸质文件的整理,应符合《科学技术档案案卷构成的一般要求》(GB/T 11822—2008);

(二)电子文件材料整理,参照《电子文件归档与管理规范》(GB/T 18894—2002)要求;

(三)照片材料整理,参照《照片档案管理规范》(GB/T 11821—2002)要求;

(四)声像及实物材料整理,应按要求标注时间、地点、事件(事由)、主要人物等文字说明。

第十八条　鉴于本工程管理体制的特殊性,流域及省级水文部门所有归档文件材料(短期保存的文件材料除外)均应按2套进行整理,以便部项目办、流域及省级水文部门的档案部门均能保存有相对完整的本工程档案。

第四章　验收与移交

第十九条　档案验收是本工程各阶段验收(含合同完工验收、单项工程验收和整体工程竣工验收,以下同)的重要内容,各阶段验收时,应同步或提前进行档案验收。

第二十条　本工程档案验收分为“同步验收”和“专项验收”两种形式。

(一)同步验收是指在进行合同完工验收时,应同步对相关工程应归档文件材料的收集、整理情况进行检查验收;档案不合格的,不得通过合同完工验收。同步验收原则上由部项目办或流域及省级水文部门的档案人员负责,并应将项目档案收集情况及整理质量等评价意见写入合同完工验收意见中。

(二)专项验收是指专门对相关工程档案进行的验收。整体工程专项验收由水利部档案主管部门负责组织;单项工程专项验收由部项目办或由其委托的流域及省级水文部门负责组织,未通过专项验收的,不得进行整体工程竣工验收。

(三)部项目办可根据单项工程规模,确定相关单项工程档案验收的形式。

第二十一条　各承建单位应在合同完工验收后 1 个月内,将项目档案移交给部项目办或流域及省级水文部门,并按规定办理交接手续。

第二十二条　部项目办、流域及省级水文部门的各职能部门,针对本工程项目管理的相关文件材料归档时间,可按年度或项目管理工作实际而定,但最迟应在单项工程验收合格后 2 个月内完成。

第二十三条　流域及省级水文部门应在单项工程验收合格后 3 个月内,将单项工程档案(应包括其开展项目管理类的文件材料)向部项目办提交,并按规定办理交接手续。

第二十四条　工程档案的归档与移交应填写工程档案交接单(见附件 7),并附档案目录(目录应为案卷级和文件级)。交接双方应认真核对目录与实物,并由经手人及单位负责人签字、加盖单位公章确认。档案交接时应同时提交电子版。

第二十五条　本工程档案专项验收标准与具体方法,参照水利部《水利工程建设项目档案验收管理办法》(水办〔2008〕1366 号)。

附件:1. 本工程应归档文件材料范围和保管期限表

2. 本工程建设项目归档单位代码表

3. 本工程档案分类表

4. 案卷目录

5. 卷内目录

6. 卷内备考表

7. 本工程档案交接单

附件1

国家地下水监测工程(水利部分)应归档文件材料范围和保管期限表

序号	归档文件	保管期限
	一、工程准备阶段文件	
1.1	立项阶段文件	
1.1.1	项目建议书阶段	
1.1.1.1	项目建议书、附件、附图	永久
1.1.1.2	项目建议书报批文件及审批文件	永久
1.1.1.3	其他	长期
1.1.2	可行性研究报告阶段	
1.1.2.1	可行性研究报告书、附件、附图	永久
1.1.2.2	可行性研究报告报批文件及审批文件	永久
1.1.2.3	项目调整申请及批复	永久
1.1.2.4	其他	长期
1.2	项目管理文件	
1.2.1	建立项目领导和实施机构文件	永久
1.2.2	项目管理计划、实施计划和调整计划	永久
1.2.3	投资、进度、质量、安全、合同控制等文件	永久
1.2.4	项目管理各项制度、办法	永久
1.2.5	调研报告、考察报告	永久
1.2.6	有关领导的重要批示	永久
1.2.7	工程建设大事记	永久
1.2.8	重要协调会议与有关专业会议的文件及相关材料	永久
1.2.9	项目会议文件、项目简报、汇报材料	永久
1.2.10	各种会议记录、会议纪要	永久
1.2.11	日常管理的请示批复、往来函件	永久
1.2.12	项目授权书、委托书、廉政责任书	永久
1.2.13	项目管理工作照片、音像	永久
1.2.14	设计变更及审批文件	永久
1.2.15	有关质量及安全生产事故处理文件材料	长期
1.2.16	工程建设不同阶段产生的有关工程启用、移交的各种文件材料	永久
1.2.17	其他	长期
1.3	建设用地文件	

续表

序号	归档文件	保管期限
1.3.1	用地申请报告及批准书	永久
1.3.2	划拨建设用地文件	永久
1.3.3	其他	永久
1.4	勘察设计阶段	
1.4.1	工程物探报告及审批文件	永久
1.4.2	工程测绘报告及审批文件	永久
1.4.3	初步设计报告材料	永久
1.4.4	初步设计申请审查、批复材料	永久
1.4.5	其他	长期
1.5	招标投标文件	
1.5.1	工程勘察招标投标文件	长期
1.5.1.1	委托招标材料	长期
1.5.1.2	招标文件、招标修改文件、招标补遗及答疑文件	长期
1.5.1.3	投标书、资质资料、履约类保函、委托授权书和投标澄清文件、修正文件	永久
1.5.1.4	开标、评标会议文件及中标通知书	长期
1.5.1.5	未中标的投标文件	短期
1.5.1.6	其他	长期
1.5.2	设计招标投标文件	
1.5.3	施工招标投标文件	
1.5.4	监理招标投标文件	
1.5.5	委托招标文件	
1.5.6	政府采购文件材料	
1.5.7	其他	
1.5.2~1.5.7 中应归档的文件材料,参考 1.5.1 后所列内容和保管期限		
1.6	合同文件	
1.6.1	工程物探承包合同	长期
1.6.1.1	合同谈判纪要、合同审批文件、协议书	长期
1.6.1.2	合同变更文件	长期
1.6.1.3	索赔与反索赔材料	长期
1.6.1.4	其他	长期
1.6.2	设计承包合同	

续表

序号	归档文件	保管期限
1.6.3	施工承包合同	
1.6.4	监理委托合同	
1.6.5	其他合同	
1.6.2~1.6.5 中应归档的文件材料,参考 1.6.1 后所列内容和保管期限		
1.7	开工审批文件	
1.7.1	项目列入年度计划的申报文件及批复文件	永久
1.7.2	建设工程开工审查表	长期
1.7.3	其他	长期
二、工程实施阶段文件		
2.1	施工文件材料	
2.1.1	年度实施计划、方案及批复文件	长期
2.1.2	意见汇总报告	长期
2.1.3	设计变更报审、变更记录	长期
2.1.4	水位、水温监测站施工文件	
2.1.4.1	技术要求、技术交底、图纸会审纪要、开工报告	长期
2.1.4.2	施工组织设计、方案及报批文件,施工工艺文件	
2.1.4.3	原材料出厂证明、复验单、试验报告	长期
2.1.4.4	监测井定位测量、成井记录(报告)	长期
2.1.4.5	设计变更通知、工程更改洽商单、业务联系单、备忘录、事故处理文件	永久
2.1.4.6	施工检验、探伤记录	长期
2.1.4.7	施工安全措施	短期
2.1.4.8	施工环保措施	短期
2.1.4.9	施工日志	短期
2.1.4.10	技术交底	长期
2.1.4.11	工程质量保障措施	长期
2.1.4.12	隐蔽工程验收记录	长期
2.1.4.13	监测井清洗、抽水试验等记录、报告	长期
2.1.4.14	各类设备、电气、仪表的施工安装记录,质量检查、检验、评定材料	长期
2.1.4.15	设备、设施的试运行、调试、测试、试验记录与报告	长期
2.1.4.16	材料、设备明细表及检验、交接记录	长期
2.1.4.17	工程质量材料检查、评定、签证材料	长期
2.1.4.18	事故及缺陷处理报告等相关材料	长期

续表

序号	归档文件	保管期限
2.1.4.19	各阶段检查、验收报告和结论及相关文件材料	永久
2.1.4.20	设备及管线施工中间交工验收记录及相关材料	永久
2.1.4.21	竣工图	永久
2.1.4.22	竣工报告、竣工验收报告	永久
2.1.4.23	施工照片、音像	永久
2.1.4.24	其他	长期
2.1.5	流量监测站建设	
2.1.5 中应归档的文件材料,参考 2.1.4 后所列内容和保管期限		
2.1.6	信息应用系统建设	
2.1.6.1	建设计划、方案及批复文件	长期
2.1.6.2	意见汇总报告	长期
2.1.6.3	系统集成方案、项目配置管理方案、评审报告	长期
2.1.6.4	设计变更报审	长期
2.1.6.5	网络系统文件	长期
2.1.6.6	二次开发支持文件、接口设计说明书、程序员开发手册	长期
2.1.6.7	用户使用手册、系统维护手册、软件安装盘	长期
2.1.6.8	系统上线保障方案、应急预案、事故及问题处理文件	长期
2.1.6.9	测试方案、方案评审意见、测试记录、测试报告	长期
2.1.6.10	培训文件、教材讲义	长期
2.1.6.11	试运行方案、记录、报告、试运行改进报告	长期
2.1.6.12	合同验收文件、开发总结报告、交接清单	永久
2.1.6.13	运行管理制度	长期
2.1.6.14	其他	长期
2.1.7	通用业务软件开发	
2.1.8	通用业务软件分级安装	
2.1.9	本地化业务软件开发	
2.1.10	数据库建设	
2.1.11	应用支撑平台建设	
2.1.12	网络系统建设	
2.1.13	安全系统建设	
2.1.14	其他系统建设(终端、备份、运维等)	
2.1.15	消防建设	

续表

序号	归档文件	保管期限
2.1.16	机房及配套工程建设	
2.1.17	地市级分中心建设	
2.1.18	省级监测中心建设	
2.1.19	国家地下水监测中心建设	
2.1.7~2.1.19 中应归档的文件材料,参考 2.1.6 后所列内容和保管期限		
2.1.20	标准规范建设	
2.1.20.1	标准建设总体方案、实施计划	长期
2.1.20.2	标准初稿、专家咨询意见及编制过程说明	长期
2.1.20.3	征求意见稿、汇总意见、标准规范编制过程说明	长期
2.1.20.4	标准送审稿、标准试行稿、专家审查意见	长期
2.1.20.5	标准正式文本	长期
2.1.20.6	标准应用试点报告、标准培训文件	长期
2.1.20.7	标准推广应用方案、标准实施指南	长期
2.1.20.8	其他	长期
2.1.21	其他	长期
2.2	监理文件材料	
2.2.1	监理大纲、监理规划、细则及批复	永久
2.2.2	资质审核、设备材料报审、复检记录	长期
2.2.3	需求变更确认	长期
2.2.4	开(停、复、返)工令	长期
2.2.5	施工组织设计、方案审核记录	长期
2.2.6	工程进度、延长工期、人员变更审核	长期
2.2.7	监理通知、监理建议、工作联系单、问题处理报告、协调会纪要、备忘录	长期
2.2.8	监理周(月)报、阶段性报告、专题报告	长期
2.2.9	测试方案、试运行方案审核	长期
2.2.10	造价变更审查、支付审批、索赔处理文件	长期
2.2.11	验收、交接文件,支付证书,结算审核文件	长期
2.2.12	监理工作总结报告	永久
2.2.13	其他	长期
2.3	设备文件材料	
2.3.1	选购阶段	
2.3.1.1	调研分析报告、技术考察、试验检测报告	长期

续表

序号	归档文件	保管期限
2.3.1.2	设备采购请示、批复	长期
2.3.1.3	技术协议、设备配置方案	
2.3.1.4	授权书、软件许可协议、海关商检相关文件、原产地证明、产品质量证明、设备代理商营业执照复印件	长期
2.3.1.5	其他	长期
2.3.2	开箱验收阶段	
2.3.2.1	设备随机文件、装箱单、合格质量证、开箱验收记录	永久
2.3.2.2	设备图纸、说明书、检测报告	长期
2.3.2.3	其他	长期
2.3.3	安装调试阶段	
2.3.3.1	测试计划(方案)、安装测试记录、报告	长期
2.3.3.2	验收文件、交接清单	长期
2.3.3.3	其他	长期
2.3.4	系统升级、换版阶段	
2.3.4.1	升级、换版的请示与批复	长期
2.3.4.2	设备及软件报废的技术鉴定书、请示及批复文件	长期
2.3.4.3	设备及软件升级、换版的验收文件	长期
2.3.4.4	其他	长期
2.3.5	设备维修、系统维护等后期服务阶段	
2.3.5.1	设备维修、维护请示及批复	永久
2.3 5.2	设备维修、维护记录	永久
2.3.5.3	其他	长期
2.3.6	其他	长期
2.4	财务管理文件	
2.4.1	预算	永久
2.4.2	决算、财务报告	永久
2.4.3	审计报告	永久
2.4.4	交付使用的固定资产、流动资产、无形资产、递延资产清册	永久
2.4.5	其他	长期
	三、工程验收文件	
3.1	合同完工验收	
3.1.1	项目实施(施工管理)报告	永久

续表

序号	归档文件	保管期限
3.1.2	拟验工程清单、未完工程清单、未完工程的建设安排及完成时间	永久
3.1.3	监理工作报告	永久
3.1.4	技术测试报告	永久
3.1.5	验收意见(验收报告)	永久
3.1.6	其他	永久
3.2	单项工程验收	
3.2.1	单项工程建设管理工作报告(包括设计、招标投标、合同、验收、财务、审计等内容)	永久
3.2.2	拟验工程清单、未完工程清单、未完工程的建设安排及完成时间	永久
3.2.3	单项工程监理工作报告	永久
3.2.4	单项工程设计工作报告	永久
3.2.5	单项工程试运行情况报告	永久
3.2.6	单项工程技术测试和抽样检查报告	永久
3.2.7	单项工程竣工验收意见	永久
3.2.8	单项工程竣工财务决算和审计报告	永久
3.2.9	验收委员会要求补充的其他文件	永久
3.2.10	验收报告、验收委员会签字表	永久
3.2.11	其他	长期
3.3	整体工程竣工验收	
3.3.1	工程初验阶段(竣工技术预验收)	
3.3.1.1	验收工作大纲	永久
3.3.1.2	整体工程设计工作报告	永久
3.3.1.3	整体工程监理工作报告	永久
3.3.1.4	整体工程试运行情况报告	永久
3.3.1.5	整体工程技术鉴定报告	永久
3.3.1.6	整体工程建设管理工作报告	永久
3.3.1.7	各单项、系统验收报告	永久
3.3.1.8	信息安全风险评估报告	永久
3.3.1.9	初步验收总报告(含工程、技术、财务、档案验收)	永久
3.3.1.10	初验会议文件、验收申请、验收意见书及验收委员会签字表	永久
3.3.1.11	整改方案及实施文件	永久
3.3.1.12	其他	长期

续表

序号	归档文件	保管期限
3.3.2	终验阶段(竣工验收)	
3.3.2.1	竣工验收会议文件、验收申请、无报材料	永久
3.3.2.2	竣工验收报告、验收委员会签字表	永久
3.3.2.3	工程专家组验收意见	永久
3.3.2.4	技术专家组验收意见	永久
3.3.2.5	财务专家组验收意见	永久
3.3.2.6	档案专家组验收意见	永久
3.3.2.7	信息安全风险评估报告	永久
3.3.2.8	项目建设工作总结	永久
3.3.2.9	项目评优报奖申报材料、批准文件及证书	永久
3.3.2.10	项目稽查、检查文件,项目后评价文件	永久
3.3.2.11	其他	长期

附件2

国家地下水监测工程(水利部分)归档单位代码表

序号	单位名称	单位代码
1	水利部水文局	00
2	长江水利委员会水文局	01
3	黄河水利委员会水文局	02
4	淮河水利委员会水文局	03
5	海河水利委员会水文局	04
6	珠江水利委员会水文局	05
7	松辽水利委员会水文局	06
8	太湖流域管理局水文局	07
9	北京市水文总站	08
10	天津市水文水资源勘测管理中心	09
11	河北省水文水资源勘测局	10
12	山西省水文水资源勘测局	11
13	内蒙古自治区水文总局	12
14	辽宁省水文局	13
15	吉林省水文水资源局	14
16	黑龙江省水文局	15
17	上海市水文总站	16
18	江苏省水文水资源勘测局	17
19	浙江省水文局	18
20	安徽省水文局	19
21	福建省水文水资源勘测局	20
22	江西省水文局	21
23	山东省水文局	22
24	河南省水文水资源局	23
25	湖北省水文水资源局	24
26	湖南省水文水资源勘测局	25
27	广东省水文局	26
28	广西水文水资源局	27
29	海南省水文水资源勘测局	28
30	重庆市水文水资源勘测局	29

续表

序号	单位名称	单位代码
31	四川省水文水资源勘测局	30
32	贵州省水文水资源局	31
33	云南省水文水资源局	32
34	西藏自治区水文水资源勘测局	33
35	陕西省地下水管理监测局	34
36	甘肃省水文水资源局	35
37	青海省水文水资源勘测局	36
38	宁夏回族自治区水文水资源勘测局	37
39	新疆维吾尔族自治区水文水资源局	38
40	新疆生产建设兵团水利局	39
41	国家地下水监测中心	40

附件3

国家地下水监测工程(水利部分)档案分类表

分类号	档案类目名称
1	综合管理
101	工程准备阶段
102	工程建设管理
103	工程验收管理
104	其他
2	监测站建设(含站房附属设施)
201	按各省实际招标标段划分序列号排序;第一标段为201(以下同)
202	(第二标段)
…	…
2××	其他(××要用各省标段序号后的流水号替代,如有20个标段,××即为21)
3	监测站设备仪器(含巡测设备、保护桩等附属设施)
301	按各省实际招标标段划分序列号排序;第一标段为301(以下同)
302	(第二标段)
…	…
3××	其他(××要用各省标段序号后的流水号替代,如有20个标段,××即为21)
4	信息化系统建设
401	软件建设
402	硬件建设
403	其他
5	国家地下水监测中心大楼建设
501	装修
502	网络
503	设备
504	其他
6	其他

附件 4

案卷目录

序号	档号	案卷题名	总页数	保管期限	备注

附件5

卷内目录

档号：

序号	文件编号	责任者	文件材料题名	日期	页号	备注

附件6

卷内备考表

档号:

<table>
<tr><td>
说明:

立卷人:
年　月　日

检查人:
年　月　日
</td></tr>
</table>

附件7

国家地下水监测工程(水利部分)
项目档案交接单

本单附有目录________张,包含工程档案资料________卷。其中永久________卷,长期________卷,短期________卷;在永久卷中包含竣工图________张。

归档或移交单位(公章):

负责人:

经手人:

年　　月　　日

附录6 国家地下水监测工程水利部与自然资源部信息共享管理办法

第一章 总 则

第一条 为充分发挥国家地下水监测工程(以下简称监测工程)效益,实现水利部与自然资源部(以下简称两部)信息共享,更好地提供信息服务,依据国家有关法律法规和《政务信息资源共享管理暂行办法》(国发〔2016〕151号)等规定,制定本办法。

第二条 本办法适用于两部之间监测工程信息的共享,包括监测工程所涉及的基础信息、实时信息、定期交换信息和成果信息。

第三条 两部共同负责协调与监督监测工程信息共享工作:水利部由水利部信息中心(水文水资源监测预报中心)、自然资源部由中国地质环境监测院(以下简称共享实施单位)负责信息共享具体事宜。

第四条 信息共享应遵循以下原则:

(一)全面共享,分别应用。监测工程所涉及的基础信息、实时信息、定期交换信息和成果信息应实现全面共享;两部可根据各自业务应用需求,分别建立业务应用系统。

(二)独立监测,联合发布。两部分别负责和管理各自地下水监测站网和数据维护;两部应建立联合发布机制,协调统一发布。

(三)互联互通,保障安全。两部共同制定信息共享技术方案,实现两部数据互联互通,保障数据安全。

第二章 共享信息分类与技术手段

第五条 监测工程所涉及的共享信息主要包括:

(一)基础信息类:监测工程监测站编码、名称、地理坐标与位置、井深、监测层位、行政分区、水资源分区、水文地质分区、成井综合柱状图等信息。

(二)实时信息类:水位(埋深)、水温、泉流量等信息。

(三)定期交换信息类:水位(埋深)、水质、水温、泉流量等整编后数据。

(四)成果信息类:年鉴及统计分析评价等成果信息。

第六条 共享技术手段。可依托两部已建成的数据库,在现有技术条件下,分别建立共享信息推送库,采用物理隔离网闸方式进行共享。

第七条 两部负责各自共享平台建设,保证信息共享及时、准确。

第三章 共享信息交换频次与分发

第八条 共享信息交换频次包括:

(一)实时信息每日交换一次。

(二)基础信息、定期交换信息、成果信息原则上每年交换一次,需要时由两部协商增加交换频次。

第九条 共享信息交换应依托国家地下水监测中心共享平台完成,两部各自负责向省级(流域)分发共享信息。

第四章 共享信息提供与使用要求

第十条 信息提供部门应及时维护和更新信息,保障数据的完整性、准确性、时效性和可用性。

第十一条 信息使用部门应对获取的共享信息进行判定和校核,对获取的共享信息有疑义或发现有错误的,应及时反馈给信息提供部门。信息提供部门应及时响应并予以释疑、校核或更正。

第十二条 信息使用部门应根据履行职责需要依法依规使用共享信息,并加强共享信息使用全过程管理。除向国务院其他职能部门和地方政府提供信息外,使用部门需要向其他第三方提供交换信息的,应征得信息提供部门的同意。

第五章 信息共享工作监督和保障

第十三条 两部定期对信息共享工作进行监督和检查。

第十四条 共享实施单位应落实信息共享工作人员和共享平台运维管理经费,保障共享平台正常运行,提供高效信息服务。

第十五条 共享实施单位应加强共享平台安全防护,切实保障信息共享时的数据安全;信息提供部门和使用部门应加强信息采集、共享、使用时的安全保障工作,落实本部门对接系统的网络安全防护措施。

第六章 附 则

第十六条 本办法由两部主管机构负责解释。

第十七条 共享实施单位可根据本办法制定细则。

第十八条 本办法自印发之日起施行。

附录 7　国家地下水监测工程(水利部分)产品抽样检验测试实施办法

1　总则

1.1　依据“水利部关于印发《国家地下水监测工程(水利部分)项目建设管理办法》等三项管理办法的通知”(水文〔2015〕57 号)和“水利部关于加强国家地下水监测工程(水利部分)项目建设管理工作的通知(水文〔2015〕58 号)的要求,参照《计数抽样检验程序》(GB/T 2828),编制国家地下水监测工程(水利部分)产品抽样检验测试实施办法(以下简称办法)。

1.2　本办法适用于国家地下水监测工程(水利部分)项目中标产品(一体化压力式水位计与一体化浮子式水位计、悬锤式水位计),在项目安装实施前,对企业出厂检验合格产品进行的质量监督抽样检测工作。

1.3　抽样检测工作由中标企业委托具有地下水监测仪器检测资质的第三方检测机构实施,部地下水项目办和各省级项目办负责督促、协调。

2　抽样

2.1　抽样检测委托方按《产品检测委托函》(见附件 1)的要求如实填写,加盖公章后送递(传真)至检测机构。委托方一般在收到中标通知书时,即可与检测机构商量有关抽检事宜。如按工程计划需多批次供货的,应多批次委托抽检。

2.2　检测机构收到《产品检测委托函》后,5 个工作日内,委派 2 名抽样人员赴中标产品生产地,与中标企业人员共同抽取样品,工程项目监理现场监督。《产品检测抽样单》(见附件 2)必须经三方签字确认。

2.3　采用简单随机抽样法抽样,抽样数量按表 1 分段累计,若为小数则进位取整数。

表 1　抽样数量

本批供货数量	抽样数或抽样比例
1~50 台	3%
51~100 台	5%
101~200 台	4%
201 台以上	3%

注:1. 本批供货数量是指企业一次供货的总台数,可以是若干个标同一批供货数量。

2. 举例 1 企业甲本批供货 124 台,抽样数量计算如下:

$n=3+(100-50)5\%+(124-100)4\%=6.46$,按小数进位取整数,则本批抽样数为 7 台;

举例 2 企业乙本批供货 308 台,抽样数量计算如下:

$n=3+(100-50)5\%+(200-100)4\%+(308-200)3\%=12.74$,按小数进位取整数,则本批抽样数为 13 台。

(具体抽样数量见附表 1 抽样检索表)

2.4 抽样流程

(1)抽样人员到达抽样现场后,出示《产品检测委托函》,请中标产品生产企业予以配合。

(2)中标方向抽样人员提供招标文件及投标文件技术部分、供货合同(或中标通知书)、中标产品的工业产品生产许可证等文件原件及复印件。抽样人员核实被抽样产品型号与工业产品生产许可证明示产品型号及供货合同产品型号是否一致,核实被抽样产品是否在水利部水文仪器及岩土工程仪器质量监督检验测试中心发布的地下水监测仪器检测合格产品目录内,确认无误后,开始抽样。上述文件复印件由企业盖章后交由检测机构抽样人员。

(2)查阅附表1抽样检索表,确定应抽样数量。

(3)抽样人员对抽样产品逐一加贴抽样标识(附编号),标识无抽样人员签名则为无效标识。

(4)按照随机数表,获取样品编号,对应编号取出样品。

(5)抽样人员应对全部抽样基数产品进行拍照,并对抽取的检测样品逐台拍照。

2.5 送样、收样和还样

抽样的产品,应于抽样工作结束后7日内由中标单位安排人员送样或邮寄送样到检测机构。中标单位应逐台包装好样品,保证样品不因运输环节造成任何损害。质检中心收样后,开样时应对样品及包装状态进行严格检查并记录。检测完成后邮寄或中标单位自取样品。抽检产品送样、还样的费用由中标企业自理。

3 检测

3.1 检测依据

《地下水位监测仪器实验室检测及模拟野外比测实施办法》《地下水位监测仪器实验室检测及模拟野外比测技术方案》、项目招标文件、投标文件、项目合同书等。

3.2 检测项目

抽样检测具体检测项目见表2。

表2 检测项目一览表

<table>
<tr><th>序号</th><th colspan="2">检测项目</th><th>浮子式</th><th>压力式</th><th>悬锤式</th></tr>
<tr><td rowspan="3">1</td><td rowspan="3">准确度</td><td>基本误差</td><td>■</td><td>■</td><td>■</td></tr>
<tr><td>重复性</td><td>■</td><td>■</td><td>■</td></tr>
<tr><td>回差(浮子式)</td><td>■</td><td></td><td></td></tr>
<tr><td>2</td><td colspan="2">稳定性(压力式)</td><td></td><td>■</td><td></td></tr>
<tr><td>3</td><td colspan="2">气候环境适应性</td><td>■</td><td>■</td><td>■</td></tr>
<tr><td>4</td><td colspan="2">机械环境适应性</td><td>■</td><td>■</td><td>■</td></tr>
<tr><td>5</td><td colspan="2">电磁环境适应性</td><td>■</td><td>■</td><td>■</td></tr>
<tr><td>6</td><td colspan="2">外观</td><td>■</td><td>■</td><td>■</td></tr>
</table>

续表 2

序号	检测项目	浮子式	压力式	悬锤式
7	结构	■	■	■
8	电源	■	■	
9	功耗	■	■	
10	密封性能	■	■	
11	温度测量误差		■	
12	固态存储	■	■	
13	数据通信规约符合性	■	■	

4　合格判定原则

4.1　检测项目的不合格程度划分

4.1.1　一般不合格

发生故障时,无需更换元器件、零部件,仅需现场简单处理即可恢复产品的正常工作(如:紧固螺丝松动等),此类不合格判为一般不合格。

4.1.2　严重不合格

下列性质的不合格应判为严重不合格:

a)严重损坏仪器基本功能的(如数据无法存储等);

b)检测的关键性能特性误差超过规定范围的(如:测量精度误差超标等);

c)突然的电气失效或结构失效而引起的仪器不能正常工作的(如:密封不好,仪器进水导致无法正常工作等)。

4.2　单一产品检测合格判定

产品检测项目分为关键检测项目和非关键检测项目,非关键检测项目视其不合格程度可分为"一般不合格"和"严重不合格"。受检样品有关键检测项目不合格时,即判定该产品检测不合格;有1项非关键检测项目出现"一般不合格"时,仍可判定该产品检测合格;有1项及以上非关键检测项目出现"严重不合格",或者有2项及以上非关键检测项目出现"一般不合格"时,即判定该产品检测不合格。关键检测项目和非关键检测项目划分一览表见表3。

表3　关键检测项目和非关键检测项目一览表

序号	检测项目	关键检测项目	非关键检测项目
1	准确度	■	
2	稳定性	■	
3	气候环境适应性	■	
4	机械环境适应性		■
5	电磁环境适应性		■

续表 3

序号	检测项目	关键检测项目	非关键检测项目
6	外观		■
7	结构		■
8	电源		■
9	功耗		■
10	密封性能	■	
11	温度测量误差		■
12	固态存储	■	
13	数据通信规约符合性	■	

注:对于不同类型仪器,按照仪器性能要求取舍检测项目。

4.3　批量产品抽样检测合格判定

参照《计数抽样检验程序》(GB/T 2828),按照正常检验一次抽样,以接收质量限(AQL)4.0为质量合格水平,确定样品检验中可接收的不合格品数,具体见附表1抽样检索表。从批次抽取的样品中发现的不合格品数不大于可接收不合格品数,即可判定本批次产品总体抽样检测合格,否则为本批次抽样检测不合格。

5　检测周期

检测周期一般为14个工作日。如遇特殊情况,双方委托时商定。

6　异议处理

若对本批次抽样检测过程及检测结果有异议,应在收到检测报告后十五日内向检测机构提出申诉,逾期不予受理。

7　收费办法

依据国家有关产品检测收费规定,结合地下水位监测仪器检测的实际工作量,由检测机构和中标方协商确定产品抽样检测费用。

附表1:抽样检索表

附件1:产品检测委托函(格式)

附件2:产品检测抽样单(格式)

附件3:产品检测报告(格式)

附表 1

抽样检索表

本批供货数量(台)	抽样数量(台)	可以接收的不合格品数(台)	拒收的不合格品数(台)
1~50	3	0	1
51~70	4	0	1
71~90	5	0	1
91~112	6	0	1
113~137	7	0	1
138~162	8	1	2
163~187	9	1	2
188~216	10	1	2
217~250	11	1	2
251~283	12	1	2
284~316	13	1	2
317~349	14	1	2
350~382	15	1	2
383~415	16	1	2
416~448	17	1	2
449~481	18	1	2
482~514	19	1	2
515~547	20	2	3
548~580	21	2	3
581~613	22	2	3
614~646	23	2	3
647~679	24	2	3
680~712	25	2	3
713~745	26	2	3
746~778	27	2	3
779~811	28	2	3
812~844	29	2	3
845~877	30	2	3
878~910	31	2	3
911~943	32	3	4
944~976	33	3	4
977~1009	34	3	4

附件1

产品检测委托函(格式)

×××(检测机构名称):

因国家地下水监测工程项目建设的需要,现委托贵单位对本公司提供的产品进行质量监督抽样及检测,具体检测要求如下:

1. 产品名称:__________________、型号:__________、规格:________、本批供货数量:________;

2. 希望抽样及检测时间:____;

3. 检测依据:《地下水位监测仪器抽样检验测试实施办法》《地下水位监测仪器实验室检测及模拟野外比测技术方案》______________________________;

4. 委托单位电话:________、邮编:________、联系人:____________、

电子邮箱:____________、地址:______________________________________。

5. 中标企业电话:________、邮编:________、联系人:____________、

电子邮箱:____________、地址:______________________________________。

6. 附产品技术资料:合格证、说明书________________________________。

委托人/负责人:(签字/公章)

日期:

受理登记人:(签字/公章)

日期:

附件 2

产品检测抽样单(格式)

<table>
<tr><td>企业名称</td><td colspan="4"></td></tr>
<tr><td>地址</td><td colspan="2"></td><td>联系电话</td><td></td></tr>
<tr><td rowspan="7">抽样情况</td><td>产品名称</td><td colspan="3"></td></tr>
<tr><td>型号规格</td><td colspan="3"></td></tr>
<tr><td>抽样基数</td><td></td><td>样品数量</td><td></td></tr>
<tr><td>抽检费用</td><td colspan="3">(万元)</td></tr>
<tr><td>封样编号</td><td colspan="3"></td></tr>
<tr><td>生产日期</td><td></td><td>抽样日期</td><td></td></tr>
<tr><td>抽样地点</td><td colspan="3"></td></tr>
<tr><td rowspan="3">抽样人员
(签字)</td><td>姓名</td><td>单位</td><td>职务/职称</td><td>电话</td></tr>
<tr><td></td><td></td><td></td><td></td></tr>
<tr><td></td><td></td><td></td><td></td></tr>
<tr><td rowspan="2">企业参加抽样人员(签字)</td><td></td><td></td><td></td><td></td></tr>
<tr><td></td><td></td><td></td><td></td></tr>
<tr><td rowspan="2">项目监理
(签字)</td><td></td><td></td><td></td><td></td></tr>
<tr><td></td><td></td><td></td><td></td></tr>
<tr><td>说明</td><td colspan="4">此表一式三份,一份企业留存,一份检测机构留存,一份上报项目办。
从封样日起 7 日内,将样品送到检测机构。</td></tr>
</table>

附件3:产品检测报告(格式)

×××(检测机构名称)

检 测 报 告

Test Report

×××(　　　　)号

样品名称:______________________

生产单位:______________________

检测类型:　　　　地下水位监测仪器实验室检测　　　　

报告日期:______________________

说　明

1. 本检测报告无检测专用章无效,复印后未重新加盖检测专用章无效。
2. 本检测报告缺编制、审核、批准人签字(签章)无效。
3. 本检测报告涂改无效,无骑缝章无效。
4. 若对本检测报告有异议,应在收到报告后十五日内向本中心提出申诉,逾期不予处理。
5. 本检测报告仅对受检产品负责。

通信地址:
网　址:
邮政编码:
联系电话:
投诉电话:
传　　真:

×××(检测机构名称)
检测报告

样品名称		型号规格	
生产单位		联系电话	
适用测井直径		样品 检测编号	
传感器量程		传感器 分辨力	
样品出厂编号			
送样日期		检测日期	
检测地点		检测环境 条件	室内检测
检测使用主要 仪器设备			
检测项目名称			
检测依据			
检测结论			

编制：　　　　　　　审核：　　　　　　　批准：

×××(　　)号

共　页,第　页

一、检测概况

复核:　　　　　　　　　　　　　检验:

×××(　　　)号

共　页,第　页

二、检测数据及处理

复核:　　　　　　　　　　　　　检验:

×××(　　　)号

共　页,第　页

附录8　国家地下水监测工程(水利部分)招标投标实施办法

第一章　总　则

第一条　为加强国家地下水监测工程(水利部分)(以下简称本工程)建设项目招标投标工作的管理,规范本工程招标投标活动,根据《中华人民共和国招标投标法》、《中华人民共和国招标投标法实施条例》和水利部《水利工程建设项目招标投标管理规定》、《国家地下水监测工程(水利部分)项目建设管理办法》、《国家地下水监测工程(水利部分)项目廉政建设办法》等,结合本工程的实际情况及特点,制定本办法。

第二条　本办法适用于本工程建设项目的勘察、设计、监理、施工、仪器设备采购以及信息系统建设等招标投标活动。

第三条　本工程招标投标活动应当遵循公开、公平、公正和诚实信用的原则。招标投标双方必须严格遵守国家法律法规和部门规章,并受法律法规的保护和监督。

第二章　机构与职责

第四条　水利部水文局(水利部水利信息中心)是本工程的项目法人,是招标投标活动的招标人。

第五条　水利部国家地下水监测工程项目建设办公室(以下简称部项目办)受项目法人授权,负责本工程的招标投标组织管理工作,具体负责国家地下水监测中心建设内容及其他需统一招标项目的招标投标工作。

第六条　各流域机构水文局受项目法人单位授权,组织流域本级建设内容的招标工作,协助部项目办监督管理流域片内省级项目的招标工作。各省级水文部门受项目法人单位委托,组织本级建设内容的招标工作。各流域机构水文局、各省级水文部门为本项目授权(委托)招标人(以下简称委托招标人)。

第七条　各水文主管部门或水文部门委派监督人员对招标投标过程进行监督。

第八条　本工程建设项目的招标投标活动及其当事人应接受有关部门的监督。

第三章　招　标

第九条　本工程招标原则上应采用公开招标方式。

第十条　本工程招标投标应依照水利部《关于推进水利工程建设项目招标投标进入公共资源交易市场的指导意见》,具备公共资源交易市场条件的省(自治区、直辖市),应进入工程所在地的省级公共交易市场。

第十一条　本工程流域、省级工程招标组织工作应按下列程序进行:

(一)委托招标人提出符合要求的招标代理机构,确定、新增、更换招标代理机构的,须报部项目办审核,项目法人审批(见附表1)。委托招标人应与招标代理机构签订招标委托合同(协议)。

(二)招标代理机构必须具备国家发改委认定的中央投资项目“甲级招标代理机构”

的招标代理资格。

(三)委托招标人会同招标代理机构按照初步设计报告及部项目办的要求编制招标文件,经审查修改后提交部项目办审核(见附表2)。

(四)所有标段招标必须确定招标控制价,招标控制价不得高于该标段对应的初步设计概算投资额。

(五)本工程招标公告应在中国采购与招标网、中国政府采购网、中华人民共和国水利部网、所在地信息发布网(平台)等同时发布。

第十二条 本工程以下采购事项,由部项目办组织统一招标:

(一)国家地下水监测中心装修及仪器设备;

(二)信息系统主要软硬件;

(三)水质采样及检测;

(四)地市分中心巡测设备;

(五)监测站水质自动监测仪器设备;

(六)其他需统一招标的事项。

第十三条 本工程具备以下条件后,可以开展招标工作:

(一)初步设计已经批准;

(二)年度投资计划已下达,建设资金已落实;

(三)招标文件经部项目办审核通过;

(四)土建施工或重要设备、软件开发、系统集成等招标的前置条件和技术条件具备,监理单位已确定。

第四章 投 标

第十四条 投标人应当具备承担招标项目的能力,具备规定的资质(资格)条件。

第十五条 投标人应按照招标文件的要求编制投标文件,投标文件应该对招标文件提出的要求和条件作出实质性响应。

第十六条 投标人应当在招标文件要求提交投标文件的截止时间前,将投标文件送达投标地点。投标人少于三个的,招标人在分析招标失败的原因并采取相应措施后,应当依法重新招标。重新招标后投标人任少于三个的,若要采取其他方式,按国家法律法规的规定报批。

第五章 开标、评标和中标

第十七条 招标人或委托招标人应当按照招标文件规定的时间、地点开标。

第十八条 由招标代理机构负责组织开标,邀请所有投标人参加。

第十九条 评标由依法组建的评标委员会负责。评标委员会成员的产生方式应符合有关法律法规的规定。评标委员会应客观、公正地对投标文件提出评审意见。

第二十条 评标完成后,评标委员会应当向招标人或委托招标人提交书面评标报告和中标候选人名单。中标候选人应当不超过3个,并标明排序。

第二十一条 招标人或委托招标人应当自收到评标报告之日起3日内在招标公告网站公示中标候选人,公示期不得少于3日。

第二十二条 招标代理机构、招标人或委托招标人收到投标人或其他利害关系人提出异议后,由招标代理机构按照有关法律法规规定做出处理。招标代理机构作出最终答复前,应将异议内容、处理意见及结果报招标人或委托招标人。

第二十三条　评标结果公示期结束且所有异议处理后,招标人或委托招标人以书面方式确定中标人。招标代理机构根据招标人或委托招标人的意见发出中标通知书。

第二十四条　招标人或委托招标人应当确定评标报告中排名第一的中标候选人为中标人。排名第一的中标候选人放弃中标、因不可抗力不能履行合同、不按照招标文件要求提交履约保证金,或被查实存在影响中标结果的违法违规行为等情形,不符合中标条件的,招标人或委托招标人可以按照评标委员会提出的中标候选人名单排序依次确定其他中标候选人为中标人,也可以重新招标。

第二十五条　对由委托招标人组织开展的招标工作,委托招标人应当自中标通知书发出之日起15日内,完成与中标人的合同谈判工作,拟定中标合同并审核签字后,报部项目办审核(见附表3)。

第二十六条　中标合同经部项目办审核后报项目法人审签。项目法人和中标人应当自中标通知书发出之日起30日内按规定订立书面合同。

第二十七条　招标人或委托招标人和中标人不得另行订立背离招标文件实质性内容的其他协议。

第六章　监督与处罚

第二十八条　在招标投标活动中出现的违法违规行为,严格按照有关法律、法规处理。

第二十九条　招标人、委托招标人工作人员及其他相关人员不得以任何方式泄露应当保密的与招标投标活动有关的情况和资料。

第三十条　投标人在投标过程中串通招标人或委托招标人,以排斥其他投标人或有其他违法违规行为的,其投标结果无效,并给予有关责任人员相应处分,涉嫌违法的移交司法机关处理。

第三十一条　招标人、委托招标人工作人员及其他相关人员收受投标人、其他利害关系人的财物或其他好处的,或者向他人透露有关招标、评标情况的,给予警告,没收收受的财物;涉嫌违法犯罪的,移交司法机关处理。

第七章　附　则

第三十二条　本办法由水利部水文局负责解释。

第三十三条　本办法自发布之日起施行。

附表1

国家地下水监测工程(水利部分)××省(自治区、直辖市)
招标代理机构审批表

<table>
<tr><td>招标代理机构名称</td><td></td></tr>
<tr><td>招标代理机构
基本情况</td><td>企业资质和主要业绩:

(拟选定的招标代理机构资质证书、营业执照等复印件作为附件)</td></tr>
<tr><td rowspan="3">委托招标人</td><td>经办人: 年 月 日</td></tr>
<tr><td>审 核: 年 月 日</td></tr>
<tr><td>单位意见:
(盖章):
负责人:
年 月 日</td></tr>
<tr><td rowspan="2">部项目办</td><td>主办处: 年 月 日</td></tr>
<tr><td>办领导意见:
(盖章):
办领导:
年 月 日</td></tr>
<tr><td>项目法人</td><td>审批意见:
(盖章):
法人代表:
年 月 日</td></tr>
</table>

注:本表一式两份,项目法人(部项目办)一份、委托招标人一份。

附表2

国家地下水监测工程(水利部分)××省(自治区、直辖市)
招标文件审核表

<table>
<tr><td>招标名称</td><td></td></tr>
<tr><td>招标编号</td><td></td></tr>
<tr><td>招标内容概述</td><td></td></tr>
<tr><td rowspan="3">委托招标人
意见</td><td>经办人：　年　月　日</td></tr>
<tr><td>审　核：　年　月　日</td></tr>
<tr><td>单位意见：
(盖章)
负责人：
年　月　日</td></tr>
<tr><td>监理单位</td><td>意　见：
负责人：　年　月　日</td></tr>
<tr><td rowspan="2">部项目办
意见</td><td>主办处：　年　月　日</td></tr>
<tr><td>办领导意见：
(盖章)
办领导：
年　月　日</td></tr>
</table>

注：本表一式两份，项目法人(部项目办)一份、委托招标人一份。

附表 3

国家地下水监测工程(水利部分)××省(自治区、直辖市)

合同审签表

<table>
<tr><td>招标名称</td><td></td></tr>
<tr><td>招标编号</td><td></td></tr>
<tr><td>合同内容概述</td><td>(含中标单位、合同额及付款方式、合同期限等)</td></tr>
<tr><td rowspan="3">委托招标人
意见</td><td>经办人：　　年　月　日</td></tr>
<tr><td>审　核：　　年　月　日</td></tr>
<tr><td>单位意见：
(盖章)
负责人：
年　月　日</td></tr>
<tr><td>监理单位</td><td>意　见：
负责人：　　年　月　日</td></tr>
<tr><td rowspan="3">部项目办
意见</td><td>主办处：　　年　月　日</td></tr>
<tr><td>财务处意见：
负责人：　　年　月　日</td></tr>
<tr><td>办领导意见：
(盖章)
办领导：
年　月　日</td></tr>
</table>

注:本表一式两份,项目法人(部项目办)一份、委托招标人一份。

附录9　国家地下水监测工程(水利部分)监测站建设合同工程完工验收规定

为加强国家地下水监测工程监测站建设合同工程完工验收管理,根据《国家地下水监测工程(水利部分)项目建设管理办法》《水文设施工程验收管理办法》等有关规定,结合本工程特点,制定本规定。

一、合同工程是指地下水监测站建设单个合同约定的所有建设任务。各省、自治区、直辖市和新疆生产建设兵团水文部门(以下简称省级水文部门)负责组织本省(自治区、直辖市)监测站建设工程合同工程完工验收工作。

二、合同工程质量评价分为"合格""不合格"。

三、合同工程完工的档案验收应按《国家地下水监测工程(水利部分)档案管理办法》要求,采用"同步验收"方式进行。

四、合同工程一般验收程序如下:

(一)合同承担单位在合同建设任务全部完成、档案资料完备、各单站验收合格且整改任务完成后,向省级水文部门提交《合同工程完工验收申请报告》。

(二)省级水文部门应在收到《合同工程完工验收申请报告》后通知现场管理部门、合同承担单位、设计和监理单位准备预审材料之日起并在7个工作日内负责组织完成预审工作。预审工作由监理单位具体负责,并向省级水文部门提交预审报告。

预审工作应全面审查合同工程的完成情况,并侧重监理、合同承担单位档案资料的真实性和完整性审查。

预审报告应包括含单站验收时间、结论和存在主要问题、合同工程存在的主要问题和整改建议、资料补充意见、合同工程资料目录、预审结论等主要内容。预审报告应在预审结束后5个工作日内完成,上报省级水文部门并送合同承担单位。合同承担单位应在正式验收前完成整改、资料补充等工作。

(三)省级水文部门在收到监理单位提交的预审报告后,根据预审结论,检查参建单位资料是否符合要求,复核预审报告,在5个工作日内完成对《合同工程完工验收申请报告》的批复,同意验收则发出合同验收会议通知。

五、合同工程完工验收组由省级水文部门(一般不超过4人,含档案人员1人)、设计(1人)、监理(1人)、合同承担单位(1人)等单位的单数代表组成。

六、合同工程完工验收结论应当经三分之二以上验收组成员同意。验收组成员应当在验收鉴定书上签字,对验收结论持有异议的,应当将保留意见在验收鉴定书上明确记载并签字。验收组对合同工程完工验收不予通过的,应当明确不予通过的理由并提出整改意见。

七、合同工程完工验收应具备以下条件：

(一)合同范围内的建设任务已按合同约定完成。

(二)预审阶段发现的问题已经整改完成。

(三)工程质量缺陷已按要求处理。

(四)合同争议已解决。

(五)合同结算资料已编制完成并获得确认。

(六)施工现场已清理。

(七)合同工程已完成应归档文件材料的收集、整理,并满足完整、准确、系统的要求。

(八)合同约定的其他条件。

八、合同工程完工验收成果材料主要包括：

(一)合同承担单位提交成果报告,除一般合同完成情况外,还应包括档案整理、合同工程质量自评价等专门章节。

(二)设计单位提交验收意见,内容应包括设计变更情况,是否符合设计要求等。

(三)监理单位提交监理工作报告,内容应除一般监理工作外,还应包括单站验收结论、材料质检抽样检测资料、施工单位及监理档案整理情况、合同工程质量评价等。

(四)省级水文部门提出建设管理工作报告,内容应包括建管组织、监督检查、问题整改情况等。

九、合同工程完工验收包括以下主要内容：

(一)检查合同范围内所有建设任务的完成情况。

(二)检查合同工程质量,按一定比例检(抽)查单站验收成果,检(核)查施工现场清理情况。

(三)对合同工程档案进行同步验收。

(四)评价合同工程质量。

(五)检查合同价款结算情况。

(六)对验收中发现的问题提出处理意见。

(七)确定合同工程完工日期。

(八)讨论并通过《合同工程完工验收鉴定书》(见附件2)。

十、合同工程完工验收通过后,合同承担单位应在30天内根据验收意见进行相应整改和资料补充完善工作,整改完成达到要求后,将资产、档案资料移交给省级水文部门,办理项目工程保修书。合同工程进入质保期。

十一、合同工程完工验收所需费用依合同规定由合同承担单位支付。

十二、本规定由水利部国家地下水监测工程项目建设办公室负责解释。

附件1

合同工程完工验收申请报告

一、合同工程完工验收范围

二、合同工程完工验收条件的检查结果

三、建议合同工程完工验收时间(　　年　月　日)

四、申请单位

法人或委托代理人签字:

盖章:

申请日期:

注:一式两份,部项目办、省级水文部门各留存一份。

附件 2

合同工程完工验收鉴定书

编号:

×××合同工程完工验收鉴定书

合同名称:
合同编号:

×××合同工程完工验收组
年　月　日

注:一式五份,部项目办、省级水文部门、设计、监理、合同承担单位各存一份。

合同工程概况：
开完工日期：

主要工程量：

工程内容及施工过程：

主要工程施工过程表

序号	编码	名称	井深(m)	监测层位	开工时间(年/月/日)	成井完成时间(年/月/日)	抽水试验完成时间(年/月/日)	单井验收时间(年/月/日)

质量事故及缺陷处理：

主要工程质量评价：
1. 监测井成井

2. 岩土样采集

3. 抽水试验

4. 电测井

5. 其他

6. 综合质量评价：

档案资料管理：

质量评价：

存在问题及处理意见：

保留意见：

保留意见人签字：

参验单位(全称)：

合同工程完工验收结论：

验收组成员名单

成员	姓名	单位	职务/职称	签字
组长				
组员				

附录10　国家地下水监测工程(水利部分)单项工程完工验收实施细则(试行)

根据水利部《国家地下水监测工程(水利部分)验收管理办法》(水文〔2017〕190号),为加强和规范单项工程完工验收中的技术预验收和档案验收工作,特制定本实施细则。

第一章　单项工程完工验收

第一条　总体要求。

(一)水利部信息中心(水利部水文水资源监测预报中心)(以下简称部信息中心)负责组织各单项工程完工验收工作,部项目办承办本级单项工程完工验收工作。

(二)受部信息中心委托,部项目办具体组织流域、省级单项工程完工验收工作。

(三)各流域水文局和省级水文部门配合做好单项工程完工验收工作。

(四)单项工程完工验收前,应进行技术预验收。成立技术专家组,负责技术预验收,提出技术预验收报告。

(五)单项工程档案验收原则上采用同步验收方式,成立档案验收组,负责档案验收,形成档案验收意见。

(六)单项工程完工验收的验收组成员由部信息中心、设计、监理、流域水文局或省级水文部门等单位的代表组成。必要时可邀请有关部门的代表和有关专家参加。单项工程完工后,应在2个月内组织单项工程完工验收。

第二条　应具备条件。

单项工程完工验收应具备以下条件:

(一)单项工程主要建设任务已按批准的设计全部完成。

(二)全部合同工程质量评价为合格且通过合同工程完工验收。

(三)设施设备运行正常。

(四)合同工程完工验收中发现的问题已经处理完毕。

(五)工程价款财务结算表已按规定编制完成。

(六)单项工程如确定进行档案专项验收的,已通过档案专项验收。

(七)资产核查工作已完成(资产统计表格式见附件1)。

(八)单项工程已通过技术预验收,完工验收有关报告已准备就绪。

第三条　被验单位有关准备。

验收前流域水文局或省级水文部门应提交本级单项工程完工报告(含质量评价)、设计单位应出具工作报告、监理单位应出具监理报告(含质量评价)。

第四条　主要工作内容。

单项工程完工验收包括以下主要内容:

(一)检查单项工程是否按批准的设计全部完成。

(二)检查单项工程建设情况,评价工程质量为“合格”或“不合格”。

(三)检查单项工程是否正常运行。

(四)检查单项工程价款财务结算情况。

(五)检查单项工程档案专项验收发现问题的整改情况,或对确定同步验收的单项工程档案进行同步验收。

(六)检查固定资产登记与实物管理情况。

(七)对验收遗留问题提出处理意见。

(八)确定单项工程完工日期。

(九)讨论并通过单项工程完工验收鉴定书。

第五条 验收后注意事项。

(一)单项工程完工验收的成果是单项工程完工验收鉴定书。自鉴定书通过之日起30个工作日内,由部项目办报部信息中心备案并印发有关单位。

(二)单项工程完工验收后应根据国家地下水工程(水利部分)有关资产管理办法办理资产交付手续。

(三)流域、省级水文部门应在单项工程验收合格后3个月内,将单项工程档案提交给部项目办,并按规定办理交接手续。档案交接时应同时提交电子版。

第二章 技术预验收

第六条 一般规定。

(一)本规定适用于流域和省级单项工程。

(二)流域单项工程技术预验收可与完工验收同步进行,但技术预验收环节不能省略。

(三)技术预验收由部项目办成立技术专家组,专家组通过查阅资料、检查工程完成情况、抽查监测信息报送情况等方式,对单项工程建设内容、质量、效益进行评价,提出技术预验收报告。

(四)专家组一般由3或5人组成,成员由部项目办、流域水文局、省级水文部门等单位的代表组成,必要时可邀请有关部门的代表和有关专家参加。专家组由具备水文水资源、水文地质、工程管理、仪器设备、信息化等相关专业背景的专家组成。

(五)受部信息中心委托,流域水文局也可牵头组织省级单项工程技术预验收工作。

(六)技术预验收工作时间一般不少于2天。

(七)流域/省级水文部门应向部项目办提出书面技术预验收申请(格式见附件2)。

第七条 应具备条件。

(一)单项工程主要建设任务已按批准的设计全部完成。

(二)流域、省级水文部门招标项目:

监测井、仪器设备、信息源建设和软件本地化定制等标段已通过合同验收。

海河流域软件定制和模型开发,吉林、陕西省级网络中心建设,陕西关中平原模型开发应分别纳入本级单项工程建设任务中,均已通过合同验收。

以流域水文局为单元(含流域内有关省)进行招标的信息源建设标段,有关省通过试运行,并完成相应的试运行报告。

(三)部项目办统一招标或委托项目:

高程引测已完成合同验收。

成井已完成水质采样。

水质自动监测站仪器设备已完成安装、调试。

巡测和测井维护设备,包括悬锤式水位计、发电机、水泵等设备按照设计要求已配备到各地市分中心,省级水文部门提供确认单。

基础软硬件,包括操作系统、数据库、服务器、工作站等基础软硬件按照设计要求已部署到省级和地市分中心。

统一开发业务软件,包括地下水监测信息接收处理、地下水信息查询维护、地下水监测资料整编、地下水信息交换共享、地下水资源业务应用、地下水资源信息发布、地下水水质分析、移动客户端等8个软件,按照设计要求已部署到省级和地市分中心,省级水文部门完成相应的试运行报告编制。

第八条 被验单位有关准备。

(一)根据需要,提供能测量井深的仪器:悬锤式水位计,可查阅仪器读数的设备,水泵,发电机等。

(二)准备单项工程建设有关汇报材料:建设任务、设计变更批复情况,各标段合同验收及整改情况,建设管理有关情况等。

(三)提供有关资料:流域/分省初步设计报告,监测井、仪器设备、信息源、高程引测等所有标段合同、合同完工鉴定书(验收报告),验收遗留问题及整改情况(报告),仪器设备、信息化等标段试运行报告等,设计变更批复文件,单项工程建设情况有关统计表(格式见附件3表1~表5)。

对于被抽查的监测站,应提供监测井、仪器设备、高程引测等单站资料。

第九条 主要工作内容。

(一)检查监测站

重点检查合同验收遗留问题整改情况,抽查监测站建设质量,包括单井、附属设施和仪器设备等。原则上,抽查站数不少于2个,分布不少于2个地市,500站以上的省(自治区、直辖市)可适度增加抽查站数和地市数。抽查的监测站原则上有新建站和改建站;优先选择水位/水质、流量站。

抽查内容应至少包括:监测井、附属设施、仪器设备。其中,监测井抽查应包括:井深(新建井),井管材质、规格(新建井),抽水检查(根据需要进行抽检);附属设施抽查应包括:水准点及标识,保护筒及标识牌;仪器设备抽查应包括:安装情况,电池电压,设备自动采集水位(埋深),以及与人工测量水位(埋深)对比等。填写单项工程技术预验收现场检查情况表(见附件4)。

(二)检查地市分中心

抽查地市分中心功能实现和运行情况(天津没有地市分中心,除外),原则上,10个分中心以上(含)的,抽查不少于3个;10个分中心以下的,抽查1~2个。检查地市分中心基础软硬件、业务软件配置及运行情况,巡测及测井维护设备配备情况。

(三)检查流域/省级中心

检查流域/省级中心基础软硬件、业务软件配置情况,查看系统功能实现程度、运行稳定性,抽查信息源数据总量与质量。

(四)检查技术资料

抽查工程技术资料,检查工程技术资料的真实性、准确性、完整性;检查监理、施工、管理等资料的系统性和逻辑性。

第十条 预验收报告。

出具《单项工程技术预验收报告》(格式见附件5),对单项工程建设内容、质量和效益进行评价。

(一)专家组认为所检项目完全符合技术要求,无需整改的,通过验收。

(二)存在问题但不直接影响工程质量的,原则上验收通过,应列出整改清单,整改完成后出具《单项工程技术预验收报告》。

(三)存在以下情况之一的,视为工程质量存在严重问题,原则上不予通过,应限时整改。在完成相关整改工作后,重新申请技术预验收。

监测井:淤积严重,成井工艺和管材与设计明显不符(未报设计变更)。

仪器设备:运行不正常,到报率低于95%,仪器自动监测值与人工测量值误差超过±2 cm。

信息系统:功能严重缺陷,达不到设计要求,系统不稳定,信息源数量、质量明显达不到要求。

技术资料存在数据明显错误,逻辑性、系统性较差。

第三章 档案验收

第十一条 一般规定。

(一)本工程单项工程档案验收原则上采用同步验收方式。

(二)档案验收组负责检查工程档案管理情况,按不少于8%比例抽查已归档文件资料(其中每类别的档案抽查数量不少于2卷),并按验收标准逐项赋分,进行综合评议,讨论、形成档案验收意见。

(三)档案验收依据《单项工程建设项目档案验收评分标准》(见附件6,以下简称《评分标准》)对项目档案管理及档案质量进行量化打分,满分为100分。验收结果分为3个等级:总分达到或超过95分的,为优良;达到75~94.9分的,为合格;达不到75分或“应归档文件材料质量与移交归档”项达不到70分的,均为不合格。

第十二条 应具备条件。

(一)单项工程全部建设任务已按批准的设计全部完成。

(二)已基本完成应归档文件材料的收集、整理、立卷归档、装订、装盒工作。

(三)监理单位对施工单位提交的工程档案的整理与内在质量进行了审核,认为已达到验收标准,并提交了专题审核报告。

(四)按照《评分标准》完成档案自检工作,达到合格以上分数。

第十三条 档案自检。

档案验收前,流域、省级水文部门要开展档案自检工作并形成档案自检报告。

档案自检工作报告的主要内容:工程概况,工程档案管理情况,文件材料收集、整理、归档与保管情况,竣工图编制与整理情况,档案自检工作的组织情况,对自检或以往阶段验收发现问题的整改情况,按《评分标准》自检得分与扣分情况,目前仍存在的问题,对工程档案完整、准确、系统性的自我评价等内容。

第十四条　监理单位审核。

监理单位需提交档案专题审核报告。报告的主要内容:监理单位履行审核责任的组织情况,对监理和施工单位提交的项目档案审核、把关情况,审核档案的范围、数量,审核中发现的主要问题与整改情况,对档案内容与整理质量的综合评价,目前仍存在的问题,审核结果等内容。

第十五条　验收组织。

(一)单项工程档案验收由部项目办负责组织。

(二)档案验收组由部项目办、流域及省级水文部门的档案部门人员组成。可邀请水利部档案主管部门和省级水行政部门档案专家参加,验收组人数3~5人。

(三)档案验收应形成验收意见(格式见附件7)。验收意见须经验收组三分之二以上成员同意,并履行签字手续,注明单位、职务、专业技术职称。验收成员对验收意见有异议的,可在验收意见中注明个人意见并签字确认。验收意见由档案验收组交单项工程验收组。

第十六条　验收程序。

(一)档案验收通过召开验收会议的方式进行。验收会议由验收组组长主持,验收组成员、流域或省级水文部门及各参建单位的代表参加。

(二)会议主要议程:验收组组长宣布验收会议文件及验收组组成人员名单;

省级水文部门汇报工程概况和档案管理与自检情况;

监理单位汇报工程档案专题审核情况;

验收组对汇报有关情况提出质询,并察看工程建设现场;

验收组检查工程档案管理情况,并按比例抽查已归档文件材料;

验收组结合检查情况按验收标准逐项赋分,并进行综合评议,讨论、形成档案验收意见;

验收组与流域或省级水文部门交换意见,通报验收情况;

验收组组长宣读验收意见。

第十七条　验收后注意问题。

(一)对档案验收意见中提出的问题和整改要求,流域或省级水文部门应加强整改落实,并在单项工程验收通过后3个月内将档案提交部项目办。

(二)对未通过档案验收的,单项工程验收不得通过。流域或省级水文部门应在完成相关整改工作后,重新申请验收。

附件1

省级单项工程完工验收资产统计表

序号	资产项目名称	规格型号特征	坐落位置	计量单位	单位价值	数量	资产金额(元)	保管单位	保管人	维护单位	合同名称	合同编号	备注
1	××流域/省级中心												
1)	数据库服务器												
2)	应用服务器												
3)	工作站												
4)	操作系统												
5)	业务软件												
6)	数据库管理软件												
7)	…												
2	××地市分中心												
1)	数据库服务器												
2)	操作系统												
3)	数据库管理软件												
4)	业务软件												
5)	测井维护设备												
6)	巡测设备												
7)	…												
3	××监测站												
1)	监测井												
2)	水位仪器设备												
3)	水质自动监测设备												
4)	站房/保护筒(箱)												
5)	水准点												
6)	标示牌												
7)	…												

备注:1. 资产包括实物资产和无形资产化两大类,实物资产包括监测井、站房/保护筒(箱)、水准点和标识牌等附属设施,水位监测仪器设备、水质自动检测设备、测井维护设备、巡测设备、信息化基础硬件;无形资产包括信息化基础软件,业务开发软件等。

2. 按省级中心、各地市分中心、各监测站次序填写。

3. 流域仅需填写流域中心。

4. 流量站、自流井等设施设备根据实际情况,资产名称自列。

附件2

单项工程技术预验收申请单

项目名称:国家地下水监测工程(水利部分)××流域/省(自治区、直辖市)单项工程

<table>
<tr><td>致:水利部国家地下水监测工程项目建设办公室
　　我单位已完成国家地下水监测工程(水利部分)××流域/省(自治区、直辖市)单项工程建设,具备单项工程技术预验收条件。依据有关规定,现申请技术预验收,请审核。

申请单位(盖章):
负责人:(签名)
日　期:　　年　　月　　日</td></tr>
<tr><td>审核意见:

批准单位(盖章):水利部国家地下水监测工程项目建设办公室
负责人:(签名)
日　期:　　年　　月　　日</td></tr>
</table>

说明:本申请单一式两份,被验收单位和部项目办各留一份。

附件3

表1 ××流域/省(自治区、直辖市)单项工程建设情况汇总表

<table>
<tr><th>序号</th><th colspan="2">项目名称</th><th>单位</th><th>设计数</th><th>设计变更数</th><th>完成数</th><th>备注</th></tr>
<tr><td>一</td><td colspan="2">土建工程</td><td></td><td></td><td></td><td></td><td></td></tr>
<tr><td>(一)</td><td colspan="2">监测站</td><td></td><td></td><td></td><td></td><td></td></tr>
<tr><td>1</td><td rowspan="2">建设</td><td>新建</td><td>个</td><td></td><td></td><td></td><td></td></tr>
<tr><td>2</td><td>改建</td><td>个</td><td></td><td></td><td></td><td></td></tr>
<tr><td>3</td><td rowspan="4">站类</td><td>水位站点</td><td>个</td><td></td><td></td><td></td><td></td></tr>
<tr><td>4</td><td>流量站</td><td>个</td><td></td><td></td><td></td><td></td></tr>
<tr><td>5</td><td rowspan="2">水质站
(水质自动站)</td><td rowspan="2">个</td><td rowspan="2"></td><td rowspan="2"></td><td rowspan="2"></td><td rowspan="2"></td></tr>
<tr><td>6</td></tr>
<tr><td>7</td><td>钻探</td><td>总进尺</td><td>m</td><td></td><td></td><td></td><td></td></tr>
<tr><td rowspan="3">(二)</td><td rowspan="3">附属设施</td><td>站房</td><td>座</td><td></td><td></td><td></td><td></td></tr>
<tr><td>井口保护设施</td><td>处</td><td></td><td></td><td></td><td></td></tr>
<tr><td>水准点</td><td>个</td><td></td><td></td><td></td><td></td></tr>
<tr><td>(三)</td><td colspan="2">测流设施</td><td>处</td><td></td><td></td><td></td><td></td></tr>
<tr><td>二</td><td colspan="2">仪器设备</td><td></td><td></td><td></td><td></td><td></td></tr>
<tr><td rowspan="4"></td><td rowspan="4">监测站</td><td>压力式水位计</td><td>个</td><td></td><td></td><td></td><td></td></tr>
<tr><td>浮子式水位计</td><td>个</td><td></td><td></td><td></td><td></td></tr>
<tr><td>水质自动监测设备</td><td>个</td><td></td><td></td><td></td><td></td></tr>
<tr><td>其他</td><td>个</td><td></td><td></td><td></td><td></td></tr>
<tr><td>三</td><td colspan="2">省、地市中心</td><td></td><td></td><td></td><td></td><td></td></tr>
<tr><td rowspan="6">(一)</td><td rowspan="6">省中心</td><td>信息系统软硬件设备</td><td>套</td><td></td><td></td><td></td><td></td></tr>
<tr><td>高程引测</td><td>个</td><td></td><td></td><td></td><td></td></tr>
<tr><td>岩土芯样数据量</td><td>个</td><td></td><td></td><td></td><td></td></tr>
<tr><td>抽水试验数据量</td><td>个</td><td></td><td></td><td></td><td></td></tr>
<tr><td>监测站信息数据量</td><td>个</td><td></td><td></td><td></td><td></td></tr>
<tr><td>历史地下水监测资料整理入库数据量</td><td>个</td><td></td><td></td><td></td><td></td></tr>
<tr><td rowspan="2">(二)</td><td rowspan="2">地市分中心</td><td>信息系统软硬件设备</td><td>套</td><td></td><td></td><td></td><td></td></tr>
<tr><td>巡测及测井维护设备</td><td>套</td><td></td><td></td><td></td><td></td></tr>
</table>

表2 ××省(区、市)监测站建设一览表

序号	测站编码	测站名称	测站位置	经度	纬度	建设类型	站点类型	设计井深(m)	成井深度(m)	水文地质单元	地貌类型	地下水类型	监测层位	管材	管径(mm)	站房	保护装置类型	水准点类型	水准点高程(m)	固定点高程(m)	井口地面高程(m)	仪器设备类型	是否下泵	备注

填表说明:1)测站编码:核定后的8位数字编码。如有井位调整和测站编码变动,以设计变更批复文件为准。

2)监测站位置:省、市、县、乡/镇、村具体名称。

3)经纬度:以度为单位,保留7位小数,采用高程引测成果。

4)建设类型:新建、改建。如有变动,以设计变更批复文件为准。

5)站点类型:水位站,流量站,水质自动监测站。

6)成井深度:以实际成井深度为准,保留1位小数,单位为m。

7)地下水类型:孔隙水、裂隙水或岩溶水。

8)监测层位:潜水、承压水或混合水。

9)管材:钢管、PVC-U或其他(钢混、水泥等)。

10)管径:管材外径,单位为mm,如146、168等。

11)有站房,请打"√"。

12)保护装置类型:保护筒、保护箱、壁挂分体式或其他。

13)水准点类型:明式、暗式。

14)水准点高程,固定点高程,地面高程:采用高程引测成果。

15)仪器设备类型:压力式、浮子式。

16)下泵,请打"√"。

17)备注:自流井请在此栏中说明。

表3 ××流域/省(自治区、直辖市)基础硬件设备配置情况表

序号	硬件设备	是否配置	软件	是否安装	软件安装路径	备注
流域/省级中心						
1	图腾 K3 机柜		—	—	—	
2	华为 RH5885H V3 数据库服务器		Windows Server2012R2-64 位操作系统		—	
			Oracle12C 数据库			
3	华为 RH5885H V3 应用服务器		Windows Server2012R2-64 位操作系统		—	
			Weblogic12C			
			地理信息系统软件(服务版) SuperMap iServer 8C 标准版			
			地理信息系统软件(桌面版) SuperMap iDesktop 8C 标准版			
4	联想 ThinkCentreM8600 数据接收工作站		Windows Server2012R2-64 位操作系统		—	
			Oracle12C 数据库			
5	联想 ThinkCentreM8600 数据处理工作站		Windows Server2012R2-64 位操作系统		—	
地市分中心						
1	华为 RH2288 V3 系统服务器		Windows Server2012R2-64 位操作系统		—	
			Oracle12C 数据库			

填表说明: 1. 工作站仅省级中心配置。

2. 已配置请打"√",已安装请打"√"。

表 4 ××省(自治区、直辖市)统一开发业务软件部署情况表

<table>
<tr><th>合同名称</th><th colspan="2">相关软件名称</th><th>是否部署</th><th>运行是否正常</th></tr>
<tr><td colspan="5">省级中心</td></tr>
<tr><td>地下水信息接收处理软件开发项目</td><td>开发软件</td><td>监测信息接收与处理软件</td><td></td><td></td></tr>
<tr><td>信息系统总集成项目</td><td>开发软件</td><td>地下水信息交换共享软件</td><td></td><td></td></tr>
<tr><td rowspan="5">地下水资源信息发布系统项目(一标)</td><td rowspan="2">开发软件</td><td>信息发布软件</td><td></td><td></td></tr>
<tr><td>移动客户端软件</td><td></td><td></td></tr>
<tr><td rowspan="3">基础软件</td><td>Windows 操作系统</td><td></td><td></td></tr>
<tr><td>应用服务器中间件</td><td></td><td></td></tr>
<tr><td>地理信息系统软件</td><td></td><td></td></tr>
<tr><td rowspan="3">地下水资源业务处理系统项目(二标)</td><td rowspan="2">开发软件</td><td>地下水监测信息查询与维护软件</td><td></td><td></td></tr>
<tr><td>地下水资源业务应用软件</td><td></td><td></td></tr>
<tr><td>基础软件</td><td>Oracle 数据库(企业版)</td><td></td><td></td></tr>
<tr><td>地下水监测信息整编系统项目(三标)</td><td>开发软件</td><td>地下水监测信息整编系统</td><td></td><td></td></tr>
<tr><td>地下水水质分析系统项目(四标)</td><td>开发软件</td><td>地下水水质分析软件</td><td></td><td></td></tr>
<tr><td colspan="5">地市分中心</td></tr>
<tr><td rowspan="2">地下水资源信息发布系统项目(一标)</td><td>开发软件</td><td>移动客户端软件</td><td></td><td></td></tr>
<tr><td>基础软件</td><td>Windows 操作系统</td><td></td><td></td></tr>
<tr><td rowspan="2">地下水资源业务处理系统项目(二标)</td><td>开发软件</td><td>地下水监测信息查询与维护软件</td><td></td><td></td></tr>
<tr><td>基础软件</td><td>Oracle 数据库(专业版)</td><td></td><td></td></tr>
<tr><td>地下水监测信息整编系统项目(三标)</td><td>开发软件</td><td>地下水监测信息整编系统</td><td></td><td></td></tr>
<tr><td>信息系统总集成项目</td><td>开发软件</td><td>地下水信息交换共享软件</td><td></td><td></td></tr>
</table>

填表说明:已部署请打"√",运行正常请打"√"。

表 5　××省(自治区、直辖市)巡测及测井维护设备配置统计表

设备名称	单位	应配置数	实际数	备注
巡测设备				
水位测尺校准钢尺	根			
悬锤式水位计	台			
地下水水温计	个			
地下水采样器(贝勒管)	个			
数据移动传输设备	套			
便携式水质分析仪	台			
测井维护设备				
移动式柴油(汽油)发电机组	台			
洗井泵	台			

附件4

单项工程技术预验收现场抽查记录表

<table>
<tr><td colspan="2">测站名称</td><td colspan="2"></td><td colspan="2">测站编码</td><td colspan="2"></td></tr>
<tr><td colspan="2">测站位置
(经度、纬度)</td><td colspan="6"></td></tr>
<tr><td colspan="2">检查项目</td><td colspan="6">检查结果</td></tr>
<tr><td rowspan="6">监测井</td><td>井管</td><td>材质、规格</td><td colspan="5"></td></tr>
<tr><td rowspan="3">井深(m)</td><td>设计井深</td><td colspan="5"></td></tr>
<tr><td>成井深度</td><td colspan="5"></td></tr>
<tr><td>实测井深</td><td colspan="5"></td></tr>
<tr><td>埋深(m)</td><td>抽水前</td><td colspan="2"></td><td>抽水后</td><td colspan="2"></td></tr>
<tr><td>洗井效果</td><td colspan="3">水清砂净</td><td colspan="2">□是</td><td>□否</td></tr>
<tr><td rowspan="11">附属设施</td><td rowspan="2">水准点</td><td colspan="3">位置合理</td><td colspan="2">□是</td><td>□否</td></tr>
<tr><td colspan="3">指示便于定位</td><td colspan="2">□是</td><td>□否</td></tr>
<tr><td rowspan="6">保护筒</td><td colspan="3">尺寸与设计相符</td><td colspan="2">□是</td><td>□否</td></tr>
<tr><td colspan="3">锁具与设计相符</td><td colspan="2">□是</td><td>□否</td></tr>
<tr><td colspan="3">通信盖板与设计相符</td><td colspan="2">□是</td><td>□否</td></tr>
<tr><td colspan="3">通气孔与设计相符</td><td colspan="2">□是</td><td>□否</td></tr>
<tr><td colspan="3">安装垂直</td><td colspan="2">□是</td><td>□否</td></tr>
<tr><td colspan="3">标记井口固定点</td><td colspan="2">□是</td><td>□否</td></tr>
<tr><td rowspan="3">标志牌</td><td colspan="3">信息清晰</td><td colspan="2">□是</td><td>□否</td></tr>
<tr><td colspan="3">与保护设施相适应</td><td colspan="2">□是</td><td>□否</td></tr>
<tr><td colspan="3">铆固牢固</td><td colspan="2">□是</td><td>□否</td></tr>
<tr><td rowspan="4">仪器设备</td><td>仪器设备安装</td><td colspan="3">安装与设计相符</td><td colspan="2">□是</td><td>□否</td></tr>
<tr><td>设备电池电压</td><td colspan="3">是否在允许范围</td><td colspan="2">□是</td><td>□否</td></tr>
<tr><td>人工观测水位/埋深值(m)</td><td>第一次</td><td></td><td>第二次</td><td></td><td>平均值</td><td></td></tr>
<tr><td>设备采集水位/埋深值(m)</td><td colspan="2"></td><td colspan="2">省级中心接收水位/埋深值(m)</td><td colspan="2"></td></tr>
<tr><td colspan="2">比测误差(m)</td><td colspan="6"></td></tr>
<tr><td colspan="2">抽查结果总体评价</td><td colspan="6"></td></tr>
<tr><td colspan="2">抽查人员签字</td><td colspan="6">日期：</td></tr>
</table>

附件 5

单项工程技术预验收报告格式

一、基本情况(批复建设任务、规模、投资概算,设计变更等)

2015 年 6 月,国家发展和改革委员会、水利部和国土资源部正式批复国家地下水监测工程初步设计。流域/分省初步设计批复和设计变更批复情况。

1. 建设任务、规模、投资概算

建设任务:国家地下水监测工程(水利部分)××省建设任务包括:建设×个省级监测中心、×个地市级分中心,建设地下水监测站×个,其中新建×个,改建×个,监测数据全部实现自动采集与传输,选取×个开展水质监测等。

建设规模:

(1)新建省级地下水监测中心×个,配备应用系统设备×台,购置系统软件×套、配套全国统一开发的业务软件×套,本地化业务软件定制×项,信息源建设×项,系统集成×项,网络环境软硬件配置×项,网络管理和安全配置×项。

(2)建设地市级分中心×个,每个地市级分中心分别配置服务器 1 台,购置系统软件 2 套,配备全国统一开发业务软件 4 套,配备悬锤式水位计、发电机、水泵等巡测和测井维护设备×台(套)。

(3)建设地下水监测站×个,其中新建×个(钻井总进尺×m),改建×个,配套水位、水温自动监测仪器设备×台套。×个监测站中×个站兼水质监测,从中选取×个开展一般(五参数)水质自动监测,选取×个开展重点(五参数以上)水质自动监测。完成高程与坐标测量×个站,工程物探×个站(其中外业物探×个,内业物探×个)。

(4)其他。

投资概算:

2. 设计变更批复情况

二、项目组织实施

三、招标投标情况、施工组织、建设管理、整改情况等。

四、现场抽查情况

五、主要工程量及质量评价

1. 监测站建设

1)监测井

完成情况及质量评价。

2)辅助设施

井口基础处理、保护设施、水准点、标示牌等完成情况及质量评价。

3)仪器设备

完成情况及质量评价(到报率达到规范要求,仪器自动采集值与人工测量值误差达到要求)。

4)其他

自动水质监测站等完成情况及质量评价。

2. 省级监测中心建设

1)基础软硬件,统一开发业务软件

基础软硬件各级中心部署完成情况。

统一开发业务软件(地下水监测信息接收处理、地下水信息查询维护、地下水监测资料整编、地下水信息交换共享、地下水资源业务应用、地下水资源信息发布、地下水水质分析、移动客户端)各中心部署完成情况。

质量评价:系统功能达到设计要求,系统稳定。

2)信息源建设及本地化定制

完成情况及质量评价。

3)高程引测和坐标测量

完成情况及质量评价。

4)其他(水质)

完成情况及质量评价。

3. 地市分中心建设

1)基础软硬件,统一开发业务软件

基础软硬件部署完成情况,满足设计要求。

统一开发业务软件(地下水信息交换共享、地下水信息查询维护、地下水监测资料整编、移动客户端)部署完成情况。

质量评价:功能达到设计要求,系统稳定。

2)巡测及测井维护设备配备

配备情况及质量评价。

4. 技术资料质量评价(真实性、准确性、系统性等)

六、效益评价

七、存在问题及整改意见

八、验收结论

技术专家组成员签字表

	姓名	单位	职务/职称	签字
组长				
副组长				
组员				
组员				
组员				

附件6

单项工程建设项目档案验收评分标准

序号	验收项目	验收内容	验收备查材料	评分标准	标准分值	自检得分	验收赋分
1	档案工作保障体系（10分）	流域或省级水文部门在管理机构、人员配备、制度建设、设备设施配备等方面，为项目档案工作的开展创造了较好的条件，保障了项目档案工作的顺利进行		详见以下各小项内容	10分		
1.1	组织保障（3分）	（1）明确有分管档案工作的领导	有关文件或岗位职责	达不到要求的不得分	1分		
		（2）明确有档案工作部门，并配有专职/兼职档案管理人员	机构设置文件及部门、人员岗位职责和培训证明	达不到要求的不得分	1分		
		（3）建立了由流域或省级水文部门负责，各参建单位组成的档案管理网络，并明确了相关责任人	各参建单位落实相关人员责任制的文件或依据	达不到要求的酌扣0.5~1分	1分		
1.2	设备设施保障（1分）	有符合安全保管条件的档案柜	实地检查	无档案柜的不得分；存在一定差距的，酌扣0.2~0.8分	1分		

续表

序号	验收项目	验收内容	验收备查材料	评分标准	标准分值	自检得分	验收赋分
1.3	各项管理制度或措施的贯彻落实与实施情况（6分）	(1)签订有关合同协议时,同时提出归档要求	相关合同协议	不符合要求不得分;存在一定问题酌扣0.2~0.8分	1分		
		(2)检查工程进度、质量时,同时检查工程档案资料的收集、整理情况	检查工作文件或记录	不符合要求的不得分,存在一定差距的,酌扣1.0~1.5分	2分		
		(3)项目成果评审、鉴定或项目阶段与完工验收,同时检查或验收相关档案	验收文件	不符合要求的不得分,有一定差距的,酌扣0.2~0.8分	1分		
		(4)对设计、施工、监理等参建单位的档案收集、整理工作进行监督指导	有关证明材料	不符合要求的不得分,存在一定差距的,酌扣1.0~1.5分	2分		
2	应归档文件材料质量与移交归档（85分）	应归档文件材料的内容已达到完整、准确、系统;形式已满足字迹清楚、图样清晰、图表整洁、标注清楚、图纸折叠规范、签字手续完备;归档手续、时间与档案移交符合要求		详见以下各小项内容	85分		

续表

序号	验收项目	验收内容	验收备查材料	评分标准	标准分值	自检得分	验收赋分
2.1	文件材料完整性(28分)	(1)建设前期工作文件材料(含设计及招标、投标等文件材料)	归档范围与归档目录和档案实体	《国家地下水监测工程(水利部分)项目档案管理办法(办档〔2015〕186号)所附的“项目文件材料归档范围与保管期限表”的内容和《国家地下水监测工程省级建设管理档案资料收集整理指导书》(地下水〔2016〕145号)进行检查,存在缺项的,所缺项不得分;各项内存在不完整现象的,每发现一处,酌扣0.5~1.0分;重要阶段、关键工序、重大事件,必须要有完整的声像材料,无声像材料的,相关项不得分;重要声像材料不齐全的,酌扣0.5~1.0分	2分		
		(2)建设管理文件材料			2分		
		(3)监测井施工文件材料			3分		
		(4)监理文件材料			2分		
		(5)仪器设备文件材料			3分		
		(6)信息化建设文件材料			3分		
		(7)高程引测文件材料			3分		
		(8)验收文件材料(含阶段、专项)			2分		
		(9)按规定完成竣工图的编制工作			1分		
		(10)声像材料			3分		
		(11)监理单位对施工单位提交的工程档案内容与质量提交专题审核报告	相关材料	无专题审核报告不得分,内容不全的,酌扣0.5~0.8分	1分		
		(12)电子文件材料	电子档案数据与相关文件材料	无电子文件材料归档的,不得分;缺少重要电子文件材料的,酌扣1.5~2.5分	3分		

续表

序号	验收项目	验收内容	验收备查材料	评分标准	标准分值	自检得分	验收赋分
2.2	文件材料的准确性(40分)	(1)反映同一问题的不同文件材料内容应一致	已归档文件材料	如发现存在不一致现象的,每发现一处,酌扣1.0~2.0分	10分		
		(2)竣工图编制规范,能清晰、准确地反映工程建设的实际。竣工图图章签字手续完备;监理单位按规定履行了审核手续	检查竣工图	竣工图如有模糊不清、不准确,未标注变更说明、审核签字手续不全等现象,每发现一处,酌扣0.5~1.0分;如发生结构形式、工艺、平面布置等重大变化,未重新绘制竣工图或有较大变化未能如实反映的,每项酌扣0.5~1.0分	2分		
		(3)归档材料应字迹清晰,图表整洁,审核签字手续完备,书写材料符合规范要求	检查卷内已归档的文件材料	归档材料存在字迹不清、破损、污渍、缺少审核签字等不能准确反映其具体内容的,每发现一处,扣0.5分	4分		
		(4)声像与电子等非纸质文件材料应逐张、逐盒(盘)标注事由、时间、地点、人物、作者等内容	检查实体档案整编情况	归档材料存在标注不符合要求的,每发现一处,酌扣0.5~1.0分	3分		
		(5)案卷题名简明、准确;案卷目录编制规范,著录内容翔实	检查案卷标题与案卷目录的编制情况	无案卷目录的,不得分;案卷目录编制存在一定问题的,酌扣1.0~3.0分	5分		
		(6)卷内目录著录清楚、准确;页码编写准确、规范	检查卷内目录	案卷内无卷内目录的,不得分;卷内目录编制存在一定问题的,酌扣1.0~3.0分	5分		

续表

序号	验收项目	验收内容	验收备查材料	评分标准	标准分值	自检得分	验收赋分
2.2	文件材料的准确性(40分)	(7)备考表填写规范;案卷中需说明的内容均在案卷备考表中清楚注释,并履行了签字手续	检查备考表	案卷内无备考表的,不得分;备考表中存在一定问题的,酌扣1.0~3.0分	5分		
		(8)图纸折叠符合要求,对不符合要求的归档材料采取了必要的修复、复制等补救措施	检查案卷文件材料	有不符合要求的,每发现一处,酌扣0.5分	2分		
		(9)案卷装订牢固、整齐、美观,装订线不压内容;单分文件归档时,应在每份文件首页右上方加盖、填写档号章;案卷中均是图纸的可不装订,但应逐张填写档号章	检查案卷	案卷装订存在一定问题,或未装订文件缺少档号章的,每发现一处,酌扣0.5分	4分		
2.3	文件材料的系统性(10分)	(1)分类准确。依据项目档案分类方案,归类准确,每类文件材料的脉络清晰,各类文件材料之间的关系明确	分类方案与案卷分类情况	无档案分类方案的,不得分;分类方案存在一定问题的,酌扣0.5~1分	2分		
		(2)组卷合理。遵循文件材料的形成规律,保持文件之间的有机联系,组成的案卷能反映相应的主题,且薄厚适中、便于保管和利用	检查案卷组织情况	未按要求进行组卷的,不得分;存在一定问题的,酌扣2.0~4.0分	4分		
		(3)排列有序。相同内容或关系密切的文件按重要程度或时间循序排列在相关案卷中;反映同一主题或专题的案卷相对集中排列	检查案卷与卷内文件的排列情况	案卷无序排列的,不得分;排列中存在不规范现象的,酌扣2.0~4.0分	4分		

续表

序号	验收项目	验收内容	验收备查材料	评分标准	标准分值	自检得分	验收赋分
2.4	归档与移交(7分)	(1)归档。各职能部门和相关工程技术人员能按要求将其经办的应归档的文件材料进行整理、归档	各类档案归档情况目录	法人各职能部门按年度或阶段归档情况;如有延误或未归档现象的,酌扣0.5~2.0分	2分		
		(2)移交。各参建单位已向省级水文部门移交了相关工程档案,并认真履行了交接手续	移交目录	尚未接收各参建单位移交档案的,不得分;存在档案移交不全或缺少移交手续的,酌扣1.0~3分	3分		
		(3)对归档的电子文件材料,进行了有效的管理	电子文件材料的管理	电子文件与纸质文件材料的对应关系清楚、查找方便,有差距的可酌扣0.5~2.0分	2分		
3	档案接收后的管理(5分)	档案管理工作有序,并开展了档案数字化工作,且取得一定成效;为工程建设与管理工作提供了较好的服务			5分		
3.1	档案保管(1分)	档案柜标识清楚、排列整齐、间距合理	实地检查	1. 无档案柜架标识或档案数量统计不得分; 2. 在档案柜架摆放、标识或档案统计等方面存在一定问题的,酌扣0.2~0.6分	1分		
3.2	档案信息化(4分)	利用有档案管理软件,建有档案案卷级目录、文件级目录数据库,开展了档案全文数字化工作,并已在档案统计、提供利用等工作中发挥重要作用	软件使用及数据库运行情况	利用档案管理软件,通过软件已对案卷目录、文件目录和全文等数据进行有效管理的,可得4分;如存在一定差距的,可酌扣2~4分	4分		
评定等级:				合计得分或赋分分数:			

注:流域单项工程进行档案验收评分时,针对其中没有的建设项目档案评分项(例:监测井施工文件材料、高程引测文件材料),给予满分。

附件7

档案验收意见格式

前言(验收会议的依据、时间、地点及验收组组成情况,工程概况,验收工作的步骤、方法与内容简述)

(一)档案工作基本情况:工程档案工作管理体制与管理状况。

(二)文件材料的收集、整理质量,竣工图的编制质量与整理情况,已归档文件材料的种类与数量。

(三)工程档案的完整、准确、系统性评价。

(四)存在问题及整改要求。

(五)得分情况及验收结论。

(六)附件:档案验收组成员签字表。

档案验收组成员签字表

姓名	单位	职务/职称	签字

附录 11　国家地下水监测工程(水利部分)运行维护管理办法

第一章　总　则

第一条　为切实加强国家地下水监测工程(水利部分)(以下简称本工程)的运行维护管理,保障本工程稳定、安全、高效运行,依据国家有关法律法规和水利工程运行维护管理等有关规定,结合本工程实际,制定本办法。

第二条　本办法适用于本工程的运行维护管理工作。

第三条　本工程运行维护管理工作经费已列入年度部门预算(以下简称本项目)。

第二章　管理职责

第四条　本工程的运行维护管理遵循“统一组织、分级管理”原则。

第五条　水利部水文司主要职责:

(一)负责本工程运行维护管理任务的下达、检查、监督与协调等工作;

(二)会同水利部信息中心(水利部水文水资源监测预报中心)(以下简称部信息中心)确定本项目预算资金使用原则,负责审定本项目预算资金实施方案,组织指导项目验收和绩效评价等工作。

第六条　部信息中心主要职责:

(一)负责本工程运行维护管理工作,承担全国地下水的监测、分析和预测预报等相关技术工作;

(二)负责本级预算资金申报文本的编制、上报、实施、验收及绩效评价等工作,负责本级预算资金的使用与管理,检查、监督省(自治区、直辖市)、新疆生产建设兵团水文部门及陕西省地下水管理监测局(以下简称省级水文部门)本项目经费使用。

第七条　流域机构主要职责:

(一)负责本级预算资金申报文本的编制、上报、实施、验收及绩效评价等工作,负责本级预算资金的使用与管理;

(二)指导本流域本工程运行维护管理工作和水质监测工作,协调流域内省级水文部门地下水监测和本工程运行维护管理工作,协助部信息中心检查监督相关省的本工程运行维护管理工作;

(三)协调本流域相关部门向部信息中心汇交本工程水质监测分析数据。

第八条　省水行政主管部门主要职责:

(一)指导辖区内本工程运行维护管理和地下水的监测、分析及预测预报等相关技术工作;

(二)协调解决辖区内本工程运行维护管理工作中的有关问题。

第九条　省级水文部门主要职责:

(一)负责辖区内本工程运行维护管理和地下水的监测、分析及预测预报等相关技术工作;

(二)负责本级合同履约、验收和绩效评价等工作,及时向部信息中心和相关流域机构水文部门提交相应资料和成果,负责本级本项目经费的使用与管理。

第三章 运行维护管理

第十条 地下水监测站运行维护管理主要包括:监测井委托看护、监测井清淤洗井、监测井及辅助设施维修、监测仪器设备维修更换、监测数据采集传输与设备现场校测及监测站周围环境处理等。

第十一条 地市级水文部门运行维护管理主要包括:基础软硬件更新维修、业务应用系统升级维护及巡测设备维修养护、水质采送样和检测分析任务及站点巡检等。

第十二条 省级水文部门运行维护管理主要包括:基础软硬件更新维修、业务应用系统升级维护、水质采送样和检测分析任务、资料整编、年鉴刊印及站点巡(抽)检等。

第十三条 流域水文部门运行维护管理主要包括:基础软硬件更新维修、业务应用系统升级维护及水质采送样和检测分析任务、资料汇编、实验室保障等。

第十四条 国家监测中心运行维护管理主要包括:基础软硬件更新维修、业务应用系统升级维护、信息安全体系及中心大楼运维、监督性监测和同步监测、质量保证与质量控制、数据整(汇)编、实验室保障等。

第四章 资金与合同管理

第十五条 部信息中心、流域机构执行本工程运行维护的年度部门预算实施方案。

第十六条 部信息中心、流域机构应严格执行《中华人民共和国政府采购法》,符合公开招标条件的,应采取公开招标方式;需要变更采购方式的,应按照财政部相关规定,履行相关手续及流程,得到批复后方可执行。

第十七条 各单位应加强财务管理,签订《水利财政资金使用管理承诺书》,保证财政资金按规定安全使用;资金支付应严格执行国家法律法规、财务管理和合同相关规定,严禁挤占和挪用运行维护经费。

第十八条 资金开支内容包括:办公费、印刷费、差旅费、邮电费、水费、电费、物业费、会议费、专用材料费、维修(护)费、委托业务费、租赁费、培训费、劳务费、咨询费、其他交通费、专用设备购置等。

第十九条 各单位应做好合同和项目验收管理工作,同时做好资产管理等工作。

第二十条 本工程运行维护经费由地方财政拨付的应执行地方相关管理规定。

第五章 监督与检查

第二十一条 各单位应加强本工程运行维护工作的监督与检查,加强领导,进行专项督导,确保各项任务完成。

第二十二条 各单位应加强资金监督与检查,确保资金安全。

第二十三条 监督与检查主要内容:

(一)运行维护完成情况;

(二)水质监测完成情况;

(三)合同履约与资金使用情况;

(四)安全生产与廉政建设情况。

第二十四条 对监督检查中发现的问题要及时整改,情节严重的应严肃处理。

第六章 附 则

第二十五条 本办法由水利部负责解释。

第二十六条 本办法自发布之日起施行。

附录12　国家地下水监测工程(水利部分)监测站施工质量和安全监督检查手册(试行)

1　总体要求

为保证国家地下水监测工程监测站施工质量和安全生产要求,在监测站建设过程中,检查和现场管理人员可通过现场巡视和查阅资料等方式,根据以下有关条款和附件,对施工单位、监理单位的工作进行监督和检查。

1.1　施工质量

原材料和中间产品见证试验和平行检测;监测井钻进、井管安装、填滤、洗井、抽水试验等环节,施工质量的保证措施;流量站建设;自动监测设备抽样检测和安装调试;井口保护设施、站房、水准点建设等;水质采样及送检等。

1.2　安全生产

施工现场材料、设备、人员的安全措施;监理现场安全检查情况;出现不符合安全生产的情况是否及时整改等。

2　监测站土建施工准备质量和安全控制

2.1　施工现场检查

2.1.1　施工现场安全检查

检查要点:

(1)施工现场总体布置是否符合要求,是否合理,是否存在相互干扰影响的地方。

(2)施工现场是否达到施工条件。

(3)施工现场是否设置安全警示牌。

(4)施工人员是否按要求佩戴安全帽等防护用具。

(5)泥浆槽、沉砂池周边是否采取防护措施;供排水系统设置是否符合有关规定、安全合理。

(6)施工现场供电设备是否符合安全要求。

(7)施工现场是否配备消防用具等。

(8)若有夜间施工,是否配备相应照明设施。

(9)特殊工种是否具有相应的岗位证书。

(10)监理单位对施工现场开展的检查工作及相关工作记录。

2.1.2　原材料现场检查

本工程监测井成井原材料主要有:钢管(146、168、219)、PVC-U(200)管、滤料和止水材料等。

检查要点:

(1)钢管:进场外观检查,如查看外观是否存在裂痕、弯曲等表面缺陷;使用游标卡尺测量管径、壁厚等尺寸是否符合设计要求等。

(2)PVC-U 管:进场外观检查,如检查井管外观是否存在划痕、凹陷、可见杂质、色泽不均及分解变色线等可能影响质量的表面缺陷;使用游标卡尺测量管径、壁厚等尺寸是否符合设计要求等。

(3)滤料:滤料的规格、级配等是否符合要求。

(4)止水材料:水泥标号、黏土球材料(颗粒大小)是否符合设计要求。

(5)施工单位是否按表 2.1 要求对原材料进行见证试验,监理单位是否按表 2.1 要求对原材料进行平行检测。检查人员可对其见证试验和平行检测取样过程进行监督。

表 2.1 监测井成井原材料见证试验和平行检测频率的规定

施工项目	材料检验项目	施工复试检验批(每标段)	见证频率	平行频率
监测井	管材	提供钢管出厂合格证、材质单及第三方报告;PVC-U 每标段、每厂家至少检一组	1	0
	滤料材料组成和粒径大小是否符合规范和设计要求	做筛分颗粒级配分析:20 个井为一组,每组必须抽一个井,少于 20 个井的标段至少抽检一井	1	5%

2.1.3 施工设备的检查

检查要点:钻机、水泵和卷扬机等设备是否存在影响其正常工作的因素,各部位零件是否完好无损等。设备若存在问题,监理单位是否督促施工立即维修或更换。

2.2 相关资料检查

2.2.1 施工单位资质及人员资格检查

检查要点:

(1)对施工单位技术资质等级进行复检。

(2)对项目经理和主要技术负责人资格进行复检。

(3)对施工操作人员相关上岗证(钻探工作人员上岗资格证)进行复检。

(4)主要技术人员和技工承诺坚守工作场点或关键施工时段在场的时间。

(5)监理单位对施工单位资质及人员资格检查开展的工作及相关工作记录。

2.2.2 施工技术准备的检查

检查要点:

(1)是否有施工安全交底记录、施工技术交底记录等。

(2)监理单位对相关交底记录的审查意见。

2.2.3 原材料相关质量证明材料及抽样检测结果

检查要点:

(1)钢管、PVC-U 管、滤料、止水等原材料进场报验单及其附件是否完备,附件主要包括:钢管、PVC-U 管等原材料出厂合格证、材质单和第三方报告;水泥进场报验单;滤料筛分报告;钢管、PVC-U 管、滤料、止水等原材料进场外观验收检查记录;PVC-U 管材、滤料等见证试验报告等。

(2)是否有钢管、PVC-U 管、滤料、止水等原材料现场检查过程的照片。

(3)监理对原材料现场及质量证明材料开展的检查工作及相关工作记录。

(4)监理单位是否按要求在现场进行见证取样,是否有见证试验取样过程的照片。

2.2.4　钻探设备等资料的复核

检查要点:

(1)是否有施工设备进场报验单。

(2)是否填写《钻探设备安装质量及安全情况检查表》。

(3)是否有钻机等设备安装调试过程的照片。

(4)监理单位对钻机等设备是否能正常运行所开展的检查工作及相关工作记录。

2.2.5　检查施工单位应提交的各种方案

检查要点:

(1)安全质量保证方案、施工技术方案申报表、施工进度计划申报表、现场组织机构及主要人员报审表等相关材料是否完备并符合要求。

(2)监理单位对上述方案开展的检查工作及相关工作记录。

2.2.6　检查开工手续是否完备

检查要点:合同工程开工申请表、合同工程开工批复等资料是否齐全并符合要求。

3　监测井建设关键工序施工及其质量控制

3.1　新建监测井成井过程检查

3.1.1　监测井钻进过程质量控制

(1)井深检查。

①钻杆长度:在钻进过程中,根据终孔时钻杆的总长度估算井深。

②井管长度:在井管安装过程中,根据下管长度对井深数据进行复核。如果监测井从井底到井口(与地面平齐位置)全部需要下管,下管总长度(从井底到井口)即为井深;如果监测井某部位以下为坚实、致密的基岩,基岩部分可以不安井管,井深则为基岩的厚度和其他部位下管长度的总和。

③实际测量:成井后,用测量工具实际测量井深数据。

④监理方应用测量工具复核井深数据,建设单位可根据需要对井深数据进行抽检。

(2)孔径检查。

①如果监测井没有变径,可根据终孔时钻头的尺寸来确定终孔孔径。

②如果监测井有变径,则在每一次变径前,测量钻头的尺寸来确定变径前的孔径,测量终孔时钻头的尺寸确定终孔孔径。

③若有必要制作检验直径的框篮,实际下置井中进行检验。

(3)井斜的检查。

检查监测井的井斜数据及相关记录,检查监理是否对井斜结果进行测量复核。

(4)资料检查。

在监测井钻进过程结束后,应注意检查下列资料是否齐全:

①是否上传疏孔、扫孔和换浆过程的照片。

②是否有施工记录表;是否有相关施工过程的照片。

③是否有井深、孔径、井斜测量等相关资料和记录表;是否上传相关测量过程的照片。

④是否按设计和合同有关规定的采样站点进行岩(土)样采集并按要求存放、描述和编录(基岩岩芯及原状土样应按上下层次顺序依次整齐排放(或装入岩芯箱内)以便检查验收;扰动土样应按上下层次序装入布袋或塑料袋内,并编写序号);是否有岩(土)样分析成果;是否有岩土样采集单、岩芯编录表;是否有岩土样采集、存放的照片。

⑤监理单位是否按要求对钻进过程进行旁站,是否有对井深、孔径、井斜各项数据进行验证和校核的工作记录。

3.1.2 监测井井管安装过程质量控制

(1)电测井资料检查。

检查要点:

①监测井柱状图、电测井曲线、含水层岩性、埋深、厚度等资料是否齐全。

②是否有电测井的照片,相关井深、含水层厚度、含水层顶板距井口地面高度等数据是否清晰。

③是否填写《监测井成井实际结构图》相关内容。

(2)井管安装。

井管安装前,施工单位应提供配管、排管(从井底的沉淀管开始到井口井壁管按顺序排管并编号)相关资料,利用电测井资料和施工过程中实际采集岩(土)样进行校核分析,确保滤水管与含水层位置一致。

检查要点:

①是否有下管记录表,下管记录表和配管、排管资料是否相符。

②是否有配管、排管、安装过滤器及下管过程的图片;井管编号等数字是否清晰,井管间接头位置照片是否清晰;接管方法是否符合设计要求,是否有变更及变更原因。

③监理单位是否按要求进行旁站。

3.1.3 滤料、封闭和止水效果质量控制

(1)充填滤料位置检查。

检查要点:充填滤料前是否对滤料进行水洗;充填滤料前后是否对滤料位置、滤料数量进行复核。

(2)封闭止水效果检查。

检查方法:先测得止水管内外的稳定水位,然后提(注)水,使管内外水位差值增加至所需检查值,半小时后进行观测;若管内水位波动值(变幅)小于 0.1 m 则止水有效。

(3)资料检查。

检查要点:

①是否有填滤、封闭和止水过程中的施工记录及表格;止水效果是否满足要求。

②是否有滤料、封闭止水材料填充过程的图片。

③是否填写《监测井工序质量验收记录表》相关栏位数据。

④监理单位是否按要求进行旁站。

3.1.4 洗井及其效果质量控制

检查要点:

(1)按照规范要求检查洗井方法(空气压缩机洗井、活塞洗井和水泵抽水等)是否得当。

(2)是否按规范和相关要求进行洗井工作。

(3)是否有洗井过程的照片,洗井数据是否符合相关规范要求。

(4)监理单位是否按要求进行旁站。

3.1.5 抽水试验及其效果质量控制

检查要点:

(1)是否按要求进行抽水试验。

(2)是否有水位、水量、稳定时间等抽水试验数据,数据记录是否符合规范要求;是否计算有关水文地质参数(如渗透系数等)。

(3)是否有抽水试验过程的照片。

3.2 改建井检查

改建井主要是洗井清淤、抽水试验和井口基础设施的维护等。

3.2.1 洗井清淤

可参考新建站洗井质量控制方法。若淤积严重且坚实,清淤也可间歇急剧灌水冲击(若为浅井可用冲击泵),再及时抽吸实施。

3.2.2 抽水试验

可参考新建站抽水试验质量控制方法。

3.2.3 井口保护设施的维护

现有井口保护设施无法满足要求时,可全部清除,进行基础处理后重新建设。具体方法参照第3章附属设施建设相关内容。

3.3 流量站施工过程检查

3.3.1 材料现场检查

流量站施工原材料主要有:橡胶止水带、嵌缝材料、钢筋、水泥、防渗膜等。

中间产品主要有混凝土和砂浆等。

检查要点:

(1)是否按表3.1要求对原材料、中间产品进行现场检查和相关质量证明文件(厂家合格证或第三方报告)的检查;是否有原材料、中间产品现场检查的照片。

表3.1 流量站材料检查及质量证明文件

施工项目	检验项目	检查及质量证明文件
流量站	混凝土	配合比、现场检查搅拌生产情况、坍落度、抗压强度
	砂砾料相对密度	监理现场查看回填压实情况
	回填土压实度	监理现场查看回填压实情况
	橡胶止水带	附出厂合格证及第三方报告
	嵌缝材料	附出厂合格证及第三方报告
	钢筋	进场外观检查,材质单,厂家或第三方报告
	防渗膜	附出厂合格证及第三方报告

(2)施工单位是否按表3.2要求对混凝土、水泥砂浆等中间产品进行见证试验,监理

单位是否按表3.2要求对混凝土、水泥砂浆等中间产品进行平行检测,是否提交相关见证试验和平行检测报告;是否有中间产品见证试验及平行检测取样的照片。

表3.2 流量站中间产品见证试验及平行检测频率

施工项目	检验项目	施工复试检验批(每标段)	见证频率	平行频率
流量站	混凝土抗压强度	每站一组(试块)	1	3%
	水泥砂浆抗压强度	每站一组(试块)	1	3%

(3)监理单位对上述原材料、中间产品进场意见。

3.3.2 施工过程质量控制

检查要点:

(1)流量站施工前是否按要求进行基础处理;安装断面位置是否顺直、均匀,是否漏水等。

(2)若为预制构件,应提前检查构件质量、尺寸是否符合要求,是否按照建筑物的型式、结构、边界条件和水力特性选择合适的方法对流量系数进行滤定及验证,若安装有偏差,是否及时调整;若为现场浇筑,应注意各部位浇筑尺寸是否符合设计要求,混凝土养护时间等是否符合要求。

(3)若出现质量缺陷是否及时采取补救措施。

(4)水位计仪器指标和安装是否符合设计要求并采取保护措施。

(5)是否有流量站施工过程及建成后的照片。

(6)监理单位是否按要求进行旁站。

3.4 水样采集与检测

检查要点:

(1)施工单位是否配合做好水质采样有关工作。

(2)水质采样单位是否按要求进行水样采集和分析,水样存放方法、时间是否符合要求(是否保存或加入稳定剂应记录),是否按要求送检;是否有水样采集单(应包含测定项目、站点名称、含水层结构、采样方法、采样深度、水位、水温、采样时间、采样人等信息),水样采集单上的信息是否填写完整、清晰。

(3)监理单位是否对水质采样工作进行监督。

4 附属设施建设

本工程附属设施建设主要有井口保护设施/站房施工、水准点标石埋设、标志牌安装等。

4.1 材料现场检查

4.1.1 材料检查

井口保护设施/站房施工原材料主要有钢筋、水泥、砖等。中间产品主要有混凝土和砂浆等。

检查要点:

(1)是否按表4.1要求对原材料、中间产品进行现场及相关质量证明文件(厂家合格证或第三方报告)检查;是否有中间产品现场检查的照片。

表 4.1　井口保护设施/站房材料检查及质量证明文件

施工项目	检验项目	检查及质量证明文件
井口保护基础处理/站房	回填土压实度	监理现场查看回填压实情况
	混凝土	配合比、现场检查搅拌生产情况、坍落度
	钢筋	进场外观检查,材质单,厂家或第三方报告
	砂浆	正式配合比、现场检查搅拌生产情况、稠度
	砖	进场外观检查,厂家合格证或第三方报告

(2)施工单位是否按表 4.2 要求对中间产品进行见证试验,监理单位是否按表 4.2 要求对中间产品进行平行检测,是否提交相关见证试验及平行检测报告;是否有中间产品见证试验及平行检测取样的照片。

表 4.2　井口保护设施/站房中间产品见证试验及平行检测频率

施工项目	材料检验项目	施工复试检验批(每标段)	见证频率	平行频率
井口保护基础处理/站房	混凝土抗压强度	每标段一组(试块)	1	1 组

4.1.2　井口保护设施

(1)外观检查。

检查要点:

①井口保护设施的尺寸、锁具、通信盖板、通气孔等是否符合设计要求,如不符合要求是否更换。

②是否有井口保护设施外观检查的照片。

(2)资料检查:井口保护设施外观验收检查记录。

4.2　施工过程检查

4.2.1　井口保护设施施工

检查要点:

(1)是否按设计要求进行安装前基础处理,安装方法是否符合设计要求,安装是否牢固、稳定;现浇井口基础,施工方法是否恰当,混凝土浇筑养护时间等是否符合要求。

(2)井口保护设施安装是否垂直,是否标记可接测高程的点等。

(3)是否填写《监测井工序质量验收记录表》相关栏位数据。

(4)是否有井口保护设施施工过程及建成后的照片。

(5)是否有井口保护设施工程报告书。

(6)监理单位是否按要求进行旁站。

4.2.2　站房施工

检查要点:

(1)站房的结构尺寸等是否符合设计要求。

(2)是否填写《监测井工序质量验收记录表》相关栏位数据。

(3)是否有站房施工过程及建成后的照片。

(4)是否有站房工程报告书。

(5)监理单位是否按要求进行旁站。

4.2.3 水准点标石埋设

检查要点:

(1)是否有水准点埋设位置的图片。

(2)是否按设计及规范要求进行埋石基础处理。

(3)是否填写《监测井工序质量验收记录表》相关栏位数据。

(4)是否提交埋设水准点标石工程报告书(每标段提交一个报告)。

(5)是否有水准标石及其埋设过程和埋设结束后的照片。

(6)是否有监理单位对水准点埋设工作的验收意见。

4.2.4 标志牌

检查要点:

(1)标志牌外观是否符合设计要求,监测井名称、编号、监测项目、所属单位名称、设置日期、保护级别和联系电话等信息是否清晰。

(2)是否有标志牌安装后的照片。

(3)是否填写《监测井工序质量验收记录表》中相关栏位数据。

5 自动监测设备安装与调试

5.1 自动监测设备资料检查

检查要点:

(1)自动监测设备进场报验单及其附件是否完备(附件主要有出厂合格证、检验报告和进场设备外观验收检查记录等)。

(2)是否按《国家地下水监测工程(水利部分)产品抽样检验测试实施办法》有关规定对自动监测设备进行抽检,抽检结果是否符合要求,是否有水利部水文仪器及岩土工程仪器质量监督检验测试中心出具的自动监测设备抽样检测报告。

(3)产品使用手册(或产品说明书)中的技术指标是否符合设计要求。

5.2 自动监测设备进场外观检查

检查要点:

(1)产品是否有抽样检测单位的标识码。

(2)包装是否有损坏。

(3)开箱后核验产品型号与中标型号是否一致。

(4)自动监测设备及配件是否有损坏。

(5)监理单位是否开展自动监测设备的检查工作及其工作记录。

5.3 自动监测设备安装调试过程检查

检查要点:

(1)井口保护设施安装是否符合要求。

(2)是否与省级中心进行通信调试并实现正常传输数据;是否按设计要求的通信规约、监测频次、报送频次进行设置;是否校验传输数据的准确性。

(3)是否置入井点高程的相关参数,并能将埋深数据转换为水位数据。

(4)电缆线预留是否合适。
(5)水质五参数电极法所选参数是否符合设计要求。
(6)安装 UV 探头的水质自动监测站是否符合设计要求。
(7)是否有自动监测设备安装与调试过程的照片。

附录13 国家地下水监测工程(水利部分)大事记

本大事记记录了国家地下水监测工程(水利部分)建设中,对工程建设有较大影响的事件169条,按照年度时间顺序进行纪录,其中,"项目建议书与可行性研究阶段"14条(2014年7月22日前),"初步设计编制报批阶段"25条(2015年6月10日前),"开工建设阶段"132条。

2002—2008年

1. 本世纪初,水利部和国土资源部先后着手地下水工程项目的立项工作,分别上报《全国地下水资源管理监测工程项目建议书》(水规计〔2006〕494号)和《国家级地下水监测工程项目建议书》(国土发〔2004〕175号),在国家发展和改革委员会的统一协调和大力支持下,经两部多次协商达成"加强合作、相互支持、互有侧重、资料共享"的共识,按照"避免重复建设、实现资料共享"的要求,在已开展的相关前期工作基础上,与地方有关部门反复研究、委托专家咨询论证。2008年,编制完成了《国家地下水监测工程项目建议书》。

2. 2008年10月10日,水利部和国土资源部在北京联合召开了专家评审会,对中水东北勘测设计研究有限公司、北京地质工程勘查院和陕西省水工程勘察规划研究院编制的《国家地下水监测工程项目建议书》进行了评审。会议由水利部刘宁总工程师和国土资源部姜建军司长共同主持。评审意见认为:一是开展国家地下水监测工程建设十分必要;二是建设目标明确,合理可行;三是站网布局合理、总体建设规模合适;四是建设与运行管理方案可行;五是投资估算合适;六是环境影响评价及节能措施恰当。专家组一致同意《项目建议书》,建议尽快修改完善后,按程序上报审批。

3. 2008年12月26日,水利部和国土资源部联合向国家发展和改革委员会上报《关于报送国家地下水监测工程项目建议书及专家评审意见的函》(水规计〔2008〕627号)。

2009年

1. 2009年3月9日,中国国际工程咨询公司组织有关专家在北京对水利部与国土资源部联合上报的《国家地下水监测工程项目建议书》进行评估。

2. 2009年6月16日,中国国际工程咨询公司《关于国家地下水监测工程项目建议书的咨询评估报告》(咨农水〔2009〕806号)文件,向国家发展计划委员会报送了项目建议书的评估报告。

2010年

1. 2010年9月27日,国家发展和改革委员会向国务院上报《国家发展改革委关于审批国家地下水监测工程项目建议书的请示》(发改投资〔2010〕1948号),建议国务院批准国家地下水监测工程项目建议书。

2.2010 年 11 月 8 日,国家发展和改革委员会下达了《印发国家发展和改革委员会关于审批国家地下水监测工程项目建议书的请示的通知》(发改投资〔2010〕2658 号),要求水利部及国土资源部根据批复文件,联合编制项目可行性研究报告,报国家发展和改革委员会审批。

3.2010 年 12 月 10 日,水利部水文局转发《关于转发“印发国家发展和改革委员会关于审批国家地下水监测工程项目建议书的请示的通知”的通知》(水文资〔2010〕221 号)。

2011 年

2011 年 11 月 17 日,水利部和国土资源部在北京联合召开专家评审会,对《国家地下水监测工程可行性研究报告》进行了评审。会议由水利部汪洪总工程师和国土资源部张洪涛总工程师共同主持。评审意见认为:一是开展国家地下水监测工程建设十分必要;二是建设目标明确、切合实际;三是站网布局合理、总体建设规模适宜;四是技术方案实用可靠;五是建设与运行管理方案可行;六是环境影响评价及节能设计合理。专家组一致同意《可研报告》,建议修改完善后抓紧上报,争取尽早开工建设。

2012 年

2012 年 8 月 17 日,水利部和国土资源部联合向国家发展和改革委员会上报《关于报送国家地下水监测工程可行性研究报告的函》(水规计〔2012〕394 号)。

2013 年

1.2013 年 6 月,水利部水文局和中国地质环境监测院按照《国家发展和改革委员会重大固定资产投资项目社会稳定风险评估暂行办法》(发改投资〔2012〕2492 号)的要求,完成国家地下水监测工程社会稳定风险评估工作,评估意见认为该项目社会稳定风险等级为低风险。

2.2013 年 7 月 30 日,水利部和国土资源部向国家发展和改革委员会报送《水利部　国土资源部关于重新报送国家地下水监测工程可行性研究报告的函》(水规计〔2013〕329 号)。

2014 年

1.2014 年 6 月 10 日,中国国际工程咨询公司以《中国国际工程咨询公司关于国家地下水监测工程项目(可行性研究)的咨询评估报告》(咨农水〔2014〕899 号)文件,向国家发展计划委员会报送了可行性研究的评估报告。

2.2014 年 7 月 22 日,国家发展和改革委员会下达了《国家发展和改革委员会关于国家地下水监测工程可行性研究报告的批复》(发改投资〔2014〕1660 号),原则同意国家地下水监测工程可行性研究报告,并要求据此编制工程初步设计,初步设计投资概算由发改委核定后,由水利部和国土资源部联合审批。

3.2014 年 9 月 4 日,水利部水文局在北京召开国家地下水监测工程项目工作座谈会。部水文局局长邓坚、副局长林祚顶、总工英爱文,以及各流域机构、省(自治区、直辖市、新疆生产建设兵团)水文(水资源)(勘测)局(总站、中心、处)分管领导和主要技术负责人参加了会议。

4. 2014 年 9 月 6 日,国家地下水监测工程(水利部分)初步设计公开招标;9 月 26 日,评标结果公示;10 月初,国家地下水监测工程(水利部分)项目确定初步设计中标单位为河南黄河水文勘测设计院。

5. 2014 年 10 月 10 日,陈雷部长主持召开部长专题办公会议,听取水文局关于国家地下水监测工程项目有关情况汇报,研究部署项目建设与管理工作。水利部副部长刘宁,党组成员、总规划师周学文出席会议。陈雷部长强调,国家地下水监测工程是水利部、国土资源部多方协调、密切配合、联合共建的重大项目,得到了发展和改革委员会的大力支持,来之不易。他对水文局在刘宁副部长、周学文党组成员指导下,在各司局大力支持下所开展的大量基础性工作给予了充分肯定,并就项目建设管理工作提出了十点要求。

6. 2014 年 10 月 11 日,刘宁副部长主持召开国家地下水监测工程项目讨论会,重点就如何贯彻落实陈雷部长专题办公会议精神进行部署。刘宁提出四点要求:一是抓紧成立水利部国家地下水监测工程(水利部分)项目建设领导小组、国家地下水监测工程(水利部分)项目建设办公室。与国土资源部协商,成立与国土资源部高层协调机构,建立两部联席会议制度。两部联合成立国家地下水监测中心管委会。二是抓紧修改管理办法。三是针对部长专题会议纪要,要逐项开展工作,优化初步设计方案和内容,要制定施工组织设计时间表,注意时间节点,分区域制订年度施工计划。四是研究资金支付方式。

7. 2014 年 10 月 15 日,国家地下水监测工程(水利部分)岩石监测井物探勘察公开招标;11 月 6 日,评标结果公示;11 月 26 日,国家地下水监测工程岩石监测井物探勘察的中标单位陕西省水工程勘察规划研究院与部水文局签订合同,标志物探工作全面开展。

8. 2014 年 11 月 15 日,水利部与国土资源部召开国家地下水监测工程项目协调会议。水利部刘宁副部长,国土资源部汪民副部长,水利部水资源司、水文局,国土资源部规划司、财务司、环境司、地调局、中国地质环境监测院有关领导出席了会议。会议明确项目建设要切实贯彻国家战略意图,充分做到工程建成后的地下水信息共享,统筹两部地下水监测站网建设,统一工程建设标准和进度。会议决定:一是成立两部项目协调领导小组,负责指导协调项目建设工作,研究解决项目建设中的重大问题。二是由两部项目法人单位组建管委会。三是两部项目法人单位联合组成大楼购置工作小组,提出国家地下水监测中心大楼购置建议方案,经两部协调领导小组商议并报两部审定后,纳入初步设计报告。四是要加快项目初步设计,按照国家发展和改革委员会的要求,尽快完成初步设计工作。五是进一步深入研究国家地下水监测工程运行管理模式,明确中央与地方事权范围、资产性质和管理模式,落实运行管理经费。

9. 2014 年 12 月 1 日,水利部下发文件《水利部关于组建国家地下水监测工程(水利部分)项目建设管理机构的通知》(水人事〔2014〕398 号)。一是成立水利部国家地下水监测工程领导小组,主要职责是指导监督国家地下水监测工程项目建设工作,协调国土资源部建立两部联席会议制度,研究解决项目建设中的重大问题。组长刘宁水利部副部长,副组长陈明忠水资源司司长、邓坚水文局局长,成员汪安南规划计划司副司长、高军财务司巡视员、段虹人事司副司长、骆涛建设与管理司副司长等。领导小组办公室设在水利部水文局,承担领导小组的日常工作,办公室主任由邓坚兼任。二是在水文局组建水利部国家地下水监测工程项目建设办公室,其主要职责是在领导小组及办公室的指导协调下,在水文局(项目法人)的支持领导下,具体负责国家地下水监测工程(水利部分)项目建设工作。项目办设主任1名(由林祚顶兼任),常务副主任1名(由水文局总工英爱文兼任),副主任2名,其他工作人员从水文局及流域机构、地方水文部门等相关单位抽调。

10. 2014年12月10日,财政部批复同意水利信息中心高程引测及坐标测量项目采用单一来源方式采购。

11. 2014年12月16日上午,水利部副部长、水利部国家地下水监测工程项目建设领导小组组长刘宁主持召开部领导小组第一次会议,领导小组全体成员及水利部国家地下水监测工程项目建设办公室负责人参加会议。会议宣读了水利部国家地下水监测工程项目建设领导小组、水利部国家地下水监测工程项目建设办公室成立的有关文件,介绍了水利部与国土资源部联合召开的国家地下水监测工程项目协调会议有关情况,听取了水文局近期工作情况汇报,审议同意了《水利部国家地下水监测工程项目建设领导小组议事规则》,原则通过了《国家地下水监测工程(水利部分)项目建设管理办法》《国家地下水监测工程(水利部分)项目资金使用管理办法》和《国家地下水监测工程(水利部分)项目廉政建设办法》等三项管理办法。

12. 2014年12月11日,为进一步落实党风廉政建设主体责任,保证国家地下水监测工程项目顺利实施,水利部水文局召开国家地下水监测工程项目廉政建设约谈会。水文局局长邓坚、党委书记蔡阳、纪委书记杨燕山出席会议并讲话。水利部国家地下水监测项目建设办公室主任林祚顶及全体工作人员,初步设计和岩石监测井物探勘察项目中标单位主要负责人参加。蔡阳主持会议。

13. 2014年12月19日,完成国家地下水监测工程(水利部分)设计初稿,12月底,水利部和国土资源部完成了初步设计合稿。

2015年

1. 2015年2月2日,水利部水文局和中国地质环境监测院联合印发《关于印发国家地下水监测中心管理委员会议事规则的通知》(水文地〔2015〕1号),明确了管委会组成人员、工作职责和议事规则。

2. 2015年2月9日,水利部以水文〔2015〕57号文印发《国家地下水监测工程(水利部分)项目建设管理办法》《国家地下水监测工程(水利部分)项目资金使用管理办法》和《国家地下水监测工程(水利部分)项目廉政建设办法》。三项管理办法作为项目建设管理的制度,规范国家地下水监测工程(水利部分)项目的建设和管理工作,提高资金投资效益,保障项目顺利实施,确保工程安全、资金安全、干部安全、生产安全。

3. 2015年2月9日,水利部印发《关于加强国家地下水监测工程(水利部分)项目建设管理工作的通知》(水文〔2015〕58号)。针对国家地下水监测工程项目点多面广,时间紧、任务重、技术要求高的特点,要求各流域机构和各地水利部门的全力支持和通力合作,保障项目顺利实施。水利部提出三点要求:一是提高认识,切实加强组织领导。二是明确工作机构,全力完成建管任务。三是强化监督,务必确保“四个安全”。

4. 2015 年 2 月 14 日,《国家地下水监测工程初步设计报告》通过了由水利部和国土资源部委托的中国国际工程咨询公司的审查。

5. 2015 年 3 月,中国国际工程咨询公司将《中国国际工程咨询公司关于国家地下水监测工程项目初步设计的审查报告》(咨农发〔2015〕294 号)报水利部、国土资源部。

6. 2015 年 3 月 17 日,水利部与国土资源部联合印发《水利部国土资源部关于印发国家地下水监测工程项目协调领导小组议事规则的通知》(水文〔2015〕139 号),明确两部合作的指导思想和工作原则,两部领导小组成员的组成、工作职责和会议规则等。

7. 2015 年 4 月 28 日下午,水利部副部长、水利部国家地下水监测工程项目建设领导小组组长刘宁主持召开部领导小组第二次会议,部领导小组成员单位规计司、水资源司、财务司、人事司、建管司、安监司、水文局及水利部国家地下水监测工程项目建设办公室负责人参加会议。会议对下一步工作提出了具体要求:一是加快推进初步设计审批工作。按照 6 月底完成初步设计审批工作的目标要求,确定各个环节完成时间点并落实相关责任。二是抓紧完善项目建设管理相关制度。根据项目特点尽快制定项目招标投标实施细则及运行维护管理办法。三是科学制订工作计划并按计划施行项目管理,按任务目标倒排工期,确定关键路径和控制节点,对每项工作落实责任,明确分工,责任人要上岗就位,如期保质完成任务。

8. 2015 年 5 月 8 日,两部联合行文向国家发展和改革委员会报送了《水利部国土资源部关于报送国家地下水监测工程初步设计核定概算的函》。

9. 2015 年 5 月 14 日,国家地下水监测中心大楼购置第二次招标开标。按规定公示后,项目法人水利部水文局和中国地质环境监测院确定中标单位为第一中标候选人北京华清安平置业有限公司,中标的楼盘为点石商务公园,位于市石景山八大处路 45 号,建筑面积 7 933.44 m^2。

10. 2015 年 5 月 22 日,受国家发改委委托,中国投资项目评审中心在京组织召开国家地下水监测工程项目初步设计概算评审会,对水利部和国土资源部联合上报的《国家地下水监测工程初步设计报告》的概算进行了核定。5 月 28 日,中国投资项目评审中心将评审报告报国家发展和改革委员会。

11. 2015 年 5 月 28 日,全国水文系统廉政建设工作座谈会在京召开。水利部副部长刘宁出席会议并讲话。部水文局局长邓坚对廉政建设进行部署,部水文局党委书记蔡阳主持会议。会上,水利部水文局与各流域机构水文局和各省(区、市)水文部门分别签订了项目建设授权书、委托书和廉政建设责任书。

12. 2015 年 5 月 28 日,全国水文基础设施项目建设管理座谈会在北京召开。水利部刘宁副部长出席会议并讲话,水利部水文局邓坚局长主持会议并做总结讲话。会议安排部署了项目建设有关工作。

13. 2015 年 6 月 8 日,国家发展和改革委员会下达了《国家发展改革委关于国家地下水监测工程初步设计概算的批复》(发改投资〔2015〕1282 号),核定工程初步设计概算总投资为 222 218 万元(2014 年第四季度价格水平),根据工程建设进度从中央预算内投资中分年安排,其中水利部门投资 110 262 万元,国土资源部门投资 111 956 万元。

14. 2015 年 6 月 10 日,根据中咨公司对国家地下水监测工程初步设计的审查意见和国家发展和改革委员会批复的初步设计概算,水利部和国土资源部印发了《水利部国土资源部关于国家地下水监测工程初步设计报告的批复》(水总〔2015〕250号),同意国家地下水监测工程初步设计建设任务、规模、设计方案等,要求两部法人单位按照国家基本建设程序和审查意见要求,严格按照"四制"及批复的设计文件,组织项目实施。工程共建设地下水自动监测站20 401个,其中水利部门10 298个,国土资源部门10 103个,工程建成后水利和国土资源部门将实现地下水信息共享。

15. 2015年6月12日,国家发展和改革委员会下达国家地下水监测工程2015年中央预算计划(水利部)1.2亿元。

16. 2015年6月23日,水利部副部长、国家地下水监测工程项目建设领导小组组长刘宁主持召开领导小组第三次会议,听取部项目办的工作汇报,对水利部水文局所开展的各项工作给予高度评价,对下一步工作提出了具体要求,一要加快推进工程监理工作,尽快完成监理招标工作。二要加强工程监督检查工作,进一步明确法人监督检查制度和工作职责。三要分解初步设计任务,做好概算控制、标段划分、财务支付等工作。四要研究监测中心大楼装修方案与建成后运行管理方式,要与国土资源部充分沟通协调。五要着重做好几个认证工作,国家地下水监测中心机构的处理、资产管理体制和运维经费方案。六要研究出台运维管理办法、验收管理等办法。

17. 2015年6月24日至7月1日,部项目办在郑州组织召开2015年开工的15个省的分省初步设计报告审查会。

18. 2015年7月20日,水利部副部长、国家地下水监测工程项目领导小组组长刘宁到国家地下水监测工程项目办视察工作,对项目进展和项目办近期工作给予充分肯定,要求大家再接再厉,全力做好下一阶段重点工作。

19. 2015年7月28日,部项目办印发《关于做好国家地下水监测工程(水利部分)监测井建设招标投标工作的通知》,要求各省做好项目建设招标投标前期准备工作,参照《国家地下水监测工程(水利部分)监测井建设招标文件指导书》,编制监测井招标文件,组织好监测井招标投标工作。

20. 2015年7月30日,水利部与国土资源部在水利部召开国家地下水监测工程项目协调领导小组会议。水利部陈雷部长专门到会会见了国土资源部汪民副部长一行,水利部刘宁副部长、国土资源部汪民副部长及两部相关司局领导出席会议。陈雷表示,在国家地下水工程建设方面,两部都高度重视,加强协调、密切配合、高效合作,很好地完成了项目建设各项前期工作。希望今后两部以合作机制为平台,进一步加大两部间合作力度,顺利完成国家地下水监测工程项目建设。会议认为,国家地下水监测工程前期工作已基本就绪,下一步将全面进入工程建设实施阶段,建设任务重、工作难度大,今后两部将进一步加强合作、密切配合,顺利完成项目建设各项任务,确保工程质量及国家资金安全,打造两部合作典范工程。

21. 2015年8月13日,国家地下水监测工程(水利部分)监理一标段、二标段开标。按规定公示后,项目法人水利部水文局确定监理一标段中标单位为第一中标候选人北京燕波工程管理有限公司,监理二标段中标单位为第一中标候选人长江工程监理咨询有限公司(湖北)。

22. 2015年8月31日,水利部水文局在郑州组织召开了国家地下水监测工程(水利部分)项目启动会。各流域机构水文局、省级水文部门领导和主要技术负责人等参加会议。

23. 2015年9月8日,水利部办公厅印发国家地下水监测工程(水利部分)档案管理办法(办档〔2015〕186号)。项目档案管理办法共四章二十六条及附表的项目归档材料范围、保管期限和项目档案分类表等。

24. 2015年9月11日,水利部国家地下水监测工程项目建设办公室向项目法人单位(水利部水文局)提交《关于报送国家地下水监测工程(水利部分)开工的请示》(地下水〔2015〕49号)。

25. 2015年9月18日,两项目法人水利部水文局(水利部水利信息中心)、中国地质环境监测院完成国家地下水监测中心大楼合同签订工作,随后两法人单位召开监测中心管理委员会会议,确定了大楼面积、楼层分配及车位划分方案。楼盘为点石商务公园,位于市石景山八大处路45号,大楼面积7 885.47 m^2,其中水利部分3 357.62 m^2。

26. 2015年9月22~24日,部项目办在长春举办国家地下水监测工程建设管理办法培训班,重点对项目建设管理办法、资金使用管理办法、廉政建设办法、档案管理办法、招标投标实施办法等进行解读,同时对招标文件编写指导书、打井关键技术要求、工程监理知识进行了详细的讲解。

27. 2015年9月24日,项目法人单位(水利部水文局)印发《关于国家地下水监测工程(水利部分)开工的批复》(水文综〔2015〕153号),同意国家地下水监测工程(水利部分)项目开工。

28. 2015年9月29日,根据两部领导小组会议精神,水利部与国土资源部门联合印发《水利部国土资源部关于支持国家地下水监测工程建设的通知》(水文〔2015〕350号),通知明确各级水行政主管部门和国土资源主管部门要建立支持配合国家地下水监测工程实施的协调沟通机制,研究解决本辖区中的困难和问题;要协调落实地下水监测站站点占地事宜;明确国家地下水监测工程监测井建设不需要办理取水(凿井)许可。

29. 2015年10月8日以来,北京、天津、河北等15省(自治区、直辖市)的国家地下水监测工程检测及建设工程相继开标,除北京因无人投标流标外,其余省(区)均已完成招标工作。

30. 2015年10月15~30日,部项目办先后完成国家地下水监测工程成井水质检测分析项目、地下水信息接收处理软件开发项目和信息系统总集成项目招标和合同签订工作。

31. 2015年10月20日,水利部副部长、国家地下水监测工程项目建设领导小组组长刘宁主持召开部长专题办公会议,研究部署国家地下水监测工程项目建设管理有关工作。会议对下一步工作提出六点要求:一是如期保值完成年内建设任务。二是抓紧研究运行维护及资产管理方式。三是尽早完成国家地下水监测中心大楼主体功能设计工作。四是加大培训力度,发挥专家委员会作用。五是扎实做好明年建设准备工作。六是做好水利部项目建设领导小组和两部协调领导小组会议的准备工作。

32. 2015年10月20日,部项目办在北京召开加快推进国家地下水监测工程项目建设会议,会议对前一段项目建设工作进行了总结,并对下一阶段工作进行部署。部水文局局长邓坚,部项目办主任林祚顶、常务副主任英爱文、副主任章树安,北方15个省代表及设计、监理单位代表参加会议。会议对项目资金支付时间、程序与实际工程进度存在的问题进行了充分讨论,会议决定应采取措施确保年内项目资金支付进度按期完成。

33. 2015 年 10 月 21~22 日,部项目办在西安召开《国家地下水监测工程(水利部分)岩石监测井物探报告》审查会。

34. 2015 年 10 月 26 日至 11 月 6 日,部项目办在郑州组织召开第二批(南方 16 省及 7 个流域机构)国家地下水监测工程初步设计分省报告审查会。

35. 2015 年 11 月 26 日,为规范项目建设管理,部项目办印发《国家地下水监测工程(水利部分)监测站施工质量和安全监督检查手册(试行)》。

36. 2015 年 12 月 15 日起,水利部水文局(项目办)分五个检查组,赴江苏、山东、安徽、新疆、河北、天津、甘肃等省(市)开展国家地下水监测工程监督检查工作。检查组对各标段在建监测井的施工现场安全控制、质量控制、文明施工、档案资料留存、各地分局(委托法人单位)现场监督、监理单位关键环节旁站监理情况等进行了检查,召开座谈会听取各单位关于工程建设中存在的问题和建议,现场解决有关问题。

37. 2015 年 12 月 21 日,刘宁副部长主持召开部长专题办公会议,研究部署国家地下水监测工程项目建设管理和中小河流水文监测系统工作。会议要求,水利部水文局进一步采取有力措施,强化项目建设管理工作。

38. 2015 年 12 月 21 日,部项目办召开 2015 年度工作总结大会。部水文局蔡阳书记出席会议,代表部水文局对项目办的工作给予高度评价,并表示国家地下水监测工程项目的工作得到部党组的充分肯定。

2016 年

1. 2016 年 1 月 12 日,国家地下水监测中心大楼功能设计方案和项目资产运维方案通过专家审查。

2. 2016 年 1 月 14 日,部项目办完成南方 16 省及 7 个流域初步设计分省报告的批复。

3. 2016 年 1 月 15 日,国家地下水监测工程 2015 年度建设管理工作总结会在北京召开。水利部水文局党委书记蔡阳出席会议并讲话,部项目办主任林祚顶主持会议。会议要求,进一步提高项目重要性的认识,及早部署 2016 年建设任务,加强监督检查力度,严格落实基建程序,抓好廉政建设;要求各单位严格按 2016 年工程建设及资金分配计划,明确指标、细化任务,制订详细的招标等实施计划。

4. 2016 年 3 月底,软件技术管理类标准、软件文档管理类标准、数据库表结构及标识符、信息交换规约、数据通信规约和信息交换共享办法等项目标准通过专家审查。

5. 2016 年 4 月中旬,部项目办委托江苏省水文水资源勘测局徐州分局制作完成国家地下水监测站施工技术视频教材,并在全国推广试用。

6. 2016 年 4 月 20 日,刘宁副部长主持召开部长专题办公会议,研究部署国家地下水监测工程的资产管理、水质监测、运行维护及监督检查等工作。会议要求,一要明确项目资产管理体制,抓紧将国家地下水监测工程项目资产管理模式的论证研究情况及建议意见报送有关部门,履行相关程序,以尽快明确资产管理方式。二要编制水质监测管理方案,科学确定水质监测的项目和频次,详细测算水质监测运维费用等。三要根据资产管理模式,确定运行管理机制。尽快明确“水利部国家地下水监测中心”的机构设置、功能定位、生产任务和运行管理机制,编制国家、流域、地方三级地下水监测运行管理方案。四要加强监督检查。督促监理单位抓好工程重点环节和关键工序的监理工作。部有关司局要加强工程建设的监督检查。

7. 2016 年 5 月上旬,水利部水文局组织了 6 个检查组,对全国土建工程已开工的 14 个省进行了检查。

8. 2016 年 6 月 16 日,水利部水文局召开国家地下水监测工程项目建设推进会,5 个省区做了典型发言,其他各省进行了交流和讨论。邓坚局长出席会议并讲话,充分肯定了各单位在项目建设上取得的成绩,指出了工程建设管理中存在的不足,强调要进一步提高认识,强化责任,加强现场管理和监理,加快推进工程建设进度,同步做好工程档案建设,严格财务管理,强化安全生产和廉政建设,保质、保量、保工期、保安全完成建设任务,将地下水监测工程建设成为优质工程、阳光工程。会议还对各省仪器招标文件进行了集中审查。

9. 2016 年 6 月 22 日,水利部水文局与中国地质环境监测院召开管委会第十次会议。双方通报工程进展情况,研究运行维护、监测中心大楼功能与装修设计、两部协调领导小组第三次会议议程等事项。

10. 2016 年 7 月 14 日,水利部水文局在北京主持召开了《国家地下水监测中心大楼功能设计方案》审查会,邓坚等局领导参加会议。会议成立了由清华大学建筑学院、国家档案局等单位建筑与设计方面的专家组成的专家组。会议听取了设计单位对大楼功能设计方案的汇报,经过讨论质询,专家组充分肯定了功能布置等内容,同意《方案》通过审查。

11. 2016 年 7 月 15~24 日,为了国家地下水监测工程质量监督管理工作,水利部稽查办派出 7 个稽查组,对天津、山西、内蒙古、辽宁、吉林、黑龙江、山东、河南、陕西、甘肃、新疆等 11 省、自治区、直辖市的国家地下水监测工程(水利部分)监测井建设工程进行了专线稽查。

12. 2016 年 8 月 3 日,在水利部第 11 次部长办公会议上,陈雷部长明确要求要择时专门听取国家地下水监测工程建设和管理有关情况的汇报。

13. 2016 年 8 月 4 日,刘宁副部长召集水资源司、水文司有关负责人,研究国家地下水监测工程建设管理和检测方案事宜,并对近期工作做出安排:意识认真做好国家地下水监测工程建设管理的汇报准备,要对国土部、环保部地下水监测工作方面开展调研,了解其地下水监测和地下水水质调查等方面情况,并形成调研报告;要抓紧准备国家地下水监测工程建设管理和监测方案等汇报材料和多媒体,包括地下水监测工程建设进展、地下水监测工程建设期及建成期管理机制及监测方案、地下水监测部门合作与成果共享方案、地下水资源管理的建议意见等。切实加强国家地下水监测工程建设管理,加大项目建设力度,在全力推进主体工程建设的同时,切实利用好已建成的监测井开展地下水监测工程建设期和建成期的监测,尽早发挥工程监测效能。三是科学制订国家地下水监测工程监测方案,在现有方案的基础上继续补充完善;汇通水资源司并商财务司积极申请落实监测运行经费。

14. 2016 年 8 月 8 日,水利部水资源司、水文局一行赴国土资源部,与中国地质调查局水环部、中国地质环境监测院和水文地质环境地质研究所等单位座谈,对国家地下水监测工程(国土部分)建设管理情况、国土资源部地下水监测等进行调研。

15. 2016年8月10日,陆桂华副部长召开部长专题会议,听取水资源司、水文局关于地下水管理、保护和国家地下水监测工程有关汇报,对下一步工作提出明确要求。

16. 2016年8月15~19日,水利部水文局派出两个检查组,分别对广西、福建、辽宁省国家地下水监测工程建设进行监督检查。

17. 2016年8月23~24日,部项目办在辽宁葫芦岛市举办国家地下水监测工程项目建设管理综合培训班。

18. 2016年8月31日、23日、22日,陈雷部长、刘宁副部长、陆桂华副部长分别对水利部水文局同水资源司、财务司向水利部报送的《国家地下水监测工程项目近期建设进展情况汇报》做出批示。

19. 2016年9月1日,刘宁副部长主持召开部长专题办公会议,研究落实陈雷部长等部领导在《国家地下水监测工程项目近期建设进展情况汇报》签报上的批示要求,安排部署国家地下水监测工程项目建设有关工作,并提出要求:一是尽快以水利部文印发《国家地下水监测工程(水利部分)监测方案》(暂行);二是抓紧编制水利部、国土资源部监测成果共享方案;三是全力推进项目主体工程建设实施;四是做好两部协调领导小组会议准备工作。

20. 2016年9月2日,部地下水项目办在京召开国家地下水监测工程监测井抽水试验专题咨询会,会议邀请河海大学、中国地质环境监测院等水文地质专家就监测井施工过程中抽水试验降深次数、台班数及有关技术问题进行了咨询。

21. 2016年9月12日,部地下水项目办在京召开15家仪器设备及软件中标单位约谈会。会议强调各中标单位一定要高度重视项目建设,确保项目建设质量和进度。

22. 2016年9月20日,水利部与国土资源部召开国家地下水监测工程项目协调领导小组第三次会议。陈雷部长会见国土资源部汪民副部长一行,并做重要讲话。陈雷要求坚决贯彻落实习近平总书记的重要批示和李克强总理的要求,要建设好、管理好国家地下水监测工程,要落实解决运行维护经费,要实现信息全面共享。水利部刘宁副部长、国土资源部汪民副部长主持会议。两部就资产管理体制、运行及维护经费、大楼功能设计与装修实施、信息共享等事项进行了磋商,达成了共识,形成一致意见。

23. 2016年9月22日,由任红梅组长带队的水利部第四巡视组到部项目办,围绕党风廉政建设和反腐败工作进行调研。

24. 2016年9月28日,刘宁副部长前往财政部与胡静林副部长就国家地下水监测工程运行维护及监测经费进行沟通、协调。刘宁副部长介绍了国家地下水监测工程的有关情况,强调确保国家地下水监测工程长期稳定运行的重要性,建议由中央财政预算安排解决工程检测与运行维护经费。胡静林副部长强调国家地下水监测工作是件大事,确实是重要的基础工作,中央财政会积极支持,并具体要求:一是要加强调研和论证;二是要优化监测方案,并考虑管理方式多样化等。刘宁副部长强调将进一步与财政部保持沟通,做好经费落实等有关工作。

25. 2016年9月29日,刘宁副部长到部地下水项目办视察工作,研究落实国家地下水监测工程两部协调小组第三次会议要求和部署下一步工程项目建设管理重点工作。

26. 2016 年 10 月 9 日,陈雷部长召开部长专题办公会议,听取部水文局关于国家地下水监测工程项目建设情况的汇报,研究部署项目下一阶段的工作。水利部副部长田学斌、刘宁出席会议。

27. 2016 年 10 月 12~14 日、20 日,部地下水项目办相继在京召开国家地下水监测工程建设和支付进度约谈会,分两批约谈 27 省(区、市)各参加单位。会议明确了各标段工作任务和完成时间节点,要求各参建单位要高度重视,倒排时间,克服困难,保质保量完成 2016 年建设任务。

28. 2016 年 10 月 18 日,刘宁副部长召开部长专题办公会议,研究落实陈雷部长关于国家地下水监测工程项目的指标要求,部署近期工程项目建设管理重点工作。会议指出,陈雷部长在部长专题办公会议上对国家地下水监测工程取得的成绩给予充分肯定,并就下一步工作提出七点要求。部水文局要对照七点要求,逐条梳理,协调相关单位,抓好落实,请部水资源司、财务司全力配合。

29. 2016 年 11 月 15 日,刘宁副部长主持召开部长专题办公会议,会议听取了部水文局关于国家地下水监测工程支付情况的汇报,对做好下一阶段支付工作提出了明确要求。

30. 2016 年 11 月 16 日,部预算中心、部水文局一行前往财政部沟通协调财务支付事项。

31. 2016 年 12 月 7 日,部水文局、部地下水项目办一行前往国家发展和改革委员会投资司汇报工程情况,并就有关工作进行请示。

32. 2016 年 12 月 21~22 日,部地下水项目办在福州举办国家地下水监测工程信息系统等建设管理培训部。全国水文部门 103 人参加了培训。

33. 2016 年 12 月 28 日,蔡建元局长主持召开局长办公会,听取部地下水项目办关于国家地下水监测工程(水利部分)2017 年工程建设计划、招标节省资金使用建议、工程运行维护和地下水水质监测组织实施方案、项目固定资产管理办法等情况汇报,对相关议题进行审议,研究部署下一阶段工程建设管理工作。

2017 年

1. 2017 年 1 月 9 日,刘宁副部长在水利部水文局呈送的《关于 2016 年国家地下水监测工程项目建设情况的报告》签报上批示:"项目推进总体顺利。在有关方面的大力支持与配合下,水文局、项目办全体同志齐心合力,出色地完成了年度目标任务。2017 年的建设任务依然繁重,建设期运用亦需高度重视。报告所提工作重点明晰。"同日,陈雷部长批示:"去年工作力度大,很见成效。今年要再接再厉开创新的局面。"

2. 2017 年 2 月 24 日,国家地下水监测工程项目 2016 年度总结会及 2017 年度建设任务部署会在北京召开,部水文局党委书记蔡阳出席会议并讲话。会上,河南、新疆、黑龙江、湖北、福建、重庆、天津等 7 个单位做了典型发言,交流建设管理经验。部地下水项目办、设计院、监理单位、其他各省市区水文单位、流域水环境监测中心和部质检中心等参建单位进行了交流发言。

3. 2017 年 2 月 26 日,按照部水规总院审查意见,部地下水项目办对《国家地下水监测工程(水利部分)监测系统运行维护及地下水水质监测经费测算报告》进行修改完善,并上报财务司。

4. 2017 年 3 月 2 日,部地下水项目办在京召开国家地下水监测工程 2016 年监理工作总结暨 2017 年度工作细则审查会,会议听取了两家监理单位的汇报,对工作总结报告和工作细则进行了质询和审查。

5. 2017 年 3 月 24 日,两部法人单位水利部水文局和中国地质环境监测院在北京召开国家地下水监测中心管理委员会第十二次会议,双方通报了各自工程进展情况,就运行维护资金申报、中心大楼装修、总体工程验收方式、信息共享方案、两部协调领导小组第三次会议等事宜进行研究,达成一致意见。

6. 2017 年 4 月 6 日,水利部在北京召开 2017 年水文工作会议,刘宁副部长发表讲话,强调要加快国家地下水监测工程建设。他指出党中央国务院高度重视地下水工作,党的十八届五中全会和国家"十三五"规划要明确提出建设国家地下水监测系统。各水利厅要高度重视、加强领导,切实强化工程建设管理。部水文局蔡建元局长做总结讲话,林祚顶副局长做专题报告。

7. 2017 年 4 月 12 日,水利部批复水利部水利信息中心 2017 年预算,国家地下水监测工程 2017 年中央预算 4. 0 亿元。

8. 2017 年 4 月 18 日,国家地下水监测工程大楼装修及加固、通风、消防、综合布线等配套工程项目施工发布招标公告,标志着国家地下水监测中心大楼装修等配套工程正式启动。

9. 2017 年 4 月 25~26 日,部地下水项目办在济南举办国家地下水监测工程高程引测及坐标测量建设管理培训班,全国水文部门 90 余人参加培训。

10. 2017 年 5 月 9 日,部水文局蔡阳书记、蔡建元局长等一行 4 人,赴国家地下水监测中心大楼进行考察,听取地下水项目办对大楼功能布局及装修工作开展等情况的汇报,对大楼装修前期工程工作予以肯定,并对下一步工作提出具体要求。

11. 2017 年 5 月 10 日,部地下水项目办在西安召开国家地下水监测工程(水利部分)地下水监测信息整编系统详细设计及业务功能审查会。会后,部地下水项目办赴陕西省地下水管理监测局调研了关中平原典型区地下水资源模型建设项目进展情况。

12. 2017 年 5 月 12 日,水利部印发《水利部关于印发"国家地下水监测工程(水利部分)验收管理办法"的通知》,要求各流域机构、各省、自治区、直辖市水利(水务)厅(局),新疆生产建设兵团水利局,以及各有关单位遵照执行。

13. 2017 年 5 月 18 日,水利部原则上同意《国家地下水监测工程(水利部分)运行维护及水质监测经费报告》。

14. 2017 年 5 月 18 日,部地下水项目办在北京召开信息源建设及业务软件本地化定制工作部署会,依据设计变更方案对 7 个流域机构和部分省级水文部门信息源建设及业务软件本地化招标工作和建设任务进行了安排和部署。

15. 2017 年 5 月 24 日,部财务司、部水文局有关领导就国家地下水监测工程(水利部分)运行维护及水质监测经费问题到财政部农业司进行了专题汇报并取得理解和支持。

16. 2017 年 5 月 26 日,部地下水项目办在北京召开仪器设备安装进度约谈会。共约谈了 9 家仪器单位,要求各参建单位要高度重视,保质保量保工期地完成建设任务,并确保做好档案整理工作。

17. 2017 年 5 月 26 日,部地下水项目办在京召开仪器设备安装进度约谈会。会议要求各参建单位高度重视,保质保量保工期地完成建设任务,并确保做好档案整理工作。

18. 2017 年 6 月 20~21 日,部地下水项目办在秦皇岛市举办了档案等建设管理培训班。来自全国水文部门建管和档案人员 109 人参加了培训。

19. 2017 年 7 月 4 日,部地下水项目办在北京召开了国家地下水监测工程 5 省(区)和设计单位建设和支付进度约谈会,部水文局副局长、项目办主任林祚顶主持会议。

20. 2017 年 8 月 1 日,部地下水项目办在北京召开国家地下水监测工程(水利部分)拟新增监测站建设任务研讨会,林祚顶主任参加会议并讲话。天津、河北、山西、辽宁、吉林、黑龙江、安徽、河南、陕西、甘肃 10 省(市)设计单位、监理单位代表参加会议。

21. 2017 年 8 月 2 日,水利部组织召开了 2017 年国家地下水监测工程项目建设推进视频会。水利部副部长叶建春出席会议并做重要讲话。部机关有关司局负责同志,部水文局负责同志及有关处室、部地下水项目办工作人员在主场参加会议。各流域机构,各省(区、市)水利(水务)厅(局)和新疆生产建设兵团水利局主管领导;各流域机构水文局,各省(自治区、直辖市)水文(水资源)(勘测)局(总站、中心),新疆生产建设兵团水文处,项目负责人,监理、设计单位人员在所在地分会场参加会议。

22. 2017 年 8 月 9 日,部地下水项目办在北京召开国家地下水监测工程(水利部分)水质实验室仪器设备购置招标文件专家咨询会。会议形成专家咨询意见,要求尽快按照专家意见完善后开展招标工作。

23. 2017 年 8 月 9 日,部地下水项目办在郑州召开了国家地下水监测工程(水利部分)自流井监测方法及高寒地区冻土层监测站保护设施基础处理方式咨询会。

24. 2017 年 8 月 18 日,部地下水项目办召开了监理约谈会,针对水利部稽查、流域监督检查、项目中期审计等过程发现的有关监理问题,约谈了两家监理单位。

25. 2017 年 8 月中旬至 9 月上旬,根据水利部国家地下水监测工程项目建设推进视频会的有关要求,以及部水文局关于国家地下水监测工程(水利部分)2017 年法人监督检查工作方案的要求,由部水文局局长蔡建元等局领导分别组成 5 个监督检查工作组,对云南、内蒙古、北京、广东、海南、天津、陕西、甘肃 8 省(区、市)项目建设情况进行了法人监督检查。

26. 2017 年 8 月 24 日,中央编办下发《中央编办关于水利部承担行政职能事业单位改革试点方案的批复》(中央编办复字〔2017〕233 号),水利部水文局(水利部水利信息中心)更名为水利部信息中心,加挂"水利部水文水资源监测预报中心"牌子,承担水利信息化、水文水资源监测评价、水文情报预报,以及农村水电及水利工程移民的技术支撑工作。

27. 2017 年 9 月 11 日,部地下水项目办组织召开了监督检查情况汇报会,各检查组集中进行了汇报,交流了各省有关工作整改落实情况。会议重点对发现的新问题,逐一进行研究和讨论,提出解决办法和措施,督促各省落实整改。

28. 2017 年 9 月 15 日,部财务司会同部水文局、水规总院赴财政部评审中心,汇报国家地下水监测工程(水利部分)监测系统运行维护及地下水水质监测经费方案,正式启动该项目审查,水文局配合后续工作。

29. 2017 年 9 月 15 日,部地下水项目办在北京召开国家地下水监测工程成井水质检测分析工作推进会,部水文局副局长、项目办主任林祚顶主持会议。

30. 2017 年 9 月 15 日,部地下水项目办在北京召开国家地下水监测工程(水利部分)自流井建设及设计变更讨论会。会议对自流井施工、验收有关技术问题,仪器设备安装等设计变更工作进行讨论。

31. 2017 年 9 月 22 日,水利部副部长叶建春视察国家地下水监测中心大楼装修施工现场。规划司、水资源司、财务司、水文局有关负责同志陪同视察。

32. 2017 年 11 月 18~19 日,为加快设计变更进程,部地下水项目办在郑州召开 6 省区设计变更工作推进会,讨论和解决有关监测站设计变更技术方案、经费调整复核。

33. 2017 年 11 月 30 日,部地下水项目办在北京召开国家地下水监测工程有关设计变更和支付进度推进会,研究河北、宁夏两省(区)有关监测站设计变更文件上报内容,复核经费调整,解决合同完工验收遇到的问题,落实支付任务。

34. 2017 年 12 月 8 日,叶建春副部长主持召开专题办公会,进一步研究落实 12 月 5 日部长办公会上陈雷部长提出的要求,对 2018 年国家地下水监测工程(水利部分)监测系统运行维护及地下水水质监测经费安排等工作进行研究部署。会议认为,地下水监测是一项长期的基础性、公益性事业,得到了党和国家高度重视。2018 年工程即将进入运行阶段,为保障工程长期、稳定、有效运行,充分发挥工程效益,做好监测系统运行维护及地下水水质监测工作是十分必要和重要的。

35. 2017 年 12 月 29 日,水利部与国土资源部召开国家地下水监测工程项目协调领导小组第四次会议。水利部叶建春副部长、国土资源部凌月明副部长主持会议。两部就地下水监测信息共享、国家地下水监测中心大楼挂牌、国家地下水监测工程运行维护与地下水水质监测经费管理等事项进行磋商,形成一致意见。

2018 年

1. 2018 年 1 月 12 日,叶建春副部长在水利部信息中心《关于 2017 年国家地下水监测工程项目建设情况和 2018 年工作要点的报告》的签报上批示:“2017 年国家地下水监测工程进展顺利,成效显著,这是部党组高度重视,水文司、信息中心密切配合,统筹协调,项目办和各流域机构、各地水行政主管部门同心协力、尽职尽责的结果。2018 年要再接再厉,继续努力,坚持高标准、严要求,确保‘四个安全’,确保国家地下水监测工程完美收官,向党和人民交上一份满意的答卷!”

2. 2018 年 1 月 15 日,陈雷部长在水利部信息中心《关于 2017 年国家地下水监测工程项目建设情况和 2018 年工作要点的报告》的签报上批示:“过去的一年,国家地下水监测工作顺利推进,成效显著。新的一年,要攻坚克难,圆满完成年度目标任务。”

3. 2018 年 1 月 18 日,部信息中心在北京组织召开国家地下水监测工程项目 2017 年度总结会及 2018 年度工作部署会议,部信息中心主任蔡阳、水文司副巡视员张文胜出席会议并做讲话。部信息中心副主任英爱文主持会议并传达了陈雷部长、叶建春副部长关于国家地下水监测工程项目建设情况的批示。

4. 2018 年 1 月 19 日,部地下水项目办在北京召开国家地下水监测工程建设专题讨论会。

5. 2018 年 1 月 19 日,部地下水项目办在北京召开国家地下水监测工程信息源建设及业务软件本地化定制中标单位约谈会。会议就各单位工程建设中存在的主要问题和推进工程建设进度的具体措施进行了深入讨论,要求各中标单位积极协调各方力量,细化工作安排,确保 3 月底前完成合同验收。

6. 2018 年 1 月 23~24 日,巡测设备购置第一、二标段技术培训班在西安举行,来自全国各级水文部门 100 余名地下水及水质业务骨干参加了培训。

7. 2018 年 3 月 6 日,部地下水项目办在北京召开信息系统建设推进会,对各系统试运行方案进行了初审,并对下一步项目建设进度进行了安排和部署。

8. 2018 年 3 月 12 日,部地下水项目办印发《国家地下水监测工程(水利部分)单项工程完工验收实施细则(试行)》,对单项工程完工验收中的技术预验收和档案验收工作提出具体要求。

9. 2018 年 3 月 28 日至 4 月 1 日,部办公厅档案处调研贵州、湖北两省国家地下水监测工程档案管理工作。

10. 2018 年 4 月 1 日,水利部在北京召开 2018 年水文工作会议,叶建春副部长在会议上强调各地要在去年完成监测井建设基础上,全面完成国家地下水监测工程各项建设任务,加快验收进度。信息中心副主任、项目办主任英爱文做专题报告。

11. 2018 年 4 月 8 日,两部项目法人单位水利部信息中心和中国地质环境监测院在北京召开了国家地下水监测中心管理委员会第十五次会议,双方通报了各自工程进展情况,就大楼电力增容、信息共享管理办法及两部协调领导小组第五次会议等相关事宜进行了研究,达成一致意见。

12. 2018 年 4 月 11 日,水利部信息中心领导班子听取了地下水项目办关于国家地下水监测工程(水利部分)工作汇报,专题研究存在的问题,对下一步重点工作进行部署。

13. 2018 年 4 月 25~26 日,部地下水项目办在北京举办国家地下水监测工程信息源建设及业务系统应用培训班。来自全国各流域、省级水文部门地下水技术骨干及信息源中标单位开发人员共 103 人参加培训。

14. 2018 年 5 月 16 日,水利部办公厅下发《水利部办公厅关于做好 2018 年国家地下水监测系统运行维护和地下水水质监测工作的通知》,要求水利部信息中心(水文水资源监测预报中心)、各流域管理机构,各省、自治区、直辖市水利(水务)厅(局),新疆生产建设兵团水利局遵照执行。

15. 2018 年 5 月 17 日,为加强 2018 年国家地下水监测工程建设监督管理,部地下水项目领导小组办公室成立国家地下水监测工程建设管理专项督导工作组,明确了人员组成和工作职责。

16. 2018 年 6 月 4 日,部地下水项目办领导小组印发了 2018 年国家地下水监测工程建设监督检查督导工作方案,拟于 6~9 月分批次对项目法人单位、7 个流域机构、31 个省(自治区、直辖市)和新疆生产建设兵团国家地下水监测工程项目开展检查督导。

17. 2018 年 6 月 26 日,财政部办公厅以财办库〔2018〕1246 号文件复函《水利部财务司关于水利部信息中心国家地下水监测工程(水利部分)运行维护与地下水水质监测项目变更政府采购方式的函》(财务函〔2018〕54 号),同意黑龙江等 5 省国家地下水监测工程(水利部分)运行维护与地下水水质监测项目采用单一来源方式采购。

18. 2018 年 6 月 26 日,国家地下水监测工程(水利部分)成井水质检测分析(五标段)通过合同验收。至此,成井水质检测分析六个标段已全部通过验收。

19. 2018 年 8 月 3 日,水利部副部长叶建春主持召开水利部国家地下水监测工程项目建设领导小组第四次会议,听取信息中心关于国家地下水监测工程进展等有关情况的汇报,对下一步工作提出明确要求。会议认为工程建设进展总体顺利,值得充分肯定。要求进一步加快推进工程建设进度,切实解决进度滞后问题,全面做好单项工程验收工作,确保完成年度工程建设和支付目标,为 2019 年上半年完成整体工程竣工验收做好充分准备。

20. 2018 年 8 月 24 日,部信息中心下发《征求对国家地下水监测工程(水利部分)运行维护管理办法(征求意见稿)意见的函》(信综函〔2018〕61 号)。

21. 2018 年 8 月 30~31 日,水利部水利水电规划设计总院在北京召开会议,对《国家地下水监测工程(水利部分)水质实验室仪器设备和地下水资源业务处理软件及信息安全设计变更方案》进行了审查。

22. 2018 年 9 月 7 日,部地下水项目办下发《关于印发地下水水质样品采集技术指南(试行)的通知》(地下水〔2018〕91 号),规范国家地下水监测工程(水利部分)地下水水质采样的采集流程。

23. 2018 年 9 月 10 日,部地下水项目办下发《关于做好国家地下水监测工程(水利部分)单项工程完工验收工作的通知》(地下水〔2018〕94 号),进一步规范单项工程技术预验收和完工验收程序。

24. 2018 年 9 月 17 日,水规总院以《关于提交国家地下水监测工程(水利部分)水质实验室仪器设备和地下水资源业务处理软件及信息安全设计变更方案审查意见的函》(水总规〔2018〕935 号),基本同意修改完善后的《变更方案》。

25. 2018 年 9 月 20~21 日,受水利部信息中心委托,部地下水项目办在北京组织召开国家地下水监测工程(水利部分)北京市单项工程完工验收会。会议成立了档案验收和完工验收专家组,对北京市单项工程进行档案同步验收和完工验收,专家组通过档案验收和完工验收。这次会议邀请 7 个流域机构和 31 个省(自治区、直辖市)的业务骨干进行观摩,拉开了全国国家地下水监测工程完工验收的序幕。

26. 2018 年 10 月 30 日,水利部信息中心与中国地质环境监测院召开国家地下水监测中心管理委员会第十六次会议,双方各自通报了工程进展(包括 2018 年工程运行维护经费安排方式),研究讨论信息共享管理办法、大楼房产证及免税办理及两部协调领导小组第五次会议等相关事宜。

27. 2018 年 12 月 14 日,水利部信息中心与中国地质环境监测院召开国家地下水监测中心管理委员会第十七次会议,双方各自通报了工程进展,研究讨论了信息共享管理办法征求意见处理、大楼挂牌、剩余资金使用、竣工验收和资产管理及两部协调领导小组第五次会议等相关事宜。

28. 2018 年 12 月 18 日,水利部与自然资源部召开国家地下水监测工程项目协调领导小组第五次会议。水利部叶建春副部长和自然资源部凌月明副部长共同主持会议。会议听取了两部项目法人对工程建设进展情况的汇报,审议了《国家地下水监测工程水利部与自然资源部信息共享管理办法》。两部就国家地下水监测中心大楼挂牌、工程项目运行维护和地下水水质监测等相关事宜等进行了磋商,取得一致意见。

29. 2018 年 12 月 21 日,水利部印发《水利部关于印发国家地下水监测工程(水利部分)运行维护管理办法的通知》(水信息〔2018〕322 号)。

30. 2018 年 12 月 25 日,水利部副部长、国家地下水监测工程项目建设领导小组组长叶建春主持召开部长专题办公会议,听取水文司和信息中心关于 2019 年国家地下水监测工程(水利部分)建设和运行维护工作情况汇报,并对有关工作提出明确要求。会议提出,在开展 2019 年地下水水质监测时,应努力实现 10 298 个监测井 93 项全指标覆盖,并视经费情况,对重点区域部分站增加监测频次等。

2019 年

1. 2019 年 3 月 28 日,水利部和自然资源部联合印发《水利部办公厅　自然资源部办公厅关于印发国家地下水监测工程水利部与自然资源部信息共享管理办法的通知》(办水文〔2019〕74 号)。

2. 2019 年 4 月 16~18 日,水利部信息中心在北京举办地下水监测预警及整编技术培训班。来自全国各流域、省级水文部门地下水技术骨干 83 人参加培训。

3. 2019 年 4 月 17 日,水利部信息中心在北京主持召开国家地下水信息系统等五个信息系统安全等级保护定级专家评审会。会议确定国家地下水信息系统安全保护等级为三级。

4. 2019 年 4 月 30 日,国家地下水监测工程(水利部分)新疆生产建设兵团单项工程通过完工验收,标志着全国 7 个流域机构、31 省(自治区、直辖市)和新疆生产建设兵团全部完成单项工程完工验收。

5. 2019 年 9 月 27 日,国家地下水信息系统等保测评通过部项目办组织的合同验收。

6. 2019 年 9 月 27 日,国家地下水监测工程(水利部分)国家地下水监测中心单项工程通过档案验收。

7. 2019 年 9 月 29 日,国家地下水监测工程(水利部分)国家地下水监测中心单项工程通过技术预验收。

8. 2019 年 9 月 30 日,国家地下水监测工程(水利部分)国家地下水监测中心单项工程通过完工验收。

9. 2019 年 12 月 10 日,国家地下水监测工程(水利部分)通过技术鉴定。

10. 2020 年 1 月 15~16 日,国家地下水监测工程(水利部分)通过水利部组织的竣工技术预验收。

11. 2020 年 1 月 16 日,国家地下水监测工程(水利部分)通过水利部组织的竣工验收。

参考文献

[1] 李永强,等. 水利档案工作指南[M]. 北京:国防工业出版社,2012.

[2] 李砚阁,章树安. 地下水监测井布局及井结构研究[M]. 北京:中国环境出版社,2013.

[3] 邱瑞田. 国家防汛抗旱指挥系统一期工程建设与管理[M]. 北京:中国水利水电出版社,2011.

[4] 王传宇,张斌. 科技档案管理学[M]. 北京:中国人民大学出版社,2016.

[5] 冯惠玲,张辑哲. 档案学概论[M]. 北京:中国人民大学出版社,2019.

[6] 代春泉. 工程合同管理[M]. 北京:清华大学出版社,2016.

[7] 丁晓欣,宿辉. 建设工程合同管理[M]. 北京:清华大学出版社,2015.

[8] 山冲. 我国监理行业现状及对策研究[J/OL]. 现代营销(下旬刊),2018(11):105-106.

[9] 刘志方. 工程监理在施工中的工作要点分析[J]. 交通世界,2018(27):152-153.

[10] 宋玉龙. 浅析建设项目管理中存在的现状问题与解决对策[J]. 建材与装饰,2018(42):144-145.

[11] 张晓娜,张小芳. 探究水利工程管理体制的改革研究[J]. 科技致富向导,2012,(1).

[12] 凌乐红. 建筑工程项目管理中的质量控制与管理措施实例分析[J]. 建材与装饰,2020(17):150-152.

[13] 常翔. 浅析水利水电工程建设管理问题及对策[J]. 技术与市场,2013(2):105-106.

[14] 刘春荣. 水利水电工程建设管理问题及应对措施[J]. 河南科技,2014(13):256.

[15] 洪建军. 水利水电工厂建设管理问题及对策探析[J]. 山东工业技术,2013(14):167.

[16] 王雪明. 工程项目招投标与合同管理研究[J]. 居舍,2019(35):129.

[17] 杨春生,英爱文. 国家地下水监测工程自动监测仪器的质量控制和运行维护[J]. 地下水,2020(6):51-53.

[18] 赵泓漪,窦艳兵,于钋,等. 北京市地下水自动监测系统运行维护探索与创新[C]//中国水文科技新发展——2012 中国水文学术讨论会.

[19] 魏延玲,周培丰. 水利信息系统运行维护定额标准解读[J]. 中国水利,2009(8):11-13.

[20] 李大伟,刘飞飞,李薇薇. 信息系统运行维护的八大意识[J]. 中国信息界,2011(3):51-52.

[21] 罗志东,曹文华,赵院,等. 水土保持信息系统运行维护管理探讨[J]. 中国水土保持,2015(3):37-39.

[22] 井柳新,刘伟江,王东,等. 中国地下水环境监测网的建设和管理[J]. 环境监控与预警,2013,005(002):1-4.

[23] 习近平. 青年要自觉践行社会主义核心价值观——在北京大学师生座谈会上的讲话[N]. 光明日报,2014-05-04(02).

[24] 郭玥. 全面从严治党与新形势下党的建设[J]. 理论与改革,2015(3):46-49.

[25] 陈志刚. 习近平党的建设思想六论[J]. 理论探索,2014(6):14-20.

[26] 郑科扬. 以整风精神开展批评和自我批评[J]. 求是,2013(16):26-28.

[27] 周淑真. 把握运用监督执纪"四种形态"——监督执纪"四种形态"的制与度[J]. 中国党政干部论坛,2016(1):6-10.

[28] 李雪勤. 扎实构建不敢腐不能腐不想腐的有效机制[J]. 求是,2017(5):25-27.

[29] 方银慧. 工程建设领域招投标廉政风险及其防控[J]. 安徽工业大学学报(社会科学版),2013,30(1):34-35.

[30] 于钋,张淑娜,姚梅,等. 浅谈国家地下水监测工程建设与管理[J]. 地下水,2021(3):69-71.

[31] 于钋,张淑娜,李贵阳,等. 国家地下水监测工程(水利部分)建设管理工作报告[R]. 北京:水利部信息中心,2020.